第二十届全国水利水电钻探暨岩土工程施工技术学术交流会论文集

第二十届全国水利水电钻探暨岩土工程施工技术学术交流会委员会　编
葛宇家　代常友　贾正茂　肖冬顺　主编

黄河水利出版社
·郑州·

图书在版编目(CIP)数据

第二十届全国水利水电钻探暨岩土工程施工技术学术交流会论文集 / 第二十届全国水利水电钻探暨岩土工程施工技术学术交流会委员会编 ; 葛字家等主编. -- 郑州 : 黄河水利出版社, 2025. 8. -- ISBN 978-7-5509-4256-1

Ⅰ. P641.72-53; TV541-53

中国国家版本馆 CIP 数据核字第 2025SD7042 号

组稿编辑:王志宽　电话:0371-66024331　E-mail:278773941@qq.com

责任编辑	陈彦霞	责任校对	王单飞
封面设计	李思璇	责任监制	常红昕

出版发行　黄河水利出版社

地址:河南省郑州市顺河路 49 号　邮政编码:450003

网址:www.yrcp.com　E-mail:hhslcbs@126.com

发行部电话:0371-66020550

承印单位　河南新华印刷集团有限公司

开　　本　889 mm×1 194 mm　1/16

印　　张　26

字　　数　790 千字

版次印次　2025 年 8 月第 1 版　　2025 年 8 月第 1 次印刷

定　　价　180.00 元

《第二十届全国水利水电钻探暨岩土工程施工技术学术交流会论文集》

编委会

前 言

第二十届全国水利水电钻探暨岩土工程施工技术学术交流会定于2025年10月在洛阳召开。本次会议由中国水力发电工程学会地质及勘探专业委员会、中国水利学会勘测专业委员会、水利水电钻探信息网共同主办,黄河勘测规划设计研究院有限公司工程公司承办。会议旨在交流全国水利水电勘探行业在勘探及岩土工程实践与创新方面的最新成果,同时邀请国内知名专家和学者对勘探及岩土工程前沿技术做专题报告。

本届会议论文征集得到了国内水利水电勘探行业广大工程技术人员的广泛响应和有关单位的大力支持。会议收到的投稿论文内容涉及国内外水利水电勘探与岩土工程领域研究、设计、施工和检测等方面,反映了我国水利水电勘探工作者近年来在勘探与岩土工程领域所取得的研究及创新成果。本论文集是我国水利水电钻探与岩土工程施工技术水平的一次集中展示,内容既关注传统方法的改进提升,又聚焦新兴技术的应用前景,兼具学术深度与实践价值,为行业协同创新与高质量发展提供了学术支撑与技术引领。

为确保本论文集的出版质量,黄河勘测规划设计研究院有限公司工程公司组织专家对所有投稿论文进行了审稿。本论文集的出版工作由黄河水利出版社负责。在此,对所有参加本论文集投稿作者、审稿专家、出版工作人员一并致以谢意!

本论文集论文全部按作者原文进行排版,内容和文字仅从出版角度做必要的改动,核心信息未动,各篇论文文责自负。请读者在借鉴引用时,根据自己的具体情况加以考虑。

由于编写时间紧迫、水平有限,本论文集难免存在不妥之处,敬请读者批评指正。

本书编委会

2025年8月

目　录

勘察领域

勘探领域

施工领域

勘察领域

山西某高速公路黄土路基强夯法试验研究

李瑞花　葛宇家

（黄河勘测规划设计研究院有限公司，河南郑州　450003）

摘　要：强夯法是一种广泛应用于处理湿陷性黄土的地基处理方法，也是一项实践性很强的地基处理技术，因其尚未形成一套成熟的理论和设计计算方法，在工程中应用之前，均需要进行强夯试验以正确合理地选定强夯参数。本文根据设计要求，结合黄土的性质及施工单位的设备情况，采用不同单击夯击能和间距，现场共进行3种组合对比试验进行研究，通过处理后干密度和湿陷系数的变化，得到满足设计要求的最佳施工参数，对于同类黄土的强夯施工具有指导和借鉴意义。

关键词：湿陷性黄土；强夯法；干重度；湿陷系数；试验研究

1　概述

强夯法处理地基是20世纪60年代末由法国梅纳技术公司首先创用的。这种方法是反复将夯锤提到高处使其自由落下，给地基以冲击和振动能量，将地基土夯实，从而提高地基的承载力，降低其压缩性，改善地基性能[1]。由于具有加固效果显著、适用土类广、设备简单、施工方便、节省劳力、施工期短、节约材料、施工文明和施工费用低等优点，被广泛用于处理湿陷性黄土、碎石土、砂土、低饱和度的粉土与黏性土、素填土和杂填土等地基[2]。

山西某高速公路位于山西省长治市平顺县境内，全长约40 km，主要由隧道、桥梁、涵洞和路基工程组成，其中约2.2 km长的高路堤段位于黄土丘陵中，路基为第四系上更新统马兰黄土，厚度9~10 m，具有自重湿陷性，场地为Ⅱ级（中等）自重湿陷场地。其主要物理力学指标见表1。

表1　马兰黄土主要物理力学指标

含水量 ω/%	天然重度/(kN/m^3)	干重度 γ_d/(kN/m^3)	孔隙比/e	饱和度 S_r/%	湿陷系数 δ_s	自重湿陷系数 δ_{zs}
17.0	16.37	13.93	0.927	49.7	0.040	0.025

根据设计文件，该高路堤段黄土路基需要进行强夯法处理，处理深度≥6 m，要求3 m以上干重度超过16.2 kN/m^3，处理深度内消除湿陷性。

2　强夯法试验方案

由于强夯法尚未形成一套成熟的理论和设计计算方法，其施工参数一般通过试夯来确定。为了正确合理选定强夯参数，了解夯击效果，根据黄土工程性质和设计要求，进行强夯试验研究[3]。

2.1　单击夯击能

有效加固深度计算采用梅纳公式：

作者简介：李瑞花（1989—），女，工程师，主要从事工程勘察设计工作。

$$H = \alpha\sqrt{Mh/10} \tag{1}$$

式中：H 为加固深度，m；M 为锤重，kN；h 为落距，m；α 为修正系数，对于黄土取 0.35~0.50。

根据设计要求的加固深度初步确定单击夯击能 1 500 kN · m 和 2 000 kN · m 两种不同的夯击能。

根据施工单位的机械设备情况，选择锤重 100 kN、锤底面积 4 m^2、直径 2.28 m 的铸铁锤。

2.2 夯点间距及布置

根据以往工程经验及有关规范[1]，夯点的布置采用正方形，夯点间距分别为 4.0 m 和 5.0 m，夯击遍数采用三遍法，第一、二遍为主夯点，见图 1，主夯点完工后，平整场地，第三遍为夯点搭接的满夯，以加固上部的松动层，单击夯击能采用 1 000 kN · m。

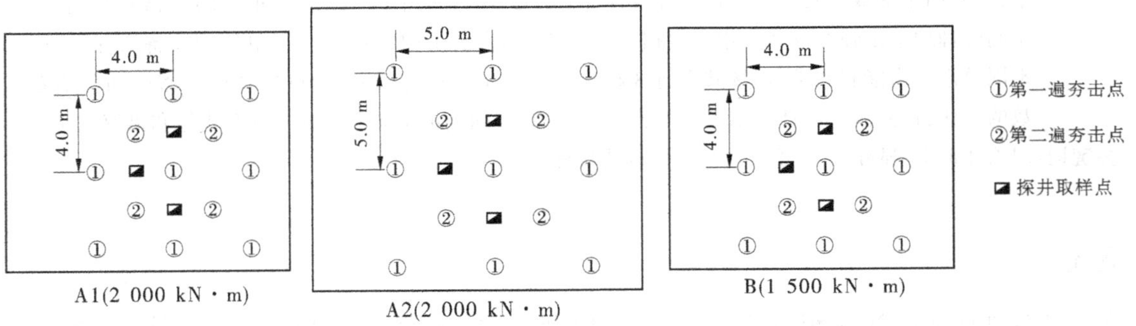

图 1　各试验区夯点布置

根据不同单击夯击能和间距，现场共进行 3 种组合对比试验，如表 2 所示。

表 2　强夯试验组合及主要参数

试验区号	单击夯击能/(kN · m)	锤底直径 D/m	锤底面积/m^2	锤重/kN	落距/m	夯点间距/m	夯点数量/个
A1	2 000	2.28	4	100	20	4	13
A2	2 000	2.28	4	100	20	5	13
B	1 500	2.28	4	100	15	4	13

2.3 夯点击数

每遍的每个夯点的夯击击数按现场试验的夯击击数和夯沉量关系曲线确定，且满足下列条件：①最后两击的夯沉量≤5 cm；②夯坑周围地面不发生过大隆起；③不因夯坑过深而发生起锤困难。

3　效果分析与参数最终确定

3.1 夯沉量

强夯试验中，进行了单点夯击击数和夯沉量观测，各区数据接近，只是 2 000 kN · m 夯击能的夯沉量略大于 1 500 kN · m。图 2 为 A1 区的单点击数与夯沉量曲线图。通过图 2 可以看出，夯击最初的 5 击，夯沉量较大，夯击击数与夯沉量曲线较陡，此时路基土受到冲击挤压，主要表现为塑性变形，其后夯沉量的增加幅度随夯击击数的增加而减小，此时路基土的变形包括塑性变形和弹性变形，当达到 12 击以后，每击夯沉量显著减小，为 2~3 cm，此时的夯击能主要消耗于路基土的弹性变形，同时，夯坑周围有微隆起现象，据此，确定采用单点夯击击数为 12 击。

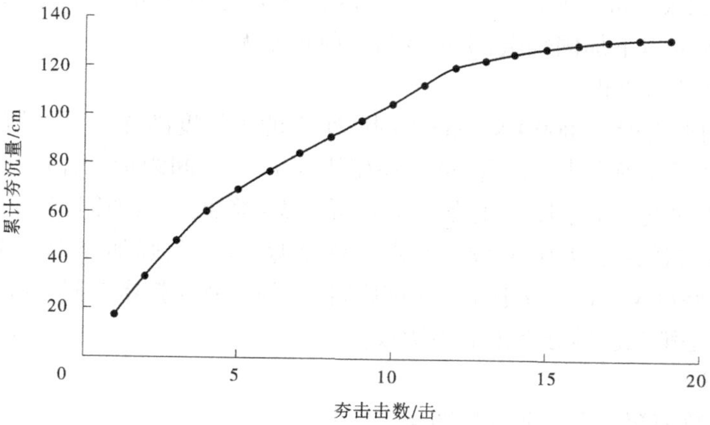

图 2　单点击数与夯沉量曲线

3.2　干重度

强夯试验结束后,按要求对各试验区的主夯点及夯点间路基土探井取样(见图 1)进行室内土工试验,各试验区干重度随深度变化曲线见图 3。

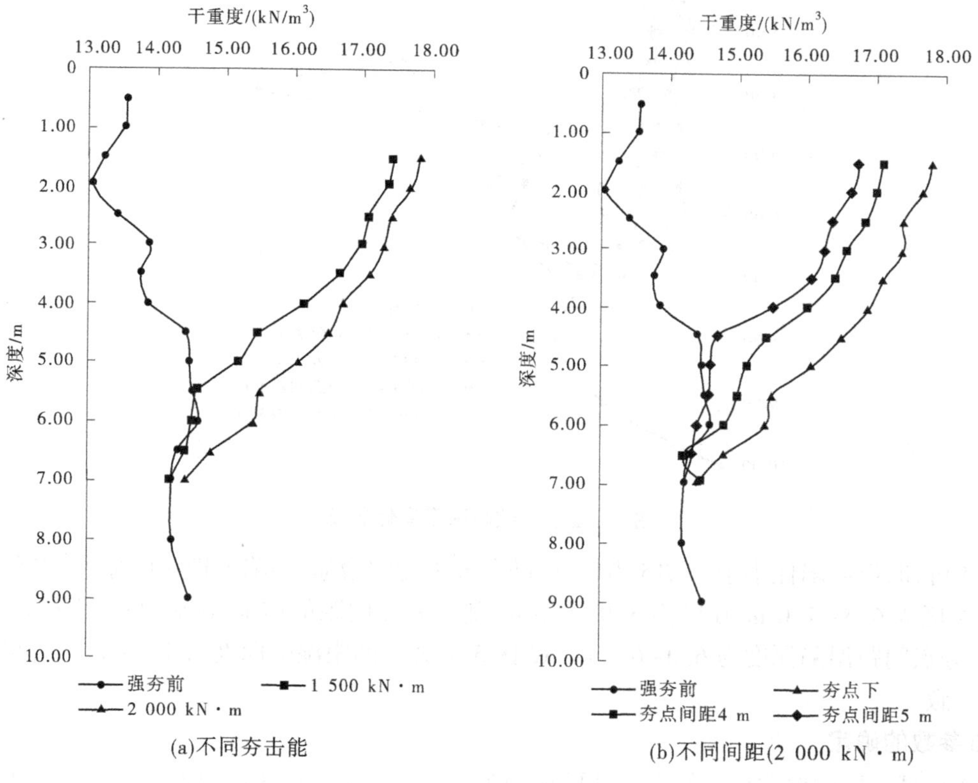

图 3　干重度随深度变化曲线

3.2.1　主夯点下干重度的变化

如图 3(a)为不同夯击能主夯点下的干重度随深度变化情况。比较可知,A 区加固深度约为 6.5 m,其中上部 4.5 m 为强加固带(>16.2 kN/m³),土的干重度平均增加 2.10~4.66 kN/m³,满足设计要求;4.5~6.5 m 为加固带(<16.2 kN/m³),土的干重度平均增加 0.50~1.60 kN/m³;6.5 m 以下加固轻微,干重度与夯前相差无几。B 区加固深度为 5~5.5 m,其中上部 3.5 m 为强加固带,土的干重

度平均增加 2.91~4.22 kN/m³,满足设计要求;3.5~5.0 m 为加固带,土的干重度平均增加 0.74~2.30 kN/m³;5.0~5.5 m 以下加固轻微,干重度与夯前相差无几。

3.2.2 不同位置干重度的变化

如图 3(b)为相同夯击能(2 000 kN·m)不同间距下的干重度随深度变化情况。比较可知,随着夯点间距的增加,干密度逐渐变小,加固深度也在变浅,4 m 夯点间距加固深度 5.5 m,与主夯点下深度基本一致,但主加固深度及干重度较主夯点均有所减少(降低),强加固带(>16.2 kN/m³)深度为 3.5 m。5 m 夯点间距加固深度 4.0 m,较主夯点下深度减少较多,强加固带(>16.2 kN/m³)深度为 3.0 m。分析原因,2 000 kN·m 主夯击能由于间距过大,强夯侧向挤密有限,加固效果甚微,其 4.0 m 以上干密度增加主要是第三遍满夯夯击加固所致。

3.3 湿陷性

各试验区湿陷系数随深度变化曲线见图 4。

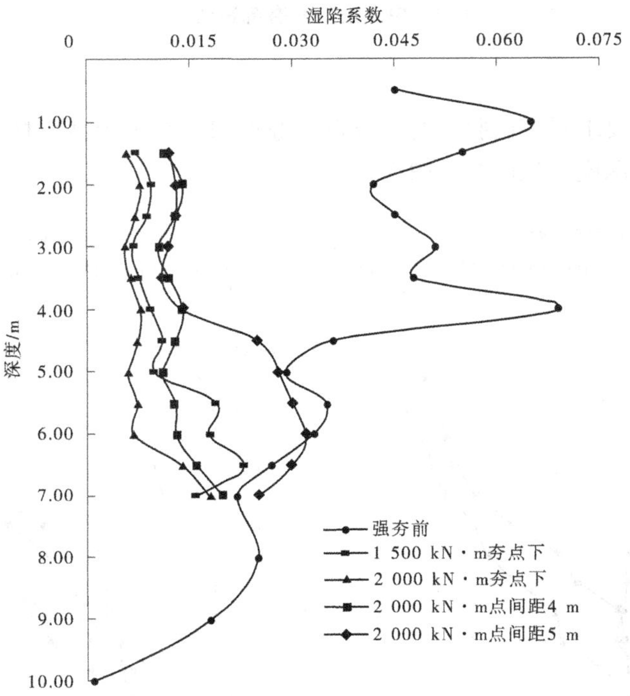

图 4 湿陷系数随深度变化曲线

由图 4 可知,以湿陷性小于 0.015 为标准,随着夯击能的增加,湿陷处理深度加大,主夯点下不湿陷的深度 A 区为 6.5~7.0 m,B 区为 5.0~5.5 m;随着夯点间距的增加,湿陷性处理深度逐渐减少,A1 区 4 m 夯点间距湿陷深度为 6.0~6.5 m,A2 区 5 m 夯点间距湿陷深度为 4.0~4.5 m,与干重度的变化基本一致。

3.4 夯击参数的确定

根据 3 个试验区的对比试验结合设计要求,A2 区和 B 区主夯点 3 m 以上干重度>16.2 kN/m³ 满足设计要求,但湿陷性处理深度分别为 4.0~4.5 m 和 5.0~5.5 m,A1 区干重度及湿陷处理深度(6.0~6.5 m)均满足要求,因此推荐施工时采用 A1 试验方案。

4 结语

强夯法加固自重湿陷性黄土地基,施工方法简单,技术效果显著,施工进度快,是一种较好的地基处理方法,特别适用于处理大面积湿陷性黄土场地。但由于不同场地黄土性质的不同及强夯法尚未形成一套成熟的理论和设计计算方法,其施工参数需要通过现场试验来确定,尤其是采用不同的能级，夯点间距、锤击次数等不同施工工艺时消除湿陷土层厚度及提高工程性质差异较大，实际工程中，应结合设计要求，选用最佳的施工工艺参数组合，可达到事半功倍的效果。

参考文献

[1] 中华人民共和国住房和城乡建设部. 建筑地基基础设计规范：GB 50007—2011[S]. 北京：中国建筑工业出版社，2011.

[2] 地基处理手册编写委员会. 地基处理手册[M]. 北京：中国建筑工业出版社，1988.

[3] 黄生根，张希浩，曹辉，等. 地基处理与基坑支护工程[M]. 3 版. 武汉：中国地质大学出版社，2004.

PCPT 钻机在海洋工程勘察中的应用实践与效能提升

徐　明　张永超　黄柳松　叶晓平　王　坚　周光辉

（浙江华东岩土勘察设计研究院有限公司，浙江杭州　310014）

摘　要：海洋工程勘察作为海洋工程建设的前置关键环节，其技术装备水平直接影响勘察数据的准确性和工程安全性。PCPT 钻机凭借完整的液压系统和集成控制方式，在复杂海洋地质条件下展现出显著的装备技术优势。本文系统介绍了 PCPT 钻机在海洋工程勘察领域的应用实践，深入分析其在海上风电地质勘察工程中的效能表现，并从技术创新、智能化和操作优化等多维度探讨效能提升路径。分析表明，PCPT 钻机在自动化控制、安全生产、提质增效、降低成本等方面具有强大的优势，未来将保持系统设备的规范化、集成化和设备升级，为海洋工程勘察提供更高效、更精准的技术解决方案。

关键词：PCPT 钻机；海洋钻探；效能提升；管理实践

1　PCPT 装备介绍

PCPT 钻机作为现代钻探装备的重要创新之一，其核心技术在于将液压系统与精确的电气控制系统结合，形成高效的设备操作机制，适应海洋的特殊环境，尤其在深水作业中优势明显[1-4]。钻机的模块化设计是其适应多样化海洋勘察需求的另一重要特征，通过标准化接口设计，PCPT 钻机可快速更换不同功能的钻具组合，包括常规取心钻具、井下式静力触探工具等[5-10]。

1.1　系统装备组成

该系统装备配置于海上作业平台，根据平台类型的不同，主要分为漂浮式与固定式两大类。漂浮式平台中应用最为广泛的是勘探船，固定式平台在勘察领域应用最多的是自升式勘探平台[11-15]。各自搭载的海洋钻探系统主要包括以下几个部分：海底基盘、钻井工具、顶驱系统、钻杆调配系统、涌浪补偿装置、钻井液配置系统、集成控制系统等，两类作业平台的系统配置和设备布置详情如图 1、图 2 所示。

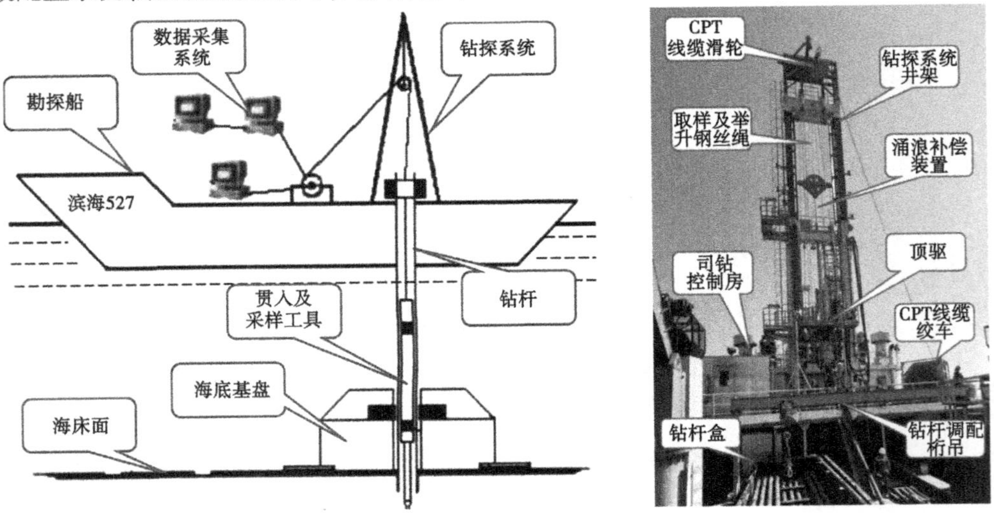

图 1　勘探船装配 PCPT 钻机布置

基金项目：国资委“1025”专项核心攻关项目“海上钻探深孔取样设备研发”（2022YQGJ087-002）。

作者简介：徐明（1987—），男，工程师，主要从事海洋工程勘察钻探技术研究工作。

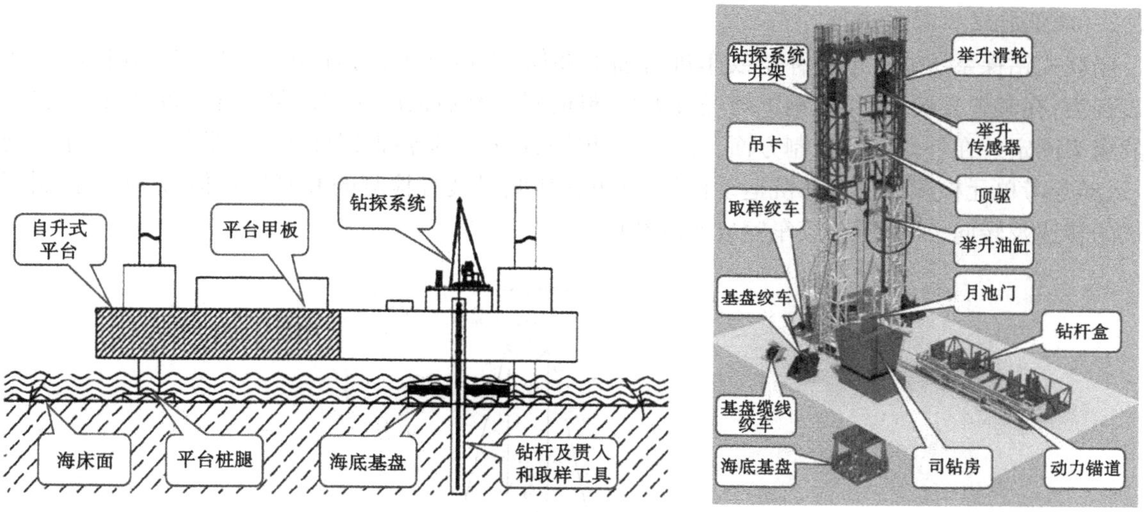

图 2　自升式平台装配 PCPT 钻机布置

勘探船具有机动性强、受水深影响小的特点，适用 300 m 以浅的水深，但是勘探船极易受天气影响，在风浪较大的情况下，勘探船往往需要返回港口躲避，或暂停作业，这在很大程度上限制了其工作的连续性和效率[16-19]。相比之下，自升式平台展现出了更强的抗风浪性能，与传统工程船舶相比，它不仅减少了对海域面积的影响，还具备更佳的风浪适应性，能够为工作人员提供一个更为安全和平稳的工作环境。这些特点使得自升式平台能够显著延长有效作业时间，从而提高收集海底地质信息数据的准确度和可靠性。

PCPT 钻机可以应用于勘探船和勘探平台，在作业环境、技术适应性等方面略显差异。勘探船需要具备更强的动态稳定控制性能，受风浪、洋流等影响较大，钻机作业时需配备波浪补偿装置以减少钻压波动，主要适用于深水区；勘探平台作业稳定性优于勘探船，无须波浪补偿装置，通常用于高精度岩心取样。PCPT 钻机在两类平台上应用各有优势，侧重点不同，主要对比点如表 1 所示。

表 1　勘探船与勘探平台装备 PCPT 钻机适应性对比

对比维度	勘探船应用 PCPT 钻机	勘探平台应用 PCPT 钻机
适用水深	深水(300~6 000 m)	浅水至深水(≤1 500 m)
稳定性	受海浪影响大，需动态补偿	自升式/半潜式平台更稳定
技术重点	遥测遥控、模块化设计	智能控制、多钻杆自动化
经济性	移动勘探成本高	长期作业成本较低
典型应用	深海资源调查、科学钻探	海上油气田开发、大型工程建设勘察

1.2　工作方法

1.2.1　绳索取心(样)钻探工艺

海洋钻探系统运用绳索取心钻探技术，顶驱留有中心通道，通过取样绞车可以将取心钻具或者 CPT 贯入总成从通道内投放与打捞，从而高效地实现了绳索取心的作业流程。

在静探与采样作业过程中，钻杆使用石油行业标准的 127 mm 钻杆，底部的钻具即 BHA 总成，内置锁定机构，与内管工具进行配合，在钻杆钻铤与海底基盘自重的辅助下，可以完成探头贯入和采样。工作结束后，CPT 贯入工具可以用配套线缆绞车提出至地面，取样工具可以通过取样绞车下放打捞工具进行提升打捞。绳索取心(样)钻探工艺减少了提下钻次数和升降钻具的辅助时间，提高了钻进效率。

1.2.2 涌浪补偿控制方法

船载式钻探系统通过电动补偿绞车进行涌浪补偿,以达到平稳钻进的目的[20-21],其控制方法具体表现为:在装置安装上,绞车钢丝绳经过天车导向滑轮,然后依次穿过顶驱和补偿油缸,最后将钢丝绳的绳头固定。在补偿系统控制方面,通过图3说明,PLC控制器根据旋转编码器检测的绞车转动信号、运动参考单元检测的平台升沉运动信号、井下钻压测量装置检测的井底钻压信号,实时控制绞车电机的转速及转向,从而驱动绞车完成升沉补偿。

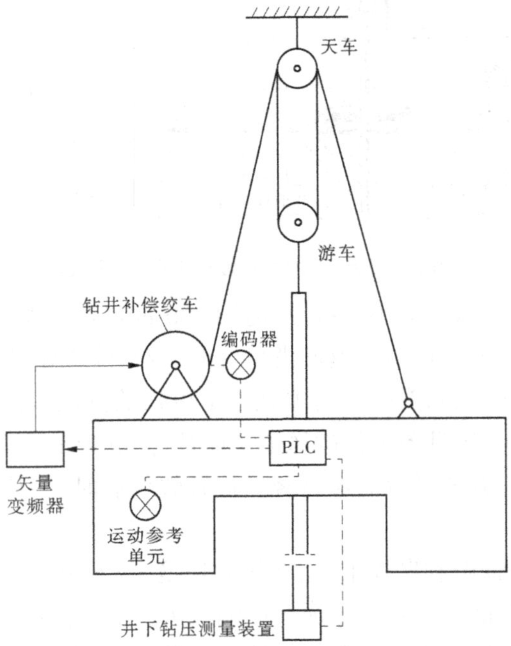

图3 绞车补偿系统原理示意

1.2.3 无隔水管开式钻探作业

系统装备在勘探船和勘探平台上均是裸眼钻井,采用无隔水管开式循环作业模式,即钻杆直接钻入海底,而钻井液和岩屑等返流物质则直接堆积在钻孔口周围,然后通过海水和钻井液的循环作用将岩屑从孔口排出,并清扫掉孔口周围的堆物,防止岩屑再次落入钻孔而导致卡钻的钻探方式。

1.3 钻探与静探作业流程

PCPT钻机采用绳索取心工艺,使用井内作业工具,包括CPT探头和取样管等,都是通过贯入工具向下贯入完成触探和取样的,静力触探单回次的测试行程为3 m,取样行程为1 m,如图4所示。

图4 井内作业工具

具体的工艺流程为：将 BHA 及钻杆下放于海底，海底基盘沿着钻杆下放到海底，启动海底钳将钻杆夹持固定，内置推进总成从顶驱上部入井，到达底部预定位置与 BHA 配合锁定，启动系统进行贯入，此时推进产生的反力将通过定位装置传给 BHA 和钻杆，由海底基盘来平衡反力。完成一个回次 3 m 的触探作业或者 1 m 的取样作业后，将推进总成从钻杆中收回到甲板上，再启动钻机进行钻孔扫孔作业，将已探测过的地层钻扫清除，然后再投放总成继续探测和取样，循环作业。

根据工艺流程制定流程图如图 5 所示，主要步骤包括：

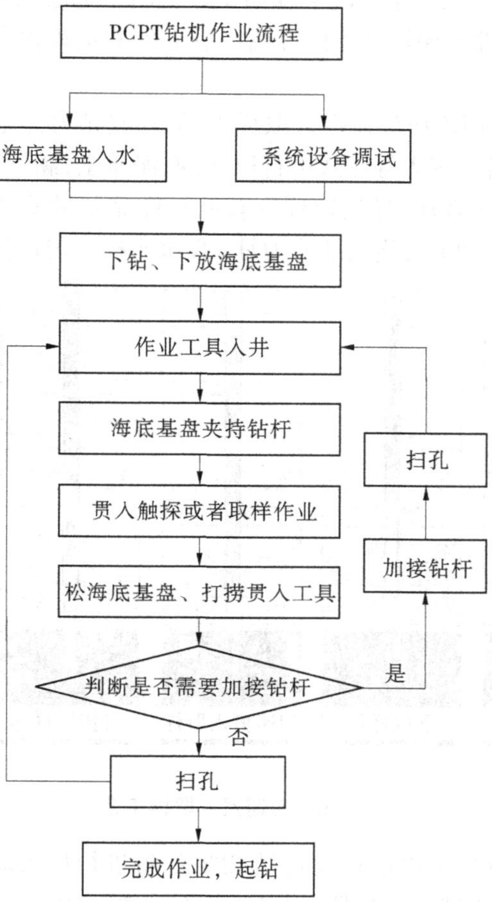

图 5　PCPT 钻机取样作业流程图

(1) 钻探平台定位以及准备工作。

(2) 连接 BHA 及钻杆，并完成下钻工作。

(3) 下放海底基盘。

(4) 投放贯入工具完成测试和采集数据。

(5) 收回贯入工具。

(6) 根据贯入深度进行扫孔作业。

(7) 重复流程(4)～(6)，直到完成设定孔深。

2　设备应用案例分析

PCPT 钻机在海洋工程勘察领域的实际应用已经积累了丰富的成功案例，从超级跨海大桥建设到深海矿产资源勘探，其卓越的技术性能得到了充分验证。在港珠澳大桥这一世界级工程的地质勘察中，PCPT 钻机发挥了不可替代的作用。面对珠江口复杂的水文地质条件，包括软硬互层、断裂发育和海水腐蚀等挑战，传统改装钻机难以满足勘察精度和效率要求。还有衡阳中地装备探矿工程机械有限公司专门研制的全液压动力头式 PCPT 海洋勘察钻机，通过创新的液压升降补偿装置，成功解决了波浪起伏导致的钻探平台不稳定问题，确保钻头在海底保持精准定位。

浙江华东岩土勘察设计研究院有限公司装备 PCPT 钻机主要应用在海上风电建设地质勘察中。与传统取样方法相比，PCPT 技术通过连续的压力记录和岩心取样，能够更准确地评估海底土层承载力参数。例如，在浙江某海上风电场项目中，采用 PCPT 钻机获取的原位测试数据与实验室土工试验结果相关性达到 0.92，远高于常规勘察方法的 0.75~0.80，为风机基础设计优化提供了可靠依据，最终节约基础工程造价约 15%。在复杂海况下，PCPT 钻机的稳定性优势更为明显，其配备的动态定位系统可在流速 2.5 m/s 的条件下保持钻头位置偏差小于 0.3 m，确保勘察数据的高质量获取。

2.1 高质量岩心样品获取

以 PCPT 钻机为载体，使用液压匀速贯入取样工具，在复杂海洋地质环境下可以实现高效、高质量取样。传统取样器应用回转、压入等方式进行取样，淤泥质土、黏性土等软土样品会因钻具旋转搅动破坏或受到取样管插入挤压破坏，导致取样率较低且样品质量差，特别是在淤泥质土、黏性土内，Ⅰ~Ⅱ级土样达标率普遍小于 20%，绝大部分为Ⅲ~Ⅳ级土样。匀速贯入取样工艺见图 6。

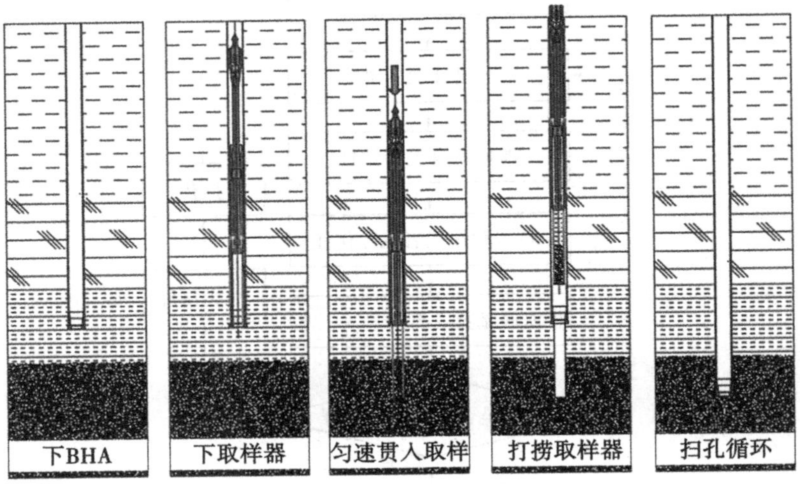

图 6　匀速贯入取样工艺

目前，海洋软黏土深孔取样可以通过范登堡 CPT 设备进行贯入取样，公司经过国资委科研专项研发了一种海上钻探深孔匀速贯入取样器，以获取海底孔深 150 m 以浅淤泥质土、黏性土样品为目标，围绕样品采取率低、扰动大、作业时间长等技术难题，设计新型取样器结构，具有深孔高保真、高效、高质量的优点。

海上钻探深孔匀速贯入取样器通过 PCPT 钻机系统的高压定排量泵从钻探系统泥浆管路注入恒定流量钻井液，驱动内管取心总成以定量速率匀速将薄壁取样管压入地层进行取样，采用电子液压取样工艺技术，可以精准控制取样速率，解决常规取样工艺对样品扰动大的难题，保障海上深孔取样质量。PCPT 钻机绳索取样工艺见图 7。

该取样器装载在 PCPT 钻机设备上已经完成示范取样，在渤海、宁波以及温州等外海域进行过取样工作，涉及的海上风电场 5 个，共计取样次数 200 余次，取样质量经高级土工试验分析，对比传统回转取样方法，样品质量有明显的改善。高质量岩心样品获取见图 8。

2.2 井下式静力触探应用

静力触探技术是目前运用最多且最先进的海底土体原位测试方法，相比连续钻孔取样与实验室土工试验，成本更低，且可与其他钻探技术（如标准贯入试验 SPT）结合使用[22-24]。按照贯入工艺将海底静力触探技术分为平台式、海床式和井下式三种类型。平台式受设备推力限制，通常只能测试 20~40 m 深度，需要大型静探设备，作业实施过程中还需增加套管工艺，流程复杂，效率低；海床式受

图 7　PCPT 钻机绳索取样工艺

图 8　高质量岩心样品获取

贯入力和缆绳长度的双重限制，适用于浅海区域，且受海底滑坡区、礁石区或强潮流海域等环境因素影响，适用性不强；井下式结合钻探系统，采用循环贯入扫孔的方式进行作业，适用于深水及复杂海床，作业深度理论上能够达到钻探的深度[25-26]。平台式、海床式、井下式静力触探适用性对比见表 2，平台式与井下式静力触探技术见图 9。

表 2　平台式、海床式、井下式静力触探适用性对比

对比项目	平台式 CPT	海床式 CPT	井下式 CPT
适用深度	20～40 m	30～50 m	50～200 m
适用地层	均质地表土层	浅海沉积层	深层、含障碍物
场地适应性	需较大作业面	受水深、海流限制	狭窄空间、既有建筑区
数据稳定性	受浅层土干扰	受波浪、海流干扰	受钻孔影响小
典型应用	常规地基勘察	近海工程、海底管线	深基础、边坡、隧道

滨海 527 船是浙江华东岩土勘察设计研究院有限公司第一台投入使用的 PCPT 作业勘察船，于 2023 年 11 月改装完毕，钻探设备开始投产运行，截至目前，已完成 12 个项目，涉及作业海域包括浙江东海海域、台湾海峡、广西南海海域，水深范围在 20～70 m，完成静力触探孔 80 余个，工作量超 8 000 m。

该 PCPT 钻机在各个项目中静力触探的平均作业时效统计如表 3 所示。通过分析得出，影响作业时效主要是地层和水深两大因素，从同类地层和相同作业深度比较，作业效率保持持续提高的趋势，且水深越深，绳索式的作业方式效率提高更加明显。综合来看滨海 527 船钻探设备已具备 100 m

图 9　平台式与井下式静力触探技术

孔深 CPTU 单孔作业时间在 20 h 以内(1 d 1 孔),作业效率已达到或超过国内其他勘察单位同类水平。

表 3　滨海 527 船钻探系统作业情况统计

项目名称	瑞安某项目	玉环某项目	临海某项目	苍南某项目
地层情况	软土海域	软土海域	软土海域	软土海域
作业深度	20 m+110 m 钻深	20 m+110 m 钻深	25 m+110 m 钻深	35 m+90 m 钻深
平均作业时间	27.2 h	26.1 h	23.4 h	19.5 h
综合作业效率	0.209 h/m	0.201 h/m	0.173 h/m	0.156 h/m
项目名称	涠洲岛某项目	马祖某项目	台州某项目	宁德某项目
地层情况	硬土海域	硬土海域	软土海域	软土海域
作业深度	40 m+120 m 钻深	60 m+40 m 钻深	70 m+110 m 钻深	60 m+110 m 钻深
平均作业时间	31.4 h	10.2 h	28.9 h	34.6 h
综合作业效率	0.196 h/m	0.102 h/m	0.161 h/m	0.204 h/m

3　作业效能提升与实践

目前,应用海洋工程勘察的顶驱钻机系统配套完整的自动化设备,可以实现集中控制和设备自动化操作。设备的集中控制主要是基于 PLC(可编程序控制器)为核心,通过外加各种位置、传感器和伺服电机控制技术等,实现设备的自动化控制。自动化操作可以实现钻井管具从存储、移运,到输送至钻台,完成管具的夹持和上卸扣操作,可以远程数据监测,为钻井作业提供更好的安全保障。

3.1　效能提升的技术路径

3.1.1　工艺和人员

首先在钻探工艺方面,海洋顶驱钻机采样使用绳索取样工艺,在时间效率上对比立轴钻机的提钻取样极大地减少了倒杆时间。另外，系统都是全自动控制，相较于常规钻机，自动化钻机在人力资源上有较大的改善：接钻杆作业通过铁钻工和气动卡瓦辅助，可以从 6 人减少至 4 人；钻进只需司钻与泥浆工配合，可以从 5 人减少至 3 人；起下钻作业有抓管机、猫道等设备，无须人工搬运和井架工辅助，可以从 6 人减少至 4 人；顶驱钻机无下套管作业，减少工艺流程，节省人力和时间。表 4 统计了普通立轴钻机和海洋钻机各个工艺流程的用工数量和作业时效，从人力需求和作业效率方面进行对比。

表 4　自动化钻机各工况下作业用工数量与时效对比

钻机类型	各种工况作业下用工数量/人					
	接钻杆	钻进	起下钻	下套管	取样接样	提钻或者打捞取样器
PCPT 钻机	4	3	4	—	2/绳索取样	4
立轴钻机	6	5	6	7	4/提钻取样	7
差值	-2	-2	-2	-7	-2	-3
钻机类型	各种工况作业时间/min					
	接钻杆	起下钻杆	下套管或海底基盘	贯入行程	取样长度	提钻或者打捞取样器
PCPT 钻机	3	1	20 min/根	3 m/3 min	1.5 m/2 min	100 m/8 min
立轴钻机	5	2	15 m/min	0.5 m/2 min	4.5 m/8 min	100 m/20 min
差值	-2	-1	节约至少 2 h	-15	-2	-12

3.1.2　液压系统优化

液压系统是提升 PCPT 钻机能量效率的关键环节。深海环境对液压系统提出了极高要求，每增加 100 m 水深，外部压力上升约 1 MPa，在数千米海底工作时系统需承受数十兆帕的外压。针对这一挑战，新一代 PCPT 钻机采用了两项创新设计：一是压力补偿技术，通过调节油箱内部液压油压力，使其始终与外界海水压力保持平衡，避免压力差导致的系统损伤；二是高效液压回路设计，减少能量传递过程中的损失。中石化江钻石油机械有限公司研发的继续钻进工具采用了独特的液压锁块机构，通过套筒旋转自动推动锁块动作，实现了液压能量的高效转化。这种优化使液压系统整体效率从传统的 60%左右提升至 75%以上，显著延长了关键部件的使用寿命。

3.1.3　数据分析与决策支持系统

数据分析与决策支持系统正成为 PCPT 钻机效能提升的新焦点。传统勘察中，钻探数据的分析往往滞后于现场作业，难以实时指导参数优化。新一代 PCPT 钻机开始集成边缘计算能力，能够在钻进过程中实时分析岩屑特征、振动频谱和压力波动等数据，自动识别地层变化并预测潜在风险。这种实时地质导向功能使钻机能够及时调整钻进策略，避免卡钻、井壁坍塌等事故。在某南海天然气水合物调查项目中，PCPT 钻机通过实时数据分析成功预测了高压气层的出现，为后续取样方案调整提供了宝贵时间窗口。

3.1.4　安全可靠性与文明施工

自动化设备大多是远程操作，人员一般远离设备运转范围，因此造成人身伤害的风险较常规钻机明显降低。而且集成一体化控制的自动化钻机在操作上可利用程序互锁的原理，设置一些设备的连锁保护功能，限制并防止出现各种误操作的情况发生，以增加设备的安全可靠运行。因此，自动化钻机设备的安全可靠性较常规钻机更强。

在使用普通立轴钻机进行钻进取样时，平台地面常因泥浆、岩土等物质的喷溅与泄漏而变得湿滑，不仅影响人员安全，还造成了设备及环境的污染。相比之下，顶驱钻机通过其内置的球阀开闭流程控制程序，有效地避免了泥浆外泄的情况。此外，采用绳索式作业工艺的顶驱钻机，相比传统的提钻工艺,整个工作过程更为清洁,地面保持得更加整洁,显著提升了施工现场的文明程度。

3.2 操作优化与管理实践

PCPT 钻机在海洋工程勘察中的高效应用不仅依赖于设备本身的技术性能,更需要科学的操作流程和系统的管理方法作为支撑。通过以往的作业经验和业界已发展的较成熟的 PCPT 钻机操作规范和现场管理经验,可以充分发挥设备潜力,确保勘察质量。

3.2.1 前期勘察规划

与传统陆地钻探相比,海洋工程勘察受天气窗口、海流条件和海底地形影响更大,需要更加周密的计划安排。在实际操作中,采用“由易到难”的渐进式策略,先在相对简单区域验证设备状态和参数设置,再逐步推进到复杂地层,可显著降低作业风险。这种策略在多个海上风电场勘察施工中取得良好效果,项目组通过前期试验孔获取了当地地层的响应特性,为后续勘探线的参数优化奠定了基础。

3.2.2 钻机参数动态优化

PCPT 钻机的效能发挥很大程度上取决于冲击压力、频率和旋转速度等参数的合理匹配。经验丰富的操作人员会根据返出岩屑特征、钻速变化和扭矩波动等实时反馈,动态调整工作参数。现阶段 PCPT 钻机的系统配置降液压手把、电控元件集成于数字化操作界面,极大地方便了参数精细调节。在实际作业中,针对不同地层形成了参数匹配经验库:在软土层采用高频低冲击能(20~25 Hz,5~8 MPa)配合较快转速(100~120 r/min);在中硬岩层采用中频中冲击能(15~18 Hz,10~12 MPa)配合中等转速(60~80 r/min);在极硬岩层采用低频高冲击能(10~12 Hz,15~18 MPa)配合慢转速(30~40 r/min)。这种针对性调整可使钻效提高 20%~30%,同时减少钻具磨损。

3.2.3 人员培训与团队协作

先进设备需要高素质操作人员才能发挥最大效能,针对 PCPT 技术的专业特点,先后建立了系统的培训体系,包括理论教学(液压原理、技能操作手册等)、模拟操作(虚拟钻井系统)和现场带教(渐进式任务授权)三个阶段。在作业中落实班前(后)交接制度,加强现场作业班组之间高效配合,保障安全、高效率作业。

3.2.4 优化泥浆配比和钻具组合

海洋地质条件的复杂性要求钻井液性能的高效性和钻具组合的灵活性。持续进行不同地层泥浆使用配比研究,优化降低单孔泥浆耗材使用量,才能实现提高钻孔效率和降低生产成本。定期检查钻头使用情况和钻杆螺纹磨损情况,合理搭配不同类型的钻头和不同刚度的钻杆,优化钻具组合,这些细节管理可显著减少孔内事故。

3.2.5 设备维护与故障预防

设备维保体系对保障 PCPT 钻机连续作业至关重要。海洋环境的高盐度、高湿度加速设备腐蚀和磨损,必须建立严格的日常维护制度。PCPT 钻机要随时进行状态监测,实时跟踪关键部件如液压泵、动力头轴承和密封件的工况参数,通过设备运转情况分析预测潜在故障。维护实践中形成了“三定”原则:定期检查(如每班次检查密封系统)、定点保养(如动力头轴承每 50 h 注油)、定人负责(关键设备专人维护)。

4 结语

本文结合 PCPT 钻机在海洋工程中的实际应用,分析了该设备在高质量岩心样品获取、井下式静力触探技术应用的优势,PCPT 钻机凭借其高精度、高效率及适应复杂海洋环境的能力,能够有效提升深海勘察数据的可靠性,为海洋工程建设提供更为可靠的科学依据。主要形成结论如下:

(1)PCPT 钻机作为现代海洋钻探装备的重要创新,凭借其液压与电气控制系统的结合以及模块化设计,展现出在深水作业中的高效性和适应性。

(2)PCPT 钻机在海洋工程勘察中的应用展现了其卓越的技术性能和高效的取样能力,尤其在复杂水文地质条件下，能够提供高质量的勘察数据，显著提升了工程设计的准确性和经济性。

（3）通过先进的系统配置、丰富的实践经验以及科学的操作管理，降低了人力需求和作业风险，显著提升了作业效率与安全性。

（4）PCPT 钻机在海洋工程勘察领域技术优势明显，通过攻克关键技术瓶颈，优化作业模式，完善标准体系，总结实践经验，PCPT 钻机设备必将发挥更加重要的作用。

参考文献

[1] 张鹏飞，朱永庆，张青锋，等．石油钻机自动化、智能化技术研究和发展建议[J]．石油机械，2015,43(10)：13-17.

[2] 李文强．自动化设备在石油钻机中的应用[J]．中国设备工程，2022(14)：172-174.

[3] 张爱恩，陈玉梅，李德堂，等．钻井平台顶驱钻机液压系统的维护[J]．中国海洋平台，2001,16(3)：35-38.

[4] 吕勇．全液压顶驱钻机自动送钻钻压控制系统研究[D]．兰州：兰州理工大学，2018.

[5] 贺明鸣，李辉，桂满海．"海洋石油 707"综合勘察船的总体设计[J]．船舶与海洋工程，2017,33(3)：27-30.

[6] 计亮，黄浩．大洋勘探船勘探作业技术研究[J]．九江职业技术学院学报，2018(2)：91-92,74.

[7] 刘健．我国海洋钻机设备发展路径研究[J]．中国工程科学，2020,22(6)：40-48.

[8] 陈奇．海底静力触探若干关键技术研究[D]．武汉：中国地质大学，2008.

[9] 安有杰，黄忠平．海洋勘察技术的现状及发展方向[J]．科技与企业，2011(10)：89-90.

[10] 张效龙，边洪村，孙永福．用于海洋工程勘察的微型静力触探系统[J]．工程勘察，2006(4)：43-46.

[11] 郭华，杨向前，徐国贤，等．海洋平台连续起下钻钻机及关键设备研究[J]．石油钻采工艺，2022,44(4)：444-449，481.

[12] 孙运坤，周琦，徐建，等．海上平台静力触探试验工艺改进的研究与应用[J]．土工基础，2021,35(1)：69-71，85.

[13] 宋宝杰．海上自升式工程地质勘察平台的设计与应用[J]．探矿工程(岩土钻掘工程)，2020,47(7)：36-40.

[14] 胡建平，李庆庆．海上船载式移动钻探平台创新及应用[J]．探矿工程(岩土钻掘工程)，2014,41(9)：52-57.

[15] 郭根发．海床式静力触探在海上风电项目勘察中的应用[J]．吉林水利，2022(12)：8-13,17.

[16] 汪华安，王占华，郑文成，等．广东海上风电岩土勘察船只平台技术研究[J]．南方能源建设，2022,9(1)：29-33.

[17] 邓锡斌，葛广林，徐志强．广东海上风电岩土勘察钻机设备研究[J]．广东土木与建筑，2021,28(10)：44-48.

[18] 王世栋，田烈余，王俊珠，等．海洋地质十号船钻探系统及其在海洋地质调查中的应用[J]．探矿工程(岩土钻掘工程)，2020,47(2)：24-29.

[19] 王世栋，潘冬阳，罗旭龙，等．海洋地质十号船钻柱升沉补偿系统的研究与应用[J]．地质装备，2020,21(3)：22-26.

[20] 张彦廷，黄鲁蒙，陈国明，等．深水钻井补偿绞车的节能机理及解耦控制方案研究[J]．中国石油大学学报(自然科学版)，2017,41(4)：124-131.

[21] 杨光．波浪补偿钻探设备在海洋岩土工程勘察中的应用[J]．价值工程，2024,43(12)：111-113.

[22] 陈奇，徐行，石要红，等．国内外海底静力触探的技术研究与进展[J]．南海地质研究，2009：78-89.

[23] 傅露．海底静力触探平台的测控系统设计与实现[D]．杭州：杭州电子科技大学，2018.

[24] 王偲，于彦江，寇贝贝．海洋原位试验方法综述[J]．海洋开发与管理，2017,34(1)：81-86.

[25] 陈奇，徐行，张志刚，等．Downhole CPT 海底基座液压自动调平系统研究[J]．海洋技术，2010,29(1)：120-123.

[26] 王世栋，代爽玲，陈晨，等．WISON-APB-H 50 kN 型井下式 CPT 设备在海洋地质调查中的应用[J]．勘察科学技术，2021(6)：51-56.

基于多源数据的某小型砌石坝安全性态评价

冯康平[1,2]　汪增超[1,2]　余晓露[1,2]　胡文哲[1,2]　刘现锋[1,2]

[1. 黄河勘测规划设计研究院有限公司,河南郑州　450003;
2. 水利部黄河流域水治理与水安全重点实验室(筹),河南郑州　450003]

摘　要:由于建设水平及条件限制,山区多数小型挡水坝存在技术资料缺失、无监测设施、管理养护不及时等问题,如何科学精确地对其安全性态评价是确保工程安全运行的重点,同时也是确保下游河道周边居民及设施安全的大事。本文通过某砌石坝现状安全检查、检测、钻探、监测资料分析、结构复核等工作获得的多种数据,基于实测多源数据,对建设年代久远、资料缺失的小型砌石坝安全性态进行综合评价,评价成果与工程现状运行状态表现一致,验证了多源数据融合分析方法在小型水库安全评价中的适用性,可为今后同类型小型水库安全评价提供参考与借鉴。

关键词:砌石坝;钻探试验;监测分析;渗流安全;结构安全

1　引言

2021 年 12 月,国务院、国家发展改革委、水利部联合印发了《"十四五"水安全保障规划》,要求 2025 年底完成全国现有病险水库除险加固,而水库大坝安全评价是除险加固工作开展的依据和前提。

截至 2024 年底,中国现有小型水库约 9.3 万座,占全国水库总数的 95%以上,其中浆砌石重力坝具有就地取材、适用范围广等特点,是山区小型挡水坝主要结构形式[1]。此类水库多建于 20 世纪 50~70 年代,普遍存在设计标准低、施工质量参差、设施老化、资料缺失等问题。通过系统性水库大坝安全评价,可精准识别隐患(如坝体渗漏、泄洪能力不足),避免溃坝事故对下游村镇、农田、交通设施的毁灭性冲击[2]。

本文以云南省罗平县山区某砌石坝为例,由于工程建设年代久远,设计资料缺失,通过多源信息融合对大坝渗流及结构安全进行综合评价,工作方法可为今后同类型小型水库安全评价提供参考与借鉴。

2　概况

某砌石坝位于云南省罗平县境内,工程建设于 20 世纪 70 年代,以发电为主,兼顾灌溉功能。工程总库容 128 万 m^3,正常蓄水位 1 085.75 m,设计洪水位 1 091.39 m,校核洪水位 1 092.74 m,死水位 1 083.25 m,为日调节水库,工程等别为Ⅳ等小(1)型。工程设计装机容量 2×1.6 MW,1991 年 2 月对电站进行增容改造,改造后装机容量为 2×5.0 MW。本工程大坝坝型为浆砌石重力坝,坝顶宽度 3.2 m,底宽 8.0 m,上游坝面垂直,下游坝面坡度 1:0.8,非溢流坝坝顶高程 1 089.25 m,非溢流坝坝高

基金项目:河南省科技厅备案项目/黄河勘测规划设计研究院Ⅱ类科研项目"水库大坝安全检查(测)数字化采集信息系统"[项目编号:2023KY004(2)],"基于探地雷达技术的水利工程水下病害检测技术研究"[项目编号:2023KY001(2)]。

作者简介:冯康平(1990—),男,工程师,主要从事水利工程安全鉴定、安全监测及检测试验等工作。

11.0 m;溢流坝坝高 7.44 m,坝顶长度 50.2 m,其中溢流坝段长 32.0 m,堰顶高程 1 085.75 m。溢流坝反弧段筑坝材料采用 C20 混凝土,其余采用 M5 水泥砂浆砌块石。放空底孔位于溢流坝右侧,孔口尺寸为 1.8 m×1.8 m,底板高程为 1 080.16 m,配有一台 8 t 的电动螺杆启闭机。取水口布置在大坝右岸边,底板高程为 1 081.74 m,分为 2 孔,孔口尺寸为 1.5 m×2.5 m,各设 1 扇平板钢闸门,上设卷扬式启闭机。大坝工程布置情况如图 1 所示。

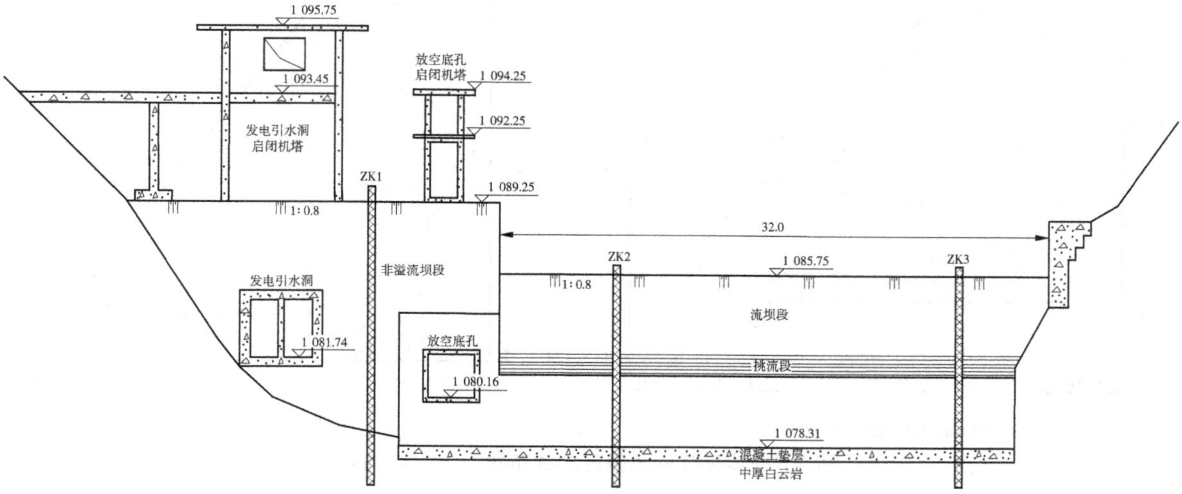

图 1　大坝下游立面图　(单位:m)

3　安全检测及监测资料分析

3.1　安全检测

3.1.1　现场安全检查

现场安全检查揭示,大坝、引水明渠进水口、放空底孔等建筑物及其附属设施未见异常沉陷、裂缝、渗漏等缺陷,整体现状良好;溢流坝段局部存在混凝土砂浆脱落现象,非溢流坝段局部存在青苔及植物滋生现象,放空底孔排架柱表面砂浆存在龟裂和局部脱落现象。

3.1.2　现场安全检测

由于材料劣化和水流冲蚀,浆砌石重力坝砂浆勾缝易破损、脱落,降低坝体防渗性能与结构稳定性[3]。《水库大坝安全评价导则》(SL 258—2017)要求,砌石坝安全检测内容应根据现场检测条件确定,本次主要进行砌石坝的勾缝砂浆强度检测。根据《贯入法检测砌筑砂浆抗压强度技术规程》(JGJ/T 136—2017)要求,本次在非溢流坝段与溢流坝段表面分别布设 2 条测线,分别距离上游垂直坝面 0.5 m、2.0 m,每条测线布置 16 个测点。利用贯入式砂浆强度仪(SJY1000 型)进行砂浆强度检测,检测结果表明抽检坝体砌缝砂浆抗压强度检测值在 8.0~15.8 MPa,抽检部位的砂浆实测抗压强度大于同时期类似工程砂浆强度(M5 水泥砂浆)。测线布置如图 2 所示。

3.1.3　坝体钻孔试验

由于工程建设年代久远,设计资料缺失,为科学评价大坝安全性态,现场采用坝体钻孔试验揭示坝体及坝基工程质量及透水性能。本次在大坝左、中、右坝段布置了 3 处钻孔,钻孔总深度 39.4 m,每孔设置 3 段压水试验段。坝体及坝基钻孔及压水试验成果见表 1。

基岩钻孔压水试验成果:ZK1 钻孔位于大坝右坝段,ZK2 钻孔位于大坝中坝段(溢流坝段),ZK3 钻孔位于大坝左坝段(溢流坝段),基岩段岩体透水率≤5.0 Lu,钻孔稳定水位高程为 1 082.65~1 083.15 m。根据《水利水电工程地质勘察规范》(GB 50487—2008)附表 F,坝基岩石透水率较小、微透水,说明坝基渗漏量较小。钻孔试验表明坝体中部弱透水,上部中等透水,坝体、坝体与基础面接触带存在渗漏情况,与现状坝体下游溢流面及挑流底部部分区域存在渗水痕迹表现一致。

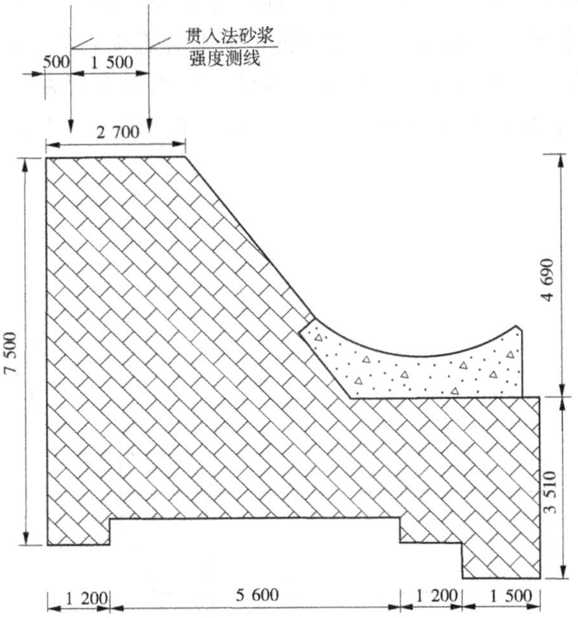

(a)溢流坝段示意

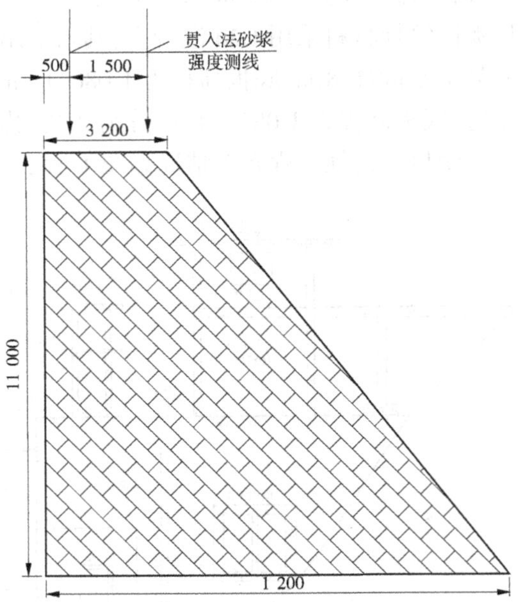

(b)非溢流坝段示意

图 2　坝体砌缝砂浆强度测线布置　（单位:mm）

表 1　坝体及坝基钻孔及压水试验成果

孔号	位置	孔深/m	钻孔属性	换算透水率/Lu	钻孔高程/m	孔内稳定水位高程/m
ZK1	右坝段	0.5~5.5	坝体浆砌石	18.0	1 089.25	1 083.15
		5.5~11.5	坝体浆砌石	9.0		
		11.5~15.0	坝基岩石	1.0		
ZK2	中坝段（溢流坝段）	0.5~5.0	坝体浆砌石	24.0	1 085.75	1 082.65
		5.0~9.5	坝体浆砌石	12.0		
		9.5~12.0	坝基岩石	1.0		
ZK3	左坝段（溢流坝段）	0.5~5.0	坝体浆砌石	16.0	1 085.75	1 082.65
		5.0~9.2	坝体浆砌石	8.0		
		9.2~12.4	坝基岩石	1.0		

3.2　监测资料分析

由于历史因素,建设初期水库未设置监测设施。2012 年大坝标准化提升过程中,增设安全监测设施,主要包括环境量及内部变形监测。环境量监测包括大坝上下游水位、气温及降水量监测;内部变形监测主要分布在坝肩,左右坝肩处各布置 1 套 3 点式多点位移计,孔深均为 15 m,钻孔倾角 15°,位移计埋设深度分别为 15 m、10 m、5 m。

环境量监测数据表明,2012 年以来,最高库水位 1 089.50 m(2019 年 7 月 22 日),最低库水位 1 083.58 m(2020 年 11 月 28 日);最高尾水位 1 080.50 m(2023 年 5 月 2 日),最低尾水位 1 073.58 m(2024 年 11 月 17 日)。库水位、尾水位变化均与降水量呈一定相关性,降水量较大时水位升高,降水量较小时水位下降。

内部变形监测数据表明,左、右坝肩基岩上抬最大值为 1.21 mm,发生在 2019 年 2 月 5 日左坝肩 5 m 深度处。沉降最大值为 0.41 mm,发生在 2023 年 10 月 4 日左坝肩 5 m 深度处。基岩位移与库水位相关性不大，与气温呈一定相关性，气温降低，基岩向下位移，气温升高，基岩向上位移。多点位移计典型测值过程线如图3所示。

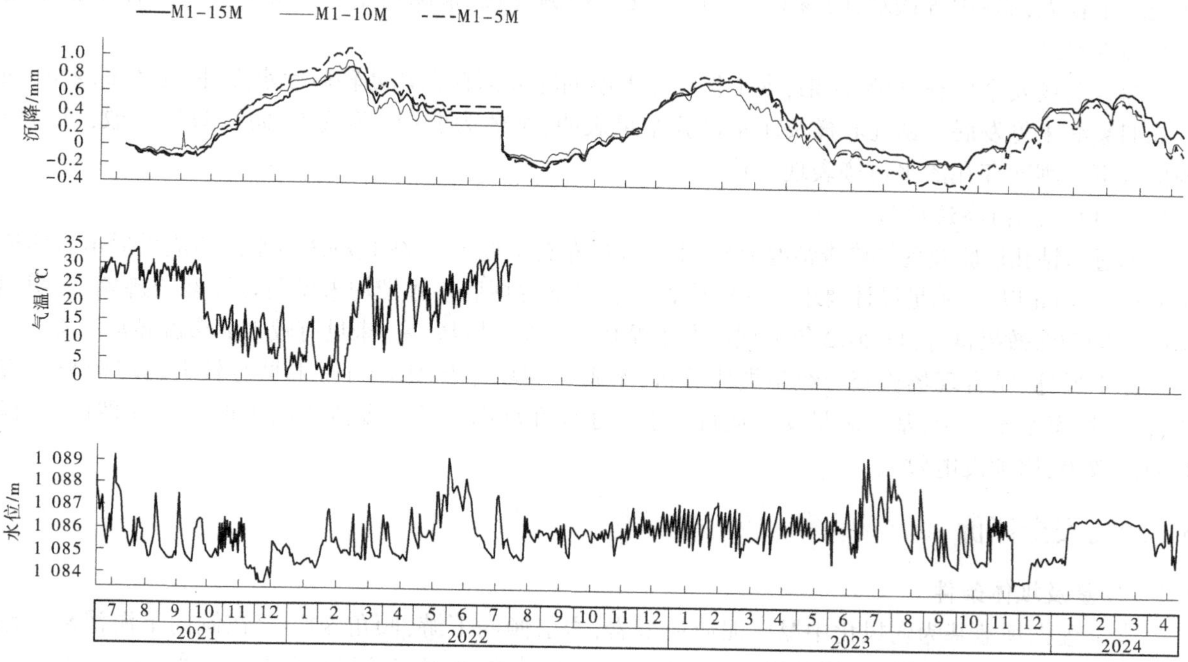

图3 近年多点位移计典型测值过程线

综上所述，本工程各监测项测值变化符合砌石坝一般变化规律，测值波动在合理范围内，测值未见异常增大，大坝工作性态良好。

4 渗流分析与安全评价

4.1 防渗分析

4.1.1 地质条件分析

本工程库区出露地层岩性为中厚层白云岩、泥质白云岩，出露多为可溶岩，但地表岩溶以溶隙为主，未见大的岩溶发育。坝址区节理裂隙发育，雨量充沛，水循环强烈，岩溶较发育，水文地质条件复杂。坝基河流为最低侵蚀基准面，两岸地下水分水岭均高于水库正常蓄水位，地下水通过岩溶裂隙向河流排泄。

4.1.2 防渗措施分析

该砌石坝未专门设置防渗区，仅靠砌石及砂浆勾缝防渗。

4.1.3 钻探试验分析

钻孔试验揭示，右坝段ZK1钻孔坝基岩体做压水试验，基岩透水率1.0 Lu，钻孔稳定水位高程为1 083.15 m，低于水库正常蓄水位；溢流坝段ZK2钻孔坝基岩体做压水试验，基岩透水率1.0 Lu，钻孔稳定水位高程为1 082.65 m，低于正常蓄水位；左坝段ZK3钻孔坝基岩体做压水试验，基岩透水率1.0 Lu，钻孔稳定水位高程为1 082.65 m，低于水库正常蓄水位。钻孔试验成果表明，坝基岩体透水率小，微透水，坝基岩体完整性好，坝基岩体的质量好。

表1压水试验成果表明，坝体为弱透水，防渗效果一般，且与现场检查下游坝面存在渗水痕迹表现一致。

4.2 渗流安全评价

4.2.1 坝体渗流评估

查阅本工程历史技术资料，浆砌石坝坝体未专门设置防渗分区，仅靠坝体M5水泥砂浆砌块石进行防渗。

压水试验表明,大坝坝体透水率为 8.0~24.0 Lu,孔内稳定水位高程为 1 082.65~1 083.15 m,坝体透水率较大,弱-中等透水,防渗效果一般。安全检测发现,浆砌石重力坝溢流坝段坝体下游溢流面有渗水痕迹。

综合现场安全检查、检测成果,本工程坝体下游面除局部存在几处轻微渗水点外,无渗漏现象,坝体陈旧裂缝未见发展。钻孔心样及压水试验结果表明,坝体为弱-中等透水,防渗效果一般,且与现场检查下游坝面存在渗水痕迹表现一致。

4.2.2 坝基(肩)渗流评估

通过对钻孔试验及现场检查情况分析,水库大坝左右岸近坝肩 ZK1、ZK3 压水试验成果揭示岩体透水率均在 5 Lu 以下,满足设计要求。现场检查左右岸下游坝肩接触带均未见明显渗漏的迹象,表明坝基(肩)的防渗效果良好,自 2012 年大坝标准化提升至今大坝坝基(肩)未见有较大的渗流异常现象。

综上所述,结合现场检查与经验类比分析,本砌石坝坝体及坝基(肩)未见有较大的渗流异常现象,渗流性态基本安全,基本满足安全运行要求。建议在坝面上游及溢流坝面采取防渗处理措施,提高防渗效果,增加发电效益。

5 结构安全评价

5.1 坝基及坝体条件

本工程大坝地基为弱风化中厚层泥质白云岩,岩层倾向下游,倾角 80°,存在倾向下游滑动的结构面,坝基岩体完整性较好。坝基岩层走向与河流流向大角度相交,岩层倾向下游,倾角 8°~15°,在没有切脚临空的情况下利于坝基的抗滑稳定,岩体较完整。

大坝坝基开挖深度为 2~3 m,深入弱风化岩体,基岩承载力可达 2.0 MPa。最大坝高为 11.0 m,坝基持力层岩石不需做特殊处理即可满足本工程大坝结构受力需要。坝区未发现大的断裂发育,坝址区岩层倾向下游,倾角 8°~15°,无影响坝体稳定的不利组合,无须做特殊处理。

溢流坝反弧段筑坝材料采用 C20 混凝土,其余采用 M5 水泥砂浆砌块石。根据现场检测及钻孔试验资料,大坝坝体的填筑材料为浆砌块石,钻孔揭露的坝体岩心采取率在 69%~83%,坝体完整性较好。

5.2 结构安全评价

5.2.1 计算参数

查阅历史资料及坝顶钻孔勘探成果揭露,坝基岩体为弱风化中厚层泥质白云岩,基岩较完整,坝基开挖深度 2~3 m,深入弱风化岩体。

结合钻孔取心成果和经验类比[4],本次基岩承载力取 2.0 MPa,黏聚力 c'取 0.55 MPa,f'取 0.75,坝体重度取 23 kN/m³,淤沙浮重度取 8 kN/m³,内摩擦角取 15°。

5.2.2 计算公式

根据《砌石坝设计规范》(SL 25—2006)第 5.3 条,砌石重力坝坝基面抗滑稳定计算采用刚体极限平衡法,按抗剪断强度计算。本次建基面的抗剪断摩擦系数取 0.75;建基面的抗剪断黏聚力取 0.55 MPa。

根据 SL 25—2006 第 6.3.2 条,垂直水流方向取 1 m 单宽坝段,按照坝基截面投影,对坝趾处取矩计算大坝基底应力[5]。

5.2.3 计算工况及结构力学简化

根据 SL 25—2006 要求,坝体稳定及基底应力计算工况如下:

(1)基本组合。

正常蓄水位工况:正常蓄水位+相应下游水位+自重+扬压力+泥沙压力+浪压力;

设计洪水位工况:设计洪水位+相应下游水位+自重+扬压力+泥沙压力+浪压力+动水压力(溢流

坝段)。

(2)特殊组合。

校核洪水位工况:校核洪水位+相应尾水位+自重+扬压力+泥沙压力+浪压力+动水压力(溢流坝段)。

各组合工况下,砌石坝溢流坝段及非溢流坝段力学简化如图4所示。

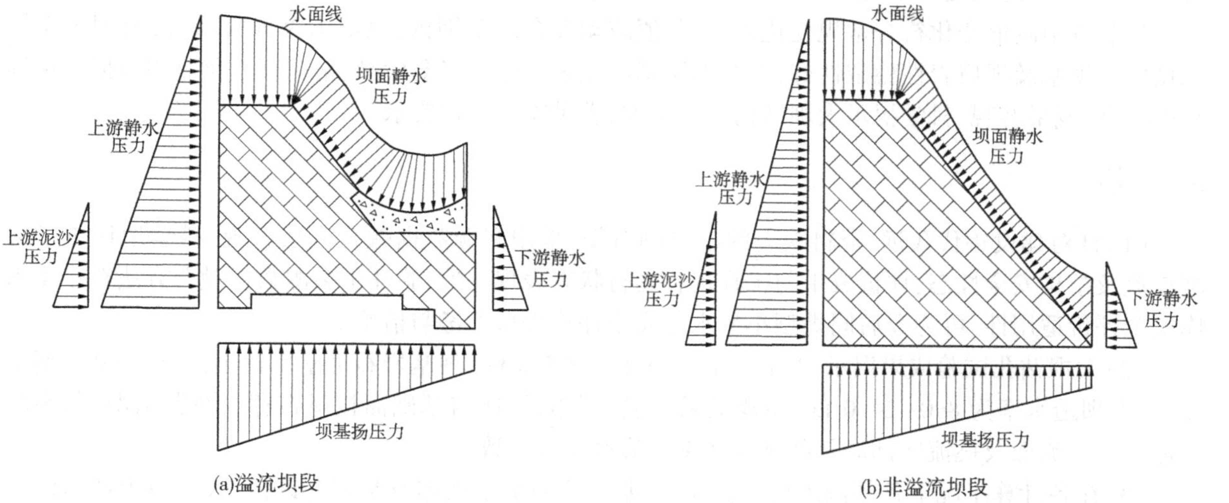

图4 不同工况下坝体力学简化示意

5.2.4 计算成果

根据工程最新水库调洪计算成果,经计算各荷载组合下坝基抗滑稳定及坝基垂直截面应力计算成果见表2和表3。

表2 浆砌石重力坝应力和稳定计算成果(非溢流坝段)

工况		基本组合		特殊组合
特征水位		正常蓄水位	设计洪水位	校核洪水位
抗滑稳定安全系数 K_c	计算值	13.14	6.03	5.52
	允许值	3.0	3.0	2.5
坝基截面垂直正应力/kPa	坝踵	47	76	51
	坝趾	203	101	127
地基承载力/MPa		2.0	2.0	2.0

表3 浆砌石重力坝应力和稳定计算成果(溢流坝段)

工况		基本组合		特殊组合
特征水位		正常蓄水位	设计洪水位	校核洪水位
抗滑稳定安全系数 K_c	计算值	9.52	6.58	6.66
	允许值	3.0	3.0	2.5
坝基截面垂直正应力/kPa	坝踵	69	18	19
	坝趾	102	205	233
地基承载力/MPa		2.0	2.0	2.0

由表 2 和表 3 可知，各工况下，各坝段坝基截面垂直最大正应力 233 kPa，小于地基岩层承载力 2.0 MPa，且地基未出现拉应力；各坝段抗滑稳定性计算系数均大于规范允许最小值，抗滑稳定满足规范要求。

综上所述，各坝段在计算工况下上游面未出现拉应力，最大正应力小于坝体砌体及基岩允许压应力，大坝应力状态满足规范要求。各工况下，大坝沿建基面抗剪断安全系数最小值均大于规范允许值。各监测项测值变化符合常规变化规律，测值波动在合理范围内，测值未见异常增大，大坝工作性态良好。坝基及坝肩岩性稳定性好，近坝库岸基本稳定。通过安全检测、钻探试验及监测数据分析等数据融合，成果客观、科学揭示大坝结构是安全的，满足安全运行要求。

6 结语

（1）针对建设年代久远、资料缺失的小型砌石坝，采用多源数据融合方法客观、科学地评价了大坝渗流及结构安全性态，评价成果与工程现状运行状态表现一致，验证了多源数据融合方法在小型水库安全评价适用性，可为今后同类型小型水库安全评价提供参考与借鉴。

（2）大坝钻孔试验成果揭示，基岩段岩体透水率≤5.0 Lu，坝基岩石透水率较小，反映坝基渗漏量较小；大坝透水率为 8.0～24.0 Lu，防渗效果一般，坝体、坝体与基础面接触带存在渗漏情况，与现状坝体下游溢流面及挑流底部局部区域存在渗水痕迹表现一致。

（3）在各计算工况下各坝段未出现拉应力，基底应力小于坝体及基岩允许值，大坝应力状态满足安全运行要求。各工况下，大坝沿建基面抗滑稳定性满足要求。各测项测值变化符合常规变化规律，测值波动在合理范围内，测值未见异常增大，大坝工作性态良好。

依据《水库大坝安全评价导则》（SL 258—2017）要求，本工程渗流安全评级为 B 级，结构安全评级为 A 级，本工程大坝综合评级为“二类坝”，应及时制定措施对砌石坝进行防渗灌浆处理，增强防渗效果，提高发电效益。

参考文献

[1] 王力波，岑威钧，郑长海. 土工膜修复浆砌石重力坝渗漏的效果分析[J]. 人民珠江，2021，42(6)：107-111.

[2] 刘丽芳. 浆砌石重力坝老化问题分析[J]. 河南水利与南水北调，2020，49(4)：81-82.

[3] 位敏，高大水，叶俊荣，等. 大塅水库浆砌石重力坝除险加固技术[J]. 大坝与安全，2011(5)：68-72.

[4] 马福恒，李永江，向衍，等. 东方红水库浆砌石重力坝安全性态分析评价[J]. 水电能源科学，2006(1)：22-25，98.

[5] 焦延涛，沈振中，周国栋. 青天河浆砌石重力坝溢流坝段抗震安全评价[J]. 南水北调与水利科技，2015，13(3)：487-492.

断裂发育部位岩质高边坡稳定性的综合分析

薛　卉[1,2]　王　芳[3]

(1. 中国电建中南勘测设计研究院有限公司,湖南长沙　410014;
2. 湖南中南水电水利工程建设有限公司,湖南长沙　410014;
3. 湖南省轻纺设计院有限公司,湖南长沙　410015)

摘　要:岩质高边坡稳定性分析评价是一项复杂的系统工程问题。该问题的分析、研究、评价和设计用某一种数学方法和力学方法进行论证,往往存在局限性。在充分分析岩质高边坡赋存的地质背景和环境条件的基础上,采用综合分析评价、综合集成的方法是研究分析和解决该问题的最佳方法。采用赤平极射投影法、Hoek 楔形体极限稳定性分析方法和极限平衡法分析软件等,对某水库岩质高边坡开挖工程实例进行综合评价和集成分析,获得综合结论,并指导实际工程施工。实践表明,综合分析评价法是岩质高边坡稳定性评价分析的重要途径。

关键词:边坡;综合分析;赤平极射投影法;Hoek 楔形体极限稳定性分析;极限平衡法分析软件

1　引言

在水利水电工程中,自然边坡及开挖边坡非常常见。我国西南地区山高谷深,水力资源丰富,高坝大库工程较多。由于特定的地形地质条件,高陡边坡稳定问题突出,成为制约水电资源开发和工程建设的关键技术问题之一[1-2]。高山峡谷区岩质边坡包括坝肩边坡、溢洪道、电站厂房边坡及隧洞进出口边坡等。由于岩坡失稳常造成很大的灾害和损失,故岩坡稳定的研究一直是水利水电建设工程中的常见和重要的岩土工程问题之一[3]。

影响岩质高边坡稳定性的因素很多且复杂,各种因素在不同组合条件下,对边坡稳定性的敏感度是不同的。它们之间的相互作用、耦合作用及其对岩质高边坡稳定性的综合影响是十分复杂的,常常是非线性的关系[4]。虽然前人在岩石边坡变形演化及破坏机制、数值模拟方法及监测等方面取得了一些进展,岩质高边坡稳定性的分析评价方法很多,但存在的问题也较多:忽视岩质高边坡地质环境条件的分析研究;专题性与单一方法的分析评价较多,系统性与综合集成性的分析评价研究很少[5-6]。

本文针对云南某水利工程岩质高边坡工程,在充分考虑岩质高边坡地质环境条件特性的基础上,采用赤平极射投影法找出岩质边坡的优势结构面组合,用 Hoek 楔形体极限稳定性分析方法、极限平衡法分析软件对优势结构面组合进行定性和定量的综合评价、集成分析;获得综合结论,对同类工程边坡稳定性评价具有一定的指导意义。

2　工程地质概况

某水库工程设计拦河坝为混凝土面板堆石坝,最大坝高 89.42 m,左岸趾板边坡最大坡高 40.3 m,为高边坡,如图 1 所示。

边坡岩性主要为粉土和片麻岩。粉土层主要分布在边坡的上部,层厚 0.5~1.5 m,结构松散、潮湿。粉土层下部为强风化至中等风化片麻岩。强风化层厚度为 6.0~8.0 m,岩性软弱,片麻理及节

作者简介:薛卉(1990—),女,高级工程师,主要从事水文与工程地质、岩土工程方面的勘察工作。

图1　趾板及趾板边坡开挖图

理、裂隙面发育,其间多充填松散状土或砂,岩体多呈碎块状、块状,岩体破碎。中等风化层上部,岩性较软弱,片麻理及节理、裂隙面较发育,其间无碎屑物质充填,可见铁锈浸染,岩体多呈碎块状、镶嵌状,岩体较破碎,用锤剥离时稍有难度,边坡岩体物理力学性质指标见表1。

表1　边坡岩体物理力学性质指标

岩性	风化状态	干密度/(10^3 kg/m^3)	饱和抗压强度/MPa	弹性模量/GPa	泊松比	黏聚力/MPa	内摩擦角/(°)
片麻岩	强风化	2.1	20	3.0	0.35	0.3	27
	中等风化上部	2.3	35	3.3	0.32	0.4	31

在水库左岸趾板边坡施工开挖过程中,局部出现了小规模塌方,塌方物质为片麻岩强风化、中等风化上部。塌方体形状为四面体,底面积约12.3 m^2,塌方体高18.0 m,塌方体体积为73.8 m^3,发育带边坡简图见图2。经调查,发现此处有小规模断层发育。该断层横跨趾板边坡及左岸趾板,出露的可见延

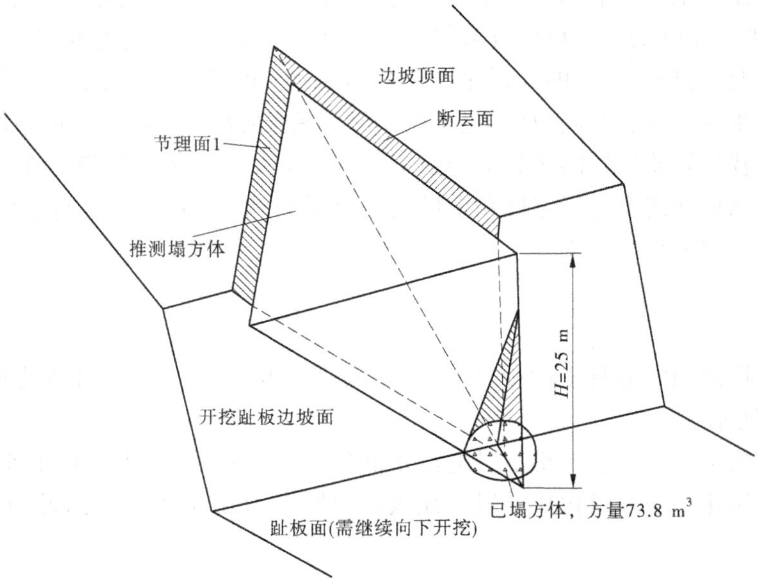

图2　断层发育带边坡现状示意

伸长度约 15 m,为压性断层,断层破碎带宽度 10~20 cm。断层充填物质为断层泥,夹泥为青灰色,抗剪强度低。断层带有水渗出,流量 1.0 L/s。

岩体开挖后,可通过调查实际出露结构面性状及位置,分析块体的几何特征及边坡稳定性[7]。断层带附近主要发育有断层面及两组节理面,该处片理面发育不明显,各结构面产状见表 2。在断层、节理等的影响下,边坡浅表层岩体破碎,呈碎块状、块状、镶嵌状(见图 3)。

表 2　边坡及结构面产状

名称	走向/(°)	倾向/(°)	倾角/(°)
开挖趾板边坡面	35	125	64
自然边坡面	113	203	34
断层面	67	157	84
节理面 1	5	95	40
节理面 2	23	113	80

图 3　断层带附近所发育结构面及其产状

3　边坡破坏类型判别运动学分析

断层发育地带浅表层强风化、中等风化上部岩体在断层及节理面的切割作用下,呈碎裂、镶嵌状,岩体破碎-较破碎[8-9]。断层带渗出的水,在边坡上形成小规模点状湿地,且边坡开挖形成临空面,产生坡面表层的滑塌现象。塌方体呈四面体,其一侧受断层控制,破坏面规则,呈平面;另一侧破坏面不规则,呈锯齿状。

边坡中等风化及其下部岩体,岩体完整性较上部好,其滑动破坏主要受结构面的控制,结构面的不连续性与坡面取向的关系决定了边坡岩体运动的可行性。软弱结构面因水、物理化学作用或震动等强度降低,应力状态发生改变,产生剪切破坏,造成上部大体积岩土体沿软弱带滑走而形成滑坡现象,造成整体失稳破坏。平面剪切滑动,主要以简单平面滑动及楔形体滑动为主。

3.1　简单平面滑动分析

简单平面滑动的特点是块体沿着单一平面滑移。它的产生是由于这一平面上的抗剪力与边坡形状不相适应。为了使滑动沿单一面发生,简单平面滑动必须满足以下几何条件:①滑动面的走向必须与坡面平行或接近平行(约在20°范围之内);②破坏面必须在边坡面露出,就是说破坏面的倾角必须小于坡面的倾角;③破坏面的倾角必须大于该面的摩擦角;④岩体中必须存在对于滑移仅有很小阻力的节理面,它规定了滑动面的侧面边界[8]。

由图4所示的结构面产状可知,断层面、节理面1的走向与开挖边坡面走向的夹角分别为32°、30°,夹角均大于20°,不满足上述第①条,结构面的走向需在20°范围内,故断层面和节理面1不能发生简单平面滑动;节理面2的走向与开挖边坡面走向间的夹角为12°,但节理面2的倾角为80°,大于坡面倾角,断层面不能在边坡面上出露,故节理面2不会发生简单平面滑动。可知,本工程边坡上发育的3组结构面均不满足发生简单平面滑动的破坏条件。

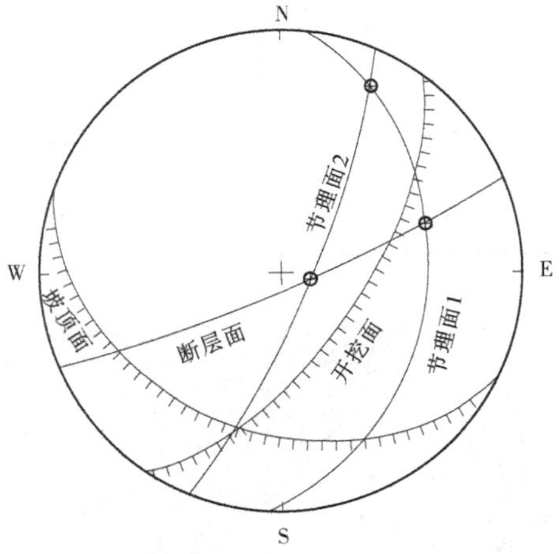

图4　结构面赤平投影图

3.2　楔形体滑动分析

楔形体滑移破坏较为常见,当两个不连续面的走向斜交于坡面,其交线在坡面上出露时,如果此交线的倾角显著大于摩擦角,则位于此两不连续面上的岩石楔体将沿交线下滑,形成空间楔体破坏[8-9]。由结构面赤平投影图(见图4)可知,节理面1和节理面2、断层面与节理面2的交点均位于开挖面圆弧内侧,结构面交线的倾角陡于开挖边坡坡角,故边坡沿该两组结构面发生楔形体滑动的可能性较小。断层面与节理面1的交点位于开挖面圆弧外侧,边坡沿该组结构面有发生滑动的可能性,断层面与节理面1为该岩石边坡的优势结构面组合,该组合可能发生楔形体变形破坏。

4　边坡稳定性计算

4.1　结构面抗剪强度参数取值

结构面最重要的力学性质之一就是抗剪强度[8-9]。经现场勘察发现,断层带有水渗出,流量1.0 L/s。水对岩体的影响主要包括两个方面:一是水对岩石的软化作用,水的存在使得岩体的力学性能降低,抗剪强度参数减小;二是水与岩体相互耦合作用下的力学效应,一旦饱和岩石在荷载作用下不易排水或不能排水,则岩体孔隙或裂隙中产生孔隙水压力,相应的岩石颗粒所承受的压力减小,强度降低[8-9]。

水对结构面有软化、润滑的作用,在水的作用下,不同性质结构面抗剪强度下降的程度不同[10]。断层面为含夹泥的软弱结构面,节理面1、2为含岩屑夹泥性质的软弱结构面。通过现场地质调查和相关实验室试验,参照相关资料,对结构面的物理力学参数进行取值,并对结构面饱水状况下的抗剪强度进行折减。结构面的抗剪强度参数值见表3。

表 3　各结构面抗剪强度参数值

名称	抗剪强度(天然状态)		抗剪强度(饱水状态)	
	黏聚力/kPa	内摩擦角/(°)	黏聚力/kPa	内摩擦角/(°)
断层面	10	11	5	7
节理面 1	40	17	26	14
节理面 2	40	17	26	14

4.2　计算原理及边坡几何参数取值

Hoek 楔形体极限稳定性分析方法考虑了楔形体的几何尺寸、两结构面不同的抗剪强度和地下水分布等因素[8-9]，其假设基本能够满足本工程楔形体稳定性计算需求，后文将依据 Hoek 楔形体极限稳定性分析方法对边坡稳定性进行分析，楔形体稳定性分析要素及水压力分布见图 5。

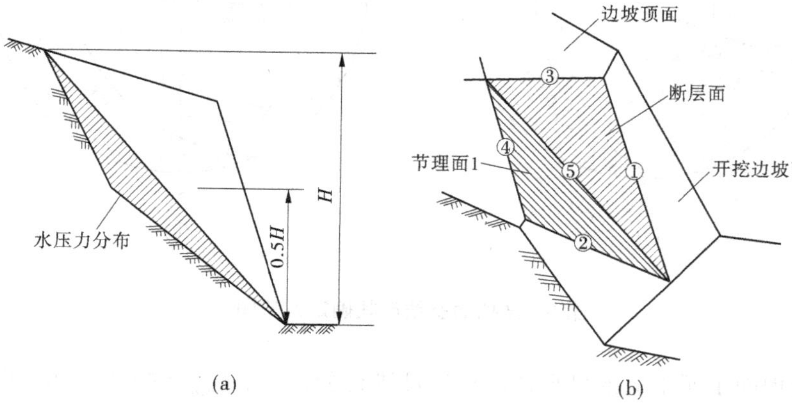

图 5　Hoek 楔形体稳定性分析要素和水压力分布

图 6 为 Hoek 楔形体稳定性分析赤平投影要素图，图中 ψ_5 为断层面和节理面 1 交线的倾角，$\theta_{na,nb}$、θ_{24}、θ_{45}、$\theta_{2,na}$、θ_{13}、θ_{35}、$\theta_{1,nb}$ 分别为赤平投影图中的角度，N_a、N_b 分别为断层面和节理面 1 的极点。

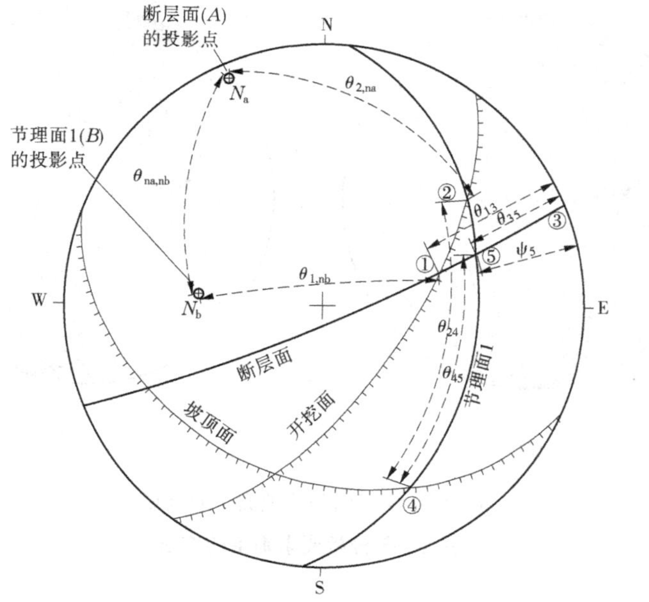

图 6　Hoek 楔形体稳定性分析赤平投影要素图

图4中,断层面和节理面1交线的产状确定方法如下:

(1)以赤平网圆心为基点,将断层面、节理面1放到赤平投影网上,如图7(a)所示。

(2)从赤平网圆心过断层面、节理面1的交点作一条射线,此射线与正北轴的夹角,即为断层面与节理面1交线的倾向,倾向为71°。

(3)以赤平网圆心为中点,旋转断层面、节理面1所在的大圆,直到断层面、节理面1的交点落在赤平网的WE轴上,测得交线的伏角为38°,如图7(b)所示。断层面与节理面1的交线产状为71°∠38°。

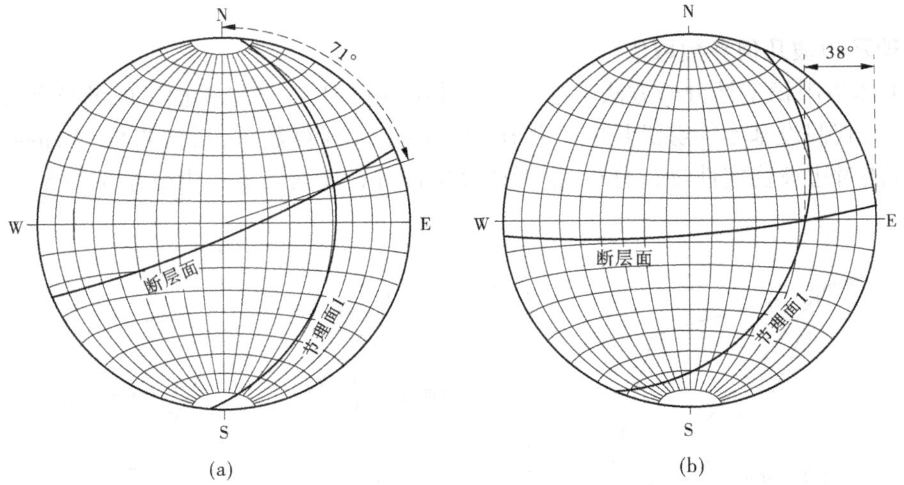

图7　结构面交线产状确定方法图

对断层面与节理面1所组成的楔形体的稳定性进行分析,以$\theta_{na,nb}$的取值为例,步骤如下:

(1)以赤平网圆心为基点,将N_a、N_b两点复制到赤平网上,如图8(a)所示。

(2)以赤平网圆心为中点,旋转赤平网,使N_a、N_b两点落在同一根经向大圆上。

(3)得$\theta_{na,nb}=68°$,如图8(b)所示。同理可得,$\theta_{2,na}$、$\theta_{1,nb}$、θ_{24}、θ_{45}、θ_{13}、θ_{35}的度数,各参数值见表4。

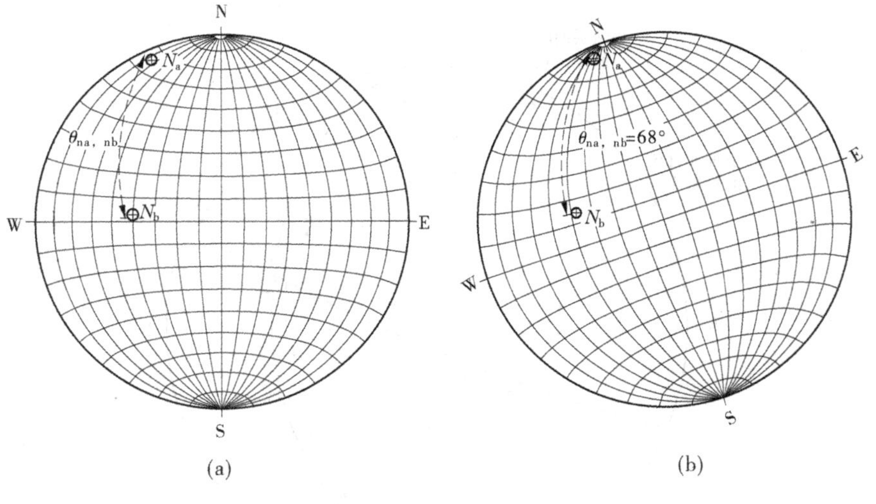

N_a、N_b—断层面和节理面1的极点。

图8　各分析要素确定的方法

表 4　楔形体稳定性计算参数

计算要素	$\theta_{na,nb}$	$\theta_{2,na}$	$\theta_{1,nb}$	ψ_5	θ_{24}	θ_{45}	θ_{13}	θ_{35}
角度/(°)	68	76	75	38	85	69	52	38

Hoek 楔形体稳定性分析中,稳定性安全系数 FS 计算式为

$$A = \frac{\cos\psi_a - \cos\psi_b\cos\theta_{na,nb}}{\sin\psi_5\sin^2\theta_{na,nb}} \tag{1}$$

$$B = \frac{\cos\psi_b - \cos\psi_a\cos\theta_{na,nb}}{\sin\psi_5\sin^2\theta_{na,nb}} \tag{2}$$

$$X = \frac{\sin\theta_{24}}{\sin\theta_{45}\cos\theta_{2,na}} \tag{3}$$

$$Y = \frac{\sin\theta_{13}}{\sin\theta_{35}\cos\theta_{1,nb}} \tag{4}$$

$$FS_{sat} = \frac{3}{\gamma_r H}(c_A X + c_B Y) + \left(A - \frac{\gamma_w}{2\gamma_r}X\right)\tan\varphi_A + \left(B - \frac{\gamma_w}{2\gamma_r}Y\right)\tan\varphi_B \tag{5}$$

$$FS_{nat} = \frac{3}{\gamma_r H}(c_A X + c_B Y) + A\tan\varphi_A + B\tan\varphi_B \tag{6}$$

式中:ψ_a、ψ_b 分别为断层面和节理面 1 的倾角;ψ_5 为断层面和节理面 1 交线的倾角;$\theta_{na,nb}$、θ_{24}、θ_{45}、$\theta_{2,na}$、θ_{13}、θ_{35}、$\theta_{1,nb}$ 分别为赤平投影图的角度;c_A、c_B 分别为断层面和节理面 1 的黏聚力;φ_A、φ_B 分别为断层面和节理面 1 的内摩擦角;γ_r、γ_w 分别为岩体和水的重度,其中 γ_r 取 25.0 kN/m^3,γ_w 取 9.8 kN/m^3;H 为楔形体的高度,计算断层发育带边坡稳定性时楔形体的高度取 25.0 m。FS_{sat}、FS_{nat} 分别为结构面充满水、天然状态下边坡的安全系数。

据式(1)~式(4),计算得边坡稳定性分析楔形体几何参数值见表 5。

表 5　楔形体的几何参数值

几何参数	A	B	X	Y
楔形体几何参数值	-0.345	1.373	4.411	4.945

4.3　边坡稳定性计算

按式(5)、式(6)及表 3、表 5 中的参数对断层发育带边坡稳定性进行计算,取楔形体破坏高度为 25.0 m。不同工况下,结构面抗剪强度及水压力计算假设条件为:结构面饱水时,需考虑结构面强度参数的折减及裂隙水压力;天然状态下,不考虑裂隙水压力,不对结构面强度进行折减。结构面在饱水及天然状态下,其抗剪强度值见表 3。

得断层面与节理面 1 所组成楔形体的稳定性安全系数 $FS_{sat}=0.657$、$FS_{nat}=1.615$。本工程中的永久边坡,其边坡稳定安全系数应大于 1.30。由计算结果可知,由断层面和节理面 1 所组成的楔形体,在天然状态下基本稳定;结构面饱水时,边坡不稳定。

趾板边坡支护,原设计采用喷锚挂网方式支护,锚杆长度为 3 m,作为常规加固,该方案基本能够满足边坡稳定性需要。断层发育带处,3 m 长锚杆无法使被断层切割的岩体有效锚固到下伏基岩上,不能有效加固,需要重新计算锚固力并选择锚固方式。

5　复核及支护建议

应用 Hoek 楔形体稳定性计算方法时,需要有能力去检查岩土体性质和水压力的变化对安全系数的

影响,因为这些参数值很难准确取值[6]。结构面抗剪强度及地下水位的变化,对边坡安全系数的计算有很大影响。考虑到分析要素取值的不准确等,故采用极限平衡法分析软件对边坡稳定性分析进行复核。

应用极限平衡法分析软件进行分析计算,图 9 为断层面和节理面 1 组合楔形体滑移图,表 6 为该楔形体结果输出。当断层面和节理面 1 组合时,天然状态、饱水状态下楔形体的安全系数分别为 1.336、0.464。该结论与 Hoek 楔形体稳定性计算结论相似,见表 6。

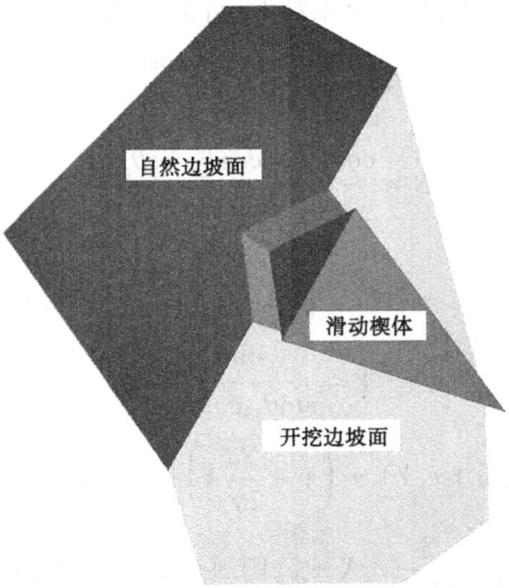

图 9 断层面和节理面 1 组合楔形体滑移图

表 6 稳定性分析结果对比

计算方法	安全系数		稳定性		楔形体滑动破坏方式
	天然状态	饱水状态	天然状态	饱水状态	
Hoek 楔形体极限稳定性分析方法	1.615	0.657	稳定	不稳定	—
极限平衡法分析软件	1.336	0.464	稳定	不稳定	沿着节理面 1 发生滑动

Hoek 楔形体极限稳定性分析方法及极限平衡法分析软件在计算过程中,都以一个规则的四面体进行计算,未将已发生表层滑动的滑体的重量及由抗剪强度产生的摩阻力减掉。根据极限平衡分析软件及其说明可知,断层面与楔形体的法向力小于 0,说明断层面的抗剪强度对楔形体的稳定性影响较小,可不考虑已发生滑动的滑体的抗剪强度对安全系数的影响。已发生塌方的滑体的重力对楔形体的稳定性有一定影响,根据体积、重度计算等效重力。现状楔形体体积加上已发生滑动滑体的总体积为 402.744 m^3,已发生滑动滑体的体积为 74.0 m^3,计算得楔形体的等效重度为 2.04 t/m^3,等效体积为 402.744 m^3。利用等效重度对楔形体的稳定性再进行计算,结果得边坡稳定性安全系数为 0.479 4,原计算结果为 0.464,岩石单位重量的变化对边坡安全系数的影响较小[5]。说明不考虑已滑动体时,计算结果偏安全,安全系数变化不大,且不影响边坡稳定性的判别。

由以上分析可知,断层面和节理面 1 组合时,该组合形式形成的楔形体易发生潜在滑移,需要对其进行支护处理。本工程开挖趾板边坡,原设计采用喷锚挂网方式支护,锚杆长度为 3 m,垂直于开挖边坡面打入,钢筋直径为 25 mm,间距 1.5 m×1.5 m,梅花形布置。作为常规加固,该方案基本能够满足边坡稳定性需要。但断层发育处,3 m 长锚杆无法使被断层切割的岩体有效锚固到下伏基岩上,不能有效加固,需要重新计算锚固力并选择锚固方式。

岩质边坡支护工程中,锚杆存在有效锚固长度及最佳锚固角[11-12]。拟对该楔形体支护拟采用端锚支护处理,设定安全系数为 1.3,采用等效重度,利用极限平衡分析软件进行优化支护分析。边坡锚杆支护分析结果输出见表 7。

表7 边坡锚杆支护分析结果输出

边坡高度/m	楔形体体积/m³	锚杆参数				支护后		
		倾向/(°)	倾角/(°)	长度/m	锚固长度/m	安全系数	下滑力/t	阻滑力/t
25	402.774	310	23(下倾)	9.0	5.3	1.3	310.24	405.834

对锚杆加固方向进行优化,最优化的锚杆倾向为310°,倾角为23°。最优化锚杆倾向,与两优势结构面走向所组成夹角的角平分线反向,表明的支护方向通过楔形体的重心,符合力的几何原理;锚杆轴线与水平面的夹角小于10°以后,锚杆外端灌浆饱满度难以保证。由于锚杆水平抗拉力等于拉杆强度与锚杆倾角余弦值的乘积,锚杆倾角多大时锚杆有效水平拉力下降过多,同时将对锚肋作用较大的垂直分力,该垂直分力在锚肋基础设计时不能忽略,同时对施工期锚杆挡墙的竖向稳定不利,因此锚杆倾角宜为10°~35°。本边坡工程最优锚杆倾角为23°,符合锚杆的常规加固原理,且易于施工,能够实现。以此为参照,对工程边坡进行加固。

高边坡施工总的原则:开挖一级、防护加固一级;逐级开挖,逐级防护。实际施工过程中,趾板边坡开挖后,为避免降雨导致已开挖趾板边坡发生失稳滑动,先对已开挖边坡进行支护,然后继续向下开挖。

6 结语

边坡工程是一项复杂的系统工程,涉及工程地质和水文地质、工程力学与工程结构、岩石力学等多个学科,是由若干具有独立功能的体系和部分组成的整体。边坡复合支护体系的设计与施工,均应从这一整体的系统出发,采用综合的分析方法,才能够在保证边坡安全的同时,实现工程经济、技术的最优化。

本文使用赤平投影网对边坡软弱结构面进行初步分析,找出优势结构面组合,再用Hoek楔形体极限稳定性分析方法、极限平衡法分析软件对边坡优势结构面组合稳定性进行分析计算。计算表明,Hoek楔形体极限稳定性分析方法和极限平衡法分析软件计算结果类似,且天然状态下边坡稳定、饱水后边坡不稳定,与实际情况相吻合,说明此两种边坡稳定性分析方法基本合理。

每种计算方法都对现场勘察资料的准确性有较高的要求,如边坡岩体的风化程度、岩体结构面的产状、结构面充填物的性质、结构面抗剪强度参数及地下水的赋存、运移情况等,勘察资料的完整性和准确性将影响计算方法的选择以及计算结果的输出。需要准确判别边坡变形破坏的类型,据此选择合适的计算方法及分析软件,区分浅表层松散物质的塌滑和由结构面控制的深层滑坡、平面滑动与楔形体滑动。

用极限平衡法分析软件对边坡支护锚杆进行优化分析,但软件只给出了锚杆最优加固方向,对不同位置的锚杆长度,以及需要用多少根锚杆来进行加固,并没有给出建议及说明。实践表明,综合分析评价方法效率更高,且不同方法之间可以互相比较、校核,使得计算结果更可靠。本文采用综合分析方法对岩质边坡楔形体稳定性进行分析,对相关工程有一定的借鉴、指导作用。

参考文献

[1] DONG M, KULATILAKE P H S W, ZHANG F. Deformation and stability investigations in 3-D of an excavated rock slope in a hydroelectric power station in China [J]. Computers and Geotechnics, 2018, 96: 132-149.

[2] 蒋水华, 李典庆, 黎学优,等. 锦屏一级水电站左岸坝肩边坡施工期高效三维可靠度分析[J]. 岩石力学与工程学报, 2015,34(2):349-361.

[3] XIAO T L, LI X P, LU Y N. Structural Plane of Rock Mass Strength Characteristics and its Impact on Groundwater[J]. Advanced Materials Research, 2012,1615(446-449):476-479.

[4] 王红明，罗红明，张璋，等. 谷竹高速公路珠藏洞隧道进口段边坡稳定性评估[J]. 土工基础，2015，29(5)：19-22,61.

[5] JIMENEZ-RODRIGUEZ R,SITAR N. Rock Wedge Stability Analysis Using System Reliability Methods[J]. Rock Mechanics and Rock Engineering，2007,40(4)：419-427.

[6] FARAMARZI L，ZARE M，AZHARI A，et al. Assessment of rock slope stability at Cham-Shir Dam Power Plant pit using the limit equilibrium method and numerical modeling[J]. Bulletin of Engineering Geology and the Environment，2017，76(2)：783-794.

[7] 张奇华,邬爱清,石根华. 关键块体理论在百色水利枢纽地下厂房岩体稳定性分析中的应用[J]. 岩石力学与工程学报，2004(15)：2609-2614.

[8] 徐志英. 岩石力学[M]. 北京：中国水利水电出版社,2011.

[9] HOEK E，BRAY J D. Rock Slope Engineering [M]. Taylor and Francis：CRC Press,1974.

[10] 肖桃李，艾明，路亚妮. 岩体结构面强度特性及地下水影响[J]. 河北大学学报(自然科学版)，2013,33(6)：572-577.

[11] LI X B，ZHOU Z L，LI Q Y，et al. Parameter analysis of anchor bolt support for large-span and jointed rock mass[J]. Journal of Central South University of Technology，2005，12(4)：483-487.

[12] SIAD L. Stability analysis of jointed rock slopes reinforced by passive，fully grouted bolts[J]. Computers and Geotechnics，2001，28(5)：325-347.

伊春五星抽水蓄能电站区域应力场分析

赫　佳　王金龙　耿　锋

（中水东北勘测设计研究有限责任公司，吉林长春　130021）

摘　要：本文针对伊春五星抽水蓄能电站工程区的地应力场特征展开了研究，通过有限元模拟方法分析了工程区的典型区域，结合实测数据验证了模型的有效性。研究表明，在建筑物周围和复杂岩层出露区域，地应力场呈现明显的应力集中现象，主应力方向主要指向东南向。本文通过综合分析地应力场的特征及其控制因素，为类似区域的地质勘探和工程设计提供了参考价值。

关键词：地应力场；地下厂房；应力场分析；抽水蓄能电站

1　引言

伊春五星抽水蓄能电站作为我国重要的能源生产基地之一，其建设和运营对区域地质环境具有重要影响。随着电站建设规模不断扩大和运行长期进行，地应力场的变化对工程稳定性、建筑物安全以及围岩岩层的强度等都提出了严峻挑战。因此，深入研究伊春五星抽水蓄能电站工程区的地应力场特征及其控制规律，对于确保电站安全运行、指导工程地质设计具有重要的理论意义和实践价值[1]。

近年来，国内外学者对地应力的研究取得了显著成果。研究表明，地应力场的形成受到多种因素的影响，包括岩层自重、构造活动（如断层发育与活动强度）、建筑物分布及其走向等[2]。有限元分析方法作为一种有效的数值模拟工具，在地应力场研究中得到了广泛应用[3]。

本文以伊春五星抽水蓄能电站工程区为核心区域，通过有限元模拟方法和实测数据分析，系统研究了该区域地应力场的主要特征及其控制规律。研究重点包括岩层参数（厚度、走向）、构造活动强度以及建筑物分布对其的影响，旨在为工程地质设计和地质勘探提供理论依据。

2　工程概况

五星抽水蓄能电站位于黑龙江省伊春市乌翠区，伊美区东南部，距伊春市直线距离 14 km，距哈尔滨市直线距离约 270 km。站址位于汤旺河右岸支流红旗河上游的南西侧，地处小兴安岭南麓，东南部与张广才岭相邻，东北部与小兴安岭主脊相接。电站装机容量 1 800 MW，单机容量 300 MW，电站枢纽由上水库、下水库、输水系统、地下厂房系统及开关站等组成。

上水库位于红旗河左岸山顶平台东北侧缓坡上，根据库区地形、地质条件及调节库容要求，采用半挖半填方式成库，形成库内开挖四周筑坝的人工库盆。下水库采用局部防渗处理措施，在右岸布置泄洪放空洞和溢洪道用于泄洪和放空下水库。输水系统布置在上、下水库之间的山体内，总体走向为 NE45°30′~NE77°00′。枢纽布置两套独立的输水系统，每套输水系统由引水系统和尾水系统两部分组成，引水、尾水系统均采用一洞三机的布置形式。引水系统建筑物包括引水主洞、引水岔管、引水支洞和上水库进水口、出水口，尾水系统建筑物包括尾水支洞、尾水岔管、尾水调压室、尾水主洞和下水库进水口、出水口。电站厂房布置在输水隧洞上部位置，采用首部式地下厂房形式。主厂房洞和主变洞、尾闸洞三大洞室从上游向下游依次平行布置，洞室纵轴线方位角均为 NW340°30′。厂房对外交通

作者简介：赫佳（1994—），女，工程师，主要从事地应力测试、工程勘察等方向的研究工作。

主要是交通洞和通风洞。

3　工程地质概况

3.1　地形地貌

工程区位于伊春市的南部，地处小兴安岭南麓，东南部与张广才岭相邻，东北部与小兴安岭主脊相接，地势在总体上是东高西低，自铁力桃山镇向东为侵蚀剥蚀山丘区，向西为剥蚀堆积-堆积平原区。

西部平原属松嫩东部平原地貌，地貌形态包括山前洪积台地地貌、冲积-洪积Ⅰ级阶地地貌。总体上地形微缓，波状起伏。

构造剥蚀低山丘陵地貌，分布于区内的西北部及东北、东南部边缘，地形起伏较大。山顶多呈浑圆状或馒头状，山坡坡度一般为10°~30°，河谷垂直切割强烈，河谷形态多呈不对称“U”形，谷坡一般为10°~40°，流域内海拔多小于1 000 m，最大海拔1 429 m，属中低山区。

3.2　地层岩性

本区地层从古生界至新生界均有发育，按由老到新顺序叙述如下。

3.2.1　二叠系

二叠系主要为土门岭组(P_1tm)、五道岭组(P_2w)和红山组(P_2h)：主要在西部和北东角、西南角出露。土门岭组主要为条带状结晶灰岩、大理岩、千枚状青红石柱石板岩。五道岭组上段以流纹斑岩及凝灰熔岩、熔角砾凝灰熔岩、斜长流纹斑岩，夹板岩；中段主要为流纹斑岩及凝灰熔岩、熔角砾凝灰熔岩、斜长流纹斑岩夹板岩；下段为安山玢岩夹薄层凝灰砾岩、酸性凝灰岩。红山组下部为砂岩、板岩夹流纹板岩及凝灰熔岩、凝灰砾岩，上部为板岩、砂岩、砂砾岩。

3.2.2　侏罗系

侏罗系中统太安屯组(J_2t^2)：主要见于西北河、张家湾、马鞍山、丰林、大箐山等地区，被燕山期侵入岩侵入，并不整合在华力西晚期侵入岩之上，在工程区西南部出露。岩性主要由深灰色流纹斑岩、流纹斑岩质凝灰熔岩、凝灰角砾岩、角岩化安山玢岩等组成，厚度大于1 000 m。

侏罗系上统友好组(J_3y)：主要见于伊春市北部友好、前进及伊春市东部伊东林场、新先锋林场等地区。上段灰紫色、灰褐色、灰绿色斜长流纹斑岩，流纹斑岩质凝灰熔岩，以及含砾熔凝灰岩、凝灰岩、英安玢岩及凝灰熔岩，安山玢岩及含砾凝灰岩、凝灰砾岩、中酸性熔凝灰岩、凝灰岩、凝灰砂岩、夹石英斑岩、粗面安山玢岩，凝灰砂岩中含植物化石碎片；下段灰绿色—暗灰绿色辉石安山玢岩、角闪安山玢岩、安山玢岩夹英安玢岩。

3.2.3　白垩系

白垩系下统淘淇河组(K_1t)：见于西北部小黑河南、香草河东及石长北沟等地区，不整合在燕山期侵入岩之上，被白垩系上统松木河组中性火山岩侵入，在工程区西部出露。岩性主要由砂砾岩、砂岩及泥质岩等组成，厚度大于800 m。

3.2.4　第四系

第四系(Q_4)：主要分布在河谷及其两岸的高、低漫滩及河床部位。高漫滩岩性上部为低液限黏土、含砂低液限黏土，下部为混合土碎石、级配不良砾、中砂、粗砂、细砾等，局部上部黏性土缺失；低漫滩及河床岩性主要为混合土卵石、混合土漂石、中砂、粗砂、细砾等，局部见有低液限黏土、粉土质细砂、含细粒土细砂和有机质低液限黏土透镜体，厚度一般大于3 m。

3.2.5　侵入岩

区内侵入岩可划分为元古代、华力西晚期和燕山期三个主要旋回，分布于东南部、东北部低山丘陵区，多呈岩株状产出，次之为岩基或岩脉状。岩性主要为黑云母花岗岩、白岗质花岗岩、斜长花岗岩、混合花岗片麻岩、花岗闪长岩、白岗岩等，其次为橄榄角闪辉长岩、蛇纹岩、蛇纹石化辉石岩及橄榄岩等,岩脉主要有花岗斑岩、细晶岩、石英脉,其次为伟晶岩、闪长玢岩、石英闪长岩、英安岩、煌斑岩及钠长斑岩等。工程区主要为华力西晚期黑云母花岗岩(γ_4^{3-2b})。

3.3 地质构造

3.3.1 大地构造单元划分

本工程场址区在区域上位于一级构造单元吉-黑陆块的中部偏北,二级构造单元小兴安岭-张广才岭槽地褶带上,东部为佳木斯台隆,西部为松辽拗陷。

小兴安岭-张广才岭槽地褶带($Ⅲ_2$)。该构造单元主要沿小兴安岭和张广才岭两个山脉展开,在北部小兴安岭一带,西与内蒙古-大兴安岭褶皱系相连,南与松辽拗陷带相接,东与佳木斯台隆接壤;在南部张广才岭一带南与华北地台相接。

本区的北部是早古生代的一个隆起区,有资料称其为沐河隆起带。最老的地层为上元古界风水沟河群和一面坡群,构成了北部隆起带的基底,其北缘分布有下石炭统、上石炭统-下三叠统,以陆相为主,夹海相,属于盖层沉积。该区北部的岩浆活动以晚印支期壳源重熔型二长、碱长花岗岩为主,呈近南北向展布。该区在小兴安岭山前还发育有一系列的北西向的逆断层。褶皱以背、向斜相伴出现为特征,呈中等倾角,两翼不对称,一般有西翼宽缓、东翼窄陡的趋势。

本区的东部和南部主要沿张广才岭分布,包括以往资料中所称的伊春-延寿地槽褶皱系和张广才岭-太平岭边缘隆起带。该区的基底为元古界东风山群和张广才岭群的变质岩,其上的沉积为中生代碎屑岩与灰岩和火山岩系。本区发育有一系列北北东向的逆断层和褶皱构造。

3.3.2 区域地质构造

本区大部分位于小兴安岭地区。研究表明本区主要发育北东-北北东向和北西-北北西向两组断裂,两组断裂相互切割组成比较典型的网格状构造,形成条块状的构造格局。这两组断裂主要形成于中生代,其中有一部分断裂是基底断裂进一步活化的结果。

为了把研究区内的主要断裂描述清楚,本次共列出区域主要断裂20条(见表1)。

表1 区域主要断裂特征一览表

编号	断层名称	区内长度/km	走向	性质	时代	备注
F_1	孙吴断裂	155	NE	逆	Q	—
F_2	沾河断裂	80	NNE	逆	AnE	控制沾河走向
F_3	美丰河断裂	90	EW	—	AnE	控制了新生代断陷盆地的沉降
F_4	库尔滨河断裂	130	SN	逆	Q_{1-2}	—
F_5	林兴-兰香断裂	95	NW	走滑	Q_{1-2}	—
F_6	南北河-勃利断裂	250	NW	走滑	AnQ	控制勃利盆地的第四系沉积
F_7	塔西-铁力断裂	248	NW	走滑	AnQ	控制碱性岩体的形成
F_8	岔林河断裂	160	NW	走滑	AnQ	控制碱性岩体的形成
F_9	呼兰河断裂	100	NE	走滑	Q_2	(隐伏)正段兼左旋走滑
F_{10}	泥河断裂	80	NEE	走滑	Q_2	—
F_{11}	富裕-明水断裂	250	NW	走滑	Q_1-Q_2	1941年绥化6.0级地震
F_{12}	铁力-汤旺河断裂	140	NE	逆	AnQ	—
F_{13}	牡丹江断裂	240	SN	走滑	Q_2	—
F_{14}	依兰-舒兰断裂	340	NE	正	西支:Q_{3-4} 东支:Q_{1-2}	东北地区最大一条岩石圈断裂
F_{15}	桦南断裂	110	SN	走滑	Q_2	前人推测存在,隐伏

续表 1

编号	断层名称	区内长度/km	走向	性质	时代	备注
F_{16}	公义永(嘟噜河)断裂	70	NW	正	AnQ	—
F_{17}	梧桐河断裂	70	NNW	正	Q_2	控制梧桐河走向
F_{18}	鹤立河断裂	40	NW	正	Q_{1-2}	—
F_{19}	临江断裂	32	NW	正	Q_{1-2}	—
F_{20}	讷谟尔河断裂	400	EW	走滑	Q_2	—

3.3.3 近场区地质构造

近场区位于黑龙江省东部，大地构造位置属于伊春-延寿地槽褶皱系(Ⅳ)西部的茂林-木兰地槽褶皱带(Ⅳ1)低山丘陵区，断裂构造发育，低平原区被厚层的第四系覆盖，构造简单。无现今活动性断裂发育，详见近场区主要断裂特征一览表(见表2)。

表 2 近场区主要断裂特征一览表

断层编号及名称	区内长度/km	断裂产状			断裂性质	最新活动时代	距离场区最近距离/km
		走向	倾向	倾角/(°)			
铁力-汤旺河断裂(F_1)	42	NE	NW	30	逆	AnQ	5
鹿鸣-伊林断裂(F_2)	12	NE	NW	45	逆	AnQ	25
红旗断层(F_3)	9	NE	NW	50	逆	AnQ	5
友好河-汤旺河断层(F_4)	23	NNW	SW	60	正	AnQ	20
尖山河断裂(F_5)	25	NEE	河谷	50	逆	AnQ	30
翠林断层(F_6)	18	NW	河谷	45	逆	AnQ	35
泉河-森林站破碎带(F_7)	24	NEE	NW	50	逆	N	35

3.4 地震

依据震源机制解资料的研究结果表明东北地震区震源机制解的两组节理面优势分布方向分别为北东30°、北西60°，与上述主要断裂带走向一致，震源机制解节理面的倾角大都是高倾角，给出的震源机制解节理面的倾角优势分布在65°~85°，地震断层面陡立。表明在水平压应力场作用下，地震断层活动以走滑为主。

东北地区震源机制解主压应力轴优势方向北东70°，主张应力轴优势方向北西320°，表明东北地区主应力场优势方向以北东东方向为主。

根据《中国地震动参数区划图》(GB 18306—2015)，本工程场区基岩地震动峰值加速度为0.05g，地震动反应谱特征周期为0.35 s，相应的地震基本烈度为Ⅵ度。根据黑龙江省地震局(黑震安评〔2022〕2号)审定的工程场地地震安全性评价报告，工程场址区100年超越概率2%的基岩水平峰值加速度为95.4g。

按照《水电工程区域构造稳定性勘察规程》(NB/T 35098—2017)[4]中关于“区域构造稳定性分级”的规定，判定工程场址区域构造稳定性较好。

4 区域应力场特征分析

4.1 区域构造应力场特征

利用工程区域的主要地质构造资料进行统计分析，研究表明本区主要发育NE-NNE向和NW-

NNW 两组断裂，两组断裂相互切割组成比较典型的网格状构造，形成条块状的构造格局。这两组断裂主要形成于中生代，其中有一部分断裂是基底断裂进一步活化的结果。按照构造地质学原理分析，NE 向和 NW 向构造为共轭的断层，应该受统一的力源控制，按照 Anderson 理论和摩尔-库仑理论分析，那么 σ_1 和 σ_3 应该分别位于断层线交角的平分线上，这意味着区域应力场方向为近 EW 向或者近 SN 向，但由于断裂方向多变，实际主应力方向也会发生非常明显变化。

依据震源机制解资料的研究结果表明东北地震区震源机制解的两组节理面优势分布方向分别为北东 30°、北西 60°，与上述主要断裂带走向一致。东北地区震源机制解主压应力轴优势方向北东 70°，主张应力轴优势方向北西 320°，表明东北地区主应力场优势方向以北东东方向为主。

黑龙江区域的震源机制解给出的水平最大主应力方向为近 NEE-EW 向。

4.2 工程区水平最大主应力方向

黑龙江五星抽水蓄能电站可研阶段分别在钻孔 ZK225、ZK220 和 ZK222 内开展了 3 组水压致裂地应力测试，分别在钻孔 ZK220 和 ZK222 附近开展了 2 组应力解除地应力测试。

参考工程区域的主要地质构造资料、震源机制解资料和中国大陆地壳应力环境基础数据库关于东北应力区域应力状态数据的分析研究结果，再结合可研阶段地应力实测结果，确定工程区域最大主应力方位角在 100.67°~113.69°，最大主应力优导方位角为 108.5°，与大的区域构造应力场基本一致，同时也会受到地表地形地貌和赋存岩性的影响而发生了适度偏转。

综上所述，实测工程区附近应力场方向与大的区域构造应力背景场基本一致。该工程区最大主应力方向为 SEE-NEE 向，比较符合该工程区区域地应力的赋存规律。

4.3 工程区应力值水平

通过工程区实测地应力数据可知：地应力表现为以水平构造应力作用为主，三向主应力具有随深度增加总体上呈增大趋势。

依据工程区地应力实测资料，采用 Sheorey 模型拟合工程区域应力场的侧压力系数，如图 1 所示。

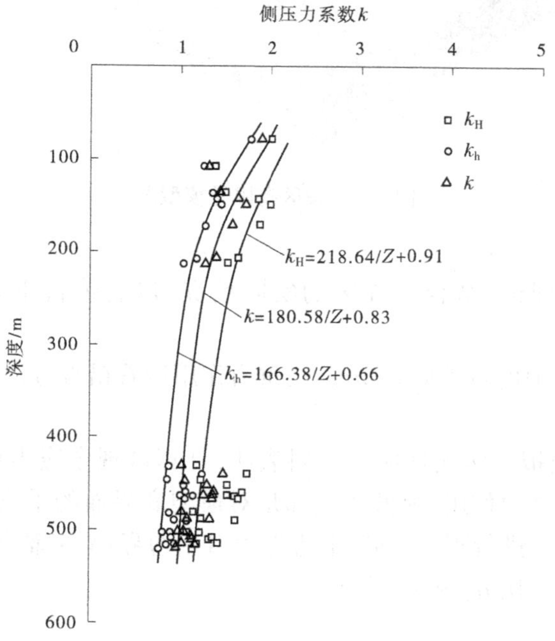

图 1　区域实测侧压力系数

厂房顶拱附近 440 m 深处的侧压力系数分别为 $k_H = 1.35$、$k_h = 0.99$ 和 $k = 1.17$；厂房底板附近 600 m 深处的侧压力系数分别为 $k_H = 1.27$、$k_h = 0.94$ 和 $k = 1.15$，与实测结果基本吻合。

5 工程场区地应力场数值模拟

5.1 数值模拟模型的建立

首先，根据所研究问题的目的，选取适当的区域，并充分考虑地形、地质构造、介质不均匀性等自然因素，以客观地反演出现今地应力场分布规律。其次，在建立地质模型时，要综合考虑研究的方法、途径以及资料的来源和可靠性等诸多方面的条件和因素，选取囊括上水坝、输水线路和下水坝的区域作为研究范围。伊春五星抽水蓄能电站工程区应力场模拟分析研究中主要考虑了工程区地形地貌的影响。

地质构造分析和原地应力测量资料的综合分析表明，现今水平最大主压应力方向大体为 SEE 向，为简化有限元计算的边界条件，计算域选取长为 4 000 m，宽约 3 000 m，向下取到 0 m 高程，计算域为一长方体，有限元坐标系 X 轴取方位角 108.5°方向，与工程区水平最大主压应力方向一致，Y 轴取方位角 18.5°方向，Z 轴垂直。

计算区范围基本包括了上水坝、输水线路和下水坝。有限单元网格如图 2 所示，整个模型划分出单元 426 832 个，节点 79 958 个。

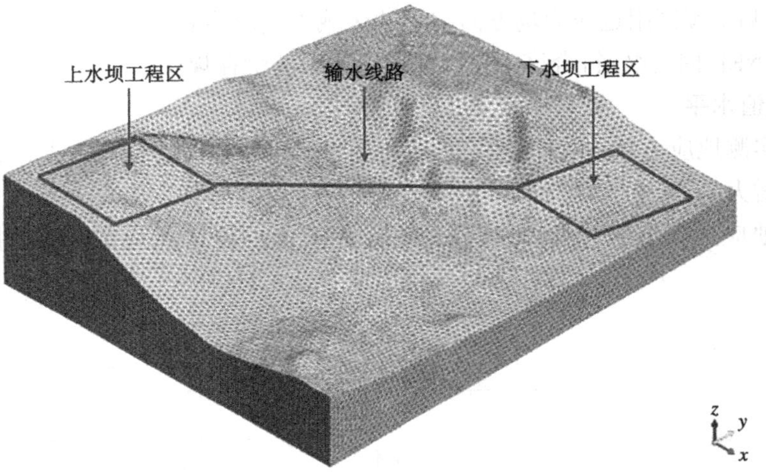

图 2 工程区有限元模型图

5.2 模拟工况

据现代地应力场成因理论，结合工程区的实际情况，以岩体自重和地质构造作用力为初始载荷。

（1）自重模拟。采用一般的自重应力场模式，重力作用沿着铅直方向作用于所有单元，重力加速度取 9.81 m/s^2。

（2）地质构造作用力模拟。实测地应力资料表明，计算区现今应力场主压应力方向为 SEE，据此，确定对模型施加如下的外力作用：模型的底部是对模型底界面的垂直法向（Z 轴方向）位移进行刚性约束；X、Y 轴正方向位移进行刚性约束；上边界为自由边界；X、Y 轴负方向施加水平构造作用作为初始载荷来模拟构造作用，用 σ_x 和 σ_y 表示。

5.3 模型计算结果

有限元分析得到的地应力场的分布规律，如图 3 所示（为方便使用，图中坐标采用了与坝址区平面图相同的坐标系，长度单位为 m；图中压应力为正，拉应力为负，应力单位为 MPa）。

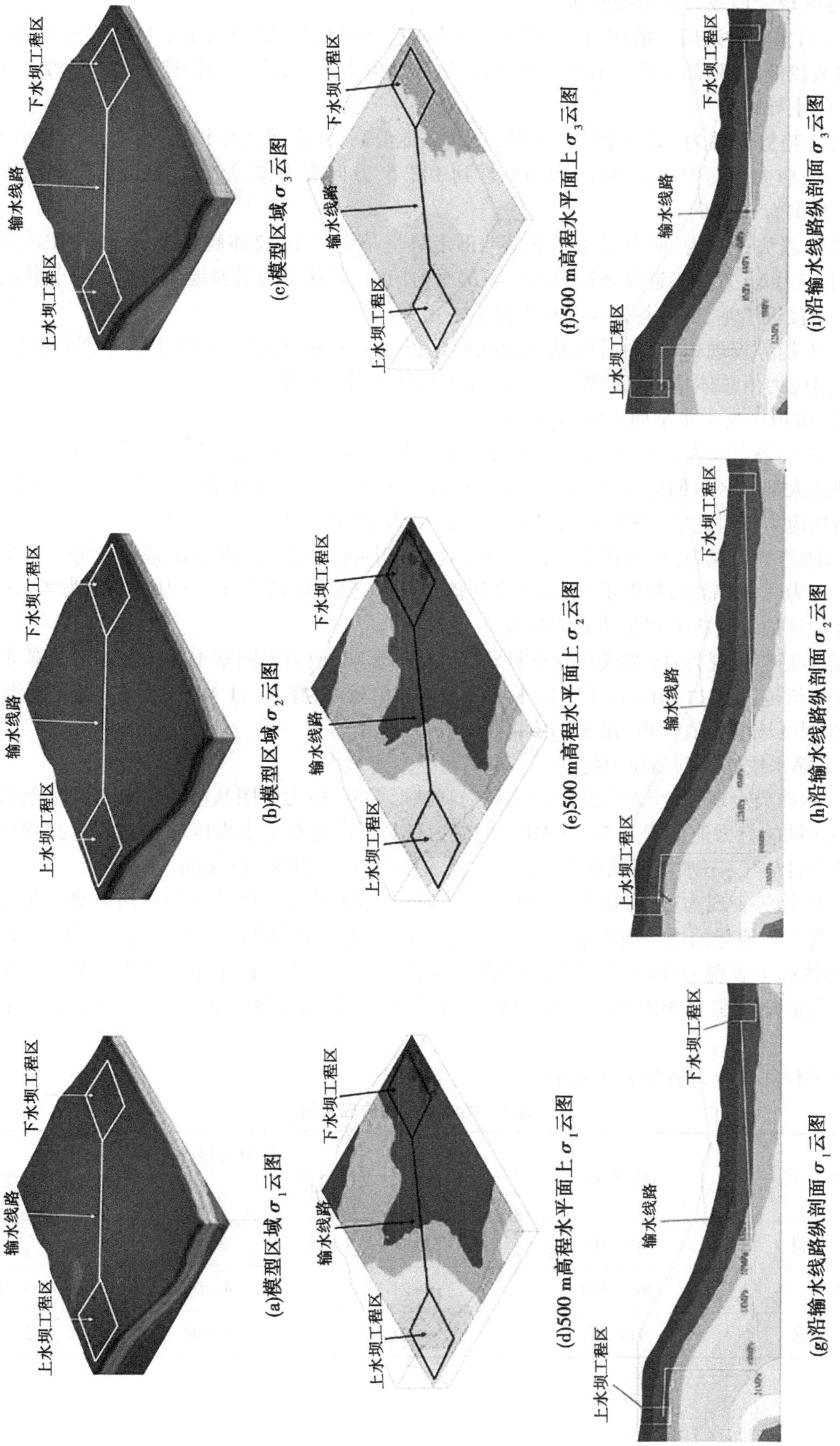

(a)模型区域 σ_1 云图

(b)模型区域 σ_2 云图

(c)模型区域 σ_3 云图

(d)500 m高程水平面上 σ_1 云图

(e)500 m高程水平面上 σ_2 云图

(f)500 m高程水平面上 σ_3 云图

(g)沿输水线路纵剖面 σ_1 云图

(h)沿输水线路纵剖面 σ_2 云图

(i)沿输水线路纵剖面 σ_3 云图

图 3 工程区模型应力云图

5.4 工程区现今地应力场特征分析

(1)受自重和构造应力的作用,工程区地应力场明显受地形的影响;水平构造应力在地表层凸起部位应力值较低,凹陷部位应力值轻微提高,产生微小应力集中;重力和构造应力作用是控制工程区地应力场的主导因素。

σ_1 总体趋势表现为:受控于地形走势,东北部地势高,西南部地势较低,应力云图基本上呈等高线条带分布;应力云图中从左到右即由 18.5°到 108.5°方向应力值总体呈降低趋势;σ_1 方向在工程区整体上基本为 SEE 向。

σ_2 总体趋势表现为:应力云图基本随地形走势呈条带分布;总体趋势表现为随埋深的增加而增加;中间主应力 σ_2 方位接近复杂地形条件下的垂向应力,总体上为沿着地形坡度呈辐射状向下,越往山脊深处越接近铅垂,往山谷处与铅垂方向有一定夹角。

σ_3 总体趋势表现为:应力云图基本随地形走势呈条带分布;应力云图中从左到右即由 18.5°到 108.5°方向应力值总体呈降低趋势;σ_3 方位在工程区附近为 SSW 向。

(2)厂房顶拱高程水平面上应力特征。

σ_1 总体趋势表现为:应力状态分布明显受到地形影响,应力云图基本随地形走势呈条带分布;下水坝模型绝大部分区域的应力值范围为 6~16 MPa;上水坝区域应力偏高,达到 18~26 MPa,其中东北部的高地应力值可达 28~32 MPa,但是不影响工程的设计施工。

σ_2 总体趋势表现为:应力状态分布明显受到地形影响,应力云图基本随地形走势呈条带分布;总体趋势表现为随地势的增加而增加;由于高程落差较大,模型区域的 σ_2 应力值范围为 4~16 MPa,与根据密度估算的垂直应力理论值较为接近。

σ_3 总体趋势表现为:应力状态分布明显受到地形影响,应力云图基本随地形走势呈条带分布;模型区域应力值范围在 11 MPa 以下。上水坝区域应力值较高,在 8~11 MPa,沿输水线路逐渐降低至 3 MPa;下水坝区域应力值较小,在 3 MPa 以下。

(3)沿输水线路纵剖面应力特征。

σ_1 总体趋势表现为:应力状态分布明显受到地形影响,应力云图基本随地形走势呈条带分布;工程区模型区域的应力值范围为 5~21 MPa,但应力最高值出现在上水坝区域深部 0 m 高程点,不影响本工程的设计施工;下水坝区域整体应力基本无突变异常,达到 8~13 MPa。

σ_2 总体趋势表现为:应力状态分布明显受到地形影响,应力云图基本随地形走势呈条带分布;总体趋势表现为随地势的增加而增加;由于高程落差较大,模型区域的 σ_2 应力值范围为 2~16 MPa。

σ_3 总体趋势表现为:应力状态分布明显受到地形影响,应力云图基本随地形走势呈条带分布;模型区域应力值范围在 11 MPa 以下。应力值最高点出现在输水线路之下 0 m 高程处,不影响本工程的设计施工。

关键工程部位应力值如表 3 所示。

表 3　关键工程部位应力值

工程部位	埋深/m	主应力值/MPa		
		σ_1	σ_2	σ_3
上平洞	90~105	5~8	3~4	2~3
竖井	105~580	8~21	4~16	3~11
下平洞	10~580	5~21	2~16	2~11

6 结论

本文通过对伊春五星抽水蓄能电站工程区地应力场特征的研究,结合有限元模拟和实测数据分

析,揭示了该区域地应力场的主要特性及其控制规律,结论如下:

(1)根据对该工程区周边应力场特征的调查与分析,区域构造作用强烈且水平应力起主导作用;对比工程区及周边最大主应力方向为近 SEE 向,比较符合大的区域地应力的赋存规律。

(2)有限元计算结果显示,受自重和构造应力的作用,应力状态分布明显受到地形影响,应力云图基本随地形走势呈条带分布。340 m(厂房顶拱)高程面上绝大部分区域的应力值范围为 8~26 MPa;下水坝模型绝大部分区域的应力值范围为 6~16 MPa;上水坝区域应力偏高,达到 18~26 MPa,其中东北部的高地应力值可达 28~32 MPa。σ_2 总体趋势表现为随地势的增加而增加;由于高程落差较大,模型区域的 σ_2 应力值范围为 4~16 MPa,其中上平洞应力范围 3~4 MPa,竖井应力范围 4~16 MPa,下平洞应力范围 2~16 MPa,与根据密度估算的垂直应力理论值较为接近。σ_3 模型区域应力值范围在 11 MPa 以下,其中上平洞应力范围 2~3 MPa,竖井应力范围 3~11 MPa,下平洞应力范围 2~11 MPa。上水坝区域应力值较高,在 8~11 MPa,沿输水线路逐渐降低至 3 MPa;下水坝区域应力值较小,在 3 MPa 以下。实测应力值结果与模拟计算所得结果较为吻合。

参考文献

[1] 李明浩, 王强. 地应力场的形成机制及其控制因素研究[J]. 岩土工程学报, 2008(3):456-462.
[2] 张华, 刘洋. 伊春地区地应力场的空间变化规律研究[J]. 中国地质, 2017(6): 987-993.
[3] 李丽, 郑伟, 王鹏. 构造活动对地应力场的影响分析[J]. 岩石力学与工程学报, 2015(4):893-899.
[4] 国家能源局. 水电工程区域构造稳定性勘察规程:NB/T 35098—2017[S]. 北京:中国电力出版社,2018.

黄河下游冲积平原某工区盾构段勘察难点及应对措施

汪增超[1,2]　李文帝[1,2]　李浩杰[1,2]

（1. 黄河勘测规划设计研究院有限公司，河南郑州　450003；
2. 深圳先河水利水电工程有限公司，广东深圳　518001）

摘　要：盾构施工段的岩土工程勘察不同于其他常规施工勘察，除完成常规的勘察内容外，还需要对不利于盾构这一特殊施工方式的地质条件和岩土力学参数进行细致的探讨，比如对于磨损刀盘，容易引起刀盘损坏的钙质结核的空间分布、砂层中石英的含量；影响盾构机施工效率的土层黏粒含量；还有静止土压力系数和基床系数的确定等。这些不仅关系到施工效率，而且会直接影响工程的经济效益。本文结合黄河下游冲积平原某穿黄隧道项目，探讨勘察过程中遇到的难题以及应对措施，为后期遇到相关同类型勘察难题能顺利、高效地开展工作奠定基础。

关键词：盾构施工；岩土工程勘察；岩土力学参数；应对措施

1　引言

对于盾构施工来讲，地下地质条件的好坏对其施工的可行性以及施工效率有直接的影响。因此，在盾构施工前，搞清楚工区地下地质条件和岩土力学参数就显得至关重要。这对勘察技术也提出了更高的要求[1]。本文结合黄河下游冲积平原某穿黄隧道项目中所遇到的难题以及解决措施，探讨关于盾构段的勘察技术要点以及关键岩土参数的确定。某穿黄隧道项目工区所处的地貌单元为黄河下游冲积平原，主要为黄河冲积、冲洪积地层，颗粒组成复杂，地层粉土、粉砂、粉质黏土以及钙质结核岩性和厚度变化大。针对该地层特点，本文主要对钙质结核分布范围、黏粒含量、夹砂层渗透系数及其石英含量、静止土压力系数的确定以及水上钻孔的施工技术等几个方面的技术做了探讨。

2　工程概况

某穿黄隧道工程（Ⅰ期）总长约 3 648 m，其中地面道路长 81 m，隧道段长 3 567 m（包含东岸敞口段 209 m、东岸暗埋段 270 m、东岸工作井 140 m、盾构段 2 920 m、西岸工作井 28 m）。隧道穿黄段采用外径 14.5 m 的双管盾构下穿黄河。盾构段线路在东岸、西岸处分别下穿黄河两岸大堤。工程平面布置见图 1。

3　勘察过程中遇到的难题及应对措施

项目工区除黄河大堤及淤背区外，整体地势较为平坦，地貌单元属黄河下游冲积平原，由于地貌单元的特殊性，想要搞清楚其地下地质条件和所需的岩土力学参数，生搬硬套以往的勘察经验与方法肯定是不行的，必须要灵活运用并有所创新。本次勘察主要在钙质结核空间分布范围、黏粒含量、夹砂层渗透系数及其石英含量、静止土压力系数的确定以及水上钻孔的施工技术等几个方面遇到了一

作者简介：汪增超（1991—），男，工程师，部门副经理，主要从事岩土工程方面的研究工作。

图1　某穿黄隧道工程(Ⅰ期)平面布置示意

些难题,下面对其进行着重分析,并给出相应的应对措施。

3.1　钙质结核空间分布的划分

该建设项目跨济南市历城及济阳两区,隧道穿黄段采用外径 14.5 m 的双管盾构下穿黄河,盾构段长度为 2 920 m。场址区除黄河大堤及淤背区外,整体地势较为平坦,地貌单元属黄河下游冲积平原,微地貌单元可为黄河河漫滩、大堤及淤背区、河床等。盾构穿越的地层属上更新统粉质黏土,多分布有钙质结核,分布不均,局部富集成层,强度较高,对盾构施工不利。但是,由于工区地层情况比较复杂,钙质结核空间分布划分容易出现偏差,因此这对勘探技术提出了很高的要求。

在勘察过程中,根据已收集的邻近工程资料和掌握的地层情况,结合济南地区工程经验,在盾构段沿线布设一定数量的控制钻孔。在钻探施工过程中,为了能更准确地划定钙质结核空间分布,必须要保证岩心采取的质量,因此本项目决定采用 SM 植物胶金刚石钻进技术。该技术极大地减少了对含有钙质结核地层的扰动,较完整地保持了所取钙质结核的原状结构和力学特征,岩心采取率达到了90%以上,更准确地分辨钙质结核的空间分布范围、厚度等分布情况。在钙质结核中有代表性地采取扰动样,通过室内筛分试验,获取其粒径大小、含量及颗粒级配,柱状岩心进行强度试验[2]。为下一阶段在勘察方法选择上提供指导和建议。

3.2　土层中黏粒含量的确定

盾构穿越段地层以粉质黏土为主,土质致密,多呈硬塑-坚硬状态,具有高塑性,其黏粒含量对于盾构施工的设计具有重要的意义,比如当土的黏粒含量较高时,在掘进过程中泥浆流动慢,泥浆处理过程更加复杂,而且易出现结泥饼、闭塞等现象,导致盾构掘进施工困难,因此必须查明黏粒含量,这样才能为盾构施工提出合理应对措施。

针对于上述问题,本项目在盾构穿越段范围地层内采取一定数量的黏性土原状样,专门进行颗粒含量组成分析。结合本项目实际情况及盾构施工需要,要求查明粒径 0.025 mm 以下的颗粒含量组成,针对此要求实验室在常规颗分试验的基础上,经在单对数横坐标颗分曲线中插值、统计,综合确定了粒径小于 0.025 mm 的颗粒含量特征,为盾构施工提供有效参数[3]。

3.3　夹砂层渗透性以及石英含量

在工区盾构段地层中含有承压水的砂层,该层可能诱发突发性涌水、流砂、地面塌陷等,地质条件复杂。同时砂层中含有较高的石英颗粒,对盾构施工不利,会加剧刀具、刀盘的磨损。

针对地下水的情况,一方面通过沿线钻孔观测地下稳定水位,另一方面在重点区域布置水文试验钻孔,进行抽水试验,初步确定砂土层的渗透指标,提出真实地下水位情况[4]。针对砂土层,在勘察过程中,采用 SM 植物胶金刚石钻进技术和短薄壁套管跟管金刚石钻进配合超前原位测试技术,极大地保证了砂土层的取心质量,同时满足了砂土层中原状样取样要求,通过砂土层的室内渗透试验,与现场抽水试验中的求得参数进行相互验证,评价砂土层渗透性[3,5]。选取砂土扰样进行矿物分析,了解石英颗粒含量,为盾构施工设计提供参考。

3.4 静止土压力系数的确定

盾构段勘察技术要求高,涉及的地层参数多,特别是静止土压力系数、基床系数[5]。为能够准确提供参数,本次勘察采用不同手段进行测试和验证。

为了获取地层的静止土压力系数,根据室内土工试验、旁压试验等方法获得,同时参考《工程地质手册》和规范经验值综合确定。为了确定地层的基床系数,本次勘察通过室内土工试验、原位测试(旁压试验、标准贯入试验)等方法综合获取,同时参考有关规范综合确定[6-8]。

3.5 水上钻探作业所遇问题及处理措施

项目盾构穿越段位于黄河左右两岸滩区及黄河主河道,勘察期间水上钻探施工正值主汛期,主河道流量大且流速急,水上钻探平台对锚的选择、钻探平台的稳固、抛锚稳船方案等要求极高,增加了水上钻探的难度,稳船、搬迁过程耗时长,极大地影响了施工进度。

为保证黄河汛期水上勘察的顺利进行,在确保水上钻探平台抛锚及水上交通安全的情况下,首次采用“局部相互共用锚”稳船技术,在不足 300 m 宽的河道上同时布置三个平台同时施工,如图 2 所示。该技术首次在黄河主河道使用,既保证了勘察质量又极大地缩短了工期。

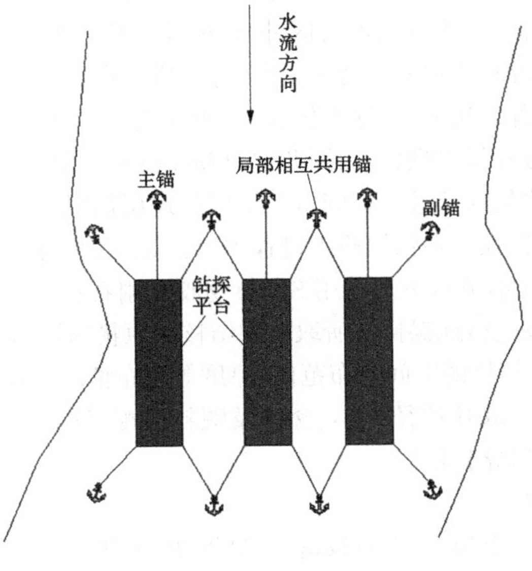

图 2 “局部相互共用锚”示意

4 结语

结合某穿黄隧道勘察项目过程中所遇到的难题,介绍了相应的应对措施,并得出以下结论:

(1)本项目所采用的“SM 植物胶金刚石钻进技术”,极大地减少了对含有钙质结核地层的扰动,保证了较高的取心质量,更准确地分辨了钙质结核的空间分布范围、厚度。

(2)通过颗分试验对黏粒进行区分,着重分析了 0.002~0.025 mm 颗粒含量,反映了黏性土中颗粒含量特征。

(3)对砂土层进行了室内渗透试验与现场抽水试验,根据试验结果评价砂土层渗透性。同时,对砂土扰样进行了矿物分析,了解了石英颗粒含量,为盾构施工设计提供参考。

(4)采用室内土工试验和现场旁压试验的方法获取了静止土压力系数,在试验基础上参考《工程地质手册》和规范经验值对该系数进行了综合判定。

(5)创造性地采用了“局部相互共用锚”稳船技术,使得项目在正值汛期、主流较急的黄河上施工,依然效率不减,按时并高质量地完成了任务。

参考文献

[1] 中华人民共和国住房和城乡建设部. 岩土工程勘察规范：GB 50021—2001[S]. 2009 年版. 北京：中国建筑工业出版社，2009.
[2] 中华人民共和国住房和城乡建设部. 市政工程勘察规范：CJJ 56—2012[S]. 北京：中国建筑工业出版社，2012.
[3] 中华人民共和国住房和城乡建设部，国家市场监督管理总局. 土工试验方法标准：GB/T 50123—2019[S]. 北京：中国计划出版社，2019.
[4] 中华人民共和国交通运输部. 公路工程地质勘察规范：JTG C20—2011[S]. 北京：人民交通出版社，2011.
[5] 中华人民共和国住房和城乡建设部，国家质量监督检验检疫总局. 城市轨道交通岩土工程勘察规范：GB 50307—2012[S]. 北京：中国建筑工业出版社，2012.
[6] 中华人民共和国住房和城乡建设部，国家质量监督检验检疫总局. 建筑抗震设计规范：GB 50011—2010[S]. 2016 年版. 北京：中国建筑工业出版社，2016.
[7] 中华人民共和国住房和城乡建设部. 建筑工程地质勘探与取样技术规程：JGJ/T 87—2012[S]. 北京：中国建筑工业出版社，2012.
[8] 中华人民共和国水利部. 水利水电工程钻探规程：SL 291—2003[S]. 北京：中国水利水电出版社，2003.

便携式双桥静力触探在农业水利工程地质勘察中的应用

唐摩天[1,2]　程　鹏[1,2]　薛　卉[1,2]　张先锋[1,3]　杨旭东[1,2]　张孝波[1,2]　刘建宇[1,2]

[1. 中国电建集团中南勘测设计研究院有限公司,湖南长沙　410014;
2. 湖南中南水电水利工程建设有限公司,湖南长沙　410014;
3. 中国电建集团中南(海南)海洋科技有限公司,海南澄迈　571900]

摘　要:随着农业水利工程向高效化、精准化方向发展,传统地质勘察方法在复杂地形和软土区域的应用存在效率低、成本高等问题。本文以便携式双桥静力触探(CPT)技术为核心,探讨其在农业水利工程地质勘察中的技术优势与应用场景。通过工程实例验证,CPT技术可实现原位快速测试,精确获取土层参数(锥尖阻力、侧壁摩阻力、摩阻比等),为农业水利设施的设计与施工提供可靠依据。研究结果表明,便携式双桥静力触探设备在农业水利工程应用中可缩短单孔勘察周期,降低单孔勘察成本,具有显著的工程推广价值。

关键词:便携式双桥静力触探;地质勘察;农业水利工程;应用研究

1　引言

水利工程建设是实现国家高质量发展的基础支撑和重要带动性力量,在国家高质量发展全局中具有基础性、战略性、先导性意义。党中央、国务院对水利基础设施建设高度重视,地方推进水利基建设施建设积极性空前高涨,我国水利基础设施建设迎来重大历史机遇,水利勘测设计作为水利工程建设的重要环节,同样迎来重要发展契机[1]。

水利工程既是民生工程,也是重要的发展工程,对稳投资、扩内需作用显著。近年来,党中央高度重视水利工作,多次提出加快推进重大水利工程建设、推动新阶段水利高质量发展,在政策不断驱动下,我国水利工程投资规模也随之稳步增长。2023年,我国水利工程建设全方位提速,水利建设年投资额为11 996亿元,在2022年首次迈上万亿元大台阶基础上,再创历史最高纪录。如图1所示,水利工程主要包括防洪工程、水电工程、水土保持及生态建设工程等基础设施建设,2022年水资源工程投资4 474亿元,占比34.66%,防洪工程投资3 628亿元,占比28.11%,水土保持及生态建设工程投资1 626亿元,占比12.59%,超六成投资用于防洪、水资源工程[2]。2024年,1 342处灌区现代化建设与改造加快推进,建成后将新增恢复改善灌溉面积约7 000万亩(1亩=1/15 hm^2,后同),完成2.3万处农村供水工程建设,提升1.1亿农村人口供水保障水平,对农村经济发展和农田水利设施建设起着至关重要的作用[3]。当前,小型农村水利工程建设规模较小,投资金额不高是一个普遍存在的现象。

农业水利工程地质勘察最主要的工作是对构筑物场地进行地层分析,通过技术手段对构筑物场地的地层岩性在纵横两个方向上的分布规律进行仔细分析,最终得出地基土的力学性质及变形特征,为后续设计施工中可能会出现的问题提出重要建议[4]。工程地质勘察中地质勘探的手段较多,除传统勘探钻机外,还有静力触探仪,相比而言各有特点,如表1所示。静力触探作为地质勘察技术中的一种原位测试方法,兼具勘探和测试双重功能,能比较直观地了解测试地层性状。传统钻探勘察方法

作者简介:唐摩天(1997—),男,工程师,主要从事工程地质研究工作。

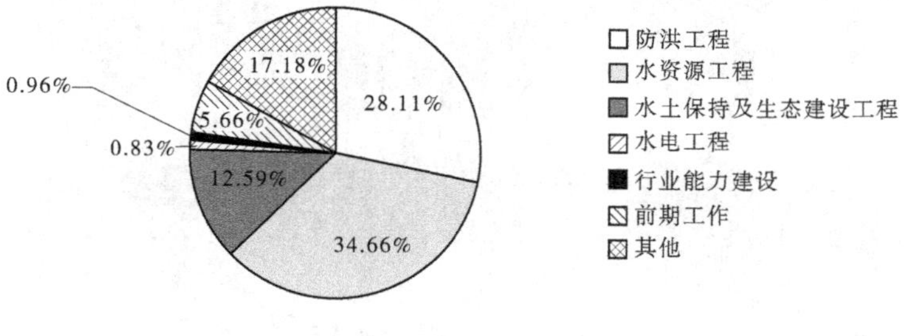

图 1　2022 年全国水利建设完成投资用途占比

中设备搬运、标准贯入试验、钻孔取样在复杂地形中实施困难,导致勘察成本大大增加,成本占工程总投资的 5%~8%。传统钻探勘察方法存在以下问题:①设备笨重,难以适应小规模或偏远农田勘察需求;②取样扰动大,土工试验参数与实际工况偏差显著;③勘察周期长,无法满足季节性农田水利建设的时效性要求。静力触探(CPT)在国内外工程勘察实践中,应用愈来愈广泛,具有高效、轻便、精确等特点,在多年的工程实践中已经成为工程地质勘察中高效低成本的勘测手段[5]。综上对比可知,针对场地地形复杂、进场条件较差的农业水利工程场景,利用便携式双桥静力触探设备作为辅助勘察手段可优化勘察技术路径,为农业水利设施建设提供技术工作支持。

表 1　工程地质勘探方式对照

勘探设备	设备特点	优点	缺点
螺旋钻	设备轻巧,便于携带	设备尺寸小,运移方便,可划分土层	不能取原状样,不能定量分析,勘探深度浅
常规 XY 型钻机	设备笨重,需运载	取原状样,勘探深度深,可划分土层	设备体积笨重,不方便运移,勘探耗时长
静力触探仪	设备轻便轻量化,可拆卸,便于搬迁	体积小方便运移,可划分土层,测定力学参数,勘探耗时短	不能取样

2　便携式双桥静力触探技术原理与设备

双桥静力触探是应用静压力装置将装有应力传感器的触探探头以规定速率匀速贯入土层中,利用触探探头内的应力传感器通过电子量测仪器将触探探头在土层中受到的贯入阻力和侧壁摩阻力记录下来,并将两种应力与土力学性质指标建立地区性经验相关关系,利用两者关系便可确定该地区土的地基土承载力,以此来了解土层的工程性质[6]。静力触探技术主要用于查明地基土特性,地层划分,确定地基土的压缩模量和天然地基承载力以及地基土的其他物理力学指标,判别地基液化可能性,选择桩基持力层等方面[5]。虽然静力触探这种勘探手段有着较大的适用性,但是作为一种典型的间接勘探手段,静力触探不能对所有地层进行有效勘察,遇到风化岩层、杂填土、碎石土等含硬质块状物的土层会出现贯入受阻损伤探头的情况。因此,在农业水利工程勘察项目中需根据区域地质情况,判别静力触探的可实施性,选择静力触探、钻探两种组合方式对场地地层进行勘察。

便携式双桥静力触探系统由贯入装置、双桥探头、数据采集仪三部分组成(见图 2),突破以往对传统液压静探机的概念,小型双缸液压静探机全套设备可放置 SUV 后备箱内,易于搬运,两人即可完成全部测试操作,安全可靠。其贯入装置为液压驱动探杆,贯入力规格 20~35 kN,贯入速率 1.2 m/min,适用于 5 cm^2、10 cm^2 单双桥静探、十字板或其他多功能探头,适用于软土、黏性土、粉土、砂土等地基土测试。

便携式双桥探头的锥尖阻力 q_c、侧壁摩阻力 f_s 及摩阻比 R_f,可分别按下列公式计算:

$$q_c = K_q \times \varepsilon_q \tag{1}$$

图 2　TSY-3 型便携式静探机

$$f_s = K_f \times \varepsilon_f \tag{2}$$

$$R_f = \frac{f_s}{q_c} \times 100\% \tag{3}$$

式中：q_c 为锥尖阻力，MPa；f_s 为侧壁摩阻力，MPa；R_f 为摩阻比；K_q、K_f 分别为双桥触探探头的标定系数，kPa/mV；ε_q、ε_f 分别为双桥触探探头贯入的输出电压值，mV。

3　便携式双桥静力触探的工程应用

3.1　便携式双桥静力触探的特点

便携式双桥静力触探采用油压贯入，设备总高 0.5 m 左右，占地仅 1.0 m^2，体积小、重量轻，便于搬运和安装，其操作简单，适合在各种现场条件下使用。适用于软土、黏性土、黄土、砂性土等地层，能够满足多种地质条件的测试需求。

3.2　工程项目背景

某桥闸是以防洪、排涝、灌溉等综合运用的中型水闸，属渠村灌区管理范围，该桥闸 1990 年开工建设，1991 年竣工，现年久失修存在重大安全隐患（见图 3）。本项目是重建桥闸，消除防洪、除涝安全隐患，蓄水灌溉，补充地下水源，改善区域内群众生产、生活条件，为区域内社会经济持续向好发展提供水利支撑和保障。主要建筑物包括桥闸和闸管所等，桥闸为砌体结构，基础拟采用墙下条形基础和柱下独立基础，闸管所为地上 1 层，砖混砌体结构。该农业水利项目的特点是投资规模较小，任务时间紧，项目位置偏僻，部分区域因场地限制，钻机施工不便，一般勘探设备很难运输到位，故采用以钻探为主，有进场条件的地方用钻探，便携式双桥静力触探（CPT）作为辅助勘探手段，场地有限的位置用静力触探，为桥闸设计提供基础资料，满足了水利工程设计要求，达到了降本增效的目的。

图 3　某桥闸项目情况

3.3 测试方案

3.3.1 工程钻探与取样

钻探设备采用京探 DPP100-3E 型工程钻机,钻探操作按《建筑工程地质勘探与取样技术规程》(JGJ/T 87—2012)执行,回次进尺、岩土编录工作符合规程要求。对于黏土层岩心采取率不低于90%,对地下水位以上的粉土、砂土层岩心采取率不低于80%,对地下水位以下的粉土、砂土层岩心采取率不低于70%。粉土原状样采用薄壁取土器取样,黏性土原状样采用双动(三重)管取土器取样,砂土、粉土及黏性土等扰动样采用标贯器取样。工程钻探作业照片见图4。

图4 工程钻探作业照片

3.3.2 原位测试

标准贯入试验(SPT)[见图5(a)]孔均采用回转钻进,并保持孔内水位略高于地下水位,钻至试验标高以上15 cm处,清除孔底残土后再进行试验。在粉土、粉质黏土及砂土层中,采用自动脱钩的自由落锤法进行锤击,贯入器预打入土中15 cm后,开始记录每打入10 cm的锤击数,累计打入30 cm的锤击数为标准贯入试验的 N 值。碰到密实砂层及其他坚硬地层,当锤击数已有50击,贯入深度小于30 cm时,记录50击的实测贯入深度,再换算成相当于30 cm的 N 值[7]。

(a)标准贯入试验

(b)便携式双桥静力触探试验

图5 原位测试作业照片

静力触探试验(CPT)采用便携式双桥静力触探采集仪、TSY-3 型便携式静探机[见图5(b)],采用双桥探头液压贯入，探头圆锥锥底截面积为 10 cm^2，双桥探头侧壁面积 150 cm^2，锥尖标定系数 $K=4.483$ kPa/mV，侧壁标定系数 $K=0.07346$ kPa，探头匀速垂直压入土中，贯入速率为 1.2 m/min，采用静探采集仪对静力触探数据进行采集和处理[6]。

3.4　测试结果分析

选择项目勘察成果中两个典型钻探孔和静探孔做对比分析，钻探孔 ZK2 与静探孔 ZK3 两孔水平距离 12.2 m，钻探孔 ZK2 的 85 高程为 50.28 m，静探孔 ZK3 的 85 高程为 49.45 m。根据野外钻探、原位测试成果，地层自上而下分为如下 7 层（含亚层），现对场地土层自上而下分述如下（见图 6）。

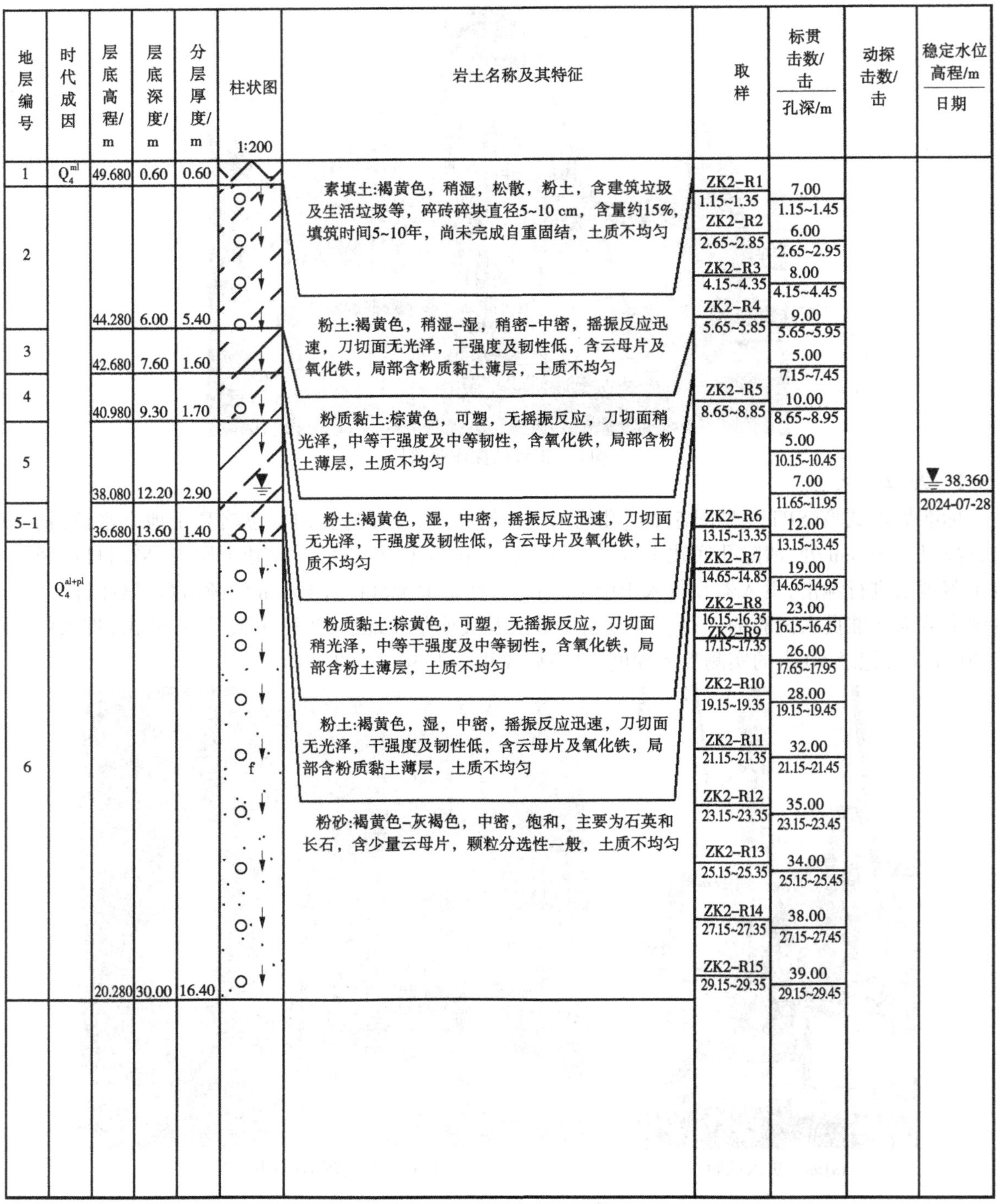

(a) ZK2 钻孔柱状图

图 6　地层分布情况

层号	层底深度/m	厚度/m	锥尖阻力 q_c/MPa	侧壁摩阻力 f_s/kPa	摩阻比 R_f/%	岩土名称
1	0.50	0.50	1.11	23	2.08	素填土
2	6.30	5.80	2.41	58	2.40	粉土
3	7.80	1.50	1.19	70	5.86	粉质黏土
4	9.50	1.70	8.03	105	1.30	粉土
5	12.10	2.60	1.79	49	2.75	粉质黏土
5-1	13.90	1.80	6.68	158	2.36	粉土
6	25.00	11.10	20.96	279	1.33	粉砂

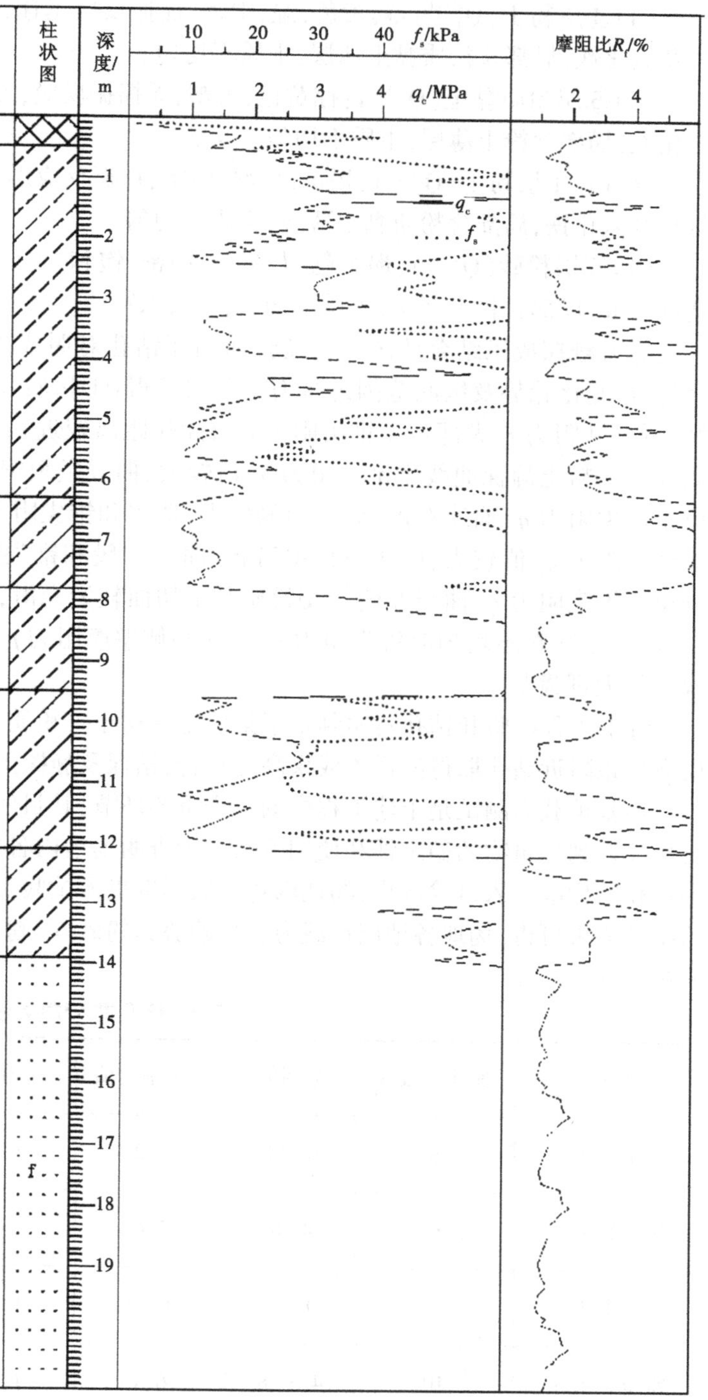

(b)ZK3 静力触探图

续图 6

(1)①层素填土(Q_4^{ml}):褐黄色,稍湿,松散,主要为粉土,局部含少量建筑垃圾、生活垃圾等,碎砖碎块的块径 5~10 cm,含量约 15%,填筑时间 5~10 年,尚未完成自重固结。

(2)②层粉土(Q_4^{al+pl}):褐黄色,稍湿-湿,稍密-中密,摇振反应迅速,刀切面无光泽,干强度及韧性低,含云母片及氧化铁,局部含粉质黏土薄层,土质不均匀。

(3)③层粉质黏土(Q_4^{al+pl}):棕黄色,可塑,无摇振反应,刀切面稍光泽,中等干强度及中等韧性,含氧化铁,局部含粉土薄层,土质不均匀。

（4）④层粉土（Q_4^{al+pl}）：褐黄色，湿，中密，摇振反应迅速，刀切面无光泽，干强度及韧性低，含云母片及氧化铁，局部含粉质黏土薄层，土质不均匀。

（5）⑤层粉质黏土（Q_4^{al+pl}）：棕黄色，可塑，无摇振反应，刀切面稍光泽，中等干强度及中等韧性，含氧化铁，局部含粉土薄层，土质不均匀。

（6）⑤-1层粉土（Q_4^{al+pl}）：褐黄色，湿，中密，摇振反应迅速，刀切面无光泽，干强度及韧性低，含云母片及氧化铁，局部含粉质黏土薄层，土质不均匀。

（7）⑥层粉砂（Q_4^{al+pl}）：褐黄色-灰褐色，中密，饱和，主成分为石英和长石，含少量云母片，颗粒分选性一般，局部含粉土薄层，土质不均匀，该层未穿透。

静力触探成果结合地区工程经验和相邻钻孔对照成果，根据锥尖阻力 q_c、侧壁摩阻力 f_s 及摩阻比 R_f 变化趋势及区间范围进行力学分层可得：①粉质黏土静探曲线起伏变化缓慢，局部略有突峰，侧壁摩阻力 f_s 大部位于锥尖阻力 q_c 右侧（距离较近），当土质不均时局部交叉越过锥尖阻力 q_c 曲线。②粉土静探曲线中锥尖阻力 q_c 值较大，曲线呈短锯齿状，齿峰较缓，侧壁摩阻力 f_s 曲线一般位于锥尖阻力 q_c 曲线右侧，局部间隔较大，偶尔和锥尖阻力 q_c 曲线左右穿插。③砂土类的静探曲线锥尖阻力 q_c 值较大，曲线呈长锯齿状，曲线一般和锥尖阻力 q_c 曲线间隔较小，曲线尖峰处大部分位于锥尖阻力 q_c 曲线左侧。④粉质黏土切面较为光滑，手感有黏滞感，侧壁摩阻力小于粉土、砂土，砂类土颗粒不均匀时锥尖阻力 q_c 曲线和侧壁摩阻力 f_s 曲线的尖齿更为剧烈，局部呈不规则的、残破的大锯齿状。

综上工程经验和钻孔对照判定了素填土—粉土—粉质黏土—粉砂之间的分界面，界面位置和分层数量跟附近钻孔取得的样本成果高度契合，钻探及静探土层划分成果精度匹配。

地基承载力测试是土建工程中的一个重要环节，其目的是确保构筑物的安全稳定。地基承载力直接关系到建筑物的稳定性和使用寿命。为查明场地内各地层的承载力特征值性能，统计整个场地勘探孔的标准贯入试验成果，场地内各地层标准贯入试验实测锤击数其结果统计于表2，根据SPT试验统计成果可得，场地各地层承载力特性趋势为粉砂⑥>粉土⑤-1>粉土④>粉土②>粉质黏土⑤>粉质黏土③。

表2　标准贯入试验统计

地层	统计个数 N	范围值	算术平均值	标准差	变异系数	修正系数	标准值
粉土②	8	6~11	8.2	1.3	0.15	0.98	8.0
粉质黏土③	6	4~8	5.6	1.1	0.20	0.95	5.3
粉土④	9	9~13	10.9	1.2	0.11	0.97	10.6
粉质黏土⑤	10	4.5~8	6.4	1.1	0.18	0.95	6.1
粉土⑤-1	6	10~13	11.2	1.0	0.09	0.95	10.6
粉砂⑥	13	18~41	28.0	6.4	0.23	0.94	26.4

为查明场地内各地层的承载力特征值性能，对本次勘察场地内静力触探试验孔进行统计，成果见表3，根据CPT试验统计成果可得，场地各地层承载力特性趋势为粉砂⑥>粉土⑤-1>粉土④>粉土②>粉质黏土⑤>粉质黏土③。

表 3　静力触探试验统计

层号	岩性	锥尖阻力 范围值 q_c/MPa	锥尖阻力 $\bar{q}_c$/MPa	锥尖阻力 $\bar{q}_{cmin}$/MPa	侧壁摩阻力 加权平均值 f_s/kPa	比贯入阻力 p_s/MPa
②	粉土	1.08~3.55	1.91	1.50	57.81	1.86
③	粉质黏土	0.56~1.38	0.85	0.71	56.30	0.82
④	粉土	1.23~3.68	2.02	1.63	76.30	2.11
⑤	粉质黏土	0.85~1.67	1.24	0.90	55.20	1.04
⑤-1	粉土	1.34~3.84	2.11	1.73	83.40	2.26
⑥	粉砂	13.37~23.00	20.71	17.04	220.00	18.45

注：依据《河南省建筑地基基础勘察设计规范》(DBJ 41/138—2014)，黏性土 $p_s=1.227q_c-0.0613$；粉土 $p_s=q_c+6.4f_s$；粉细砂 $p_s=1.093q_c+0.365$。

根据静力触探及标准贯入试验成果，结合《河南省建筑地基基础勘察设计规范》(DBJ 41/138—2014)，提出本工程各岩土层的地基承载力特征值计算值，详见表 4。SPT 计算得出的粉土、粉质黏土地基承载力特征值相比于 CPT 计算得出的地基承载力特征值偏大，而 SPT 计算得出的粉砂地基承载力特征值相对于 CPT 得出的粉砂地基承载力特征值偏小，但是各土层的地基承载力变化趋势一致，两者为地层地基承载力精确取值提供了可靠依据。地基承载力特征值建议值应根据当地经验综合判别，CPT 为地基承载力特征值建议值的提出提供了重要的参考价值。

表 4　地基承载力特征值计算

层号	岩性	SPT 计算的地基承载力特征值/kPa	CPT 计算的地基承载力特征值/kPa	地基承载力建议值/kPa
②	粉土	212.5	124.8	125
③	粉质黏土	151.8	106.2	110
④	粉土	268.8	134.4	135
⑤	粉质黏土	169.8	129.3	125
⑤-1	粉土	271.0	139.6	140
⑥	粉砂	233.2	>360	>400

3.5　经济效益分析

农业水利工程规模小，投资金额不高。便携式双桥静力触探设备直接的经济效益是节省了设备运输的人力成本，CPT 设备轻便(总重≤200 kg)，仅需 2~3 人操作，而传统钻探需 5 人以上团队及大型设备(如钻机、运输车辆)，CPT 设备适合地形复杂的场地优势更明显。另外，CPT 试验直接贯入土层中，速度快、效率高，缩短了施工周期。依据《工程勘察设计收费标准(2002 年修订本)》，以静探孔 ZK3 地质结构为例，计算内深度的单孔勘探成本，ZK3 钻探及标准贯入试验费用为 4 606.9 元，ZK3 静力触探试验总费用为 2 075.7 元，静力触探勘察费用显著降低，且按实际的工期也从 8 h 缩短至 4 h。勘探成本计价见表 5。

表 5　勘探成本计价

孔深 D/m	双桥 CPT 试验			钻探			SPT 试验		
	Ⅰ类	Ⅱ类	Ⅲ类	Ⅰ类	Ⅱ类	Ⅲ类	Ⅰ类	Ⅱ类	Ⅲ类
$D \leq 10$	44.8	56.3	94.3	46	71	117	80	108	144
$10<D \leq 20$	49.4	71.3	117.3	58	59	147	80	108	144
$20<D \leq 30$	58.6	85.1	140.3	60	107	176	120	162	216

3.6　适用性及局限性分析

便携式双桥静力触探(CPT)是一种高效、连续的原位测试方法,通过测量探头匀速贯入地层时所受到的锥尖阻力(q_c)、侧壁摩阻力(f_s)来评估土层的工程性质。然而,其应用效果高度依赖于地层类型和设备能力,存在显著的适用性边界。

黏性土(黏土、粉质黏土)作为静力触探最理想且应用最广泛的土层,能有效地区分软黏土、硬黏土等。黏性土渗透性低,贯入产生的超孔隙水压力消散慢,探头贯入过程近似于不排水条件,测得的数据能较好地反映土的不排水强度(S_u)、固结特性、土层划分和均匀性[8]。对于高灵敏度软黏土,贯入扰动可能导致强度低估,需结合其他方法(如十字板)或经验修正。

粉土在静力触探应用方面普遍适用,粉土的渗透性和排水特性介于黏土和砂土之间。贯入过程中部分排水可能发生,但通常仍能获得有工程意义的数据。锥尖阻力和侧壁摩阻力能有效反映粉土的相对密度、状态(松散、中密、密实)和液化可能性(与地震参数结合)。

中密至密实砂土属于静力触探不适用地层,主要限制原因是其极高的贯入阻力[9]。中密以上砂土的锥尖阻力值急剧增大,极易超过 CPT 设备的额定贯入力。主流便携式双桥静力触探设备通常为 10~20 t 级,硬质土层导致探头无法贯入或贯入深度极浅,测试被迫中止。此外,便携式双桥静力触探应用地锚提供贯入反力,以此克服地层反力将探头推入。在密实的砂土中往往因贯入反力不足导致设备顶起或损坏[10]。即使探头勉强贯入,极高的阻力可能导致传感器饱和、非线性响应或损坏,测得的数据可能不可靠或难以解读。

静力触探不适用于含砾量大于 30%~40%的土层,探头(尤其是锥尖)遇到砾石、卵石极易发生弯曲、断裂或严重磨损。遇到砖块石、姜结石等,单个砾石会导致阻力读数异常尖峰,无法代表土层整体性质,静力触探资料会出现失真现象[11]。在预计存在或钻探揭示有砾石、卵石的地层,应避免使用 CPT,改用钻探取样或其他合适方法。

结合工程地区经验和相关文献分析,静力触探设备存在自身局限性。便携式双桥静力触探设备的额定最大贯入力是决定其能测试何种地层(砂土密实度上限)的最关键参数,其贯入力与反力系统发挥至关重要的作用。在密实砂土或硬层中地锚的承载力不足,需要极大的配重,是导致在砂层中测试失败最常见的原因之一。此外,便携式双桥静力触探不能提供直观的土层样本或进行肉眼鉴定,对土层定名(特别是细粒土)存在不确定性,测量参数非直接的土工参数(如内摩擦角、黏聚力和不排水抗剪强度等),获取这些工程参数高度依赖经验关系,具有较强的地域性和土类局限性,应用不当会导致结果偏差。

4　结论与建议

随着国家对水利基础设施建设的重视和支持,大型水利工程、农田水利、水环境治理等领域的需求将不断增加,水利工程勘察设计行业将迎来更多的发展机遇。便携式双桥静力触探仪作为工程地质勘察中重要的测试手段之一,适用性较强,但是也存在着局限性,采用"钻探+静探"综合性勘察方法应用得当能起到降本增效的作用,能较好地解决纯钻探勘察的缺陷。

因此,勘察人员在对农业水利工程项目进行勘察时需对区域地层进行了解后,方能采用便携式双桥静力触探设备,在遇到高阻力地层(如密砂、砾石、硬层)时可能导致测试中止、数据不可靠或设备损坏风险。便携式双桥静力触探作为辅助性勘测手段,其数据必须与地质背景、区域经验和一定数量的钻孔资料相结合进行综合分析和解读。

参考文献

[1] 梁城城. 2022 年水利投资形势分析及展望[J]. 中国国情国力,2023(3):48-52.
[2] 王浩,一点三五万亿元,细算水利投资账[N]. 人民日报,2025-02-11(2).
[3] 王世宇. 新农村建设与农田水利配套设施建设的关系[J]. 黑龙江科技信息,2012(9):270.
[4] 郑启孝. 综合勘探技术在陡倾斜煤层露天矿的应用[J]. 华北自然资源,2019(6):38-40,42.
[5] 张国庆. 轻型静力触探技术在小型水利工程中的应用[J]. 江苏水利,2011(2):17-18.
[6] 支喜兰. 黄土地区公路路基地基承载力评价方法研究[D]. 西安:长安大学,2006.
[7] 黄立. 岩土工程测试与检测技术的应用[J]. 资源信息与工程,2019,34(4):75-76.
[8] 李薇薇,李军霞,高俊海. 应用静力触探确定新近沉积土地基承载力的研究[J]. 公路交通科技(应用技术版),2013(12):84-86,102.
[9] Robertson P K . Soil classification using the cone penetration test: Reply[J]. Canadian Geotechnical Journal,1991, 27(1):151-158.
[10] 焦德智,周涛,洪岳. 静力触探在密实厚砾砂层中的应用[J]. 中国新技术新产品, 2009(12):155.
[11] 何风雨,马淑芝. 中国现行标准中利用静力触探划分土层土类综述[J]. 水利水电快报,2023,44(8):53-59.

某抽水蓄能电站地应力测试试验研究

孙　政　王金龙　田　伟

（中水东北勘测设计研究有限责任公司，吉林长春　130021）

摘　要：地应力是地下工程变形和破坏的根本作用力，其分布规律受到地形、地表剥蚀、风化、岩体结构、岩体力学性质、温度、地下水等因素的影响。当工程在开挖施工时，又会诱发地应力状态的重新分布。本文采用水压致裂法和应力解除法对工程区地应力状态进行测量，测试结果得到：ZK225 孔的主应力和岩石破裂方向；ZK220-1 和 ZK222-1 水平钻孔 2 个测点最大主应力平均值为 18.13 MPa；最大主应力的方位角平均值为 112.64°；最大主应力倾角平均值为 35.51°，近似水平向。表明 ZK220-1 和 ZK222-1 水平钻孔附近，应力场以水平应力为主，方位角 112.64°为主构造应力的优势方向，通过对地应力的测量可以为地下厂房设计提供依据，为地下厂房建设提供数据支撑。

关键词：地应力；水压致裂法；应力解除法

1　引言

地应力测试是工程岩体稳定性分析及工程设计的重要参数，主要靠实测求得，特别是构造活动较强烈及地形起伏复杂的地区。由于应力不能直接测得，只能通过测量应力变化引起的诸如位移、应变等物理量的变化值，然后基于某种假设反算出应力值。因此，国内外使用的所有应力测量方法，都是在平洞壁面或地表露头面上打钻孔或刻槽，引起应力扰动，然后用探头测量由应力扰动而产生的各种物理量变化值的方法来实现。

本文以某抽水蓄能电站为例，采用水压致裂法和应力解除法对工程区地应力状态进行测量，电站装机容量 1 800 MW，单机容量 300 MW，电站枢纽由上水库、下水库、输水系统、地下厂房系统及开关站等组成。为测定蓄能电站引水竖井和地下厂房洞身位置岩体初始地应力状态，在实测资料的基础上，结合岩石性质等相关条件，对洞室开挖过程中可能出现的岩爆、大变形问题进行了预测分析，为引水竖井和地下厂房的设计、施工以及洞室围岩稳定性评价提供参考。本文以某抽水蓄能电站工程区为核心区域，通过实测数据分析，系统研究了该区域地应力场的主要特征及其控制规律。研究重点包括岩层参数（厚度、走向）、构造活动强度以及建筑物分布对其的影响，旨在为工程地质设计和地质勘探提供理论依据。

2　水压致裂法地应力测试原理、方法及结果

水压致裂法地应力测试，是 20 世纪 70 年代发展起来的能够测量地壳深部应力可靠而有效的方法。该方法是 2003 年国际岩石力学学会颁布的确定岩体应力建议方法中所推荐的方法之一，是目前国际上能较好地直接进行深孔地应力测量的先进方法。该方法无须知道岩体的力学参数就可获得地层中现今地应力的多种参量，并具有操作简便、可在任意深度进行连续或重复测试、测量速度快、测值稳定可靠等特点，因此近年来发展很快，并取得了大量的成果[1-3]。

2.1　测试原理

水压致裂法的应力测量是以弹性力学为基础，且以下列三个假设条件为前提：

作者简介：孙政（1975—），男，高级工程师，总经理，主要从事工程地质与水文地质勘察和应用工作。

(1)岩石是线性、均匀和各向同性的弹性体。

(2)岩石是完整的,压裂液体对岩石来说是非渗透的。

(3)岩层中一个主应力的方向和钻孔轴线平行。

在上述理论和假设前提下,水压致裂的力学模型可简化为一个平面应变问题,见图1。

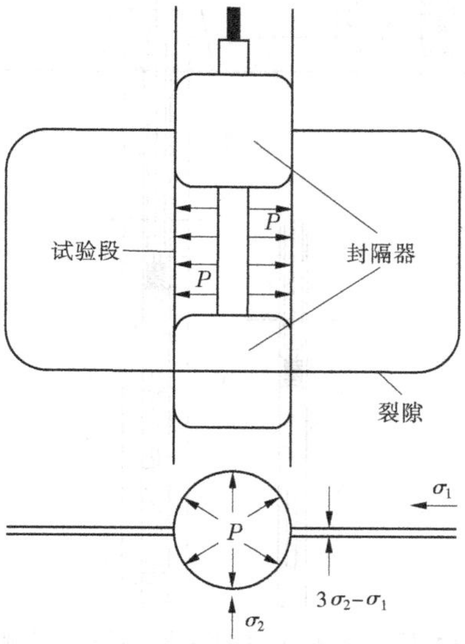

图1　水压致裂法地应力测试原理

2.2　高压液控孔底自动卸压栓塞试验设备

测试采用双循环水压致裂法,测量设备采用中水东北勘测设计研究有限责任公司自主研发的高压液控孔底自动卸压栓塞试验设备和工艺。高压液控孔底自动卸压栓塞试验设备可实现栓塞胶囊孔底重复快速充塞和完全卸压及充塞管路系统在压裂管路系统中通过等多项技术突破,使试验设备可在深孔、干孔、破碎、溶洞、缩径孔及高承压水等复杂试验环境下正常作业,故障率几乎为零。

高压液控孔底自动卸压栓塞试验设备由液控分流双栓塞、内封闭双管路系统、数据采集系统、控制水盘、高压压水泵站、高压冲塞泵站、封隔器和电子定向仪等组成,如图2所示。

2.3　钻孔主应力大小测试

为了获取工程围岩的地应力大小、方向及分布规律,地应力测量的试验段应布置在工程的开挖部位和孔壁较完整的位置(以引水竖井ZKZ225钻孔为例)。

根据钻孔的地质条件、岩心RQD、孔内电视资料及钻孔沉渣等初始资料,ZK225自上而下逐段逐次开展了9段地应力测试工作,每个测段长0.6 m,测段中点孔深位置依次为65.0 m、79.0 m、109.0 m、137.0 m、143.5 m、150.0 m、172.0 m、207.5 m和213.5 m。获得了8段理想的压裂曲线,其测段中点孔深位置依次为79.0 m、109.0 m、137.0 m、143.5 m、150.0 m、172.0 m、207.5 m和213.5 m。

由浅到深8个测段的压力记录曲线如图3所示。

从所获曲线来看,第1~8个测段的数据较为理想,压裂记录曲线标准,各压裂段的破裂压力、重张压力、闭合压力在各次循环中清晰、明确,压裂参数具有良好的一致性,各个循环曲线规律性很强。

基于图3,确定了各个测段的破裂压力P_b、裂缝重张压力P_r、水压致裂面的瞬时闭合压力P_s、测段处钻杆内水柱压力P_w以及岩层的孔隙水压力P_0。考虑到该孔为地面孔,孔隙水压力P_0取测量段所处地下水位的静水压力。根据确定的压力参数及相关计算公式,得到测段岩体的原位抗拉强度T、最大水平主应力S_H、最小水平主应力S_h及垂直主应力S_v。其中,垂直主应力是根据水压致裂假设,按照上覆岩层的密度(2.69 g/cm^3)计算得到,地应力计算结果见表1。

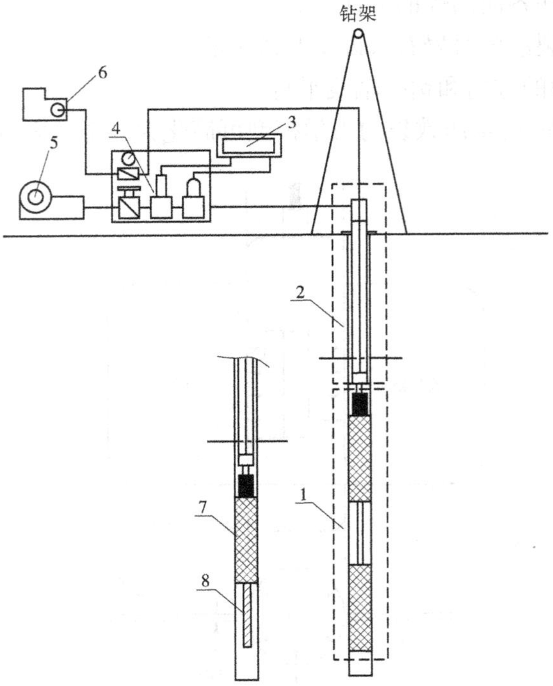

1—液控分流双栓塞;2—内封闭双管路系统;3—数据采集系统;4—控制水盘;5—高压压水泵站;
6—高压冲塞泵站;7—封隔器;8—电子定向仪。

图 2　液控高压栓塞测试系统

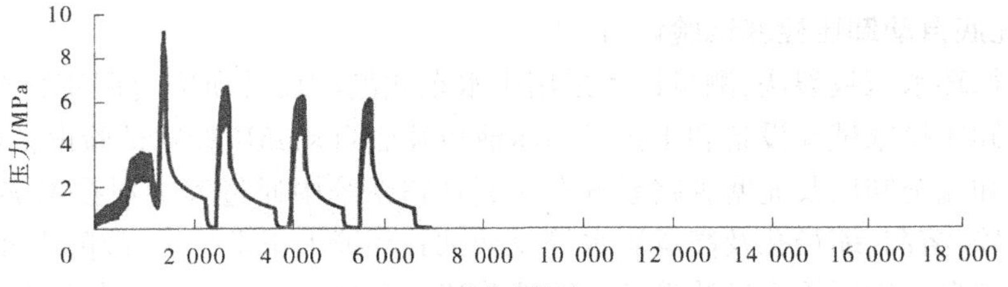

(a)测段1

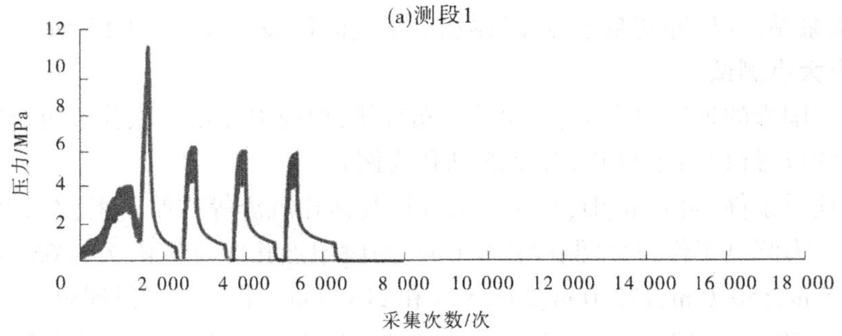

(b)测段2

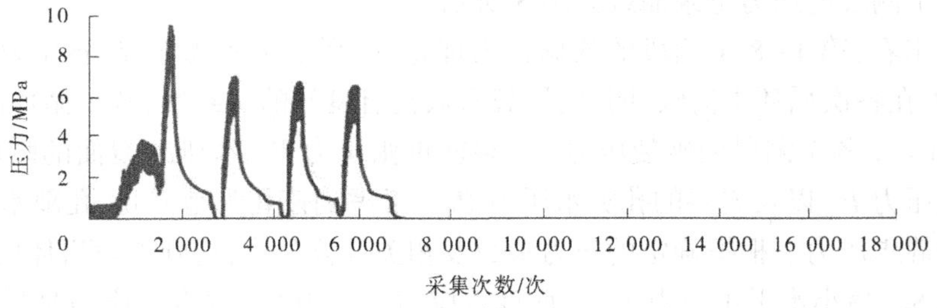

(c)测段3

图 3　ZK225 钻孔压裂特征曲线

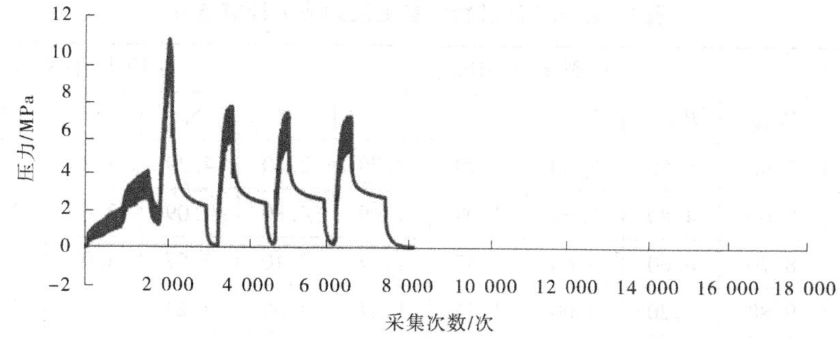

(d)测段4

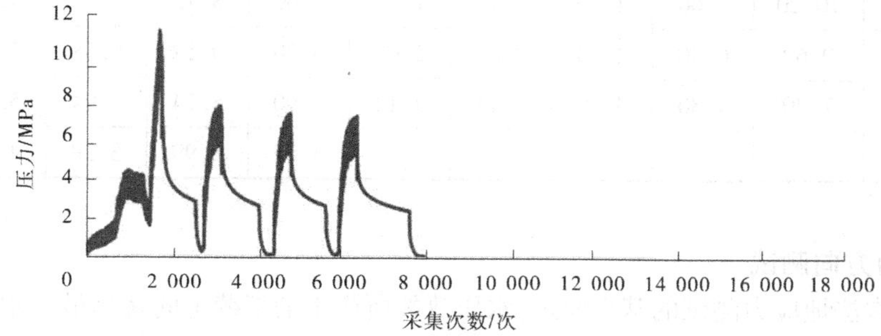

(e)测段5

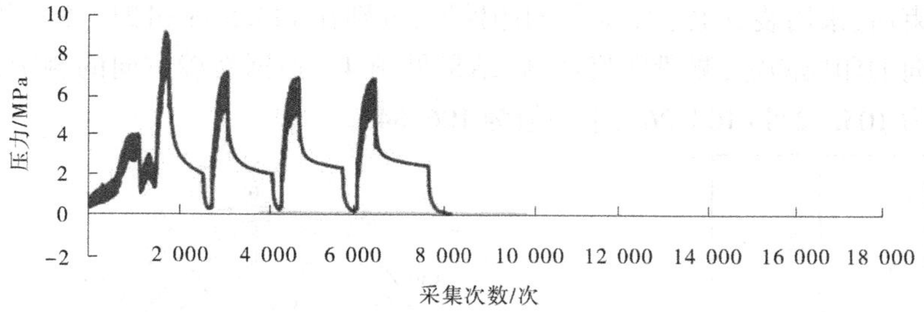

(f)测段6

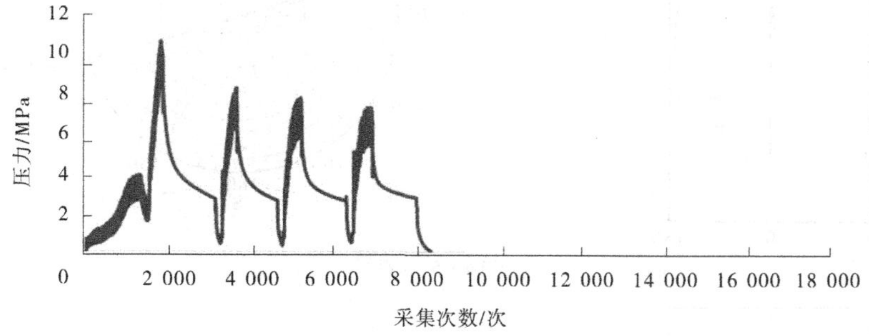

(g)测段7

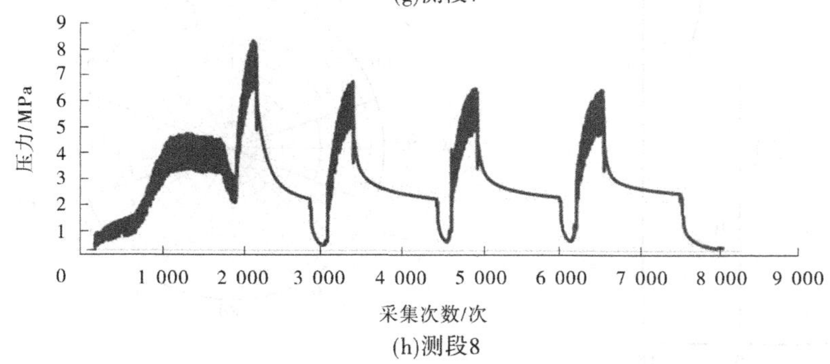

(h)测段8

续图 3

表 1　ZK225 压裂特征参数及地应力计算结果

序号	测段深度/m	压裂参数/MPa						主应力值/MPa			破裂方向/(°)
		$P_{b地面}$	$P_{r地面}$	$P_{s地面}$	P_w	P_0	T	S_H	S_h	S_v	
1	79.00	7.90	5.50	3.00	0.79	0.79	2.40	4.29	3.79	2.13	
2	109.00	9.60	4.80	2.60	1.09	1.09	4.80	4.09	3.69	2.93	
3	137.00	8.70	6.60	3.60	1.37	1.37	2.10	5.57	4.97	3.69	
4	143.50	9.80	6.20	4.00	1.44	1.44	3.60	7.24	5.44	3.86	105.42
5	150.00	9.80	6.60	4.40	1.50	1.50	3.20	8.10	5.90	4.04	
6	172.00	10.20	5.60	4.20	1.72	1.72	4.60	8.72	5.92	4.63	
7	207.50	9.60	6.40	4.50	2.08	2.08	3.20	9.18	6.58	5.58	
8	213.50	7.70	4.80	3.80	2.14	2.14	2.90	8.74	5.94	5.74	108.26
平均值							3.35	6.99	5.28	4.08	106.84

2.4　钻孔主应力方向测试

根据水压致裂法地应力测试的基本原理,水压致裂所产生的裂缝走向就是最大水平主应力的方向。印模应选在破裂压力较为明显的测段,以消除原生节理裂隙的影响(以引水竖井 ZK225 钻孔为例)。

钻孔压裂结束后,采用装有电子定向仪的印模器,分别在 143.5 m 和 213.5 m 测段进行了 2 次最大水平主应力方向的印模测定,测段印痕清晰,结果见图 4。根据裂缝方向的测定,求得最大水平主应力方位角分别为 105.42°和 108.26°,平均值为 106.84°。

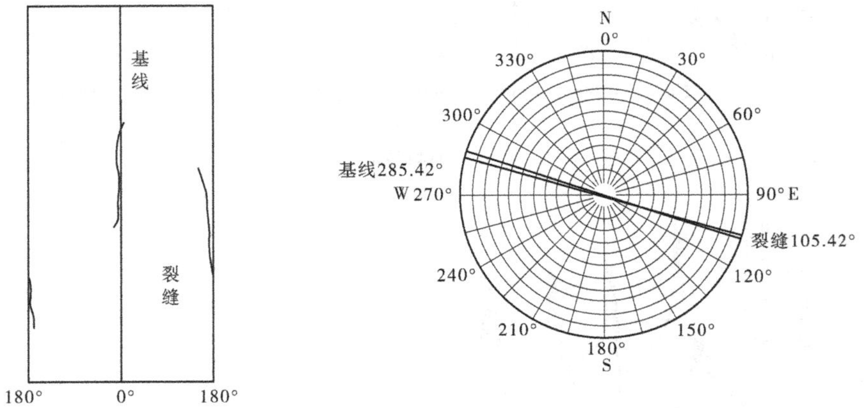

(a)143.5 m测段

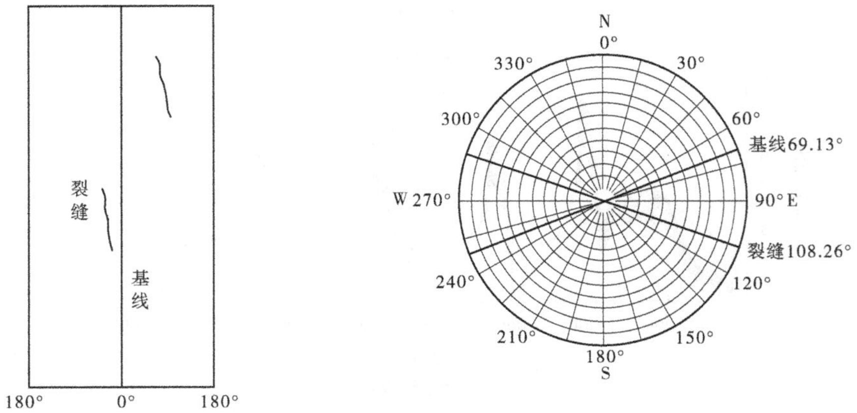

(b)213.5 m测段

图 4　引水竖井 ZK225 钻孔印模结果

3 地应力测试数据分析

3.1 钻孔地应力分布规律

对工程区钻孔岩体进行现场地应力测试,有助于初步认识工程区的地应力状况。由于工程涉及面积大,工程地质条件复杂,3个钻孔的水压致裂地应力数据相对于整个工程区仍然只是一个侧面,具有局限性(以引水竖井ZK225钻孔为例)。

由钻孔应力测试结果可知,引水竖井部位ZK225钻孔所测孔深79.0~213.5 m最大水平主应力值为4.09~9.18 MPa,最小水平主应力值为3.69~6.58 MPa。从应力与深度的关系看,最大水平主应力和最小水平主应力随深度增大基本呈增加的趋势,见图5。

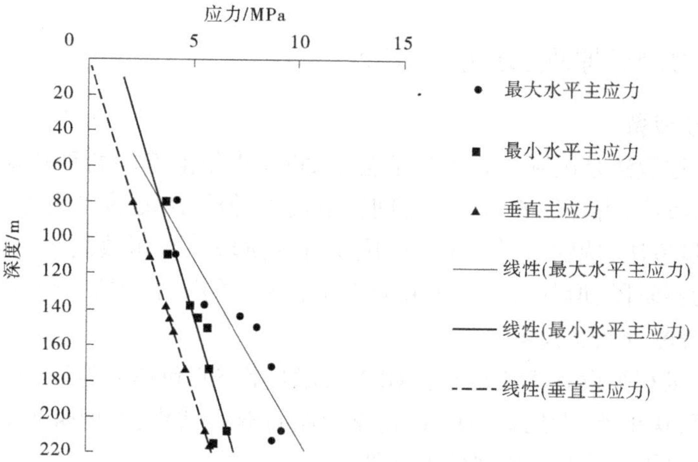

图5 ZK225钻孔三向主应力随深度分布图

ZK225钻孔附近的地应力以构造应力作用为主,三个主应力的大小主要关系为:$S_H>S_h>S_v$。应力状态有利于逆冲断层活动,反映了较强的现今水平构造应力作用的特点。将测点结果利用最小二乘法进行线性回归,回归结果如下:

$$S_H = 0.0495H - 0.5125;S_h = 0.0255H + 1.409;S_v = 0.0269H \quad (1)$$

3.2 钻孔地应力侧压系数

地应力侧压系数反映了水平地应力的相对大小和构造应力的水平,是工程设计和稳定性分析的基本参数之一。从表2的计算结果可知:ZK225钻孔附近的地应力以构造应力作用为主,最大水平主应力与垂直应力的平均比值为1.73,最小水平主应力与垂直应力的平均比值为1.34,构造应力作用较强。建议加强厂房、巷道的边墙及顶拱支护设计,防止构造应力造成边墙、顶拱失稳;进一步复核引水竖井的围岩支护设计,防止较大构造应力造成围岩失稳。

表2 ZK225钻孔地应力侧压系数

序号	测段深度/m	垂直应力	最大水平主应力		最小水平主应力	
		S_v/MPa	S_H/MPa	S_H/S_v	S_h/MPa	S_h/S_v
1	79.0	2.13	4.29	2.02	3.79	1.78
2	109.0	2.93	4.09	1.39	3.69	1.26
3	137.0	3.69	5.57	1.51	4.97	1.35
4	143.5	3.86	7.24	1.87	5.44	1.41
5	150.0	4.04	8.10	2.01	5.90	1.46

续表 2

序号	测段深度/m	垂直应力	最大水平主应力		最小水平主应力	
		S_v/MPa	S_H/MPa	S_H/S_v	S_h/MPa	S_h/S_v
6	172.0	4.63	8.72	1.88	5.92	1.28
7	207.5	5.58	9.18	1.64	6.58	1.18
8	213.5	5.74	8.74	1.52	5.94	1.03
平均值		4.08	6.99	1.73	5.28	1.34

4 应力解除法地应力测试原理、方法及结果

4.1 地应力测试原理及设备

应力解除法和水压致裂法是国际岩石力学学会于 2003 年新推荐的两种地应力测量方法。应力解除法的测试深度相对较浅,需要足够的地下空间容纳设备,但该法能够在钻孔中一次测得 6 个应力分量,属于三维应力测量方法,特别适合于工程的施工开挖阶段。水压致裂法没有测试深度限制,特别适合于工程的初期勘察阶段,但其所测结果并非真正意义上的三维地应力值[4-6]。

4.1.1 空心包体地应力测量相关设备

空心包体地应力测量相关设备主要包括:YGKX-2021 型空心包体应力计,智能数字应变仪,围压率定仪;定向仪,安装杆,扶正器,专用ϕ 130 mm 薄壁金刚石取心钻头;专用ϕ130 mm 锥平金刚石导向钻头;专用ϕ 36 mm 金刚石实心钻头,数据处理软件。

4.1.2 空心包体应力计结构

空心包体应力计的主体是一个用环氧树脂制成的空心圆筒,其外径为 36 mm,在其中间部位,沿同一圆周等间距(120°)嵌埋着三组电阻应变花。每组应变花由 4 支应变片组成,相互间隔 45°,每个应变片均由电缆引出,与应变仪相接(见图 6)。应力计的工作长度为 180 mm,可安装在直径为 36~38 mm 的小孔中。

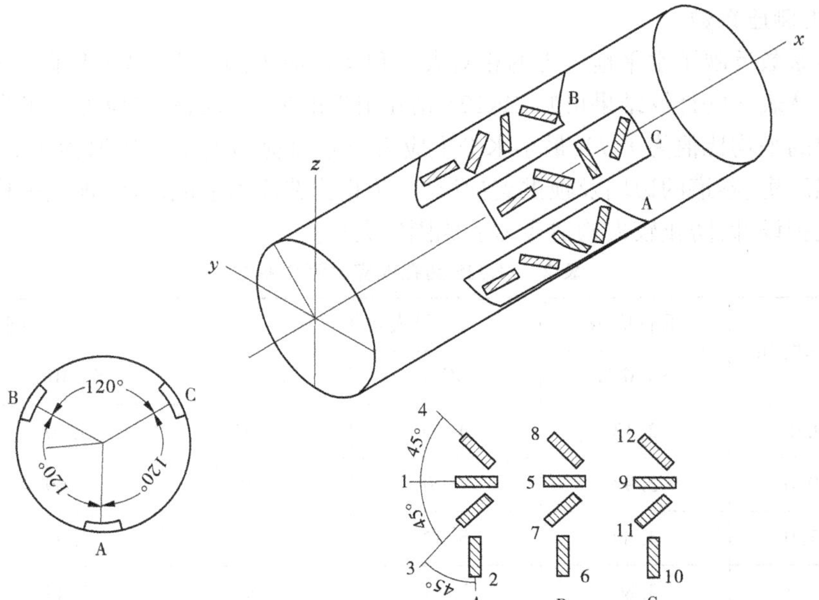

图 6 安装空心包体探头的定位器

如图 7 所示,圆筒内空腔 8 装满黏结剂,然后将柱塞 11 插入内腔约 1.5 cm 深处,用固定销 9 将其固定,柱塞的另一端有一导向头 15,以便应力计顺利安装在小孔中所需的位置上。将应力计送入钻孔中预定位置后,用力推动安装杆 1,可使固定销切断,继续推进可使黏结剂经出胶孔 13 流出,进入应力计和小孔孔壁之间的空隙里,待黏结剂固化后,应力计即和孔壁牢固地胶结在一起,该空心包体应力计通过单孔就可以比较准确地测定一点的三维原岩应力状态。

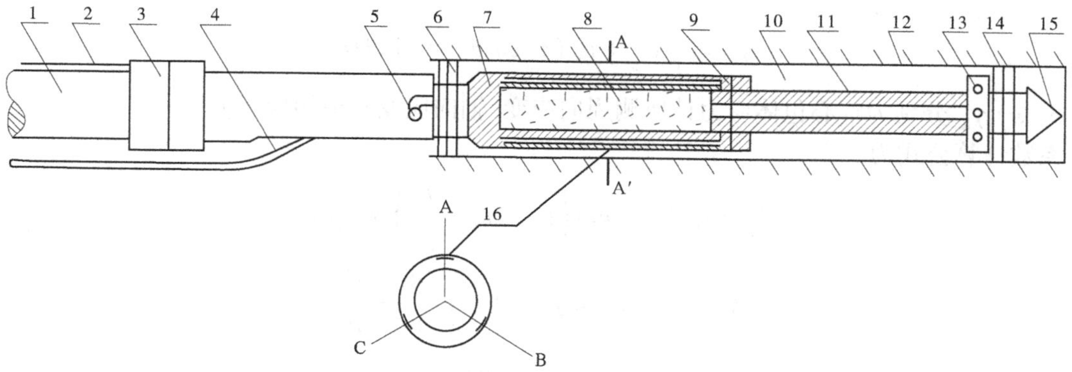

1—安装杆;2—定向器导线;3—定向器;4—读数电缆;5—定向销;6—密封圈;7—环氧树脂筒;8—空腔:内装黏结剂;9—固定销;10—应力计与孔壁之间的空隙;11—柱塞;12—岩石钻孔;13—出胶孔;14—密封圈;15—导向头;16—应变花。

图 7　YGKX-2021 型空心包体三轴地应力计结构示意图

4.1.3　空心包体地应力测试原理

现场测量原始地应力,就是通过现场测试确定岩体的三维应力状态。岩体中一点的应力状态可由选定坐标系中的 6 个分量($\sigma_x,\sigma_y,\sigma_z,\tau_{xy},\tau_{yz},\tau_{zx}$)来表示,如图 8 所示。一般情况下,地应力的 6 个应力分量是非零的,处于相对静止的平衡状态,无法直接得知。因此,任何一种实测方法都是通过扰动(通常的方法是打钻孔),打破原有状态,在从一种平衡状态到新的平衡状态的过程中,通过对应力效应的间接测量来实现。

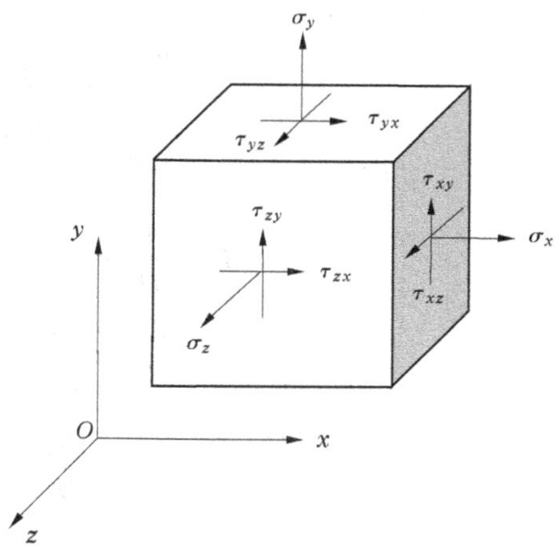

图 8　空间应力状态(6 个应力分量)

力或应力最直观的物理效应是产生应变和位移。可以通过应变和位移传感器将岩体应变和位移的变化记录下来,取得测量数据。根据岩石的本构关系即应力-应变关系,建立相应的力学计算模型,由观测到的应变或位移,就能计算出地应力的 6 个分量或者 3 个主应力的大小和方向。

由此可见,现场地应力测量过程,本质上是应变或位移的测量过程。只要具备精巧、完备和先进的测量仪器和测试技术,就可保障应变和位移的精确获得。而地应力结果的准确获得不仅要靠实测应变数据的可靠,还有赖于力学模型,以及由此推演的地应力分量的解算公式是否正确。因为地应力值最终要根据实测应变值,通过岩石的本构关系计算求得。

应力解除技术,是改变岩体应力状态,使岩体产生应变响应的简捷方法。所谓钻孔应力解除技术,就是将一段岩石通过取心(套心技术)从周围岩体施加给它的应力场内隔离开来的方法。

设地下某一点的应力为($\sigma_x,\sigma_y,\sigma_z,\tau_{xy},\tau_{yz},\tau_{zx}$),主应力大小为 σ_1、σ_2、σ_3,与大地坐标系 *XYZ* 关系用 9 个方向余弦或 9 个夹角值可以完全确定。但实测中,钻孔与岩层、与大地坐标总会呈某一角度(仰角或俯角)。设 *XYZ* 为钻孔坐标系,在该坐标系下的地应力是实测地应力。由此,只要有了两套坐标系的相对关系和实测地应力的全部分量,通过坐标变换就可得到 *XYZ* 坐标下的应力分量,并由此求得主应力的大小和方向。

由空心包体应力计所测量应力解除过程中应变数据计算地应力的公式为

$$\varepsilon_\theta = \frac{1}{E}\{(\sigma_x + \sigma_y)k_1 + 2(1 - \nu^2)[(\sigma_y + \sigma_x)\cos 2\theta - 2\tau_{xy}\sin 2\theta]k_2 - \nu\sigma_z k_4\} \tag{2}$$

$$\varepsilon_z = \frac{1}{E}[\sigma_z - \nu(\sigma_x + \sigma_y)] \tag{3}$$

$$\gamma_{\theta z} = \frac{4}{E}(1 + \nu)(\tau_{yz}\cos\theta - \tau_{zx}\sin\theta)k_3 \tag{4}$$

式中：ε_θ、ε_z、$\gamma_{\theta z}$ 分别为空心包体应力计所测周向应变、轴向应变和剪切应变值。

k 系数计算公式为

$$k_1 = d_1(1 - \nu_1\nu_2)\left(1 - 2\nu_1 + \frac{R_1^2}{\rho^2}\right) + \nu_1\nu_2 \tag{5}$$

$$k_2 = (1 - \nu_1)d_2\rho^2 + d_3 + \nu_1\frac{d_4}{\rho_2} + \frac{d_5}{\rho^2} \tag{6}$$

$$k_3 = d_6\left(1 + \frac{R_1^2}{\rho^2}\right) \tag{7}$$

$$k_4 = (\nu_2 - \nu_1)d_1\left(1 - 2\nu_1 + \frac{R_1^2}{\rho^2}\right)\nu_2 + \frac{\nu_1}{\nu_2} \tag{8}$$

式中：

$$d_1 = \frac{1}{1 - 2\nu_1 + m^2 + n(1 - m^2)}$$

$$d_2 = \frac{12(1 - n)m^2(1 - m^2)}{R_2^2 D}$$

$$d_3 = \frac{1}{D}[m^4(4m^2 - 3)(1 - n) + x_1 + n]$$

$$d_4 = \frac{-4R_1^2}{D}[m^6(1 - n) + x_1 + n]$$

$$d_5 = \frac{3R_1^4}{D}[m^4(1 - n) + x_1 + n]$$

$$d_6 = \frac{1}{1 + m^2 + n(1 - m^2)}$$

$$n = G_1/G_2; m = R_1/R_2$$

$$D = (1 + x_2 n)[x_1 + n + (1 - n)(3m^2 - 6m^4 + 4m^6)] + (x_1 - x_2 n)m^2[(1 - n)m^6 + (x_1 + n)]$$

$$x_1 = 3 - 4\nu_1; x_2 = 3 - 4\nu_2$$

式中：R_1 为空心包体内半径；R_2 为安装小孔半径；G_1、G_2 分别为空心包体材料环氧树脂和岩石的剪切模量；ν_1、ν_2 分别为空心包体材料环氧树脂和岩石的泊松比；ρ 为电阻应变片在空心包体中的径向距离。

4.2 地应力测试成果与评价

为测定蓄能电站地下厂房洞身位置岩体初始三维地应力状态，为了取得理想的试验数据，每个钻孔(ZK220-1 和 ZK222-1)内进行了 2 次应力解除地应力测试试验，在实测资料的基础上，结合岩石性质等相关条件，对地下厂房围岩的应力水平进行评价，为工程设计、施工提供科学依据。

4.2.1 应力解除试验结果

按照前述地应力测量步骤得到最终稳定应变作为计算地应力的基本参数，见表 3。

表 3　应力解除稳定应变值

单位：10^{-6} m

测点编号	$3A_{45}$	$1A_{90}$	$4A_{135}$	$2A_{0}$	$7B_{45}$	$5B_{90}$	$8B_{135}$	$6B_{0}$	$11C_{45}$	$9C_{90}$	$12C_{135}$	$10C_{0}$
ZK220-1	133	384	335	109	124	205	194	102	346	292	173	271
ZK222-1	318	372	107	141	144	204	94	80	282	144	331	156

4.2.2　地应力计算结果

根据实测的应变数据、岩心岩石力学参数及钻孔的空间几何参数，由地应力软件即可得出抽水蓄能电站 ZK220-1 和 ZK222-1 水平钻孔内测点的地应力分量及主应力的大小和方向，地应力分量测量结果见表 4。

表 4　测点地应力分量计算结果

测点编号	深度/m	应力分量/MPa					
		σ_x	σ_y	σ_z	τ_{xy}	τ_{yz}	τ_{zx}
ZK220-1	8.72	15.56	10.92	14.58	-2.07	-1.22	2.83
ZK222-1	9.27	15.15	10.58	13.63	-1.68	-1.82	2.21

根据表 4 的地应力分量大小等数据可以计算各测点主应力的大小和方向，各测点主应力测量结果见表 5。

表 5　测点主应力计算结果

测点编号	深度/m	主应力			
		主应力	大小/MPa	方位角/(°)	倾角/(°)
ZK220-1	8.72	σ_1	18.68	111.58	36.10
		σ_2	12.26	-73.82	52.88
		σ_3	10.13	199.62	-2.60
ZK222-1	9.27	σ_1	17.58	113.69	34.92
		σ_2	12.14	74.79	-48.10
		σ_3	9.64	188.88	-20.12

注：1. 方位角以正北方向为基准，方位角为负代表逆时针旋转，方位角为正代表顺时针旋转。

2. 倾角以水平面为基准，向上倾为正值，向下倾为负值。

由表 5 可知，ZK220-1 测点 3 个主应力大小依次为 18.68 MPa、12.26 MPa 和 10.13 MPa。其中，最大主应力 σ_1 方向为 SEE 向，方位角为 111.58°，倾角为 36.10°，近水平向；中间主应力 σ_2 方向为 NWW 向，方位角为-73.82°，倾角为 52.88°，近垂直方向；最小主应力 σ_3 方向为 SSW 向，方位角为 199.62°，倾角为-2.60°，近似水平向。数据表明，该测点地应力场以水平应力为主，方位角 111.58° 为主构造应力的方向。

ZK222-1 测点 3 个主应力大小依次为 17.58 MPa、12.14 MPa 和 9.64 MPa。其中，最大主应力 σ_1 方向为 SEE 向，方位角为 113.69°，倾角为 34.92°，近水平向；中间主应力 σ_2 方向为 NEE 向，方位角为 74.79°，倾角为-48.10°，近垂直方向；最小主应力 σ_3 方向为 SSW 向，方位角为 188.88°，倾角为-20.12°，近似水平向。数据表明，该测点地应力场以水平应力为主，方位角 113.69°为主构造应力的方向。

综上所述：ZK220-1 和 ZK222-1 水平钻孔 2 个测点最大主应力平均值为 18.13 MPa；最大主应力的方位角平均值为 112.64°；最大主应力倾角平均值为 35.51°，近似水平向。表明 ZK220-1 和 ZK222-1 水平钻孔附近，应力场以水平应力为主，方位角 112.64°为主构造应力的优势方向。

5 结语

本文详细介绍了某抽水蓄能电站开展水压致裂三维地应力测量和应力解除地应力测量的原理、过程与结果，需说明的是，破裂方位是相对磁北而言的，由于没有当地磁方位角与真北方位的偏差资料，文中未对磁偏角进行校对，得到如下结论：

(1)引水竖井部位 ZK225 钻孔所测孔深 79.0~213.5 m 最大水平主应力值为 4.09~9.18 MPa，最小水平主应力值为 3.69~6.58 MPa。从应力与深度的关系看，最大水平主应力和最小水平主应力随深度增大基本呈增加的趋势；地应力以构造应力作用为主，最大水平主应力与垂直应力的平均比值为 1.73，最小水平主应力与垂直应力的平均比值为 1.34，最大水平主应力方位角平均值为 106.84°，构造应力作用较强。建议加强厂房、巷道的边墙设计，防止构造应力造成边墙失稳。

(2)通过应力解除法地应力试验可得：ZK220-1 和 ZK222-1 水平钻孔 2 个测点最大主应力平均值为 18.13 MPa；最大主应力的方位角平均值为 112.64°；最大主应力倾角平均值为 35.51°，近似水平向。表明 ZK220-1 和 ZK222-1 水平钻孔附近，应力场以水平应力为主，方位角 112.64°为主构造应力的优势方向。

(3)水压致裂法对于深度较大的地应力测量优势较为明显，应力解除法可以获得三维主应力大小和方向，两种方法互相印证，可以为地下厂房建设提供设计依据及理论支撑。

参考文献

[1] 邵祎迪，于磊，牛明智，等. 庆元抽水蓄能电站工程地下厂房区域地应力测试与研究[J]. 水利水电工程设计，2025，44(1)：64-67.

[2] 罗笙，董志宏，钱源，等. 某抽水蓄能电站地下厂房水压致裂法三维地应力测试[C]//第二十一次中国岩石力学与工程学术年会论文集，2024：200-204.

[3] 高青松，汪刚. 小孔径水压致裂法在阳泉五矿地应力测量中的应用[J]. 山西冶金，2024，47(9)：216-219.

[4] 冯强，李子俊，李健健，等. 钻孔偏心对空心包体应力解除法地应力测量的影响分析[J]. 金属矿山，2024：1-12.

[5] 贾圆，段文科. 基于应力解除法的陈家山煤矿地应力分布特征研究[J]. 价值工程，2024，43(23)：92-94.

[6] 满军，周子明，王耀华，等. 套孔应力解除法在老营盘隧道洞身段的应用[J]. 交通节能与环保，2024，20(2)：233-237.

基于复杂地质条件下地面厂房勘察的实践探讨

薛 卉[1,2] 向文贤[1,2] 柳 泳[1,2] 周 楷[1,2]

(1. 中国电建中南勘测设计研究院有限公司,湖南长沙 410014;
2. 湖南中南水电水利工程建设有限公司,湖南长沙 410014)

摘 要:某混合式抽蓄项目地面厂房场址区岩性为碳质千枚岩、硅质板岩、灰岩、含绿泥钠长片岩,布置区附近发育有一条顺层区域性断层、一条切层平移断层,地质条件复杂。本文基于该抽蓄地面厂房勘察实践,分析了复杂地质条件下地面厂房勘察过程中遇到的问题,总结了该项目的勘察经验,强调了勘察过程中应注意的事项,可为类似的项目勘察提供借鉴。

关键词:复杂地质条件;地面厂房;工程地质勘察

1 引言

2021 年 3 月,中央财经委员会第九次会议强调,我国力争 2030 年前实现"碳达峰",2060 年前实现"碳中和"。"碳达峰""碳中和"已纳入我国生态文明建设整体布局,能源绿色低碳发展是实现"双碳"目标的关键,而电力行业在能源行业中排放量最高,是我国今后碳减排的主攻方向[1]。抽水蓄能是当前技术最成熟、经济性最优、最具大规模开发条件的电力系统绿色低碳清洁灵活调节电源。加快发展抽水蓄能,是构建以新能源为主体的新型电力系统的迫切要求,是保障电力系统安全稳定运行的重要支撑,是可再生能源大规模发展的重要保障[2]。然而,随着抽水蓄能项目的高速发展,对项目勘察也有了更高的要求,满足工期要求、合乎规范的勘测设计深度是抽水蓄能建设质量和安全运行的重要保障[3]。

2 工程概况

本项目所处位置大地构造单元属秦岭褶皱系南秦岭印支褶皱带武当褶隆与北大巴褶断束交界部位,处于两个三级大地构造单元的复合部位,地质构造较复杂。地形坡度 15°~25°,为斜坡地貌,局部为陡坎。地面厂房及其后边坡岩石主要为古生界寒武系下统水沟口组($\in_1sg$)薄层-互层状硅质板岩、硅质板岩夹灰岩、炭质千枚岩,加里东期(γ_3^{kln})互层-中厚层状含绿泥钠长片岩,属软岩-坚硬岩(见图 1),岩层产状为 339°~352°、NE∠45°~55°。节理裂隙以中陡倾角为主,延伸长度小于 10 m,节理间距一般为 0.6~1.5 m。

地面厂房部位共发育有两条断层,分别为:①陈家河逆推断层(F_2),发育于地面厂房后边坡附近,为Ⅰ级结构面。为北西-南东向压性断裂,断层产状为 310°~325°、NE∠40°~55°。该断层真厚度约 9.0 m,断层影响带约 30.0 m,断层带内挤压褶皱发育,多为宽 0.5~5.0 m 的小褶曲,带内物质多为薄层(层厚 0.5~5.0 cm)炭质板岩及硅质板岩,洞壁断面岩体呈块状、碎块状、砂状、泥状。②平移断层(F_3):发育于地面厂房北侧冲沟内,斜切地层,Ⅱ级结构面,断层产状为 10°~30°,NW∠70°~85°,该断层先于陈家河逆推断层(F_2)发育。断层沿线为负地形,沿冲沟可见断层崖(高度 5~20 m),沿线可见地层错段标志。断层带宽度变化较大,最宽达 5 m,一般宽度为 0.5~1.5 m,断层带内充填

作者简介:薛卉(1990—),女,高级工程师,主要从事水文与工程地质、岩土工程方面的勘察工作。

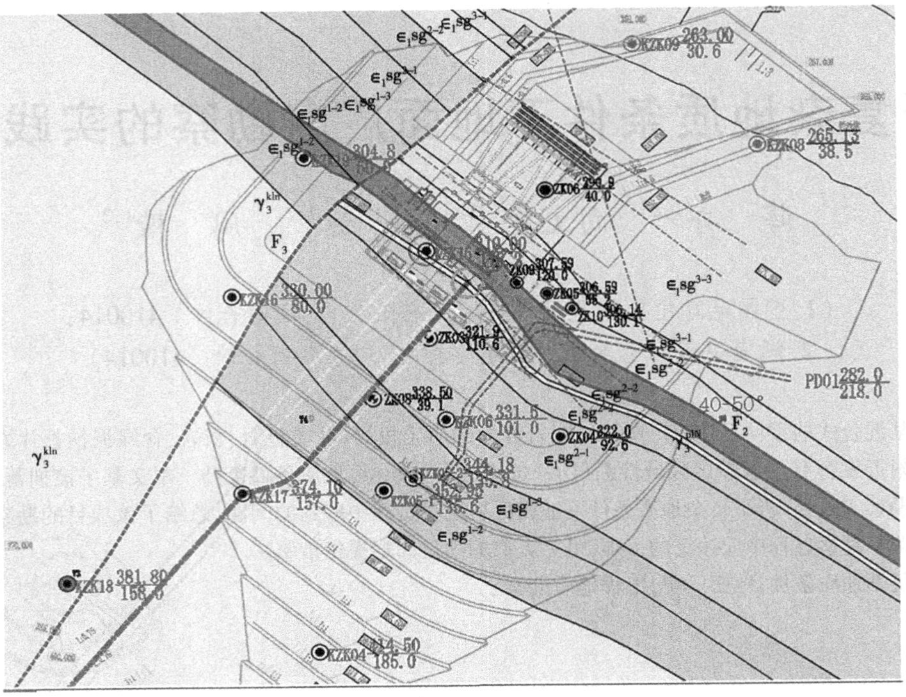

图 1　地面厂房安装高程工程地质平切图

泥质。

地面厂房基坑岩质边坡最大高度约 102.6 m,后边坡走向 310°,经赤平投影稳定分析:岩层走向与边坡小角度相交,为顺向坡,岩层倾角小于开挖边坡坡角,边坡稳定性差,且受不利组合结构面,会产生较多危岩块。后边坡内发育的结构面有:①软弱结构面:γ_3^{plN} 薄层-互层含绿泥钠长片岩层内含蚀变绿泥钠长片岩,层厚 1.6 m,内夹两层厚约 8 cm 的可塑状泥质、抗剪强度低;②顺层岩层面:$\in_1sg^{2-2}$、$\in_1sg^{2-1}$ 薄层状硅质板岩及薄层状硅质板岩夹灰岩透镜体层,岩层走向与边坡走向交角∠15°,岩层倾角 40°~50°,层间黏结力较低;③节理裂隙密集带(f_1):$\in_1sg^{2-1}$ 薄层状硅质板岩夹灰岩透镜体层上部,在硅质板岩内发育有一层节理密集带。在岩层片理面、软弱结构面和节理裂隙密集带的影响下,岸边式地面厂房后边坡较差,侧边坡稳定性一般较差。

地面厂房处地下水埋深 20~45 m,地下水位高于厂房建基面 60~75 m。地面厂房北侧发育有冲沟,该冲沟汇水面积较大,暴雨工况下山体上部汇水面积较大,易诱发泥石流或洪水聚集现象。

3　主要勘察方法

3.1　资料收集及分析

场址区岩层以寒武系地层为主,岩层沉积形成后经历了岩浆岩侵入、区域变质、构造挤压错断等作用,且场址区河流侵蚀堆积作用强烈,加之人工改造作用,导致场址区岩层空间分布位置变化较大、岩性复杂、岩体破碎,前期勘察工作有一定难度。

对此类场址区地质情况较复杂的项目,应在勘察之前收集工程区区域地质资料,并对项目近场区的地层演化史、构造发育史进行分析;收集上、下水库的竣工验收资料,分析与本工程相关的地层柱状图及标志层;收集近场区的地质灾害资料,掌握近场区地质灾害点的类型、发育位置、灾害发育历史等信息,并通过地质测绘等手段将灾害发育位置复合后在平面图上进行标注;收集近现代以来人为活动对场址区地形地貌的改造情况。对工程近场区的地层岩性、地质构造发育位置及特征、地质灾害类别及发育位置等信息有初步了解后,再通过地质测绘、钻探、物探、平洞等手段进行复核验证。

3.2　工程地质测绘

工程地质测绘是工程地质勘察中研究地质体结构的极其重要的基本工作,贯穿整个勘察工作的始终[4]。进行工程地质测绘前应对工程区及近场区已有的地质资料进行分析，包括地形图、区域地质图、近场区已有工程的地质资料、航空摄影、卫星照片等。在正式测绘前，应掌握工程区的岩性特征、岩层顺序、接触关系等。测绘精度从大比例尺到小比例尺，先场址区后工程区的方法，测绘范围应大于工程区范围，对关键地质现象应进行光追索。测绘时应对地层岩性、地质构造、地形地貌、水文地质、物理地质现象进行综合测绘，不应漏项，且测绘精度要达到相关勘察规范的要求。地质测绘过程中应结合勘探岩心、物探剖面、岩矿鉴定等成果及时对场区的地貌、构造、岩性等进行综合分析，再复核地质测绘成果，对前期认识不到位的地方应及时进行修正。

3.3 物探

对重要建筑物位置应结合地层发育情况布置物探剖面，物探剖面方向应垂直构造走向方向布置，且物探剖面长度应大于钻探剖面。

对于破碎地层，易发生掉钻、卡钻的部位，勘探经过破碎段后应及时清孔，清孔完成后对破碎孔段做孔内摄像，用摄像的方式了解钻孔事故部位的岩层完整性、结构面发育程度等特征。钻孔摄像完成后，对破碎带浇筑混凝土后再继续钻进。

3.4 钻探

项目区硅质板岩分布于陈家河区域断层的下盘，呈薄层状产出，岩性坚硬但岩体破碎。勘察期间，钻探该层位时普遍出现卡钻、掉钻事故，且钻进效率显著降低，岩心采取率不足，部分钻孔因事故被迫重新开孔，导致工期延误。受岩体破碎影响，所获岩心结构面特征模糊，原岩完整性难以准确判定。

通过后期分析与工艺改进，形成针对性优化方案：针对破碎硬岩层钻探，采用大口径开孔设计，遇事故时通过缩径工艺维持钻进，避免重复开孔，显著节省时间与成本；终孔后结合钻孔成像技术分析破碎段岩体完整性及结构面发育特征，并关联岩心采取率与 RQD 值的相关性研究，为工程区同类钻孔的岩心采取率预测提供科学依据。对于软质遇水膨胀岩体与硬质破碎岩体共存的复合地层，钻探前期需配置多类型钻头并制定差异化工艺预案，施工中依据钻进阻力、返水颜色变化等参数动态调整工艺，从而同步提升岩心质量与钻进效率。

3.5 取样

工程区岩性组合复杂，炭质千枚岩与硅质板岩、炭质千枚岩与绿泥钠长片岩间均发育岩性过渡带，且岩层普遍发育层理（片理）构造。取样时需对不同岩性进行系统区分并采集具代表性的岩石样本，同时需针对岩石强度受岩层面控制的特性，分别采集顺层与切层定向岩样。

现场取样需由地质技术人员全程指导协作，在勘探平洞内采取断层泥等特殊样本时，应优先选取垂直于岩层受力方向的代表性部位，并宜与平洞勘探施工同步实施。此方法既可确保样本典型性，亦可依托勘探作业条件降低取样难度。

岩土试验任务书编制阶段，需明确界定试验方法体系与参数成果要求，例如土体抗剪强度试验应指定测定屈服强度、峰值强度或残余强度等具体指标，并规定是否需附应力-应变曲线等过程数据。所有技术要求均须以标准化格式载入任务书，确保试验结果与工程评价需求的精准对接。

3.6 内业资料整理

勘察大纲的制定要详细，需要将各孔的勘察目的、孔深、孔内原位试验、取样要求等信息说明，以免在实施过程中漏做；且若对钻孔的孔内试验、取样等细节不重视，导致后续现场工作内容频繁发生变更，会增加一些额外的沟通联系工作。

应重视第一手资料的收集整理，对地质测绘、岩心情况、物探成果、室内试验结果应及时上图、分析，对资料间互相矛盾或有歧义的地方，应及时补充工作或进行分析复核，基本保证各资料之间能互相验证。

岩土体的物理力学参数，对结构的计算有重要影响，地质人员在进行参数取值时应充分了解规范的取值要求、各种试验值之间的相互关系、岩体基本质量分级（隧洞围岩类别）与岩土体物理力学参数之间的关系,综合分析后提出岩土体物理力学建议值。如本工程中,将岩矿鉴定、岩石饱和单轴抗压强度、抗剪(段)参数、岩体声波测试、厂房基础岩体基本质量分级、隧洞围岩分类进行了互相验证,确保基本物理力学参数与岩体基本质量分级不矛盾。

4 结语

在勘察周期缩短的情况下,对于复杂场地的勘察,需严格按照勘察流程进行,重视地质测绘、基础勘察资料的收集,并及时进行分析与复核。勘察过程中,应分别从近场区、工程区、各建筑物位置的角度出发,去分析其基本地质条件,确保近场区、工程区、各建筑物位置的基本地质条件是清晰的,主要工程地质问题能把握住,这样可以避免主要工程地质问题的漏项、减少返工、降低勘察风险。

参考文献

[1] 高斌. “双碳”目标下江苏抽水蓄能发展机遇与挑战[J]. 产业创新研究, 2021(24):64-66.

[2] 国家能源局.《抽水蓄能中长期发展规划(2021—2035 年)》印发实施[R/OL].(2021-09-09)[2025-08-12]. http://www.gov.cn/xinwen/2021-09/09/content-5636487.htm.

[3] 韩冬,赵增海,严秉忠,等. 2021 年中国抽水蓄能发展现状与展望[J]. 水力发电, 2022, 48(5):1-4,104.

[4] 陆兆溱. 工程地质学[M]. 2 版. 北京:中国水利水电出版社, 2001.

勘探领域

泥化夹层清水钻进取心钻具的设计与应用

葛宇家[1,2]　张书磊[1,2]　代常友[1,2]　马攀峰[1,2]

(1. 深圳先河水利水电工程有限公司,广东深圳　518001;
2. 黄河勘测规划设计研究院有限公司,河南郑州　450003)

摘　要:基岩泥化夹层清水钻进取心一直是水利工程勘察领域的技术难题。本文针对泥化夹层地层取心技术研究领域的问题,设计了一套适用于泥化夹层清水钻进取心钻具,该套钻具采用敞口取粉管与沉砂管组合使用的除砂机构,钻具上端带有扩孔器结构的四用接手与钻具下端扩孔器组合使用的防振结构,推力轴承与滚动轴承组合使用的单动结构以及独特的三层管结构设计,能够有效保证钻具的防振、防冲蚀、防对磨性能。在进行泥化夹层地层钻进施工中,提高了泥化夹层取心率,满足了取心质量的需要,在不要泥浆保护的前提下,实现采取岩心率达到95%以上的目标。研究为泥化夹层地层取心提供装备支撑,具有实际工程意义。

关键词:泥化夹层;清水钻进;取心钻具;水利勘察;双通道侧喷钻头

1　引言

水利工程勘察钻探作业有自己的特殊要求,钻孔不仅是为获取高品质的地质岩心,还用来做水文地质试验、测试地层的渗透系数等[1],行业技术规范通常要求清水作为冲洗液。没有特定冲洗液在岩心表面的成膜、疏水、防冲保护作用,无疑增加了泥化夹层地层的取心难度。

目前,水利工程勘察领域常用的几种复杂地层钻探取心技术虽然能够满足取心要求,但是在清水作为冲洗液时,取心效果难以令人满意。现有的泥化夹层取心技术或通过特定钻具配合黏结剂[2],或通过特定钻具增大岩心的直径[3-4],或通过特定钻具降低孔底冲洗液的流速[5-6],或通过特定钻具配合特定的冲洗液在岩心表面形成一层保护膜避免泥化夹层岩心遭受冲蚀[7],以达到提高泥化夹层岩心采取率的目的。常用的泥化夹层清水钻进取心钻具易产生岩心管振动、偏心、靠壁,岩心管单动性降低,岩心对磨等问题,同时易产生埋钻、卡钻事故。鉴于钻具在钻进取心中的核心地位,因此针对清水作为冲洗液的泥化夹层钻探取心技术来说,开发适用的钻具是关键所在。

基于此,本文研究在常规单动双管钻具(半合管)及三层管钻具的基础上,分析了泥化夹层钻进取心过程中对钻具的特殊需求(防振、防冲蚀、防对磨),对泥化夹层取心钻具关键结构开展优化设计,包括钻具单动机构、内管机构、沉砂机构、防振机构以及其他核心机构,同时研发专用防冲蚀双通道侧喷PDC取心钻头,有效地提高了基岩泥化夹层清水钻进取心的品质与效果。

2　钻具基本结构与工作原理

2.1　钻具结构

本套泥化夹层取心钻具为单动三层管钻具(钻具示意图如图1所示,实物图如图2所示),由敞

作者简介:葛宇家(1982—),男,高级工程师,黄河勘测规划设计研究院有限公司地质勘探院院长、深圳先河水利水电工程有限公司执行董事,主要从事水利工程钻探技术与设备研究工作。

通信作者:张书磊(1991—),男,高级工程师,深圳先河水电技术研发中心主任,主要从事钻探与基础工程施工方面的研究工作。

口取粉管、钻杆接头、沉砂套管、四用接头、扩孔器和双通道侧喷 PDC 钻头组成，四用接头具有上端内腔和下端内腔，上端内腔的底部开设有连通沉砂套管和外管的第一水眼，上端内腔中设置有第一单向阀，第一单向阀连接有位于沉砂套管内的过滤心管，下端内腔中设置有单动副，单动副的另一端与带有第二水眼和第二单向阀的调节组件相连，调节组件的下端通过水力退心接头与内管相连，内管中设置有衬管，内管的下端设置有与双通道侧喷 PDC 钻头卡接相连的卡簧座。

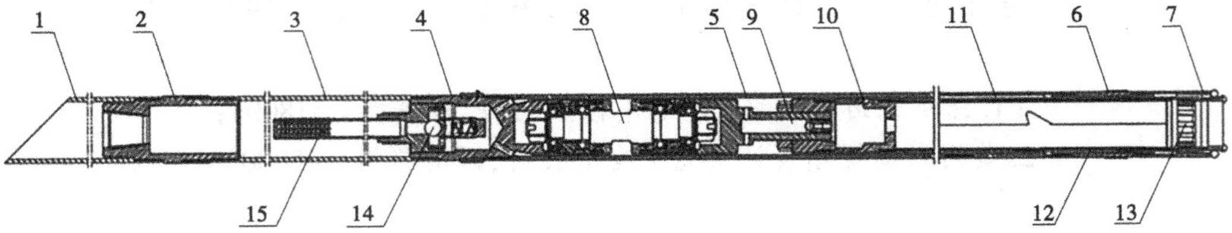

1—敞口取粉管；2—钻杆接头；3—沉砂套管；4—四用接头；5—外管；6—扩孔器；7—双通道侧喷 PDC 钻头；8—单动副；9—调节组件；10—水力退心接头；11—内管；12—衬管；13—卡簧座；14—第一单向阀；15—过滤心管。

图 1　新型泥化夹层取心钻具结构示意

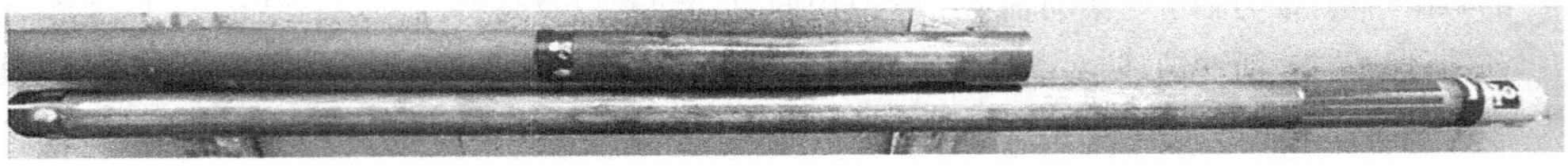

图 2　泥化夹层取心钻具实物

2.2　工作原理与钻具参数

钻具工作原理：钻具在正常钻进时，钻头与外管随钻杆一起回转，内管、衬管不动，冲洗液通过水泵、水接头进入钻杆，通过钻杆接头到达沉砂套管除砂后，经四用接头、单动副与外管之间的环间隙、内管与外管之间的环状间隙到达孔底的双通道侧喷 PDC 钻头，经钻头双通道侧喷孔的强制分流后，沿钻具与孔壁之间的环状间隙、钻杆与孔壁的环状间隙返回地面。冲洗液经过双通道侧喷 PDC 钻头的分流后，可避免冲洗液冲蚀钻头前方及钻头内部的泥化夹层岩心，同时有效地清除钻头环空的岩屑、岩粉。

钻具的规格参数：钻具的规格是由所需岩心直径决定的。通常根据其目的和用途提出对岩心直径的要求。一般来说，岩心直径越大越好。但另一方面，岩心直径小则钻具规格小，对于给定钻深能力的钻机来说，钻具规格小就意味着钻机重量轻、功率小，这对某些工况严格限制重量和功耗的钻机来说意义重大。因此，岩心直径即钻具规格的选择原则应该是在满足要求的前提下尽可能的小。对于本套钻具，根据水利工程勘察领域常取岩心的直径制定相关参数如下：

(1) 钻孔：ϕ 91 mm；

(2) 岩心样：ϕ 60 mm；

(3) 外管：外径 ϕ 89 mm、内径 ϕ 82 mm，API 钢级 N80；

(4) 内管：外径 ϕ 71 mm、内径 ϕ 69.5 mm，GB 钢级 DZ50；

(5) 衬管：外径 ϕ 65.9 mm、内径 ϕ 63.5 mm；

(6) 岩心容纳长度：1.5~2.0 m；

(7) 泥化夹层岩样采取率：≥95%。

3　钻具特殊设计

泥化夹层结构松散、强度弱、易冲蚀以及呈两个坚硬厚度层中夹极薄软层的模式决定其在钻进取心过程中具有怕振动扰动、怕岩心对磨、怕冲洗液冲蚀的钻进取心特征。通过分析泥化夹层钻进振动扰动因素、岩心冲蚀因素、岩心对磨因素，可知通过提升钻具性能可降低振动、冲蚀、对磨对泥化夹层地层取心的影响，有效提高泥化夹层地层的取心品质。基于此，研究初步探索出新型泥化夹层取心钻具的基本组成结构和工作原理后，进一步确定本套取心钻具的各个组成部分之间的连接方式。

3.1 单动机构

水利工程勘察施工单位常用的单动双管钻具的单动机构采用上下两副推力球轴承的组合模式，对心轴定心效果较差，钻具在孔内高速旋转作用下，内管易偏心，单动性降低[8]。同时，心轴高速转动时，容易引起振动，易损坏轴和轴上的轴承。通过调研勘探领域现有钻具的单动结构方案，决定泥化夹层的单动机构采用推力球轴承（见图3）和深沟球轴承（见图4）组合的方式（见图5），弥补传统单动双管钻具单动机构仅采用推力球轴承产生的缺陷，即对心轴定心不足的问题，从而提高单动钻具运转灵活性（推力轴承+径向轴承的结构虽然结构上比前面几种复杂，但是由于这种结构既有轴向轴承，又有径向轴承，使得单动性能更为可靠，回转更平稳，内外管的同轴度更高，因此显著减少了内管的振动与摩擦，也能适应孔斜较大的钻孔取心）。

图3 推力球轴承

图4 深沟球轴承

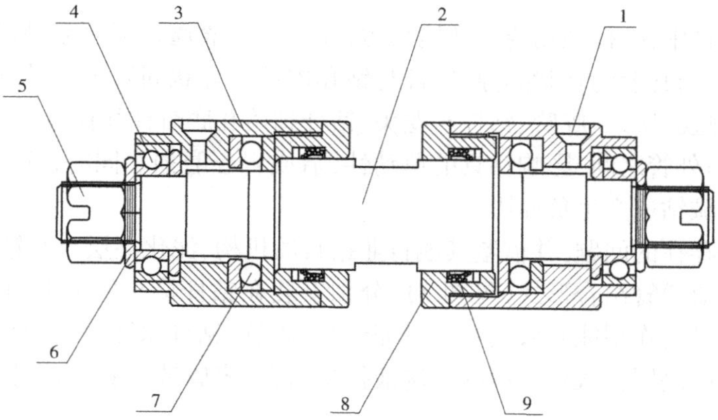

1—注油孔；2—心轴；3—套筒；4—滚动轴承；5—螺母；6—垫片；7—压力轴承；8—端盖；9—油封。

图5 优化后的单动机构

首先，优化后的单动机构设计两盘推力轴承、两盘滚动轴承实现单动性能，通过这四组轴承组成两个单动副能确保敞口岩心管、沉砂管、外管、取心钻头高速转动时，整个内管总成保持不动。同时，为了便于取心工具的安装、拆卸，专门选择了两盘不同规格的推力轴承：53211U 及 53210U，这两盘轴承属于外调心推力轴承，由于设置调心球面坐垫，所以这种轴承能自动调整，可以消除安装误差，补偿不同心度造成的误差，让轴承正常运转，保证取心工具的单动性。

其次，优化后的单动机构对推力球轴承、深沟球轴承采用了全密封的润滑方式。采用密封元件将推力球轴承、滚动轴承密封起来，隔离了冲洗液中岩屑对轴承的磨损以及对润滑脂的污染，让轴承在一个良好的工作环境运转，能够延长轴承寿命，提高工作效率，降低因轴承发生故障不能正常运转而导致的单动三层管取心工具变为双动三层管取心工具的概率，减少泥化夹层岩心对磨破坏的风险。

3.2 内管机构

常用的91单动双管（半合管）钻具的内管主体由两个半合管构成，半合管拼接后易存在间隙，内管与外管环空间隙的冲洗液易通过间隙进入内管冲蚀岩心，尤其是发生胀管时，冲蚀更甚。此外，半合管外表面以及外管内表面一般不做降低摩擦阻力处理，位于半合管与外管环状间隙的做旋转下移的冲洗液会促进内管转动,降低钻具的单动性。研究对岩心内管机构设计优化为双层结构(见图6),即主体结构由内管和半合衬管组成,内管由45MnMoB材料构成(去应力退火态,内壁,内孔珩磨,提高内孔圆度和表面光滑度),半合衬管由不锈钢材料构成(材料304不锈钢薄板,厚度1.5 mm,半片胎模压制,去应力成型,单根长度定尺1.5 m或3 m,成对使用)。内管通过螺纹连接的方式连接在内管上,内管下端连接有内管接手,内管接手下部依次连接有定中环和卡心机构,半合内管安装在内管内部,内管长度小于半合衬管长度。课题组设计的新岩心内管机构可采用水压退心和机械拆解退心(将内管结构拆解掉,即可将半合衬管抽出,获取岩心),可避免因半合衬管胀裂导致泥化夹层岩心被冲蚀。

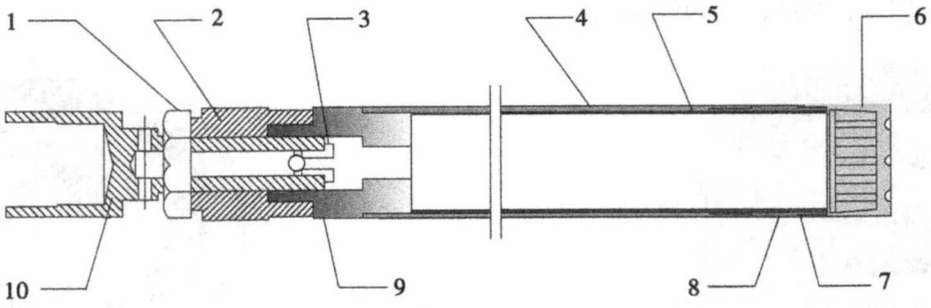

1—调节螺母;2—筒体;3—回水阀座;4—内管;5—半合衬管;6—卡心机构;
7—定中环;8—内管接手;9—退心器;10—调节接头。

图6 新型岩心内管结构示意

3.3 沉砂机构

在实际的生产项目中,钻探现场施工环境恶劣,冲洗液一般通过泥浆泵、胶管、钻杆水龙头、钻杆到达孔底,再沿着钻具与孔壁的环状间隙、钻杆与钻孔内壁的环状间隙返回地面泥浆池,完成一个循环。但是在冲洗液通过泥浆泵、胶管、钻杆水龙头、钻杆到达孔底时往往挟带部分岩粉、岩屑。这些岩粉、岩屑易卡在钻具内外管之间,影响钻具的单动性,造成岩心磨损。同时,这些岩粉、岩屑也会对岩心清洁、钻头清洁、机械钻速产生负面影响。

针对工程实践中存在的问题,并借鉴其他行业钻具的机构,泥化夹层取心钻具的沉砂机构设计优化为沉砂套管与敞口取粉管组合形式(见图7),分别安装在钻杆接头的上下两端。沉砂套管利用旋流除砂和过滤心管的过滤作用能有效地将通过泥浆泵、胶管、钻杆水龙头、钻杆进入钻具的冲洗液中的岩粉、岩屑去除掉,解决因输入钻孔内的冲洗液挟带岩粉、岩屑带来的一系列问题。

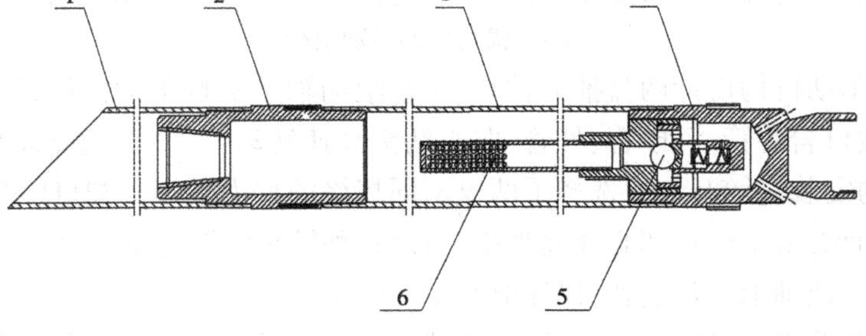

1—敞口取粉管;2—钻杆接头;3—沉砂套管;4—四用接头;5—第一单向阀;6—过滤心管。

图7 新型沉砂机构

3.4 防振机构

振动会降低钻具单动性,也会破坏进入岩心的原状性。水利工程勘察钻探施工常用的钻具很少设置防振机构。在泥化夹层取心钻具的设计过程中对钻具的防振性能进行了设计。主要手段是保留常规钻具常有的扩孔器结构,在钻具上方设计扩孔四用接手(见图8),配合超前双通道侧喷PDC钻头使用,改变常规钻具在孔底的单点受力结构,变为扩孔四用接手-扩孔器-双通道侧喷PDC钻头三点受力结构,显著地增加泥化夹层取心钻具在孔底的稳定性。另外,钻头设计成阶梯式前后导向破岩结构,本身也有仿振作用。新型泥化夹层取心钻具防振设计示意如图 9 所示。

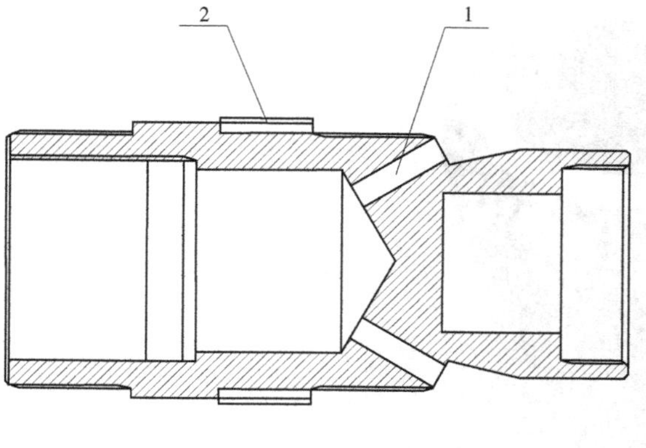

1—水眼;2—扩孔硬质合金条。

图 8　扩孔四用接手

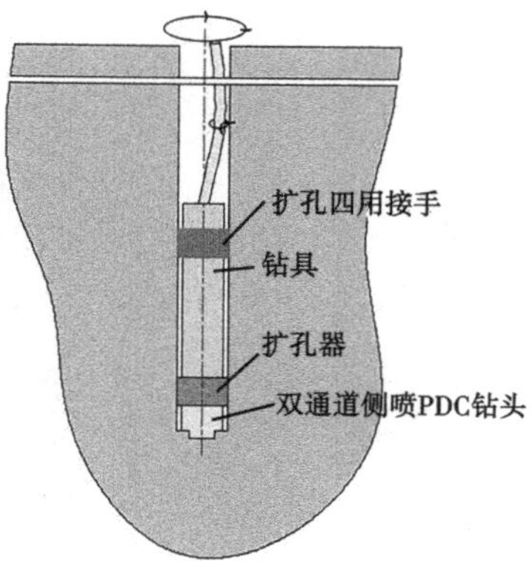

图 9　新型泥化夹层取心钻具防振设计示意

3.5　双通道侧喷 PDC 钻头

由于泥化夹层具有软硬交互的发育特点,硬地层的硬度并不高,研磨性较高,因此研究采用 PDC 钻头,既适用地层钻进又造价低廉。超前双通道侧喷 PDC 取心钻头(钻头结构示意如图 10 所示)是一种阶梯状的取心钻头,分两部分构成。第一部分:钻头阶梯型钢体部分,采用钢材质。它是将常规的钻头分为两个唇面,在后唇面上设置 4 mm 孔径的斜水眼,使得冲洗液从内外管环状间隙斜向外流,减少对岩心的冲蚀作用。在前唇面侧壁设置 4 mm 孔径的“L”形水眼,弥补前唇面环空冲洗液流量不足、不能及时有效挟带岩粉的问题。第二部分:金刚石 PDC 复合片,可在两个唇面上各设置 3 个或 6 个,PDC 复合片内外出刃 1 mm,底部出刃 3 mm。再通过机加工、热配合以及焊接等工艺处理制成超前双通道侧喷 PDC 钻头。超前双通道侧喷 PDC 取心钻头的 PDC 镶焊规格见表 1。超前双通道侧喷 PDC 取心钻头实物图见图 11。

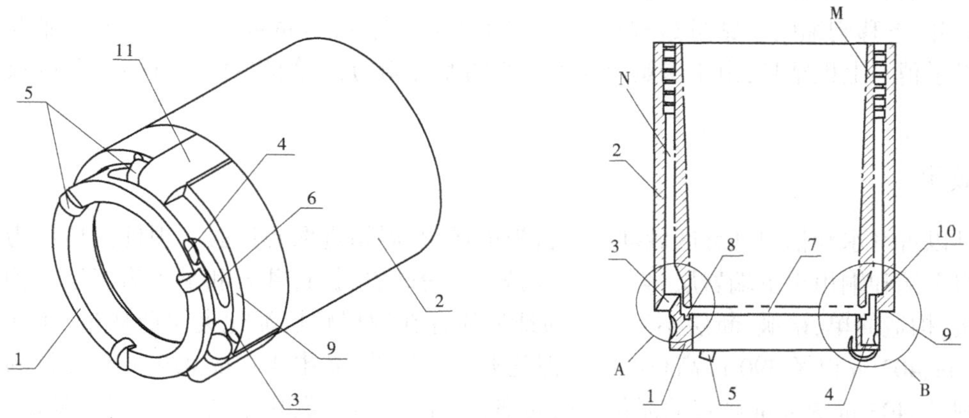

1—超前钻头;2—后钻头;3—第一侧喷孔(斜水眼);4—第二侧喷孔(“L”形水眼);5—PDC 切削齿;6—螺旋导槽;7—第一台阶;8—环形缓冲凹槽;9—第二台阶;10—第三台阶;11—安装凸起;M—卡簧座;N—冲洗液流道。

图 10　超前双通道侧喷 PDC 钻头结构示意

表 1　钻头 PDC 镶焊规格

钻头唇面	外出刃/mm	内出刃/mm	底部出刃/mm	镶焊角/(°)	旁通角/(°)	PDC 块数	PDC 规格/mm
第一部分	1	1	3	10~15	5~15	3 或 6	Φ8
第二部分	1	—	3	10~15	5~15	3 或 6	Φ8

图 11　超前双通道侧喷 PDC 取心钻头实物

3.6　**其他机构**

3.6.1　逆止阀

本文研究的泥化夹层新型取心钻具多用于垂直孔钻进,因此需要在沉砂套管下端、内管上端分别设置逆止阀,控制冲洗液倒流。

逆止阀主要由球阀(钢球)、弹簧和球阀座组成。球阀座通过丝扣与异径接头连接。

3.6.2　卡心机构

课题组针对泥化夹层地层软硬互层交替的特点,通过调研现有钻具的卡心装置,确定泥化夹层取心钻具的卡取岩心的方法为卡簧卡取法。

卡簧卡取法也叫提断器卡取法,它由卡簧与卡簧座组成,卡簧为开口环形,与卡簧座锥体配合,卡簧上移则张开,下移则缩闭。钻进过程中,随着岩(矿)心进入,卡簧被带到卡簧座上部直径最大位置。钻进终了稍一上提钻具,由于卡簧内径和岩心的摩擦阻力,卡簧相对下移而收缩,以致把岩心卡死而提断。

4　应用效果

本钻具以古贤水利枢纽坝址区域勘察项目为依托,开展钻进取心试验。坝址区地层为三叠系中统二马营组上端和铜川组下端岩层,为陆相碎屑岩系,粉砂岩、长石砂岩和黏土岩互层结构。工程区内地层平缓,构造简单,褶皱、断层不发育。坝址岩体存在数层顺层泥化夹层剪切带,尤其是坝基下430 m、420 m、403 m 以及 390 m 高程的顺层泥化夹层剪切带(其中 430 m、420 m 高程处的泥化夹层分布整个坝基,403 m、390 m 高程的泥化夹层局部)分布范围广、泥化率高、力学指标偏低、对坝基抗滑稳定起控制作用[9]。

施工钻孔分为河上孔和岸边孔,均为直孔,岸边坝轴线钻孔孔深 50~100 m,河上孔(河床坝轴线钻孔)孔深 80~200 m。岸边钻孔结构简单,目标地层即高程 435~415 m 地层采用ϕ 91 mm 的泥化夹层取心钻具钻进取心,其余地层采用ϕ 91 mm 单管取心钻具钻进。河上孔结构复杂,在河底覆盖层地层下入ϕ 108 mm×7 mm 套管,目标地层高程 435~415 m 地层采用ϕ 91 mm 的泥化夹层取心钻具钻进取心,其余地层采用ϕ 91 mm 单管取心钻具钻进。本次现场试验共计钻进取心回次长度 51.2 m,其中采用侧喷 PDC 钻头钻进取心回次长度 14.65 m,共计 8 个回次,取心结果如表 2 所示。采用 B 型双通道侧喷 PDC 钻头钻进取心回次长度 36.55 m,共计 23 个回次,取心结果如表 3 所示。

表 2　侧喷 PDC 钻头取心结果统计

试验孔号	回次进尺/m	回次数	钻进时间/min	岩心长度/m	泥化夹层取心品质		
					岩心采取率/%	岩心完整系数	纯洁性/对磨/冲蚀痕迹
ZK371	31.14~33.04 33.04~35.10 35.10~36.83 36.83~38.88 48.50~50.55	5	38.0 41.2 34.6 41.0 42.5	1.88 2.04 1.71 2.03 2.04	98.90 99.03 98.84 99.02 99.50	>0.99	岩粉包裹岩心严重/未发现岩心对磨
ZK431	35.36~37.04 41.63~43.23 43.23~44.81	3	34.2 32.0 33.5	1.67 1.59 1.58	99.40 99.30 99.34	>0.99	岩粉包裹岩心严重/未发现岩心对磨

表 3　双通道侧喷 PDC 钻头取心结果统计

试验孔号	钻进进尺/m	回次数	钻进时间/min	取心长度/m	泥化夹层取心品质		
					岩心采取率/%	岩心完整系数	纯洁性/对磨/冲蚀痕迹
ZK372	40.65~42.34 42.34~44.05 44.05~45.70 45.70~47.20 47.20~48.92 48.92~50.61	5	31.5 32.0 30.8 32.1 31.5	1.68 1.70 1.64 1.72 1.68	99.41 99.42 99.39 99.42 99.41	>0.98	纯洁性好/未发现岩心对磨/冲蚀痕迹不明显
ZK396	32.73~34.40 34.40~35.81 35.81~37.15 37.15~38.74 38.74~40.26 40.26~41.77 41.77~43.23 43.23~44.77 44.77~46.45	9	31.2 26.3 25.0 30.0 30.5 28.2 27.3 28.9 31.4	1.66 1.41 1.34 1.59 1.52 1.51 1.45 1.51 1.68	99.40 99.29 99.25 99.37 99.34 99.33 99.31 98.05 97.60	>0.98	纯洁性好/未发现岩心对磨/冲蚀痕迹不明显
ZK430	43.35~44.75 46.30~44.80 53.42~54.99	3	26.1 28.9 29.5	1.40 1.52 1.55	97.10 98.06 98.10	>0.98	纯洁性好/未发现岩心对磨/冲蚀痕迹不明显
ZK439	30.90~32.58 32.58~34.23 34.23~35.88	3	31.4 30.8 32.3	1.65 1.62 1.61	98.21 98.18 97.58	>0.98	纯洁性好/未发现岩心对磨/冲蚀痕迹不明显
ZK442	37.00~38.60 38.60~40.25 40.25~41.86	3	30.0 31.0 32.5	1.56 1.61 1.61	97.50 97.58 98.14	>0.98	纯洁性好/未发现岩心对磨/冲蚀痕迹不明显

侧喷 PDC 钻头、双通道侧喷 PDC 钻头钻取的岩心实物分别如图 12、图 13 所示。结合取心结果统计表和取心实物可知，基于本文研究的泥化夹层取心钻具，采用侧喷钻头钻取泥化夹层岩心时，岩粉包泥化夹层岩心现象严重，岩粉污染泥化夹层严重，易给地质描心人员精准判断泥化夹层分布情况造成困扰。

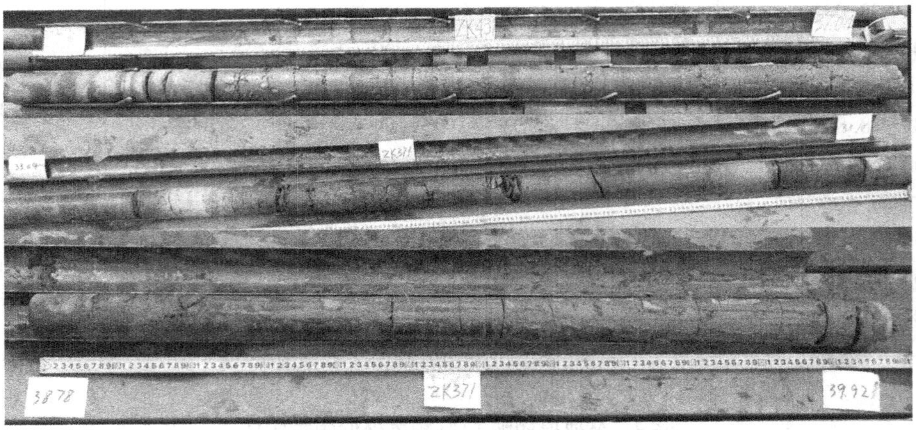

图 12　侧喷 PDC 钻头钻取的泥化夹层岩心

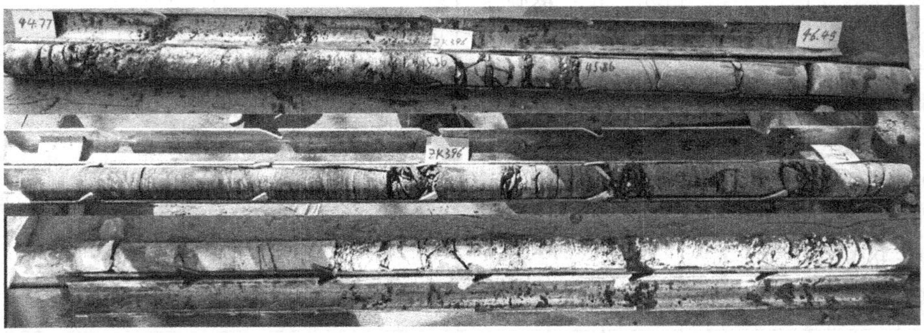

图 13　双通道侧喷 PDC 钻头钻取的泥化夹层岩心

采用双通道侧喷 PDC 钻头钻取泥化夹层岩心时，泥化夹层地层岩心基本无漏失，泥化夹层岩心取心品质良好。超前双通道侧喷 PDC 取心钻头由于第二侧喷通道的设计，较好地解决了侧喷 PDC 钻头孔底岩粉挟带不及时，造成的岩粉包岩心现象，以及岩粉污染泥化夹层、岩粉进入岩心裂隙给地质描心人员造成误判的情况。

通过对观察分析钻进试验过程中钻机、钻杆、钻具的工作以及统计分析钻取的岩心的对磨情况得出，新研制的泥化夹层取心钻具，在孔内钻进取心时钻进工作状态比较平稳，钻具的单动性良好，很少发生岩心对磨事件。

5　结语

(1)"泥化夹层取心钻具+侧喷 PDC 取心钻头"的组配方式，在泥化夹层地层钻进取心过程中，泥包岩心现象严重，容易给地质人员造成误判，不适合水利工程勘察需求。

(2)"泥化夹层取心钻具+双通道侧喷 PDC 取心钻头"的组配方式，在清水作为冲洗液钻取泥化夹层岩心时，未发现岩心冲蚀、振动破坏、岩心对磨、泥包岩心事件，能钻取高品质的泥化夹层岩心。

(3)古贤水利枢纽坝址区域泥化夹层钻探取心效果显示，本次工程应用试验采取的钻进规程：钻压 10 kN，转速 217 r/min，冲洗液泵量 60 L/min 是合适的，可作为今后采用本套钻具在类似地层开展钻探取心作业参考采用。

(4)"泥化夹层取心钻具+双侧喷 PDC 取心钻头"现场取心试验情况再次验证了室内试验、孔底流场数值模拟试验的结果，大幅提升了基岩泥化夹层的钻进取心品质，达到了本文的研究目标。

参考文献

[1] 季小凯，刁经纬，李冬，等. 原位测试技术在水利工程地质勘察中的应用研究[J]. 珠江水运，2024：37-39.

[2] 葛宇家，郭孟起，曹雪然，等. SH 胶冲洗液斜孔技术在古贤水利枢纽软弱夹层中的应用[C]//第十七届全国探矿工程（岩土钻掘工程）学术交流年会论文集. 北京：地质出版社，2013：3.

[3] 曾鹏九. 拦河坝基础软弱夹层的勘探[J]. 水力发电，1989：28-32.

[4] 苏子义. 套钻岩心定向技术[J]. 水力发电，1996（1）：35-37，23.

[5] 王晚中. 无泵孔底反循环钻进技术在潞安矿区取样工程中的应用[J]. 煤，2010，19（10）：30，6.

[6] 周高明. 反循环多级套管跟管钻进施工技术在松散层钻进中的应用[J]. 探矿工程（岩土钻掘工程），2004（7）：46-47.

[7] 陶曙. 复杂破碎地层中应用 SDB 系列金刚石钻探工艺提高取芯质量的探索[J]. 湖南交通科技，2010，36（3）：84-87，107.

[8] 尹剑辉，王天琦. 基于改进的单动双管钻具在破碎泥岩地层中的应用[J]. 工程勘察，2022，50（12）：23-26.

[9] 高平，陈艳国，王贵军. 近水平层状软硬相间岩体风化特征研究：以黄河古贤水利枢纽工程为例[J]. 湖南水利水电，2022（5）：58-61.

渤海海峡复杂地层海上勘察钻探施工技术

黄柳松　叶晓平　牛美峰　吴有钱　刘振亚　张明林

(浙江华东岩土勘察设计研究院有限公司,浙江杭州　310014)

摘　要:渤海海峡复杂的地层分布和环境条件限制,对海上钻探工作带来巨大的挑战。通过梳理分析海峡复杂地层特点和钻探施工难点,利用先进的勘探平台和钻探设备,研究适应海峡复杂地层的钻探工艺技术,从钻孔结构设计、钻进方法选择和钻井液配置等方面,评估了钻探工艺在渤海海峡复杂地层中的应用效果。本次钻探工艺研究总结了关键技术的实施要点,为渤海海峡地区的钻探工作提供了理论指导和技术参考。

关键词:渤海海峡;钻探工艺;勘探平台;桁架套管;技术应用

1　引言

渤海海峡地层分布情况可以根据岛屿出露地层推断[1-2],但通常情况下岛屿和海域两者对于相同的地层,其厚度分布不尽相同,甚至差异较大。对于海洋工程建设,需要准确的海域地质信息[3-4],因此需要通过钻探钻穿地层直接获取地层信息,精确到岩土层的结构和性质。

海峡内由北向南依次在老铁山水道、大钦水道、长山水道、庙岛海峡布置不同深度的钻孔,主要任务是查清岩土层分布情况,找准基岩面,在勘探过程中总结渤海海峡复杂地层钻探取样施工工艺。

本次钻探深孔布置在大钦水道,该区域岛礁众多,年均大于或等于6级大风日数超过200 d,海浪强劲,海流湍急。该钻孔设计深度为250 m,终孔深度为246.8 m,地层变化频繁,覆盖层厚度80 m,中间夹有20 m厚的碎石土层,基岩地层为板岩和花岗岩,软硬地层交替。

根据地层分布特性和前期钻孔施工经验,完成该水域地质钻探需要设计多级套管,作业周期较长,而仅用常规的勘探船等漂浮式作业平台,很难满足该区域的钻探施工的需要。通过新型勘探平台和钻探设备的研发应用,克服了海峡钻孔施工的复杂地质与水文、气象等环境条件,完成了本次钻孔任务。

2　渤海海峡复杂地层分析

2.1　复杂地层特征与分类

渤海海峡位于辽东半岛和胶东半岛之间,处于华北板块的东北部、渤海下沉带东侧、胶辽隆褶带上[5]。根据岛屿区域地质调查结果,长山列岛区域出露地层为上元古界的蓬莱群和新生界的新近系与第四系,大部分岛屿分布板岩夹石英岩地层[6],厚度较大,第四系在多数岛屿均有分布,由南向北逐渐增厚。

区域内地层情况大多数都是通过物探的方法获得基本地质资料。物探法基本可以测试到地层厚度与基本岩性,图1展示了中国地质科学院利用荷兰GEO公司生产的电火花震源和地震采集系统,对渤海海峡进行测试的地层剖面图[7]。

基金项目:国资委"1025"专项核心攻关项目"海上钻探深孔取样设备研发"(2022YQGJ087-002)。

作者简介:黄柳松(1997—),男,硕士,工程师,主要从事海洋工程勘察钻探技术研究工作。

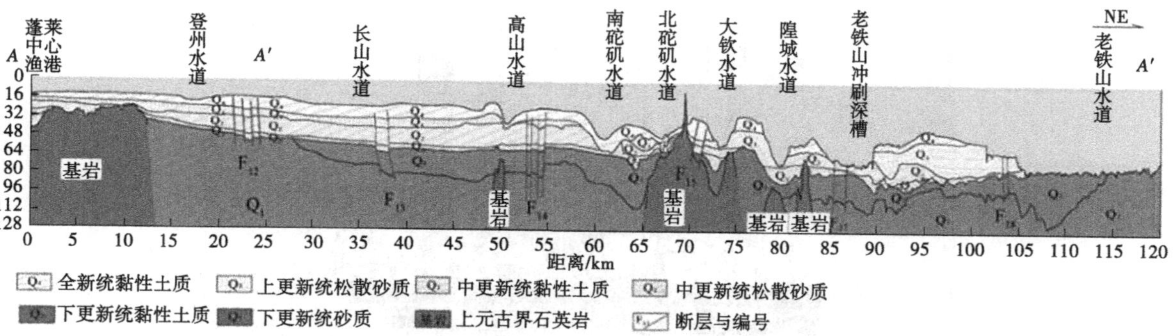

图 1　物探法实测渤海海峡地层剖面图

图 1 显示,在渤海海峡中间部分,即南砣矶水道至老铁山冲刷深槽之间,海床面起伏大,水深在 20~60 m,地层分布复杂,厚度分布不均,基岩面分布不明确,且存在多个断层。因此,为确保后期工程建设的需要,需要通过钻探法查清地层分布情况。

2.2　钻探难点与风险评估

根据前期钻探工作研究,渤海海峡海域钻探存在较大的困难。首先,水文、天气等环境条件的限制[8],海峡是渤海和黄海的分界线,水流流向变化频繁,气象情况多风,且风力较大,作业时间受限。其次,渤海海峡的海域地层复杂,海峡由北向南水道深度不均,海底基床还存在基岩裸露的情况,地层分布有漂石、碎石土层[9-10],可以参考的钻探工艺资料基本空白,钻探成孔困难。另外,前期在渤海海峡开展过相关钻探作业,使用勘探船舶进行作业,然而船舶易受天气影响,作业周期短,一次成孔钻进深度有限,且费时费力,成本较高。此外,船舶作业需要抛锚定位,海峡底部分布有海底管线,施工风险大[11]。

3　钻探工艺技术

3.1　前期钻探的经验与教训

前期在海峡海域实施钻探任务中,采用的套管工艺、钻头工艺等都比较传统[12-13]。套管采用厚壁圆筒状套管作为隔水套管,下放套管时靠自重入泥,在急流和流向变化复杂的海水中不能保持稳定,容易发生偏斜,且海床存在基岩裸露的情况,传统套管无法满足正常钻进条件。钻孔取样采用的是普通 PDC 钻头,钻遇碎石土层时容易撞掉复合片,而且水口较小,无法及时排除孔底岩屑[14],导致孔底沉渣堆积[15],钻具无法钻进到底。

此外,海上钻探施工所使用的作业平台包括勘探船和常规勘探平台,由于海上天气多变,适宜作业的时间窗口较短,而该海域的基岩钻进深度较大,因此利用船舶作为钻探作业载体时,一次性完成钻孔任务颇具挑战。

3.2　新型勘探平台应用

自升式平台既具有较强的机动性,且抗风抗流能力要远大于船舶,相较于船舶长距离抛锚作业,自升式平台通过“站桩”方式工作,其影响范围更易于控制[16-17]。

通过对安全性、稳定性、经济性和灵活性等多个方面的综合评估与分析,在渤海海峡特殊的海域开展工程地质勘察时,研究一种全新的自升式勘探平台才能够更好地满足项目需求。

华东院 308 综合勘测平台是华东勘测设计研究院有限公司研发的首座适用于 75 m 水深海域的自升式勘测试验平台(见图 2)。该平台采用了桁架式桩腿结构,并装备了国产 DP-1 动力定位和高精度地形扫测系统,达到了厘米级定位精度,并能有效识别与规避海底障碍物,为实现高效、安全且高精度的海上勘测作业奠定了坚实的基础。

该平台配备了新型三角桁架式护孔套管及收放系统,采用桁架式套管架结构和齿轮齿条驱动的收放机制(具体结构见图 3)。三角桁架式结构相较于圆筒状结构,显著减少了套管架对海水流动造

图 2　华东院 308 综合勘测平台

成的阻力。此外,套管的收放工作已升级为电动驱动,并借助固桩架确保套管始终处于稳定状态。三角桁架式套管能够有效地应对海峡中的复杂水流环境,在海上钻探作业中提供更强的稳定性,并发挥出色的隔水回流功能。

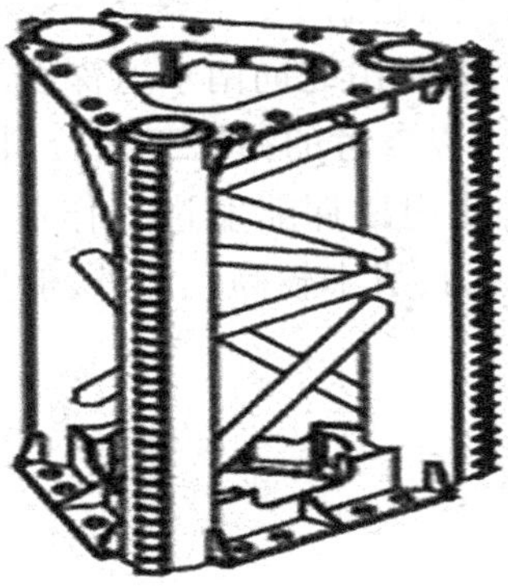

图 3　三角桁架式套管结构示意

3.3　钻探施工设备与器具的选择

根据渤海海峡复杂地层情况和钻孔技术质量要求,从钻机扭矩、卷扬机起吊能力等方面选择适用的钻探装备和配套设备。钻探施工要求满足 60 m 水深、50 m 覆盖层和 100 m 基岩的钻探取心,为确保钻孔的顺利完成,投入的主要设备如表 1 所示。

表 1　设备投入明细

序号	设备名称	型号规格	数量
1	立轴钻机	XY-5H	1 台
2	泥浆泵	BW-250	2 台
3	钻塔	—	1 座
4	隔水套管	ϕ279 桁架式	80 m
5	套管	180/146/110	100/120/150 m
6	真空取样器	ϕ91	4 套
7	金刚石单/双管钻具	ϕ91/75	各 2 套
8	SDB 半合管钻具	ϕ110/94	各 2 套

根据前期技术资料研究，该海域底部含有大量卵砾石，并且基岩为硬度极高的石英岩，可钻性等级高，因此配置多种类型及规格的钻头以适应不同的地质条件。

具体来说，对于粉砂及黏土层，选用硬质合金钻头；石英岩等基岩地层采用孕镶金刚石钻头；而针对于碎石土层[18]，特制一种加大外径、增加过水断面并加厚胎体的金刚石复合片钻头（见图4），这种钻头适用于砂土卵砾石地层，能够防止复合片脱落，有利于较大颗粒的岩粉及时排出。

图4　特制金刚石复合片钻头

3.4　新型钻探工艺应用

3.4.1　钻进方法与钻孔结构

根据渤海海峡地质资料，以及以往钻孔经验，该区域钻孔存在覆盖层厚、地层破碎、基岩可钻性等级高的特点，需要对钻孔结构进行专项设计和对钻进工艺进行认真研究。

钻孔初步设计四开钻孔结构，第一开从孔口下桁架式套管至海床，直到套管入泥稳定，用作隔水套管；第二开从海床钻至碎石土层[19-20]，下方套管隔离后使用正循环钻进，保持孔内干净；第三开钻至完整基岩层，钻穿风化层以后[21-22]，下套管隔离风化破碎层；第四开钻至设计孔深，全孔取心。具体设计如下：

（1）平台孔口至海床面采用三角桁架式套管，ϕ279 mm口径，下放触底，并保证一定深度，防止起拔困难，入泥深度控制在5 m以内。根据现场实际情况，选择下入ϕ180 mm厚壁圆筒套管，作为“双保险护管”结构用于减少外围套管晃动。

（2）覆盖层钻进，钻具组合为ϕ110 mm真空取样钻具配置ϕ130 mm硬质合金钻头，若是遇到碎石土层，选用厚胎体、大过水断面的特制复合片钻头。穿越碎石土层后，采用ϕ146 mm套管跟管钻进，隔离碎石土层，确保钻孔过程中回水顺畅，减少孔内岩屑沉积。

（3）钻至风化层后，普通双管钻具难以保证取心率，采用半合管取心工艺，钻具组合为ϕ110 mm SDB钻具配置ϕ110 mm金刚石钻头，钻至完整基岩后下ϕ108 mm套管。

（4）完整基岩层采用双管钻具钻进，配置金刚石钻头，如遇较破碎地层，为保证取心率，可换用ϕ94 mm半合管钻具，最终钻至设计孔深。

3.4.2　钻进参数优选

浅层地层包括粉砂层和黏土层，夹粉土薄层，主要目的是围绕保证钻孔孔径来选择钻进参数。

而碎石土层和风化破碎层，存在取心率低的问题，需要根据实际情况做出相应的参数调整。钻进参数采用中速、低压、小泵量的原则[23]，在钻进过程中，钻具上的质量应保持稳定，不得随意主动加压或者减压。当岩石破碎时，应适当采用减压钻进工艺，该钻孔钻进参数如表2所示。

表 2　钻进参数

地层性质	钻进方法	钻压/kN	转速/(r/min)	泵量/(L/min)
粉砂夹粉土	硬质合金钻进	7~9	100~150	25~30
粉质黏土	硬质合金钻进	9~11	100~150	30~35
碎石土	PDC 钻进	6~8	80~120	30~35
板岩(风化破碎层)	金刚石钻进	10~12	150~200	30~40
石英岩	金刚石钻进	12~17	350~700	40~60

3.4.3　钻井液选择与配置

针对胶结性差、孔壁易失稳垮塌、破碎严重的地层,存在岩屑上返困难等问题[24],钻井液需要突出较高的黏度、强剪切稀释性以及强挟砂能力[25-28]。

根据施工现场地层构造情况、钻进方法和工程技术质量等要求进行钻井液的配制,具体配比方案如下:

(1)粉砂、粉土层,采用清水并加入植物胶和钠基膨润土,另加入质量为植物胶干粉质量8%的烧碱(氢氧化钠)。

(2)粉质黏土层,以植物胶为主,根据实际情况适当添加钠基膨润土。

(3)碎石土层,为提高钻井液造浆率、维护孔壁稳定,选用钠基膨润土,增加钠基膨润土的含量。

(4)风化破碎层,采用低固相冲洗液,选用钠基膨润土,按泥浆重量配比再加入 0.2%~0.3% Na-CMC,以降低失水量。

(5)钻进完整基岩,钻井液以清水为主,如遇到不完整段,适当加入植物胶进行护壁堵漏。钻井液配比见表 3。

表 3　钻井液配比

地层性质	钻井液配比/kg
粉砂夹粉土	清水+2%~4%植物胶+1%~2%钠基膨润土+0.1%~0.2%NaOH
粉质黏土	清水+1%~3%植物胶+0.1%~0.2%钠基膨润土+0.1%~0.2%NaOH
碎石土	清水+2%~4%植物胶+6%~10%钠基膨润土+0.1%~0.2%NaOH
板岩(风化破碎层)	清水+3%~5%植物胶+2%~4%钠基膨润土+0.2%~0.4%NaOH+0.2%~0.3%Na-CMC
石英岩	清水+1%~2%植物胶+0.3%~0.5%钠基膨润土+0.1%~0.2%NaOH

除粉砂夹粉土层及粉质黏土层外,对其他地层钻进时需确保钻井液的回流畅通,持续监控钻井液的循环状况及其携屑能力,并根据实际情况适时调整钻井液的配比。

4　钻探工艺应用效果评价

针对渤海海峡地层结构复杂、海上钻探困难等情况,通过合理设计钻孔结构、优化钻进工艺、投入先进设备等措施,取得了较好的勘探效果,顺利完成了本次渤海海峡钻探任务。

4.1 钻孔结构有效控制

钻孔结构根据地层分布合理设计,确保钻进过程中钻井液的循环和钻具的适配使用,钻遇碎石土层时及时下放套管,提高了该地层的取心率,有效控制了孔壁坍塌和埋钻的风险,保证了钻孔成孔效果。碎石土层取心效果见图5。

图5 碎石土层取心效果

在本次布置的所有钻孔中,钻孔结构按照预设四开钻孔结构,保证了钻探技术的有效实施,顺利钻至设计孔深。

4.2 钻进方法合理

针对碎石土层中存在的问题——胶结强度较低,孔壁无法支撑碎石研磨所需的作用力,进而导致孔径局部扩大、岩屑在孔底堆积的问题,使得钻头在同一位置持续旋转进一步加剧孔壁不稳定和孔径扩大的情况。设计的具有大直径和厚胎体的金刚石复合片钻头,取得了显著的应用效果。该钻头的厚胎体确保了复合片不会因碎石碰撞而脱落,同时其较大的过水截面也保证了岩屑能被及时排出,从而显著改善了钻进效率。

钻遇原生岩石为风化的板岩时,其结构已大部分遭到破坏,矿物成分也发生了显著的变化。因此,使用传统的取心工艺时,采取率较低,取出的岩心多呈破碎状态,完整性较差。而通过采用半合管取心工艺,能有效改善这一状况。该工艺有助于破碎、松散的岩心进入半合管中,并在取出地面后可以直接打开半合管顺利取出岩心,从而有效地保持了松散岩心的原始结构特征,实现了优异的取心效果,如图6所示。

图6 双管钻具取心(左)与半合管钻具取心(右)对比

4.3 钻井液体系应用效果良好

通过使用植物胶泥浆体系,具有良好的钻进效果,岩心的完整度和采取率均较之前有了显著改善,尤其是在粉砂等松散地层中使用时,具有出色的护壁效果,钻进过程中未出现塌孔等复杂情况,起下钻过程中也比较顺畅,整体施工效率得到极大改善。

当钻进碎石土层时,孔底会积累松散、大块的碎石,正常钻井液无法将碎石上返,且不容易进入钻具中被打捞出井,该情况适当增加膨润土的配比,加入重晶石增加钻井液重度,采用不进尺开泵钻进工艺,将孔内碎石沉渣循环挟带出来。钻井液循环与沉渣上返情况见图7。

图 7　钻井液循环与沉渣上返情况

5　主要成果与经验总结

渤海海峡具有复杂的地质条件，主要地层包括粉砂层、碎石土层、破碎层等，在钻探实施过程中，成孔完孔困难，地层容易引起塌孔、卡钻、埋钻等问题。通过应用先进的勘探平台和有针对性的钻探工艺设计，攻克了渤海海峡各种钻探难点，完成了钻探任务，所收获的主要成果和经验总结如下：

（1）先进的勘探平台和钻探设备是此次钻探成功的重要基础，面对复杂的水文、地质条件，勘探平台相较于船舶表现出受环境条件影响小、施工窗口期长等优势。此外，特制的三角桁架式套管保证了钻孔的稳定性，是海上钻探设备的重要突破。

（2）本次钻孔工艺的成功应用为渤海海峡钻探技术提供了具体的工艺参考，探明了海峡南部各大岛屿附近的基岩面和地层分布情况。

（3）针对海上复杂地层钻探施工，在钻孔结构设计中应留有余地，增加套管级数，钻探工艺方面首先保持技术参数设计原则，钻进过程中随孔内具体情况调整。

（4）面对施工难度高、环境条件复杂的钻探项目，在实施前要探明现场条件，分析重难点，并制定完善可行的施工方案，加强技术管控，保证项目开展后有条不紊地进行。

参考文献

[1] 哈晓丹. 渤海海峡跨海通道施工前造价控制研究[D]. 大连:大连交通大学, 2018.
[2] 陆凯, 褚宏宪, 孙军, 等. 渤海海峡跨海通道地区海洋地质调查研究进展[J]. 地质通报, 2021,40(增1):287-297.
[3] 刘建友, 卢春房, 赵巧兰, 等. 渤海海峡跨海通道工程建设前期研究与建议[J]. 铁道标准设计, 2023,67(8):1-7.
[4] 孙海燕, 李少琦, 时超, 等. 近30年渤海海峡跨海通道建设研究进展及展望[J]. 经济地理, 2022,42(2):64-73.
[5] 于磊. 渤海海峡地区微震监测与活动断层研究[D]. 北京:中国地质大学, 2017.
[6] 孙元春, 陈则连, 尚海敏. 渤海海峡跨海通道工程地质条件初步分析[J]. 工程地质学报, 2021,29(6):1898-1906.
[7] 乔二伟, 彭华, 马秀敏. 渤海海峡跨海通道围岩条件探查与施工方法分析[J]. 地质力学学报, 2019,25(4):563-573.
[8] 陈威冲. 大洋钻探钻孔重返系统技术研究[D]. 西安:西安石油大学, 2020.
[9] 孔祥旺, 张绍和, 王文彬, 等. 湘西北复杂构造区破碎地层绳索取心钻进技术难点及优化[J]. 煤田地质与勘探, 2021,49(2):247-252.
[10] 张云峰, 赵环金. 碎石土勘察的主要问题[C]//中国地质学会. 第九届全国工程地质大会论文集. 青岛, 2012.
[11] 裴成玉, 任耿祥. 海上勘察对海底管线的保护措施探讨[J]. 中国水运(下半月), 2014,14(5):313-314.
[12] 展嘉佳. 工程勘察中钻探工艺选取探析[J]. 冶金管理, 2021(1):100-101.
[13] 杜坤, 郭昆明. 煤矿井下套管护孔钻进专用套管设计及加工工艺试验[J]. 现代矿业, 2019,35(12):176-179.

[14] 汤凤林，杨凯华，孙立朋，等. 关于复合片钻头钻进工艺的试验研究[J]. 地球科学，1993(1):100-108.
[15] 杨旭，赵建国，王力杰，等. 复杂煤岩层复合强排渣定向钻进工艺及应用[J]. 煤炭工程，2022,54(6):41-45.
[16] 罗承浩. 自升式平台在海底隧道勘察中的应用研究[J]. 福建建筑，2023(2):62-66.
[17] 宋宝杰，王鲁朝，栾东平，等. 多功能地质勘察平台关键结构设计与应用[J]. 探矿工程(岩土钻掘工程)，2017,44(11):46-49.
[18] 卢应纶，秦玉虎. 工程地质钻探中卵碎石地层的钻进工艺选择[J]. 煤矿设计，1993(6):42-44.
[19] 郭奉贤，赵发军，杨运峰，等. 松软煤层深孔钻进工艺实践[J]. 中州煤炭，2009(12):50-51.
[20] 邹杰，聂浩帆，刘天宇，等. 漂卵石层钻探技术探讨[J]. 四川地质学报，2022,42(增1):105-108.
[21] 芦文成，朱恒银，张文生，等. 浅谈破碎泥岩地层的钻进工艺[J]. 内蒙古石油化工，2019,45(1):44-46.
[22] 王青薇，钟道旭，尹业新，等. 砂土卵石地层高频冲击直推半合管取样工艺应用研究[J]. 钻探工程，2022,49(4):111-116.
[23] 李振风. 松散破碎地层钻探施工技术研究与应用[J]. 四川冶金，2024,46(2):78-82.
[24] 齐治虎，刘国卫. 岩芯钻探中复杂地层的护孔工艺[J]. 西部探矿工程，2021,33(11):49-52.
[25] 黄河，张安平. 松散破碎地层钻探泥浆研究与应用[J]. 山西建筑，2021,47(20):106-107.
[26] 田飞，潘顺林，曾斌，等. 松散破碎地层岩心钻探过程中的钻井液性能改进研究[J]. 中国金属通报，2023(11):180-182.
[27] 王坚，王生，索忠伟，等. 植物胶在松散破碎地层施工中的应用[J]. 探矿工程(岩土钻掘工程)，2005(3):54-55.
[28] 杨培全. 复杂地层的钻探工艺与泥浆使用[J]. 江西煤炭科技，2011(2):110-112.

定向钻探技术在水利工程勘察中的应用现状及展望

葛宇家[1,2]　张书磊[1,2]　代常友[1,2]　张恒春[3]　马攀峰[1,2]

(1. 深圳先河水利水电工程有限公司,广东深圳　518001;
2. 黄河勘测规划设计研究院有限公司,河南郑州　450003;
3. 中国地质科学院勘探技术研究所,河北廊坊　065000)

摘　要: 深埋输水隧洞往往穿越复杂地质环境和特殊地形,一直是水利工程行业勘察的难点。常规的勘探手段存在勘探精度不高、能力不足及安全风险高等不利因素。定向钻探技术因改变了传统的"点"式勘察变为"线"式勘察,为深埋输水隧洞提供了一种新的勘察手段。从水利工程对定向钻探技术的需求、定向钻取心技术、综合测井技术、孔内摄像技术、水文试验技术等方面,全面梳理了定向钻探技术在水利工程勘察领域推广应用中的研究进展和面临的问题,剖析了定向钻探技术在水利工程领域的典型应用案例,探讨了水利工程领域定向钻探技术未来的发展趋势和研究方向,以期为推动定向钻探技术在水利工程中的普及应用奠定基础。

关键词: 水利工程;定向钻;深埋输水隧洞;工程勘察

1　引言

近年来,根据国家重大战略和区域战略新要求、水资源供需新形势,构建国家水网主骨架和大动脉的步伐进一步加快,一大批引调水工程建设工作加快推进,深埋长隧洞越来越多,如滇中引水香炉山隧洞、引江补汉工程等。引水隧洞的投资决策、线路选择、施工工法、设备选型及配置、支护形式及参数、工期与造价等方案确定均需要精细化的工程地质、水文地质、岩体参数等关键基础信息作为支撑。而跨区域的引调水工程中涉及的深埋输水长隧洞往往穿越复杂的地质环境和特殊的地形。常规的勘察方法虽然有物探、遥感、钻探、区域地质调查等,但是钻探仍是揭露深部地质条件最直接有效的手段。传统垂直钻探技术(见图1)在面临大埋深、高海拔等恶劣条件环境时主要存在以下几点不足:①钻孔离散,偏差较大,不能真实、全面地反映地层特性;②勘察孔布点间断,在特殊环境、特殊区域无法实施;③无效钻进较多,浪费巨大;④施工周期长、效率低、成本高[1-3]。因此,亟须一种变革性的地质勘察技术来改变目前水利行业深埋输水隧洞工程地质勘察现状,如图2所示。

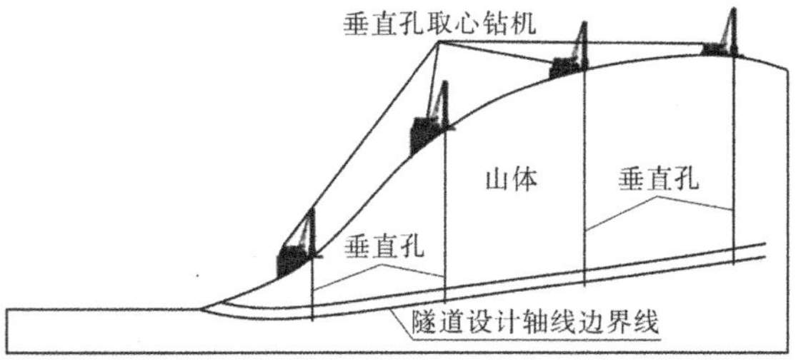

图1　传统隧道钻探钻机布置示意

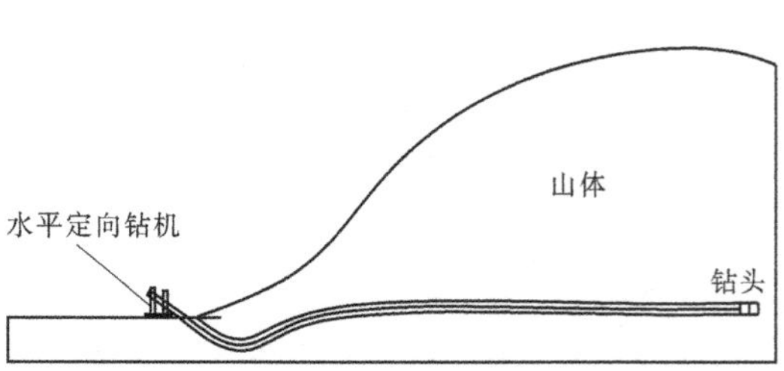

图2　定向钻地质勘察示意

作者简介: 葛宇家(1982—),男,高级工程师,黄河勘测规划设计研究院有限公司地质勘探院院长、深圳先河水利水电工程有限公司执行董事,主要从事水利工程钻探技术与设备研究工作。

通信作者: 张书磊(1991—),男,高级工程师,深圳先河水电技术研发中心主任,主要从事钻探与基础工程施工方面的研究工作。

定向钻探技术作为钻探领域的尖端技术，自从其发明肇始就受到广泛关注。国外水平定向钻探技术应用于工程勘察较早，但是工程实例并不广泛，国内近年来才逐步在公路、铁路及城市轨道交通隧道勘察领域应用定向钻探技术。如日本青函隧道第 1 次使用小直径水平定向取心钻探技术，共钻进 105 孔，总长 48 000 m，钻进最长距离 2 150 m[4]；挪威将定向钻进技术成功应用在 Oslofjord 隧道和 Trekantsambandet 隧道勘察，对拟建海底隧道线路进行连续定向取心钻探，探明了其地质情况；美国马萨诸州水资源局将定向钻进技术应用在地铁供水隧道勘察，并在 63 m 深的隧道顶部钻取水平岩心，以评估隧道围岩的工程地质条件；意大利 Geodata 公司在阿尔卑斯山隧道勘察中，采用定向钻探技术钻深长度 2 200 m，取心长 6 m[5]。我国珠江三角洲水资源配置工程项目利用非开挖水平定向钻机在穿越狮子洋主航道段实施了一个水平定向勘察试验孔，钻探长度 936.20 m，间断采取岩心总长 83 m，并进行了压水试验探索，为过江（海）隧洞勘察提供了一种新的方法，也为山区水利水电深埋隧洞勘察提供了新的思路[6]。天山胜利隧道采用水平定向钻探技术，钻进长度 2 271 m，在孔内进行了间断式取心、水力压裂试验、综合测井、孔内电视等多项测试工作，成功得到隧道轴线围岩岩性变化、破碎带范围和隧道涌水情况，验证了水平定向钻探技术应用于隧道岩土勘察的可行性和高效性[1]。中国地质科学院勘探技术研究所[7]针对川藏铁路深埋长隧洞提出了 3 000 m 的水平定向钻井技术方案。中国地质科学院探矿工艺所等单位采用定向钻全孔取心技术尝试查明引大济岷工程取水段工程地质、水文地质条件，最终孔深 2 007.2 m，是小口径金刚石绳索连续取心在工程勘察领域全国最深水平钻孔，也是行业内定向钻探技术的最新尝试，但是该项目采用的螺杆式水平绳索钻进器具在大曲率定向钻孔施工中的造斜和连续取心功能有待进一步检验。

综上所述，虽然定向钻探技术在各个行业中已有数个应用案例，并能弥补传统地质勘察存在的不足，但是在水利工程勘察行业远没有达到大规模推广应用的程度。基于此，本文从定向钻取心技术、钻孔摄像技术、孔内地应力测试技术、钻孔综合测井技术、压水试验技术等方面，全面梳理了定向钻探技术在水利工程勘察领域应用推广中的研究进展和面临的问题，并讨论了未来的发展趋势和研究方向，以期为推动定向钻探技术在水利勘察工程中大规模应用奠定基础。

2 水利工程对定向钻探技术的需求

定向钻探是通过造斜、导斜等手段，使钻孔在钻进时发生转向，并沿预定轨迹达到目标点的技术，该技术结合了电子技术、钻探设备以及钻探工艺的创新。在石油天然气、地质矿产、非开挖定向钻进、煤矿坑道等行业应用已较为成熟。石油与天然气定向钻井的装备庞大复杂，钻井深度较大，口径较大，以全面钻进为主，取心比率较低，造斜位置多处于完整地层，目标任务多为油气的增产增收；地质矿产定向钻探最初以防斜保直、依据自然造斜规律进行初级定向而达到目标靶区，发展到定向孔、分支孔找矿，也利用定向方法绕斜和避障等，孔深一般较大，造斜位置选择在均匀完整的岩层；非开挖定向钻进一般应用于浅表地层的管线铺设，采用导向钻进工艺、反扩孔工艺和推拉管工艺完成铺管程序，不需要取心，导向仪器多为近地表无线导航仪（一般深度<20 m），为防止找不到原孔，孔内始终保持有钻柱或管线，对后期钻孔的完整性要求不严格；煤矿坑道定向钻进主要以瓦斯和水的碳排放为主，一般对取心不做要求，以防爆型低速动力头钻机为主，轨迹设计以高效排放为依据，多以预留筛管作为后期支撑通道。

水利工程勘察用定向钻进的场景和要求不同于上述几个行业。水利水电工程勘察项目关注各项水文地质参数，往往要求进行严格的取心、孔内录像、声波测试并开展各项水文地质试验，对孔壁的清洁度（泥浆限用）有很高的要求。现有的定向钻探技术在连续取心、配套的孔内测试及原位试验方面还存在较大差距。

3 定向钻探技术

3.1 定向钻取心技术

目前，定向钻取心有间断取心技术（靶向取心技术）和连续取心技术。工程实践中常用的技术为间断取心(靶向取心),即在定向钻施工过程中,当钻头钻至设计取心点后,将孔内钻杆及导向钻头全部回抽至孔口,同时换上特制的取心钻具后通过钻杆推送至原位进行取心钻进,完成取心后再将钻杆和取心钻具回抽至孔口,重新更换上导向钻头和钻杆继续导向孔钻进,如此反复,直至完成所有设计取心点位的取心工作。例如,国内的天山胜利隧道、狮子洋航道、伶仃洋隧道勘察等都是采用这种方法。

当前,国际范围内只有挪威 Devico(见图 3)、美国 Azi-well(见图 4)和 Eprico 三家公司掌握了定向钻进连续取心技术,并且已经在矿山增储、隧道建设、海底勘探等多个领域 10 余项工程项目中取得了良好的应用效果,其常用造斜能力达到了 4°~9°/30 m[8-12]。国内在小口径定向钻探连续取心实践方面已开展了多次探索,比如中煤科工集团西安研究院的煤矿井下超长定向钻进技术[13]、中国地质科学院勘探技术研究所的长距离慧磁中靶技术[14-15],此外吴金生团队[16]、谢毅团队[17]在川藏铁路、引大济岷勘察施工中,广州地铁集团、中铁第六勘察设计院集团有限公司[18-19]在广州市轨道交通 7 号线二期工程大沙东站—姬堂站区间和加庄站—科丰路站区间钻探勘察项目中,均开展了定向孔连续取心实践,但与国外类似技术相比仍有显著的差距,在工程应用中存在诸多短板。

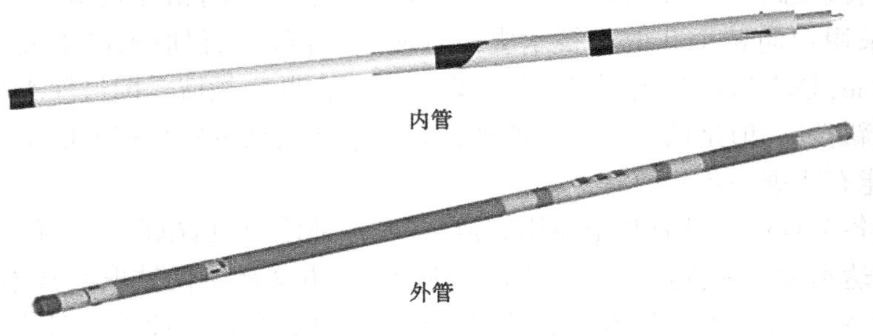

图 3　挪威 Devico 定向取心钻具

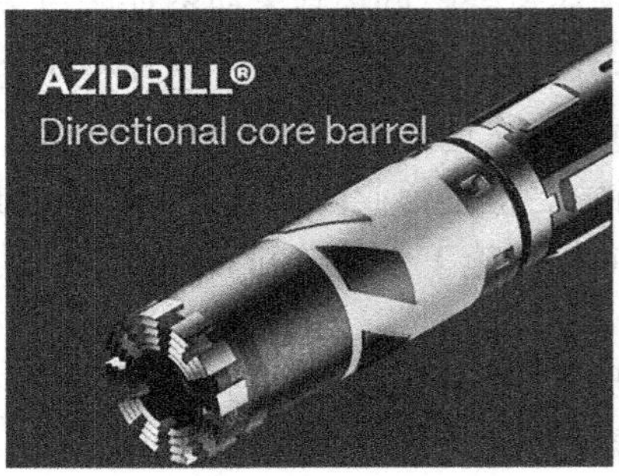

图 4　美国 Azi-well 定向取心钻具

3.2　定向钻孔内摄像技术

钻孔摄像技术是近年来发展很成熟的原位测量技术。通过对钻孔孔壁的原位测量,获取岩石的结构面信息。

定向钻孔中常采用如下操作方式开展钻孔摄像:在定向钻钻至设计孔深(终孔)后,将钻杆、钻具或者测试设备全部回抽,再更换上电池存储式内窥检测仪,开机后用钻杆缓缓推送至孔底,然后再由孔底缓缓回拖回孔口。在此过程中,可通过地面接收设备实时观看孔内影像,需要时还可对局部进行放大观测,所有影像资料可自动存档,方便调阅。

天山胜利隧道定向钻勘察工程实例中,采用电池存储式内视频监测仪器对 2 271 m 长的钻孔进行全程高清视频录像。工程人员根据视频资料对孔内围岩的岩性变化、节理裂隙发育程度以及断裂破碎带的分布范围进行了精确划分。天山胜利隧道孔内电视围岩分析高清图见图 5。

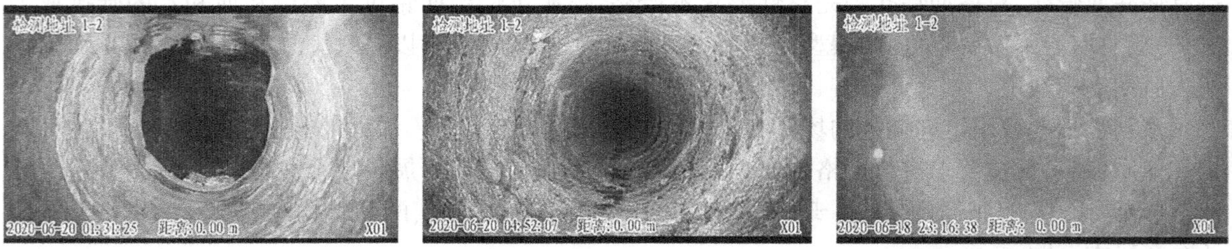

(a)碳质板岩与花岗闪长岩岩性分界面　(b)断裂破碎带核心位置片麻状花岗岩裂隙发育情况　(c)孔内岩壁涌水气泡实物

图 5　天山胜利隧道孔内电视围岩分析高清图

3.3 定向钻孔地应力测试技术

水压致裂法要求岩石各向同性且存在平行钻孔轴线的主应力方向，在水平孔、斜孔中应用存在较大误差，实用性受限。地应力是指工程活动进行之前存在于岩体中还没受到外界扰动的自然应力，或称为原岩应力[20]。导致地下工程出现变形和破坏的根本作用力就是地应力，因此准确测试原地应力是获取工程岩体力学的特性、实现地下工程安全开挖设计和管理的前提条件[21]。水压致裂法是最常用的地应力测量技术，其基本原理是用液压泵对钻孔内部带测定深度处进行施加水压，以使孔壁在压力下破裂，进而能够测定压裂过程中每一个特征点的压力和破裂方向，然后根据压力表读数来进一步计算测量点周围地应力的大小和方向[22]。

近年来，也有学者开展了水平定向孔水压致裂地应力测量相关方面的研究，如刘夏临等[22]以天山胜利隧道水平定向钻勘察项目为依托，首先构建基于原生裂隙法与多孔交汇法的水平孔围岩三维应力状态理论模型，并探讨其控制边界条件及计算方法；然后，通过与室内物理模型试验数据进行对比分析，验证理论模型的合理性；刘继国等[23]针对水平孔水压致裂法搭建水压致裂流固耦合模拟试验平台，并在该试验平台对不同压裂液流量的花岗岩岩样进行三轴试验，得到相应的压裂参数；最后通过理论推导得到水平孔地应力计算模型，将模型计算结果与试验设置的地应力大小进行比较，提出修正公式用于改进该模型，进而得到考虑不同压裂液流速的水平孔水压致裂法地应力计算模型。但是目前针对水平定向勘察过程中水平孔地应力测量的原理和计算公式，以及三维状态下围岩地应力与水平孔段水压致裂参数的关系还有待深入研究。

3.4 定向钻孔综合测井技术

测井是利用电、磁、声、热、核等物理原理制造的各种测井仪器（分无线存储式测井仪器和有线式测井仪器），由测井缆线/钻具送到孔底，随缆线/钻具的上提，地面采集系统连续记录随深度变化的各种参数，通用表征这些参数的曲线变化，来识别地下的岩层等[24]。

综合测井技术在定向钻勘察案例中应用比较成熟、广泛。一般的操作流程是在定向钻孔钻至设计孔深（终孔）后，将钻杆、钻具或测试设备全部回抽，再更换上无线存储式测井仪，同时将测井碳棒内置于保护套管内并在进洞前设置好开机时间，然后通过钻杆送至孔底，此时操作保护套管开仓弹出探棒，待测井仪开机后回脱钻杆开始检测，直到退至孔口完成整个测井工作。在这过程中，主要利用声波、自然伽马、电阻率等对钻孔周边地层的岩土力学性能、密实/松散度和含水率等参数进行综合测井检测。

例如，徐州轨道交通 1 号线站东广场站，勘察目的段长度为 300 m，钻孔总长在 360~390 m，垂深在 20~30 m。该项目选用 SL6000LWF 型存储式测井系统完成测井工作。4 个钻孔均进行电阻率、声波和自然伽马测井。通过解译分析，查明了沿盾构方向的地层岩性及岩溶发育状况[25]。

3.5 定向钻孔压水试验技术

压水试验对准确评估岩体的渗透性、预测地下水对工程的影响起着不可替代的作用[26]。但是在定向钻或水平钻孔中开展压水试验仍然是一个挑战。

引江补汉工程中，研制了分段式压水试验器和振荡渗透试验设备，首次在定向钻孔中成功开展了分段压水试验和微水振荡试验：分段压水试验完成 5 次，试验段长 3.6 m；振荡式渗透试验完成全孔段 1 次，分层试验 6 次；抽水试验完成 2 次，分别为 1~200 m 段以及 0~630.8 m 段[27]。

新疆水利水电科学研究院在巴基斯坦 Neelum-Jhelum 水电工程水平孔（孔长 280 m）中，采用阻塞方式进行试验段的原位压水试验，试验采用 3SNS 灌浆泵、ZSQ 系列气囊阻塞器、GJY-Ⅵ 型自记仪等设备，共计完成压水试验 28 段[28]。

2025 年成都华建地质工程科技有限公司提出了一套用于千米级水平定向孔的压水试验方法及设备，压水试验设备引入先进的自动采集系统，集成了高精度传感器和智能控制模块，创新设计了止水栓塞结构，并初步开展了工程应用验证试验，但仍然存在一些局限性，例如试验段流量采集缺陷，特别是孔口采集的流量值经过管路损失等因素与实际的试验段透水量之间存在误差，压水试验橡胶事故率高发，尤其是在涌水量大和破碎段多的钻孔中，试验效率低，在超深孔做试验需要起下钻提出所有钻杆、费时费力[26]。水平定向孔压水试验技术框架体系见图6。

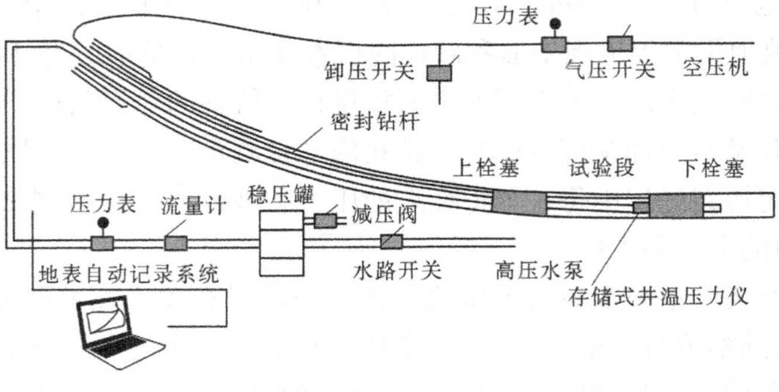

图6　水平定向孔压水试验技术框架体系

4　水利工程勘察等领域典型应用案例

水利工程勘察等领域典型应用案例见表1。

表1　水利工程勘察等领域典型应用案例

项目名称	项目简介	主要设备	取心工艺	孔内试验	存在问题
引江补汉[27,29]	钻孔轨迹长度630.8 m，开孔倾角-25°，方位181°	钻机：ZYT-7000D型履带式全液压定向钻机； 测量：YSX18型随钻测量装备； 物探：无缆式声波测试、孔内录像二合一的试验设备； 取心：0°螺杆钻具+ϕ110 mm单管取心钻具； 造斜：1.25°定向螺杆钻具	“取心钻进+定向钻进”交替进行；小口径弯螺杆马达驱动造斜，水平段提钻取心，取心回次共158次，累计采取岩心长度166.3 m	声波、录像测试、分段压水试验完成、微水	取心与轨迹控制不能同时进行； 取心施工效率低； 钻进过程选用CMC冲洗液护壁
天山胜利隧道[30]	钻孔轨迹长度2 271 m	钻机：GD3500-L型水平定向钻机； 取心：TK-SQ215大直径水平孔取心钻具； 造斜：螺杆马达钻具	间断取心：水平定向技术与提钻取心技术结合；全孔共计取心2次，取心长度2.2 m	水力压裂试验（地应力）； 综合测井（声波、自然伽马、电阻率等）； 孔内电视	全孔共计取心2次，取心长度2.2 m
粤港澳大湾区狮子洋主航道勘察[31]	钻孔轨迹长度940 m	钻机：S1200水平定向钻机； 测量系统：雪威MGS地磁有线控向系统，CAV-1存储式测斜仪； 物探：RD6600存储式地球物理测径仪，RDML3CSX型存储式测井系统； 造斜：定向弯螺杆钻具 取心：螺杆马达+岩心管	间断取心83 m	压水试验（尝试开展）； 综合测井（自然伽马、电阻率、井温、井斜等）； 孔内电视	尝试开展压水试验

续表 1

项目名称	项目简介	主要设备	取心工艺	孔内试验	存在问题
引大济岷 SPDZK1 水平定向钻孔[32]	钻孔轨迹长度 2 007.20 m	钻机：GXD－6S 水平钻机； 造斜取心：螺杆马达方式绳索定向钻进器具； 物探：自主研制的小口径多参数全方位无缆测井系统	连续取心	全景成像、声波、水压力、地温、井斜方位和伽马测试	SPDZK1 水平定向钻孔曲率过小，螺杆马达方式绳索定向钻进器具在大曲率定向钻孔造斜钻进连续取心功能有待商榷

5　存在的问题和未来发展方向

5.1　存在的问题

通过梳理分析国内外定向钻探技术的应用案例，发现定向钻探技术应用在工程勘察行业中，还存在一系列适应性问题。具体如下：

(1)定向钻在石油与天然气、煤矿及其他固体矿产勘探等领域的应用已经非常成熟，但在这些领域一般不采取岩心，这与水利水电工程勘察目的存在矛盾。水利水电勘察钻孔一般要求全孔取心，并要求在孔内进行各项测试工作，难度很大，水利水电工程勘察中应用极少[33]。

(2)在钻探设备方面，现有工程案例多依托大扭矩的非开挖钻机或坑道定向钻机，存在提下钻效率低、给进行程短、难以适应多种钻探工艺等问题。

(3)定向仪器和信息传输方式方面，仍以有线随钻测量系统和穿缆钻杆为主，先进的泥浆脉冲无线测量系统尚未见小口径勘察钻孔中的成功应用案例，在钻探工艺方面，定向钻进连续取心中绳索取心钻杆频繁折断、造斜段难以取心，水平段取心过程中钻孔偏移等问题尚待解决。

(4)定向钻孔内各种测试设备仪器的安全顺利下放是一大难题，需要结合实际情况做必要调整，后续需要提高各项孔内测试方法对定向钻进工艺的适应性。

(5)在造斜段强行提钻取心会与轨迹控制冲突，实际应用中难度很大，既难以控制定向钻轨迹，也容易造成孔内事故。

(6)深度较大的定向孔，采用提钻取心工艺的取心效率低、劳动强度大，使用长取心钻具能有效提高钻进效率，但影响造斜效果。

(7)水利工程勘察领域重点关注的孔内原位试验如压水试验、地应力试验等，配套定向钻孔使用的相关技术不成熟。

(8)复杂地质条件下，定向钻孔近水平段钻孔孔壁稳定性问题突出，需要利用护壁冲洗泥浆体辅助钻进，与水利工程勘察特定水文试验限用泥浆冲突。

(9)国外的定向钻连续取心技术分两类，一类是定向钻与绳索取心技术的结合，该技术较为成熟，但是定向绳索取心钻探的岩心直径偏小，不能满足原装土对于土工试验原状试样的要求，仍需研发大直径定向绳索取心钻具。另一类是螺杆钻具+弯接头+岩心管，但是该类在大曲率定向钻孔中适应性差。

(10)目前，配套定向绳索连续取心钻进孔内物探方面无成功案例，如能开发适合孔内物探的技术手段，在地质勘察及超前地质预报方面将会有良好的效果及一定的经济效益。

5.2 未来发展方向

(1)加大高效定向钻连续取心技术攻关力度。应提高定向钻探设备的取心工艺适应性,大力探索绳索取心定向钻进技术及定向钻进连续取心技术。

(2)加大定向钻孔/水平孔压水试验技术研发力度。适用于定向孔/水平孔的压水试验装备仍存在诸多缺陷,现有技术不足支撑工程实践。

(3)加大定向钻孔/水平孔地应力测试技术研究。目前,尤其是在基于水平孔的测量方面,由于受水平孔孔壁稳定性、测量装置的送入和固定、水平孔测量数据解译等因素影响,定向孔/水平孔测量地应力的研究较少,水平孔应力测试理论模型尚待完善。

6 结语

(1)定向钻探技术的发展和在工程勘察中逐渐应用,为水利工程勘察领域深埋输水隧洞前期勘察,乃至施工层预处理等提供一种新的方法和手段。通过控制钻孔轨迹,在洞身范围内,沿隧洞轴线方向延伸钻孔,进行取心、孔内测试等工作,可以获取更为准确的岩性、地层结构、断层等资料,为隧洞的设计和施工提供科学依据,达到对深埋长隧洞精准勘察的目的。

(2)现有定向钻探技术对满足水利工程勘察需求仍有不小差距,仍有多项技术亟待突破。国外拥有连续取心技术,价格高昂,国内虽有尝试,但尚未完全攻克,国内依托定向钻开展的勘察案例以间断取心或靶向取心为主;定向孔压水试验和地应力测试技术虽有不少研究,但尚未成熟;孔内摄像和综合物探成为主力勘察技术。另外,取心定向钻技术服务于地质勘察目的,钻孔施工效率低、成本高,不良地质条件下风险高,也是限制定向钻探技术在水利工程勘察领域大规模推广应用的原因。公开报道的定向钻工程勘察实例中显示,在复杂地层中顺利成孔已实属不易,孔内测试及相关原位试验的开展基本都是根据实际工况断续开展,甚至取消,这也是目前采用该技术开展工程勘察不得不面临的现实问题。

(3)定向钻探技术在水利行业属于变革性技术和前沿性技术。用定向孔替代传统垂直孔,勘探“点”成为勘探“线”,可大幅提升深埋长隧洞勘探成果质量与工作效率,避开地表环境的不利影响,减少无用进尺。定向钻探技术吸引着整个行业工程技术人员的目光,随着相关技术的进一步发展和更多拓荒案例的探索,未来该技术在水利工程勘察领域推广应用前景广阔。

参考文献

[1] 马保松,程勇,刘继国,等.超长距离水平定向钻进技术在隧道精准地质勘察的研究及应用[J].隧道建设(中英文),2021,41(6):972-978.

[2] 韩泽龙,李小洋,施山山,等.定向钻进连续取心钻具设计及取心参数仿真分析[J].钻探工程,2025,52(1):39-46.

[3] 张世殊.水利水电深部工程地质勘察技术现状与发展趋势[J].岩石力学与工程学报,2025,44(6):1377-1404.

[4] 青函隧道水平钻探实例[J].隧道建设,1983(3):98-99.

[5] 吴纪修,尹浩,张恒春,等.水平定向勘察技术在长大隧道勘察中的应用现状与展望[J].钻探工程,2021,48(5):1-8.

[6] 王汇明,李军,李勇,等.狮子洋主航道特大水垂比大位移科学钻孔施工实践[J].钻探工程,2022,49(1):135-141.

[7] 张恒春,刘广,吴纪修,等.川藏铁路 3 000 m 水平定向钻井技术方案[J].探矿工程(岩土钻掘工程),2020,47(11):1-6.

[8] SHINMOTO Y, MIYAZAKI E, WADA K, et al. Development of a continuous directional coring system for deep-sea drilling[J]. SPE Drilling & Completion, 2012, 27(1):139-144.

[9] TSANG C K, CHAU S F, CHAN J. Subsea Horizontal Directional Coring (HDC) [J]. AECOM Asia Co Ltd, Hong Kong, 2016, 47(3):1.

[10] 薛凤龙.定向钻探技术应用现状分析及发展趋势[J].技术与市场,2016,23(5):158-159.

[11] 向军文. 定向钻探技术应用现状及发展趋势[J]. 矿床地质,2012,31(增1):1097-1098.

[12] 郑定宁,黄爱胜. 将军澳:蓝田隧道的地质勘测及水平定向钻探工程[C]//首届两岸四地公路交通发展论坛论文集. 香港特别行政区政府土木工程拓展署新界东拓展处,2012:306-318.

[13] 石智军,董书宁,杨俊哲,等. 煤矿井下3 000 m顺煤层定向钻孔钻进关键技术[J]. 煤田地质与勘探,2019,47(6):1-7.

[14] 涂运中,陈剑垚,刘春生,等."慧磁"定向钻井中靶系统超高精度中靶技术研究[J]. 探矿工程(岩土钻掘工程),2020,47(10):1-6,12.

[15] 刘聃,陈剑垚,侯岳,等. 钻井利器的故事之"慧磁"高精度定向中靶导向系统[J]. 钻探工程,2023,50(4):155-159.

[16] 吴金生,黄晓林,蒋炳,等. 水平绳索随钻定向钻进技术研究与应用[J]. 煤田地质与勘探,2021,49(5):260-264.

[17] 谢毅,徐正宣,陈明浩,等. 山区铁路隧道超长定向钻探关键技术研究[J]. 铁道工程学报,2022,39(8):1-5,11.

[18] 赵驰,黄文新,智刚,等. 定向转弯连续取芯的钻探技术研究[J]. 路基工程,2022(1):122-129.

[19] 郭永顺,温晓虎,陈素敏,等. 可变向连续取芯技术在城市轨道交通勘察中的应用[J]. 铁道勘察,2022,48(6):77-82,107.

[20] 陈文婷,郑质彬,彭岩岩. 水力压裂法在地应力测量中的应用[J]. 煤炭技术,2020,39(2):66-68.

[21] 蔡美峰,乔兰,李华斌. 地应力测量原理和技术[M]. 北京:科学出版社,1995.

[22] 刘夏临,王震,何志坚. 水平定向钻孔水压致裂地应力测量数值模拟分析[J]. 隧道建设(中英文),2024,44(10):2049-2057.

[23] 刘继国,程勇,舒恒,等. 考虑不同压裂液流量的水平孔水压致裂法地应力计算模型[J]. 人民黄河,2024,46(12):131-136,143.

[24] 付代光,周黎明,肖国强,等. 综合地球物理测井技术在滇中引水隧洞工程勘察中的应用[J]. 长江科学院院报,2016,33(4):67-70,77.

[25] 付天池,何宝林,李宁. 水平定向钻与综合测井在岩溶发育区轨道交通工程勘察中的应用探讨[J]. 能源技术与管理,2020,45(5):145-147.

[26] 张祥祥,杨栋,朱贤,等. 千米级水平定向钻孔压水试验设备研发与应用[J]. 钻探工程,2025,52(3):77-83.

[27] 颜慧明,项洋,齐凌轩,等. 定向钻探技术在水利水电深埋隧洞勘察中的应用研究:以引江补汉工程为例[J]. 钻探工程,2025,52(3):22-29.

[28] 王丰,刘章. 水平定向钻孔技术的改进与应用[J]. 水利水电科技进展,2013,33(4):54-56,77.

[29] 郑君,颜谢材,窦斌,等. 长距离水平定向钻探在引江补汉地质勘察工程中的应用[J]. 钻探工程,2023,50(增1):205-210.

[30] 陈云龙,刘耿仁,蔡家品,等. 长距离水平定向孔取芯技术应用:以天山胜利隧道水平定向孔地质勘察为例[J]. 隧道建设(中英文),2023,43(增1):298-303.

[31] 李军,王汇明,李勇,等. 跨海隧洞水平定向靶区大直径取心勘察技术及应用[J]. 广东水利水电,2023(3):98-104.

[32] 吴金生,罗显粱,王子忠,等. 水平定向钻探与综合测试技术研究及应用[J]. 钻探工程,2023,50(增1):200-204.

[33] 项洋,左勇哲,周治刚,等. 浅谈复合定向钻轨迹控制技术在水利水电勘察行业中的应用[C]//2022中国水利学术大会. 郑州:黄河水利出版社,2022.

高地应力瞬态卸荷下围岩应力重分布和位移演化试验研究

朱看远

（长江岩土工程有限公司，湖北武汉　430010）

摘　要：为了实现高地应力下瞬态卸荷的室内模型试验，研究瞬态卸荷下围岩应力重分布特征和位移演化规律，搭建了一套隧道开挖瞬态卸荷试验系统，并进行室内开挖卸荷模型试验。将卸荷稳定后的应力状态与理论值对比，当侧压力系数(k_0)为1.0时，二者误差不大。通过试验验证，模型试验卸荷的应变率≥1.12/s，大于动态卸荷所界定的应变率(0.1/s)，证实了该试验系统可实现开挖瞬态卸荷。探究了开挖瞬态卸荷时应力重分布与应力演化特点：开挖卸荷时径向应力减小，且随着k_0的增加变化量减小；切向应力增大后，略微回弹降低。二者变化量均随着距离隧洞中心距离增加而降低。由于泊松效应的存在，竖向位移随着k_0的增加而减小。

关键词：瞬态卸荷；应力重分布；位移场演化；高地应力；质点峰值振动速度；数字图像相关技术

1　引言

随着工程建设的需要，深部地下空间的开发利用已经成了工程建设的常态。如锦屏二级水电站引水隧洞和排水洞，引水隧洞最大埋深2 525 m[1]。相较于浅层岩石，深部岩石的开挖卸荷动力响应机制更为复杂，易诱发围岩损伤。钻爆法开挖过程中岩体会产生较强的动力响应，掌子面的岩体能量释放迅速，产生较强的卸荷波，岩体处于一种动态调整过程，不能忽视其惯性力效应，属于动态卸荷[2]。

国内外学者很早便开展了开挖卸荷的研究，Abuov等[3]的研究结果表明岩体的爆破开挖应力迅速卸荷，可能导致开挖面附近围岩的破坏。Carter[4]针对隧道开挖理想条件下，提出了瞬态开挖卸荷可以激发拉应力场。许红涛和卢文波[5]提出了动态卸载效应在爆破破岩过程中的作用，明确了研究隧洞开挖过程中动态卸载效应的必要性。李新平等[6]通过数值分析等手段分析节理岩体开挖中的瞬态卸荷力学机制及动力响应，探讨了瞬态卸荷和节理的相互作用机制。曾勇等[7]采用数值分析手段研究瞬态卸荷下围岩的裂纹扩展、变形特征，探究节理。

室内试验研究更能直观地探究瞬态卸荷效应。李宏哲等[8]以锦屏水电站的花岗岩为研究对象，制成圆柱体试样。卸荷开始阶段侧向变形明显，表现出扩容特性。邱士利等[9]使用圆柱形大理岩试样研究三轴状态下岩石的卸荷力学性质，研究发现卸载速率对岩石的扩容性具有显著影响。侯公羽等[10-11]用水泥砂浆浇筑试样用于研究不同卸荷速率对围岩变形的影响。研究表明开挖卸荷对试样的变形与破坏不仅存在于卸荷过程，卸荷阶段切向和轴向的应变率呈现先增大后减小的趋势。快速卸荷对外壁产生的破坏较慢速卸荷严重。李天斌等[12]制作大尺度的岩爆物理模型，进行二维岩爆试验，模型的破坏特征呈现出一定的岩爆性质。

学者们在开挖卸荷领域取得了诸多成果，但目前的材料试验与模型试验等在模拟开挖时主要通

基金项目：国家自然科学基金面上项目（项目编号：51879184）：高应力下瞬态开挖诱发岩体损伤机制及其演化规律。

作者简介：朱看远（1996—），男，助理工程师，硕士，主要研究方向为岩石动力学。

过手动或电机开挖，或油压控制，得到的卸荷速率往往与实际的卸荷速率相差较大，应变率并不能达到动态卸荷的应变率范围(>0.1/s)[13]。本文针对高地应力下隧洞开挖瞬态卸荷进行相关研究，开展实验室尺度下的隧道开挖瞬态卸荷模型试验，结合瞬态卸荷试验与观测系统以及数字图像相关方法(DIC)研究了不同侧压力系数(k_0)下PMMA隧道模型在开挖瞬态卸荷引起的围压弹性变形应力重分布和位移演化规律，揭示不同k_0高地应力下隧道开挖瞬态卸荷的力学效应。

2 理论分析与试验系统

2.1 理论分析

假定岩体均质弹性且少有裂隙，在弹性范围内，则可将隧道开挖卸荷视为两部分叠加，一部分保持初始地应力σ_0的作用，另一部分为以开挖边界初始地应力σ_0随时间逐渐降低的应力重分布过程[14]，则隧道开挖卸荷转为各向同性弹性介质无限空间圆孔激发问题。本文以董春亮[15]所求的应力场的理论解，作为隧道开挖卸荷的理论参考值。应力重分布解析解如图1所示。通过归一化处理结果，可以直观地看出隧道开挖瞬态卸荷对围岩应力影响变化相对值。

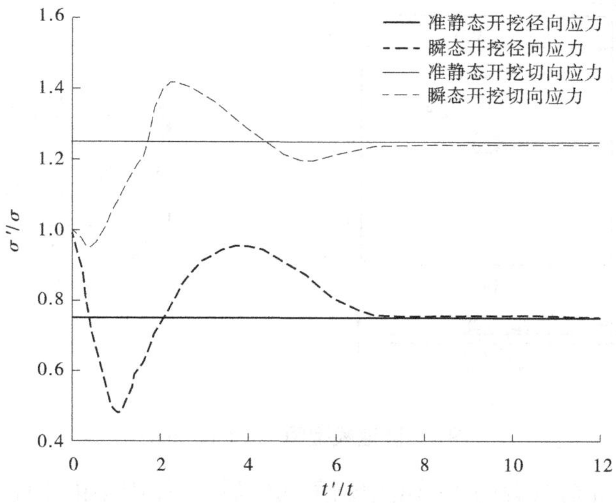

图1 隧道开挖瞬态卸荷应力重分布

瞬态开挖卸荷与准静态开挖相比所引起的动力响应更为剧烈，但稳定后的二者应力状态一致。陈建平等[16]给出了圆孔周边应力集中解点$M(r,\theta)$应力重分布公式：

$$\left.\begin{aligned}\sigma_r &= \sigma_v\left[\frac{1+\gamma}{2}\left(1-\frac{R_0^2}{r^2}\right)-\frac{1-\gamma}{2}\left(1+\frac{3R_0^4}{r^4}-\frac{4R_0^2}{r^2}\right)\cos 2\theta\right]\\ \sigma_\theta &= \sigma_v\left[\frac{1+\gamma}{2}\left(1+\frac{R_0^2}{r^2}\right)+\frac{1-\gamma}{2}\left(1+\frac{3R_0^4}{r^4}\right)\cos 2\theta\right]\end{aligned}\right\} \tag{1}$$

式中：σ_r为径向应力；σ_θ为切向应力；σ_v为γ方向应力；γ为侧压力系数，表示水平方向应力与垂直方向应力的比值；R_0为开挖半径。

2.2 试验系统

为研究隧道开挖瞬态卸荷引起的围岩位移演化规律和应力重分布等特征，搭建了一套隧道开挖瞬态卸荷试验系统[17](见图2)。系统构成包括：便携式冲击卸荷装置、电液伺服岩石薄板双轴试验机、超动态信号测试分析系统，以及高速摄像机和数字图像分析系统。

2.3 模型及试验原理

本文将隧道模型简化为PMMA材质薄板模型，尺寸为520 mm×520 mm×20 mm，隧道半径为30 mm，并带有5°的倒角，模型如图3所示。该模型的材料参数指标为纵波波速v_p为2 212 m/s，屈服应力σ_c为94 MPa，弹性模量E为2.88 GPa。

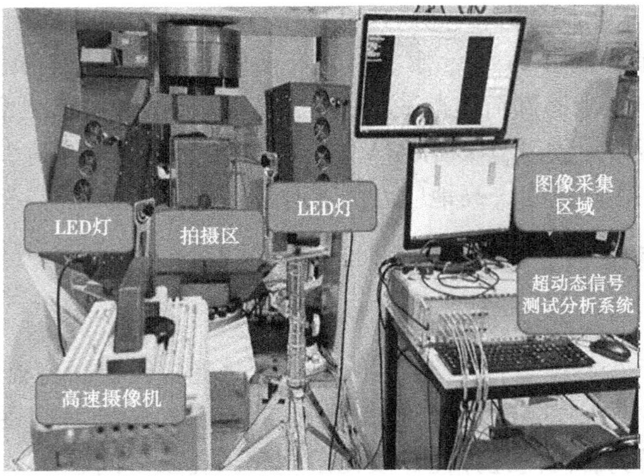

图 2　瞬态卸荷试验系统图

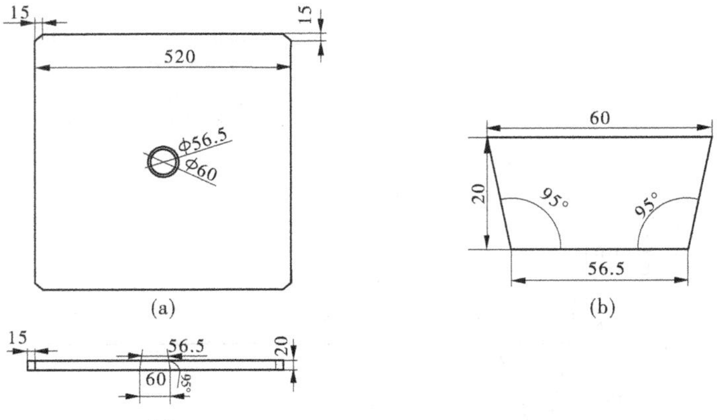

图 3　隧道模型图　（单位：mm）

试验过程中，当冲击卸荷装置的子弹击中倒角塞体后，塞体内会由于撞击产生一列同时向四周和前方传播的压缩波（纵波）。该冲击波向前传播时，塞体会逐渐被压缩，波在短时间内从位置 a 传播到位置 b，如图 4 所示。

当冲击波传播到 b 时，会反射出一个拉伸波，此时塞体整体便会向前移动并逐渐脱离试样。塞体发生轻微移动，即完成了隧道开挖瞬态卸荷。因此，隧道开挖卸荷时间可估计为

$$t_0 = \frac{d}{v_p} \tag{2}$$

式中：v_p 为纵波速度；d 为塞体厚度，本试验中塞体厚度 d 为 0.02 m。

则卸荷时间 t_0 为 9 μs。

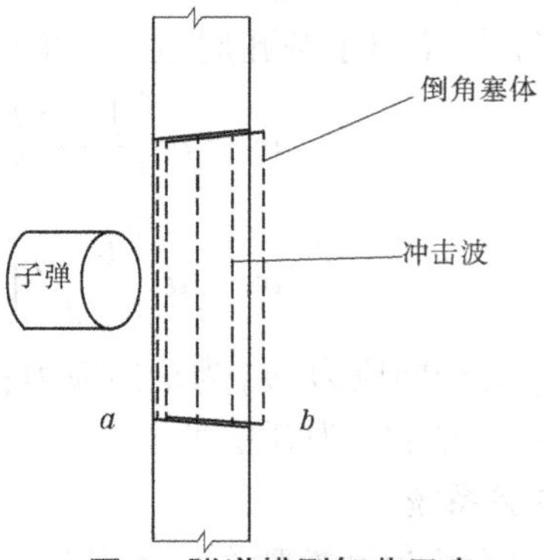

图 4　隧道模型卸荷示意

2.4　试验有效性验证

试验过程中，需使用高速摄像机相对隧道模型拍摄，然后将采集到的图像采用 DIC 方法分析，应力的监测采用应变花对进行信息采集，通过动态信号测试分析系统进行应力变化分析。试验前对模型进行处理，将 20 cm×20 cm 的散斑粘贴在模型上。应变花布设在 90°方向 $r=2a$、$3a$（a 为隧道半径）处，0°方向 $r=2a$、$3a$ 处，如图 5 所示。为减小摩擦引起的端部效应，在模型的与双轴机接触面上粘贴双层 0.01 mm 厚度的铜纸，并涂上润滑油。

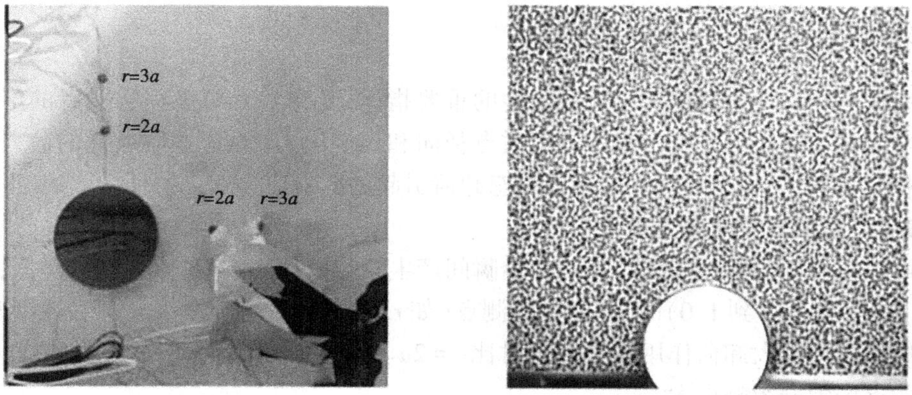

(a)应变片粘贴图　　(b)散斑粘贴图

图 5　应变花布设与散斑粘贴图

调试系统后进行试验验证。以 $\sigma_x=\sigma_y=20$ MPa 围压状态进行系统验证，应力变化如图 6 所示。对比应力的时程曲线可知，瞬态开挖卸荷的试验和理论曲线变化趋势基本一致，理论、试验与准静态开挖的应力稳定值一致，验证了系统的有效性。

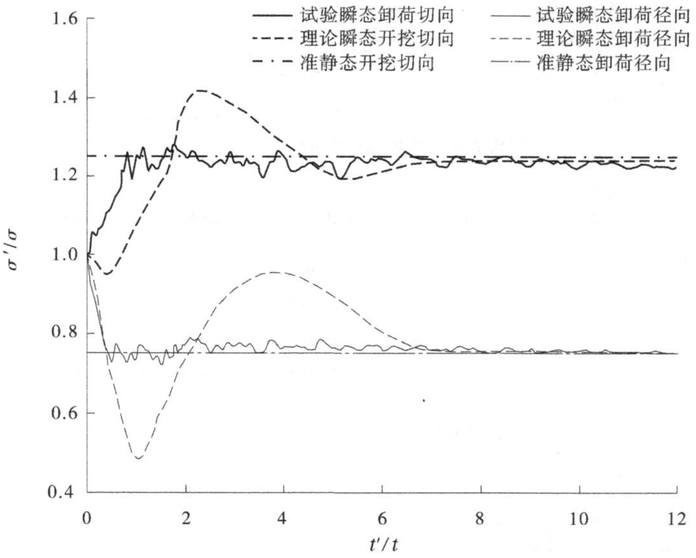

图 6　应力变化时程曲线对比

2.5　试验工况

根据《工程岩体分级标准》(GB/T 50218—2014)，高地应力的划分可通过岩体所在区域静水围压的应力值与岩体强度应力比值来确定[17]，计算式如下：

$$\delta=\frac{\sigma_c}{\sigma_1} \tag{3}$$

式中：σ_c 为单轴抗压强度；σ_1 为垂直隧道轴线的最大主应力。

当 $4\leqslant\delta\leqslant7$ 时，此时岩体处于高地应力的状态。完整花岗岩的单轴压缩强度约为 139 MPa[18]，而目前国际上普遍认为[19]完整岩体的现场强度近似等于 $(0.4\pm0.1)\sigma_c$，结合上述高地应力判据可知，当进行瞬态卸荷模型试验最大主应力处于 9.93 MPa $\leqslant\sigma_t\leqslant$ 17.38 MPa 范围内，可认为该试验应力处于高地应力的应力水平。本文以水平应力为 18 MPa 进行试验，通过改变 k_0 探究隧道开挖瞬态卸荷引起的应力场与位移场的演化特征。

3 隧道开挖瞬态卸荷应力重分布特征

围岩应力重分布是分析开挖后围岩稳定性的重要指标，受到学者与工程实践者的广泛关注。在试验中利用应变花实时监测开挖过程中围岩质点径向和切向应力（对应该质点处的最大和最小主应力）的变化，探究不同 k_0 和不同质点位置下瞬态卸荷引起的围岩应力变化特征。

3.1 瞬间卸荷引起围岩径向应力重分布特征

由图 7 可知：开挖卸荷瞬间完成，卸荷开始瞬间产生较强的动力响应，应力迅速降低，调整后趋于稳定。当 k_0 增加（从 0.3 到 1.0）时，相同位置测点（如 $r=2a$ 处）径向应力变化值会逐渐减小，说明围岩初始应力场偏应力越大卸荷作用越显著。对比 $r=2a$ 和 $r=3a$ 处相同 k_0 下应力的变化，卸荷作用对隧道边界的近场围岩影响更大。

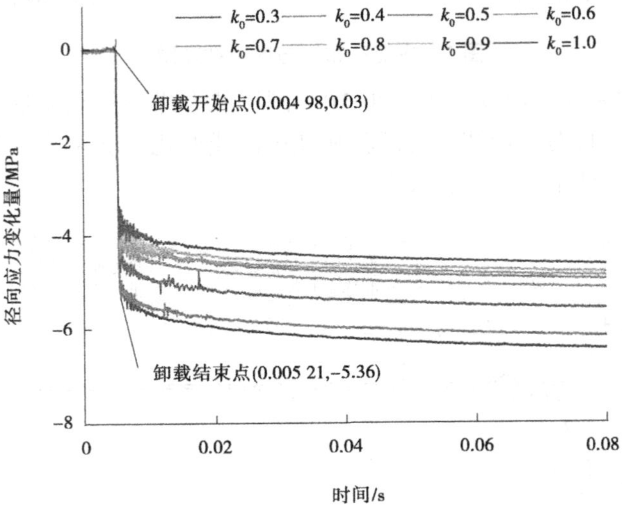

(a)$r=2a$

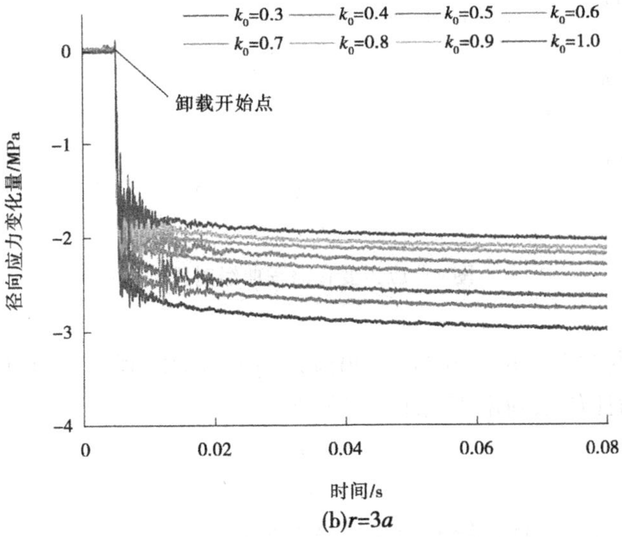

(b)$r=3a$

图 7 拱顶测点径向应力重分布特征图

由图 7（a）估算卸荷阶段应变率 $\dot{\varepsilon}$ 为

$$\dot{\varepsilon}=\frac{\Delta\sigma}{Et_0} \tag{4}$$

式中：E 为弹性模量，取 2.88 GPa；t_0 为卸荷时间。

由图 7(a)给出的 $k_0=0.3$ 的卸荷应力状况可知 $\Delta\sigma=5.39$ MPa,$t_0=300$ μs,则应变率 $\dot{\varepsilon}=6.24/s$,当 k_0 增加到 1.0 时应变率从 6.24/s 降低为 1.12/s,均远大于 0.1/s,因此可以认为该试验系统能够实现隧道开挖瞬态卸荷。

由式(1)计算的理论值和试验值(见表 1)可知:测点径向应力变化量不仅随 k_0 的增加而减小,而且随着距离的增加而降低。$r=3a$ 处的测点径向应力重分布后降低的值不足 $r=2a$ 处应力降低值的 50%,即隧道开挖瞬态卸荷对围岩应力引起的扰动会随着距离的增加呈现明显的衰减特征。对比试验与理论值变化量可以看出二者误差不大,在 $r=2a$ 处的测点最大误差为 20%,当 $k_0=1.0$ 时,二者的误差约 1%。

表 1　拱顶试验稳定径向应力变化量与理论对比

k_0	试验 $r=2a$/MPa	理论 $r=2a$/MPa	试验 $r=3a$/MPa	理论 $r=3a$/MPa
0.3	-6.38	-8.04	-2.94	-3.87
0.4	-6.07	-7.54	-2.71	-3.60
0.5	-5.48	-7.03	-2.59	-3.33
0.6	-5.07	-6.53	-2.38	-3.07
0.7	-4.82	-6.02	-2.28	-2.80
0.8	-4.76	-5.51	-2.14	-2.53
0.9	-4.69	-5.01	-2.09	-2.27
1.0	-4.53	-4.50	-1.98	-2.00

3.2　瞬态卸荷引起围岩切向应力重分布特征

由图 8 可知,开挖卸荷瞬间,切向应力立刻产生较强的动力响应,迅速增加并略微回弹,经短暂的调整后趋于稳定。对比试验与理论切向应力变化量,可以看出二者相差不大(见表 2)。瞬态卸荷对围岩应力的扰动会随着距离的增加呈现明显的衰减特征。

表 2　拱顶试验稳定切向应力变化量与理论对比

k_0	试验 $r=2a$/MPa	理论 $r=2a$/MPa	试验 $r=3a$/MPa	理论 $r=3a$/MPa
0.3	3.86	1.74	1.91	1.07
0.4	3.02	2.14	1.54	1.20
0.5	3.61	2.53	1.75	1.33
0.6	3.47	2.93	1.69	1.47
0.7	3.64	3.32	1.70	1.60
0.8	3.44	3.71	1.55	1.73
0.9	4.25	4.11	1.76	1.87
1.0	4.20	4.50	1.71	2.00

4　隧道开挖瞬态卸荷引起围岩变形特征

隧道开挖瞬态卸荷诱发的围岩变形是工程监测中的重要指标,当围岩变形量较大或者发生变形速率较大时可能会产生破坏,不利于隧道工程的安全和稳定性。本文借助高速摄影技术以及数字图像相关方法(DIC)对开挖瞬态卸荷后围岩位移场的演化规律进行研究,探究围岩受到强烈扰动后的

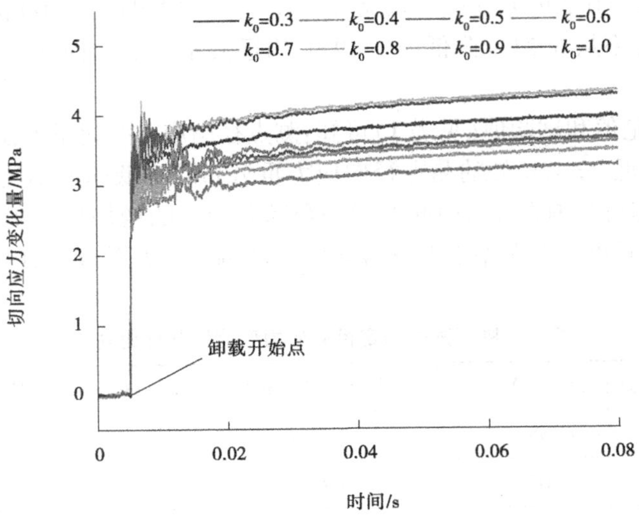

(a)$r=2a$

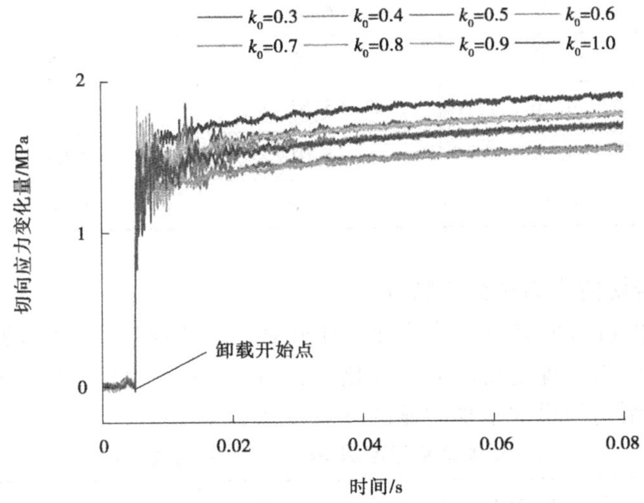

(b)$r=3a$

图 8 拱顶测点切向应力重分布特征图

位移场时空演化规律以及不同 k_0 条件下围岩质点位移的响应特征。试验中高速相机和超动态应变仪通过粘贴在开挖孔边界附近的声发射(AE)传感器触发,相机的触发模式设置为中心触发,拍摄区域大约为 20 cm × 20 cm,进行位移场分析时,触发时刻对应的照片即为拍摄得到的第 0 帧图像,对应的时刻为 0 时刻。文中对位移方向的分析表明,向上和向右为正方向。

4.1 围岩位移场时空演化规律

由前文可以知,预置的应变花所采集到的应变/应力信号在触发后约 500 μs 调整完毕,并进入缓慢调整阶段,因此本节选取 k_0 = 0.3、1.0 的 2 组工况 0 ~ 500 μs 时刻内的图像进行位移场分析,如图 9、图 10 所示。

从图 9(a)中可看出,初始时刻围岩整体处于相对稳定状态,开始卸荷时在子弹冲击下形成一列压缩冲击波向外传播(t = 21 ~ 83 μs 内可观察到)。t = 83 μs 时,拱顶与拱肩产生明显的向下的变形,即围岩呈现向下压缩的状态。位移量由中间向周围逐渐减少,向下的位移量大约 80 μm,表明围岩受到开挖卸荷的扰动程度随着距离的增加而衰减。围岩竖直位移场在时空演化过程中呈现出对称分布的特点。从图 9(b)可以看出,由于开挖瞬态卸荷效应,模型向外侧产生水平位移,水平位移量最大值(拱腰)约 40 μm,向两侧呈现衰减趋势。

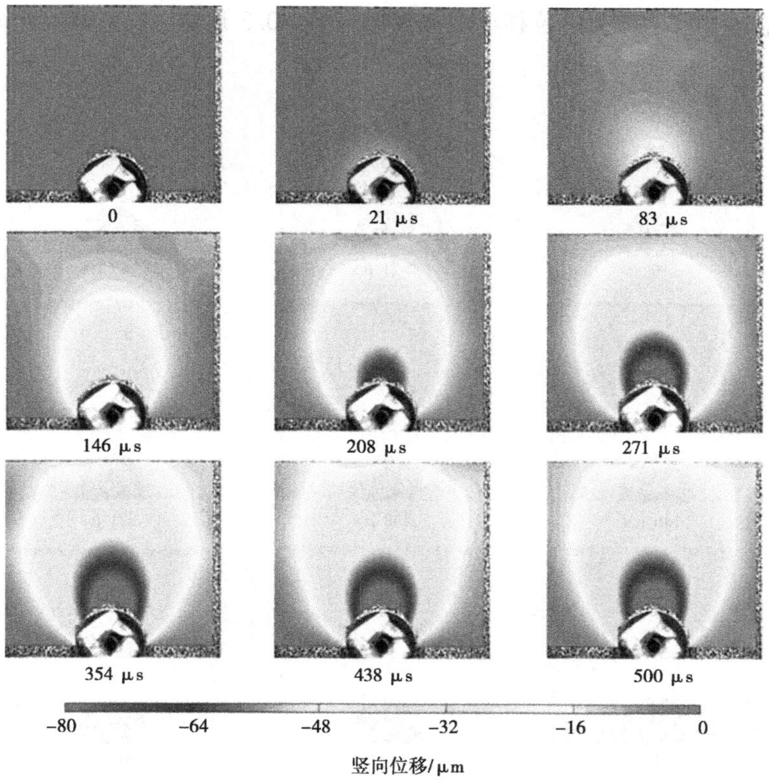

(a) $k_0=0.3$ 竖向位移场云图

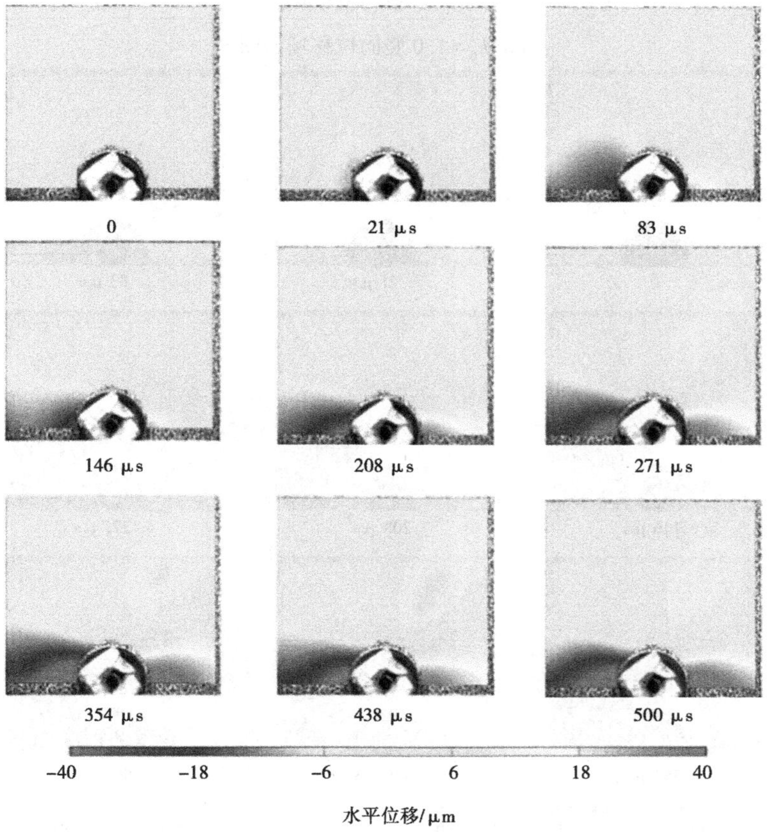

(b) $k_0=0.3$ 水平位移场云图

图9　$k_0=0.3$ 围岩位移场时空演化云图

从图 10 可以看出，该工况下的位移场演化规律与 $k_0=0.3$ 近似，但由开挖卸荷导致的扰动区域

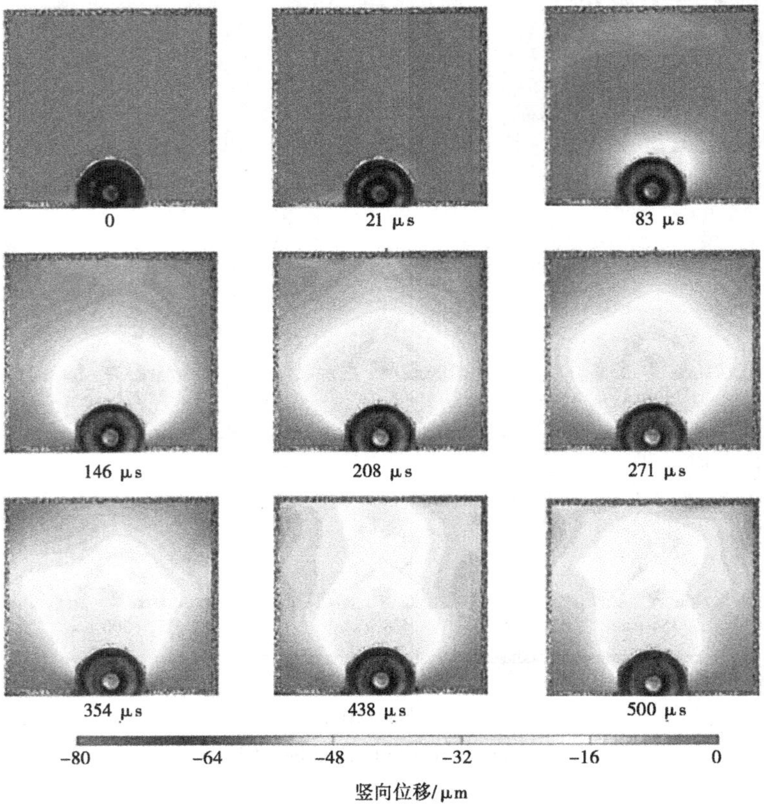

(a) $k_0=1.0$ 竖向位移场云图

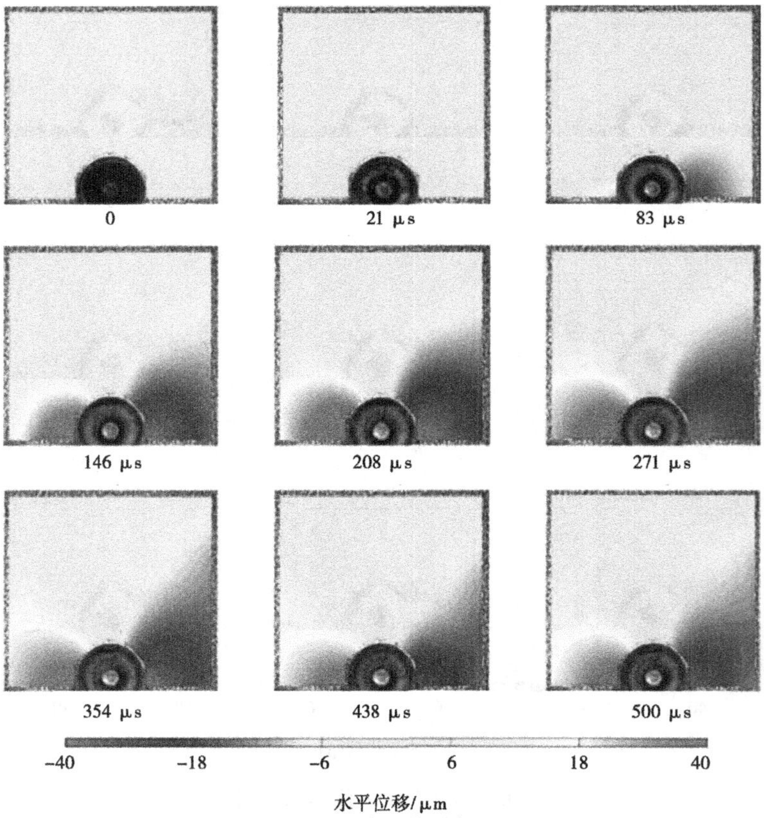

(b) $k_0=1.0$ 水平位移场云图

图 10　$k_0=1.0$ 围岩位移场时空演化云图

较大,但扰动程度有所降低,竖向位移量的大小明显降低,最大位移量仅为 40 μm 左右,出现在拱顶与拱肩附近。

4.2 围岩特征监测点的位移演化规律分析

位移场云图直观地表现开挖瞬态卸荷引起的围岩场变形与演化特征,但从位移场云图中对围岩的位移变化定量分析存在一定的困难,因此选用如图 11 所示的特定监测点,进一步分析瞬态卸荷引起的位移变化规律。布设的特征监测点的切向位移量较小,故仅对特征监测点的径向位移进行分析。

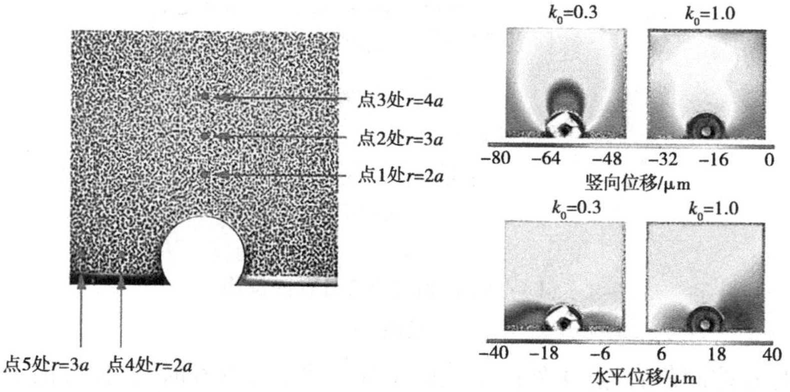

(a)特征监测点　　(b)特征监测点切向位移分析

图 11　特定监测点

由图 12 可知,在隧道开挖卸荷瞬间,测点 1 处瞬间向隧道中心方向产生径向位移,而后逐渐趋于稳定。径向位移对 k_0 的变化具有较强的敏感性,随着 k_0 的增加,测点最大径向位移逐渐减少。该试验现象可解释为:由于泊松效应的存在,随着 k_0 的增加即水平方向应力增大,会产生向上的附加变形,从而削减了由垂向应力导致的竖向压缩变形。

以点 1 处为例,随着 k_0 的增加,位移量从 $k_0=0.3$ 时的 0.09 mm 降低到 $k_0=1.0$ 的 0.022 mm,降低幅度约为 76%。当 k_0 相同时,点 1 处($r=2a$)径向位移量>点 2 处($r=3a$)的径向位移量。以 $k_0=0.3$ 和 $k_0=0.8$ 举例可以看出:当 $k_0=0.3$ 时,点 1 处径向位移量为 0.09 mm、点 2 处径向位移量为 0.06 mm(相较于点 1 降低了约 33%),测点径向位移量会随着距离隧洞中心的距离增加逐渐减小,即围岩的质点受开挖卸荷的扰动程度随着距离增加呈现明显的衰减趋势。

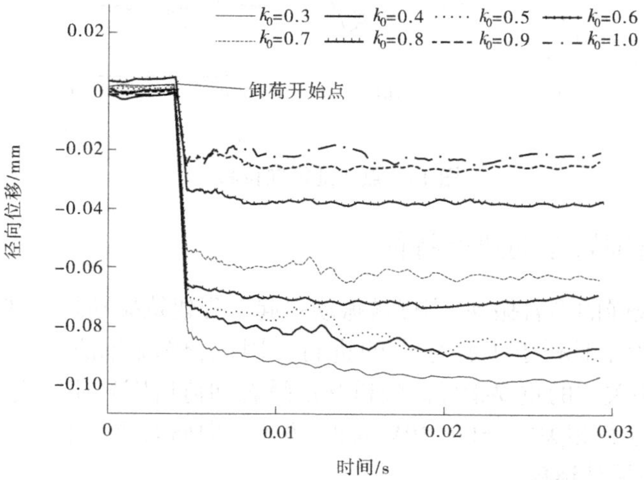

(a)不同 k_0 值时 1 处径向位移

图 12　点 1 和点 2 处的径向位移对比

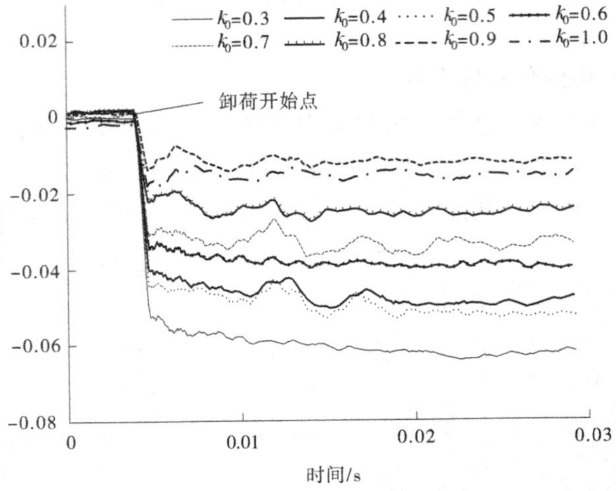

(b)不同 k_0 值时点 2 处径向位移

续图 12

由图 13 可知，开挖卸荷后，点 4 处产生径向位移。当 $k_0 \leqslant 0.6$ 时，位移方向为靠近洞口，且位移量会随着 k_0 的增大而减小；当 $k_0 \geqslant 0.7$ 时，位移方向与前者相反，且位移量随着 k_0 增大呈现增大趋势。上述试验现象可以解释为：当 k_0 较小时，由于泊松效应的存在，竖向应力使得围岩水平测点处产生较大的负向位移，尽管水平应力会在围岩的测点处产生正向的径向位移，但正向的位移量小于竖直方向产生的负向位移量，故围岩测点呈现出负方向发生位移的状态。随着 k_0 的增大，水平应力所产生的正向位移量增大，位移的方向出现了从向负方向移动到向正方向移动的特征。

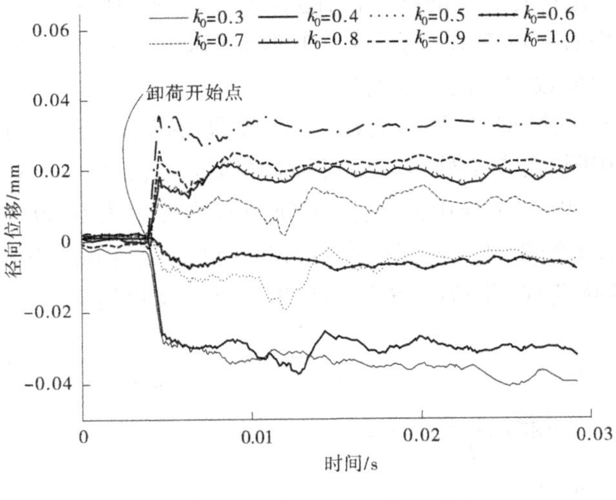

图 13　点 4 处径向位移

5　隧道开挖瞬态卸荷围岩振动速度特征

钻爆法开挖会引起较强的围岩振动，当爆破振动引起工程建筑振动超过其安全阈值时，会导致建筑物以及施工巷道的破坏，不利于工程建设的进行。因此，爆破开挖产生的质点峰值振动速度(PPV)一直是工程实践中关注的重要指标。隧道开挖瞬态卸荷后围岩质点会产生高频的振动，故本小节对围岩质点的 PPV 进行相关的分析(PPV 为正，表示方向向右或向上)。

5.1　不同 k_0 下质点峰值振动速度

通过对 4.2 节中的位移场数据进行微分处理，得到了测点振动速度时程曲线，得到不同工况下质点峰值振动速度(PPV)的特征数据如表 3 所示。

表 3　不同 k_0 值下特征监测点 PPV

k_0	点 1	点 2	点 3	点 4	点 5
0.3	-281.99	-166.86	-101.17	-75.37	-73.29
0.4	-240.66	-137.93	-80.24	-65.75	-50.33
0.5	-243.00	-155.55	-87.14	-30.52	-33.73
0.6	-222.96	-119.69	-92.26	-31.52	-23.56
0.7	-179.20	-117.40	-82.27	72.67	44.63
0.8	-153.39	-86.82	-40.42	91.11	45.03
0.9	-102.16	-62.15	-42.69	120.11	70.50
1.0	-107.51	-74.80	-74.57	135.39	90.05

注:表中 PPV 单位为 mm/s。

由图 14(a)可知,开挖卸荷前,各个质点速度基本为 0,在开挖卸荷的瞬间质点的速度瞬间增大且为负值,质点在极短的时间内达到峰值点,随后迅速降低至 0,随后保持在 0 附近小幅振动。

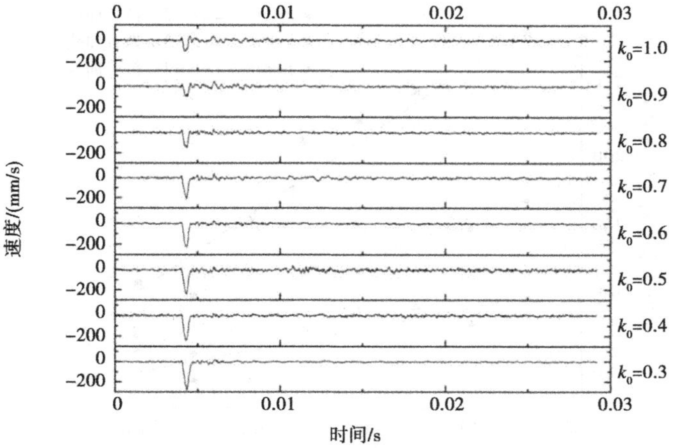

(a)点1处不同k_0值径向振动速度

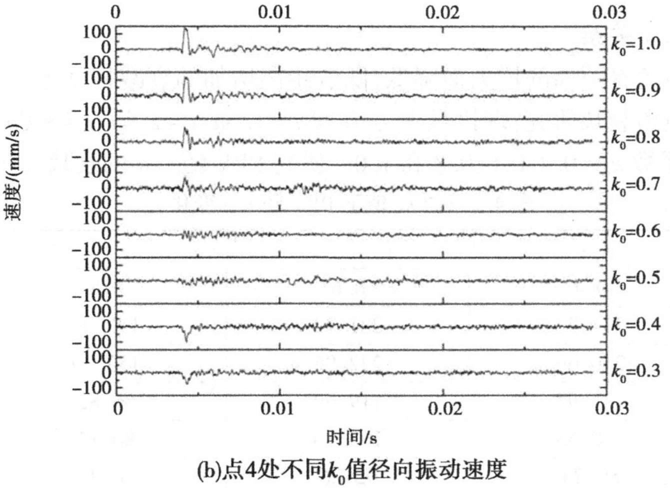

(b)点4处不同k_0值径向振动速度

图 14　质点径向振动速度

由表 3 可知,随着 k_0 的增大质点的 PPV 逐渐减小。应力迅速调整的时间阶段近似,由速度与时间所围成的几何图形的物理意义可知,则可知其位移量也是逐渐减小的。该结论与图 12 的质点 1 的径向位移演化过程规律是一致性的。以监测点 1 为例,PPV 随着 k_0 的增大而减小,由 $k_0=0.3$ 的 -281.99 mm/s 降低到 $k_0=1.0$ 的-107.51 mm/s,降低幅度约为 62%。在同一 k_0 值下,PPV 随着距离隧洞中心的距离增大而减少。以 $k_0=0.3$ 为例,监测点 1($r=2a$)峰值振动速度为-281.99 mm/s、监测点 2($r=3a$)的峰值振动速度为-166.86 mm/s(相较于监测点 1 降低了约 41%)。随着距离的增大,PPV 衰减明显,表明围岩受到开挖卸荷的扰动越来越小。

由图 14(b)可知,拱腰的监测点 4 振动速度呈现的规律如下:在 $k_0 \leqslant 0.6$ 时,隧道开挖卸荷瞬间,质点的振动速度由 0 迅速增大,达到峰值后,又迅速降低为 0 并以较小的幅值振动,且速度为负值;在 $k_0 \geqslant 0.7$ 时,质点的振动速度由 0 迅速增大,达到峰值后,又迅速降低为 0 并以较小的幅值振动,且速度为正值。可以看出,质点的振动速度在侧压力系数 0.6~0.7 时速度的方向发生了改变,这与位移的变化规律呈现出一致性,该试验现象由泊松效应引起。

5.2 质点峰值振动速度相关影响因素研究

通过前文分析,可知质点的 PPV 与 k_0,以及距离隧洞中心的距离都有一定的相关性,相关分析如下。

从图 15 中可以看出,拱顶上方三个监测点,随着 k_0 的增加,各监测点的 PPV 均呈现出近似线性降低的趋势,而在相同的 k_0 下,测点 PPV 随其距隧洞边界的距离的增加而降低。

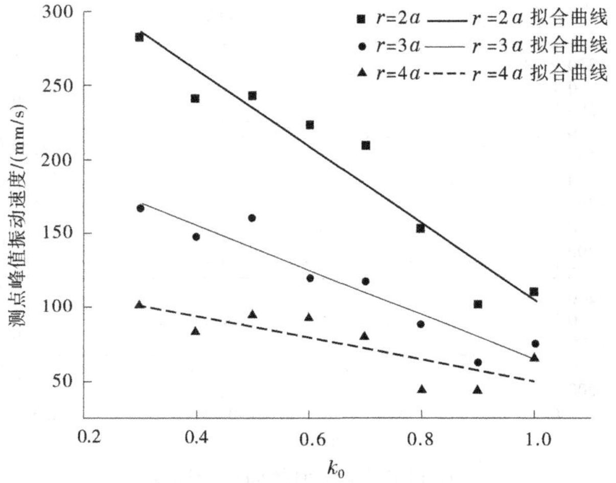

图 15 拱顶测点不同 k_0 条件下的 PPV

5.3 峰值振动速度与 r/a 关系

由前文知道 PPV 会随着距离的增大而降低,随着距离增加的衰减程度也是工程实践中常关注的问题。此处对 PPV 随距离衰减研究,取拱顶上方方向 $r=1.5a$、$r=2.0a$、$r=3.0a$、$r=3.5a$、$r=4.0a$、$r=5.0a$ 的 PPV,取侧压力系数 $k_0=0.4$、0.6、0.8 和 1.0。研究 PPV 随 r/a 的衰减规律如表 4 和图 16 所示。

表 4 不同 k_0 值下 PPV 随 r/a 变化

距离中心位置	k_0			
	0.4	0.6	0.8	1.0
1.5a	314.72	281.72	192.09	170.58
2.0a	240.66	222.96	153.39	107.51
3.0a	137.93	119.69	86.82	74.80
3.5a	110.53	103.30	80.13	79.34
4.0a	80.24	92.26	40.42	74.57
5.0a	57.67	54.09	46.12	40.47

注:表中 PPV 单位为 mm/s。

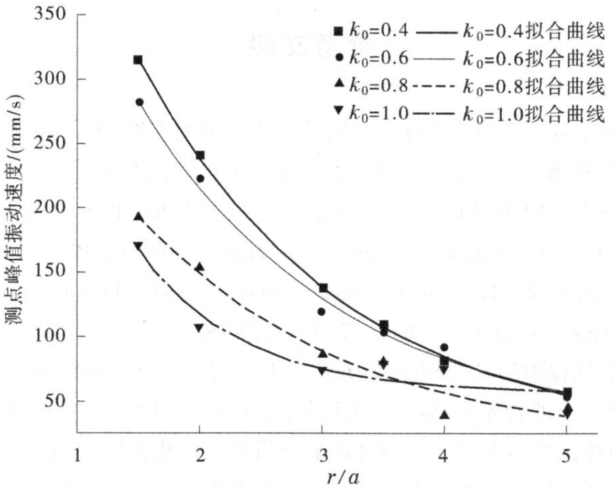

图 16　不同 k_0 值下 PPV 随 r/a 变化

拱顶布设的监测点的 PPV 与 r/a 的比值具有明显的负相关性(见表 5)。随着距离的增大,PPV 呈现指数式降低。PPV 随着 r/a 的比值的增加,衰减速度会由快变慢,这与范勇等[20]对锦屏二级水电站 4#引水隧洞实测和陈明等[21]丰宁抽水蓄能电站地下厂房地质探洞钻孔爆破 PPV 特征规律基本一致。表明本文所提出的隧道瞬态开挖卸荷试验方法能够较好地反映实际隧道工程中的瞬态开挖卸荷过程。

表 5　拱顶处不同 k_0 值与 r/a 比值拟合曲线参数统计

k_0	0.4	0.6	0.8	1.0
公式	$y=735e^{-x/1.65}+20$	$y=641e^{-x/1.64}+27$	$y=438e^{-x/1.65}+17$	$y=653e^{-x/0.8}+56$
R^2	0.99	0.98	0.96	0.90

6　结语

(1)本文搭建了实验室模拟隧道开挖瞬态卸荷的试验系统。通过卸荷模型试验验证应变率大于 1.12/s,远大于 0.1/s。将稳定后应力状态与理论结果对比,验证了该系统的有效性,证实了该试验系统能够重现隧道开挖卸荷的应力重分布力学特性。

(2)开挖卸荷瞬间,拱顶测点径向应力迅速降低后趋于稳定;切向应力迅速增大,略微回弹降低后趋于稳定。同一测点,随着 k_0 的增加,径向应力变化量逐渐降低,切向应力呈现增大趋势。相同侧压力系数,径向与切向应力变化量均随着距离隧洞中心的增加呈现减小趋势。

(3)开挖卸荷瞬间,围岩开始发生变形,随着距离隧洞中心的距离增加位移量降低,当 $k_0=0.3$ 时,拱顶 $r=3a$ 处径向位移量为 0.06 mm,相较于 $r=2a$ 处径向位移量为 0.09 mm,降低了约 33%。拱顶上方同一测点,竖向位移量随着 k_0 的增加而降低,从 $k_0=0.3$ 时的 0.09 mm 降低到 $k_0=1.0$ 的 0.022 mm,降低幅度约为 76%($r=2a$ 处)。拱腰方向的同一监测点,当 $k_0\leqslant0.6$ 时,随着 k_0 的增大,位移量减小;当 $k_0\geqslant0.7$ 时,随着 k_0 的增大,位移量增大。

(4)拱顶上方同一测点,PPV 随着 k_0 增加呈线性降低,且方向为负;同一 k_0 值,随着 r/a 的比值的增加 PPV 以指数形式降低。拱腰同一测点,$k_0\leqslant0.6$,PPV 随着 k_0 的增加而降低,且方向为负;当 $k_0\geqslant0.7$ 时,PPV 随着 k_0 的增大而增大,且方向为正。同一 k_0 值,PPV 随着距离隧洞中心的距离增加而降低。

参考文献

[1] 王继敏.锦屏二级水电站深埋引水隧洞群岩爆综合防治技术研究与实践[M].北京:中国水利水电出版社,2019.

[2] 张正宇. 现代水利水电工程爆破[M]. 北京：中国水利水电出版社，2003.

[3] ABUOV M G, AITALIEV S M, ERMEKOV T M, et al. Studies of the effect of dynamic processes during explosive break-out upon the roof of mining excavations[J]. Journal of Mining Science, 1988, 31(3):283-293.

[4] CARTER J P. Sudden excavation of a long circular tunnel in elastic ground [J]. International Journal of Rock Mechanics & Mining Sciences & Geomechanics Abstracts, 1990, 27(2): 129-132.

[5] 许红涛，卢文波. 爆破破岩过程中的动态卸载效应探讨[J]. 岩土力学，2003(6)：969-973.

[6] 李新平,王良军,宋凯文,等. 节理岩体单轴瞬态卸荷动态响应机理[J]. 长江科学院院报,2024,41(4):95-103.

[7] 曾勇,常衍,胡荣,等. 单节理深埋隧洞开挖瞬态卸荷响应机理数值模拟研究[J]. 人民珠江,2024,45(9):74-82.

[8] 李宏哲，夏才初，闫子舰，等. 锦屏水电站大理岩在高应力条件下的卸荷力学特性研究[J]. 岩石力学与工程学报，2007，26(10)：2104-2109.

[9] 邱士利，冯夏庭，张传庆，等. 不同卸围压速率下深埋大理岩卸荷力学特性试验研究[J]. 岩石力学与工程学报，2010，29(9)：1807-1817.

[10] 侯公羽，梁金平，胡涛，等. 不同围压下卸荷速率对围岩变形与破坏的影响[J]. 岩石力学与工程学报，2019，38(3)：433-444.

[11] 侯公羽，荆浩勇，梁金平，等. 不同卸荷速率下矩形巷道变形及声发射特性试验研究[J]. 岩土力学，2020，40(9)：3309-3318.

[12] 李天斌，钟雨奕，潘皇宋，等. 高地应力隧道岩爆破坏特征物理模型试验研究[J]. 地下空间与工程学报，2019，15(6):1639-1645.

[13] 严鹏,卢文波,周创兵. 非均匀应力场中爆破开挖时地应力动态卸载所诱发的振动研究[J]. 岩石力学与工程学报,2008,27(4):773-781.

[14] 严鹏,卢文波,许红涛.高地应力条件下隧洞开挖动态卸荷的破坏机理初探[J]. 爆炸与冲击,2007(3):283-288.

[15] 董春亮. 高应力巷道动态开挖卸荷效应研究[D].淮南:安徽理工大学，2018.

[16] 陈建平，闫天俊，吴立. 地下建筑结构[M]. 北京:人民交通出版社，2008.

[17] 朱看远.隧道开挖瞬态卸荷下围岩应力重分布与位移演化规律试验研究[D].天津:天津大学,2022.

[18] 徐鼎平，郭广涛，夏跃林，等. 高应力强卸荷下双江口花岗岩岩爆中间主应力效应宏细观试验研究[J]. 岩土力学，2021，42(9):2375-2386.

[19] 蔡明，赵星光，KAISERPK. 论完整岩体的现场强度[J]. 岩石力学与工程学报，2014，33(1):1-13.

[20] 范勇，卢文波，杨建华，等. 深埋洞室开挖瞬态卸荷诱发振动的衰减规律[J]. 岩土力学，2015(2)：541-549.

[21] 陈明，何文学，卢文波，等. 隧洞开挖爆破空气超压诱发围岩振动机理[J]. 振动与冲击，2017，36(12)：12-17.

工程钻探新装备和新技术在勘察项目中的应用实践与创新浅析

牛美峰　叶晓平　刘　安　周光辉　张明林　邱德宝

（浙江华东岩土勘察设计研究院有限公司，浙江杭州　310030）

摘　要：钻探方法是应用最为广泛的工程勘察手段之一。随着钻探行业的不断发展，越来越多的钻探装备及技术被用于各类工程勘察项目中以应对日趋复杂的工程建设。本文梳理并总结了浙江华东岩土勘察设计研究院有限公司近5年针对复杂条件下工程勘察所引进、吸收及研发的钻探新装备与新技术实践与创新情况，本文成果可为各类工程勘察单位开展勘察钻探作业时提供参考，并启发促进更多新装备与新技术在工程勘察项目中的创新应用，进一步提高工程勘察工作效率与钻探质量。

关键词：便携式全液压岩心钻机；绳索取心半合管钻具；三角桁架式套管；实践与创新

1　引言

钻探是地质调查中最直接且不可或缺的手段，通过取心（屑）、录井和测井等手段可以获取众多地质资料和信息，而且可以为油、气、水、热等资源开采提供通道，是打开地下资源宝藏的钥匙。随着科学技术的发展和对地质资源需求的日益加大，20世纪以来钻探技术开始了高速的科学化发展，形成了精细控压钻进、地质导向钻进、自动化钻井等一系列先进技术。由于钻探方法能够直接获取真实的地质样品进行分析试验，得到工程建设所需要的高精度岩土体参数信息，因此钻探长期以来都是应用最为广泛的工程勘察手段之一。然而，相较于钻探技术水平的高速发展，工程勘察领域的钻探技术与装备更新换代却相对缓慢。随着国家经济建设的不断发展，各类重大、复杂工程如火如荼地开展，传统的工程勘察钻探方法已难以满足日趋严格的勘察质量要求，严重制约了工程勘察单位的发展及其对勘察市场的抢占。为了改变技术落后所造成的竞争力不足，工程勘察钻探行业亟须结合新型钻探装备与技术以促进自身发展[1-5]。

基于以上目标，本文梳理了浙江华东岩土勘察设计研究院有限公司近年来已有的、针对多种工程勘察所研发和应用的钻探新装备与新技术，旨在启发更多的钻探装备及技术在工程勘察项目中的创新应用，促进工程勘察领域钻探技术同步发展，大幅提高复杂工程勘察质量。

2　便携式全液压岩心钻机应用与创新

2.1　钻机优势

便携式全液压岩心钻机主要由桅杆式钻架、发电机总成、液压操作台 & 液压油箱、打捞卷扬机、泥浆泵、泥浆池、柴油箱等7个主要部分组成，具有结构轻便、全液压传动、绳索取心钻进等特点，以及模块化装拆、不提钻取心、跟管钻进等优点。结构图见图1。

作者简介：牛美峰（1981—），男，正高级工程师，安全总监，主要从事工程勘察钻探装备与技术研究工作。

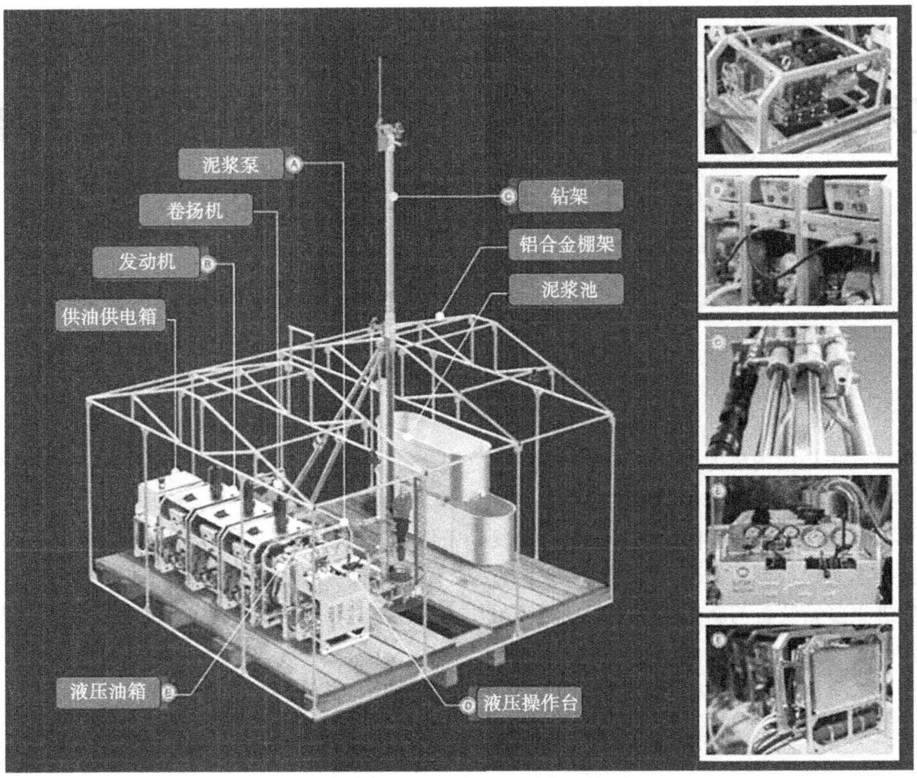

图 1　便携式全液压岩心钻机主要结构

2.1.1　结构轻便

(1)模块化轻量化设计,最重模块小于 180 kg,拆装快速,可人工搬运。

(2)桅杆式钻架结构,无须钻塔,0°~90°任意角度钻进,提升设备安全性和作业角度适应性;水平孔作业布置结构见图 2。

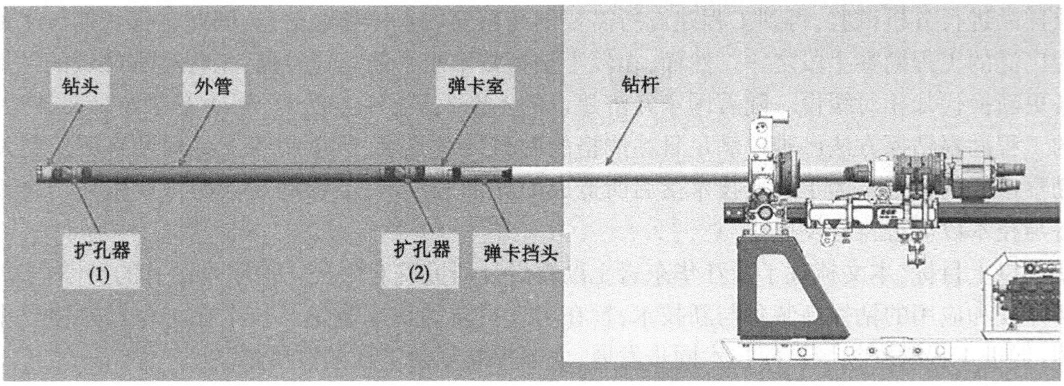

图 2　洞室内水平孔作业布置结构

(3)顶驱式动力头,1.83 m 长行程导轨,油缸推进,不用反复倒杆,导向性、定向性好。

(4)机台占地面积小,无须基础工程,绿色环保。

2.1.2　全液压传达

(1)操作性强,液压自动卸扣,劳动强度小。

(2)可开高速,钻进过程稳定,振动小。

(3)实时掌握孔内情况,有限压保护,安全。

(4)维护保养简单。

2.1.3　绳索取心钻进

(1)钻速高及钻头寿命长,纯钻进时间利用率高,岩心采取率高。

(2)打捞岩心轻松,工人劳动强度低。

(3)岩心品质优良,结构清晰,完整度好。

2.2 实践创新

通过对便携式全液压岩心钻机应用实践,该类型钻机为桅杆式全液压结构,因此存在孔内事故处理能力差、孔内试验操作方式存在差异等不足,为了适应水电工程需要,对压水试验、地应力试验、破碎地层取心、原位试验以及孔内事故处理等方面开展了实践创新。

2.2.1 压水试验装置研发

结合以往不提钻压水试验栓塞装置研究和应用情况,进一步创新研发了JY型投入打捞式压水试验装置。本装置对绳索取心钻具内管总成进水口结构优化,利用钻杆代替水管路,并通过专用压力阀件控制对止水栓塞和试段分别供水,大大简化了栓塞止水工序,提高了压水试验效率。

2.2.2 孔内高压压水和地应力试验装置改进优化

考虑到全液压钻机与立轴式钻机的结构区别,为实现全液压钻机可以配合试验开展,对原来的地应力测试及高压压水试验设备进行了局部的改进,在原提管器中增加了可旋转式的母接头,方便与液压钻机连接,实现与液压钻机同步作业,减少了人工旋转,提高了作业工效。设计改进结构见图3。

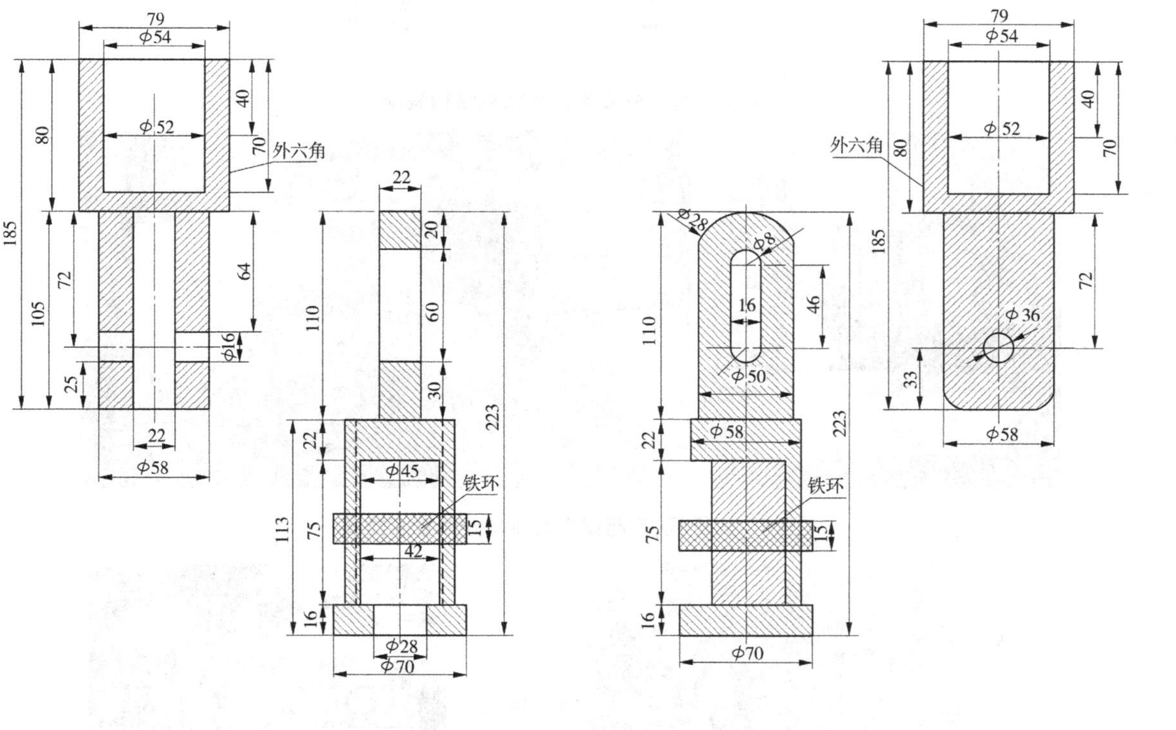

图3 全液压钻机专用可旋转式提管器 (单位:mm)

2.2.3 破碎地层取心钻具引进与应用研发

将绳索取心工艺与植物胶半合管取心工艺相结合,引进绳索取心半合管钻具,并对全液压钻机动力头马达进行改进创新,配备低转速马达,从而具备使用SDB工艺的条件,解决覆盖层、断层段、破碎带取心难题。设计结构见图4。

2.2.4 全液压钻机事故处理起拔装置研发

结合项目现场实践经验,对全液压钻机起拔能力不够、事故处理能力不足问题开展研究,提出大行程、高起拔力的液压举升装置,对事故钻杆、套管进行反向起拔处理,辅助提升了钻机事故处理能力。改进实物见图5。

2.2.5 全液压钻机数字化改造

根据需要,对钻机开展数字化改造,快速读取钻压、转速、进尺、孔深等钻进参数,通过大数据分析相互间的关系，及时分析得出钻进岩土体的性能参数。改进现场布置结构见图6。

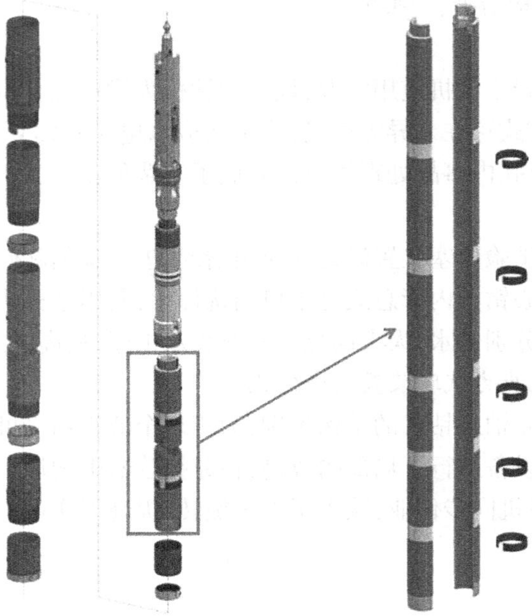

图4　绳索取心半合管钻具结构装配

图5　大行程、高起拔力液压举升装置实物图

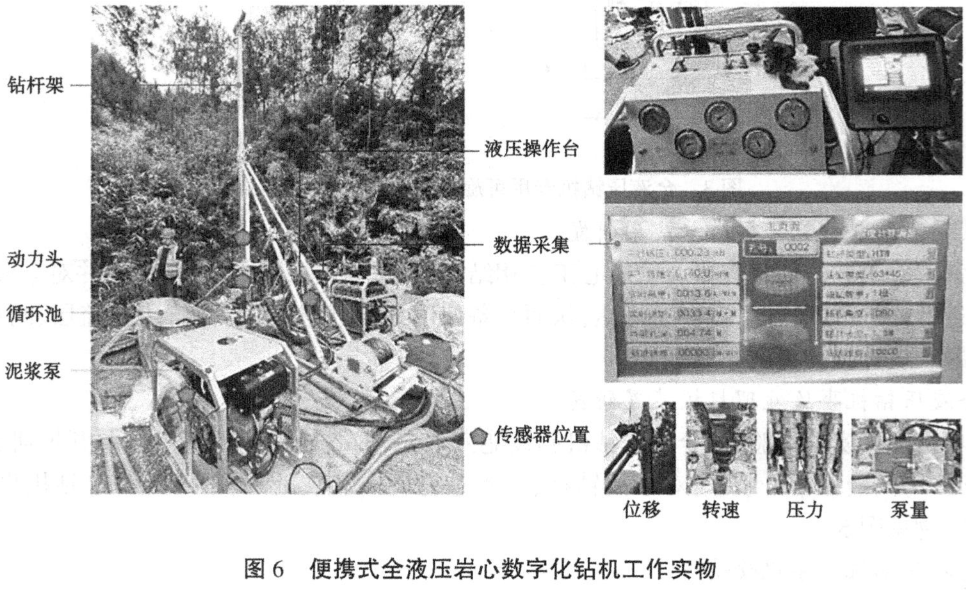

图6　便携式全液压岩心数字化钻机工作实物

2.2.6 集成式液压自动标贯机装置

针对需要进行重力触探和标准贯入试验的钻孔需要，以及全液压钻机无卷扬机无法开展常规原位试验的情况，结合桅杆式结构，采用液压驱动、自动计数装置，实现自动化试验。设计结构见图 7。

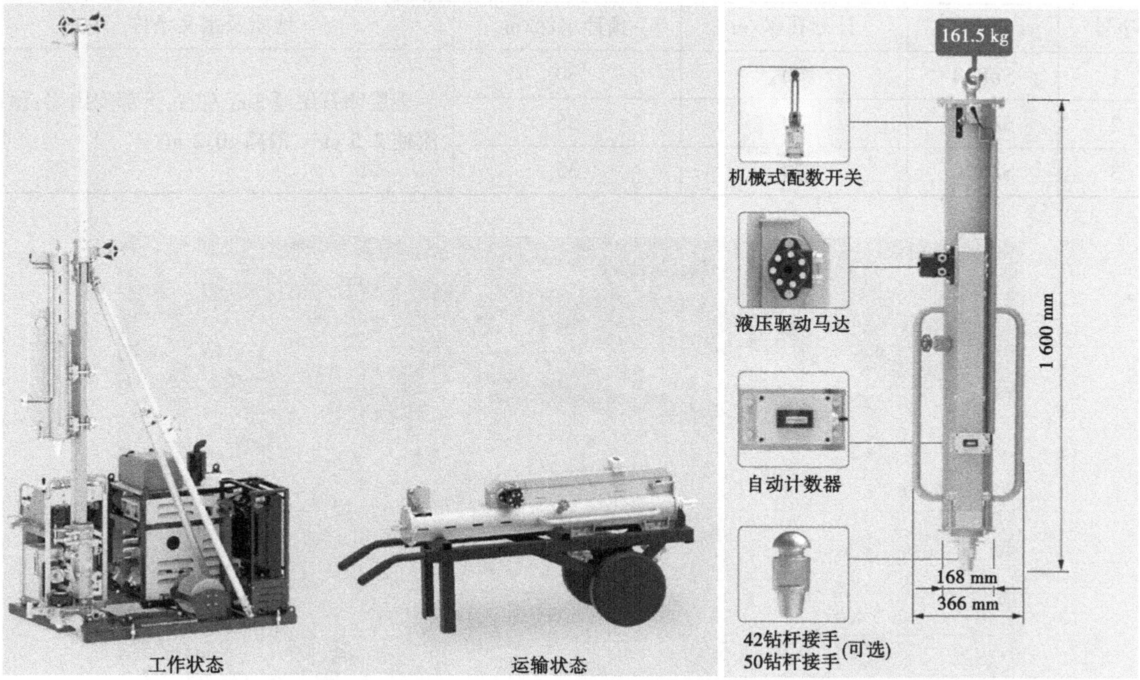

图 7 全液压钻机集成式液压自动标贯机装置设计图

3 海外深槽急流水上钻探实践与创新

3.1 基本情况

工程区所在的湄公河流域 6~11 月为雨季，12 月至次年 5 月为枯水期，雨季流速大于 5 m/s，水流流态紊乱且有漩涡，旱季深水区水深为 20~70 m，实际水流流速 1.5~3.0 m/s，局部流速可达 4 m/s。经现场实地踏勘，区域水深 20~30 m 不等，水流 3.0 m 左右，存在大量漩涡，大漩涡套小漩涡，漩涡顺流而下不断变化（见图 8），其中河床面最大宽度约 380 m，最小宽度约 260 m。

图 8 现场水流（漩涡）实拍

深水急流区底部覆盖层以砾卵石层，松散-稍密，次圆状-圆状，母岩成分为安山岩、角砾岩等，厚

0~3 m;基岩为安山岩,青灰色-灰色,抗压强度较高,属中硬岩,节理发育,岩体较破碎。本项目水上钻探工作量合计 210 m 左右,具体信息见表 1 及图 9。

表 1　钻探工程量一览表

序号	孔号	计划孔深/m	预计水深/m	地质及水文条件
1	SZK14	70	30	表层卵石层厚 3 m 左右,下部安山岩;预计流速 2.5 m/s,浪高<0.2 m
2	SZK15	70	35	
3	SZK16	70	35	

图 9　深水急流区水上钻孔布置示意

3.2　存在难题

结合现场实际情况,对项目存在难度分析如下:

(1)钻孔位于“龙口”河段,水深、流大、流态紊乱且有漩涡。

(2)水下为“V”形陡峭河床,河底基岩出露,钻孔布置在靠近河流中部的深槽区,坡度达 30°~50°。受作业期间上游天气等影响,水位有 0.5~1.5 m 涨落幅度。

(3)国外资源短缺,作业船舶、锚机等无法订购。

综上所述,现场存在的大水深、高流速、乱紊流、基岩底质、陡峭河床等复杂环境因素,造成了护孔套管收放与固定、平台抛锚与定位、勘探装备与器具选择,以及钻孔结构与工艺选择等方面一系列亟待攻关克服的钻探技术难题。

3.3　实践创新

针对存在的系列“难题”,针对性提出以下创新解决策略:

(1)首次研发采用了可有效克服水深和急流的三角桁架式套管,研发配套专用三角导向套管架和专用套管提升器,并配置“双保险”绞锚导向扶正绳,有效地解决了护孔套管收放和保证垂直度的难题。

(2)套管底部加工“锥形”头,有效地解决了套管基岩河床固定的难题。

(3)根据 CCS《钢质海船入级规范》(2024)及修改通报要求,通过理论测算,选用适用基岩河床的“四齿锚”和电动自动绞锚机,采用五锚定位方法,有效地解决了基岩河床抛锚定位的难题。现场作业情况见图 10。

最终实践研发了“五锚定位+三角桁架套管+导向套管架+定位锥形头+‘双保险’扶正绳”的水上钻探工艺方法,积累形成一成套 45 m 大水深、5 m/s 高流速和 150 m 大跨度的急紊流区深槽水上钻

图 10　深水急流专用桁架套管、基岩河床定位锥形头与导向套管架实物

探技术。

4　近海 DCM 桩抽心孔钻探实践与创新

4.1　基本情况

工程区位于浙江省宁波市北仑区××岛东北侧水域，作业区域海底地形较平坦，水深 15~30 m，潮水流速最高达 3.5 m/s，最大波高 2.0~2.6 m，水流方向经常变化，深层水泥搅拌桩(DCM 桩)取心钻探区域的海堤防潮标准为 100 年一遇。建设海堤总长 8 686.6 m。海堤采用排水板和 DCM 桩两种地基处理方式，排水板段和 DCM 段间设置过渡段。其中，DCM 段设置在海堤西南侧原泥面标高-12 m 处，总长 340 m；DCM 段两侧分别设置 40 m 和 30 m 的过渡段。拟定 DCM 桩的桩型是由 4 根 ϕ 1.3 m 的单桩组成 ϕ 2.3 m 的梅花桩，桩身强度约 2 MPa，孔深约 50 m。

4.2　存在难题

结合现场实际情况，项目存在的难度如下：①水流和潮水涨幅较大，造成平台定位、对正困难；②桩径较小、水深较大，造成钻具对正桩位困难；③桩径较小，对钻孔垂直度提出高要求，防止钻具偏出；④桩身强度低，采取完整原状样困难。

综上所述，现场存在的桩径较小、强度较低，且水深较大、流速较快等复杂因素，给海上取心钻探作业带来了平台准确定位、钻具精确对准、勘探装备与器具和钻孔结构与工艺正确选择等一系列亟待攻关的钻探技术难题。

4.3　实践创新

针对存在的系列“难题”，针对性提出以下创新解决策略：

(1)首次创新提出了在拖轮配合下自升式勘探平台“单桩下放、三桩微调”的精准定位方法，有效克服水深和急流情况下平台准确定位难的难题。

(2)选择“外挑式”平台搭载移动方便的履带式装备，实现平台定位后灵活“找”准桩位。

(3)“大胆提出、小心求证”地采用了针对性的“跳级”式护孔套管组合和钻孔结构设计，形成钻杆与套管、孔壁合理间隙，并加装特制“滑动式”对中装置，有效地解决了钻孔垂直度和降低孔内事故发生概率的难题。

(4)探索的钻探工艺参数和护壁工艺，对应用成熟的“半合管+植物胶”工艺再提升，对钻头“水口”结构和外镶合金焊接工艺再优化，并探索“高转速、小泵量”钻进工艺参数，有效地克服了在低强度地层中钻探，有效地解决了心样完整性、原状性的难题。现场作业情况见图 11。

最终实践研发了“‘一稳三动’半潜式平台定位+‘滑动式’定位装置扶正+‘跳级式’套管和钻孔结构设计+钻探装备动态灵活对准”的海上抽心孔钻探工艺方法，积累形成一整套适应于 25 m 水深、2.5 m/s 流速和 2.5 m 桩径范围的海底桩高精度定位和高质量取心的海上钻探技术。

(a)孔位放测　　(b)垂直度复核　　(c)“滑动式”定位装置

图 11　现场作业情况

5　结语

本文系统地梳理并总结了近年来几种复杂工程勘察所应用的钻探新装备与新技术，具体如下：

(1)全液压钻机应用实践与创新工作，在一定程度上缓解了水电水利工程中常见的进场条件差、设备搬迁难等难题，并通过实践创新，研发了大行程、高起拔力的液压举升装置，解决了便携钻机起拔能力不足问题，提出了结合绳索取心方式的原位试验技术方法、破碎地层半合管取心装置等，提升了对水电水利工程勘察项目的适应性。

(2)海外深槽急流水上钻探实践与创新工作，总结了海外水电工程水上钻探实施中存在的难点，并通过实践创新，研发了适用于大水深、高流速的深槽河床的新型护孔套管结构与收放、抛锚定位钻探工艺方法，为海外水电工程水上钻探项目开展提供了经验借鉴。

(3)近海 DCM 桩抽心孔钻探实践与创新工作，借助浙江华东岩土勘察设计研究院有限公司海上自升式平台应用经验，创新性地提出了“单桩下放、三桩微调”的精准定位方法，优化了海上抽心孔钻探工艺，形成了海底桩高精度定位(2.5 m 内)和高质量取心钻探技术，为海上工程桩检验勘察项目提供了钻探专业解决思路。

参考文献

[1] 张永勤，李小洋，李宽，等. 以新质生产力助力钻探技术装备创新发展应用再作为[J]. 钻探工程，2024，51(增 1)：29-34.

[2] 贺东. 智能化地质钻探技术装备的研发及应用研究[J]. 产业创新研究，2024(4)：96-98.

[3] 汪发文，甘超，徐俊，等. 地质钻探装备智能化升级：以小型工勘钻机和电动水源钻机为例[J]. 地质装备，2023，24(4)：1-5.

[4] 徐启睿，张洪波. 自动化智能化地质岩芯钻探技术装备研发与应用[J]. 内蒙古煤炭经济，2023(11)：178-180.

[5] 张海彬. 深水钻探装备技术发展现状及展望[J]. 船舶，2022，33(2)：1-12.

自适应水位升降双船体作业平台水上钻探关键技术研究与应用

王光明　张正雄　王俊博　张　睿

（中国电建集团昆明勘测设计研究院有限公司，云南昆明　650051）

摘　要：水上钻探比陆上钻探复杂，不仅要架设水上钻场，还要隔离水流对孔口的冲刷和淹没、承受水流对钻场及套管的冲击。水上钻探在整个施工过程中都会受到水位、水的流速及风浪的影响，平台容易移动或被撞，造成套管弯曲、折断。自适应水位升降双船体水上作业平台依托伸缩套管技术，利用浮箱船体的浮力来平衡平台、人员及设备、钻探作业荷载等竖向荷载，利用锚固（移动）装置的拉力来平衡水流阻力、冲击力、风力等水平荷载，利用波浪补偿装置来降低波浪起伏对钻探的影响。

关键词：水上钻探；双船体作业平台；自适应水位

1　引言

水上钻探比陆上钻探复杂，不仅要架设水上钻场，还要隔离水流对孔口的冲刷和淹没、承受水流对钻场及套管的冲击[1]。水上钻探在整个施工过程中都会受到水位、水的流速及风浪的影响，平台容易移动或被撞，造成套管弯曲、折断。2019 年，在澜沧江曲孜卡水电站第 1 个水上钻孔实施过程中，无伸缩套管、水位变幅大、频繁增加或减少套管导致管理人员及工人都不愿意参加水上钻探作业。

经过现场调研，采用伸缩套管可以补偿作业平台水位涨落。经过多轮试验研究，最终研究改造了具有升降补偿功能的双船体水上钻探平台，后成功应用于曲孜卡水电站后续水上钻孔施工。2023 年 1～3 月，中国电建集团昆明勘测设计研究院有限公司采用具有升降补偿功能的双船体水上钻探平台在泸西抽水蓄能电站下库完成 5 个水上钻孔施工。2023 年 4～6 月，采用具有升降补偿功能的双船体水上钻探平台在梨园-阿海混合式抽水蓄能电站完成上库进、出水口 4 个水上钻孔施工。2023 年 11 月，采用具有升降补偿功能的双船体水上钻探平台在西畴抽水蓄能电站 2 个水上钻孔施工。2019 年开始，以曲孜卡水电站、泸西抽水蓄能电站、西畴抽水蓄能电站、梨园-阿海抽水蓄能电站等项目水上钻探为依托，逐渐总结提炼形成“自适应水位升降双船体作业平台水上钻探关键技术”。

2　特点及适用范围

2.1　特点

（1）本成果作业平台结构简单，稳定性好，灵活性强，适用范围广。

（2）利用本成果可解决水位涨落护孔套管伸缩及平台横向、竖向定位难等技术难题。

（3）本成果是否成功的关键是伸缩套管伸缩补偿、双船体平台安全性是否满足要求。

2.2　适用范围

本成果适用于水深大于或等于 2 m、流速小于或等于 4 m/s、浪高小于 1.0 m、水位变幅小于或大于 2 m 的水域钻探，并需要与之配套使用钻机、隔水套管、钻塔等。因钻船体积较大，本成果对进场交

基金项目：中国电建集团昆明勘测设计研究院有限公司科研项目“复杂堆积体综合勘察技术研究及应用”（RD93）。

作者简介：王光明（1985—），男，正高级工程师，副总工程师，主要从事工程勘探工作。

通有要求，一般要求钻探机场对外有 5 m 宽以上道路。

3 工艺原理

自适应水位升降双船体水上作业平台利用浮箱船体的浮力来平衡平台、人员及设备、钻探作业等竖向荷载，利用锚固(移动)装置的拉力来平衡水流阻力、冲击力、风力等水平荷载，利用波浪补偿装置降低波浪起伏对钻探的影响。钻机处于船体最稳定的中间位置，能最大限度地避免对钻探作业的影响。

采用合适的钻孔设备及钻孔机具，根据任务书要求及钻孔深度、地层情况确定合理的钻进参数，水面至江底段采用ϕ273 mm 套管进行隔离，根据冲积层实际深度逐级合理下入ϕ219 mm、ϕ173 mm 套管，坝前孤石和碎石采用金刚石或复合片钻穿后，下入套管隔离，冲积层采用ϕ150 mm 合金或复合片钻头钻进至一定位置后，根据实际情况需要，下入ϕ146 mm 套管，以此类推，最终使用ϕ110 mm 或ϕ91 mm 或ϕ75 mm 口径终孔[2]。

自适应水位升降双船体水上作业平台减少了平台受河床底质、水深、水流流速对平台稳定性的不利影响，平台在高度方向无刚性约束，能适应水位变化而不使平台受力失衡。

本作业平台配套伸缩套管工艺原理[3]：通过第一套管与第二套管、第二套管与第三套管之间套接且沿轴向滑动配合、第一套管上的接头、第二套管上的接头和橡胶密封圈、第二套管上的接箍、第三套管上的接箍以及第三套管上的橡胶密封圈的设置，能够起到第二套管、第三套管随水位分别在第一套管、第二套管内沿轴向滑动，形成一个可伸缩套管效果，无须人工调节套管的长度，提高了钻进工效，降低了安全风险。

4 施工工艺流程及操作要点

4.1 工艺流程

接受任务→专项作业方案编制及审批→钻船拼接→钻机及钻塔安装→作业平台移动→平台定位及锚固→安装隔水管、伸缩套管与孔口管→钻进施工、取心、原位测试等→起锚移至下一钻孔或撤离设备。工艺流程如图 1 所示。

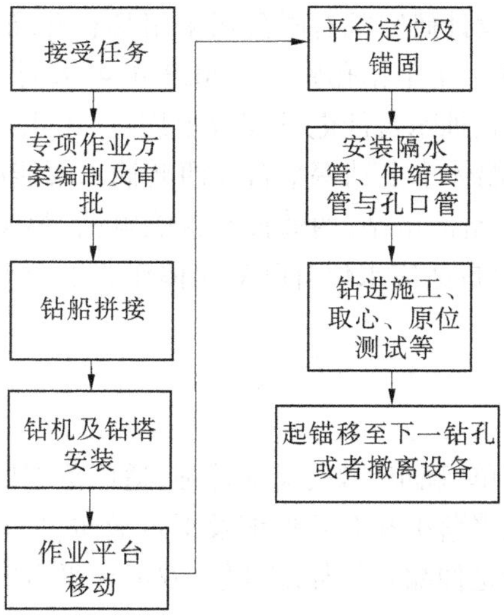

图 1 工艺流程

4.2 操作要点

4.2.1 接受任务

接到地质专业下达钻探任务书后，根据任务书(合同)要求，结合工作区地质情况、钻探工艺方法，合理配置钻探设备、材料及仪器。

4.2.2　专项作业方案编制及审批

根据地质专业下达的任务书、施工区环境调查情况、钻孔实际情况等，编写专项作业方案，主要内容包括工程概况、编制依据、施工计划、施工工艺技术、施工保证措施、施工管理及作业人员配备和分工、验收要求、应急处置措施、计算书及相关施工图纸等。经审批后方可执行。

4.2.3　钻船拼接

选择合适位置，采用吊车或岸上锚点、钢丝绳牵引拆散船体顺便道下放至库区水流平缓区域，逐步完成钻船平台的连接、拼装。图 2 为双船体平台布置图。安装主要在水面完成，主要拼装流程见图 3。实物图见图 4。

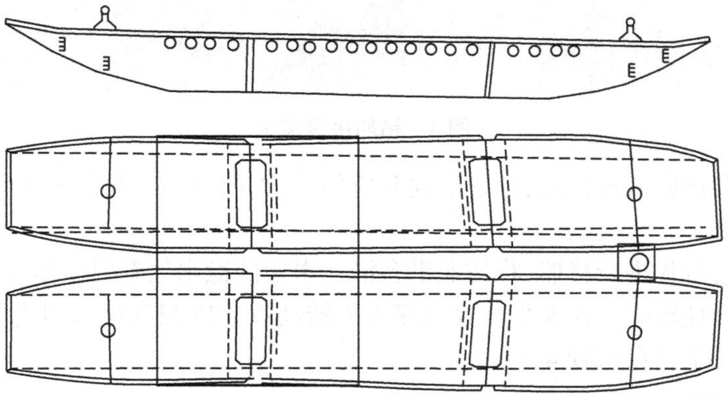

图 2　双船体平台布置

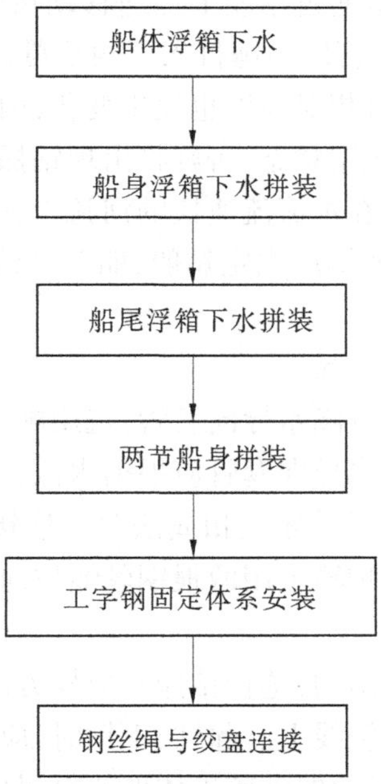

图 3　主要拼装流程

4.2.4　钻机及钻塔安装

水上钻探一般钻孔深度为 30～150 m，因需要使用吊锤锤击套管，一般采用 XY-2 型岩心钻机。根据现场有无起重机或吊运设备，采用整体吊装或拆卸后人工运输至钻船上组装完成。钻机安装完成后，所有配套设施及材料运输至钻船上，准备工作就绪后移动钻船。

图 4　钻船拼接实物

钻塔起立、放倒卷扬应低速运转，钻塔的起升应匀速、平稳、可靠，起升速度不超过 0.2 m/s。

4.2.5　作业平台移动

准备工作就绪后，首先进行移船，将作业平台沿江岸边的稳水处牵引至钻孔位置的上游靠岸边停放，然后进行抛锚和拴挂锚绳。作业平台移动靠人工转动绞盘以钢丝绳牵引力向河道内上游或下游设计钻孔位置移动，每个绞盘配置 4 人。

4.2.6　平台定位及锚固

水上钻探钻孔定位方法一般为 GPS 定位或者全站仪定位。水上钻探的孔位因水的流动性及船舶定位的复杂性等因素影响，一般完成一个测定一个。陆上测量员使用全站仪测定，通过对讲机和船上技术员一起确定孔位，其他辅助人员通过钻船上锚绳移动钻船到达钻孔位置。钻机立轴对准钻孔位置后，下入ϕ219 mm 厚壁套管，将套管用吊锤打入第四系覆盖层，并下至基岩位置。钻船在水位变化时上下起伏，导致套管口与钻探平台相对高度也发生变化，因此采用伸缩套管补偿水位变化。

孔口位置确定后，要使钻船处于稳定状态，否则将出现钻探作业时钻进困难、套管折断、船身摇摆等情况，既不安全，又影响施工进度。在水流流速快的河流上，一般采用双体钻船 6 节浮箱拼接的钻船，使用 6 根或 8 根钢丝绳与地锚坑或锚固固定钻船；船头部位锚固钢丝绳一般为 7″或 5″，船身及船尾采用 3″绳。

4.2.7　安装隔水管、伸缩套管与孔口装置

应根据水深、浪高、水位变幅等配置隔水导向套管；选用配有波浪补偿装置的隔水导向套管时，其长度应满足最大潮差与波高要求。隔水导向套管应根据水深、流速、流向等情况，设置不同角度、不同方向的安全牵引拉绳。套管连接宜选用反牙丝扣或法兰盘连接。套管在水中的部分，应根据水深与流速的情况，设置若干保护箍，每个保护箍上用两根钢丝绳拉向上游，借以固定套管。

4.2.8　钻进施工、取心及原位测试

应根据钻孔任务书要求设计钻孔结构，选择钻探及取样方法，确定护孔措施。钻进过程中应保持天车、钻机立轴、导向套管轴线在同一轴线上。起钻、下钻时，应分别量测和记录水深。基岩取心钻进可采用普通双管或单管钻具；覆盖层或软弱破碎岩体取心钻进宜配置两级单动钻具或其他单动性能较好的双管或三管单动取心钻具。钻进工艺参数的选择应考虑岩石的可钻性。

4.2.9　起锚移至下一钻孔或撤离设备

当钻孔完工后，再用锚绳作牵引，使平台逐渐靠岸，进行起锚。起锚时要用小船去拉锚。钻孔完工后，将后锚先起出来，平台移向前锚点，在岸上拴好保险绳，拉紧前边锚，在主锚点上起主锚，然后移向边锚点再起边锚。起锚后钻船用保险绳拉靠岸边停放。

5 应用实例

5.1 泸西抽水蓄能电站水上钻探

5.1.1 工程概况

泸西抽水蓄能电站位于云南省红河州泸西县,距昆明市直线距离约 140 km。枢纽工程由上水库、输水系统、地下厂房等组成,距高比 5.01。上水库位于泸西县向阳乡附近、南盘江左岸山间溶蚀洼地。下水库利用已建的南盘江凤凰谷水电站水库。泸西抽水蓄能电站被国家能源局列为《抽水蓄能中长期发展规划(2021—235 年)》"十四五"重点实施项目。电站初选装机容量 2 100 MW(6 ×350 MW),初拟额定水头 655 m。电站建成后供电云南电网,承担调峰、填谷、储能、调频、调相和紧急事故备用等任务。地下厂房区地形陡峭,自然山坡坡度 40°~45°,局部为悬崖,基岩为三叠系个旧组灰岩地层。岩体溶蚀发育强烈,地下水位埋深极大,地应力较高,工程地质和水文地质条件复杂,勘探过程中遇到特殊地质问题较多,如分段夹层型强烈溶蚀、集中涌水等。为查明河床冲积层厚度及物质组成,在下水库即凤凰谷水电站库区布置 5 个钻孔,设计孔深 30 m。

5.1.2 实施情况

2023 年 1~3 月期间采用"双船体作业平台水上钻探施工工法",完成 5 个钻孔合计进尺 153.43 m,成功解决了水位涨落护孔套管伸缩、平台横向竖向定位难等技术难题,确保了水上钻探钻进取心、原位测试质量。

5.1.3 实施结果

通过本成果的应用,实现了勘探目的,为工程设计提供了第一手数据。同时,采用本成果后,避免了水上钻探因水位变幅频繁拆卸套管或增加套管,降低了工人劳动强度和人力资源投入,提高了工效,从而增加了纯钻进时间,降低了劳动强度和生产成本。

5.2 梨园-阿海混合式抽水蓄能电站水上钻探

5.2.1 工程概况

梨园-阿海混合式抽水蓄能电站是《抽水蓄能中长期发展规划(2021—2035 年)》"十四五"重点实施项目。电站位于金沙江中游河段云南省丽江市境内,距丽江市、昆明市直线距离分别约 90 km、400 km。上水库利用已建的梨园水电站水库,下水库利用已建的阿海水电站水库。初选电站装机容量 900 MW,初拟额定水头 102 m。为达到以下勘探目的:查明河床冲积层厚度及物质组成,查明地层岩性、构造、岩体结构等情况,查明岩体风化程度及完整性。布置了 4 个水上钻孔,单孔孔深 50 m。

5.2.2 实施情况

2023 年 4~6 月,采用本成果完成 4 个水上钻孔,水深 30~40 m,20 h 内水位变幅 1 m 左右。采用本成果,安全、高质量完成水上钻探任务合计进尺 242.01 m,其间无一次孔内事故发生,钻探成本得到控制,经济效益得到提高。

5.2.3 实施结果

通过本成果的应用,实现了勘探目的,为工程设计提供了第一手数据。同时,采用本成果后,大幅度避免了水上钻探因水位变幅频繁拆卸套管或增加套管,降低了工人劳动强度和人力资源投入,提高了工效,从而增加了纯钻进时间,降低了劳动强度和生产成本。

6 结语

自适应水位升降双船体作业平台水上钻探关键技术施工工艺成熟,该成果主要针对水位涨落护孔套管伸缩等技术难题,采取配套伸缩套管,实现护孔套管随水位涨落随同作业平台自由调节,为工程高质量勘察设计奠定了基础,降低了勘察试验成本。

该成果的实施,解决了水位涨落护孔套管伸缩及平台横向竖向定位难等技术难题,降低了生产成本,提高了经济效益,为以后类似工程勘察提供了参考和借鉴。本成果可借鉴液压升降系统改进为自升式钻探平台,进一步提高平台的安全性和可靠性。

参考文献

[1] 国家能源局. 水电工程钻探规程:NB/T 35115—2018[S]. 北京:中国电力出版社,2018.

[2] 肖冬顺,张辉,常宝,等. 深水湍急河流水上勘探施工工艺与技术措施[J]. 探矿工程(岩土钻掘工程),2013,40(9):76-79.

[3] 中国电建集团昆明勘测设计研究院有限公司. 一种具有升降补偿功能的双船体水上钻探平台:ZL202321463708.1[P]. 2023-12-05.

超声波振动下花岗岩内部裂纹动态扩展过程数值模拟

肖长缘[1,2]　张书磊[1,2]　吕万宏[1,2]　马攀峰[1,2]

(1. 黄河勘测规划设计研究院有限公司,河南郑州　450003;
2. 深圳先河水利水电工程有限公司,广东深圳　518001)

摘　要:研究超声波振动下花岗岩内部裂纹的动态扩展过程对于揭示超声波振动碎岩机制具有重要作用。本文采用数值模拟的方法对超声波振动下花岗岩模型内部应力的变化和裂纹的动态扩展过程进行求解。结果表明:超声波振动载荷下,花岗岩模型内部应力呈波浪状向下传递,造岩矿物颗粒单元间的应力状态在拉压之间高频转换。应力波在传递过程中会发生衰减,衰减幅度随传播距离的增加而减小。岩石内主要生成三种裂纹,平行黏结拉伸破坏裂纹,位于晶粒内部;光滑节理拉伸破坏裂纹,位于晶粒之间;光滑节理剪切破坏裂纹位于晶粒之间。其中光滑节理拉伸破坏裂纹占比最大,达到88.6%;平行黏结拉伸破坏裂纹的数量占比次之,达到10.9%;光滑节理剪切破坏裂纹的数量占比最小,为0.5%。裂纹优先在晶粒边界处扩展,其次在晶粒内部扩展。拉伸破坏型裂纹的占比达到99.5%。裂纹玫瑰图显示,超声波振动下裂纹优先沿着与超声波振动载荷平行的方向扩展,其次沿着与振动载荷成60°夹角的方向扩展。

关键词:花岗岩;超声波振动;裂纹扩展;数值模拟

1　引言

材料力学认为,材料的破坏是内部裂纹的起裂和原有裂纹的扩展、贯通造成的,正确认识微裂纹的起裂、扩展规律对于准确理解超声波振动下岩石的损伤演化过程和失效机制至关重要。采用一些传统的试验手段如计算机断层扫描技术(CT)、核磁共振技术等,很难实现对载荷作用下岩石内部裂纹起裂-扩展-贯通引起的动态损伤破坏过程进行实时观测。数值模拟成为解决上述难题的有力手段。在过去的研究中,边界元、有限元及离散元等数值模拟软件被应用到不同载荷下岩石裂纹扩展及力学性质变化的相关研究中,取得了斐然的成绩。其中,边界元、有限元软件因其基于连续介质力学理论并且在建模过程中涉及的本构模型过于复杂,一直备受诟病,离散元将目标介质离散成有限多个独立的单元,简化了建模流程,且能够从宏观与细观的角度模拟裂纹扩展发育过程,因而在近几年岩石力学研究领域中被优先选用。

PFC^{2D}是一款二维颗粒流离散元软件,它能够通过设置单元颗粒的材料属性和颗粒间的黏结属性实现模拟岩石宏观力学的功能,并通过构建颗粒集合体实现不同形态岩石的建模。PFC^{2D} 软件在模拟岩石裂纹扩展领域优势显著,是目前用于岩石裂纹相关研究的主流软件[1]。李进昭等[2]利用离散元软件(PFC^{2D})自带的代码包 Fisht Tank 生成了细观颗粒的初始分布,根据岩石造岩矿物的实际位置确定初始分布中颗粒的矿物属性,使用平行连接模型表征细观组分颗粒之间的相互作用,并采用岩石的宏观力学参数标定岩石模型的细观力学参数,建立了符合实际的花岗岩颗粒模型,求解分析了载荷下岩石变形破坏过程中应力链及裂纹的演变过程。韩光等[3]采用颗粒模型与光滑节理模型构建了具有矿物颗粒细观结构特征的花岗岩等效晶质模型并对其进行单轴加载计算,从细观角度揭示了岩

作者简介:肖长缘(1991—),女,工程师,主要从事水利工程勘察、施工工作。

石破裂机制与能量演化的规律。Peng 等[4]采用 PFC^{2D}软件建立了非均质花岗岩模型,并利用在试验室内获取的包括抗拉、抗压在内的宏观力学参数对岩石模型的细观力学参数进行校正,研究了单轴拉伸和压缩作用下花岗岩内微裂纹扩展的模式和开裂机制。上述学者的研究结果表明,采用离散元软件 PFC^{2D}模拟岩石内部裂纹的动态扩展过程是可行的。

因此,本文基于 PFC^{2D} 离散元软件,结合花岗岩试样的结构特点及造岩矿物的体积分数构建了非均质花岗岩数值模型,根据室内开展的单轴抗压试验获取的岩样宏观力学参数校正岩石模型的细观参数,设定边界条件,施加超声波载荷求解,对岩石模型内部应力链的演化特征、裂纹的时空演化特征、裂纹数量及类型与加载时间的关系、裂纹方位角的演化特征、不同位置单元颗粒的轴向和径向位移(振幅)特征进行求解分析,对获取超声波振动载荷下岩石模型内裂纹的动态扩展规律,解析超声波振动碎岩机制具有重要意义。

2 数值建模

2.1 非均质花岗岩 PFC^{2D} 数值模型

2.1.1 花岗岩的物理力学性质

本文选用的花岗岩试样是产自中国吉林省某矿山的中粒花岗岩。主要矿物组成包括石英(0.5~2.5 mm,20%~30%)、长石(0.6~3.0 mm,60%~70%)、云母(0.5~2.0 mm,5%~7%),其他矿物<1%,花岗岩试样的物理力学参数如表 1 所示。花岗岩主要造岩矿物的力学参数如表 2 所示。

表 1 花岗岩物理力学参数

参数	数值
密度/(g/cm^3)	2.79
弹性模量/GPa	29.8
泊松比	0.22
单轴抗压强度/MPa	138
孔隙率	<0.5%

表 2 造岩矿物力学参数[5-6]

造岩矿物	杨氏模量/GPa	泊松比	抗压强度/MPa	抗拉强度/MPa	凝聚力/MPa
石英	90	0.17	100	14	55
长石	69	0.28	90	11	11
云母	40	0.27	60	7	30

2.1.2 岩石模型

本文采用 PFC^{2D} 中的颗粒簇(Cluster)命令生成二维花岗岩球体模型,采用线性接触模型、平行黏结模型和光滑节理模型分别模拟墙体与球体、晶簇晶粒内部(晶质体)、晶簇与晶簇之间(晶质网络结构面)的力学黏结关系。岩石试样及数值模型如图 1 所示。数值模型尺寸为 35 mm×70 mm(直径×高)。颗粒半径范围为 0.3~0.4 mm,颗粒簇中最大颗粒个数设置为 7。岩石模型中包含 3 053 个颗粒,共计 1 101 个晶簇,其中 330 个晶簇为石英,660 个晶簇为长石,111 个晶簇为云母代表长石,石英、长石、云母晶簇的数量为 3:6:1,石英、长石、云母在模型中的位置由高斯函数随机生成。

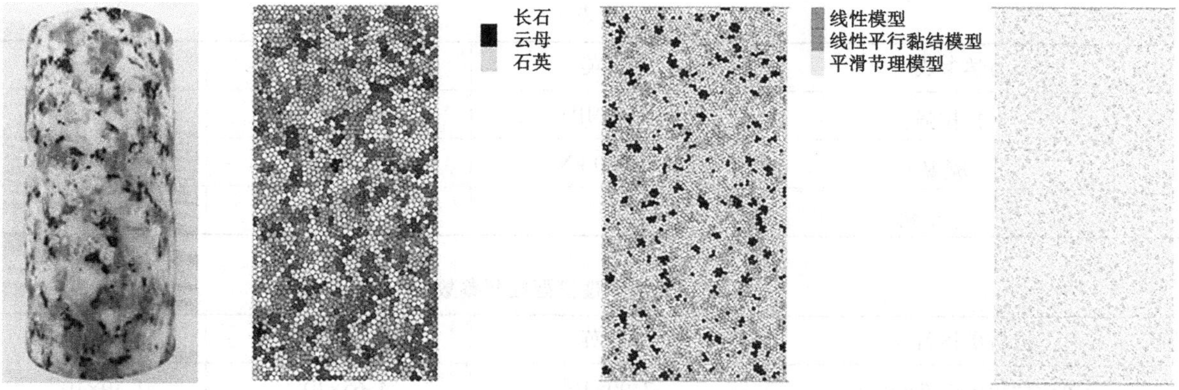

(a)花岗岩试样 (b)晶粒簇模型 (c)花岗岩非均质数模型 (d)接触力模型

图 1 岩石试样及数值模型

2.2 岩样细观物理力学参数

为了使所建立的 PFC^{2D} 模型与本文所选的岩石的宏观力学性质相匹配,本文基于试错法利用单轴抗压强度试验所获取的宏观力学试验参数(应力应变曲线,如图 2 所示)对数值模型的细观参数进行标定。最后选用表 3~表 5 中的参数时,数值模型的宏观力学数据与试验数据吻合性较好。

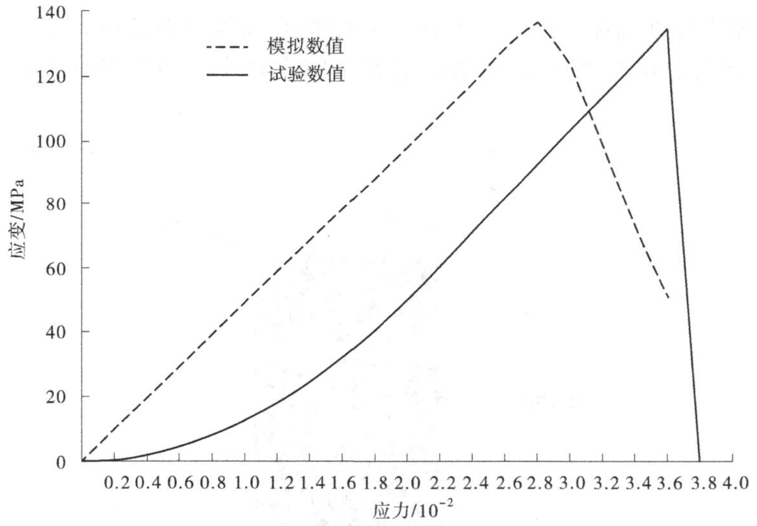

图 2 模拟与试验的应力应变曲线对比

表 3 线性模型控制参数

物理力学参数	数值
有效弹性模量 E	10 GPa
法向切向刚度比k_n/k_s	0
法向临界阻尼比 β_n	0.5

表 4 线性平行黏结模型控制参数

力学参数		石英	长石	云母
线性组分	有效弹性模量 E	60 GPa	40 GPa	20 GPa
	法向切向刚度比k_n/k_s	2.5	2.5	2.5
	摩擦系数 μ	0.6	0.6	0.6

续表 4

力学参数		石英	长石	云母
黏结组分	抗拉强度$\bar{\sigma}_c$	500 MPa	400 MPa	300 MPa
	凝聚力$\bar{c}$	1 000 kN	800 kN	600 kN
	摩擦角$\bar{\varphi}$	35°	30°	25°

表 5　光滑节理模型控制参数

造岩矿物名称	石英	长石	云母
单位体积内标准刚度$\bar{k}_n$	7.90×10^{13}	4.65×10^{13}	2.19×10^{13}
单位体积内剪切刚度$\bar{k}_s$	3.16×10^{13}	1.86×10^{13}	8.78×10^{12}
抗拉强度$\bar{\sigma}_c$	500 MPa	400 MPa	300 MPa
凝聚力$\bar{c}$	1 000 kN	800 kN	600 kN
摩擦角$\bar{\varphi}$	35°	30°	25°

2.3　边界条件及载荷设置

通过对岩石模型上顶面墙体施加一个正弦变化的速度，来实现对超声波振动载荷的加载，岩石模型下底面墙体速度默认为 0，实现岩石模型底端处于固定状态。边界条件及载荷施加示意如图 3 所示。

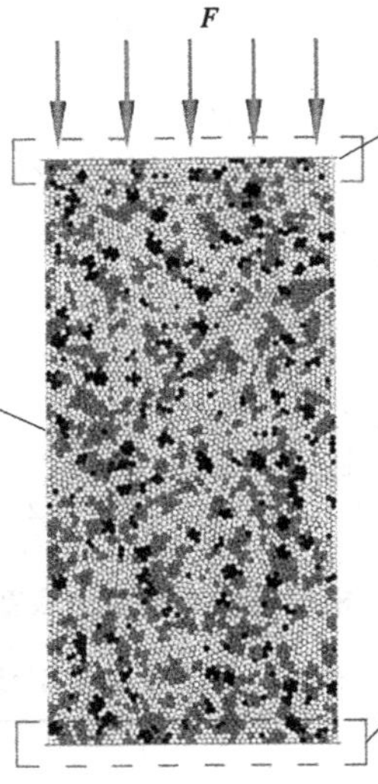

图 3　边界条件及载荷施加示意

超声波振动载荷计算式如下：

$$F = A\sin(\omega t) + F_0 \tag{1}$$

对式(1)求导，即可以得到施加在墙体的速度 v，如式(2)所示：

$$v = A\omega\cos(\omega t) \tag{2}$$

其中：超声波振动力的振幅 $A=40$ μm；角速度 $\omega=2\pi f$，超声波振动的频率 $f=30\ 000$ Hz；t 为振动载荷作用的时间变量；F_0 为恒定静压力，取 200 N。

最终施加在岩石模型的载荷如式(3)所示：

$$V = 2.4\pi\cos(60\ 000\pi t) \tag{3}$$

3 数值模拟结果及分析

3.1 岩石模型内部应力链分布特征

图4显示了超声波振动作用下花岗岩数值模型内部应力链网的变化状态，在未施加超声波振动载荷时，由于花岗岩的非均质性，不同造岩矿物之间黏结力不同，岩石模型内部的应力链网处于一个杂乱无章的状态[见图4(a)]。施加超声波振动载荷后，原来比较杂乱分布的应力链网络逐渐形成具有一定规则分布的特点，即呈波浪状向前传递。岩石模型颗粒的受力状态在拉应力和压应力之间来回转换[见图4(b)~(e)]。

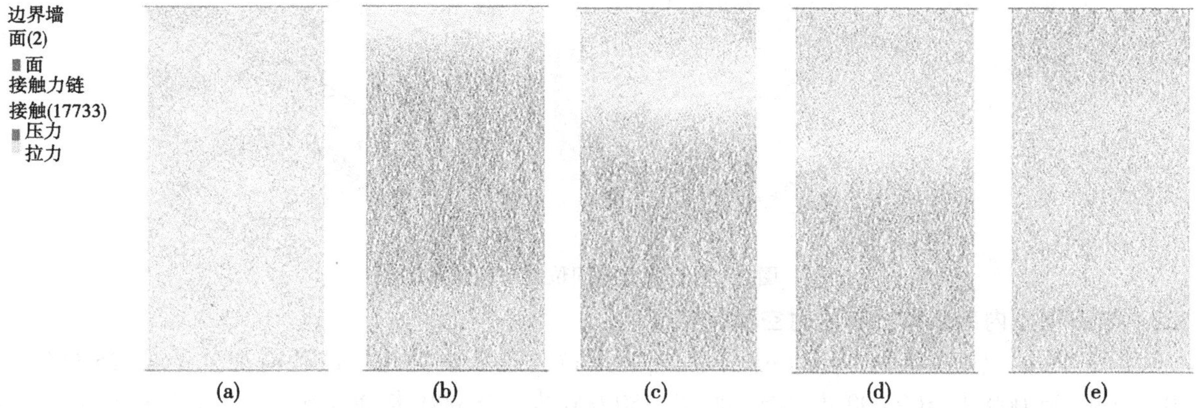

图4 应力链变化示意图

图5显示的是岩石模型内距离超声波振动荷载加载位置(岩石模型顶端墙体)0 cm、1 cm、2 cm、3 cm、4 cm、5 cm、6 cm、7 cm处颗粒平行加载方向承受应力状况的曲线。结果显示超声波振动荷载下单元颗粒承受的力符合正弦变化规律。

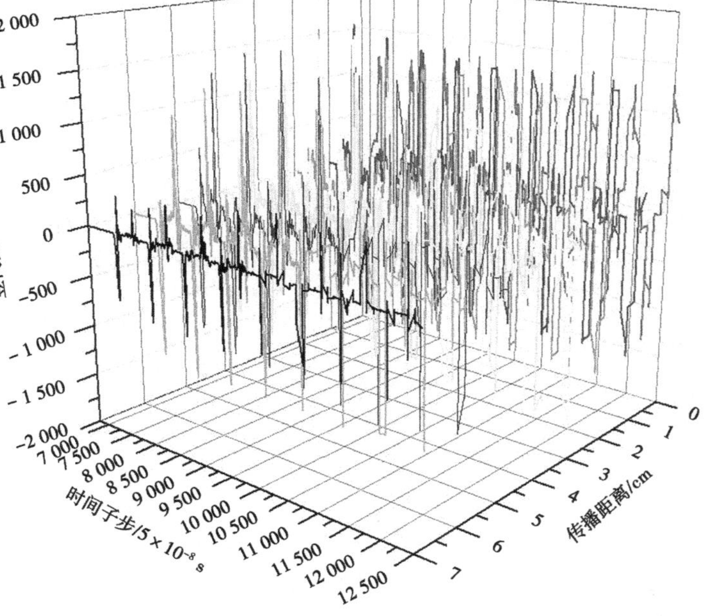

图5 岩石模型不同位置颗粒应力曲线

3.2 岩石模型不同位置轴向位移

图6显示的是超声波振动载荷作用下距离载荷加载端0 cm、1 cm、2 cm、3 cm、4 cm、5 cm、6 cm、7 cm位置处球单元颗粒平行加载方向的位移情况，可以看距离加载端的距离越远，颗粒振幅越小，曲线呈现出的规律与图5显示出的规律具有显著的一致性。

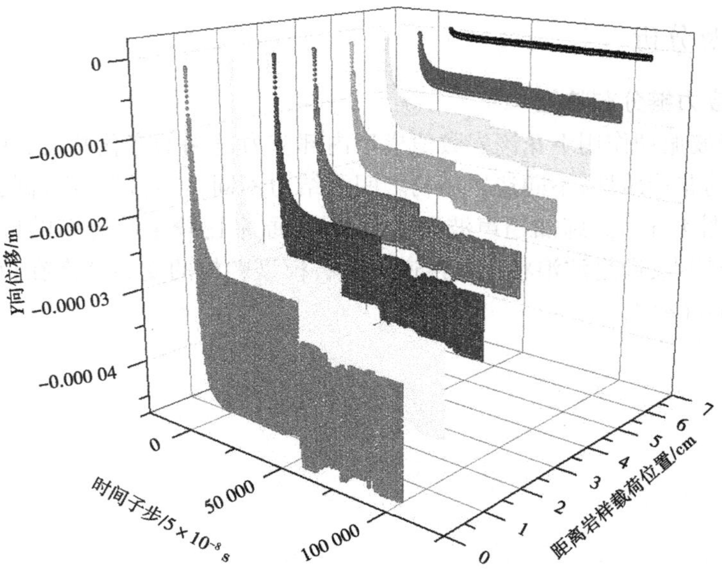

图 6　岩石模型不同位置 Y 向位移图

3.3　岩石模型内部裂纹分布的时空演化特征

图 7 中(a)、(b)、(c)、(d)、(e)、(f)、(g)、(h)、(i)依次为超声波载荷加载 1 步、25 000 步、50 000 步、75 000 步、100 000 步、125 000 步、150 000 步、175 000 步、200 000 步时花岗岩内的裂纹分布情况,图 7(j)为岩石模型宏观破坏的图像。

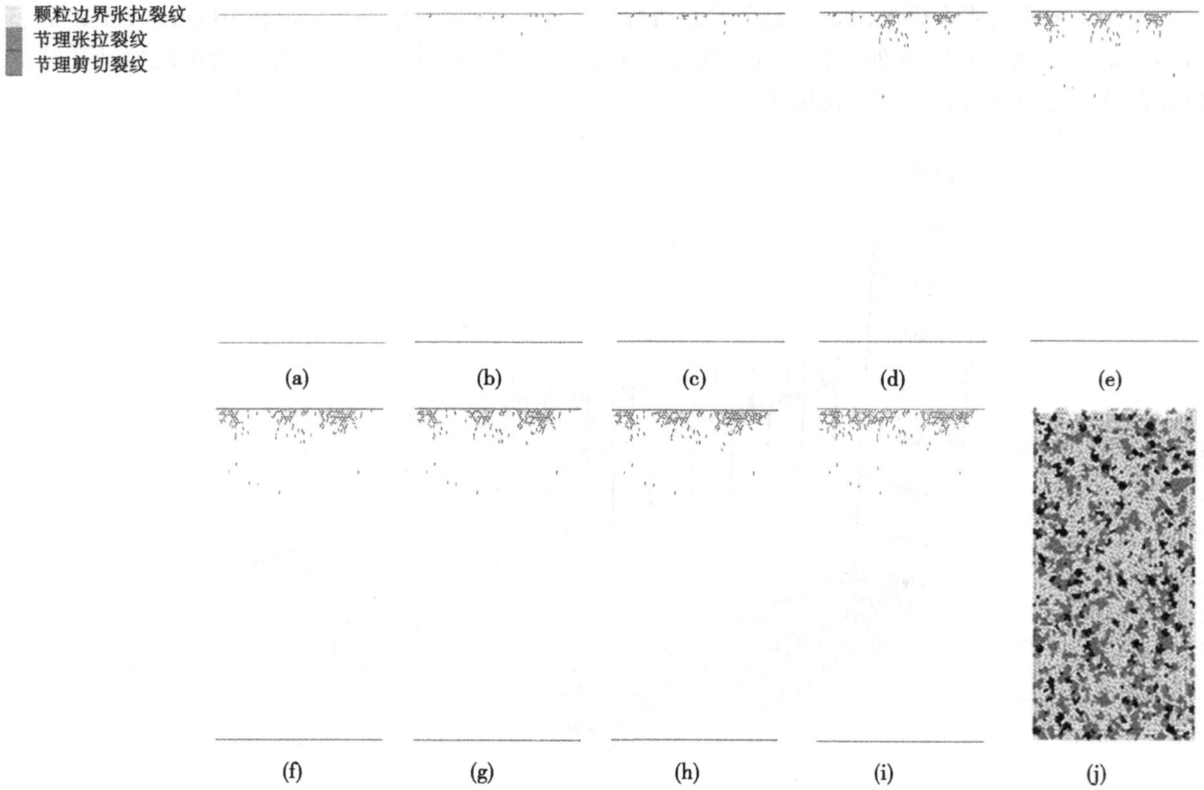

图 7　不同求解子步时对应的花岗岩模型中裂纹分布状况

如图 7(a)所示,在施加超声波振动载荷初期,岩石模型中无裂纹产生。随着载荷作用时间的增加,岩石模型内部逐步出现少量微裂纹,主要分布在岩石模型的顶端。当载荷作用一段时间后,如图 7(d)所示,岩石模型中微裂纹开始汇聚,逐步形成拉伸破碎带如图 7(e)~(i)所示。在整个裂纹动态扩展过程中,岩石模型中出现的裂纹有三种,平行黏结拉伸破坏裂纹、光滑节理拉伸破坏裂纹、光滑节理剪切破坏裂纹。根据图 8 裂纹与时间子步变化的曲线可知,平行黏结拉伸破坏裂纹和光滑节理拉伸破坏裂纹是超声波振动载荷作用下岩石模型内部裂纹开裂的主要类型,这两种类型裂纹主要分布在晶粒内部和晶粒之间。晶内裂纹和晶界裂纹是引起花岗岩模型失效的主要裂纹类型,拉伸破坏是裂纹开裂的主要机制。

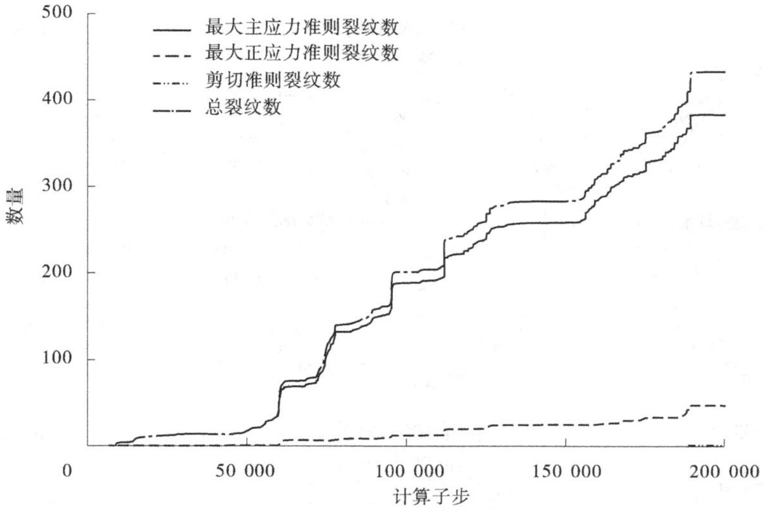

图 8　裂纹随时间子步的变化曲线

3.4　岩石模型内部裂纹方位角演化特性

图 9 显示的是超声波振动作用下花岗岩数值模型内部裂纹方位角动态演化过程的玫瑰图。玫瑰图是由线性密度坐标和圆形密度坐标组成的。其中,线性密度坐标表示裂缝的发育强度,花瓣的长度取决于该方位裂缝出现的频率,频率越高,长度越长,强度越大。圆形密度坐标表示裂缝的方位角,其取值范围 0°~360°,最小单元 5°。线性密度反映了裂缝的相对密度,圆形密度反映了裂缝的方位角。图 9 中 90°方向为超声波荷载的加载方向。

从图 9 中可以看出,花岗岩岩石模型中微裂纹的萌生及扩展方向主要在偏于超声波振动荷载作用的轴向方向,其次是与超声波振动加载方向成 60°的方向。

4　结语

(1)未施加超声波振动载荷时岩石模型内部应力链呈现无序状分布特点,显示出花岗岩力学各向异性特性,施加超声波振动载荷后原来分布杂乱的应力链网络逐渐呈规则状分布,即成波浪状向岩石模型下部传递。岩石模型颗粒的受力状态在拉应力与压应力之间高频转换。

(2)岩石模型内部距离超声波振动载荷加载位置 0 cm、1 cm、2 cm、3 cm、4 cm、5 cm、6 cm、7 cm 处颗粒在加载方向承受的应力状况曲线和位移曲线显示,超声波振动载荷作用下岩石模型内单元颗粒承受的力符合正弦变化规律,超声波振动产生的应力波在岩石模型内部传递过程中有衰减现象,且呈现传播距离越远衰减幅度越大的特点,不同位置颗粒单元的最大应力值与应力波的传播距离呈抛物线变化。

(3)岩石模型内部裂纹的时空演化特征显示,裂纹主要分布在岩石模型顶端区域,岩石模型中出现的裂纹有三种,平行黏结拉伸破坏裂纹,位于晶粒内部;光滑节理拉伸破坏裂纹,位于晶粒之间;光滑节理剪切破坏裂纹位于晶粒之间。其中,光滑节理拉伸破坏裂纹占比最大,达到 88.6%;平行黏结

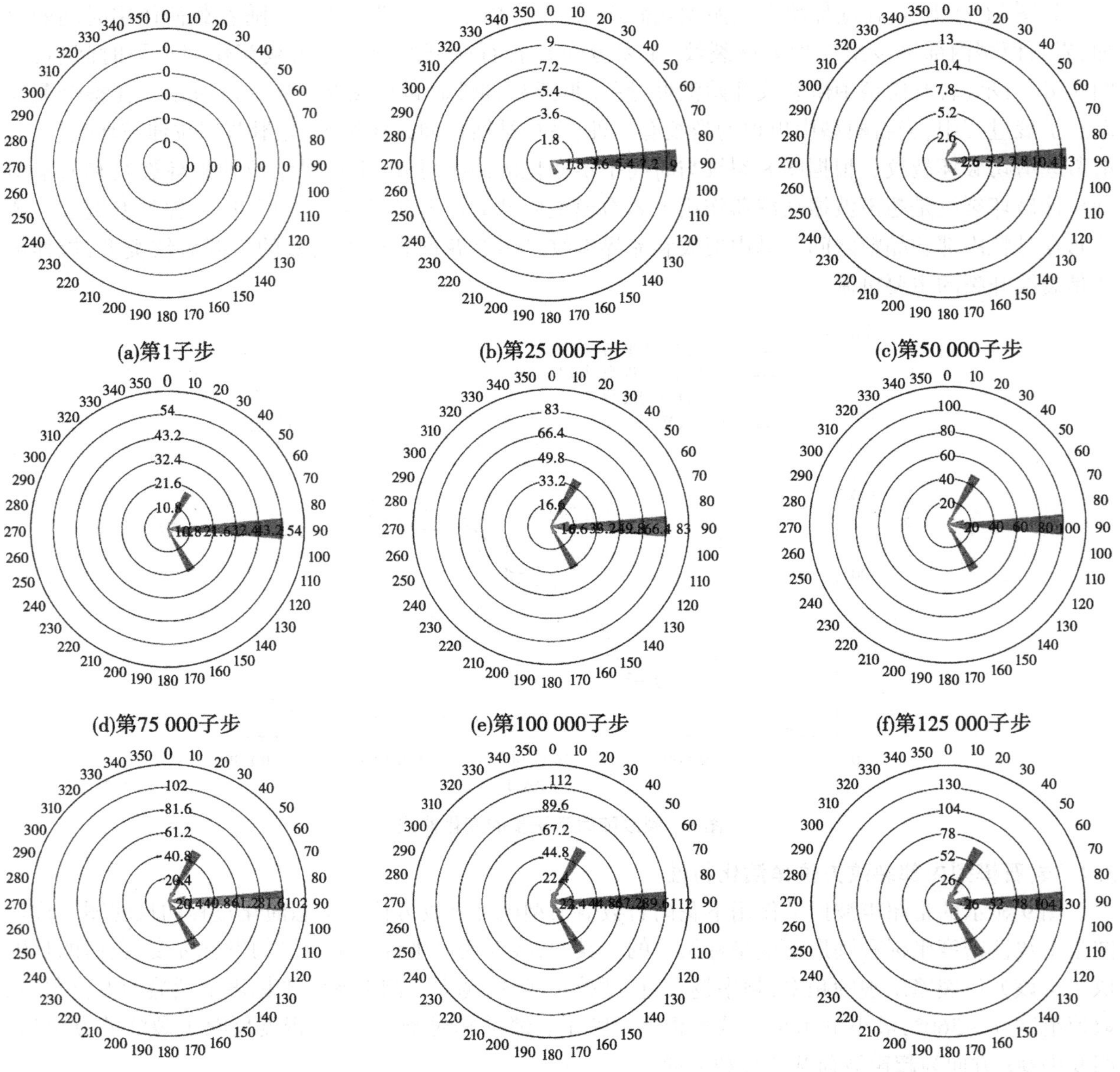

(a)第1子步　(b)第25 000子步　(c)第50 000子步

(d)第75 000子步　(e)第100 000子步　(f)第125 000子步

(g)第150 000子步　(h)第175 000子步　(i)第200 000子步

图 9　裂纹方位角演化过程

拉伸破坏裂纹的数量占比次之，达到 10.9%；光滑节理剪切破坏裂纹的数量占比最小，为 0.5%。可知超声波振动载荷下裂纹优先在晶粒边界处扩展，其次在晶粒内部扩展。上述结果显示拉伸破坏型裂纹的占比达到 99.5%，可知超声波载荷作用下，拉伸破坏是岩石内裂纹的主要开裂机制。

（4）超声波振动载荷作用下，岩石模型内部裂纹优先沿着与超声波振动载荷平行的方向扩展，其次沿着与振动载荷成 60°夹角的方向扩展。

参考文献

[1] 陈鹏宇. PFC~(2D)模拟裂隙岩石裂纹扩展特征的研究现状[J]. 工程地质学报，2018，26(2)：528-539.

[2] 李进昭，徐金明，黄大勇. 考虑细观组分实际分布的花岗岩变形破坏过程颗粒流模拟[C]//中国地质学会工程地质专业委员会. 2015 年全国工程地质学术年会论文集，2015.

[3] 韩光,周喻,胡乃联,等.单轴加载条件下花岗岩细观破坏过程的PFC模拟[C]//中国岩石力学与工程学会岩石破碎工程专业委员会.第十二届全国岩石破碎工程学术大会论文集,2014.
[4] Peng J, Wong L N Y, Teh C l, et al. Modeling Micro-cracking Behavior of BukitTimah Granite Using Grain-Based Model[J]. Rock Mechanics and Rock Engineering, 2017,51(1):135-154.
[5] 高晓亮,陈洪岩,张朋.煤矿井下硬岩钻进用金刚石钻头研究综述[J].地质装备,2014(3):15-18.
[6] 万浩然,沈俊喆,刘亦涵,等.金刚石钻头质量影响钻探成本的探讨[J].湖南城市学院学报(自然科学版),2013(2):48-50.

双孕镶金刚石钻头跟套管连续钻进机构设计及模拟分析

王金龙　耿　峰

（中水东北勘测设计研究有限责任公司，吉林长春　130021）

摘　要：跟管钻进技术是解决复杂地层钻进的有效方法之一。针对跟管钻进过程中内外管环空间隙卡阻、钻具受力复杂、能耗大和套管连续下入深度有限、深孔干热岩花岗岩在热应力作用下破碎卡钻等技术难题，本文创新设计了一种双孕镶金刚石钻头跟套管连续钻进机构。理论分析表明：双钻头同心回转钻进岩屑少，避免内外管卡阻，极大地改善了钻具的受力状态，降低钻具发生断裂的风险；内钻头通过齿轮啮合方式带动外钻头独立回转，相较于常规跟套管钻进能量消耗降低29.29%；外钻头采用高胎体交替式结构，有效地避免了钻井液局部循环现象的发生，从而提高套管连续下入的深度。该机构设计为跟套管钻进技术提供了一种新思路。

关键词：跟管钻进；破碎地层；双钻头；孕镶金刚石钻头；高胎体；数值模拟

1　引言

为提高破碎地层、卵砾石地层钻进时孔壁稳定性和施工效率，在常规泥浆护壁和冲击钻进黏土护壁等方法不能有效稳定孔壁或者发生泥浆大量漏失时，通常采用跟管钻进技术来维持孔壁稳定[1-4]。常规跟管钻进技术主要分为两种，一种是偏心跟管钻进，另一种是同心跟管钻进[5-8]。目前，跟管钻进工艺常用硬质合金球齿搭配潜孔锤钻进，这限制了跟管钻进技术的施工环境，例如抽水蓄能电站的勘探平洞，如果地层完整性差，那么会导致勘探平洞中岩体整体稳定性差，随着冲击功的不断叠加，岩体极易失稳，给施工造成极大困难，有时甚至造成人员伤亡，现有跟套管钻进工艺已无法满足特殊环境钻进需求。

为解决上述问题，本文研究了一种泥浆环境下的双孕镶金刚石钻头跟套管连续钻进机构。该机构的结构简单，内钻头可重复置换，当内钻头磨损严重时可以起钻更换钻头，而孔内由于有套管与外钻头提供支撑，使得孔内环境稳定，进而可以使更换后的内钻头顺利进入对应位置并继续钻进。外钻头是作者在读博期间研发的超高工作层胎体一体化渐开式水口孕镶金刚石钻头，外钻头胎体高度根据所需下套管的深度而定，套管需要下放得越深，则胎体高度越高；而内钻头为常规钻头，这样可以保证钻井液顺利涌入孔底，限制钻井液的流动轨迹。内、外钻头均使用孕镶金刚石钻头，磨削碎岩，岩屑颗粒小，避免造成内外管总成卡阻问题，高胎体外钻头与套管的独立回转的组合可以实现不更换外钻头，无须提升套管，可持续高效钻进。此外，针对高胎体钻头在钻进过程中受力易掰齿、断齿的问题，进行了高胎体外钻头的受力模拟分析，校核高胎体外钻头的强度。该机构可以有效地解决由于地层破碎发生卡钻、埋钻以及干热岩遇冷破碎塌孔等问题。

2　常规跟管钻进原理及存在的问题

常规跟管钻进原理如图1所示。

作者简介：王金龙（1996—），男，博士，工程师，主要从事钻探机具及仿生钻头、工程勘察等方向的研究工作。

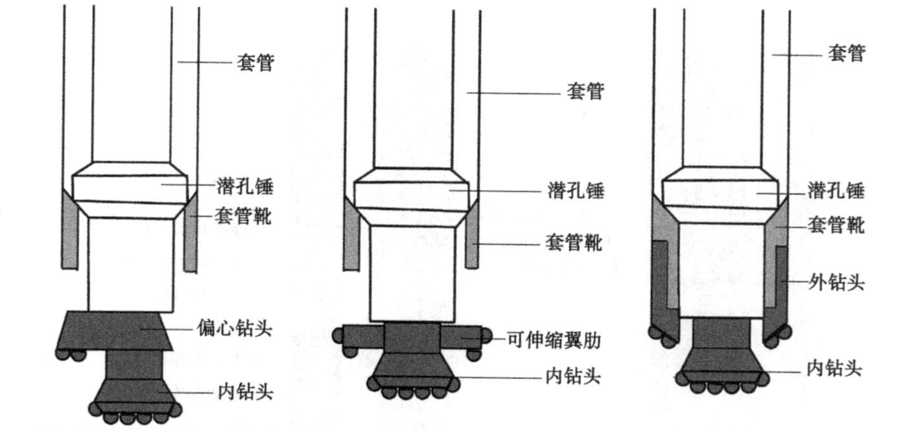

(a)偏心跟管钻进原理示意　(b)同心跟管钻进原理示意一　(c)同心跟管钻进原理示意二

图 1　常规跟管钻进原理示意图

偏心跟管钻进通过钻具组合中冲击器的振动冲击作用，带动偏心钻具进行钻孔，钻进时由于偏心钻具受到离心力及摩擦力的作用，偏心钻头向外偏出，从而达到扩大孔径的目的[9-10]；再通过钻具组合中稳杆器的冲击作用，带动套管跟进，钻孔内部产生的岩屑通过稳杆器上的键槽由空压机吹出孔外[11-15]。钻孔结束后，通过反转，使偏心轮收拢回套管内，进而将其提出套管，套管留在孔内护壁而成孔。

同心跟管钻进通过中心钻头及套在中心钻头外的同心套共同冲击破碎岩石造孔，并且同时利用同心套的扩孔作用将套管带入孔内，同心套内设键槽，到达基岩后，中心钻头反转通过同心套中退出[16]。同心跟管能较好地解决偏心跟管钻进时因地质条件复杂而造成的卡钻及孤石钻进问题，更加有利于施工操作，提高钻孔工效。

以上两种常规方法存在一定局限性，两种跟管钻进方法的工艺对比如表 1 所示[17-19]。

表 1　两种跟管钻进方法的工艺对比

方法	生产公司	适用地层	循环介质	跟管深度	优点	不足
潜孔锤偏心跟管钻进	中国无锡钻探工具厂	卵砾石地层	空气	小于 15 m	效率高	偏心钻头收拢失效易造成孔内事故
潜孔锤同心跟管钻进	中国无锡钻探工具厂	卵砾石地层	空气		效率高	内管被大块岩屑卡住反转失灵，无法分离
	美国 Ingersoll-Rand 公司	卵砾石地层	空气	与地层包裹能力有关	效率高	钻孔深度受限
	芬兰 Oy Atlas CopcoRotex 公司	卵砾石地层等破碎地层	空气	浅孔	钻头寿命长	钻孔深度受限，结构复杂，成本高

3　双孕镶金刚石钻头跟套管连续钻进机构结构设计

3.1　双孕镶金刚石钻头跟套管连续钻进机构工作原理

以取心钻进为研究目标，设计的双孕镶金刚石钻头跟套管连续钻进机构为原理机构，非标准钻具系统。主要由孕镶金刚石内钻头、高胎体孕镶金刚石外钻头、钻杆、套管、外钻头连接接头、内钻头传动齿、外钻头传动齿、键、承压轴承 3 个、导正轴承、导正轴承限位、连接接头限位及螺栓组成，如图 2

所示。

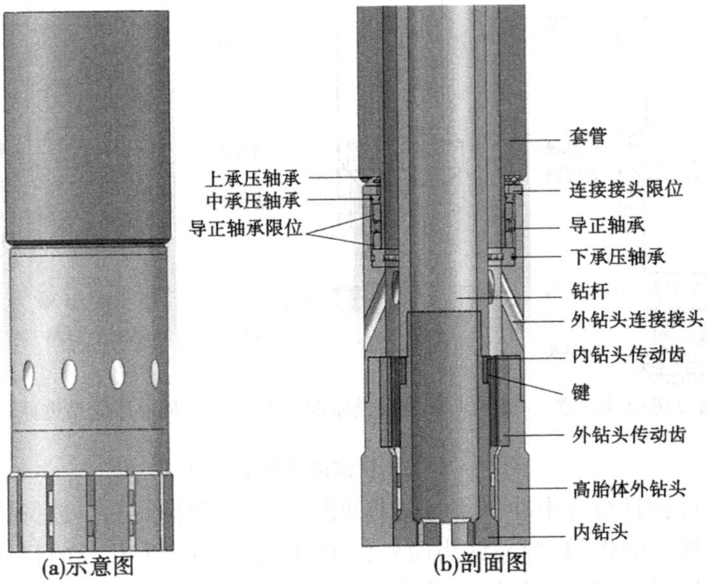

图 2　双孕镶金刚石钻头跟套管连续钻进机构结构示意图及剖面图

双孕镶金刚石钻头跟套管连续钻进机构在工作过程中，内钻头的钻压和扭矩由钻杆提供，钻进形式与常规钻进形式一致，高胎体外钻头的扭矩是由内钻头通过内外传动齿轮啮合的方式提供。外钻头传动齿内径大于内钻头外径，有利于内钻头起下钻，钻压通过套管提供给承压轴承，由承压轴承将钻压传递给高胎体外钻头（高胎体外钻头与外钻头连接接头为螺纹连接），因承压轴承和导正轴承的存在使得高胎体外钻头能够回转钻进而套管只提供压力不进行回转。

3.2　独立传压机构

独立传压机构设计的目的是将高胎体外钻头与套管进行独立，使套管仅为高胎体外钻头提供钻进压力，高胎体钻头只能进行回转钻进，而不能将回转扭矩作用给套管。具体结构如图 3 所示，外钻头连接接头与连接接头限位通过螺栓连接，套管通过上、中、下承压轴承将压力传递给连接接头限位和外钻头连接接头，导正轴承通过导正轴承限位进行位置固定，导正轴承限位通过螺纹连接到套管上，高胎体外钻头通过承压轴承和导正轴承将回转扭矩释放。当出现套管被破碎岩石卡住这种特殊情况，在不影响高胎体外钻头正常钻进的情况下，套管也可以通过地面设备带动回转起到解卡的作用。

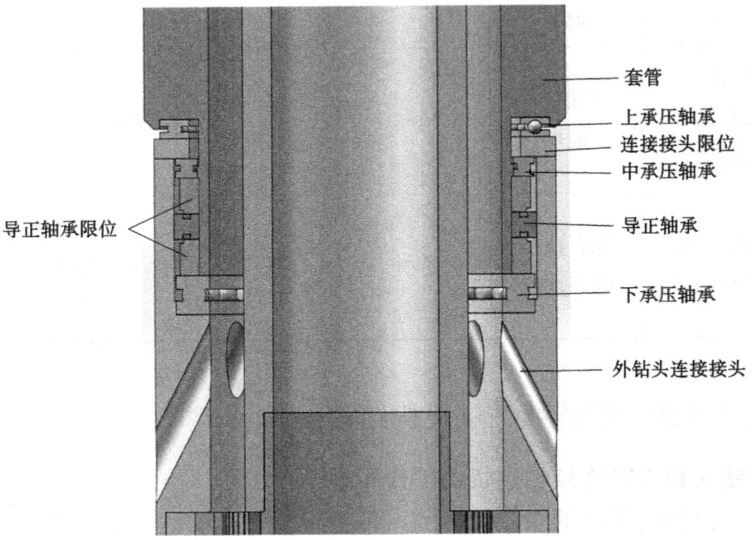

图 3　连接机构局部放大剖视图

3.3 高胎体孕镶金刚石外钻头交替式加强结构

为满足钻头的正常冷却及岩屑上返，本文设计高胎体孕镶金刚石外钻头水口个数为 12 个，水口宽度为 15 mm，为提高钻进深度，胎体高度设计为 100 mm，通过加强的方式将单齿进行交替式加强，加强高度为 15 mm，水口沿轴向均分 5 等份，每份高度 20 mm，通过交替加强的方式提高高胎体外钻头的整体性，并且不影响泥浆的正常循环，如图 4 所示。其相邻水口内布置的加强所在高度不同，且互相补充，此种设计的交替式水口会在第一层加强完全磨损后原本是加强的位置出露成水口，而原本是水口的位置则变成了加强，使得在磨削过程中，钻头底部始终具有水口和加强结构。另外，外钻头胎体高度根据所需下套管的深度而定，套管需要下放得越深，则胎体高度越高，而内钻头为常规钻头，这样其优点主要有两个：第一是解决了高胎体钻头工作时钻井液局部循环导致钻井液无法运送至孔底的问题，使得在无论外钻头胎体高度多高的情况下，钻井液都会先运送至钻孔底部，起到为底部接触岩石的钻头部分冷却和挟带岩屑的作用。第二是结构简单，内钻头可重复置换，当内钻头磨损严重时可以起钻更换钻头，而孔内由于有套管与外钻头提供支撑，使得孔内环境稳定，进而可以使更换后的内钻头顺利进入对应位置并继续钻进。

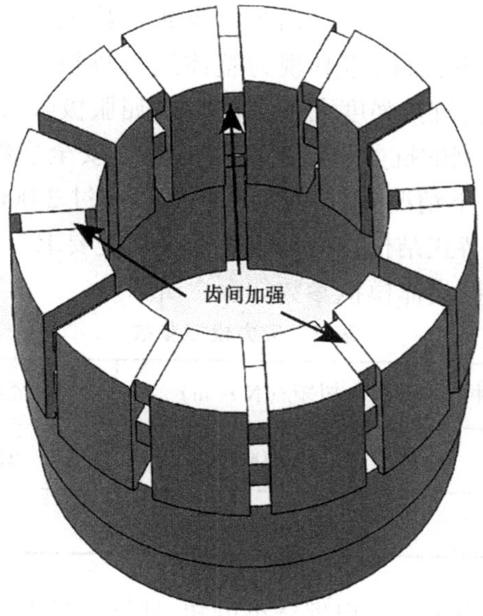

图 4　高胎体孕镶金刚石外钻头齿间加强示意

4　双孕镶金刚石钻头跟套管连续钻进机构与常规跟套管钻进能量消耗对比分析

区别于常规同心跟管钻进，双孕镶金刚石钻头跟套管连续钻进机构套管部分是独立的，在不发生套管卡阻时套管不进行回转，发生卡阻时套管通过回转的方式进行解卡，套管不回转会节省大量能量。首先计算常规同心跟管钻进，一般情况下井孔很难完全垂直，假设井斜角为 5°，则当套管在地层中转动时，下方外钻头打出的井孔大于套管直径，则套管在旋转下放时主要受地层和套管间的摩擦力，而这部分摩擦力则作用在接触面，且一个方向为沿接触面与下套管运动方向相反，另一个方向为其法线方向，且与套管转动方向相反。因将地层与套管简化为各向同性的均质材料，所以其两个方向的摩擦力大小相等，方向相互垂直，则两方向的合力为

$$F_2 = \sqrt{F_X^2 + F_Y^2} \tag{1}$$

而该方法套管不转动，只下滑，所以只受到沿接触面与下套管运动方向相反的摩擦力 F_1。

而 X、Y 方向的摩擦力：

$$F_X = F_Y = F_1 \tag{2}$$

所以常规方法的合力：

$$F_2 = \sqrt{F_1^2 + F_1^2} = \sqrt{2}F_1 \tag{3}$$

因消耗的能量绝大部分作用在抵抗摩擦力做功上，因此

$$\frac{E_1}{E_2} = \frac{F_1}{F_2} = \frac{\sqrt{2}}{2} = 70.71\%$$

即该跟套管内外钻头钻进方法所消耗的能量是常规方法的 70.71%。

通过计算结果可以得出在套管不进行回转的情况下，本文设计的跟套管连续钻进机构相较于常规的跟套管钻进能量消耗可节约 29.29%。

5 数值模拟分析

5.1 高胎体外钻头抗剪强度分析

本文设计的外钻头采用高胎体孕镶金刚石钻头的形式来适应不同下套管深度，而高胎体钻头因为切削齿的增高往往面临强度问题，尤其是抗剪强度，抗剪强度低时会发生断齿事故。所以，对高胎体外钻头进行抗剪强度应力模拟，设计的内外钻头为孕镶金刚石钻头，考虑到钻头胎体强度一般大于钢体强度，在钢体不变形的情况下，可以将其视为整体进行校核。采用 Solidworks Simulation Xpress 数值模拟，钢体选材为 45 号钢，其抗拉强度大于 600 MPa，屈服极限大于 355 MPa，抗剪强度一般取材料屈服极限数值的 1/2，故 45 号钢的抗剪强度大于 178 MPa，安全系数取 1.6，所以 45 号钢许用应力不超过 112 MPa。考虑到实际井下情况，钻头受到的扭矩不超过 2 000 N · m[17]。通过对内外钻头所受的最大应力进行校核，判断交替式结构钻头是否能满足强度要求。为简化模拟，内外钻头整体材料选择 45 号钢，但不影响对比结果，具体模拟参数如表 2 所示。

表 2 应力模拟参数

项目	钢体材料	扭矩/(N · m)	内径/外径/mm	水口高度/mm
高胎体外钻头	45 号钢	2 000	136/216	100
内钻头	45 号钢	2 000	75/135	20

如图 5 为外钻头、内钻头应力云图。根据结果可知，外钻头最大 Mises 应力为 14.59 MPa，内钻头最大 Mises 应力为 53.75 MPa，均未超过钢体的许用应力，满足正常钻进需求。内钻头的最大应力处于齿根部及钻头切削齿边缘，外钻头最大应力多集中在切削齿边缘以及齿间加强处，齿根部应力相对较小，这说明外钻头交替式加强结构的设计将钻头单齿连接成为一个整体，极大地分散了应力集中的现象，不仅降低了齿根部的应力集中，而且还保证了水口的交替式出露。综上所述，由于交替式加强结构的存在，增高外钻头胎体高度反而减小了应力集中区域的最大应力，并且应力集中区域更加分散，通过模拟结果可知交替式加强结构可以解决钻头胎体过高而强度降低的负面影响，所以在理论上采用交替式加强结构的孕镶金刚石钻头强度不再是限制其胎体高度的关键因素。本文设计的外部高胎体钻头胎体高度为 100 mm，理论上可以设计成更高胎体来适应套管下入深度，其强度都可以满足实际需求。

5.2 双钻头跟套管连续钻进机构流场分析

本文设计的双钻头跟套管连续钻进机构，通过常规内钻头来限制泥浆循环轨迹，使其必须经过两钻头工作唇面水口以满足钻头的正常冷却和排屑，外钻头通过交替式加强的方式使泥浆的循环路径交替变换。为验证此结构能否满足上述泥浆循环特征，采用 Solidworks Flow Simulation 进行泥浆循环通道的模拟。泥浆模拟参数如表 3 所示。

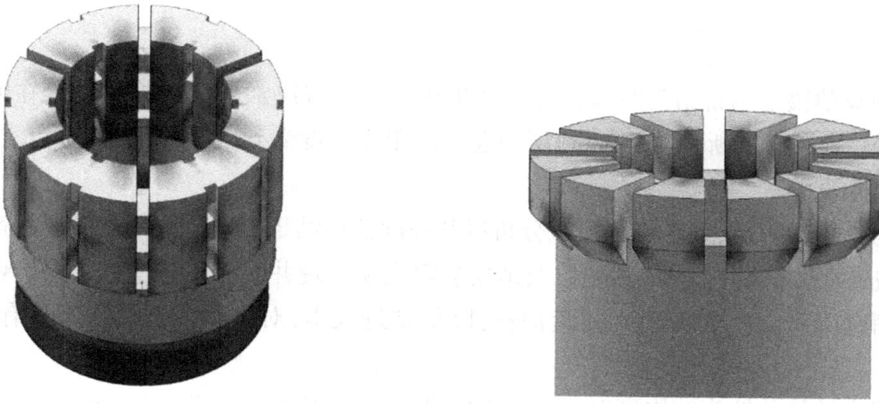

图 5　外钻头、内钻头应力云图

表 3　泥浆模拟参数

项目	模拟深度/m	循环方式	循环介质	备注
参数	400	正循环	水	出口压力为静水压力
项目	流量/(L/s)	入口压力/MPa	出口压力/MPa	
参数	25	一个标准大气压	3.92	

通过模拟得到如图 6 所示的泥浆循环矢量图。从图 6 中可以看出泥浆循环分为两条路径：一是从内钻头流出经过内钻头水口底部和外钻头水口底部，再沿着外钻头外部水口上返，最后通过套管钻头连接接头上的泥浆通道，进入到钻杆与套管中间的环空间隙，完成整体循环；二是因孕镶金刚石高胎体外钻头的水口是交替式加强结构，所以有部分泥浆循环路径为从内钻头流出经过内钻头水口底部和外钻头内部水口，再沿外钻头上部水口上返，最后通过套管钻头连接接头上的泥浆通道，进入到钻杆与套管中间的环空间隙，完成整体循环。随着钻头的磨损，齿间加强结构也随之磨损，当第一层加强完全磨损后，新的水口以及加强结构变换位置再次出现，两条泥浆循环路径也发生变换，如此循环往复直至外钻头完全磨损。通过泥浆循环流迹的模拟，可以说明双钻头跟套管连续钻进结构设计在理论上钻进过程中可以正常挟带岩屑，冷却钻头，能够正常循环钻进。

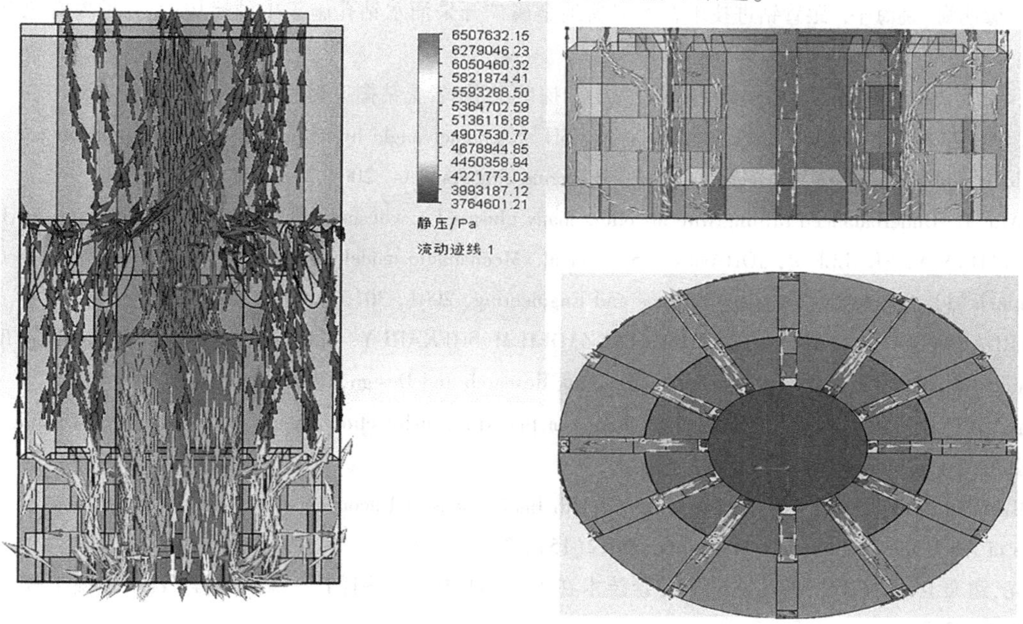

图 6　泥浆循环矢量图

6 结语

(1)设计的双孕镶金刚石钻头跟套管连续钻进机构可以解决常规跟套管钻进存在的孔斜、钻具根部受力不均匀、容易产生断裂、在紧密地层中套管的跟进深度受到限制等问题,可以实现套管的连续跟进,提高钻进效率。

(2)通过力学模拟分析、泥浆循环模拟分析以及强度校核结果,理论上可以实现破碎地层高效快速钻进,解决破碎地层易发生卡钻、塌孔以及地层裂隙大易出现井漏等问题,相较于常规回转式跟套管钻进,能量消耗降低 29.29%,节约能量消耗,降低钻进成本,对跟套管钻进技术具有一定的指导意义。

(3)交替式高胎体外钻头结构可以分散钻头所受的应力,增加应力集中区域的数量,降低钻头所受最大应力,通过模拟结果显示所设计的常规钻头与高胎体外钻头的强度均能够满足实际钻进需求,理论上胎体高度可以随套管深度增加而提高,不会出现因切削齿过高而出现断齿情况。

(4)外钻头的交替式结构与常规钻头结合应用的方式可以实现泥浆正常循环,且不会出现因泥浆"局部循环"而影响钻头冷却的问题。

参考文献

[1] 王朝阳,孙文怀,郝彦超.全护筒跟管灌注桩护筒受力分析[J]. 山西建筑,2021,47(3):57-58,63.

[2] 龙先润,曾猛.深厚覆盖层跟管钻进新工艺[J]. 西北水电,2017(4):99-101.

[3] 刘纳兵,张扬,史晓阳.复杂地质条件下边坡偏心跟管钻孔费用分析:以某蓄能电站为例[J].工程经济,2020,30(3):11-14.

[4] 戴亚军,刘婷.导向跟管钻进法在超大断面地铁暗挖车站超长管棚工程中的应用[J].湖南交通科技,2019,45(3):191-195.

[5] 张永勤,刘辉,陈修星. 复杂地层钻进技术的研究与应用[J]. 探矿工程(岩土钻掘工程),2001(增1):159-165.

[6] 李伟涛,殷琨,张德龙. 贯通式气动潜孔锤在复杂破碎地层钻进的研究[J]. 山西建筑,2004(10):30-31.

[7] 韩永昌. 复杂地层潜孔锤跟管钻进工艺问题研究[J].成都:成都理工大学,2009.

[8] 刘鹏,廖明海,姚海平. 跟管钻进技术在梁河盆地金属矿开采涌水钻孔施工中的运用[J]. 世界有色金属,2021(4):151-153.

[9] 李正昭.复杂地层金刚石取心跟管钻进技术[J]. 探矿工程(岩土钻掘工程),2003(增1):197-200.

[10] HE BO, LEE JUNGHOON, PATANKAR NEELESH A. Contact angle hysteresis on rough hydrophobic surfaces[J]. Colloids and Surfaces. A: Physicochemical and Engineering Aspects, 2004,248:101-104.

[11] SHALE L. Underbalanced drilling with air offers many pluses[J]. Oil and Gas Journal,1995, 93(26):33-39.

[12] RAMADAN A, SKALLE P, JOHANSEN S T, et al. Mechanistic model for cuttings removal from solid bed inclined channels[J]. Journal of Petroleum Science and Engineering, 2001, 30(3-4):129-141.

[13] HAJIDAVALLOO E, SADEGHI-BEHBAHANI-ZADEH M, SHEKARI Y. Simulation of gas-solid two-phase flow in the annulus of drilling well[J]. Chemical Engineering Research and Design, 2013, 91(3): 477-484.

[14] LI J, GUO B, LIU G, et al. The Optimal Range of the Nitrogen-Injection Rate in Shale-Gas Well Drilling[J]. SPE Drilling & Completion, 2013, 28(1):60-64.

[15] GOLDSTEIN B D, KRIESKY J. The Public Health Implications of Unconventional Natural Gas Drilling[J]. Proceedings of the Water Environment Federation, 2012(15): 2050-2060.

[16] 熊亮,谢文卫,张伟,等.跟管钻进下套管技术在大洋钻探中的应用[J]. 探矿工程(岩土钻掘工程),2020,47(7):16-22,35.

[17] 侯振,徐宇光,江泽侯.偏心钻跟管钻进法在边坡预应力锚索成孔施工中的应用[J].施工技术,2017,46(5):129-132.

[18] 张永强,于亮.跟管钻进旋挖工艺在万达维多利亚湾项目建设中的应用[J]. 工程建设与设计,2019(7):210-212.

[19] 张择业,唐雪云.影响空气潜孔锤跟管钻进速度和跟管深度因素的分析[J]. 探矿工程(岩土钻掘工程),2009(7):58-60.

仿生自补偿一体式高胎体孕镶金刚石取心钻头研究

王金龙　耿　峰

（中水东北勘测设计研究有限责任公司，吉林长春　130021）

摘　要：针对孕镶金刚石钻头齿间相互独立，在坚硬地层中钻进极易产生打滑和单齿受力太大导致钻头损坏的难题，引入仿生爪趾结构原理和自补偿理念，研制了仿生自补偿一体式高胎体孕镶金刚石取心钻头。钻头的一体式切削齿在钻进过程中，单齿与单齿之间进行加强，环齿与环齿之间采用桥式结构连接，钻头各个齿单元、环齿单元形成一个整体，钻进过程中工作唇面存在多个应力集中区域，不会出现单个较大的应力集中情况。同时，钻头唇面会自动形成同心径向环齿，具有钻进效率高、坚硬地层不打滑、整体性好、受力均匀、使用寿命相对较长、钻进质量高等优点。经现场试验表明：仿生自补偿一体式高胎体孕镶金刚石取心钻头较常规钻头具有更高的碎岩效率和更长的使用寿命。

关键词：仿生；自补偿；一体式；高胎体；环齿钻头

1　引言

众所周知，钻头是岩土钻探技术中必不可少的重要组成部分，性能优良的钻头的效率和寿命直接影响整个钻探的周期、成本和效果，尤其是深孔钻进，钻头的质量对工期和钻进成本影响尤为显著[1]。国内外专家学者从胎体配方、钻头工作层结构、水口个数及形状等方面欲提高钻头切削效率及使用寿命，其中提高钻头使用寿命的最直接有效的方法就是提高钻头胎体高度[2-10]。高胎体钻头既能增加绝对胎体高度，又能使钻头在钻孔中与井壁接触面积大，减弱钻头在孔底的振动，减弱脆性材料金刚石受到的振动和冲击损伤，使钻头的整体寿命得到较大提高[11-15]。目前，钻头切削效率研究提高幅度较小，尤其是针对坚硬打滑地层的钻进。坚硬打滑地层钻进是目前钻探行业的一大难题[16-17]。本文以土壤动物蝼蛄的爪趾为仿生原型，从钻头工作唇面结构入手，设计钻头环齿、加强筋、内外加强结构，旨在提高钻头在坚硬打滑地层的钻进效率，因此采用将高胎体提高钻头寿命和仿生钻头提高钻进效率相结合的手段来提升钻头整体性能。

2　仿生生物原型特征和工作原理

如图1所示，蝼蛄同样由五个爪趾组成，其中有4个爪趾十分相近，其长短、粗细和大小差异不大，这与鼹鼠的爪趾规律有较大的不同。这4个爪趾的趾尖相连形成一个大圆弧线，特别平缓。

2.1　掘土特征描述及工作原理

蝼蛄挖洞是两个开掘足交替进行，在土壤中穿行速度很快。蝼蛄的开掘足挖掘土壤动作更为单一，灵活性比鼹鼠的还差。在挖掘土壤时的运动轨迹以其前足的胫节和跗节（活动自由度很小）为轴形成的简单弧形，轨迹在身体的对称轴位置有重叠。如图1所示为蝼蛄掘土工作原理示意图。

2.2　测量

图2是蝼蛄前爪，图3是蝼蛄开掘足各爪趾的角度测量，图4是蝼蛄开掘足各爪趾的长度测量，图5是蝼蛄开掘足相邻四个爪趾尖相连形成圆弧的直径测量。表1是测量所得数据列表。同样地，图3和图4中对各爪趾做了编号，其中1号为内侧边爪趾，向外依次编号为2号、3号、4号和5号。

作者简介：王金龙（1996—），男，博士，工程师，主要从事钻探机具及仿生钻头、工程勘察等方向的研究工作。

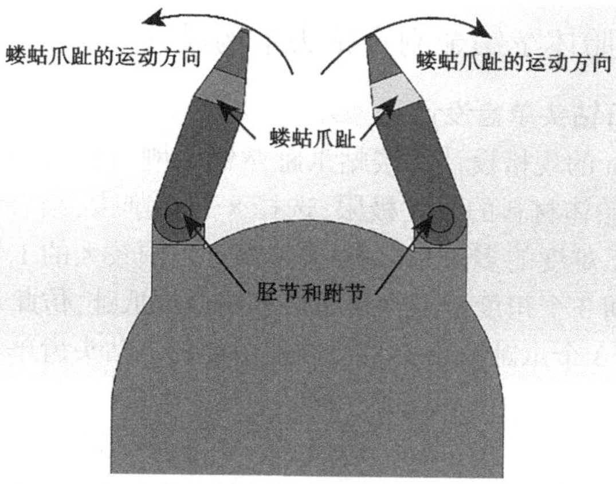

图 1　蝼蛄掘土工作原理示意

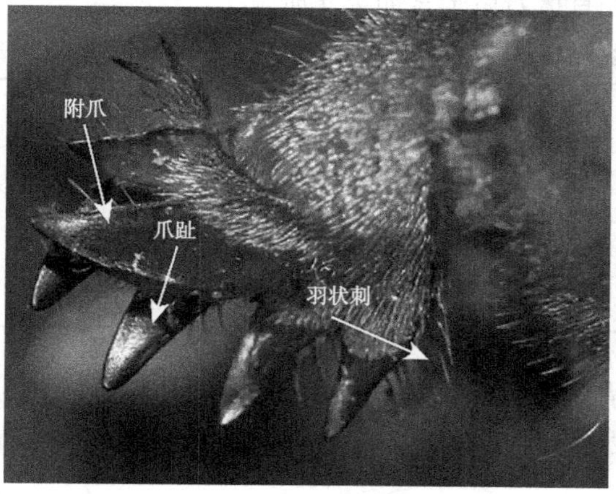

图 2　蝼蛄前爪

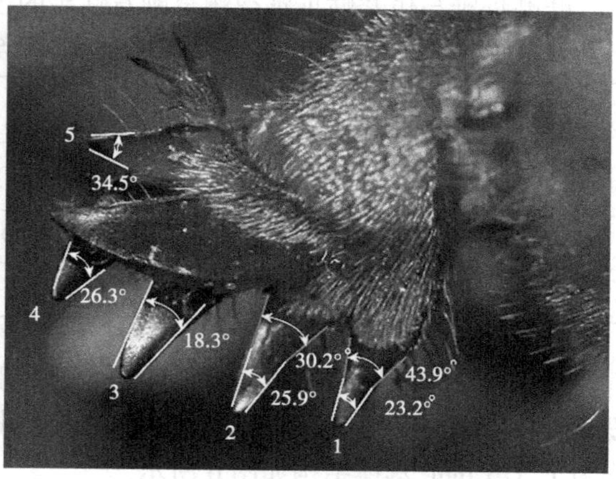

图 3　蝼蛄前爪各爪趾的角度测量

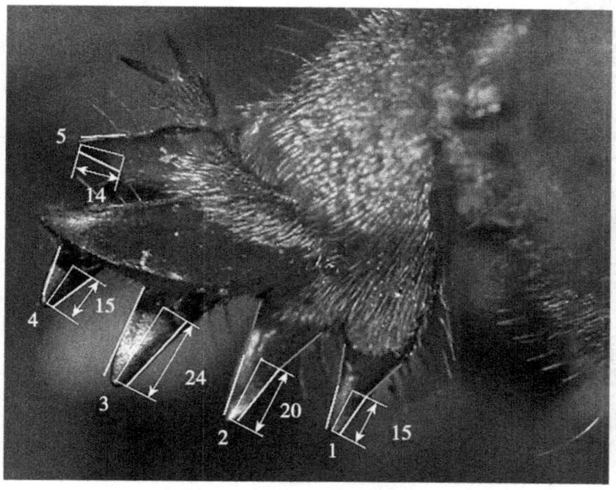

图 4　蝼蛄前爪各爪趾的长度测量

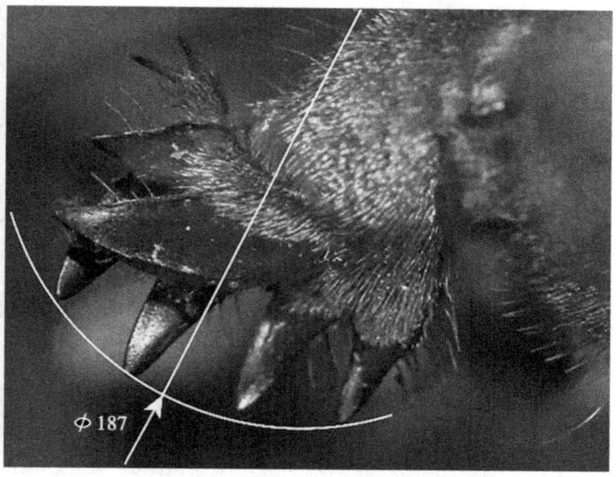

图 5　蝼蛄前爪各爪趾尖相连形成圆弧的直径测量

表 1　蝼蛄开掘足各爪趾结构的测量

爪趾编号	1	2	3	4	5
爪趾角度/(°)	23.2/43.9	25.9/30.2	18.3	26.3	34.5
爪趾长度	15	20	24	15	14
趾尖圆弧直径	187				

注:本表所列数值均为蝼蛄开掘足爪趾图片上所测量的数值,均为相对值,没有单位。

3　仿生自补偿一体式高胎体孕镶金刚石钻头结构设计

3.1　仿蝼蛄爪趾孕镶金刚石钻头单齿设计

以内外径为 φ 76/49 mm 的规格设计仿蝼蛄爪趾孕镶金刚石钻头单齿的齿单元，钻头的齿厚为 13.75 mm，结合钻头工作层胎体材料的强度极限，选择 8 个切削齿，结合蝼蛄爪趾的角度范围、爪趾结构形态、钻头齿厚以及加工难度的多因素影响，去掉角度范围较大的 1 号爪趾和结构形态与其他爪趾不同的 5 号爪趾，选择中间 3 个角度范围和结构形态相近的爪趾，仿此爪趾在每个齿上设计 3 个同轴环齿单元。根据蝼蛄中间 3 个爪趾趾角关系及加工难度确定钻头齿单元厚度，具体计算式如下：

$$\frac{\alpha_{2号}}{d_{内环}} = \frac{\alpha_{3号}}{d_{中间环}} = \frac{\alpha_{4号}}{d_{外环}} \tag{1}$$

式中：$\alpha_{2号}$为蝼蛄 2 号爪趾的趾尖角度；$\alpha_{3号}$为蝼蛄 3 号爪趾的趾尖角度；$\alpha_{4号}$为蝼蛄 4 号爪趾的趾尖角度。

蝼蛄爪趾与仿蝼蛄爪趾孕镶金刚石钻头的齿单元具体对应关系如表 2 所示。

表 2　蝼蛄爪趾与仿蝼蛄爪趾孕镶金刚石钻头单齿齿单元尺寸对应

名称	爪趾		
	2(内)	3(中)	4(外)
蝼蛄/(°)	25.9	18.3	26.3
齿单元厚度/mm	4.2	3.0	4.3

根据表 2，确定 φ 76/49 mm 规格的仿蝼蛄爪趾孕镶金刚石钻头单齿的齿单元厚度由内到外分别设计为 4 mm、3 mm、4 mm，为保证钻头整体的对称性以及加工方便，使齿单元间的 2 个环形沟槽厚度均为 1.375 mm，具体结构如图 6 所示。

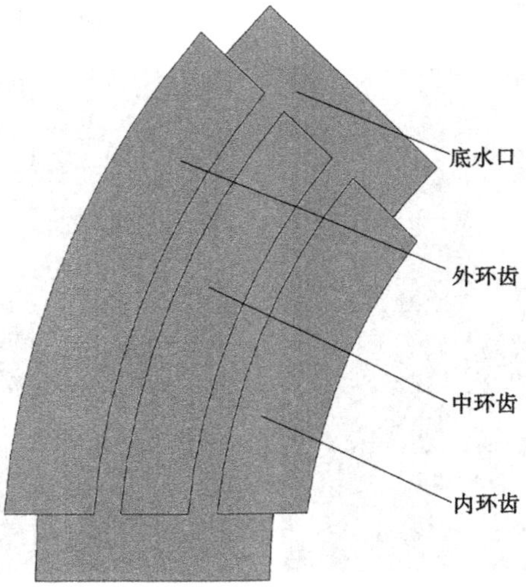

图 6　φ 76/49 mm 规格的仿蝼蛄爪趾孕镶金刚石钻头单齿的齿单元设计

3.2　仿蝼蛄爪趾孕镶金刚石钻头单齿强化设计

在设计仿蝼蛄爪趾孕镶金刚石钻头单齿的齿单元时，既要考虑仿生的元素，更要考虑齿的整体强度，以保证钻头在钻进岩石时具有足够的抗扭和抗剪冲击能力。图 6 的设计中每个齿单元间相互独立，无依无靠，强度无法得到满足，如果按照切削花岗岩的高径比 1.5[18] 的比例计算，其高度只能为 4 mm×1.5=6 mm，只适应于低工作层胎体钻头的设计，并不适合高工作层胎体。因此，需要对单齿进行强化。利用无压浸渍烧结法能够烧结不同形状的切削齿的独特优势，设计了一系列的径向筋将各个齿单元很好地连接在一起使其成为一个有机的整体，如此会大大加强钻头单齿的强度，具体设计效果如图7、图8所示。其中,加强筋的材料和配方与钻头工作层胎体的配方相同,在装料和烧结过程中同步生成。

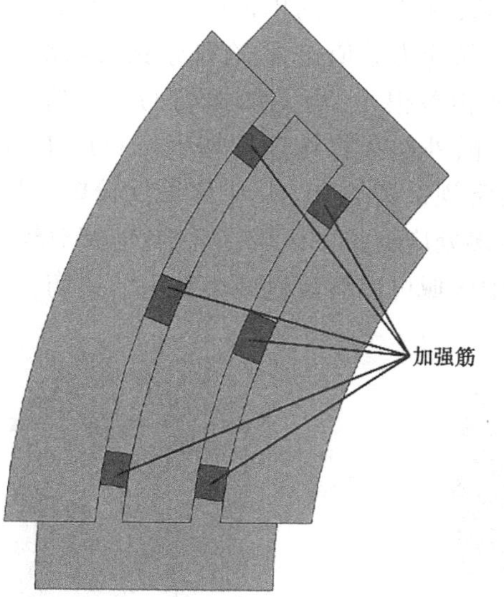

图7　钻头单齿环齿单元加强设计效果

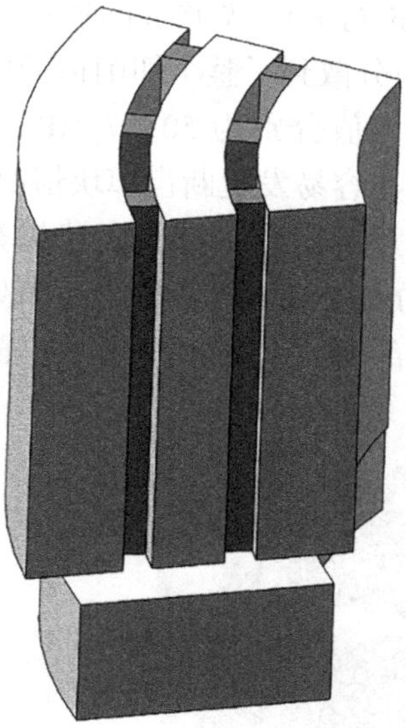

图8　钻头单齿径向剖面图

但是,即使将各齿单元连接成为一个整体后,其高度也有一定的限制,按照切削花岗岩的高径比1.5的比例计算,其高度只能为13.75 mm×1.5=20.625 mm。也就是说,仿蝼蛄爪趾孕镶金刚石钻头单齿的高度理论极限是21 mm,否则其折损的概率会很高。

3.3　仿蝼蛄爪趾孕镶金刚石钻头整体强化设计

为了突破钻头单齿高度的理论极限,有效地增加钻头工作层胎体的高度,想办法在保证泥浆循环通畅的基础上通过同心环状加强筋将单切削齿连接到一起,使整个钻头的切削齿形成一个整体,理论上切削齿的整体抗弯强度只与钻头过渡层胎体材料和钢体间的结合力有关,而此结合力远远高出所有钻头齿切削岩石所需要的切削力,能够保证钻头的整体强度。同时,为了保证内环齿单元与外环齿单元的磨损速度大致相同,需要进一步采取加强措施。为此,设计了如图9所示的切削齿一体的高工作层胎体的钻头,在钻头的外环齿中设置间隔的两两相连的加强筋共4个,距离底唇面的高度为10 mm,加强筋的高度设计为5 mm;在钻头的内环齿中设置间隔的两两相连的加强筋共4个,加强筋的高度设计为5 mm,钻头有效工作层高度为21 mm,形成的高工作层仿蝼蛄爪趾孕镶金刚石钻头的效果图如图10所示。

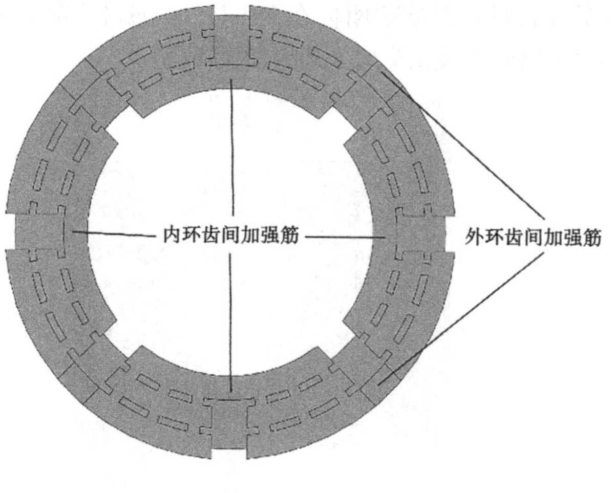

图9　钻头单齿齿单元加强设计效果

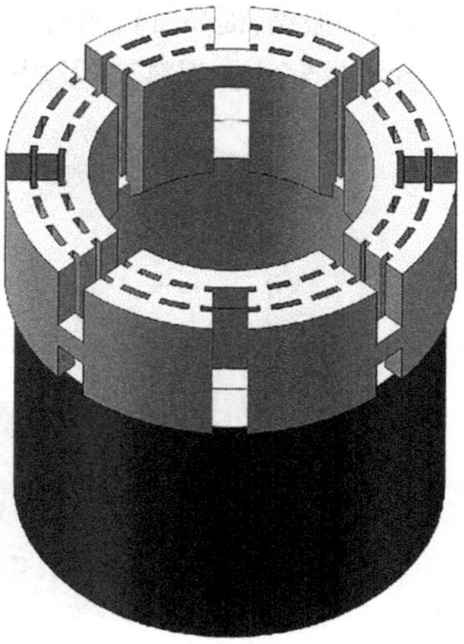

图10　高工作层仿生钻头效果

为确定钻头各个齿单元的受力情况,确定其整体性能,对钻头整体进行了回转扭矩的受力分析。单齿施加的回转扭矩为 375 N·m,分别对常规钻头、没有设置内外环齿间加强和设置有内外环齿间加强的单齿进行分析,如图 11 所示。从图 11 中可以看到,有加强筋的单齿的应力集中区域数量增加,且将应力分散到了整个切削齿的内外环齿加强部位。从应力数值上看,有加强钻头和常规钻头的单齿最大应力值分别为 501.7 MPa 和 502.2 MPa,两者相差很小,而无加强筋的最大应力值高达 818.7 MPa,很容易发生断齿掉块情况。轴向多层分布的内外加强将切削齿切削岩石产生的摩擦阻力对齿根的力矩有效分担,进一步提升了钻头整体强度;常规钻头的应力集中区域比较单一且应力值较大,主要分布在齿根部及唇面边角处,而仿生钻头存在多处应力集中区域,应力数值相对较小,主要分布在齿根部、内外加强处、径向加强筋处,这种应力集中区域可以有效地减小钻头的损伤。

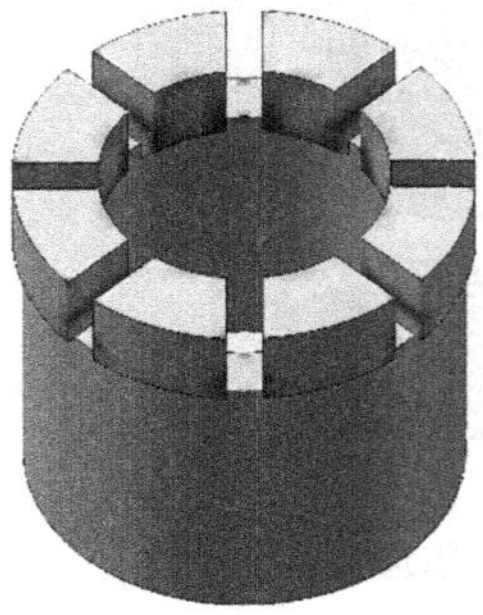

(a)常规钻头

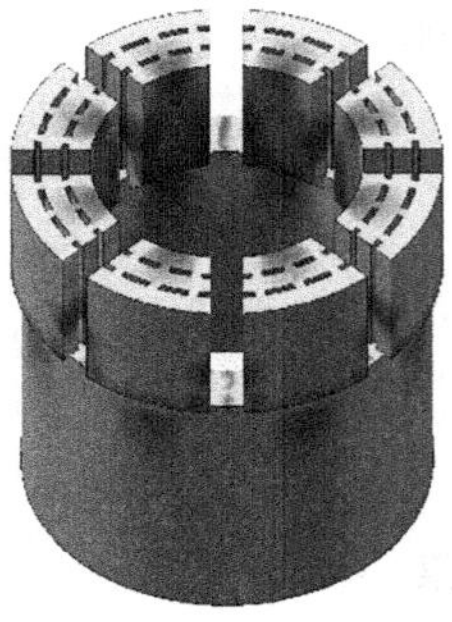

(b)无加强钻头

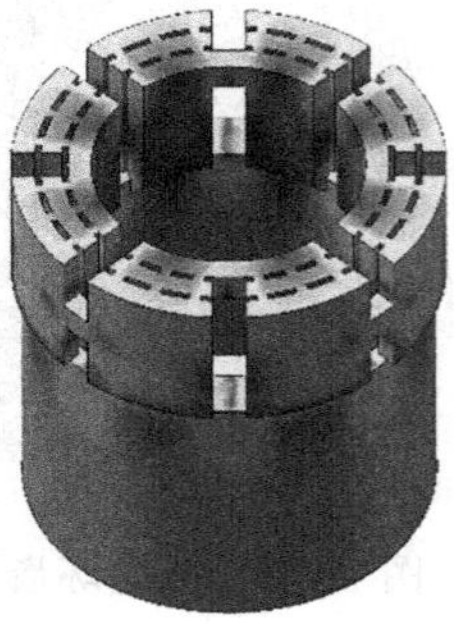

(c)有加强钻头

图 11　钻头齿单元受力分析

4　仿生自补偿一体式高胎体孕镶金刚石钻头制作与加工

4.1　ϕ 76 钻头模具设计

模具设计包括钻头外模具、底模、心模、水口以及钢体。课题组采用 3D 减材加工工艺加工模具,故外模具、底模、心模将不会分开设计,将其一体化设计,保证钻头唇面环齿结构尺寸的精确,水口采用车床进行加工然后切割成对应水口宽度。如图 12 所示为外模具和心模设计图,如图 13 所示为水口设计图,如图 14 所示为钢体设计图,如图 15 所示为模具装配示意图。

4.2　ϕ 76 钻头加工工艺

模具加工采用 3D 减材加工工艺(见图 16),再经过装料(见图 17),将胎体基体与金刚石采用无水乙醇进行湿混,混料时间为 12 h,使金刚石在基体中分散均匀,然后将混合充分的骨料装入到已经制作完成的模具中进行压实和振捣,提高骨料的密实度,振捣完成后在骨料上方安装钢体,在钢体与外模具环空间隙填入计算过质量的黏结金属(焊料)以及焊剂,进行烧结(见图 18)以及钻头后处理等,最终成型。

图 12　外模具和心模设计图

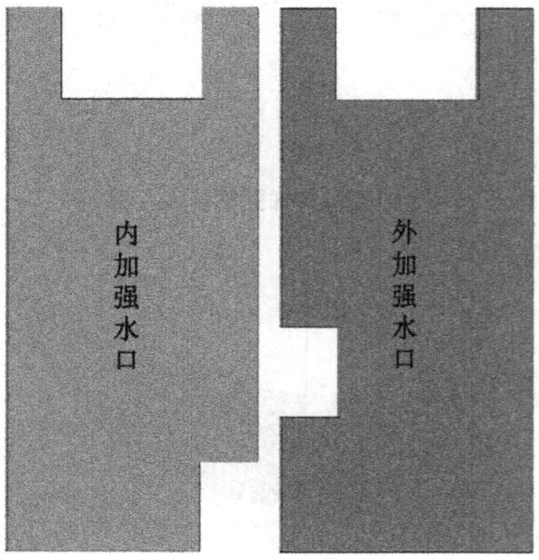

图 13　水口设计图

图 14　钢体设计图

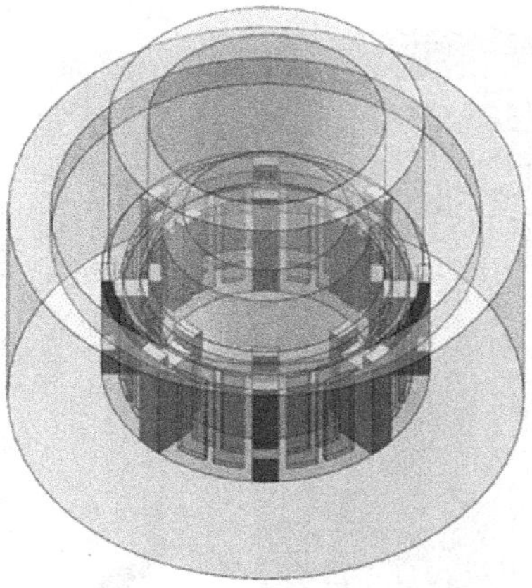

图 15　模具装配设计图

图 16　3D 减材加工工艺图

图 17　装料

图 18　烧结过程

5　试验

根据前述讨论设计并制作了 ϕ76/49 仿蝼蛄爪趾环齿孕镶金刚石钻头（见图 19），钻头工作层高度为 11 mm。ϕ76/49 内外加强高胎体仿蝼蛄爪趾环齿孕镶金刚石钻头如图 20 所示，钻头工作层高度为 21 mm，并且在内蒙古多伦县进行了试验，现场用尖齿热压钻头（见图 21），钻头胎体硬度（HRC）为 10~15 度，现场钻头使用后的磨损钻头如图 22 所示，钻头在钻进过程中会自动形成同心径向的环齿结构。试验条件如表 3 所示，岩心如图 23 所示。

图 19　ϕ 76/49 仿蝼蛄爪趾环齿孕镶金刚石钻头使用前后对比

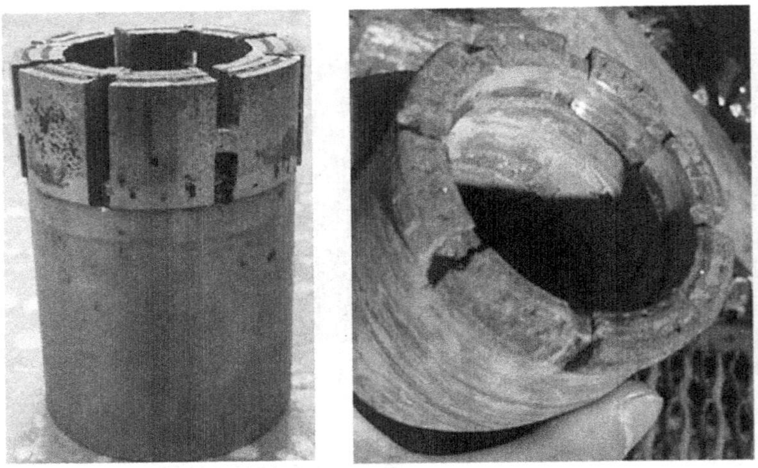

图 20　ϕ76/49 内外加强高胎体仿蝼蛄爪趾环齿孕镶金刚石钻头

图 21　现场用尖齿热压钻头

图 22　现场尖齿钻头使用后示意

表 3　现场试验条件

钻头种类	钻机型号	转速/(r/min)	泵量/(L/min)	钻压/t	地层岩性
环齿未加强钻头	阿特拉斯 C8C	450~550	32	1.0~2.0	地层完整,花岗岩,硬度 7~8 级
内环形齿加强钻头	阿特拉斯 C8C	450~550	32	1.0~2.0	地层完整,花岗岩,硬度 7~8 级
尖齿热压钻头	阿特拉斯 C8C	600~700	32	1.0~2.0	地层完整,花岗岩,硬度 7~8 级

图 23　ϕ76.5/49 钻头取出的岩心

试验结果如表 4 所示,其中 ϕ76.5/49 仿蝼蛄爪趾环齿孕镶金刚石钻头 3 只代号为①、②、③,ϕ76.5/49 内外加强仿蝼蛄爪趾环齿孕镶金刚石钻头 3 只代号为④、⑤、⑥,现场尖齿钻头代号为⑦、⑧、⑨。为更好地展示钻进效果,排除不同钻孔对地层岩性的干扰,本试验采用对比试验的方式进行试验研究。其中,钻头①、②、⑨在同一个钻孔 ZKH39-1 中钻进;钻头③、⑥、⑦在同一个钻孔 ZKH10-1 中钻进;钻头④、⑤、⑧在同一个钻孔 ZKH22-1 中钻进。

表 4 仿生钻头与常规钻头试验结果对比

钻头代号	试验井段/m	平均机械钻速/(m/h)	进尺/m	备注
①	18~151	6.8	133	地层较软
②	371~582	6.6	211	地层较软
⑨	151~371	5.0	220	地层较软
③	131~200	3.53	69	坚硬打滑地层
⑥	200~281	3.64	81	坚硬打滑地层
⑦	281~352	3.32	71	坚硬打滑地层,钻头打滑、偏磨
⑧	195~220	1.22	5	坚硬打滑地层,钻头打滑
④	220~390	3.85	170	坚硬打滑地层
⑤	66~195	3.73	129	坚硬打滑地层

常规尖齿钻头与内外加强仿蝼蛄爪趾环齿孕镶金刚石钻头均采用金刚石粒度为 30/35、35/40(各占金刚石总质量的 50%),金刚石浓度为 70%(400%浓度制),胎体硬度为 HRC 10~HRC 15,除烧结方法外其他参数基本相同。ϕ76.5/49 内外加强仿蝼蛄爪趾环齿孕镶金刚石钻头在钻进坚硬打滑地层时平均机械钻进效率为 3.74 m/h,平均寿命为 127 m(胎体高度为 21 mm)。常规尖齿热压钻头(胎体高度为 14 mm)在钻进坚硬打滑地层时平均机械钻进效率为 2.27 m/h,平均寿命为 38 m。常规尖齿钻头在地层较软情况下胎体完全磨损,金刚石出刃良好,在钻进坚硬打滑地层时出现偏磨和烧钻情况,偏磨钻头内径部位胎体磨损高度 5 mm 左右,外径部位胎体磨损高度 1 mm 左右;烧钻钻头仅将尖齿部位全部磨损,2 只钻头内外径基本未磨损。仿生钻头除钻头①外,工作层磨损高度基本在 19 mm 左右,金刚石层已经完全磨损。仿生钻头①胎体磨损高度为 7~8 mm,而且从钻头①可以明显看出同心径向的环齿结构,出刃效果良好。通过表 4 可以得出地层较软的情况下,仿蝼蛄环齿钻头的钻进效率较常规钻头提高 34%,坚硬打滑地层情况下仿蝼蛄环齿钻头的钻进效率较常规钻头提高 65%,寿命提高 2 倍左右。

6 结语

通过研究,得到以下结论:

(1)仿蝼蛄环齿钻头在钻进坚硬地层时未出现打滑现象,在钻头的工作中同心径向的环齿结构可以自动形成,并且可以始终保持这一结构,运行稳定性更加平稳,可有效地解决常规钻头坚硬地层打滑问题。

(2)内外环齿间加强筋结构提高钻头的整体性,将钻头的切削齿单元从"单兵作战"变成"群体作战",避免了高胎体钻头因胎体过高而导致的弯折掉块情况。

(3)采用"内外加强型"结构设计提高工作层高度,可大大提高硬度 7~8 级坚硬花岗岩地层中的钻头寿命。

参考文献

[1] 叶建良,张伟,谢文卫.我国实施大洋钻探工程的初步设想[J].探矿工程(岩土钻掘工程),2019,46(2):1-8.
[2] 王佳亮,张绍和.胎体耐损性弱化孕镶金刚石钻头的试验及碎岩机理分析[J].中南大学学报(自然科学版).2015,46(4):1436-1441.

[3] 刘志江,姚远基,王文正,等. 胎体组分对热压孕镶金刚石钻头胎体腐蚀磨损性能的影响[J]. 金刚石与磨料磨具工程,2021,41(242):75-80.
[4] 王佳亮. 硬质磨粒对孕镶金刚石钻头胎体磨损性能的影响[J]. 中国有色金属学报,2017,27(9):1873-1878.
[5] 王殿江. 孕镶金刚石钻头钝化与锐化机制探讨[J]. 地质与勘探,1995,31(6):58-61.
[6] 高科,孙友宏,高润峰,等. 仿生非光滑理论在钻井工程中的应用与前景[J]. 石油勘探与开发,2009, 36(4):519-522,540.
[7] 程敏,庞丰,孙荣,等. 高转速/低钻压/大泵量的全面钻进孕镶金刚石钻头[J]. 金刚石与磨料磨具工程,2015,35(205):61-67.
[8] 孙友宏,高科,张丽君,等. 耦合仿生孕镶金刚石钻头高效耐磨机理[J]. 吉林大学学报(地球科学版),2012,42(3):220-225.
[9] 梁振德,韦锋. 适应深孔条件的孕镶金刚石钻头分析[J]. 中国设备工程,2020(8):161-162.
[10] 徐良,孙友宏,高科. 仿生孕镶金刚石钻头高效碎岩机理[J]. 吉林大学学报(地球科学版),2008,38(6):1015-1019.
[11] 王训波,谭刚,高晓亮. 多层水口高胎体孕镶金刚石钻头研究[J]. 硬质合金,2011,28(2);93-98.
[12] 李梦,苏义脑,孙友宏,等. 高胎体仿生异型齿孕镶金刚石钻头[J]. 吉林大学学报(工学版). 2016,46 (5):1540-1545.
[13] 肖丽辉,李国民,刘宝林. 高胎体金刚石钻头设计制造中的几个关键技术[J]. 探矿工程(岩土钻掘工程),2012,39(6):77-79.
[14] 孙祺斌,沈丽娜,杨甘生,等. 特高多层胎体孕镶金刚石钻头设计与数值模拟[J]. 煤田地质与勘探,2020,48(3):225-230.
[15] 王传留,李建军,孙荣军. 孕镶块式高胎体金刚石钻头的研制[J]. 吉林大学学报(地球科学版),2014,44(4):1276-1280.
[16] 王佳亮,张绍和. 坚硬致密弱研磨性地层孕镶金刚石钻头性能优化[J]. 煤田地质与勘探,2018,44(6):161-163.
[17] 庞丰,段隆臣,童牧,等. 钻进打滑地层时造孔剂对镶金刚石钻头性能的影响[J]. 粉末冶金材料科学与工程,2014,19(5):791-795.
[18] 李梦. 无硬质相胎体仿生异型齿孕镶金刚石钻头研究[D]. 长春:吉林大学,2017.

基岩泥化夹层清水钻进高品质取心关键技术创新与应用

葛宇家[1,2]　贾正茂[1,2]　张书磊[1,2]　代常友[1,2]　马攀峰[1,2]

（1. 深圳先河水利水电工程有限公司，广东深圳　518001；
2. 黄河勘测规划设计研究院有限公司，河南郑州　450003）

摘　要：基岩泥化夹层清水钻进取心是水利工程地质勘察中的技术难题。本文梳理了国内外现有泥化夹层地层取心技术的发展现状，指出了清水工况下钻取高品质泥化夹层岩心的技术瓶颈，并围绕泥化夹层清水钻进高品质取心难点，开展了泥化夹层地层钻进取心特征分析、取心钻具与钻头研制、孔底流场数值模拟及系列试验验证工作，形成了一套以“钻具+钻头+工艺+规程”为核心的关键取心技术。研究成果在多个水利工程勘察项目中应用，显著提升了泥化夹层岩心的取心品质，为水利工程地质勘察人员提供了可靠的地质资料。最后，本文结合当前钻探技术的发展趋势，探讨了自动化、信息化、定向钻及绿色环保技术在水利工程勘察中的潜在应用前景。

关键词：基岩泥化夹层；高品质取心；清水钻进；钻进取心

1　引言

基岩泥化夹层清水钻进取心一直是水利工程勘察领域存在的技术难题。国内外水利枢纽工程项目中，许多坝基或边坡岩体内均发育有泥化夹层，其中至少 1/3 的大坝在建设中需要考虑泥化夹层的影响[1-2]。在工程勘察阶段采用钻探手段揭露水利工程拟建区域地下空间泥化夹层的分布特征以及通过钻取的岩心获取泥化夹层地层的物理力学参数，仍然是最直接、最经济的不可替代的技术手段。

岩心的品质直接关系着勘察的精度，关系着工程稳定与防渗设计，也直接关系着工程安全与造价。因此，钻取高品质（岩心采取率、岩心完整系数、岩心纯洁度与对磨扰动冲蚀情况等）的岩心一直是从事工程勘察工作者所追求的目标。水利工程勘察钻探作业有自己的特殊要求，钻孔不仅是为获取高品质的地质岩心，还用来做水文地质试验、测试地层的渗透系数等，行业技术规范通常要求清水作为冲洗液。没有特定冲洗液在岩心表面的成膜、疏水、防冲保护作用，无疑增加了泥化夹层地层的取心难度。目前，水利工程勘察领域常用的几种复杂地层钻探取心技术虽然能够满足取心要求，但是在清水作为冲洗液时，取心效果难以令人满意。

本文围绕水利工程勘察行业基岩泥化夹层地层取心技术，梳理分析了钻探领域泥化夹层取心技术国内外的研究现状，详细介绍了基岩泥化夹层清水钻进高品质取心关键技术在该技术领域所取得的关键技术创新与工程应用情况，并对泥化夹层清水钻进取心技术未来的发展趋势进行展望。

2　国内外技术现状

由于西方发达国家基础建设设施基本成熟，很难找到近 20 年来国外关于泥化夹层地层钻进取心技术研究的相关资料。我国水利行业工程勘察领域专门用于泥化夹层地层取心的技术也比较有限。

作者简介：葛宇家（1982—），男，高级工程师，黄河勘测规划设计研究院有限公司地质勘探院院长、深圳先河水利水电工程有限公司执行董事，主要从事水利工程钻探技术与设备研究工作。

通信作者：张书磊（1991—），男，高级工程师，深圳先河水电技术研发中心主任，主要从事钻探与基础工程施工方面的研究工作。

(1)套钻取心技术[3-4]。曾列为国家重点科研项目,此技术被编入《水利水电工程钻探规程》(DL 5013—1992),它采用ϕ 46 mm 的小口径金刚石钻具超前孔钻进 1.5 m,视有泥化夹层,则用灌入器送入一种强固黏结剂于小孔中,为增加强度,小孔中一起凝固一钢心管,待凝特定时间后,再用ϕ 110 mm 的金刚石双管钻具钻出长 1.5 m 的凝固岩心,套钻取心技术能将泥化夹层岩心达 91%以上取出来,但是破坏了岩心的原状结构,耗时长。

(2)大口径取心钻探技术(见图 1),增大钻具的直径能够提高钻取的岩心的质量,黄河勘测规划设计研究院有限公司专门研制了一款 615 mm 大口径金刚石复合片取心钻头,实现了钻头体、岩心管和岩心管接头三者一体化,应用于黄河古贤水利枢纽工程地质勘察中,较好地取出了地层中发育的泥化夹层。但是该技术钻探能力有限,仅能够钻进数十米,钻进成本过高。

图 1　大口径取心钻探技术

(3)无泵反循环钻进取心技术[5]。此项技术的核心在于在钻具上接手设置一球座台阶,放入小钢球,钻进时根据进尺情况提动钻具,提上时小钢球关闭上水道,扫孔下钻时孔内钻进成果和孔外的水一同进入管内,通过钻进过程中不断提动钻具完成钻进作业。无泵反循环钻进取心技术可以减少冲洗液对岩心的冲刷和挤压,防止岩心的自卡和磨损,在松软地层钻进时能提高岩心采取率,但是该技术多用于浅孔钻进。无泵反循环工作原理示意见图 2。

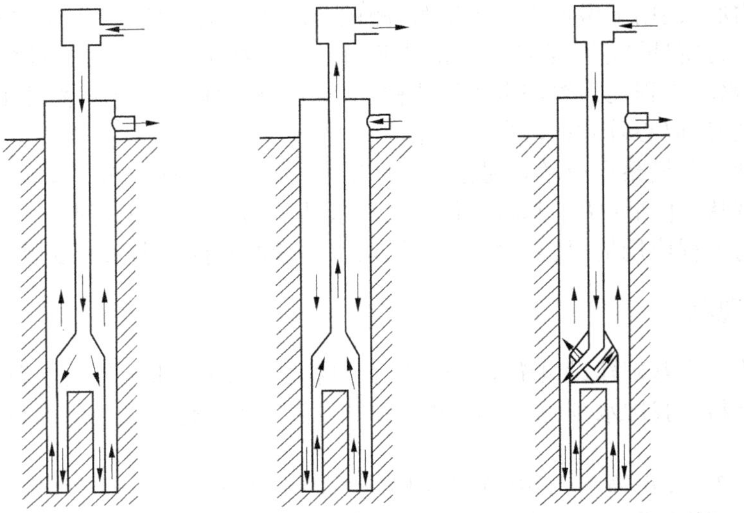

(a)正循环取心钻具　(b)全孔反循环取心钻具　(c)孔底局部反循环取心钻具

图 2　无泵反循环工作原理示意

(4)SD 系列单动双管金刚石钻具配合 SM、KL 等类型植物胶冲洗液钻进取心技术[6-7]。成都李工集团研制开发的专利产品“双级单动金刚石钻具”(SD 系列单动双管金刚石钻具,见图 3)和 S 系列植物胶钻孔粉(见图 4)是 20 世纪 80 年代曾获国家科学技术进步奖二等奖、部科技进步奖一等奖和国际金奖以及两项发明专利的国家重点科技攻关成果的换代新产品。该技术是非清水钻进工况下软弱夹层地层钻进取心常用的技术之一。

图 3　SD 系列单动双管金刚石钻具

图 4　S 系列植物胶钻孔粉

(5)SH 植物胶冲洗液+特质半合管钻进取心技术[8]。黄河勘测规划设计研究院有限公司采用自行研制的 ϕ 91 mm 规格的半合管式双管单动钻具,配合 SH 植物胶在某工程勘察项目中钻取了质量较好的泥化夹层岩心。在此工程中,技术人员根据该区域可研阶段的勘察成果,沿泥化夹层走向,确定相应角度布置钻孔,确保钻孔中心线与泥化夹层有 15°以上夹角,最大程度地增加泥化夹层的取心深度,减弱了钻进过程中岩心的互相磨损,且钻具岩心管设计成半合管结构,打开半合管后即可取心,减少了对内管岩心的敲击,最大限度地减少人为扰动,取出来较好的泥化夹层岩心。

由于水利行业勘察钻孔清水作业的特殊要求,最后两种泥化夹层钻进取心技术通常被限制使用。上述泥化夹层取心技术或通过特定钻具配合黏结剂,或通过特定钻具增大岩心的直径,或通过特定钻具降低孔底冲洗液的流速,或通过特定钻具配合特定的冲洗液在岩心表面形成一层保护膜避免泥化夹层岩心遭受冲蚀,达到提高泥化夹层岩心采取率的目的。但是采用清水作为冲洗液钻取高品质的泥化夹层岩心的工程实例鲜有报道,鉴于钻探设备在钻进取心中的核心地位,因此针对清水作为冲洗液的泥化夹层钻探取心技术,开发适用的钻具、钻头及配套工艺是关键所在。

3　关键技术创新

本项目以黄河古贤水利枢纽坝址区域的泥化夹层为研究对象,以取心钻具和取心钻头为突破点,采用机械设计理论、流体力学理论、Fluent 流体仿真软件以及搭建的泥化夹层岩心冲蚀试验平台、泥化夹层地层钻进取心试验平台等,围绕泥化夹层地层钻进取心特征、泥化夹层清水钻进取心钻具整体结构设计与关键结构优化、泥化夹层清水钻进 PDC 取心钻头孔底流场 3D 数值模拟仿真优化、泥化夹层取心钻具清水钻进取心功能试验、泥化夹层高品质取心技术工程应用试验等展开了详细研究,取得如下关键技术创新:

(1)探明了泥化夹层地层的钻进取心特征。泥化夹层结构松散、强度弱、易冲蚀以及呈两个坚硬厚层中夹极薄软层的模式,决定其在钻进取心过程中具有易受振动扰动、易发生岩心对磨、易受冲洗液冲蚀的钻进取心特征。

(2)研制了一套泥化夹层地层钻进取心钻具(见图 5)。该套钻具采用敞口取粉管与沉砂管组合使用的除砂机构、钻具上端带有扩孔器结构的四用接手与钻具下端扩孔器组合使用的防振结构、推力轴承与滚动轴承组合使用的单动结构、独特的三层管结构设计(外管、内管、衬管,其中内管为满管,衬管为不锈钢半合管),能够有效保证钻具的防振、防冲、防对磨性能。

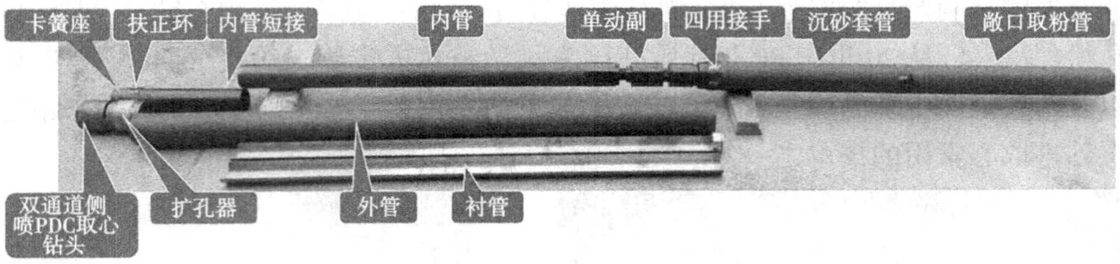

图 5　泥化夹层地层钻进取心钻具

(3)研制出一款泥化夹层地层专用双通道侧喷 PDC 取心钻头(见图 6)。该钻头钢体设计成阶梯形状,钢体前端与阶梯处两个唇面均布置有 PDC 切削齿,钢体前端唇面设置有“L”形侧喷孔,阶梯处唇面设置有斜侧喷孔,双侧喷通道的设计,既能保证冲洗液不对钻头前端及钻头内部的岩心产生冲蚀作用,又能保证将钻头钢体前端切削齿切削的岩屑及时带出孔外,避免产生泥包岩心的现象。

图 6　两款双通道侧喷 PDC 取心钻头

(4)揭示了钻头水口结构对孔底钻头环空流场分布的影响特征及对岩心壁面流速的影响规律、冲洗液流量与双通道侧喷 PDC 取心钻头岩心表面的数学关系以冲洗液冲蚀岩心的流速阈值范围,为双通道侧喷 PDC 取心钻头的研制提供理论指导和数据支撑。

(5)经室内钻进取心试验及多个工程验证试验,形成了“泥化夹层取心钻具+双通道侧喷 PDC 取心钻头+钻进规程+操作工艺”为核心的基岩泥化夹层清水钻进高品质取心关键技术。

4　水利工程勘察领域应用

基岩泥化夹层清水钻进高品质取心关键技术先后应用在黄河古贤水利枢纽坝址区域勘察、案家沟水库工程勘察、新乡辉县九峰山抽水蓄能电站勘察等 10 余个项目中,累计钻进 3 000 余 m,在泥化夹层、强风化破碎等地层中均取出了高品质的岩心,岩心原状性良好,为地质人员提供了精准的地层原始资料。黄河古贤水利枢纽坝址区域钻取的泥化夹层岩心见图 7。

5　包括基岩泥化夹层清水钻进取心在内钻探技术的发展趋势

近年来,随着我国水利工程建设数量呈现逐年增加的态势,作为地质勘察的关键手段,钻探技术在实现对地质条件信息的全面掌握,为水利工程的高效率建设提供支持中扮演着不可或缺的角色。随着自动化和智能化技术、信息技术、传感器技术、随钻传输技术、随钻探测仪器制作水平等的发展,钻探技术也将有大的发展,表现在以下几个方面:

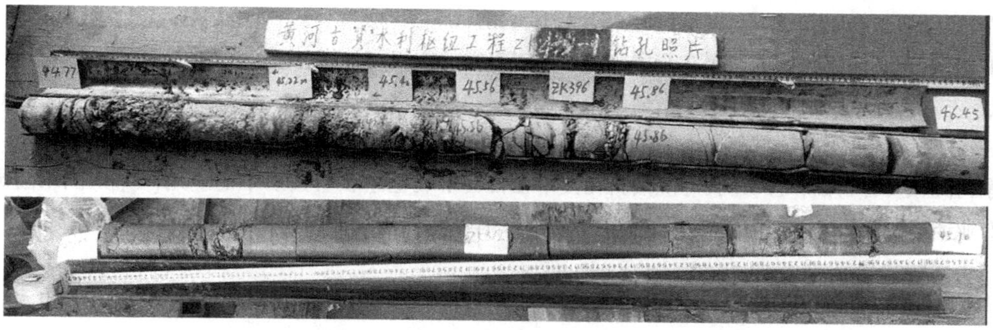

图 7　黄河古贤水利枢纽坝址区域钻取的泥化夹层岩心

5.1　自动化和智能化技术的应用

随着自动化和智能化技术的不断进步，钻探设备将更加高效和精确。例如，自动化钻探系统可以实现无人操作或减少人工干预，提高勘查效率和安全性。智能化传感器和控制系统可以实时监测钻探参数和环境条件，优化钻探过程，并及时反馈数据给操作人员。这些技术的应用将显著提高地质勘察的精度和效率。

5.2　钻探技术与信息技术的融合

信息技术的快速发展为钻探技术的应用带来了新的可能。通过物联网、云计算、大数据等技术手段，可以实现钻探数据的实时传输、存储和处理。勘察人员可以通过远程监控和数据分析平台，对钻孔数据进行实时评估和决策支持。同时，人工智能和机器学习等算法的应用，可以帮助勘察人员从海量数据中挖掘出更多有价值的地质信息，尤其近年来伴随着计算机技术、随钻传输技术、随钻探测仪器制作水平等发展起来的数字钻探被认为是定量测量、识别孔内信息的新方法，例如基于机器学习算法研究随钻参数与地层信息的密切关系，建立相关岩性预测模型等；根据随钻探测仪器精准识别岩性等随钻识别探测技术已成为领域的研究热点。

5.3　定向钻技术在水利工程勘察中的应用

将定向钻技术应用于引水隧洞的地质勘察中，可避免传统竖直勘察的诸多局限性，改变当前引水隧洞工程地质勘察现状。传统垂直钻探勘察钻孔离散大、无效钻进多、勘察偏差大，无法适用于沿线地形高差大、交通条件差、穿江过海、高山峡谷等条件限制的环境，为此部分学者提出采用定向钻技术进行地质勘察的新思路。其具体过程为沿设计轴线钻出勘察孔，后续在孔内开展压水试验、综合测井和孔内电视等测试作业，对重点区段进行非连续间断（非间断连续）取心等。一系列测试手段可探明隧洞沿线地应力大变形、地震断裂带分布、涌水量、地温、水温等隧道地质情况，从而改传统垂直“点”勘察为水平“线”勘察，有效避免传统钻孔勘察的“一孔之见”。

5.4　环境友好型技术的应用

随着环境保护意识的提高和法规的推动，要求钻探技术在工程地质勘察中更加环境友好。例如，采用低噪声、低振动的钻探设备，减少对周边居民的干扰；使用环保型钻探液体或无污染液体代替传统的泥浆，减少土壤和水源的污染风险；加强废弃物的处理和回收利用，减少资源浪费和环境负荷等。这些环保型技术的应用将有助于保护生态环境和可持续发展。

参考文献

[1] 徐晓. 循环动荷载下泥化夹层动力响应特性[D]. 郑州：郑州大学，2019.

[2] 唐楷人. 武隆炭质页岩泥化夹层的流变特性及长期强度研究[D]. 重庆：重庆交通大学，2017.

[3] 苏子义. 套钻岩心定向技术[J]. 水力发电，1996(1)：35-37.

[4] 曾鹏九. 拦河坝基础软弱夹层的勘探[J]. 水力发电,1989(6):28-32.

[5] 王晚中. 无泵孔底反循环钻进技术在潞安矿区取样工程中的应用[J]. 煤,2010,19(10):30,36.

[6] 陈朝红. 吉尔格勒水利枢纽工程坝址区河床深厚覆盖层试验研究[J]. 西部探矿工程,2011,23(4):18-20.

[7] 陈六一. 三峡库区重庆巫山二郎庙滑坡勘察取心取样技术[J]. 探矿工程(岩土钻掘工程),2004(2):30-32.

[8] 葛字家,郭孟起,曹雪然,等. SH 胶冲洗液斜孔技术在古贤水利枢纽软弱夹层中的应用[C]//中国地质学会探矿工程专业委员会. 第十七届全国探矿工程(岩土钻掘工程)学术交流年会论文集,2013:238-239,242.

自升式平台钻探新型套管升降系统荷载计算与应用

叶晓平　牛美峰　黄柳松　刘　安　周光辉　张明林

（浙江华东岩土勘察设计研究院有限公司，浙江杭州　310030）

摘　要：我国风电开发由近浅海走向深远海，传统的浅海水域采用卷扬机收放圆管式套管的套管收放方式已不能够满足生产的需求，有必要研发适用于深远海钻探作业的新型套管结构与收放装置，提升套管收放作业机械化、自动化水平。本文首先对套管升降系统的收放形式进行了分析，开展了新型套管升降系统的设计，并完成了套管升降系统的作业环境分析与计算，结果表明提出的新型套管架强度满足规范要求，可有效应用于复杂海况自升式平台钻探作业场景。

关键词：水上钻探；自升式平台；套管升降系统；荷载计算

自升式平台钻探套管用于钻井时隔离海水，形成钻井液循环通道，并减少水流对作业钻杆冲击，是确保钻探取样作业顺利、快速、安全开展的有效保障。套管的强度及安全性对于钻探作业效率和安全至关重要，对整个钻探作业安全和工效有直接影响。套管收放过程中，往往会受到涌流冲击，且随着水深和流速的增加，收放作业难度和风险逐渐加大，工效随之降低[1-4]。随着我国风电开发由近浅海走向深远海，传统的浅海水域采用卷扬机收放圆管式套管的套管收放方式已不能够满足生产的需求，有必要研发适用于深远海钻探作业的新型套管结构与收放装置，提升套管收放作业机械化、自动化水平。

1　升降系统结构形式分析

升降机构一般布置在平台和桩腿的交接处。在升降的过程中，桩腿和平台主体做反向运动。升降机构同时兼有把主体定位在水面以上指定高度的能力，其间升降机构仅受到竖直方向作用力，由固桩装置负责传递水平作用力。插销式液压升降系统和齿轮齿条升降系统是最为常见的两种升降系统。插销式液压升降系统采用液压泵站为动力源，主要由液压系统、固桩室、液压插销、锁紧装置等部分组成；齿轮齿条升降系统驱动主要通过电机或者液压泵站方式进行，以齿轮转动带动齿条和桩腿做相对转动，从而实现平台升降的目的[5-9]。

1.1　插销式液压升降系统

插销式液压升降系统的主要优点是占用空间不大，桩腿导向装置制作相对容易，传动效率好；制动操作时，因为缸内液压油的滞阻效用，可以在设计上不布置其他缓冲装置。缺点是插销式液压升降系统需交替做功，导致桩腿升降的速度会受到一定的影响；因系统需要液压油作为驱动液，设计中就需要单独布置液压泵站，且经常需要维护保养。

升降装置用于实现平台的升降、平台支持的动作机构，主要包含固桩架、上部环梁、下部环梁、提升油缸、插销装置等部件。其中，升降装置主体结构所用钢材采用船级板。

以升平台动作为例，介绍升降装置的工作原理：上部环梁以及下部环梁分别各通过 4 根提升油缸铰接在固桩架上，每套环梁四周分别均布 4 套插销装置。当升平台时，上部环梁插销插入桩腿孔内，

基金项目：国资委“1025”专项核心攻关项目海上钻探深孔取样设备研发（2022YQGJ087-002）。

作者简介：叶晓平（1991—），男，高级工程师，主要从事地质钻探设备与钻探工艺的相关研究工作。

通信作者：牛美峰（1991—），男，高级工程师，勘探部门主任，从事工程勘察钻探装备与技术研究工作。

上部环梁连接的提升油缸活塞杆做缩短动作；与此同时，下部环梁的插销脱离桩腿孔，下部环梁连接的提升油缸活塞杆做伸长动作；上部环梁的提升油缸缩短至最小行程时，下部环梁的提升油缸正好伸长至长行程，此时平台通过上部提升油缸向上提升一个节距；下部环梁的插销插入桩腿孔后，上部环梁的插销拔出桩腿孔，至此下部环梁连接的提升油缸活塞杆做缩短动作，上部环梁连接的提升油缸活塞杆做伸长动作。如此反复上述动作，进而达到连续升平台的动作。

升降系统主要由升降机构、液压系统和电控系统组成。其中，升降机构设在各固桩室内，液压泵站设在就近的船舱内，集中控制台设在驾驶室内。固桩室顶和主甲板上均设有楔入式辅助固桩装置，用于拖航状态下桩腿的辅助固定，该设计应使得平台能紧急下降而不受其限制。升降机构应保持顺畅的运动，防止卡死；当系统进行插桩和拔桩作业时，液压控制机构需能够实现一定节距的行程；系统应设计为可自锁形式，在各种工况下，一旦系统失压，系统均可自动介入，实现自锁功能。插销式连续升降系统示意如图 1 所示。

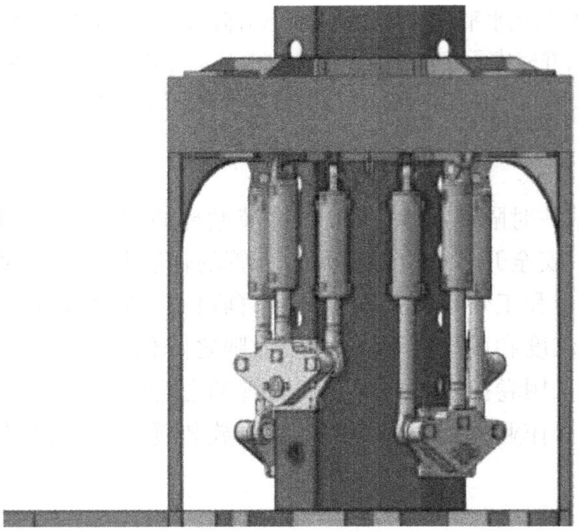

图 1　插销式连续升降系统示意

1.2　齿轮齿条式升降系统

齿轮齿条式升降系统的主要优点是操作灵活，运行速度快，并且可以实现流畅不间断动作。缺点是为解决站桩时齿轮齿条的受力问题，需采取某种措施对冲击力进行释放，比较常用的是在固桩架顶部和底部布置缓冲设施。该系统较为复杂，相应对安装空间的需求较大。平台站桩状态下，升降机构的齿轮齿条一直处于啮合状态，此时锁紧机构需同步锁紧。

液压驱动或电力驱动是齿轮齿条式升降系统经常选取的驱动方式。简单来说，该升降系统运行的原理为，齿轮沿着桩腿弦梁上固定的导向齿条转动，从而完成桩腿的升降动作。单根桩腿上通常会布置多条齿条。为了平衡固桩架承受的横向作用力，通常采取成对布置的方法，即将齿条布置在弦杆的双侧。为解决站桩时齿轮齿条的受力问题，需采取某种措施对冲击力进行释放，比较常用的是在固桩架顶部和底部布置缓冲设施。同时，还应有导向装置安装在齿条板的两边，用来防止桩腿升降过程中水平方向产生的位移和旋转，限制齿条和小齿轮的间距。齿轮齿条升降系统对齿轮的材质和加工工艺要求很严格，且运行时需要配合齿轮减速机构，导致整套系统体积较大。平台顶升到预定位置时需要用锁紧装置锁紧。齿轮齿条升降装置主要由桁架式或其他形式的桩腿、齿轮传动装置、上下导向装置和锁紧装置等组成。

齿轮齿条式升降系统和插销式液压升降系统区别主要有：液压插销式升降系统的负荷状态和升降控制全部由液压系统调节完成。这种运行方式的优点是可以有效缓解振动冲击、运行顺畅、结实耐用；插销和销孔成组使用，杜绝了相互之间滑动和因摩擦受力的问题，因此对桩腿的施工工艺要求相对不高；但该系统在工作时是通过渐进的升降方式运行的，这导致了系统的操作较烦琐，耗时较长。齿轮齿条式升降系统如图 2 所示。

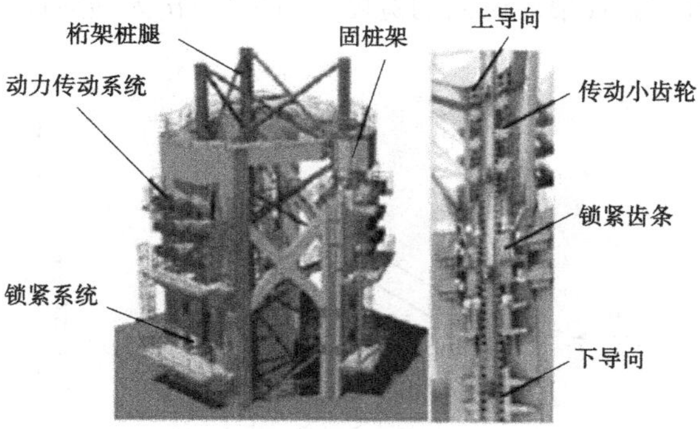

图 2　齿轮齿条式升降系统示意

2　升降系统作业环境分析与计算

2.1　设计载荷种类

所有可能影响系统正常施工作业和生命财产安全的载荷都应包含在设计载荷的范围内。按照载荷的性质主要可为以下三类：

(1)环境载荷。指通过多种方式和途径与自然环境中的相关因素发生接触而产生的载荷。其中,通过直接接触自然环境因素而产生的主要有以下几种:冰载荷、波浪载荷、海流载荷、风载荷等。结合作业环境,在分析与计算中,需考虑波浪载荷、海流载荷、风载荷。

(2)额定载荷。结合作业环境,在分析与计算中,考虑套管架的质量,按 48 t 加载。

(3)极端载荷。指一些偶然发生的载荷情况,主要是因为意外或事故而发生的载荷,例如地震、海啸、台风、平台碰撞、失火、爆炸发生事故等,在分析中不作考虑。

2.2　风载荷计算

根据中国船级社《海上移动平台入级规范》(2023)中,风压:

$$P = 0.613 \times 10^{-3} \times v_k^2 = 0.613 \times 10^{-3} \times 20.7^2 = 0.26(\text{kPa})$$

式中:v_k 为风速,计算中取 20.7 m/s。

作用于套管架上的风力(海平面至船底板):

$$F = C_h \times C_s \times S \times P = 1 \times 0.5 \times 3.5 \times 0.26 = 0.46(\text{kN})$$

式中:C_h 为高度系数,查表 1,取 1;C_s 为形状系数,查表 2,取 0.5;S 为与风力垂直的海水提升塔的迎风面积,m^2。

$$S = B \times H = 1.47 \times 4 \times 60\% = 3.5(m^2)$$

表 1　高度系数 C_h

海平面以上的高度 h/m	0~15.3	15.3~30.5	30.5~46.0	46.0~61.0
高度系数 C_h	1	1.1	1.2	1.3

表 2　形状系数 C_s

构件形状	Cs	构件形状	Cs
球形	0.4	井架	1.25
圆柱形	0.5	甲板下暴露的梁和桁材	1.3
大的平面(主体、甲板室、平滑的甲板下表面)	1	小部件	1.4
甲板室群或类似结构	1.1	独立的结构(起重机、梁等)	1.5
钢索	1.2		

式中：B 为入射角为 0°时，套管架迎风面的宽度（见图 3）；H 为迎风面高度，取海平面至船底板之间的气隙高度，取 4 m；

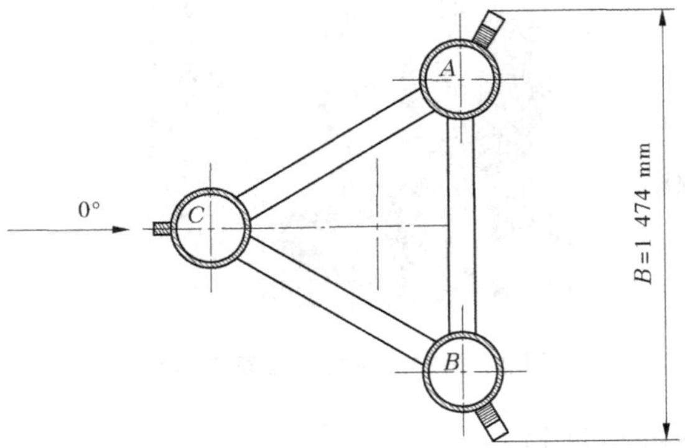

图 3　套管架迎面宽度

2.3　波浪载荷与海流载荷

2.3.1　波浪的基本条件

波浪条件如下：气隙 $H_0=4$ m，最大波高 $H=4$ m，表面流速 $v_0=0.77$ m/s，泥面流速 $v_1=0.26$ m/s，入水深度 $h=75$ m，平台最大作业水深 $d=75$ m，波周 $T=6.6$ s。根据弥散关系，波长 $L=gT_2/(2\pi)\tanh(2\pi d/L)$，经迭代求解 $L_n=gT_2/(2\pi)\tanh(2\pi d/L_n-1)$，得波长 $L=67.94$ m，波数 $k=2\pi/L=0.0925$，套管架截面特征尺度 $D=1.47$ m。

$D/L_0=1.47/67.94=0.021<0.2$，属于小尺度孤立桩柱，可应用《海上移动平台入级规范》（2024）中相关公式计算波浪载荷。

2.3.2　套管架的等效简化

为考虑齿条对波浪载荷的影响，根据美国造船技术与造船工程师协会（SNAME）的相关规定，将桁架式套管架简化为等效管。

2.3.2.1　弦杆的曳力系数

套管架上带有齿条的弦杆，其曳力系数需单独进行计算（C 管上的导柱侧面积小于 A/B 管上齿条的侧面积，为简化计算，C 管曳力系数按同样方法计算）。弦杆的横截面如图 4 所示。

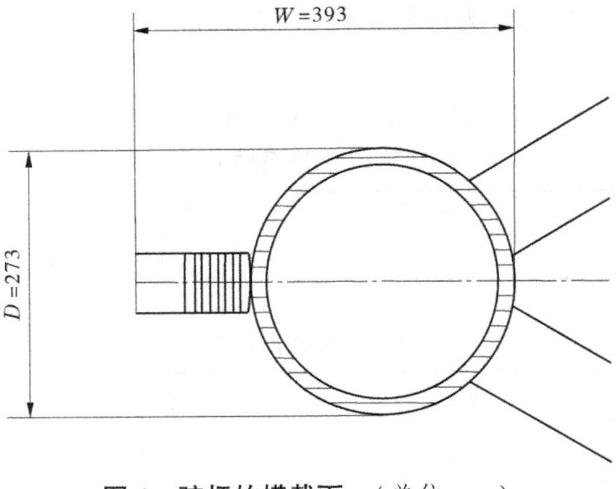

图 4　弦杆的横截面　（单位：mm）

图 4 中，θ 为浪向与弦杆齿条板水平面上长对称轴的夹角；D 为弦杆直径；W 为一侧齿条凸起最高处至另一侧齿条凹陷最低处的水平距离。

$$W/D=393/273=1.44$$

垂直弦杆的曳力系数为

$$C_{Di}=\begin{cases}C_{D0}=0.65,\theta\leqslant 20^\circ\\C_{D0}+(C_{D1}W/D_i-C_{D0})\times\sin^2[(\theta-20^\circ)9/7],20^\circ<\theta\leqslant 90^\circ\end{cases}$$

$$C_{D1}=\begin{cases}1.8,W/D_i<1.2\\1.4+W/3D_i,1.2\leqslant W/D_i\leqslant 1.8\\2.0,W/D_i>1.8\end{cases}$$

C_{D0} 为当 $\theta\leqslant 20^\circ$时弦杆的曳力系数;D_i 为各构件的直径;C_{D1} 为当 $\theta=90^\circ$时垂直弦杆的曳力系数,代入公式可得 $C_{Dl}=1.86$,为弦杆曳力系数最大值。不同 θ 角下弦杆对应的曳力系数如表 3 所示。

表 3　不同 θ 角下弦杆对应的曳力系数

θ 角	0°	30°	60°	90°
C_D	0.65	0.74	1.8	1.86

2.3.2.2　横撑杆和斜撑杆的曳力系数

需考虑单根管与流向之间的夹角 α 及单根管与水平面之间的夹角 β,如图 5 所示。不同构件相对于整体的曳力系数为

$$C_{DEi}=(\sin^2\beta+\cos^2\beta\sin\alpha)^{3/2}C_{Di}\frac{D_il_i}{D_Es}$$

式中:l_i 为各管件的长度;D_E 为一个标准段的等效直径;s 为一个标准段的长度,$s=6$ m。

对于整体的等效直径 D_E,其计算式为

$$D_E=\sqrt{\left(\sum D_i^{\ 2}l_i/s\right)}=0.523\ \text{m}$$

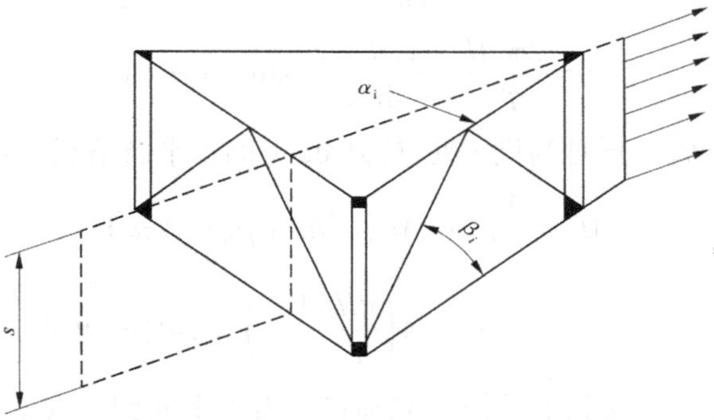

图 5　流向与夹角的关系

2.3.2.3　等效管的惯性力系数

不同构件相对于整体的惯性力系数为

$$C_{Mei}=[1+(\sin^2\beta+\cos^2\beta\sin\alpha)(C_{Mi}-1)]\frac{A_il_i}{A_es}$$

式中:C_{Mi} 为各管件自身的惯性力系数,按规范取 2;A_e 为等效管的截面面积,$A_e=(\sum A_il_i)/s=0.199\ 3$ m;A_i 为各管件的截面面积,$A_i=\pi D_i^{\ 2}/4$。

2.3.2.4　等效管的计算过程

因套管架的对称性,各入射角下的等效管曳力系数及惯性系数如表 4 所示。

表 4　不同入射角等效管的曳力系数及惯性系数

入射角	C_D	C_M
0°	2. 613	1. 955
30°	2. 138	1. 955
60°	2. 613	1. 955
90°	2. 138	1. 955
120°	2. 613	1. 955

2.3.3　波浪载荷与海流载荷的计算

2.3.3.1　波浪载荷计算

应用莫里逊(Morison)公式计算波浪载荷,以入射角 0°为例:

$$F_H = F_D + F_I$$

式中:F_H 为小尺度构件垂直于其轴线方向单位长度上的波浪载荷,kN/m;F_D 为单位长度上的曳力,kN/m;F_I 为单位长度上的惯性力,kN/m。

$$F_D = 1/2\rho_W C_D A|u - \dot{x}|(u - \dot{x})$$

$$F_I = \rho_W V(C_{M\dot{u}} - C_A\ddot{x})$$

式中:ρ_W 为海水密度,取 1.025 t/m^3;A 为单位长度构件在垂直于矢量 $(u - \dot{x})$ 方向上的投影面积,$A = De\times1 = 0.514\ \text{m}^2/\text{m}$;$C_D$ 为曳力系数,$C_D = CD_{Ei} = 2.613$;C_M 为惯性力系数,$C_M = CM_{ei} = 1.955$;C_A 为附连质量系数,$C_a = CM_{ei} - 1 = 0.955$;V 为单位长度构件的体积,$V = A_e\times1 = 0.1993\ \text{m}^3/\text{m}$;$u$ 为垂直于构件轴线水质点速度分量;$\dot{u}$ 为垂直于构件轴线水质点加速度分量;$\dot{x}$ 为垂直于构件轴线构件速度分量,$\dot{x}=0$;$\ddot{x}$ 为垂直于构件轴线水质点加速度分量,$\ddot{x}=0$。

$$u = \frac{\pi H}{T}\frac{\text{ch}k(d + z)}{\text{sh}kd}\cos(kx - \omega t) + v_0$$

$$\dot{u} = \frac{2\pi^2 H}{T^2}\frac{\text{ch}k(d + z)}{\text{sh}kd}\sin(kx - \omega t)$$

以海底面为基准面,套管架任意高度 z 处,柱高 dz 上的水平波浪载荷:

$$\text{d}F = \frac{1}{2}\rho_W C_D A u|u|\text{d}z + \rho_W C_M V z\dot{u}\text{d}z$$

$$= \frac{1}{2}\rho_W C_D A\left(\frac{\pi H}{T}\frac{\text{ch}kz}{\text{sh}kd}\right)^2\cos\theta|\cos\theta|\text{d}z + \rho_W C_M V z\frac{2\pi^2 H}{T^2}\frac{\text{ch}kz}{\text{sh}kd}\sin\theta\text{d}z$$

任意波浪相位(θ),套管架受到的总波浪载荷(75 为海平面到海底的距离,0 为套管架底到海底的距离)为

$$F_H = \int_0^{75}\frac{1}{2}\rho_W C_D A\left(\frac{\pi H}{T}\cdot\frac{\text{ch}kz}{\text{sh}kd}\right)^2\cos\theta|\cos\theta|\text{d}z + \int_0^{75}\rho_W C_M V z\frac{2\pi^2 H}{T^2}\frac{\text{ch}kz}{\text{sh}kd}\sin\theta\text{d}z$$

$$= C_D\frac{\rho_W A H^2}{2}K_1\cos\theta|\cos\theta| + C_M\frac{\rho_W V z H}{2}K_2\sin\theta$$

式中:$K_1 = \dfrac{2k\times75 + \text{sh}(2\times75k)}{8\text{sh}(2kd)}$;$K_2 = \dfrac{\text{sh}(75k)}{\text{ch}(kd)}$。

2.3.3.2　海流垂向分布

作业时,风速为 20.7 m/s,$v_0 = 0.77$ m/s,该流速由潮流流速 v_t、风暴涌流速 v_s 和风成流流速 v_w 组成。泥面流速 $v_t+v_s = 0.26$ m/s。风成流流速随水深增大而减小,当水深大于 10 m 时,风成流的流速减为 0,故海流流速 v 的垂向分布如表 5 所示。

表 5　海流流速 v 的垂向分布

与海底的距离/m	v_t+v_s/(m/s)	v_w/(m/s)	v/(m/s)
70.8~75	0.26	0.51	0.77
64.9~70.8	0.26	0.23	0.56
59~64.9	0.26	0	0.26
45~59	0.26	0	0.26
30~45	0.26	0	0.26
15~30	0.26	0	0.26
0~15	0.26	0	0.26

2.3.4　海流载荷与波浪载荷的合成

应将波浪水质点速度 u 与海流速度 v 矢量相加，极端情况下，海流方向与波浪行进方向一致，套管架所受最大曳力为

$$F_D = 0.5\rho_W C_D A\,|u+v|(u+v)$$

为提高计算精度，将波流载荷分段加载在套管架上。入射角为 0°时各段波浪、海流合力如表 6 所示。

表 6　0°入射角时波浪、海流合力

与海底的距离/m	波流合力/kN
0~5.9	0.16
5.9~11.8	0.29
11.8~17.7	0.30
17.7~23.6	0.31
23.6~29.5	0.34
29.5~35.4	0.39
35.4~41.3	0.47
41.3~47.2	0.63
47.2~53.1	0.94
53.1~59	1.60
59~64.9	3.08
64.9~70.8	9.94
70.8~75	15.93
总合力	34.38

2.4　分析结果

将风载荷、波流载荷及设备重量加载到有限元模型进行强度校核，计算结果如表 7 所示。

表 7　校核结果汇总

	项目	类别	
		轴向应力	弯曲应力
入射角	材料	Q345D	Q345D
	屈服强度/MPa	345	345
	安全系数	1.25	1.25
	许用应力/MPa	276	276
0°	计算最大应力/MPa	43.4	59.4
	衡准结果	合格	
30°	计算最大应力/MPa	38.4	59.6
	衡准结果	合格	
60°	计算最大应力/MPa	50.7	82.3
	衡准结果	合格	
90°	计算最大应力/MPa	38.9	59.7
	衡准结果	合格	
120°	计算最大应力/MPa	44.7	55.3
	衡准结果	合格	

故套管架强度满足规范要求。

3　套管收放装置选型与设计

考虑到齿轮齿条形式的升降系统适应性强，可广泛应用于桁架式套管、圆柱形套管，相对于液压油缸顶升式，具有升降速度快、可连续升降、操作灵活、维修方便等优势，本套管收放装置选用电动齿轮齿条式。

收放装置主要由升降电机（带变速器和小齿轮）、固桩结构和控制系统组成，如图 6 所示。升降电机布置在套管两侧，安装在固桩结构上，其上的小齿轮和套管上的齿条相匹配；控制系统一是控制电机的启停，二是将输出信号连接到平台的控制面板上。通过控制升降电机从而带动套管结构升降。

3.1　套管升降系统工作原理及组成

在钻探过程中，为了防止孔壁的坍塌、涌砂（水）、漏水，或为了隔离水层，保证继续正常钻进，通常利用金属或非金属管材下到钻孔内，以维护钻孔，称作套管。升降系统包括升降装置、上导向装置、套管架、下导向装置、手动锁紧装置、升降控制系统及本地操作箱，如图 7 所示。

（1）升降装置。2 套，电动齿轮齿条形式，安装在主甲板上，由带制动器的变频电机驱动减速箱工作，通过减速箱输出轴上的齿轮与套管架两根弦杆上的齿条之间的传动，带动套管架在一定范围内上下运动。

（2）上导向装置。1 套，配双滚轮，安装在主甲板面，与另一根弦杆上的导柱配合。

（3）套管架。采用三角桁架式，其中 2 条弦杆安装齿条与升降装置对应，另外 1 条弦杆安装导柱与滚轮导向装置对应。套管架由 8 m 底部段（共 1 件）、6 m 分段（共 12 件）及 4.5 m/3 m/1.5 m 分段（各 1 件）组成，分段之间通过螺栓连接，总长度约 89 m。

（4）下导向装置。3 套，对套管架的每根弦杆进行限位。

（5）手动锁紧装置。4 套，通过转动主甲板面的手轮，使船底的锁紧块贴紧弦杆，以减少钻杆转动时套管架的振动。

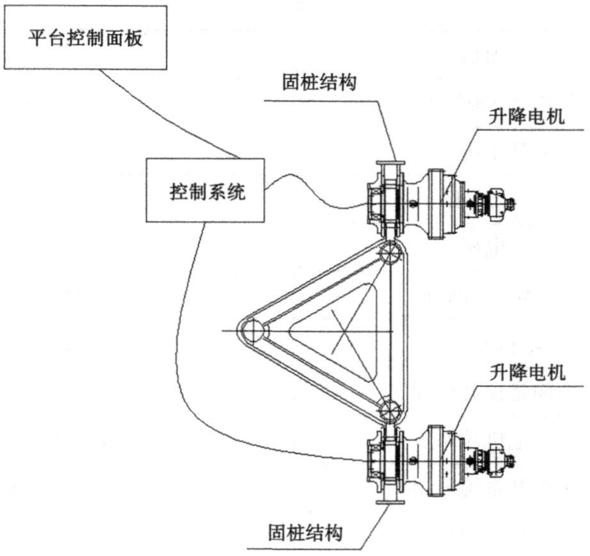

图 6　收放装置(升降系统)示意

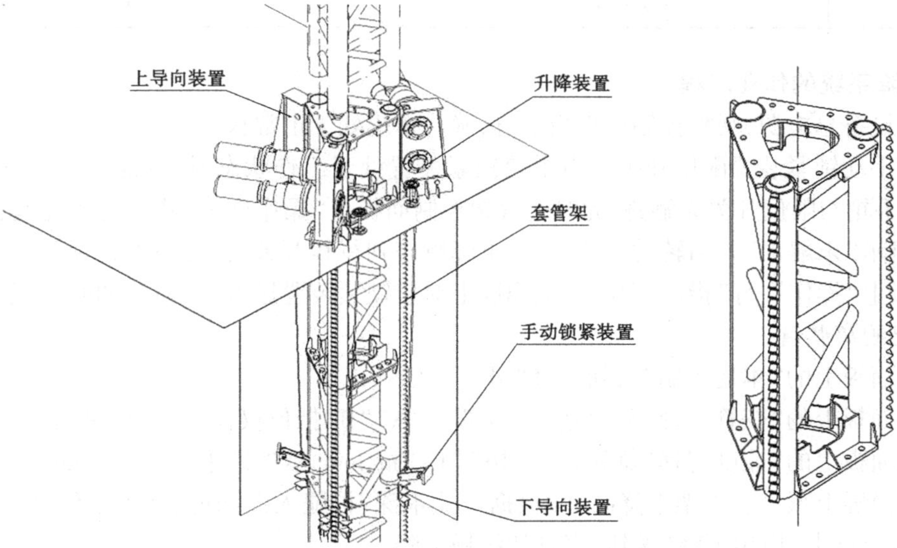

图 7　套管架升降系统的工作原理及结构

(6)升降控制系统。基于 PLC 控制系统及变频系统,由 1 台变频器拖动 4 台电机,在升降时,通过变频器的变速控制使升降系统平滑启动及停止,避免了直接启动对电网的冲击及对电站冗余负荷的需要。

(7)本地操作箱。设置在设备附近,防护等级为 IP56,具有升、停、降三个动作按钮,相关故障报警灯,电机调速旋钮,以及用于显示升降装置载荷、升降速度、升降高度的液晶屏。

3.2　套管升降系统的设计参数

根据作业需求和任务书的要求,系统的设计参数如表 8 所示。

表 8　系统的设计参数

序号	项目	参数
1	设备名称	套管及收放装置
2	设备型号	KOE-TS72A
3	套管架总长度	89 m

续表 8

序号	项目	参数
4	套管架齿条板厚度、材质	66 mm,EH36
5	提升系统形式	电动齿轮齿条式
6	减速箱	4 台
7	电机	4 台
8	额定提升载荷	18 t/台,合计 72 t
9	电机刹车力	20 t/台,合计 80 t
10	额定提升速度	3 m/min
11	电机功率	15 kW/台,合计 60 kW
12	提升系统电制	380 V×3P,50 Hz
13	提升行程	80 m
14	塔架提升重量	36 t(扣除 12 t 浮力后)
15	环境温度	-10~40 ℃

3.3 套管升降系统的作业流程

(1)打开设备总电源,观察控制面板指示灯,确认系统处于正常状态。

(2)检查手动锁紧装置限位开关。当手轮锁紧装置处于工作状态时,月池下方锁紧臂抱紧管架弦管,甲板上手轮与限位开关无触碰,此时套管架控制面板上“操作许可”指示灯未亮起,触摸屏上对应锁紧装置显示“未解锁”。当转动手轮,使其下降触碰到行程开关时,月池下方锁紧臂松开,此时套管架控制面板上“操作许可”指示灯亮起,触摸屏上对应锁紧装置显示“解锁”,同时应观察月池下方,确认锁紧臂已脱离弦管。

(3)控制面板上的“本地控制”旋钮选择“开”。

(4)控制面板上的“弦管选择”旋钮选择“全部”,“A”“B”挡位仅在微调的情况下使用。

(5)控制面板上的“速度选择”旋钮选择“快”挡(3 m/min)或“中”挡(1.5 m/min)。

(6)在触摸屏上预设套管架下降高度(根据作业水深、桩腿入泥深度、潮汐水位等综合考虑),然后在控制面板上点击“塔架下降”按钮,套管架缓慢下降。

(7)当套管架上端面下降到与升降装置顶部平齐时,在控制面板上点击“停止”按钮,电机断电,制动器闭合,将套管架固定。

(8)利用甲板吊及吊运工装,将 6 m 分段按编号依次吊至原套管架上端面,再用螺栓螺母锁紧。

(9)套管架即将下降至指定高度时,触摸屏上“预设高度”输入框闪烁,蜂鸣器响起,点击“报警确认”按钮,“速度选择”旋钮,选择“慢”挡(0.5 m/min)。当套管架入泥时,触摸屏上会显示 A/B 弦管所受载荷大幅度减少,此时应点击“停止”按钮。

(10)转动手轮,使手动锁紧装置抱紧套管架,此时套管架控制面板上“操作许可”指示灯熄灭,触摸屏上对应锁紧装置显示“未解锁”。

(11)套管架上升的操作流程与上述流程相似。

套管架控制面板及套管架触摸屏见图 8。

4 结语

本文针对当前护孔套管及收放装置存在的问题以及深水勘探平台的特殊使用需求,开展了深入系统的试验研究和理论分析,取得了如下成果:

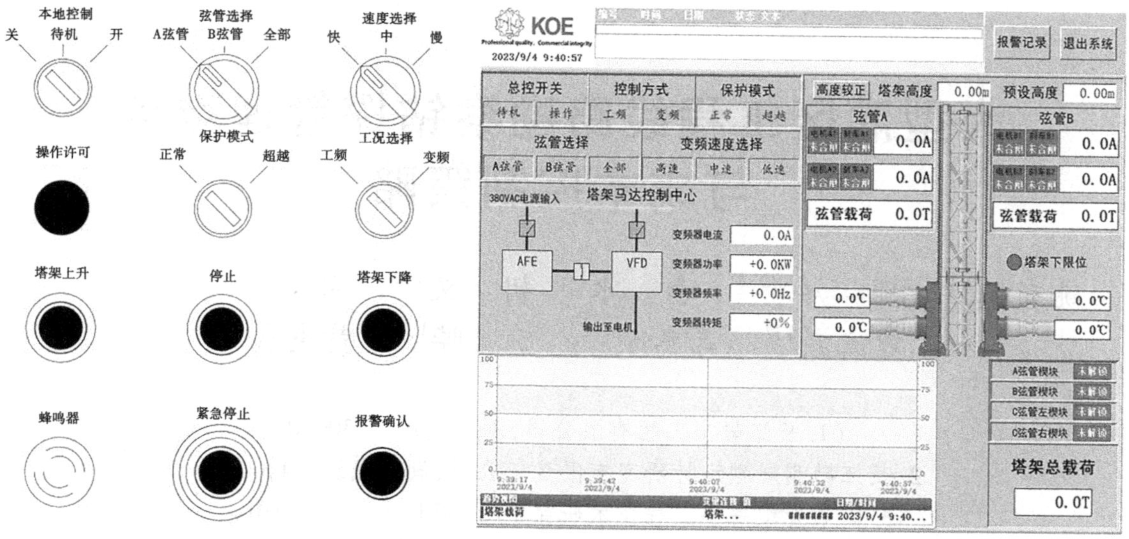

图 8　套管架控制面板及套管架触摸屏

（1）针对深水高流速海况下套管抗水流冲击能力差的难题，研发了三角桁架式护孔套管架，通过改变结构形式，在未增加套管横截面面积的前提下有效提高了套管刚度，为海上深孔取样作业提供高稳定性护孔套管装置。

（2）针对护孔套管收放作业效率低、安全性差以及垂直度不足等难题，研发了一种用于海上勘探作业的护孔套管架升降系统，首次采用电动齿轮齿条升降方式收放套管，保障了海上深孔取样高效作业。

参考文献

[1] 袁光宇. 我国海上钻井隔水导管使用现状及发展趋势[J]. 长江大学学报（自然科学版），2012，9（7）：102-103，123.

[2] 王冬石. 深水钻井隔水管系统关键技术研究与发展建议[J]. 石油机械，2018，46（7）：39-44.

[3] 谭淑英. 隔水套管快速接头的开发研制[J]. 天津科技，2010，37（5）：24-25.

[4] 王风华，刘晓明. 深水域工程地质钻探套管选型与加固方案研究[J]. 铁道标准设计，2014，58（增 1）：41-43.

[5] 胡建平，冯蓓蕾. 洋山深水港区工程海上勘探关键技术实施[J]. 海洋工程，2012，30（3）：164-169.

[6] 胡建平. 近海工程船载式勘探平台系统创新与应用[J]. 中国港湾建设，2014（4）：1-5.

[7] 黄山田，王震，邵亮亮，等. 水下隔水套管垂直度控制导向受力分析与优化研究[J]. 石油和化工设备，2024，27（11）：76-79.

[8] 景万胜，袁浩，郭文斌，等. 深水隔水套管螺纹的校核计算[J]. 石化技术，2024，31（7）：164-166.

[9] 郭文斌，常芹，秦双双，等. 隔水套管接头的快速连接装置结构设计与研制[J]. 中国石油和化工标准与质量，2024，44（4）：104-106.

大型灌区工程线路勘察钻探管理难点与成本控制策略

姚震桐[1,3] 项 洋[1,2,4] 李 冰[1] 胡 义[1,2] 周治刚[1,2,3]
曾立新[1,2] 肖冬顺[1,2] 丁 晔[1,2] 黄炎普[1,2]

（1. 长江岩土工程有限公司，湖北武汉 430010；
2. 长江勘测规划设计研究有限责任公司，湖北武汉 430010；
3. 国家大坝安全工程技术研究中心，湖北武汉 430010；
4. 水利部水网工程与调度重点实验室，湖北武汉 430010）

摘 要：线路工程勘察因其空间跨度大、作业环境复杂、生态保护要求严格及协调难度高等特点，对钻探管理的精细化、科学化提出了更高要求。本文以安庆市某大型灌区工程为例，基于钻机作业效率统计与钻探成本分析，系统剖析了线路勘察中钻探管理与成本控制的关键影响因素，并提出了相应的对策，可为线路工程勘察钻探生产管理提供参考。

关键词：线路工程勘察；钻探管理难点；钻机搬迁；钻探成本控制

随着国家水网工程建设的加速推进[1]，引江补汉工程、滇中引水工程等为代表的一大批引调水工程陆续实施，相关工程的勘察工作具有显著的线路工程特征。不同于常规勘察项目集中在某一区域，线路勘察往往沿着规划路线，呈带状、叶脉状或网状分布，总长度可达数百千米。线路工程勘察具有跨区域、连绵不断的特点，使得钻探外业工作面临诸多困难[2-4]：钻探作业范围常跨越山地、河流、森林等复杂地形地貌，基础设施条件差，设备搬运和钻探难度高；沿线往往涉及城乡居民区、农田或生态保护区，涉及征地协调和手续办理。此外，长距离线路勘察还需应对复杂地质条件带来的钻探工艺和孔内安全的挑战[5-6]，以及钻孔质量监管问题。这些都对钻探外业工作提出了更高的要求。

本文结合项目案例，归纳总结线路工程勘察中钻探外业工作的一般特点，定性定量分析其在成本构成和质量控制方面的要点，探讨加快工程进度、压缩生产成本的科学管理办法。

1 工程概况

安庆市某水库灌区工程以灌溉为主，兼顾城镇供水。设计灌溉面积为52.8万亩，属于大型灌区，工程等别为Ⅱ等大(2)型工程，城镇供水范围及供水对象为3个县(市)16个乡(镇)城镇用水和农村用水。工程建成后可将灌区的灌溉保证率提高至80%，为当地发展提供水资源安全保障，提高灌区人民的生活水平。

灌区渠系由总干渠、东干渠、西干渠、分干渠和支渠组成。新建、扩建渠道共34条，总长293.86 km(不含供水管道)，其中干渠3条(总干渠、东干渠、西干渠)，总长53.79 km；分干渠11条，总长118.24 km；支渠20条，总长121.83 km。新建城镇供水管道2条，总长4.81 km。勘察工作范围呈叶脉状，是典型的线路勘察。

基金项目：国家大坝安全工程技术研究中心科研项目(CX2023Z01-5)；水利部水网工程与调度重点实验室科研项目(CX2023Z02-1)。

作者简介：姚震桐(1997—)，男，助理工程师，主要从事水利水电工程地质勘察研究工作。

灌区地处大别山山脉东南部向长江平原区过渡的低山丘陵区,工程区有低山丘陵与平原两种地貌类型。西北为低山丘陵区,属大别山区,地面高程一般为50~150 m,区内出露地层主要为前震旦系花岗片麻岩;东南为平原区,地势整体西北高、东南低,地面高程一般为12~50 m,区内出露地层主要为下第三系砾岩、砂岩以及第四系粉质黏土、粉质黏土夹碎石、粉细砂、砂砾卵石等。区内河流、湖泊发育,有多条规划线路穿越河流、高速公路和铁路,渠系工程线路区未发现滑坡、泥石流等不良地质现象,区域地质整体稳定。

本阶段勘察钻探外业工作于2025年2月9日正式开钻,于2025年3月25日完成全部钻孔,耗时45 d,前后陆续进场钻机10台,累计完成工作量4 647 m/302孔。作业期间,由于钻孔数量众多,钻孔间距离跨度大,项目遇到了一系列线路工程勘察中常见的问题,例如搬迁困难、青苗赔偿等,呈现出作业范围广、作业环境复杂、协调难度大的特点。

2 管理工作难点分析

本项目勘察中,钻探工作主要沿着灌区线路布置方案展开。为加快施工进度,各钻机沿渠线分区包干,逐孔施工。钻孔实施难度与地形起伏程度、地质条件、用水难易、移孔条件(是否靠近既有道路,沿线构筑物、农田、苗木基地的丰富程度)密切相关,因而具有一定的共性特点,具体总结如下。

2.1 成本控制风险大

一方面钻探人工成本逐年上升,但合同价格上涨有限,导致钻探队伍抗风险能力下降;另一方面线路工程勘察的特点决定了钻机在施工过程中可能出现各种意外情形(如孔位变更、搬迁、协调困难等),钻机易窝工,导致钻探成本控制风险显著加大。寻找孔位、钻机搬迁、施工便道见图1。

图1 寻找孔位、钻机搬迁、施工便道

2.2 工作量多变、工期不定

在当前的生产形势下,勘察与设计之间联动频繁,叠加各种因素影响,线路工程设计方案往往多变,不同线路段的地质要求也不一致,导致钻孔位置和钻孔任务往往多变,工期不定。

2.3 工作条件差异性大

由于钻孔沿线分布，钻孔间距遥远，不同钻孔的地形、地层、用水条件乃至海拔、气候均可能有较大差异，而当钻孔位于地形复杂或基础设施薄弱地区时，将导致运输、户外作业、燃料、供水和生活等一系列难题。

2.4 监管困难，复杂情况难以及时处置

钻孔作业分散，各项协调、准备工作占据了管理人员大部分的精力，往往无暇兼顾多个机组，让钻机机组人员停工等待验收也不现实，因而在质量监管上存在缺口[7-9]，易出现岩心造假、试验数据失真等现象，且遇到机械故障、孔内事故等突发问题时，也难以及时解决。

2.5 协调工作量大

线路勘察作业往往涉及施工许可、占地、影响交通、青苗赔偿、地下管网探测等问题，需做好宣传工作与赔偿措施，提前与地方政府和居民沟通，如协调工作不到位，易出现阻工现象，造成成本增加和进度滞后。

3 成本分析与对策

3.1 钻探生产情况

本项目累计进场 10 台钻机，其中 3 台钻机为承包队伍自有钻机，自行承担钻机的管理工作和各项开支；7 台钻机为外委钻机，以合同单价的形式按工作量据实结算。在工作效率方面，以协调工作相对较少、钻孔作业相对连续的 7 台钻机为例，其工作量和工作效率统计数据如表 1 所示。

表 1 部分钻机工作情况统计

完成钻机	完成工作量		工作时间/d	工作效率		备注
	孔数/个	进尺/m		孔/d	m/d	
钻机 1	46	620.5	45	1.02	14	丘陵，进场与引水困难，花岗片麻岩
钻机 2	36	627.0	45	0.80	14	丘陵，进场与引水困难，花岗片麻岩
钻机 3	26	446.0	43	0.60	10	丘陵，进场与引水困难，以花岗片麻岩、强风化砂砾岩为主
钻机 4	39	735.0	32	1.22	23	平原，以砂岩为主，自带货运拖车
钻机 5	36	484.5	25	1.44	19	平原，以砂岩为主，钻孔位置多靠近道路
钻机 6	35	416.0	24	1.46	17	平原，以砂岩为主，钻孔位置多靠近道路
钻机 7	27	300.0	17	1.59	18	平原，以砂岩为主，钻孔位置多靠近道路

表 1 中，钻机序号 1~3 即为承包队伍自有钻机，累计完成工作量为 1 693.5 m/108 孔。3 台钻机共配有管理人员 1 人，每台机组有机长 1 人，辅助工 2 人(外委钻机每台机组仅有 2 人)，工作范围主要集中在总干渠和东干渠，地形以低山丘陵为主，修路搬迁工作频繁；钻孔地层以花岗片麻岩、强风化砂砾岩和河滩砂卵地层为主，工作对象为本项目的“硬骨头”。本文将以这 3 台承包队伍自有钻机为例，详细分析线路工程勘察中钻探工作的成本组成，寻找优化空间，探讨提高生产效益的可行路径。

3.2 钻探生产成本组成

工程勘察钻探项目一般工期较短，孔深较浅，主要成本来自人员工资、钻探生产开销和日常生活费[10-12]。不计管材摊销费和机械设备折旧费，本项目生产成本具体统计见表 2，各项开支占比见图 2。综合分析可知：

(1) 在钻机的生产成本组成中，人员工资的占比最大，其次是钻机生产开支，两者合计占比达到了 77%，而具有线路工程勘察特色的物流费和赔偿费仅占比 12%，可见，在本项目中，线路孔的额外

开支并不是以钻机转运费、青苗赔偿费等形式直接反映到生产成本中的。

(2)表1中,3台承包队伍自有钻机的生产效率普遍偏低,以20 m以浅的钻孔深度衡量,常规小型立轴钻机的日进尺效率可超过20 m/d,但3台钻机的日进尺效率均不超过15 m/d,其中钻机3的日进尺效率仅为10 m/d,可见在线路工程勘察中,搬家辅助工作时间长,地质条件的复杂多变,导致工期的延长,将会拖累钻机生产成本。

(3)在表2的分类统计中,修路搬迁的花费并不能直接体现出来,本项目中此项工作主要通过从各机组中抽调人手提前完成。由于3台自有钻机均配有3个工人,而正常司钻作业2人即可完成,这样就可以在不影响正常钻探的前提下,安排人手提前修建下一次序的钻孔的施工便道,这样既保证了钻探进度,又能避免修路开支,因此此项花费需进一步分析。

表2　钻探生产成本组成

序号	类别	费用/元	费用组成	费用/元	备注
1	人员工资	97 890	机长	45 850	3台钻机,3人,工期41~45 d不等
			辅助工	34 040	3台钻机,6人,工期41~45 d不等
			管理人员	18 000	
2	钻机生产开支	70 445	钻头	16 800	金刚石钻头:91 mm钻头32个,110 mm钻头8个;复合片钻头:91 mm钻头4个,110 mm钻头16个
			钻机配件	38 631	履带4条,轴承、齿轮等易损件
			钻机燃油费	13 200	
			润滑油	668	
			工具	190	管钳
			钻机维修费	470	
			其他	486	沉淀剂,用水
3	物流费	22 721	转运费	12 100	租赁拖车转场50次
			进出场费	9 000	
			快递费	1 621	配件、履带
4	生活费	23 518	伙食费	12 000	含厨师
			住宿及水电	4 434	
			出行	6 200	
			日用品	884	文具、劳保
5	赔偿费	3 700	青苗费	2 700	小麦、果园
			其他	1 000	水管修复
合计/元		218 274			

3.3　钻机移孔换位的成本

下面利用ABC成本分析法将本项目钻探工作细分为日常生活、协调赔偿、钻机转运、修路搬迁和钻探作业五个流程,再选取协调赔偿、钻机转运和修路搬迁这三个具有线路工程勘察特色的活动流程[13-15],将图2中的生产成本组成按照所属的工作环节,划分到不同活动流程中,得到表3所示的钻机移孔换位的成本开支。

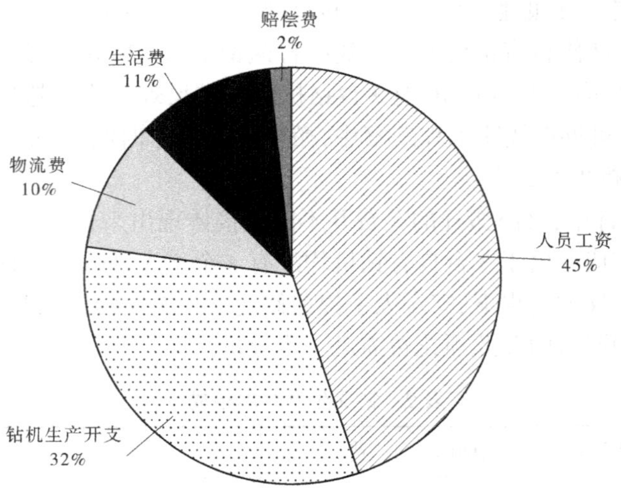

图 2 钻探生产成本占比

表 3 钻机移孔换位成本

费用组成	划分依据	费用/元	成本动因
人员工资	修路搬迁累计用工 77 人次	20 020	(1)转运次数,3 台钻机完成 108 孔,转运 105 次; (2)工作天数,工期 45 d
钻机转运费	租赁拖车转场 50 次	12 100	
钻机配件费	履带及齿轮配件在钻机行走途中损坏	38 631	
钻机维修费	履带维修	470	
钻机燃油费	钻机行走	5 000	
行车出行	上下班、送饭	5 000	
赔偿费用		3 700	
合计		84 921	

由表 3 中数据可知,本项目 3 台钻机的总生产成本中,与钻机移孔换位相关的钻机转运、搬迁、协调费用合计 84 921 元,占总生产成本的 38.9%,按转运次数计算,成本动因率为 808 元/次;按工作天数计算,成本动因率为 1 887 元/d,因此在线路工程勘察中,因钻机移孔换位导致的转运、搬迁、协调等额外费用占总生产成本相当大的比重。

3.4 成本控制措施

由表 3 可知,在费用组成方面,修路搬迁的人员工资、钻机转运费以及因钻机行走导致的钻机配件费、维修费与燃油费,占钻机移孔换位成本的比例超过 75%,与作业区地形复杂程度呈明显正相关。因此,可采取以下措施控制相关成本:

(1)加强专业沟通。在不影响勘察成果的前提下,就钻孔位置与地质专业积极沟通,尽可能地沿已有道路两侧布置钻孔,避免修建施工便道或损坏苗木。

(2)加强设备使用管理。根据工程区道路特点,正确地选用钻机履带底盘,同时规范钻机行走机构操作,注重履带板和履带传动机构的日常维护保养。

(3)优化钻孔施工次序。统筹分配钻机,按工作优先程度,沿线路分区分块钻机包干,避免钻机作业线路重叠,长距离转场。

4 结语

（1）线路勘察钻探工作的不确定性大，进场前需详细现场查勘，充分评估本项目钻孔施工难度，制定针对性预案。同时，加强组织管理与资源调配，避免因各种意外因素干扰而准备不足，导致进度延误和成本失控。

（2）搬家、引水等辅助工作时间长，地质条件复杂多变，导致工期的延长，是拖累线路勘察钻探生产成本的重要原因。

（3）缩减钻机移孔换位的费用将有效控制钻探外业生产成本，加强专业沟通与协调工作、规范设备使用保养、优化钻孔位置、缩短辅助作业时间是实现这一目标的重要路径。

参考文献

[1] 王浩. 前4月完成水利投资3 026亿元，国家水网建设全面提速：为中国式现代化提供坚实水支撑[N]. 人民日报，2024-06-10(01).

[2] 刘治，李宁，刘长江. 谈钻探项目施工管理[J]. 探矿工程(岩土钻掘工程)，2014(2)：82-84.

[3] 汤士博，熊伟，彭万利，等. 加强钻探工程管理工作的措施和建议[J]. 探矿工程(岩土钻掘工程)，2015(8)：68-70，79.

[4] 刘宁. 城市轨道交通勘察施工的管理与质量控制对策研究[J]. 房地产导刊，2014(30)：314-314.

[5] 王志强，李广诚. 中国长距离调水工程地质问题综述[J]. 工程地质学报，2020，28(2)：412-420.

[6] 贾绍凤，梁媛. 调水工程研究评述与展望[J]. 地球科学进展，2023，38(3)：221-235.

[7] 周长安. 工程勘察质量信息化管理系统构建与实证研究：以重庆为例[D]. 重庆：重庆大学，2020.

[8] 段龙妹，于忠海，何伟，等. 工程勘察质量全过程信息化监管平台设计与应用研究[J]. 城市勘测，2024(3)：191-194.

[9] 孙秀东，方振华，余永康，等. 浅谈基于信息化及质量监管原理的工程勘察远程管理工作体系[J]. 工程建设与设计，2023(13)：143-145.

[10] 刘治. 钻探成本管理探析及实践[J]. 探矿工程(岩土钻掘工程)，2016，43(3)：80-84.

[11] 张伟. 取心钻进工艺方法的技术经济学分析：施工时间分析[J]. 探矿工程(岩土钻掘工程)，2007，34(8)：1-3.

[12] 杨芳，翟育峰，田志超，等. 西藏甲玛3 000 m科学深钻经济技术指标统计与分析[J]. 钻探工程，2024，51(1)：113-119.

[13] 王丽凤. 地质勘探单位物资储备与物流管理[J]. 中国煤炭地质，2007，19(增2)：142-143，163.

[14] 孙建华，张阳明. 难进入地区钻探工程航空运输技术经济分析[J]. 探矿工程(岩土钻掘工程)，2007，34(9)：20-23.

[15] 赵超军. 作业成本法在钻井成本核算中的应用研究[D]. 成都：西南财经大学，2009.

水压致裂测量法在某抽水蓄能电站深孔地应力测试中的应用

王光明　张正雄　王俊博　龙浩东

（中国电建集团昆明勘测设计研究院有限公司，云南昆明　650041）

摘　要：某抽水蓄能电站ZK611号孔设计孔深900 m，地层岩性为灰岩，利用水压致裂测量法对该钻孔的地应力进行测试，并对测试结果进行了详细分析，查清了测试深度范围的最大水平主应力、最小水平主应力、铅直应力和最大水平主应力方向的侧压力系数，对厂房开挖提出了较为科学合理的建议。

关键词：水压致裂测量法；地应力；测试

1　概述

1.1　项目概况

某抽水蓄能电站初选装机容量2 100 MW（6台×350 MW），初拟额定水头655 m[1]。地下厂房区地形陡峭，自然山坡坡度40°~45°，局部为悬崖，基岩为三叠系个旧组灰岩地层。岩体溶蚀发育强烈，地下水埋深极大，地应力较高，工程地质和水文地质条件复杂，勘探过程中遇到特殊地质问题较多，如分段夹层型强烈溶蚀、集中涌水等。

某抽水蓄能电站预可研阶段共布置钻孔11个，ZK611号孔设计孔深900 m，为中国电建集团昆明勘测设计研究院有限公司自成立以来承担的最深钻孔任务。ZK611号孔位于泸西县向阳乡阿矣坎村原杨石公路上，即地下厂房上，孔口高程为1 545.79 m，设计孔深900 m，钻孔为铅直孔。

1.2　工程地质情况

地下厂房围岩均为灰岩，微风化-新鲜，以中厚层状结构为主，局部为薄层状结构，溶隙、溶孔、溶穴等岩溶现象发育，岩体完整性较好。

2　测试原理及方法

水压致裂测量法是国际岩石力学学会测试方法委员会于1987年颁布的测定岩石应力的建议方法之一，该建议方法还包括USBM型钻孔孔径变形计的钻孔孔径变形测量法、CSIR（CSIRO）型钻孔三轴应变计的钻孔孔壁应变测量法和岩体表面应力的应力恢复测量法。与其他三种测量方法相比，水压致裂测量法具有以下突出优点：

（1）测量深度深。

（2）资料整理时不需要岩石弹性参数参与计算，可以避免因岩石弹性参数取值不准引起的误差。

（3）岩壁受力范围较广（钻孔承压段长），可以避免“点”应力状态的局限性和地质条件不均匀性的影响。

（4）操作简单，测试周期短。

因此，水压致裂测量法被广泛地应用于水利水电、交通、矿山等行业岩石工程以及地球动力学研

基金项目：中国电建集团昆明勘测设计研究院有限公司科研项目“复杂堆积体综合勘察技术研究及应用”（RD93）。

作者简介：王光明（1985—），男，正高级工程师，副总工程师，主要从事工程勘探工作。

究的各个领域。水压致裂测量法地应力测试原理是利用一对可膨胀的橡胶封隔器,在预定的测试深度封隔一段钻孔,然后泵入液体对该段钻孔施压,根据压裂过程曲线的压力特征值计算地应力。

2.1 适用范围

2.1.1 硬质岩层

水压致裂测量法适用于花岗岩、闪长岩、大理岩等硬质岩层。这些岩石结构完整、裂隙发育少,测量数据具有较高的空间代表性,可直接用于区域地应力场评估[2]。

2.1.2 深孔区域应力场评估

水压致裂测量法可测量深孔截面的二维地应力状态,包括垂向应力、最大水平主应力和最小水平主应力。例如,川西折多山某深埋隧道(钻孔深度>900 m)采用水压致裂测量法获取了垂直孔的应力分布,为工程设计提供依据[3]。

2.1.3 复杂地质条件下的辅助应用

在断裂带、断层破碎带等复杂地质区域,水压致裂测量法可结合震源机制解、ASR 法(滞弹性应变恢复法)等,提升地应力测量精度。例如,雅鲁藏布江断裂带东段通过水压致裂测量法反演了地应力场,显示以逆断层为主导的应力结构[4]。

2.1.4 超深孔与高温环境

通过耐高温高压的水压致裂系统,可完成超深孔(如 1 899 m)地应力测量。例如,三山岛金矿采用水压致裂测量法测得 2 000 m 以下地应力,其中最大水平主应力方向为 N27°W,垂向应力与水平应力比值约 0.654[5]。

2.2 钻孔围岩应力状态

采用水压致裂测量法进行地应力测试时,对岩体做了下列假定:围岩是线性、均匀、各向同性的弹性体;围岩为多孔介质时,注入的流体按达西定律在岩体孔隙中流动。另外,当钻孔为铅直方向时(如本次测试孔),假定铅直向应力 σ_V 为主应力之一,大小等于上覆岩层的自重压力,则水压致裂测量法地应力测试的力学原理可以简化为弹性平面问题。如图 1 所示。含有圆孔的无限大平板受两向应力 σ_A 和 σ_B($\sigma_A>\sigma_B$)的作用时,则孔周附近的二次应力状态为

$$\left.\begin{aligned}\sigma'_\theta&=\frac{\sigma_A+\sigma_B}{2}\left(1+\frac{a^2}{r^2}\right)-\frac{\sigma_A-\sigma_B}{2}\left(1+\frac{3a^4}{r^4}\right)\cos2\theta\\ \sigma'_r&=\frac{\sigma_A+\sigma_B}{2}\left(1-\frac{a^2}{r^2}\right)+\frac{\sigma_A-\sigma_B}{2}\left(1+\frac{3a^4}{r^4}-\frac{4a^2}{r^2}\right)\cos2\theta\\ \tau'_{r\theta}&=-\frac{\sigma_A-\sigma_B}{2}\left(1-\frac{3a^4}{r^4}+\frac{2a^2}{r^2}\right)\sin2\theta\end{aligned}\right\}\tag{1}$$

式中:a 为钻孔半径;r 为径向距离;θ 为极径与轴 X 的夹角;σ'_r、σ'_θ和 $\tau'_{r\theta}$分别为径向应力、切向应力和剪切应力;σ_A 和 σ_B 分别为钻孔横截面上最大主应力和最小主应力。

孔周岩壁($r=a$)的应力状态为

$$\left.\begin{aligned}\sigma'_\theta&=(\sigma_A+\sigma_B)-2(\sigma_A-\sigma_B)\cos2\theta\\ \sigma'_r&=0\\ \tau'_{r\theta}&=0\end{aligned}\right\}\tag{2}$$

采用水压致裂测量法测试时,施加液压 P_w 产生的附加应力为

$$\left.\begin{aligned}\sigma''_\theta&=-P_w\frac{a^2}{r^2}\\ \sigma''_r&=P_w\frac{a^2}{r^2}\end{aligned}\right\}\tag{3}$$

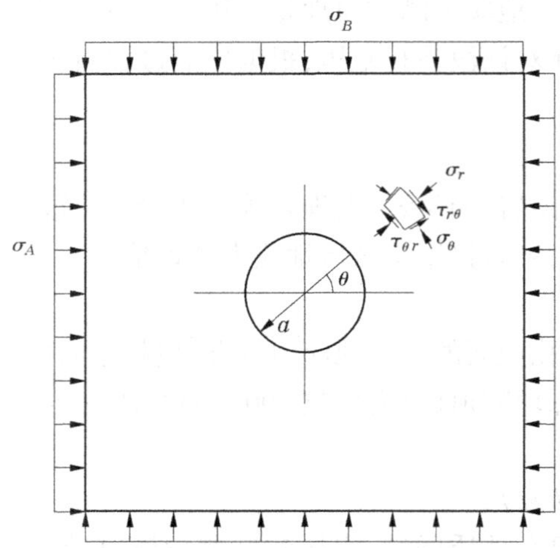

图 1　含圆孔无限大平面的应力状态

孔周岩壁($r=a$)的附加应力为

$$\left.\begin{aligned}\sigma''_\theta &= -P_w\\ \sigma''_r &= P_w\end{aligned}\right\} \tag{4}$$

由此,钻孔孔内岩壁上的应力为

$$\sigma_\theta = \sigma'_\theta + \sigma''_\theta = (\sigma_A + \sigma_B) - 2(\sigma_A - \sigma_B)\cos2\theta - P_w \tag{5}$$

破裂缝产生在钻孔孔壁拉应力最大的部位。因此,围岩二次应力场中最小应力出现的部位最为关键。由式(5)可见,在孔壁 $\theta=0°$或 $\theta=\pi$ 处切向应力为最小,则

$$\sigma_\theta = 3\sigma_B - \sigma_A - P_w \tag{6}$$

2.3　水压致裂测量法地应力测试的基本公式

由于深孔围岩存在着孔隙水压力 P_0,因此岩体的地应力由有效应力(岩石晶格骨架所承受的应力)和孔隙水压力(岩石孔隙中的液体压力)组成,即有效应力为 $\sigma-P_0$,在压裂过程中,随着压力段的液压增大,孔壁上有效应力逐渐下降,最终变为拉应力,当切向有效应力值等于或大于岩石的抗拉强度 σ_t 时,孔壁上开始出现破裂缝,岩石破裂出现的临界压力(P_b)由海姆森给出:

$$P_b - P_0 = \frac{3(\sigma_B - P_0) - (\sigma_A - P_0) + \sigma_t}{K} \tag{7}$$

式中:K 为孔隙渗透弹性系数,可在试验室内确定,其变化范围为 $1\leqslant K\leqslant 2$。

对非渗透性岩石,K 值近似等于 1,故式(7)简化为

$$P_b - P_0 = 3\sigma_B - \sigma_A + \sigma_t - 2P_0 \tag{8}$$

在测试钻孔为铅直向情况,σ_A 和 σ_B 为最大和最小水平主应力 σ_H 和 σ_h,若以地应力代替式(8)中的有效应力,得到:

$$P_b = 3\sigma_h - \sigma_H + \sigma_t - P_0 \tag{9}$$

根据破裂缝沿最小阻力路径传播的原理,关闭压力泵后,维持裂隙张开的瞬时关闭压力 P_s,就等于垂直破裂面方向的压应力,即最小水平主应力:

$$\sigma_h = P_s \tag{10}$$

按式(9)确定最大水平主应力:

$$\sigma_H = 3\sigma_h - P_b - P_0 + \sigma_t \tag{11}$$

式(11)中的抗拉强度 σ_t 采用以下方法确定:在现场对封隔段的多次循环加压过程求出。在第一次加压循环过程中,使完整的孔壁围岩破裂,出现明显的破裂压力 P_b,而在以后的加压循环过程中,因岩石已破裂,故其抗拉强度 $\sigma_t=0$,则重张压力 P_r 为

$$P_r = 3\sigma_h - \sigma_H - P_0 \tag{12}$$

这样在求解最大水平主应力时,也可直接采用重张压力计算:

$$\sigma_H = 3\sigma_h - P_r - P_0 \tag{13}$$

比较式(9)和式(12)可近似得到孔壁岩石的抗拉强度:

$$\sigma_t = P_b - P_r \tag{14}$$

水压致裂破裂面一般沿垂直于横截面上最小主应力方向的平面扩展(一般形成平行于钻孔轴线的裂缝),其延伸方向为钻孔横截面上的最大主应力方向。

2.4 测试步骤

在进行水压致裂测试之前,必须对钻孔进行检查,包括岩心获得率 RQD、透水率 ω、钻孔倾斜度等。然后根据工程的需要选择合适的压裂段。同时,在现场对压力传感器进行标定,对每根加压钻杆进行密封检验。

水压致裂测量法测试步骤如下:

(1)坐封。通过钻杆将两个可膨胀的橡胶封隔器放置到选定的压裂段,加压使其膨胀、坐封于孔壁上,形成承压段空间。

(2)注水加压。通过钻杆推动转换阀后,液压泵对压裂段注水加压(此时封隔器压力保持不变),钻孔孔壁承受逐渐增强的液压作用。

(3)岩壁破裂。在足够大的液压作用下,孔壁沿阻力最小的方向出现破裂,该破裂将在垂直于截面上最小主应力平面内延伸。与之相应,当泵压上升到临界破裂压力 P_b 后,岩石破裂导致压力值急剧下降。

(4)关泵。关闭压力泵,泵压迅速下降,然后随着压裂液渗入到岩层,泵压下降缓慢。当压力降到使裂缝处于临界闭合状态时的压力,即垂直于裂缝面的最小主应力与液压回路达到平衡时的压力,称为瞬时关闭压力 P_s。

(5)卸压。打开压力阀卸压,使裂缝完全闭合,泵压记录为零。

(6)重张。按(2)~(5)步骤连续进行多次加压循环,以便取得合理的压裂参数,以判断岩石破裂和裂缝延伸的过程。

(7)解封。压裂完毕后,通过钻杆拉动转换阀,使封隔器内液体通过钻杆排出,此时封隔器收缩恢复原状,即封隔器解封。

(8)破裂缝方向记录。采用定向印模器,通过扩张印模筒外层的生橡胶和能自动定向的定向器来记录破裂缝的长度和方向。

2.5 局限性

2.5.1 主应力方向假设的限制

传统水压致裂测量法假设主应力方向与钻孔轴线平行,仅能反映二维应力状态。实际应用中,主应力方向可能与钻孔轴线存在夹角,导致测量结果存在偏差。例如,岩石非均质性(如裂隙、孔隙)会显著影响主应力分布,需结合原生裂隙重张试验或三维水压致裂法(需多孔数据)。

2.5.2 深孔测量的挑战

深孔(如>300 m)受地表风化卸荷、地形地貌影响,主应力方向可能与浅层岩石应力场差异大。例如,秦岭东段浅部(0~300 m)存在显著离散的主应力方向,而>300 m 深度则主要为统一的构造应力场[2]。

2.5.3 数据处理复杂性

水压致裂数据需通过压力-时间曲线分析关键参数(如破裂压力 P_b、重张压力 P_r),其计算涉及多方法(如单切线法、EMD 法)的综合应用,可能引入误差。例如,系统摩阻导致的压裂压力偏差(如地面压力比井下压力高 2 MPa)需通过压力传感器校正。

2.5.4 适用性受岩体完整性限制

水压致裂测量法需选择完整岩体作为测试对象。在破碎带、软质岩层（如泥岩、砂岩）中，岩石裂隙多、抗拉强度低，测量数据可能失真。例如，软质岩层需通过原生裂隙测量法或ASR法结合，避免水压致裂测量法的局限性。

3 地应力测试成果

3.1 测试钻孔简介

根据工程地质钻探资料揭露，本孔地层主要为灰岩，具体描述如下：①孔深0~0.6 m：回填碎块石。②孔深0.6~43.6 m：弱风化，粉红、灰白色夹紫红色，溶塌角砾岩夹灰岩及少量泥岩、粉砂质泥岩，泥质粉砂岩。③孔深43.6~65.3 m：弱（溶蚀）风化，灰白色夹粉红色，泥晶-粉晶灰岩夹部分溶塌角砾岩及少量鲕粒灰岩、泥质灰岩。④孔深65.3~223.7 m：微（溶蚀）风化，灰白色，泥晶-粉晶灰岩、生物碎屑灰岩夹部分鲕粒灰岩。⑤孔深223.7~901.88 m：微（溶蚀）风化，青灰、灰黑色，局部夹灰白色，泥晶-粉晶灰岩、生物碎屑灰岩夹部分鲕粒灰岩、白云岩。全孔平均岩心采取率96.3%，平均RQD为52.7，全孔平均线溶蚀率为6.2%。

3.2 测点布置与结果[6]

ZK611钻孔测试时，终孔深度约900 m，测试时水位距孔口650 m。选取岩心较完整部位，进行了多个测试段的测试。其中，上部测试点，将部分套管拔除后再进行测试。测试数据见表1，地应力量值随深度的变化曲线如图2所示。由表1在钻孔测试深度范围（铅直187.6~847.2 m）内，最大水平主应力值为32.82 MPa，水平大主应力优势方向为N02°W~N31°W范围，均值为N14.5°W。

表1 ZK611孔地应力测试成果

测点编号	测点深度/m		破裂压力 P'_b/MPa	重张压力 P'_r/MPa	关闭压力 P'_s/MPa	孔隙压力 P_0/MPa	抗拉强度 σ_t/MPa	水平大主应力 S'_H/MPa	水平小主应力 S'_h/MPa	自重应力 S_V/MPa	水平大主应力方向
	铅直深度	钻孔深度									
1	187.6	190.5	6.40	3.75	2.78	0	2.65	4.60	2.78	4.97	
2	227.0	230.5	6.61	4.79	3.63	0	1.82	6.09	3.63	6.02	
3	298.8	303.4	8.78	5.84	4.14	0	2.94	6.57	4.14	7.92	
4	358.0	363.5	8.39	6.89	5.17	0	1.50	8.61	5.17	9.49	
5	410.7	417.0	10.22	8.49	6.11	0	1.73	9.83	6.11	10.88	
6	449.6	456.5	11.24	9.85	7.61	0	1.39	12.99	7.61	11.91	
7	499.3	507.0	12.03	10.47	7.87	0	1.56	13.13	7.87	13.23	
8	590.5	599.6	14.55	12.03	8.92	0	2.53	14.72	8.92	15.65	N74°W*
9	634.7	644.5	13.89	13.18	9.44	0	0.71	15.13	9.44	16.82	
10	693.8	704.5	14.78	13.41	10.75	0.44	1.37	18.40	10.75	18.39	
11	738.6	750.0	14.89	13.92	11.86	0.89	0.97	20.77	11.86	19.57	
12	761.3	773.0	15.34	13.18	11.83	1.11	2.16	21.20	11.83	20.17	N31°W
13	799.7	812.0	18.18	16.86	14.76	1.50	1.32	25.92	14.76	21.19	N16°W
14	812.5	825.0	23.12	22.62	19.02	1.62	0.50	32.82	19.02	21.53	
15	814.4	827.0	24.29	21.63	17.51	1.64	2.66	29.26	17.51	21.58	N02°W
16	843.0	856.0	20.76	18.03	15.93	1.93	2.73	27.83	15.93	22.34	
17	847.2	860.3	23.52	20.42	17.40	1.97	3.10	29.81	17.40	22.45	N09°W

注：岩体重度取26.5 kN/m^3，估算自重应力由上覆地层深度计算得到。

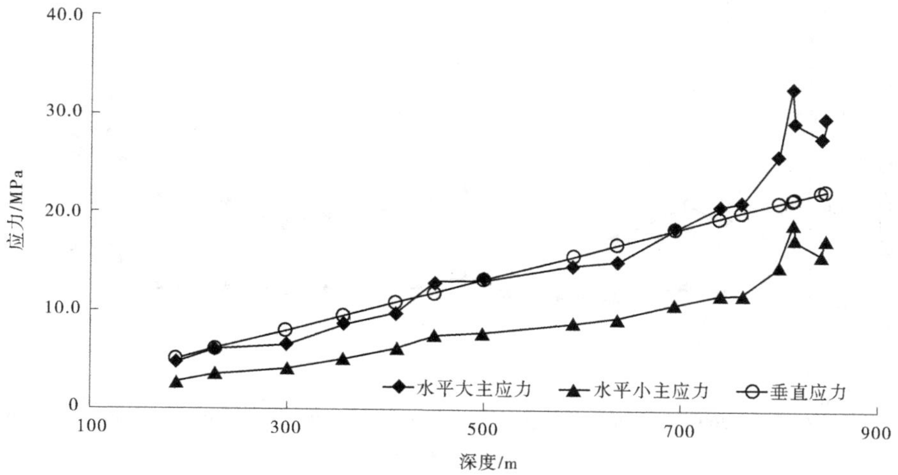

图 2　某抽水蓄能电站 ZK611 孔地应力量值随深度的变化曲线

3.3　原地应力构成与水平

ZK611 钻孔各测段水平主应力侧压系数 λ 见表 2,ZK611 钻孔水平大、小主应力随深度的变化曲线如图 3 所示。

表 2　ZK611 钻孔水平主应力与估算自重应力的比较

测点深度/m	水平大主应力 S_H/MPa	水平小主应力 S_h/MPa	估算自重应力 S_V/MPa	水平大主应力侧压系数 S_H/S_V	水平小主应力侧压系数 S_h/S_V	备注
187.6	4.60	2.78	4.97	0.93	0.56	
227.0	6.09	3.63	6.02	1.01	0.60	
298.8	6.57	4.14	7.92	0.83	0.52	
358.0	8.61	5.17	9.49	0.91	0.54	
410.7	9.83	6.11	10.88	0.90	0.56	
449.6	12.99	7.61	11.91	1.09	0.64	
499.3	13.13	7.87	13.23	0.99	0.59	
590.5	14.72	8.92	15.65	0.94	0.57	
634.7	15.13	9.44	16.82	0.90	0.56	
693.8	18.40	10.75	18.39	1.00	0.58	
738.6	20.77	11.86	19.57	1.06	0.61	
761.3	21.20	11.83	20.17	1.05	0.59	
799.7	25.92	14.76	21.19	1.22	0.70	
812.5	32.82	19.02	21.53	1.52	0.88	
814.4	29.26	17.51	21.58	1.36	0.81	
843.0	27.83	15.93	22.34	1.25	0.71	
847.2	29.81	17.40	22.45	1.33	0.78	
平均值				1.08	0.78	

注:岩体重度取 26.5 kN/m^3,估算自重应力由上覆地层深度计算得到。

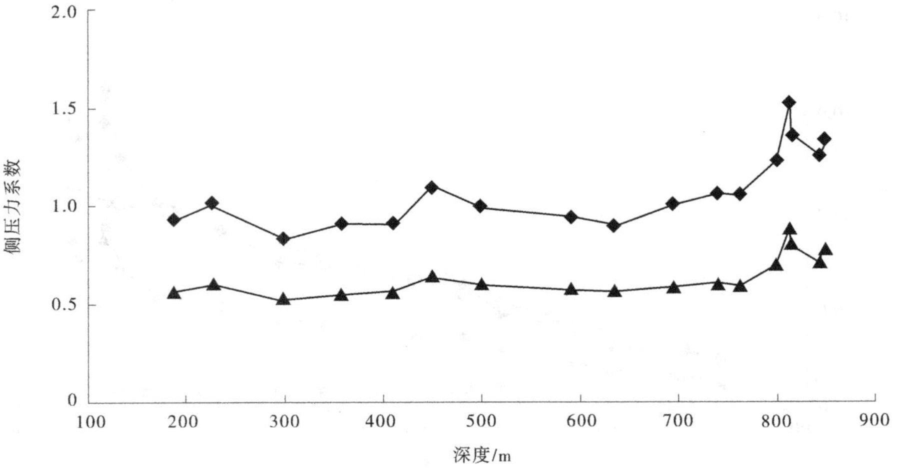

图 3　ZK611 钻孔水平大、小主应力侧压系数随深度的变化曲线

国内实测和统计资料表明,工程岩体的原地应力侧压力系数在 0.8~3.0,绝大多数在 0.8~1.5。本次 ZK611 钻孔实测的水平大主应力侧压系数 λ 范围为 0.83~1.52,均值为 1.08。水平大主应力侧压力系数不高,表明钻孔深部区域未见应力集中或异常偏高现象。

需要注意的是,厂房深度范围内:深部的水平大主应力侧压系数 λ 高于浅部。738.6~847.2 m 深度范围,水平大主应力侧压系数 λ 均值为 1.26,表明水平向构造应力水平高于浅部,水平大主应力均值约为估算自重应力的 1.26 倍。

依据《水力发电工程地质勘察规范》(GB 50287—2016):本次 ZK611 钻孔厂房深度(780~836 m)范围内实测的水平大主应力最大值为 25.92~32.82 MPa,均值为 28.96 MPa,测试段的水平大主应力值均处于 20~40 MPa,岩体初始应力的最大主应力级属于高地应力范围。

4　结语

ZK611 钻孔(780~836 m)范围内实测的水平最大主应力最大值为 25.92~32.82 MPa,均值为 28.96 MPa,测试段的水平大主应力值均处于 20~40 MPa,岩体初始应力的最大主应力量级属于高地应力范围。水平大主应力侧压系数 λ 范围为 0.83~1.52,均值为 1.08。各测段的地应力侧压力系数均处于正常范围内,未见异常集中或异常偏高的构造应力场。因此,必须选择合理的开挖方式,并在施工过程中采取必要的安全防护措施。水平大主应力优势方向为 N02°W~N31°W 范围,均值为 N14.5°W。测孔最大水平主应力方位为 NNW-NW 向。

水压致裂测量法具有直接获取原地应力、操作便捷及适合深孔、斜孔等优势,同时存在依赖钻孔轴线方向假设(传统法)、测试深度受钻孔条件限制,需结合其他方法弥补等局限性[7-8]。建议创新方向[8-9]:三维水压致裂测量法结合遗传算法或蒙特卡罗模拟,提升三维应力反演精度;原生裂隙水压致裂测量法(HTPF 法)可减少主应力方向假设,适用于裂隙发育地区。

综上所述,水压致裂测量法在抽水蓄能电站深孔地应力测试中具有不可替代性,但需结合工程背景与数值模拟,通过多方法协同验证,才能准确评估围岩稳定性与施工风险。

参考文献

[1] 钟辉,等.泸西抽水蓄能电站预可行性研究报告(工程地质)[R].昆明:中国电建集团昆明勘测设计研究院有限公司,2022.

[2] 陈兴强, 刘瑾,孟祥连,等.秦岭东段地应力场特性及区域性岩爆风险评估[J].铁道工程学报,2023(2):1-5.

[3] 徐正宣,孟文,郭长宝,等. 川西折多山某深埋隧道地应力测量及其应用研究[J]. 现代地质,2021,35(1):114-125.

[4] 孙炜锋,黄火林,孙东生,等. 雅鲁藏布江断裂带东段现今地应力测量与断层活动性分析[J]. 岩土力学, 2024,45(4):1130-1137.

[5] 朱明德,王照亚,张月征,等,基于水压致裂法的三山岛深竖井工程区地应力测量与反演分析[J]. 地质力学学报, 2023,29(3):430-441.

[6] 崔显鹏,甘俊. 泸西抽水蓄能项目预可研阶段勘察 ZK611 钻孔地应力测试与分析报告[R]. 昆明:中国电建集团昆明勘测设计研究院有限公司,2022.

[7] 马健,鄢双红,董志宏,等. 大型地下厂房水压致裂法地应力测量及地应力场反演分析[J]. 中国农村水利水电, 2024(6):252-258.

[8] 韩晓玉,郑炜烽,董志宏,等. 高水头抽水蓄能电站地应力综合测试及抗劈裂分析[J]. 岩土力学,2024,45(7), 2167-2174.

[9] 邬爱清,朱杰兵. 深部岩石工程力学特性及地应力测试研究综述[J]. 长江科学院院报,2014,31(10):43-50.

定向钻进连续取心钻具性能验证试验研究

葛字家[1,2]　张书磊[1,2]　张恒春[3]　马攀峰[1,2]　代常友[1,2]　吕万宏[1,2]

(1. 深圳先河水利水电工程有限公司,广东深圳　518001;
2. 黄河勘测规划设计研究院有限公司,河南郑州　450003;
3. 中国地质科学院勘探技术研究所,河北廊坊　065000)

摘　要:定向钻进技术为解决深埋输水隧洞勘察难题提供了新方案,传统定向钻进设备难以实现连续取心,无法满足水利工程勘察钻孔全孔取心的要求。本文基于绳索取心技术和定向钻进技术,设计了一款定向钻进连续取心钻具。同时通过室内搭建的钻进试验平台,开展了室内钻进取心试验,初步验证了钻具的随钻测量性能、造斜/纠斜性能、连续取心性能等。试验结果显示:该钻具具有良好的造斜和连续取心性能,造斜段最大狗腿度达 3.50°/30 m;岩心采取直径为 40 mm,岩心采取率>93%。研究成果为推动定向钻进连续取心技术在深埋输水隧洞勘察领域的应用提供试验支撑。

关键词:深埋输水隧洞;定向钻进;连续取心;绳索取心

1　引言

深埋输水隧洞常遇“深切割、大高差、构造强烈、岩性复杂”等复杂地理、地质条件,钻探仍是获取深埋输水隧洞洞身段岩心实物资料的唯一有效手段。传统的工程地质勘察方式是沿着深埋输水隧洞线路间隔布置垂直孔,但是由于山高坡陡、交通不便、生态脆弱等复杂环境和地域限制,难以做到密集设置钻孔取心,且垂直孔获取的高价值岩心(洞身段)少,无效岩心(洞身段以外)多。定向钻进技术能改变传统的“点式”勘察方式,沿着隧洞轴线延伸方向钻进,获得连续的地质信息,变为“线式”勘察,为工程地质勘察人员提供更有价值的信息[1-3]。但是,目前石油、煤炭等领域使用的定向钻具难以满足水利工程勘察钻孔全孔钻取岩心的要求。

长期以来,大量国内外学者和工程技术人员围绕隧洞勘察领域定向钻技术的拓展应用开展了相关研究。但是仅有美国 Azi-well、Eprico 公司和挪威的 Devico 公司掌握了定向钻进连续取心技术,并实际应用在隧道建设、矿山增储等多个领域,效果良好[4-5]。国内中国地质科学院勘探技术研究所[6-9]、中国地质科学院探矿工艺研究所[10]、吉林大学[11]、中国地质大学(北京)[12]、中煤科工西安研究院(集团)有限公司[13]等在定向钻进连续取心钻具研究方面取得了丰富的开创性成果,但是与国外先进水平相比仍有一定差距,定向钻进连续取心技术仍然是深埋输水隧洞工程勘察领域存在的难题。

因此,本文基于绳索取心技术和定向钻进技术,提出了一款新型定向钻进连续取心钻具,并围随钻测量、定向造斜/纠斜、高效连续取心等展开一系列室内试验研究,旨在评价定向钻进连续取心钻具的整体工作性能,以期弥补现有技术在定向钻进连续取心钻具设计优化方面的不足,为定向钻进连续取心作业提供新的技术方案参考。

2　定向钻进连续取心钻具工作原理及主要技术参数

2.1　定向钻进连续取心钻具

该钻具属于绳索取心与定向钻进组合式取心钻具,实物如图 1 所示。主要由钻具姿态测量系统、

作者简介:葛字家(1982—),男,高级工程师,黄河勘测规划设计研究院有限公司地质勘探院院长、深圳先河水利水电工程有限公司执行董事,主要从事水利工程钻探技术与设备研究工作。

通信作者:张书磊(1991—),男,高级工程师,深圳先河水电技术研发中心主任,主要从事钻探与基础工程施工方面的研究工作。

造斜/纠斜结构、内管打捞结构、外管机构等组成,既能造斜钻进,又能绳索取心,还能测量孔底钻具的顶角、方位及工具面向角。该钻具通过孔口钻机驱动绳索取心钻杆带动孔底钻具钻进作业。

图 1 定向钻进连续取心钻具实物

2.2 孔底钻具姿态测量系统

选用北京六合伟业科技股份有限公司制造的 LHE1131 型电子多点测斜仪作为该套钻具的孔底钻具姿态测斜系统。该测斜仪测量精度±0.2°,方位角±1.0°,磁性工作面方位±0.5°,高边工作面方位±0.5°,属于存储式随钻测斜仪,可间隔一定时间记录当前钻具的方位角、顶角、孔深等参数。这些数据跟随取心内管一同取回,由现场工程师下载分析,结合钻进目标进行实时调整,从而实现逐段控制钻孔轨迹,以达到较高定向精度的目的。

2.3 造斜/纠斜原理

定向钻进连续取心钻具通过液压分动机构和弯外壳实现造斜/纠斜钻进,在下送钻具过程中,分动机构处于联动状态,当进行造斜/纠斜钻进时,在液压力作用下,分动机构上的硬质合金滑块伸出,紧贴在孔壁上,并与传扭外管分动,可随钻具转动向下滑行,分动机构选用的硬质合金具有超高耐磨性。定向钻进连续取心钻具造斜组件实物见图 2。

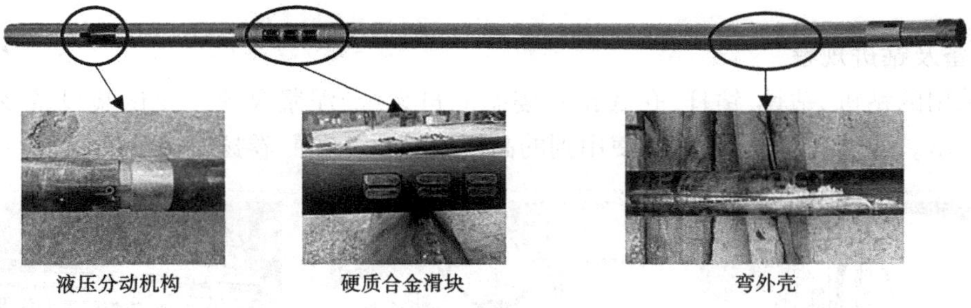

图 2 定向钻进连续取心钻具造斜组件实物

2.4 钻具理论造斜能力计算

根据三点定圆法,对钻具的几何造斜率进行计算,预测该钻具的造斜能力[14]。该钻具的模型示意图如图 3 所示,原点在钻头破碎面圆心上,根据模型中的参数,得到狗腿度计算公式为

$$K = \frac{2\theta}{L_1 + L_2} \tag{1}$$

式中:K 为预测井眼曲率,°/30 m;L_1 为上下两个稳定器的中心距,取 0.7 m;L_2 为下稳定器到钻头底面距离,取 0.15 m;θ 为设计弯曲角度,取 1.5°。

根据式(1)计算出该定钻具的造斜率为 3.53°/30 m。在实际造斜钻进中,三点几何法计算的约束条件有多种,所计算出的设计狗腿度仅用于对钻具性能的简单评价[6]。

2.5 钻具主要技术参数

所研制的定向钻进连续取心钻具主要技术参数:钻头直径 98 mm,钻具直径 92 mm,配套 89 mm 的绳索取心钻杆使用,定向钻进连续取心钻具钻取岩心的直径为 40.00 mm,定向造斜段的狗腿度为

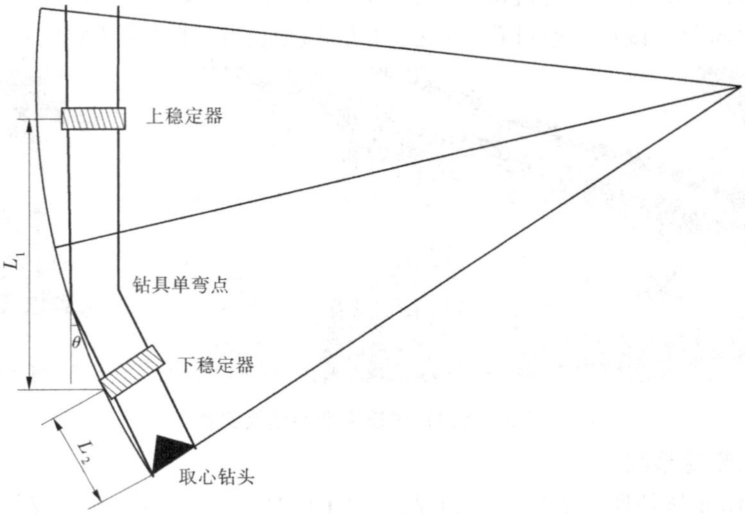

图 3　三点几何法计算钻具造斜效果模型示意

0.1~0.4°/m,适用定向造斜孔的孔斜范围为 0°~90°。

3　定向钻进连续取心钻具性能验证试验

3.1　试验地层制作

为保证室内试验的顺利开展,在黄河勘测规划设计研究院有限公司洛阳试验基地浇筑 C60 混凝土柱来模拟岩石地层,混凝土柱直径为 1.2 m,深度为 31 m。在浇筑混凝土柱的过程中,按照每浇筑 1 m,采用机械振捣的方式密实处理,直至回填至孔口,将混凝土柱养护超过 3 个月后,方可开展钻进试验。

3.2　试验设备及钻进规程

本试验采用的钻机、钻具、钻杆、孔底钻具姿态测量系统、泥浆泵等主要试验设备及技术参数如图 4 和表 1 所示。此外,本试验还涉及使用到的高压胶管、稳压罐、卷扬机等辅助设备。

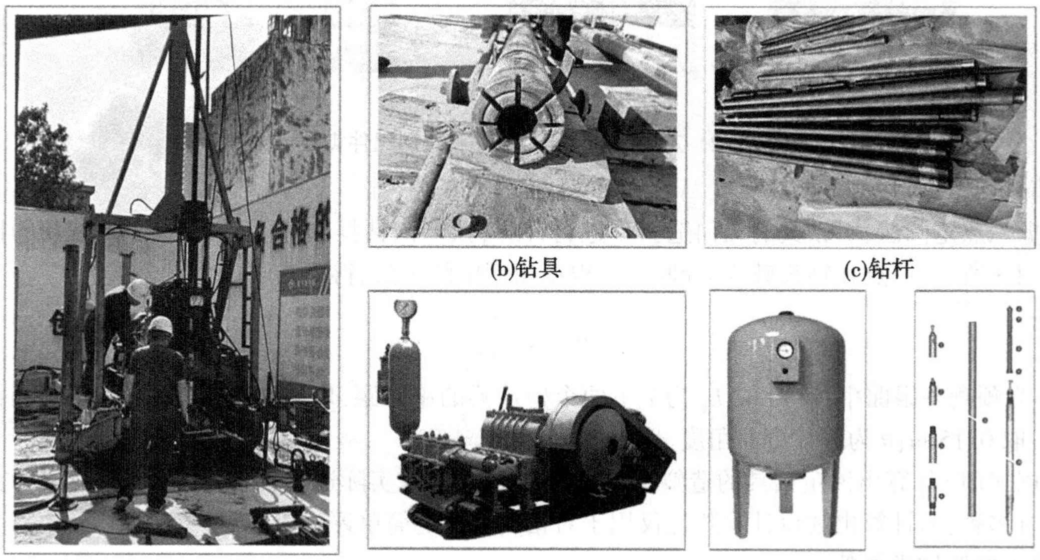

(a)钻机　(b)钻具　(c)钻杆　(d)泥浆泵　(e)稳压罐　(f)孔底钻具姿态测量系统

图 4　主要试验仪器设备

表 1　主要试验设备及相关技术参数

名称	型号	主要技术参数
钻机	XY-2 履带式塔机一体化钻机	立轴转速:正转 8 挡,65~1 172 r/min;反转 2 挡,51~242 r/min;立轴行程:600 mm;立轴通孔直径:76 mm;最大扭矩:2 760 N·m;最大起拔力:60 kN
钻具	98 mm 绳索定向钻进连续取心钻具	钻头直径:98 mm;钻具直径:92 mm;取心直径:41.5 mm;钻具弯管接头:1.5°
钻杆	89 mm 绳索取心钻杆	外径:89 mm;内径:73 mm;长度:3 000 mm
孔底钻具姿态测量系统	LHE1131 型电子多点测斜仪	测量精度:±0.2°;方位角:±1.0°;磁性工作面方位:±0.5°;高边工作面方位:±0.5°;属于存储式随钻测斜仪
泥浆泵	BW320 型卧式三缸单作用往复式泥浆泵	最大流量:320 L/min;最高压力:10 MPa

试验采用清水作为冲洗液,设计磁北工具面角为 180°,试验钻孔向正南方向进行定向取心钻进。所需钻进规程如表 2 所示。

表 2　试验钻进规程

钻进规程	所选范围	备注
钻压	15~30 kN	确保有效钻进
转速	200~400 r/min	根据实际情况进行调节,确保转速与钻速相匹配
冲洗液泵量	60~165 L/min	根据实际情况进行调节,保证所需泵压能够及时挟带走岩屑

3.3　试验方案及其注意事项

3.3.1　试验方案

本试验的主要目的是通过室内试验检验定向钻进连续取心钻具的随钻测量、定向造斜/纠斜、高效连续取心的性能。首先在地面进行钻具组装与测试,检查并调整取心钻头内卡簧、取心管垫片及各丝扣的密封和连接情况,确保取心管同心、仪器定位到位,保证内管顺利投放,同时完成测斜仪的矫正与参数设置;之后开展不同泵压测试试验,检验钻具分离机构及反扭支撑系统的工作性能。

钻进前,先使用 ϕ 98 mm 全断面 PDC 钻头垂直钻进约 2.5 m,然后下入定向钻具至距孔底 20 cm 左右,启动泥浆泵,采用冲洗液冲洗孔底,之后关闭泥浆泵,投入内管测量总成,完成孔内多点测斜,测定磁北工具面角并调整钻杆方位直至符合设计要求。

钻进过程要求缓慢下放钻具,增加泵压至 2 MPa 以上,启动钻具分动机构,开始回转取心,初期低速钻进,稳定后提升至正常转速,整个过程中严禁钻具反转。取心过程中保持适当泵量,加大钻压提高钻速并防止岩心损坏,每钻进 2.4 m 打捞岩心内管捞取岩心,重复操作,连续钻进 3 个回次后再次投入测量仪器,根据测量参数判断是否继续钻进或调整钻具,确保试验符合预期目标。

3.3.2　试验注意事项

在定向钻进取心试验过程中需注意以下事项:①入孔前应检查钻具外管是否完好无损,避免钻头、弯接头和内管总成与卡盘发生刮蹭;②为防止污物或岩屑进入定向钻具,可将内管总成随钻具一同下入孔内,同时确保测斜仪已开启。首次泵入内管总成时,应测量冲洗液循环压力,确保泥浆压力低于能够促使钻具分动机构发生分动动作的压力数值。

在孔底钻具定向操作中,应根据设计工具面角与实测工具面角的差值及时做调整,若差值为负则加 360°,之后再将角度调整值换算为应旋转钻杆的周长值。通过将钻杆旋转相应的周长值,实现对孔底钻具造斜方向的调整。注意在孔底钻具定向过程中应上下活动钻柱,以释放残余应力与扭矩,确保定向精度。

4 试验结果与分析

4.1 钻孔轨迹分析

通过室内钻孔试验对研制钻具的造斜性能进行了测试和检验,并基于无线姿态监测系统采集的钻孔孔眼轨迹数据计算了试验钻孔的孔眼曲率、水平位移、垂直位移,得到了试验钻孔的三维孔眼轨迹曲线以及钻孔三维孔眼轨迹曲线在垂深北南方向,垂深西东方向,水平方向的投影曲线,如图 5 所示。

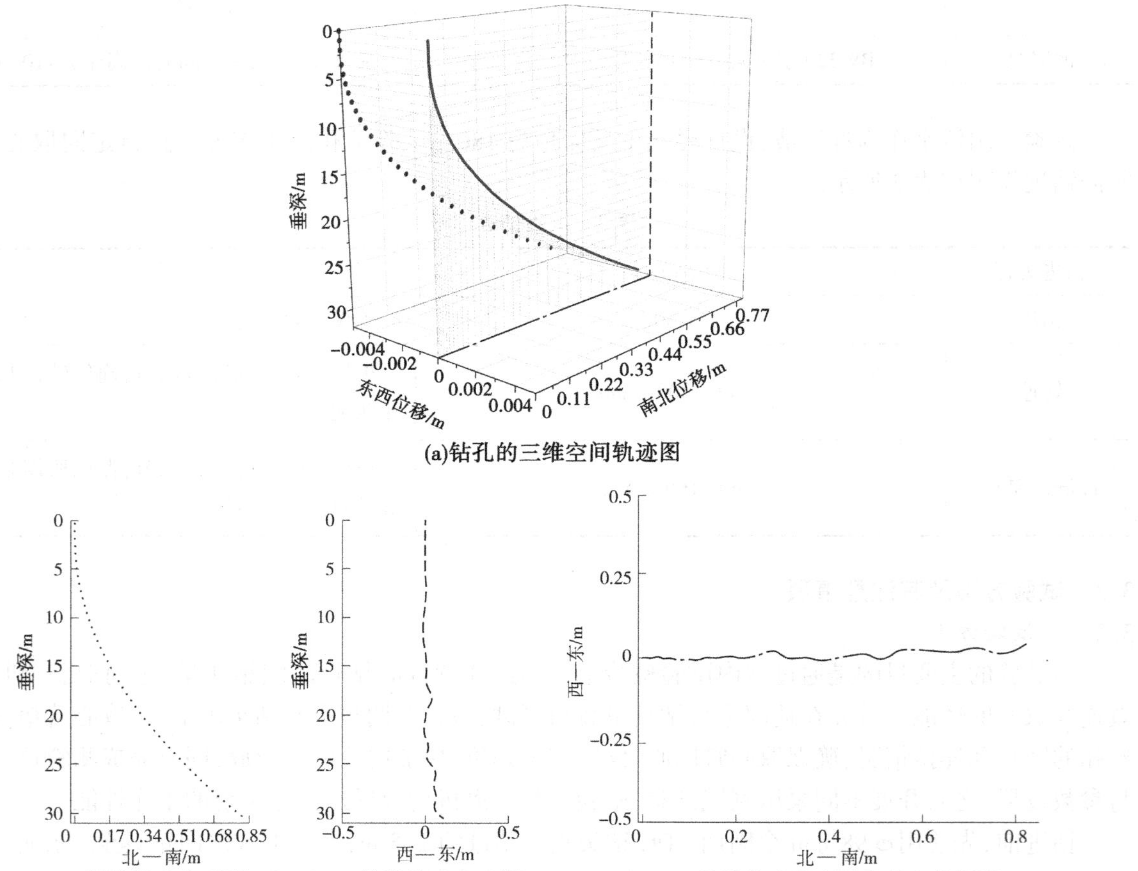

(a)钻孔的三维空间轨迹图

(b)钻孔轨迹在垂深-北南方向的投影

(c)钻孔轨迹在垂深-西东方向的投影

(d)钻孔轨迹在水平方向上的投影

图 5 钻孔三维空间轨迹及不同剖面投影图

图 5(a)中,黑色实线代表钻孔的真实空间轨迹;点线代表钻孔轨迹在南北向垂直面的投影,对应图 5(b);虚线代表钻孔轨迹在东西向垂直面的投影,对应图 5(c),点画线代表钻孔轨迹在水平面上的投影,对应图 5(d)。可从图 5 中试验结果获得,该试验钻孔测深为 30.5 m,垂深 30.48 m,自 2.5 m 处开始造斜,最大孔斜 3.25°,最大水平位移为 0.82 m。其方位角控制在 180°±0.2°范围内,稳定性好。造斜段最大狗腿度为 3.50°/30 m,属于大曲率半径钻孔。

试验结果显示,该钻孔轨迹平滑,总体成弧状,狗腿度在设计值范围内,钻进过程中方位角未发生明显偏差，且未出现钻机压力和扭矩数值异常状况，说明了该定向钻具造斜性能和钻进性能稳定。

4.2 钻取的岩心结果分析

本次试验共钻进13个回次，回次进尺、取心长度、岩心采取率、RQD值等参数如表3所示，钻取的岩心如图6所示。试验结果显示：该定向钻进连续取心钻具钻取的岩心成柱状，长度大多分布在10~40 cm内，岩心采取率高达93%~98%，RQD（岩心完整性质量指标）为80%~91%，未发生明显岩心破碎现象。此外，该钻具设计钻取的岩心直径为41.5 mm，实际钻取的岩心直径为40 mm，岩心直径磨损在正常范围之内。综合多种岩心数据可知，该钻具在钻进取心过程中，钻进平稳，取心性能稳定，可钻取高质量的岩心，能为地质勘察人员提供可靠的原始地层资料。

表3 采取岩心主要参数

井深/m	回次进尺/m	取心长度/m	岩心采取率/%	RQD/%
0~2.5	2.5	—	—	—
2.5~4.9	2.4	2.25	93.75	80.56
4.9~7.3	2.4	2.32	96.67	84.32
7.3~9.7	2.4	2.28	95.00	87.91
9.7~12.1	2.4	2.35	97.92	81.72
12.1~14.5	2.4	2.27	94.58	89.04
14.5~16.9	2.4	2.31	96.25	85.16
16.9~19.3	2.4	2.30	95.83	83.77
19.3~21.7	2.4	2.27	94.58	82.45
21.7~24.1	2.4	2.33	97.08	90.22
24.1~26.5	2.4	2.28	95.00	86.41
26.5~28.9	2.4	2.34	97.50	80.89
28.9~30.5	2.4	2.31	96.25	88.63

(a)钻取的带有弯曲弧度的岩心试样

(b)钻取的岩心直径(40 mm)

图6 钻取的岩心实物图片

5 结语

（1）基于水利工程深埋长隧洞工程勘察对勘探新技术的需求，提出一种基于定向钻进技术和绳索取心技术的定向钻进连续取心钻具，既能实现定向钻进又能在造斜段实现连续取心。

（2）室内试验结果显示，该钻具在室内搭建的混凝土地层钻进过程中，能够实现造斜、连续取心功能，造斜段最大狗腿度为 3.50°/30 m，与钻孔轨迹设计理论值 3.53°/30 m 相差无几，岩心采取率>93%，初步展示出良好的造斜取心性能。

(3)定向钻进连续取心技术属于工程勘察领域中的前沿技术，它结合了钻探、测井和自动化等专业尖端技术。本文的研究成果为推动定向钻进连续取心技术的进步提供了试验依据。

参考文献

[1] 张恒春，刘广，吴纪修，等. 川藏铁路 3 000 m 水平定向钻井技术方案[J]. 探矿工程(岩土钻掘工程)，2020，47(11)：1-6.

[2] 颜慧明，项洋，齐凌轩，等. 定向钻探技术在水利水电深埋隧洞勘察中的应用研究：以引江补汉工程为例[J]. 钻探工程，2025，52(3)：22-29.

[3] 周梦迪，刘欢，韩丽丽，等. 用于工程勘察的水平定向钻探技术探讨[J]. 钻探工程，2023，50(2)：135-142.

[4] SHINMOTO Y，MIYAZAKI E，WADA K，et al. Development of a continuous directional coring system for deep-sea drilling[J]. SPE Drilling & Completion，2012，27(1)：139-144.

[5] TSANG C，CHAU S，CHAN J. Subsea horizontal directional coring (HDC)[J]. Geotechnical Engineering Journal of the SEAGS & AGSSEA，2016，47(3)：31-36.

[6] 韩泽龙，李小洋，施山山，等. 定向钻进连续取心钻具设计及取心参数仿真分析[J]. 钻探工程，2025，52(1)：39-46.

[7] 张新刚，刘志强，林修阔. 定向钻进连续取心技术在深部矿产勘探中的应用[J]. 矿床地质，2012，31(增1)：1101-1102.

[8] 向军文，陈晓林，胡汉月. 定向造斜及水平钻进连续取心技术[J]. 探矿工程(岩土钻掘工程)，2007(9)：33-36.

[9] 吴纪修，尹浩，张恒春，等. 水平定向勘察技术在长大隧道勘察中的应用现状与展望[J]. 钻探工程，2021，48(5)：1-8.

[10] 吴金生，黄晓林，蒋炳，等. 水平绳索随钻定向钻进技术研究与应用[J]. 煤田地质与勘探，2021，49(5)：260-264，271.

[11] 林婷婷，刘泽楷，马银龙，等. 定向钻进连续取心钻具姿态监测系统设计[J]. 煤田地质与勘探，2023，51(9)：138-146.

[12] 任攀攀. 连续造斜绳索取心钻具设计理论研究及研制[D]. 北京：中国地质大学，2010.

[13] 邹祖杰. 近水平定向取心技术与配套钻具研究及应用[J]. 煤矿安全，2024，55(12)：214-220.

[14] 刘修善，何树山，邹野. 导向钻具几何造斜率的研究[J]. 石油学报，2004(6)：83-87.

水平定向钻探技术在隧洞超前地质预报中的应用

袁宜勋　谭　龙　郝才成　陈德乾　李　明

［长江三峡勘测研究院有限公司(武汉),湖北武汉　430074］

摘　要:随着水平定向钻探技术的发展日益成熟,水平定向钻探技术在工程勘察领域的应用前景更加广阔。本文结合隧洞超前地质预报工程实践,从水平定向钻探设备选型、钻进、轨迹控制、取样等方面进行了研究,取得了良好的效果,为工程勘察领域水平定向钻探技术的推广应用创造了条件。

关键词:超前地质预报;水平定向钻探;工程勘察

1　引言

水平定向钻探技术(horizontal directional drilling,HDD)是把非开挖领域的定向钻进技术和工程勘察领域的取心技术两者相结合,利用钻孔的自然弯曲规律以及人工造斜工具,使钻孔按设计要求钻进至目标地层,获取地质信息[1-2]。水平定向勘察技术主要包括钻进技术、取心技术、钻孔轨迹控制技术、随钻测量/测井技术、综合测井技术等。图1为水平定向钻进装备系统组成示意图[3]。

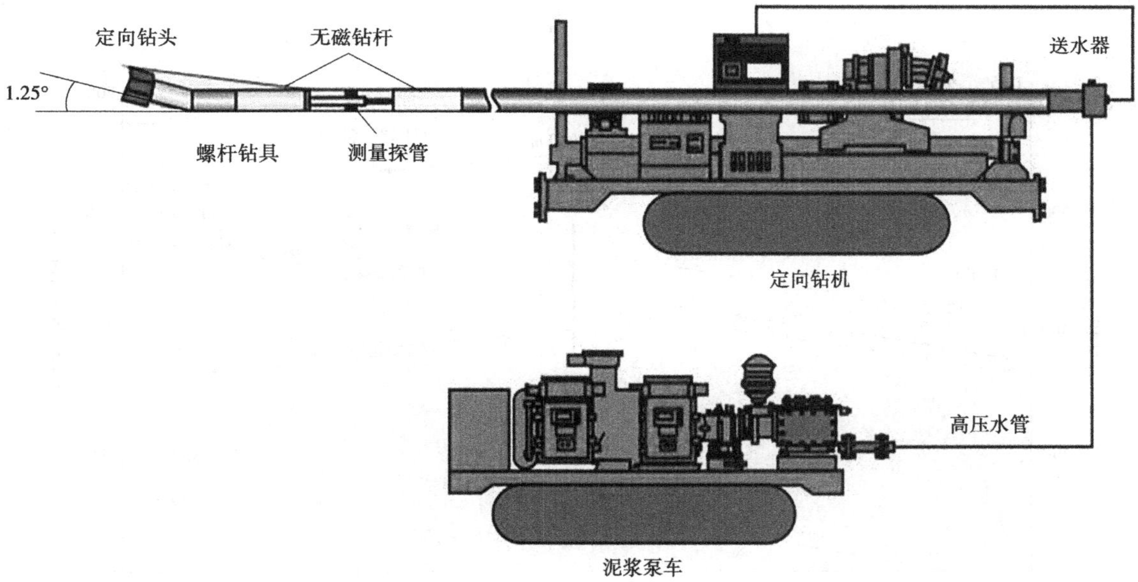

图1　水平定向钻进装备系统组成示意

近年来,水平定向钻探在隧洞或穿越工程勘察中的应用越来越多[4],2020年分别于新疆乌尉高速天山胜利隧道、川藏铁路卡子拉山1号隧道完成了2 271 m和1 212 m的水平定向钻探勘察孔。2021年在珠江三角洲水资源配置工程狮子洋穿越段成功完成936.2 m水平定向钻探勘察孔。2022年在引大济岷工程完成了500 m水平定向钻探勘察孔。2022年底在引江补汉工程完成了630 m水

作者简介:袁宜勋(1975—),男,高级工程师,总工程师,主要从事水利水电岩土工程领域技术工作。

平定向钻探勘察孔。2023 年在新疆天山某公路隧道完成了 986 m 隧洞水平定向钻超前地质预报钻探。2024 年在引大济岷工程完成了 2 006 m 水平定向钻探勘察孔,水平定向钻探均取得了良好的效果,为工程勘察领域水平定向钻探技术的推广应用奠定了重要基础。

2 项目概况

2.1 项目基本概况

本文以引江补汉工程 6[#]检修交通隧洞超前地质预报为例,研究水平定向钻探技术在隧洞超前地质预报中的应用。引江补汉工程 6[#]检修交通隧洞长约 3 680. 25 m,洞口底板高程 445. 00 m,与输水隧洞桩号 K69+880 相交处高程约 105. 48 m,最大纵坡约 9. 3%。6[#]检修交通洞洞身段(桩号 K0+000. 00~K0+930. 00)拟采用钻爆法施工,采用马蹄形断面,断面尺寸(宽×高)12. 6 m×12. 6 m。

为了查清隧洞开挖掌子面前方的工程地质和水文地质条件,指导隧洞掘进,降低地质灾害发生的概率和危害程度,为优化工程设计提供地质依据,拟在 6[#]检修交通洞桩号 K0+410 处实施一个超前水平预报先导孔 CQZK1。

2.2 地质概况及钻孔布置

CQZK1 钻孔埋深 100~245 m;地层岩性为奥陶系、寒武系灰岩、白云岩,整体为硬质岩;岩层产状一般为 40°~70°∠9°~15°。该段整体为强可溶岩洞,隧洞处于地下水水平径流带,局部洞段可能沿溶隙、断层产生线状流水、涌水等问题。

CQZK1 设计孔深 560 m,钻孔轨迹平行于隧洞轴线,角度为 5°向下,钻孔终孔孔径要求不小于 75 mm,在破碎带及软弱夹层处取心;钻孔完成后进行孔内电视测试,并测量孔斜。钻孔剖面及平面轨迹投影见图 2 和图 3。

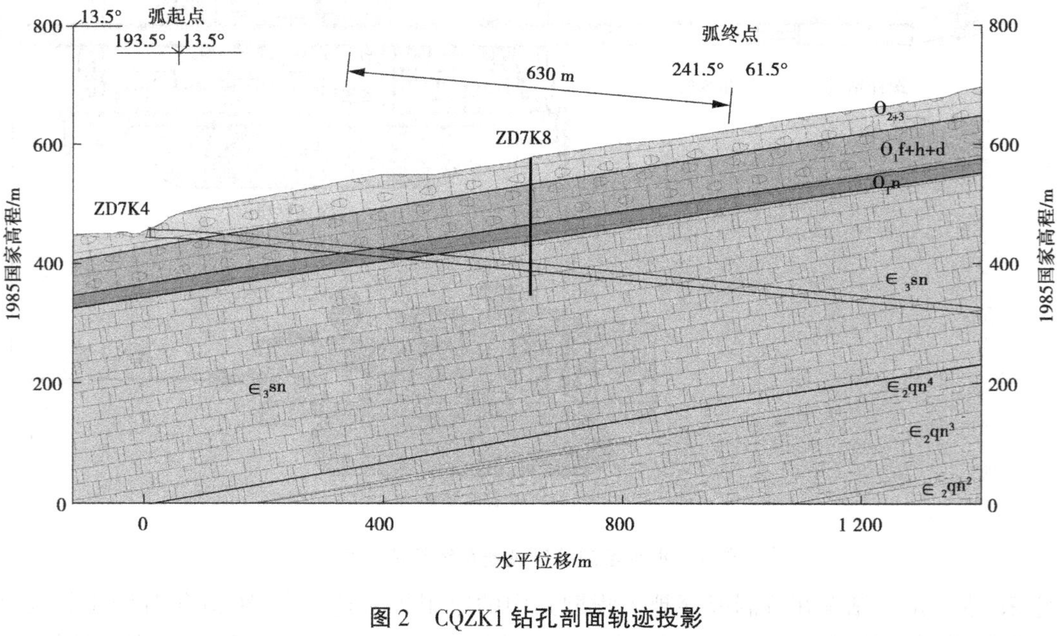

图 2 CQZK1 钻孔剖面轨迹投影

3 钻探准备

3.1 钻探设备

本次钻孔施工采用恒锐 HRD3S 分体式电动液压岩心钻机,采用全液压分体式设计,大通径液压卡盘式动力头,配电动机动力。钻机技术参数见表 1,钻机实物见图 4。

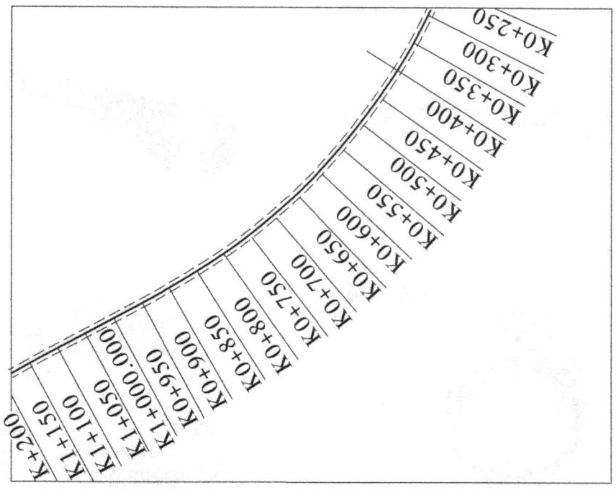

图 3 CQZK1 钻孔平面轨迹投影

表 1 恒锐 HRD3S 定向钻机技术参数

钻杆型号	HTW(91.2)/NTW(73.3)/BTW(56.5)	钻机动力/kW	55
钻杆长度/m	1.5/3	最大扭矩(N·m)	2 400
钻机能力/m	水平孔 700,垂直孔 900(NQ)	最高转速/(r/min)	560
提拔力/kN	112	给进力/kN	112
钻孔直径/mm	75	总质量/kg	2 340
钻孔角度/(°)	0~90	钻机尺寸/(m×m×m)	4×1.1×1.56

根据设计要求,CQZK1 水平定向钻探采用不取心钻进工艺,钻具结构选择“全断面钻头 + 螺杆马达+无磁钻铤 + 钻杆”的组合形式。

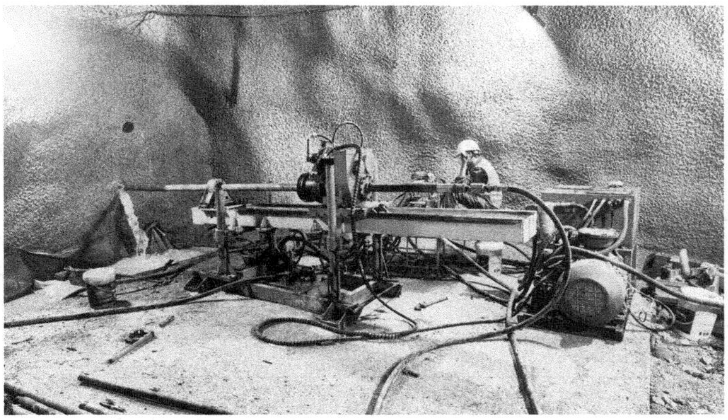

图 4 恒锐 HRD3S 型钻机

3.2 钻孔定向仪

根据超前预报水平导孔设计要求,结合现场的实际情况,本次钻孔定向采用 YSX18 型矿用随钻测量系统导向。随钻测量系统包含探棒、通缆钻杆、传输线缆、计算机定向系统等,该系统配置有 LED 屏,适时显示开孔俯仰角、方位角等参数;该系统采用高精度三轴光纤陀螺寻北,测量开孔、方位角精度高,不受磁场影响。定向测量系统设备见图 5 ,主要技术指标及参数见表 2。

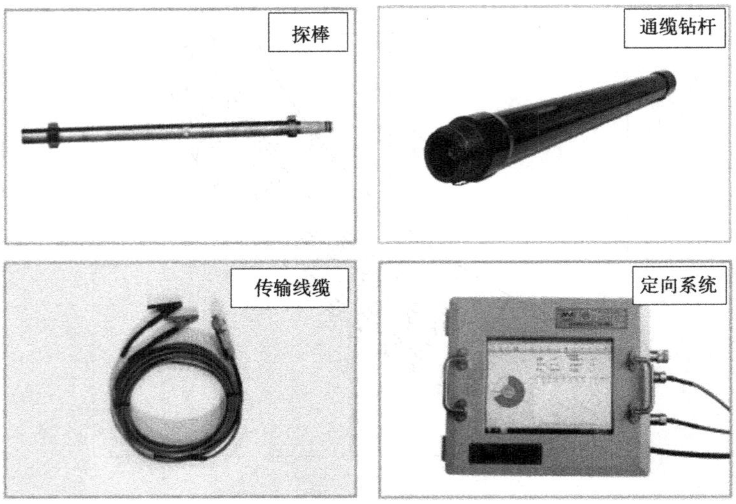

图 5　YSX18 型矿用随钻测量系统

表 2　YSX18 型矿用随钻测量系统技术指标及参数

参数		指标
供电方式		电池供电/本安电源供电 16 V
寻北时间/min		<3
俯仰角	测量范围/(°)	-60~60
	测量精度/(°)	±0.2
方位角	测量范围/(°)	0~360
	测量精度/(°)	±1.0
续航时间/h		>72
工作温度/(°)		-40~60

4　钻孔施工

4.1　钻进情况

CQZK1 钻孔于 2024 年 6 月 8 日正式开孔,2024 年 7 月 27 日完成,终孔孔深 561.4 m,钻进时主要技术参数如表 3 所示。

表 3　钻进技术参数

参数	指标	备注
钻压/MPa	9~10	
平均转速/(r/min)	226	滑动钻进
	326	复合钻进
泵量/(L/min)	280	
螺杆马达压力/MPa	2~4	

根据前期勘察成果分析,隧洞围岩主要为奥陶系南津关组(O_1n)中厚层灰岩及寒武系三游洞组($\in_3sn$)中-厚层白云岩,岩体整体微新。CQZK1 钻孔实际钻取岩样与前期地质勘察资料基本一致,

钻孔取样岩屑见图6。

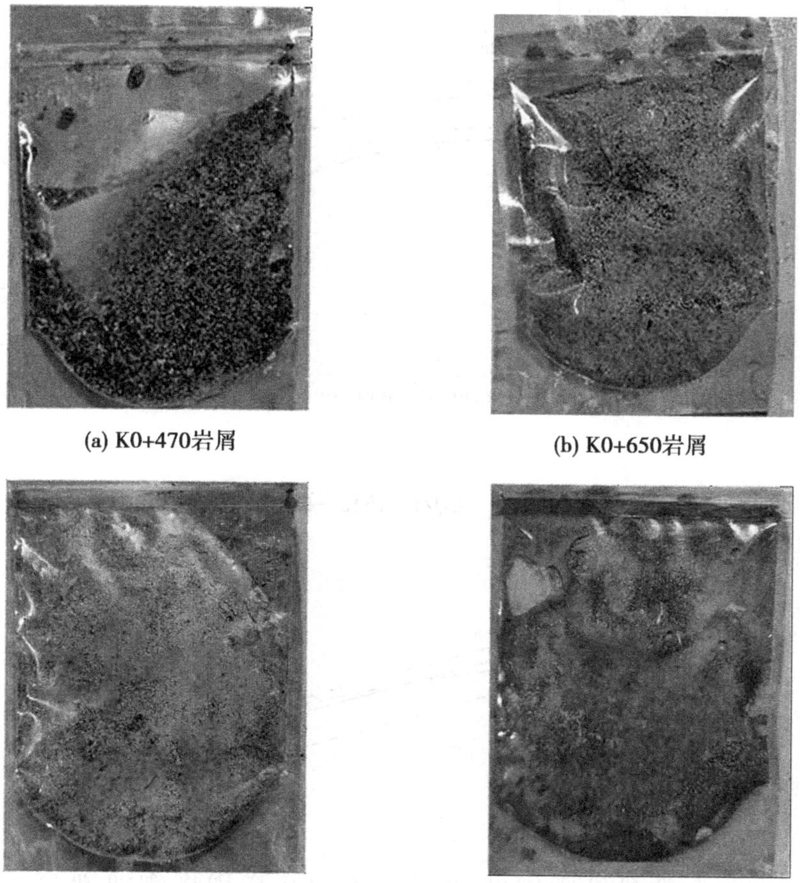

(a) K0+470岩屑

(b) K0+650岩屑

(c) K0+830岩屑

(d) K0+952岩屑

图6　部分岩屑照片

4.2　钻孔轨迹测量

考虑到后续隧洞的钻爆法掘进工艺，开挖完成后隧洞洞壁可能进行喷锚等初期支护，为了避免超前超深水平导孔影响后续隧洞掘进及支护，因此CQZK1钻孔轨迹设计采取平行隧洞轴线钻进，紧邻隧洞外侧洞壁5 m。

该孔采用分段测量的方式进行钻孔定向，钻孔每钻进3 m进行一次孔斜测量及定向，根据实际钻进轨迹与设计轨迹偏差及时进行纠偏，调整下一段钻孔方位角与倾角[5-6]。

钻孔设计轨迹和实际钻进轨迹见图7及图8[5-6]。

4.3　钻孔定向

CQZK1钻孔实施期间，随钻测量系统实时获取钻具的姿态信息并实时控制调整钻头的钻进方向，保证钻孔沿着设计轴线延伸，确保钻孔的偏斜每1 000 m最大允许偏差小于5 m。

5　结语

(1)CQZK1终孔孔深561.4 m，该孔钻进过程中钻进速度均匀，钻进平稳，未遇见卡钻、掉钻、涌水、突泥现象，钻进过程中无异常情况。

(2)钻进过程中，通过孔内循环水的颜色及返水量的大小推断隧洞地质缺陷情况如下：

①在钻进孔深108 m(K0+518)、130 m(K0+540)、150.1 m(K0+560.1)、236.8 m(K0+646.8)、283.1 m(K0+693.1)、350.1 m(K0+760.1)、436.8 m(K0+846.8)、528.2 m(K0+938.2)时孔内返水由灰白色变成土黄色，推测该隧洞处存在断层或溶蚀结构面、溶缝等。

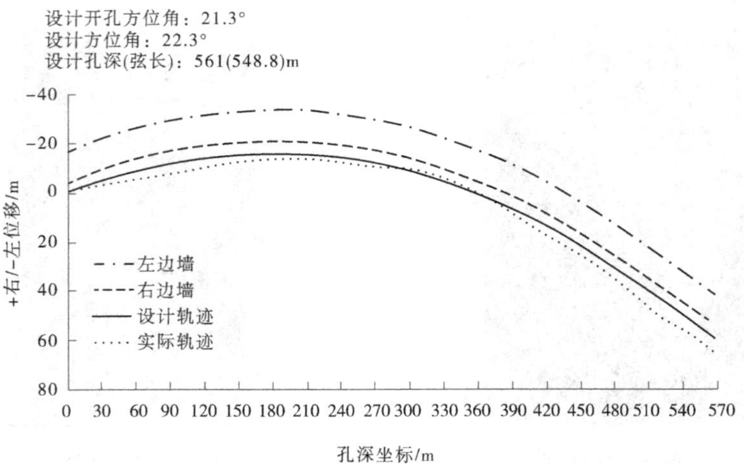

图 7　CQZK1 钻孔平面图

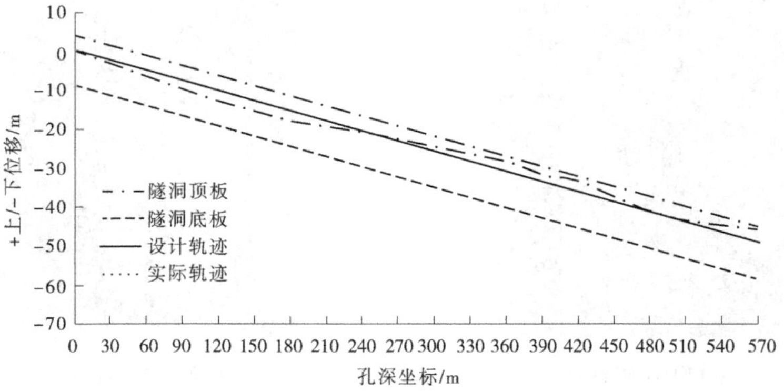

图 8　CQZK1 钻孔剖面图

②在钻进孔深 129.5 m(K0+539.5)、149.5 m(K0+559.5)、252.6 m(K0+662.6)、302.6 m(K0+712.6)、452.8 m(K0+862.8)、548.6 m(K0+958.6)时，孔内返水变清，推测该隧洞处赋存地下水。

③在钻进孔深 196.5 m(K0+606.5)、239.6 m(K0+649.6)、396.3 m(K0+806.3)、439.7 m(K0+849.7)、539.1 m(K0+949.1)时，孔内返水明显变小，钻孔循环液通过裂隙渗漏，推测该隧洞处存在裂隙，溶隙等。

(3)通过钻进过程、孔内循环水情况及岩屑采取情况推断隧洞地质围岩情况如下：

①孔深 0~45 m(K0+410~K0+455)：隧洞围岩为奥陶系南津关组(O_1n)灰色互层-中厚层灰岩，岩体微新，未见较大断层、溶洞，地下水主要为裂隙水，预测隧洞围岩以Ⅲ类为主，发生涌水突泥风险较小。

②孔深 45~561.4 m(K0+455~K0+971.4)：隧洞围岩为寒武系三游洞组($\in_3sn$)灰色中-厚层白云岩，岩体整体微新，未见较大断层、溶洞，地下水主要为裂隙水，隧洞开挖过程中可能存在沿溶缝、溶蚀结构面等线状流水或集中涌水。预测隧洞围岩以Ⅲ类为主，发生大规模涌水突泥风险较小。

综上所述，隧洞围岩整体稳定性较好，无较大断层及大型溶洞发育。

参考文献

[1] 马保松，程勇，刘继国．超长距离水平定向钻进技术在隧道精准地质勘察的研究及应用[J]．隧道建设(中英文)，2021，41(6)：972-978.

[2] 王汇明，李军，李勇，等. 狮子洋主航道特大水垂比大位移科学钻孔施工实践[J]. 钻探工程，2022，49(1)：135-141.
[3] 吴纪修，尹浩，张恒春，等. 水平定向勘察技术在长大隧道勘察中的应用现状与展望[J]. 钻探工程，2021，48(5)：1-8.
[4] 周梦迪，刘欢，韩丽丽，等. 用于工程勘察的水平定向钻探技术探讨[J]. 钻探工程，2023，50(2)：135-142.
[5] 中华人民共和国水利部. 水利水电工程钻探规程：SL/T 291—2020[S]. 北京：中国水利水电出版社，2020.
[6] 中国水利学会. 水利水电工程水平定向钻探规程：T/CHES 108—2023[S]. 北京：中国水利水电出版社，2023.

深水急紊流区水上钻探关键技术研究

陈　斌　巨　坤　牛美峰　王　坚　叶晓平　刘　安

(浙江华东岩土勘察设计研究院有限公司,浙江杭州　310030)

摘　要:水上钻探由于受水深、离岸距、风浪、潮汐等自然条件影响,具有施工难度大、危险系数高、钻探效率低等特点。本文结合国外某水电站深水勘探工程实例,针对深水急紊流区水上钻探全过程技术工艺展开了研究及总结,开展了钻探平台舾装规格参数的理论分析计算,开展了适用于急紊流区水上钻探的平台设计、验算及搭建工作,并提出了适用于高流速环境的护孔套管装置及收放工艺,解决了深水高流速条件下套管抗水流冲击能力差和连接工效低的难题,保证了该地区急紊流水上钻探项目的安全顺利实施。本文研究成果可为不同行业和地区水上钻探工程提供参考。

关键词:水电工程勘察;水上钻探工艺;水上钻探平台;船舶舾装;护孔套管

1　引言

水上钻探也称为水域钻探,其施工方法与陆地钻探大体相同,只是由于受施工水域的水深、离岸距、风浪、潮汐等自然条件影响,因而增加了设备和工艺的复杂性。首先要有一套固定或浮动于水面的平台或船只作为施工场地,还需设置从钻机到水底孔口的特殊井口装置作为钻具入孔与泥浆循环的隔水通道,并防止水流和水位波动对钻探工作的影响。在施工过程中,还要相应采取孔位量测、锚泊定位、升沉补偿等一系列特殊工艺措施。较一般陆地钻探来说,施工难度大,且受自然条件各方面的影响较多,如水流速、水位、季节、风浪、气象、潮水等;安全风险高,特别对于深水湍急河流段,施工技术难度更大,须采取特殊的施工工艺和技术措施。如何在保证钻探施工作业中人员及机械设备的安全、钻探质量、钻探进度的同时控制成本,水上移动钻探平台设计和护孔套管的选型尤为重要[1-10]。

本文以实际工程勘察项目为背景,重点围绕水上钻探这一关键环节展开探讨,对钻探平台舾装规格参数进行了计算验证,开展了急紊流区水上钻探的平台设计、验算及搭建工作,并提出了适用于高流速环境的护孔套管装置及收放工艺,保证了该地区急紊流水上钻探项目的安全顺利实施。

2　项目概况

工程区所在流域6~11月为雨季,12月至次年5月为枯水期,雨季流速大于5 m/s,水流流态紊乱且有漩涡,旱季深水区水深20~70 m,实际水流流速1.5~3.0 m/s,局部流速可达4 m/s[11]。经现场实地踏勘,区域水深20~30 m,水流3.0 m左右,存在大量漩涡,如图1所示。其中,河床面最大宽度约380 m,最小宽度约260 m。深水急流区底部覆盖层为砾卵石层,松散-稍密,次圆状-圆状,母岩成分为安山岩、角砾岩等;基岩为安山岩,青灰色-灰色,抗压强度较高,属中硬岩,节理发育,岩体较破碎。

本次项目水上钻探工作量合计210 m左右,具体信息详见表1及图2。

作者简介:陈斌(1980—),男,高级技师,主要从事工程勘察钻探设备与技术研究工作。

图 1　现场水流(漩涡)实拍图

表 1　钻探工程量一览表

序号	孔号	计划孔深/m	预计水深/m	地质及水文条件
1	SZK14	70	30	表层砾卵石层厚 3 m 左右,下部安山岩;预计流速 2.5 m/s,浪高<0.2 m
2	SZK15	70	35	
3	SZK16	70	35	

图 2　深水急流区水上钻孔布置示意

3　钻探平台及设备研究

3.1　锚泊设备舾装数计算

舾装数的计算是否合理将直接影响着系泊设备性能选择的高低,由于外载荷(风、浪、水流等)的种种因素,要求系泊和锚泊设备具有足够的安全性,系泊和锚泊安全性能又将直接影响着整条钻探船的安全性能[12]。根据《钢质海船入级规范》(2024)[13],选取锚泊设备时舾装数 N 按下式计算:

$$N = \Delta^{\frac{2}{3}} + 2(Bh + S_{\text{fun}}) + \frac{A}{10} \tag{1}$$

式中:Δ 为船舶夏季载重线下的排水量,t;B 为船宽,m;h 为夏季载重水线到最上层舱室顶部的有效高度,m;S_{fun} 为烟囱有效正投影面积,m^2,$S_{\text{fun}}=0$;A 为测投影面积,m^2。

(1)Δ 计算式如下：

$$\Delta = LTB \tag{2}$$

式中：L 为船长；T 为夏季吃水深度；其他符号意义同前。

本项目所采用的钻探船相关参数为：$L=36$ m，$T=0.7$ m，$B=9.5$ m。因此，根据式(2)计算得到钻探船型排水量 $\Delta=239.4$ t。

(2)h 计算式如下：

$$h = a + \sum h_i \tag{3}$$

式中：a 为船中夏季载重水线至上甲板的距离；$\sum h_i$ 为各层舱室(宽度大于 $B/4$)在中心线处量计的高度和。

本项目所采用的钻探船相关参数为：$a=2.3$ m，$\sum h_i=2.8$ m。根据式(3)计算得到钻探船有效高度 $h=5.1$ m。

(3)A 计算式如下：

$$A = A_a + A_b + A_d \tag{4}$$

式中：A_a 为夏季载重水线以上的船体部分侧投影面积，m^2；A_b 为上层建筑及各层甲板室(宽度大于 $B/4$)侧投影面积，m^2；A_d 为可装载最多成套大件和项目设备的侧向迎风面积，m^2。

本项目所采用的钻探船相关参数为 $A_a=82.8\ m^2$，$A_b=22.4\ m^2$，$A_d=0$。根据式(4)计算得到钻探船总的侧投影面积 105.2 m^2。

综上所述，将式(2)～式(4)计算结果代入式(1)可得舾装数为 $N=146$。

根据规范[8]可以确定锚泊设备应在舾装数(130,150)范围内选取。具体要求为：首锚数量为 2 个，每只质量为 420 kg，实际锚重按照 780 kg 选取；相应的锚链按照 780 kg 锚重选取，CCS1 级直径 28 mm 锚链对应破断负荷 321 kN。

基于以上计算，本船实际配置的相关锚泊设备参数如表 2 所示，实物图如图 3 所示。

表 2　锚泊设备配置参数

锚泊设备	具体参数
锚	2×780 kg；四爪
锚索	2×200 m；破断负荷≥321 kN；钢丝绳 φ 24.6×36WS-IWR-1570
绞车	工作负载：29.4 kN；过载拉力：44.1 kN；支持负载：256.8 kN

图 3　锚机和锚型实物

3.2 钻探平台

3.2.1 平台设计及验算

参照水电工程钻探相关规范[14]要求,水上钻探平台类型选择应满足地质条件和勘探技术要求。综合分析前期水位资料及现场实地查勘,结合项目现场实际情况,选择专用铁驳单船搭建漂浮钻场。根据规程要求(见表3),铁驳船吨位应根据水流速度、钻孔深度,按工作负荷5~10倍的安全系数计算确定。

表3 船舶选择要求

水流速度/(m/s)	<2		2~3		3~4	
孔深/m	≤200	>200	≤200	>200	≤200	>200
双船吨位/t	2×30	2×40	2×50	2×80	2×80	>2×100
单船吨位/t	≥200				≥300	

最终确定的驳船尺寸规格如表4所示,满足规程要求。

表4 拟选择船舶规格

船舶类型	用途	长/m	宽/m	高/m	吃水/m	吨位/t	功率/马力
铁驳船	钻探平台	36	9.5	3	0.7	500	—
拖轮	拖带移位/辅助交通	15	3	2	—	—	300

注:1马力=0.735 kW。

3.2.2 作业平台搭设

3.2.2.1 搭设要求

根据规范要求,单船船侧搭建钻场,工字钢伸出船沿长度宜小于3.0 m,船内的工字钢长度应大于3.0 m,工字钢间距不应大于1.5 m,铺设枕木间距宜为0.8~1.0 m。具体要求如下:

(1)平台加工前、装前要检查驳船仓是否渗水,生锈部位油漆刷新防止生锈。

(2)驳船平放,迎水面纵向布置,驳船一端侧面中心点两边采用型号24工字钢按1.5 m间隔固定焊接;侧边延伸2.6 m,和驳船平铺工字钢尾部用螺纹钢加包焊接固定确保稳固。

(3)下部吃水线以上间隔延伸面底部再用型号22工字钢斜撑固定焊接,按规定尺寸固定焊接连接支撑;钻塔底部受力位置采用双排槽钢加固焊接,确保平稳牢固。

(4)驳船吃水面上部30~50 cm处加装二层护管导向作业平台,其尺寸不能小于长2 m×1.5 m;临边设置防护栏杆,特殊情况下人员可在二层平台松紧扶正护管作业。

(5)钻探作业开孔位置预留宽80~100 cm的空隙(月池)用于上下护管用,并且孔口位置采用厚度不小于2 mm钢板作为三角形护管导向装置,延伸二层平台上下连接固定焊接,并确保护管在导向管内畅通。

(6)四周角安装锚机,并随机安装上下护管钢丝拉绳专用绞锚机来控制下护管过程中护管左右摆动。

(7)平台面作业区域采用木板铺平并四边临水面设防护栏并挂防护网,驳船四周再设防护栏杆,防止人员踏空及落水。

3.2.2.2 搭设方法

作业平台尺寸为(长×宽)(12 m×6 m);自驳船侧边向外延伸2.60 m,船内长度3.40 m,工字钢间隔1.2 m,延伸面底部再用工字钢斜撑固定焊接,平面木板铺设固定;四周设置高度1.2 m安全防护栏杆。船舶前端抛锚固定,主副锚钢绳连接,平台尾部两侧用两条锚绳固定,保证平台稳定(见图4)。

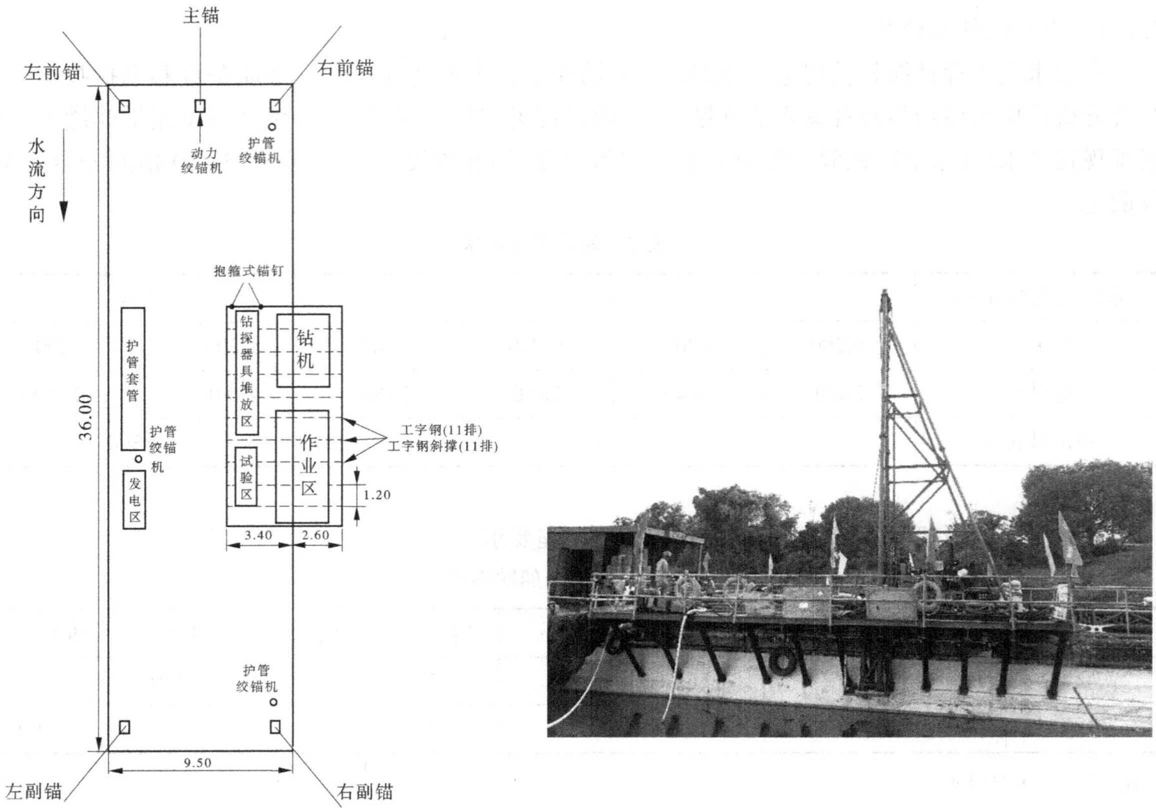

图4　平台设备布局示意及安装实物　(单位:m)

3.2.2.3　平台拆卸

水上作业结束后,通过拖轮将平台拖至之前搭设场地停靠(首选),用吊车将平台上的钻探器材设备清空吊至岸上清洗整理入库,平台材料按搭设的反顺序拆卸,做到拆卸过程中如槽钢等重要材料尽可能最小损坏,方便二次利用减少成本;驳船焊接部位恢复原貌,较少退租移交驳船时相关赔偿;拆卸过程注重人员及设备安全隐患,如触电、烫伤落水的事宜及场地环境保护。

3.3　抛锚定位与起锚方法

3.3.1　定位方法

3.3.1.1　抛锚作业顺序

抛锚定位作业按以下流程进行:抛主锚→绞紧主锚→抛左前锚和右前锚→绞紧副锚并调整平台至孔位→抛左后锚和右后锚→绞紧后锚确保平台稳定。具体作业过程为:

(1)用两个拖轮推送驳船到预定孔位上游约220 m处,下放主锚至河底,用拖轮辅助驳船缓慢后退至预定孔位附近,其间开始绞锚,逐渐绞紧,防止因水流流速过急主锚走锚、突然抓力过大钢绳崩断及锚机刹车失灵等安全事故发生,确保驳船在预定孔位处。

(2)主锚抛定后,用一个拖轮扶正驳船,用另一个拖轮(配有1 t柴油机绞锚机)事先将副锚放置在锚艇上送到事先预定左右前锚至驳船以外约180 m处位置投放,并绞紧,若走锚,须起锚并适当调整位置再次抛锚,确保最终可以绞紧。

(3)前锚抛定后,采用抛前锚的方法抛后锚,完成五锚定位。

3.3.1.2　其他要求和注意事项

(1)选择合适天气移船抛锚,事先测量确定钻孔位置及主副锚投入点距离;由专人指挥迎水流方向垂直定位。

(2)平台四周对角固定副锚绳,前后采用钢丝绳成“八”字形固定。主锚与水平面夹角控制在

10°,主锚与边锚夹角控制在35°~45°,并且锚机固定位置采用槽钢加密焊接。主锚抛锚固定时钢丝绳靠近绞锚机方还需要在驳船夹板桩头上缠绕双重固定防止拉力过载情况下锚机移位。

(3)若遇到河段较窄区域,允许优先选择岸上预锚桩固定。

(4)抛锚前,事先对作业区域的水情、水深、流速等进行测量,并对抛锚位置投放浮漂或两岸参照物方位及锚绳角度大致定位做接下来抛锚位置准备工作。

(5)抛锚完成后,注意对航道影响,布设锚漂以加强锚绳避让警示,夜间作业增加照明和警示措施。

(6)各主副锚的固定应牢固可靠,并布置起锚绳和锚漂或爆闪警示标志;锚绳上挂好浮漂,防止渔船通行时碰撞发生安全事故。

3.3.2 起锚方法

3.3.2.1 起锚作业流程

起锚作业按以下流程进行:收后左、右副锚→收前左、右副锚→收主锚→驳船移位置。具体起锚方法如下:

(1)起锚优先选择靠近流速相对较缓方的后副锚,安排一艘拖船扶正并拖住驳船平台,另一艘带起锚机拖船开到抛锚位置,利用事先放置好的起锚绳将锚提起,同时驳船上电动绞锚机回收钢丝绳进行起锚作业,再用同样方法回收另一后副锚。

(2)后左、右副锚回收完成后,利用绞锚机将驳船尽可能靠水情稳定一侧绞紧固定;再利用拖轮将流速相对较慢方的前副锚提起,再回收另外一侧副锚。

(3)最后起主锚,两条拖轮同时将驳船迎水流稳定区域方向向前推进,其间主锚绞锚机同时启动收紧钢丝绳,至主锚抛锚位置再将主锚提起;完成起锚作业平台转移至下一个作业点。

3.3.2.2 其他要求和注意事项

(1)选择合适天气作业起锚,起锚前事先组织策划,分工明确,拖船燃油储备充足,由专人指挥作业。

(2)起锚作业时,当出现锚卡死提不动时不能一个方向猛拉猛提船锚,需不同方向提拉达到提起为止。

(3)回收钢丝绳时,起锚机卷筒里钢丝绳要按顺序排列,严禁钢丝绳不规则缠绕导致下一次抛锚时钢丝绳打结卡死影响抛锚作业,尤其是主副锚钢丝绳。

(4)起锚时,在绞锚机前端与钢丝绳接触面加装滑轮导向装置以减少摩擦力,防止钢丝绳摩擦过度断裂。

3.4 钻探设备

参照作业孔位的孔深和水位情况,从钻机扭矩、卷扬机起吊能力等方面选择适用钻探装备,漂浮式钻探平台钻进作业对钻机离合器性能和操作水平要求高,需要通过及时操控离合器缓冲平台浮动带来的冲击,钻机在满足相应扭矩和起吊能力的前提下还要具有离合器操作灵活的性能,因此建议选择XY-2型号。

4 钻探工艺总结

4.1 护管收放

4.1.1 起吊能力验算

本项目地质资料揭露河床底部初判为裸露基岩,岩层面起伏不平,考虑采用三角桁架式套管,整体形式设计为三角结构,顶点布设3个内径151.5 mm直径套管。

钻孔作业水深最深在50 m左右,按70 m水深准备材料。三角桁架套管单根长度2 m,单根质量约0.335 t,因此70 m护管总重约为:35根×0.335 t/根≈11.73 t(重力117.3 kN),XY-2型钻机的卷扬机最大提升力为30 kN,需在钻塔顶部加装动滑轮组起吊装置,采用2个滑轮组成$N=4$滑轮组,可有效达到4倍提升力，即120 kN，同时考虑水的浮力和扶正绞锚机辅助拉力，可以满足70 m护管提升要求。

4.1.2 收放流程

（1）下管前，提前完成套管孔口固定装置设计与加工、安装，并进行试操作。根据钻孔具体孔深提前确定护管的长度，并根据不同水深、流速、地质情况等采用不同的下护管扶正方法。具体参见表5。

表5 不同水深及流速情况下管工艺

序号	水深/m	流速/(m/s)	采取方案
1	≥10~20	≤0.5~1	直接下168套管，上部底部拴钢丝绳，孔口扶正装置
2	≥10~30	≤3~5	上部、底部、中部拴钢丝绳扶正，再配置手摇绞锚机下护管导向下护管，孔口至二层平台双层扶正导向装置
3	≥40~70	≥2~5	上部、底部、中部拴钢丝绳扶正，再配置电动绞锚机或人力绞锚起下护管，孔口至二层平台双层扶正导向装置

（2）下放时，在距离底部3~5 m处连接钢丝绳，利用在平台前后和侧方事先安装的绞车控制护管在急流及漩涡状态下不发生左右摆动，扶正下送。

（3）下放时计算好钢丝绳的长度，始终保持护管吊绳下入长度和护管拉绳长度要相等，确保护管的中正度（见图5）。

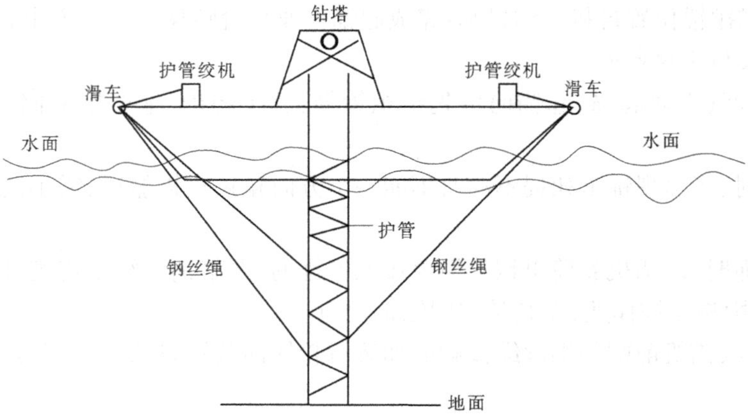

图5 护孔套管下放原理示意

（4）水深较深时另考虑护管中部再增加护管拉绳，尤其是护管前绳和两侧绳，并且钢丝绳下放长度和护管长度相等。

（5）考虑到随着孔深加大，护管重量增加，下管时采用动滑轮原理或锚机降低设备卷扬机的提升负荷，同时上下速度均匀控制。

（6）护管连接螺丝拧紧，有条件时连接部位采用封垫圈加密封闭，使护管在水力作用下发挥更好的浮力和柔性及部分连接螺丝采用双螺帽锁紧防止接口处折断或螺丝松动。

（7）事先把护管钢丝绳上标记米数尺寸卷在护管绞机上，再算好固定滑车中心点至不同深度护管钢丝绳固定连接点的直线距离，派专人负责控制钢丝绳下放尺寸，和钻机操作人员同时进行，确保在下放过程中始终保持垂直向下。

（8）护管三个角点为圆柱形套管，其底部口眼用薄铁皮焊接做密闭处理，待下好后用金刚石钻头钻穿下套管，护管连接处装O形圈密封，必要时可涂防水胶等措施确保护管内部不积水，充分发挥其浮力减轻重量。

(9)考虑河床底部基岩裸露并起伏不平等或钻孔位置正处于深槽基岩陡坎部位,造成套管下放困难时,首先采用微调孔位,选择更适宜套管固定底质部位,并对护管脚底部加工锥形触头等防滑措施,确保护管在基岩裸露面附着力均匀稳定。

(10)下护管前先按钻塔起吊高度控制,并做好钻杆对中调整,事先将套管连接起来,尽可能减少下放护管时长时间悬空在水里,必要时采购充电式螺丝拧紧器工具代替人工拆卸,缩短下放时间。

(11)平台面设备布局均匀放置,保证在下护管作业时平台不侧翻,作业时并加强检查各锚机拉绳卡子松紧情况。

(12)护管提升收回过程中检查各滑车、绞锚机是否完好,起吊时严禁单向起吊装置用力,在一定深度时要钻机卷扬机、各护管绞机同时用力提拔。

(13)护管离驳船侧面距离控制在 20~30 cm 间隙,防止在钻进过程中驳船平台左右晃动碰撞导致护管断裂或者倾斜影响护管垂直度。

4.2 钻进工艺

4.2.1 钻孔结构设计

据现场地层初步资料,拟采取泥浆护壁+套管的护孔工艺进行覆盖层钻进,采取清水钻进工艺进行基岩钻进,考虑到水上作业的特殊性和不可预见性,钻孔结构以及变级深度设计如下:

(1)直径 146 mm 隔水套管从桁架式套管入覆盖层深度控制在 5 m 以内。

(2)直径 130 mm 钻进松散覆盖层一定深度,进入基岩 5 m 内深度控制选择;再用直径 110 mm 钻至 3~5 m、视地层情况是否下 108 mm 套管。

(3)当 146 mm 套管覆盖层隔离不彻底,或者孔内沙多不干净时,改用 110 mm 孔径钻进。

(4)直径 94 mm 为终孔孔径,同时直径 75 mm 做备用。

4.2.2 钻进参数

为了确保地质构造带取心质量,针对钻孔遇到破碎岩层,常用的取心钻具有 SD110、SD94 口径。可适用于破碎基岩地层的金刚石岩心钻探,当配合植物胶类钻进取心,可钻取原结构的岩样[15]。

鉴于破碎复杂岩层,为确保安全顺利钻进并保证取心质量,确定钻进参数应遵循“中速、低压、小泵量”的原则[16]。根据不同的钻头直径采用的转速为 300~655 r/min,钻压为 4~7 kN,泵量为 25~40 L/min。应该根据孔内情况,正确及时地调整钻压、转速,适当控制给进速度。

4.2.3 操作要点

对该取心钻具在应用时需把控的操作要点总结如下:

(1)经常检查双管钻具的单动性能,尤其是轴承的灵活性,及时拆洗加油,更换密封圈。合理调节内、外管的间隙,在砂、土层中,将卡簧座与钻头间隙增大到 8~10 mm,以防止水路堵塞;卵砾石层中则控制在 3~5 mm。

(2)回次进尺控制在 1.2~1.5 m,发现堵塞,应立即提钻。

(3)覆盖层先取心再跟管钻进,必要时采取植物胶双管钻进工艺,应满足孔内各项试验技术要求。

(4)进入基岩面采用清水聚丙烯酰胺混合做冲洗液和双管钻进施工工艺,满足孔内电视要求。

5 结语

本文结合国外某水电站深水流区水上勘探工程实例,积累了一成套 45 m 大水深、5 m/s 高流速和 150 m 大跨度的急紊流区水上钻探技术经验,保障了水上钻探取样工作顺利开展,具体如下:

(1)提出了适用于急紊流区水上钻探的钻探平台设计及建立方法,总结了急紊流区水上钻探抛锚定位及起锚技术方法与作业流程。

(2)研发了可快速连接的三角桁架式护孔套管结构及收放工艺,解决了深水高流速条件下套管抗水流冲击能力差和连接工效低的难题。

本文研究成果可为不同行业和地区水上钻探施工提供参考。

参考文献

[1] 班金彭,黄明勇,代云鹏,等.西藏澜沧江班达水电站水上钻探施工技术[J].探矿工程(岩土钻掘工程),2020,47(6):19-25,66.
[2] 邱太宝,陈红卫.浅谈向家坝灌区北总干渠一期猫儿沱过江隧洞水上钻探平台的选择与安全措施[J].西部探矿工程,2020,32(2):91-94.
[3] 田刚.大宽度高流速水上钻探施工关键技术:以澜沧江河流穿越岩土工程勘察为例[J].中国高新科技,2019(22):10-12.
[4] 郑长斌,张炼红.常规工程勘察水上钻探实用安全技术[J].西部探矿工程,2016,28(4):64-66,71.
[5] 张成志,武相林,辛志相.深谷河床水上钻探平台设计及应用[J].山西建筑,2016,42(5):234-236.
[6] 孙灵会."东勘"系列内河水上勘探平台的研发与应用[J].东北水利水电,2015,33(2):62-64,72.
[7] 肖冬顺,张辉,常宝,等.深水湍急河流水上勘探施工工艺与技术措施[J].探矿工程(岩土钻掘工程),2013(9):76-79.
[8] 高建波.浅谈水上地质钻探方法选择与应用[J].铁道勘察,2012,38(4):51-54.
[9] 李维滔,李安军.珠江八大出海口门整治工程水上钻探技术[J].西部探矿工程,2005,17(7):134.
[10] 赵士伟.罗平阿岗水库水上钻探平台设计及应用[J].西部探矿工程,2010,22(10):48-49,52.
[11] 陆颖,何大明,何开为,等.澜沧江-湄公河水电站单位发电耗水量分析计算[J].水科学进展,2018,29(3):415-423.
[12] 翟帅帅,夏玉涛.系泊新要求对不同船型的影响研究[J].江苏船舶,2020,37(2):20-23.
[13] 中国船级社.钢质海船入级规范(2024)[M].北京:人民交通出版社,2024.
[14] 国家能源局.水电工程钻探规程:NB/T 35115—2018[S].北京:五洲传播出版社,2018.
[15] 黄河,张安平.松散破碎地层钻探泥浆研究与应用[J].山西建筑,2021,47(20):106-107.
[16] 王明华,刘维,段绪林,等.川渝地区深层破碎地层取心工艺优化研究[J].钻采工艺,2022,45(6):26-30.

浅析倒淌河循化构造带处水文地质深孔勘探技术

郭　旺　徐　娜　崔晋华

（黄河勘测规划设计研究院有限公司地质勘探院，河南洛阳　471002）

摘　要：本文研究了倒淌河—循化区域性活动大断裂处进行千米深水文地质钻孔施工过程中遇到的问题，进行了钻孔结构和钻进工艺设计，应用冲洗液和套管护壁堵漏技术保证了成孔，为之后在类似区域的水文地质勘探深孔施工提供借鉴，积累经验。

关键词：循化构造带；绳索取心；泥浆护壁；套管护壁；堵漏技术

1　引言

近年来，随着西部大开发战略的深入推进，国家为改善西部地区生态环境实施的生态补水工程促使多项重大引调水工程相继启动。作为工程前期关键环节的水文地质勘探工作，其工程规模显著扩大，勘探钻孔深度已从数十米级提升至千米级。在千米级深孔勘探中，钻孔施工本身面临重大技术挑战，同时还需满足复杂水文地质试验要求，技术难度显著增加。因此，开展倒淌河循化构造带千米级水文地质勘探钻孔成孔技术研究具有重要的工程实践意义。

2　工程概况

本次实施的千米级深水文地质勘探钻孔，乃是针对某引调水工程在倒淌河—循化区域活动性大断裂带所设置的水文地质勘探钻孔，其设计孔深达到 1 000 m。该钻孔的主要目标在于揭示倒淌河—循化区域活动性大断裂带的地质信息，探查 910 m 以下洞深段的地质状况，并执行各类水文地质试验以获取关键的水文地质数据。因此，该钻孔的成功成孔对于后续洞深段施工具有重要的指导意义。

3　地质条件

勘探区域位于倒淌河—循化区域性活动大断裂（F3），高程 3 483 m，该断裂西起倒淌河以北的黑城山，向东经阿什贡、扎马山东缘、循化南山北缘，到甘肃的韩集南，走向北 40°～70°西，长约 200 km。

勘探区域附近为中高山地貌，低缓丘陵间冲沟较发育，沟谷宽而浅，沟底平坦，梁丘顶部大多被厚层黄土覆盖。

地层岩性主要为：

（1）第四系：上更新统，黄褐色为主，冲-洪积含漂砂砾石层；

（2）第四系：中更新统，黄褐色-灰白色，冲积砂砾石，黏土含砾石砂土；

（3）三叠系：下统，岩性以紫红、青灰色中-厚层砂砾岩、砂岩为主，局部夹薄层状细砂岩、紫红色泥质粉砂岩、紫红色长石砂岩，岩层风化较为强烈，泥岩夹层性状差。

作者简介：郭旺（1996—），男，项目副经理，主要从事钻探技术方面的研究工作。

4 钻探主要施工方法

4.1 钻孔结构

根据勘探区域地层构造、设计孔深及技术要求，钻孔拟采用四级结构，结构图如图 1 所示。

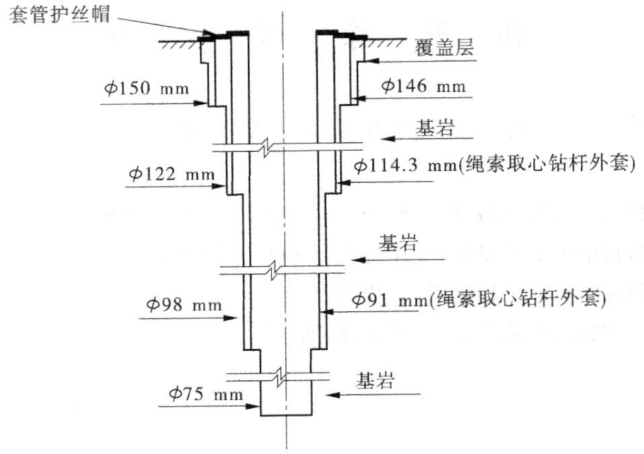

图 1 钻孔结构

4.2 钻进参数

钻进参数见表 1。

表 1 钻进参数

钻进方法	钻压/kN	转速/(r/min)	泵量/(L/min)
ϕ150 mm 硬质合金钻头单管钻进	8~20	163~237	52~145
ϕ122 mm 金刚石绳索取心钻进	20~25	163~567	52~90
ϕ98 mm 金刚石绳索取心钻进	10~25	237~831	52~80
ϕ75 mm 金刚石绳索取心钻进	10~15	237~831	52~70

4.3 主要设备及工艺

现场选用 HXY-5A 钻机，配备 BW250 型泥浆泵、150 kW 柴油发电机、动力机为电动机、四角钻塔。钻进工艺主要以金刚石绳索取心钻进工艺为主。

5 施工难点

在当前水文地质勘探实践中，深度超过 600 m 的钻孔并不常见。本文在倒淌河—循化区域活动性大断裂带设置的水文地质勘探孔，其最终钻探深度达到了 1 026.3 m，此深度的钻孔在本领域极为稀少。

在构造断裂带的影响下，地层展现出多样化和复杂性。上覆第四系地层中砂土、大直径砾石、砂砾石层等呈现出无规律的变化特征。下伏三叠系地层主要由砂砾岩、砂岩构成，局部夹杂薄层状细砂岩、泥质粉砂岩、长石砂岩。该岩层经历了显著的风化作用，泥岩夹层的稳定性较差，易于发生掉块和塌孔现象。此外，裂隙发育导致严重的漏失问题，使得成孔作业面临较大难度。

孔内需要完成水文试验、物探、综合测井等孔内试验。此次压水试验段设计在 910 m 以下，试验及数据采集难度大，同时水文试验段内需要清水钻进，保证孔内干净整洁，如何保证孔壁稳定，保证试验栓塞不被压坏，同样也是不小的问题。

6 应对措施

面对孔内问题,根据以往施工经验,制定了相应的措施,分别从钻孔结构、冲洗液和护壁方式上进行改变与调整,来解决应对孔内复杂地层,保证成孔。采用公司自主研发 HKYS-2 型钻孔压水试验综合测试仪完成高压压水水文试验数据信息准确采集。

6.1 优化钻孔结构

在结构设计上,采用四级钻孔钻进结构钻至终孔(ϕ150 mm、ϕ122 mm、ϕ98 mm、ϕ75 mm)。一级采用硬质合金钻头单管钻具钻进,二级、三级、四级采用金刚石绳索取心钻进。

在结构设计中,考虑到钻孔较深、工区的地层复杂,所以在以往的经验基础上进行了调整:

(1)开孔采用ϕ150 mm 硬质合金钻头单管钻具开孔,上部松散地层砸入ϕ219 mm 厚壁套管,稳定孔口,随后改用ϕ150 mm 硬质合金钻头单管加长钻具(钻具长度 10 m)钻进,保证钻孔铅垂度,预防孔斜,钻进至稳定基岩 1~2 m 后下入ϕ146 mm 薄壁套管并固管,预防覆盖层剥落、掉块等问题发生影响后续钻进工作。

(2)在基岩钻进中尽量使用大口径钻进,导向性好,钻杆钻具不易弯曲。所以,在以往结构的基础上增加一级ϕ122 mm 金刚石绳索取心钻具,并且遵循尽量使用大口径向下钻进的原则。

(3)最终采用钻孔钻进结构为ϕ150 mm×ϕ122 mm×ϕ98 mm×ϕ75 mm,其中ϕ130 mm 和ϕ 60 mm 作为备用口径。终孔时钻孔孔身结构为ϕ219 mm×ϕ150 mm×ϕ122 mm×ϕ98 mm×ϕ75 mm。

在进行钻孔结构设计时,首要任务是依据任务书的要求,明确钻孔的最终口径。随后,基于现场踏勘所获取的信息以及周边地质资料的分析,评估地层的复杂性,并据此选择适宜的冲洗液类型、护壁技术以及钻进工艺。在可能的情况下,应优先考虑使用较大口径进行钻进,并尽量避免在钻进过程中提前改变钻孔直径。

6.2 护壁措施

面对复杂不稳定和易漏失地层,以及后续试验段清水钻进时孔壁的维护工作,分别采用冲洗液护壁、堵漏技术与套管护壁等方式来解决应对。

6.2.1 *冲洗液护壁*

冲洗液护壁技术维持孔壁稳定是较为常见的手段之一。在不同地质条件下,冲洗液调配方式方法存在较大差异。此次在倒淌河—循化区域性活动大断裂处的千米钻孔采用如表 2 所示的冲洗液配方,在钻进中不但润滑孔壁提高钻进效率,而且维持孔壁稳定效果较好。

表 2 冲洗液配方

序号	孔深/m	地层	钻进工艺	选用泥浆
1	0~161.2	碎石土、黏土、砂砾石	ϕ150 mm 单管钻具钻进	钠土加火碱与水直接搅拌,起护壁和挟带岩粉的作用
2	161.2~910	砂岩、泥质砂岩、中细粒砂岩、粉砂岩	绳索取心	1 m^3 水+0.2%聚丙烯酰胺+1.5%封堵防塌解卡剂+1.5%煤系抑制剂+1.5%广谱护壁剂+0.15%液体堵漏剂。黏度控制在 30 s(根据情况实时调节性能)
3	910~1 026.3	砂岩、泥质砂岩、中细粒砂岩	绳索取心	满足水文试验要求,清水钻进

钻进中在 304.3~733.9 m 曾多次出现渗漏的现象,面对这种小漏失问题,采用了石灰乳冲洗液护壁的方式进行堵漏和护壁[1]。

石灰乳冲洗液护壁是在原泥浆中掺入其体积 3%的石灰乳。先将石灰水化,石灰与水按 1:3搅拌成石灰乳,以细流导入水源箱,石灰乳泥浆黏度可达 60~120 s,流入裂缝、裂隙凝聚成胶状物,以达到填充的目的。这种方式既保证孔内冲洗液不漏失,又可以持续钻进提高钻进效率。

6.2.2 堵漏技术

在297.2 m、453 m深度处遭遇大型裂隙带，导致冲洗液迅速流失，无法实现循环排出孔外。通过分析漏失量及钻取岩心，发现漏失通道较为宽广，单纯使用冲洗液无法有效进行壁面保护和堵漏。若采用套管进行壁面保护，将过早改变钻孔的结构。基于上述综合考量，决定采取封孔堵漏技术对漏失进行有效治理。

在两处主要漏失区域，采取了水泥球充填法以实现封堵。在制备水泥球的过程中，适量掺入了牛粪与锯末作为固体材料，确保填充物的投入量超过了裂隙的高度。通过钻杆捣实以实现初步封堵，随后采用含有早强剂的水泥浆进行高压灌注，以促进水泥浆更有效地渗透进入漏失通道[2]。封堵深度大约为30 m，并确保了至少72 h的凝固时间。该封堵方法效果显著，且成本消耗相对较低。

6.2.3 套管护壁

作为水文地质勘探孔，钻孔内需要进行各类水文试验，因此试验段只能采用清水钻进。随着钻孔加深，清水则不能平衡地层压力、维持孔壁稳定。

为保护孔壁稳定，采用套管护壁维持试验段以上地层。采用套管护壁时，会随着钻进的扰动、共振而发生套管脱落、断裂等问题影响成孔，因此维持套管稳定、保护套管完整都是关键问题。

在钻探过程中，依次置入了4套套管以保持孔壁的稳定性。套管的置入过程伴随着钻孔深度的增加而难度加大。基于实际生产状况，套管的选择与以往浅孔施工中的选择存在差异。在浅孔施工中，由于孔深较浅，套管的级配选择较少，地层对孔壁的侧压力较小，因此通常选用薄壁套管。而在本次深孔施工中，套管的级配选择更为多样，采用了四级（ϕ219 mm、ϕ146 mm、ϕ114.3 mm、ϕ91 mm）级配，预留了多级套管。随着钻孔深度的增加，地层对孔壁的侧压力增大，因此在套管材质的选择上，上部孔深较浅，采用了厚壁套管ϕ219 mm和常规套管ϕ146 mm；在下部则采用绳索取心外管ϕ114.3 mm、ϕ91 mm两级替代常规套管，以增强套管的刚性，减少套管损坏的可能性，并在回收时便于强力起拔，降低拉断的风险[3]。套管结构见图2。

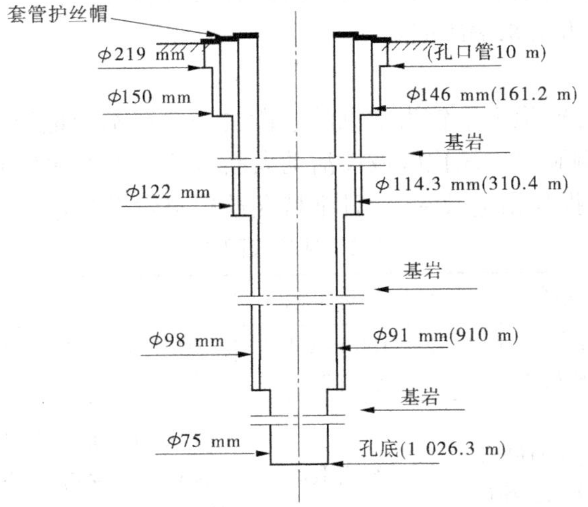

图2 套管结构

套管的下入技术流程如下：

(1)对于直径为ϕ219 mm的厚壁套管，采用吊锤锤击法将其砸入地下。

(2)在ϕ146 mm常规套管的下入过程中，于套管的接合部位涂抹熔化的松香，装配完成后，利用电焊在接合部位施加焊点。套管环形间隙采用泥浆进行填充，下部5 m采用水泥进行固定。此举旨在预防套管脱落并便于套管的回收。

(3)对于ϕ114.3 mm 套管,采用绳索取心钻杆外套管,涂抹液体松香后,使用液压钳进行紧固,缓慢下入。此方法可减轻对孔壁的冲击,预防脱节及孔壁失稳引发的事故。套管间隙采用泥浆填充,便于回收。

(4)ϕ91 mm 套管的下入采用绳索取心钻杆外管,通过跟管钻进的方式进行跟进。

6.3 压水试验

针对深度超过 910 m 的压水试验,本研究采用了自主研发的 HKYS-2 型钻孔压水试验综合测试仪,如图 3 所示。该设备可测试段实际压力,解决了干深孔压水试验问题,并有效减少了后期数据处理的计算量。该仪器能够满足现场对数据采集的严格要求。

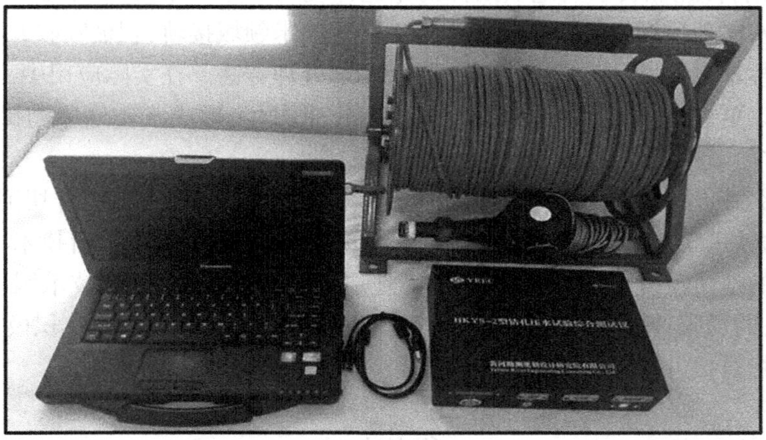

图 3 HKYS-2 型钻孔压水试验综合测试仪

在执行单管顶压式压水试验过程中,910 m 钻杆的总重量较大,导致单管顶压式隔水栓塞在钻杆自重作用下易发生损坏,因此必须降低施加的压力。利用钻机进行减压称重操作难以精确控制。为了实时掌握施加压力的情况,特在提引器位置安装了 10.0 t 的电子称重设备。通过该设备实时显示的重量数据,可以精确地控制施加的力,从而避免单管顶压式试验器的潜在损坏、影响隔水效果、压水试验数据失真等问题。

7 效果

本次千米级水文地质勘探孔的钻探工作历时 184 d,累计钻探进尺达到 1 026.3 m。在钻探过程中,对全孔进行了取心作业,岩心的采取率高达 92%。在 910 m 以下的深度范围内,进行了 14 段高压压水试验,并精确记录了每一段的试验数据。此外,还配合完成了孔内物探、综合测井等多项孔内试验。

在钻探工艺上,本次采用了绳索取心技术,显著提升了钻进效率,并减少了因频繁提下钻而对孔壁造成的扰动。同时,通过优化钻孔结构并增加预留结构,降低了施工难度。利用冲洗液进行护壁处理,对问题孔段进行了有效处理,从而增加了钻进的连续性,并节省了辅助作业时间。此外,套管护壁技术的应用确保了在清水钻进过程中孔壁的稳定性,并通过特定的下入方式保证了后续套管的回收,有效减少了材料消耗,降低了成本。采用 HKYS-2 型压水试验综合测试仪所获取的数据真实且准确,为后续报告的编写提供了坚实的基础数据支持。

通过与黄河勘测规划设计研究院有限公司地质勘探院及行业内其他单位公开的水文地质勘探钻孔信息进行对比(见表 3),本研究在月进尺效率上实现了显著提升,岩心采取率也得到了大幅提高。这些改进对地质分析工作提供了有力支持,同时预防钻孔事故的方式,间接提升了成孔效率,节约了生产成本,并提高了经济效益。

表 3　效果对比

施工类型	台月进尺/m	岩心采取率/%	事故率/%
以往钻探施工	120	87	5.2
千米级钻探施工	171	192	1.5

8　结语

(1)随着社会的持续发展,水文地质勘探的钻进深度与技术要求亦日益提升。为适应日益激烈的市场竞争环境,水文地质勘探技术正逐步与先进钻探技术领域接轨,积极吸收并采纳绳索取心钻进工艺、冲洗液护壁技术以及堵漏技术等先进钻探技术与处理方法。在实际应用中,对引进技术进行持续的改良与优化,以更好地满足水文地质勘探的技术需求,逐步形成水文地质勘探领域的先进技术,从而提升整体竞争力。

(2)提升钻探效率是提高钻探效益的直接途径。例如,研发一种水力耦合切削钻具钻进技术,在绳索取心不提钻的钻进工艺基础上,研究一种结合水动力切削岩心钻进的新技术。在钻进遇软硬交错、地层变化复杂的地质条件下,利用水动力进行地层切削取样,突破传统技术因岩石可钻性差异而频繁提钻更换钻头的局限,减少辅助时间,从而避免对钻探效率的负面影响。积极将此类钻具的研发成果应用于实践,将对提升勘探效率产生重大积极影响。

参考文献

[1] 乌效鸣,胡郁乐,贺冰新,等. 钻井液与岩土工程浆液[M]. 武汉:中国地质大学出版社,2002.
[2] 张祖培,殷琨,蒋荣庆,等. 岩土钻掘工程新技术学[M]. 北京:地质出版社,2003.
[3] 王扶志,张志强,宋小军. 地质工程钻探工艺与技术[M]. 长沙:中南大学出版社,2008.

浅析在水文地质工程地质中深孔钻探中孔内复杂情况的应对措施

汪增超[1,2]　崔晋华[1,2]　李浩杰[1,2]

（1. 黄河勘测规划设计研究院有限公司，河南郑州　450003；
2. 深圳先河水利水电工程有限公司，广东深圳　518001）

摘　要：水文地质工程地质钻探有别于其他工程地质钻探，除保证成孔之外，还要保证钻探具有较高的取心率以及水文试验段采用清水钻进要求等。中深孔钻探一旦遇到地层破碎、地层渗漏、地层软弱等复杂地质情况，往往会造成孔壁不稳，取心困难，孔内会出现套管脱落、卡钻、埋钻等事故，若处理不及时，会造成事故频发，或将导致钻孔报废。结合引黄济宁调水工程水文地质工程地质钻探项目，浅析中深孔钻探中孔内复杂情况的应对措施，为后期遇到相同类型钻孔能顺利、高效地开展钻进奠定基础。

关键词：水文地质工程地质钻探；中深孔钻探；孔内复杂情况；应对措施

1　引言

在钻探工程中，中深孔钻探孔内遇到复杂情况时，可借鉴的经验大多为资源性中深孔钻探的经验。当地层复杂，孔内遇到诸如套管脱落、卡钻、埋钻等复杂情况时，水文地质工程地质中深孔钻探不能完全按照资源性中深孔钻探处理孔内复杂情况的措施来应对。因为水文地质工程地质钻探中遇到的中深孔既要保证较高的取心率，又要在水文试验段采用清水钻进，同时又要保证在钻孔内能满足原位试验的要求。本文结合引黄济宁调水工程水文地质工程地质钻探项目中深孔钻探时遇到的复杂情况及处理措施，探索水文地质工程地质钻探中深孔内复杂情况的应对措施，为提高水文地质工程地质中深孔钻探效率提供理论支撑。

2　工程概况及钻探要求

2.1　工程概况

引黄济宁调水工程是青海省委、省政府提出的从黄河干流向西宁等城市群供水的调水工程。该调水工程利用黄河干流已建龙羊峡水库作为取水水源，采用长隧洞自流输水至西宁，同时配套受水区供水线路。本次钻探项目中的钻孔位于调水工程的引水线路上，其中，设计孔深在 300 m 以上的钻孔有 7 个，最深设计孔深达 840 m。

2.2　钻探目的及钻探要求

2.2.1　钻探主要目的

本次钻探的主要目的是探明引水线路上的地层岩性、构造带岩体特征、基岩完整程度、洞身段岩体的透水性等；同时，钻孔内做的孔内测试主要有光学成像、压水试验、地应力测试等，还要探明岩溶发育程度。

作者简介：汪增超（1991—），男，工程师，部门副经理，主要从事岩土工程研究工作。

2.2.2　钻探技术及试验要求

在钻进过程中依据《水利水电工程钻探规程》(SL/T 291—2020)[1]的要求操作。钻孔孔径应满足物探、试验及取样等要求,终孔孔径不小于76 mm,孔斜率不大于3%。覆盖层采取率不小于85%;输水隧洞的洞身段基岩采用清水钻进,采取率不小于90%。对压水试验、注水试验,按照《水电工程钻孔压水试验规程》(NB/T 35113—2018)[2]、《水电工程钻孔注水试验规程》(NB/T 35104—2017)[3]实施。

3　中深孔钻探中孔内遇到的复杂情况及应对措施

在引黄济宁调水工程中,引水线路相对较长,钻孔之间相距较远,地层没有可借鉴性。本次钻探布置的设计孔深在300 m以上的钻孔有7个,其中设计孔深670 m的SZK04#钻孔、设计孔深580 m的XRZK05#钻孔在钻进过程中孔内遇到的情况最为复杂,比较有代表性,本文予以着重分析。

3.1　SZK04#钻孔内遇到的复杂情况及应对措施

SZK04#钻孔由于遇到的地层比较复杂,基岩为砂质泥岩、泥质砂岩、砂岩、砂砾岩等,岩心如图1所示,这些岩层大多遇水干湿循环后崩解。该孔在钻进过程中遇到以下问题:

图1　SZK04#钻孔岩心照

3.1.1　套管滑落、超径、掉块问题及应对措施

SZK04#钻孔一开始采用φ130 mm硬质合金钻具开孔,穿过松软含破碎带地层到完整基岩面(24 m),下入φ127 mm套管隔离。在使用φ96 mm金刚石绳索取心钻具钻进62 m时,φ127 mm套管从孔口滑落35 m,发现孔口扩径。打捞出φ127 mm套管,采用φ130 mm硬质合金钻具重新向下扫孔至65 m,提出钻具发现岩心管内含有碎石块。取出岩心发现,第四纪地层上部为松散黏土,中间6~14 m含有破碎花岗岩夹层带,下部为强风化岩沉积岩。由于钻孔钻进浅,采取的措施为先从孔口补下φ127 mm套管至65 m,然后采用水泥封堵、固管,达到了稳定孔壁的效果。

3.1.2　套管二次滑落、断节问题及应对措施

采用φ96 mm金刚石绳索取心钻具钻进至135 m时发现φ127 mm套管再次滑落,采用丝锥打捞发现滑落深度为60 m,打捞出的φ127 mm套管为33 m已有部分脱落,当再次打捞未果时,分析认为孔内可能含有掉块堵住钻孔,从而得知前面水泥封堵并不严密,没有解决问题。之后再采取的措施为孔口采用φ146 mm跟管钻具扫孔,扫至15 m隔离破碎带防止掉块,再用φ130 mm硬质合金钻具扫孔扫出孔内掉块。下入丝锥打捞掉落φ127 mm套管,重新补下至125 m。

3.1.3　钻机跳挡、开不起高转速,绳索取心内管被沉淀抱死问题及应对措施

当钻机钻进至312 m时,钻机开始出现每钻进30~40 cm就会跳挡,不能高转速运行。结合现场情况分析,主要有两方面的原因:①钻头磨损严重,无法切削岩石、打滑;②孔壁摩擦阻力大。提钻排查后发现,该问题是孔内沉淀没有被有效地挟带至孔外,绳索取心内管被沉淀抱死,孔壁摩擦阻力大引起的。主要采取的措施为调配合适的钻井液,以达到良好的挟带沉淀的效果。

3.1.4　钻杆扭断问题及应对措施

SZK04#钻孔在钻进过程中,采用φ75 mm绳索取心钻进,分别在525 m、616 m处,发生钻杆断裂;

原因可能是钻孔扩径导致的钻杆摆断。因为钻进地层为泥岩、泥砂岩、砂岩、砂砾岩等地层，容易遇水崩解，所以在钻进过程中不适合的钻井液对孔壁的侵蚀，可能会导致孔壁坍塌，从而导致钻孔扩径。主要采取的措施为：在现用的钻井液中多加入一些钠土，使其在孔壁生成致密泥皮，减小水分子与孔壁接触来保持孔壁稳定，从而抑制钻孔超径，避免钻杆摆断。

3.2 XRZK05#钻孔孔内遇到的复杂情况及应对措施

XRZK05#钻孔所在的地层较复杂，上部覆盖层为不明成因的黄土，下部为极破碎的千枚状板岩，遇水崩解，属水敏性和力学不稳定地层。钻进过程中遇到孔壁掉块、塌孔、孔内沉淀多等情况，钻进速度缓慢。

因 XRZK05#钻孔下部基岩属水敏性和力学不稳定地层，岩石硬度较低，钻进时产生的沉淀多，稍有不慎就可能埋钻。主要采取的措施为：根据孔内沉淀情况，及时调配钻井液。钻井液中除加入高分子聚合物、纤维素外，还加入了磺化沥青粉、腐殖酸钾、防塌润滑剂，起到了很好的挟带沉淀的效果。在该钻孔钻进至 420 m 处时，因埋钻，导致水泵故障，待更换水泵后，冲洗液已经无法送入。主要采取的措施为：根据地层情况加工合适的钻头，同时结合调配好的冲洗液进行扫孔。采用该方法的思路是用大一级套管扫孔挟带小一级钻具。机组加工的跟管钻头如图 2 所示。该钻孔在钻进至 440 m 处时，因钻孔内坍塌、掉块，孔内大颗粒沉淀无法排出，致使多次卡钻。主要采取的措施为：用添加速凝剂的水泥封堵坍塌部位，从而达到稳固孔壁的目的，在水泥凝结的过程中能包裹大颗粒沉淀，对挟带沉淀有很好的效果。水泥在待凝 48 h 后，下 ϕ75 mm 钻具将孔扫开，此时能将孔内的大颗粒沉淀连同水泥一块以水泥柱的形式取出，如图 3 所示。

图 2　机组加工 ϕ98 mm 跟管钻头

4　应对孔内复杂情况产生的效果

4.1 SZK04#钻孔钻进效果

SZK04#钻孔在经过二次下入丝锥打捞掉落 ϕ127 mm 套管，重新补下至 125 m，对上部地层进行了有效隔离。在钻孔内沉淀多，绳索取心内管被沉淀抱死时，及时根据现场钻孔情况调配钻井液，使得沉淀被很好地挟带上来，预防了事故的发生。

在解决钻杆扭断问题时，在钻井液中加入的钠土通过在孔壁生成的致密泥皮可以有效地隔绝水分子侵扰孔壁，从而减少由于孔壁不稳引起的孔内沉淀增多。

4.2 XRZK05#钻孔钻进效果

在 XRZK05#钻孔调配的钻井液中，除含有高分子聚合物、纤维素外，还加入了磺化沥青粉、腐殖

图 3　包含大颗粒沉淀的水泥柱

酸钾、防塌润滑剂，这些对破碎地层的连续钻进及保证取心率都有显著的效果。钻取岩心前后对比如图 4 所示。在治理大颗粒沉淀时，用添加速凝剂的水泥封坍塌部位，具有很好的挟带沉淀的效果，将孔内的大颗粒沉淀连同水泥一块以水泥柱的形式取出，如图 5 所示。

(a)普通泥浆护壁采取岩心　　(b)更换配方后采取岩心

图 4　XRZK05#钻孔岩心采取情况

(a)水泥封坍塌部位前孔内沉淀　　(b)水泥封坍塌部位后孔内沉淀形成的水泥柱

图 5　XRZK05#钻孔沉淀处理情况

5 结语

通过结合引黄济宁调水工程水文地质工程地质钻探项目中深孔钻探时遇到的复杂情况，介绍了相应的应对措施，并得出以下结论：

（1）在软弱地层钻进时，应及时跟进套管钻进，并将套管放在稳定地层上。若较深处仍不见稳定地层，可局部封孔造台，达到稳定套管的目的。

（2）在沉淀多的钻孔内，容易造成卡钻、埋钻等事故，应及时根据地层状况，调配合适的钻井液，以达到良好的挟带沉淀的效果。如塌孔、掉块严重，应及时采用添加速凝剂的水泥封堵坍塌部位，以稳固孔壁的挟带沉淀。

（3）在钻进过程中，中深孔一旦埋钻，可以采用大一级钻具扫孔去套捞被埋钻具。

参考文献

[1] 中华人民共和国水利部. 水利水电工程钻探规程：SL/T 291—2020[S]. 北京：中国水利水电出版社，2020.
[2] 国家能源局. 水电工程钻孔压水试验规程：NB/T 35113—2018[S]. 北京：中国电力出版社，2018.
[3] 国家能源局. 水电工程钻孔注水试验规程：NB/T 35104—2017[S]. 北京：中国电力出版社，2017.

泥化夹层清水钻进 PDC 取心钻头孔底流场 3D 数值模拟仿真优化研究

葛宇家[1,2]　贾正茂[1,2]　张书磊[1,2]　代常友[1,2]　马攀峰[1,2]

(1. 深圳先河水利水电工程有限公司,广东深圳　518001;
2. 黄河勘测规划设计研究院有限公司,河南郑州　450003)

摘　要:合理的钻头水口结构设计对提高岩心取心质量具有关键作用,通过优化钻头水口结构能够有效减弱冲洗液对钻头喉部及前端软弱岩心的冲蚀。本文基于 Pro/E 和 Fluent 软件,构建了 5 种不同水口结构的 PDC 钻头模型,求解了相同钻进工况下不同水口结构钻头的流场分布状况,得出了水口结构对钻头孔底流场分布的影响特征以及冲洗液流量对岩心表面的流速的影响规律。研究结果可为复杂地层防冲蚀取心钻头的设计提供理论依据。

关键词:泥化夹层取心;PDC 钻头;孔底流场;数值模拟仿真

1　引言

泥化夹层地层作为一种具有特殊地质特征的岩层类型,其复杂的物理和化学性质对钻井作业提出了巨大的挑战[1-2]。在进行取心作业时,如何设计合适的钻头和优化冲洗液流场以提高取心效率和岩心质量,成为当前岩土工程领域中的关键研究方向之一[3-4]。钻头设计的优化已经成为一个长久以来备受关注和深入研究的领域[5-7]。传统的钻头设计往往忽视了钻头水口结构对孔底流场的深远影响,尤其是在泥化夹层地层中,钻头水口结构的合理性直接关系到钻头的冲洗效果和岩心的完整性[8]。因此,研究和优化泥化夹层地层取心钻头的水口结构,探索其对孔底流场的影响,不仅能显著提高钻井作业效率,还能有效减少岩心的损伤和冲蚀[9]。

近年来,随着计算流体动力学(CFD)技术的不断发展,采用数值仿真手段研究钻头水口结构对孔底流场的影响逐渐成为一种行之有效的研究方法[10-11]。利用 CFD 技术能够精确模拟钻头在特定钻进工况下的流场分布,为钻头的设计与优化提供理论支持。具体而言,通过对不同水口结构的 PDC 钻头进行流场分析,可以深入了解水口设计对冲洗液流速、流量分布以及岩心表面流速的影响,从而为提高泥化夹层地层取心效率和减少冲蚀提供数据支持和理论依据[12-13]。然而现有的研究尽管能够提供理论上的流场分布和优化方案,但实际工况下的试验验证结果往往与仿真结果存在一定偏差。如何将数值仿真与实际试验更好地结合,提升仿真结果的实际可操作性,是当前研究的一大难题。

本文通过数值模拟与试验创新性相结合,全面分析了不同水口结构对孔底流场及岩心冲蚀的影响规律,为泥化夹层地层取心钻头的设计与优化提供了有力的理论依据和数据支持。随着研究的深入,预计该成果将为钻井工程中的钻头设计和优化提供新的思路和方法,从而在实际应用中有效地提高钻进效率和岩心采集质量。

作者简介:葛宇家(1982—),男,高级工程师,黄河勘测规划设计研究院有限公司地质勘探院院长、深圳先河水利水电工程有限公司执行董事,主要从事水利工程钻探技术与设备研究工作。

通信作者:张书磊(1991—),男,高级工程师,深圳先河水电技术研发中心主任,主要从事钻探与基础工程施工方面的研究工作。

2 仿真计算方案与冲蚀试验方案

2.1 不同水口结构 PDC 取心钻头孔底流场的仿真求解方案

为研究 PDC 取心钻头水口结构对孔底流场特别是岩心表面冲洗液流速的影响，采用 Fluent 数值仿真软件分别模拟计算相同钻进工况下同等规格(钻头外径一致)的孔底常规不隔水 PDC 取心钻头、半隔水 PDC 取心钻头、底喷 PDC 取心钻头、侧喷 PDC 取心钻头、双通道侧喷 PDC 取心钻头的环空流场情况。通过对比分析不同水口结构 PDC 取心钻头钻进工况下岩心表面冲洗液的流速，得出水口结构对岩心冲蚀强度的影响规律。仿真求解过程采用的钻进参数如表 1 所示。

表 1 仿真求解过程采用的钻进参数

求解算例	钻头类型	转速/(r/min)	冲洗液流量/(L/min)
求解算例一	常规不隔水 PDC 取心钻头	217	60
求解算例二	半隔水 PDC 取心钻头	217	60
求解算例三	底喷 PDC 取心钻头	217	60
求解算例四	侧喷 PDC 取心钻头	217	60
求解算例五	双通道侧喷 PDC 取心钻头	217	60

2.2 冲洗液流量对双通道侧喷 PDC 取心钻头岩心表面流场影响的仿真求解方案

为研究相同钻进工况下冲洗液流量对双通道侧喷 PDC 取心钻头岩心表面流场的影响规律，基于 Fluent 数值仿真软件，采用单一变量法分别模拟计算不同冲洗液流量下双通道侧喷 PDC 取心钻头孔底流场情况，获取流量对双通道侧喷 PDC 取心钻头岩心表面冲洗液速度的影响规律。数值仿真钻进参数见表 2。

表 2 数值仿真钻进参数

求解算例	钻头类型	转速/(r/min)	冲洗液流量/(L/min)
求解算例一	双通道侧喷 PDC 取心钻头	217	40
求解算例二		217	50
求解算例三		217	60
求解算例四		217	70
求解算例五		217	80
求解算例六		217	90
求解算例七		217	100

3 PDC 取心钻头流场仿真建模

3.1 模型建立

根据研究设计的双通道侧喷 PDC 取心钻头以及仿真计算方案，确定的 5 种钻头水口结构，通过 Pro/E 软件建立对应水口结构取心钻头的 3D 几何模型(见图 1)。其中，常规不隔水 PDC 取心钻头、半隔水 PDC 取心钻头、底喷 PDC 取心钻头，外径 ϕ 91 mm，内径 ϕ 68 mm，钻头内部卡簧座外径为 ϕ 78 mm，卡簧座内径为 ϕ 71 mm，卡簧座与钻头内壁环状间隙为 2.5 mm，卡簧座与钻头内台阶间隙为 2 mm。侧喷 PDC 取心钻头和双通道侧喷 PDC 取心钻头，外径 ϕ 91 mm，内径 ϕ 61 mm，钻头内部卡簧座外径为 ϕ 74 mm，卡簧座内径为 ϕ 63 mm，卡簧座与钻头内壁环状间隙为 2.5 mm，卡簧座与钻头内台阶间隙为 2 mm。采用侧喷 PDC 取心钻头和双通道侧喷 PDC 取心钻头，钻头内基本隔水，冲洗液大多从钻头水口流出,减少对岩心的冲刷。但有少量冲洗液从卡簧座与钻头内台阶间隙流出,润滑及冷却钻头内侧。

(a)常规不隔水PDC取心钻头孔底流场计算域模型

(b)半隔水PDC取心钻头孔底流场计算域模型

(c)底喷PDC取心钻头孔底流场计算域模型

(d)侧喷PDC取心钻头孔底流场计算域模型

(e)双通道侧喷PDC取心钻头孔底流场计算域模型

图 1　不同类型的取心钻头孔底流流场计算域提取(透明体)

常规不隔水 PDC 取心钻头、半隔水 PDC 取心钻头在钻齿形状以及内部流体通道设置方面基本相似,底喷 PDC 取心钻头钻齿形状与前两者相似但流体通道的结构与前两款钻头不同,侧喷 PDC 取心钻头、双通道侧喷 PDC 取心钻头的钻齿形状与流体通道的结构与前三款钻头均不同。

计算过程中,考虑计算模型基本都是小缝隙流道,同时存在旋转钻头的计算模型,在计算中将几何模型分为旋转流动域和非旋转域。在数值模拟计算中,考虑动静交界面位置应尽量靠近存在旋转效应的几何面,因此动静面的位置为距离钻进平面 80 mm 的位置。

在提取流体计算域时,常规不隔水 PDC 取心钻头、半隔水 PDC 取心钻头、底喷 PDC 取心钻头,由于其钻进面为 PDC 磨削圆形齿，因此默认其钻头钻进切削齿吃进岩层深度为 1 mm，该吃进深度不完全是钻进深度，考虑钻进时岩屑没有及时挟带，岩粉包裹在钻头底部深度，也符合实际情况，为计算方便，取值 1 mm。对于侧喷 PDC 取心钻头、双通道侧喷 PDC 取心钻头，钻头钢体上前后台阶均设置 PDC 磨削圆形齿，PDC 磨削圆形齿吃进岩层深度也都设置为 1 mm。

3.2 网格划分

计算网格划分工具为 ANSYS-Meshing。对于旋转域，由于其几何拓扑构型复杂，几何间隙细小，其网格类型采用四面体网格方案。对于静止域，其几何拓扑为圆环形柱体，拓扑构型相对简单，因此采用六面体网格划分。

在网格划分过程中，由于几何结构复杂，主要关注的流动通道为小尺寸的流动间隙，因此网格划分中，为保证网格及计算精度，对尺寸较小的几何间隙，例如岩心与钻头内表面 1 mm 间隙，通过采用增加四面体边界层网格划分的方式，保证该间隙处至少存在 8 层以上的计算网格，因此计算的网格数量较大。

各流体域计算模型的网格数量如表 3 所示。不同模型的网格数量存在一定的差异，这主要是钻头旋转计算域的几何构型和空间尺寸的差异所引起的。

表 3　各模型网格参数

钻头模型	常规	半隔水	底喷	侧喷	双侧喷
网格数/万个	710	720	769	853	867

3.3 求解设置及计算

钻孔孔底流场计算域的边界条件包括流体的本身特性和流体所处环境的条件，在设置孔底流场计算域时，应当仔细分析各个参数的取值，以保证仿真的准确性。在 Fluent 数值仿真软件中，有许多边界条件可以设置，这为流场仿真提供了很高的自由度，同时也能尽可能地贴近实际，提高仿真的准确性。在本次 PDC 钻头孔底流场仿真中，设置的边界条件如下：

(1) PDC 钻头入口流场的计算区域为质量入口边界。

(2) PDC 卡簧内间隙流场出口设置为壁面。

(3) PDC 钻头出口流场的计算区域为自由出口，其周围的操作环境默认为标准大气压。

(4) 另外设置 4 组壁面边界，分别是钻头的内外表面边界、孔底的边界和岩心表面边界。

根据第 2 节中设计的仿真计算方案共计两种，详细参数设置如下：

方案①不同水口结构 PDC 取心钻头孔底流场仿真求解方案设置的钻进参数为：钻头转速 217 r/min，泵量 60 L/min，地面泵压设置为 1 MPa，冲洗液采用非牛顿流体。考虑冲洗液流量为 60 L/min，冲洗液的材料为水，对应于质量流量入口为 1 kg/s。钻头部位的整个流场区域的转动速度为 217 r/min，转动方向为 X 轴负方向。

方案②冲洗液流量对双通道侧喷 PDC 取心钻头，岩心表面流场影响的仿真求解方案设置的钻进参数为：泵量分别设置为 100 L/min、90 L/min、80 L/min、70 L/min、60 L/min、50 L/min、40 L/min，对应的质量流量入口为 1.67 kg/s、1.50 kg/s、1.33 kg/s、1.17 kg/s、1.00 kg/s、0.83 kg/s、0.67 kg/s，除泵量外其他设置均与方案①相同。

两种方案流场的计算均为定常流场，不考虑钻进过程中孔底温度变化的影响。

由于冲洗液在钻进过程中所产生的岩粉混合，因此其黏度应当采用非牛顿流体的黏度。本次 ANSYS Fluent 采用的非牛顿流体模型为幂律模型，其关系式为

$$\tau = K\gamma^n \tag{1}$$

式中：τ 为剪切应力；γ 为冲洗液的剪切速率；K 为稠度系数，计算中取 0.002 5 Pa·s；n 为流性指数，取 0.6。

考虑流场内的流动具有一定的旋流效应，因此计算中湍流模型采用 RNG k-ε 模型。其计算模型

设置参考图如图 2 所示,计算过程迭代残差的收敛情况如图 3 所示。

图 2　计算模型设置参考图

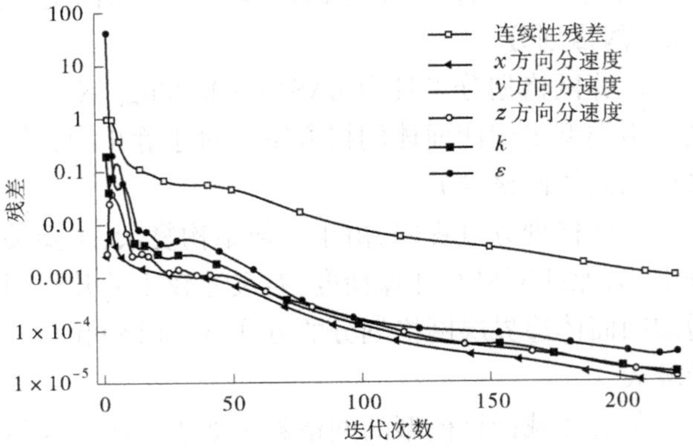

图 3　计算工况迭代残差的收敛情况

4　PDC 取心钻头流场对比分析

对于不同水口结构钻头孔底流场的计算结果研究,主要关注流体在孔底钻头环空的分布状态及岩心壁面流体的流速。对于冲洗液流量对双通道侧喷 PDC 取心钻头孔底流场计算结果的研究,主要关注不同流量对岩心壁面流速的影响。

4.1　相同钻进工况下不同水口结构钻头孔底流场分布状态分析

图 4 为常规不隔水 PDC 取心钻头孔底流场分布状态示意图。数值模拟结果显示,冲洗液从卡簧座与钻头钢体内部环状间隙经岩心与钻头钢体内壁环状间隙到达孔底,然后经钻头钢体外壁与钻孔环状间隙返回地面。此种钻头的水口结构的钻头不需要特殊设计,冲洗液直接冲刷岩心,挟带岩粉,冷却钻头。优点是挟带岩粉效果好,孔底干净,钻进效率高;缺点是对于松软地层易冲蚀地层取心效果差。

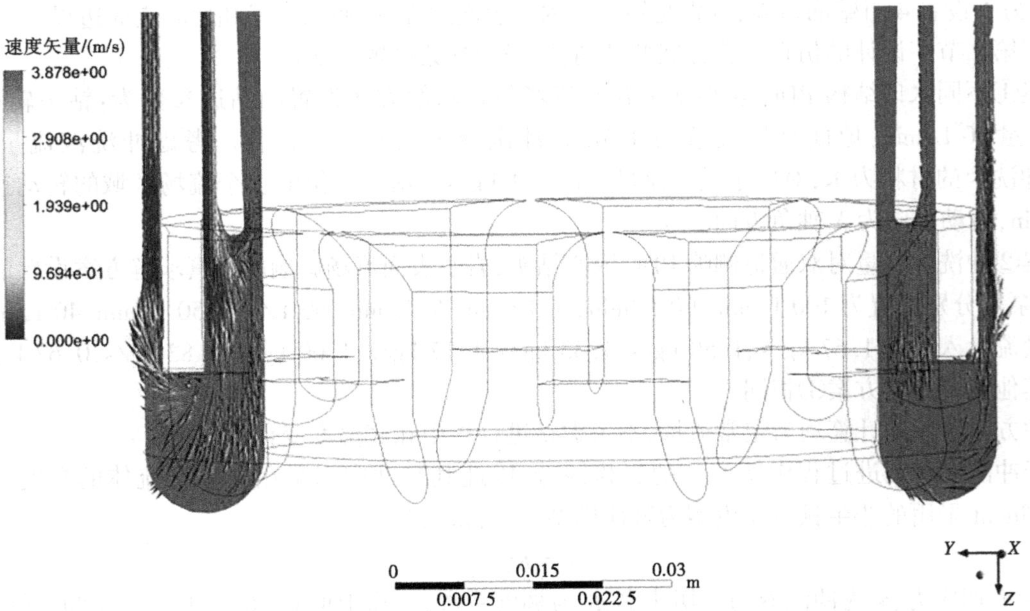

图 4　常规不隔水 PDC 取心钻头孔底流场示意

图 5 为半隔水 PDC 取心钻头孔底流场示意图。数值模拟结果显示，冲洗液从卡簧座与钻头钢体之间的环状间隙经半圆形水槽、钻头钢体与岩心表面之间的环状间隙到达钻孔底部，然后经钻头钢体与钻孔之间的环状间隙返回地面。半隔水 PDC 取心钻头的水口结构与常规不隔水 PDC 取心钻头水口结构差异不大，冲洗液直接冲蚀岩心壁面，在取心过程中对软弱地层保护作用效果不理想。

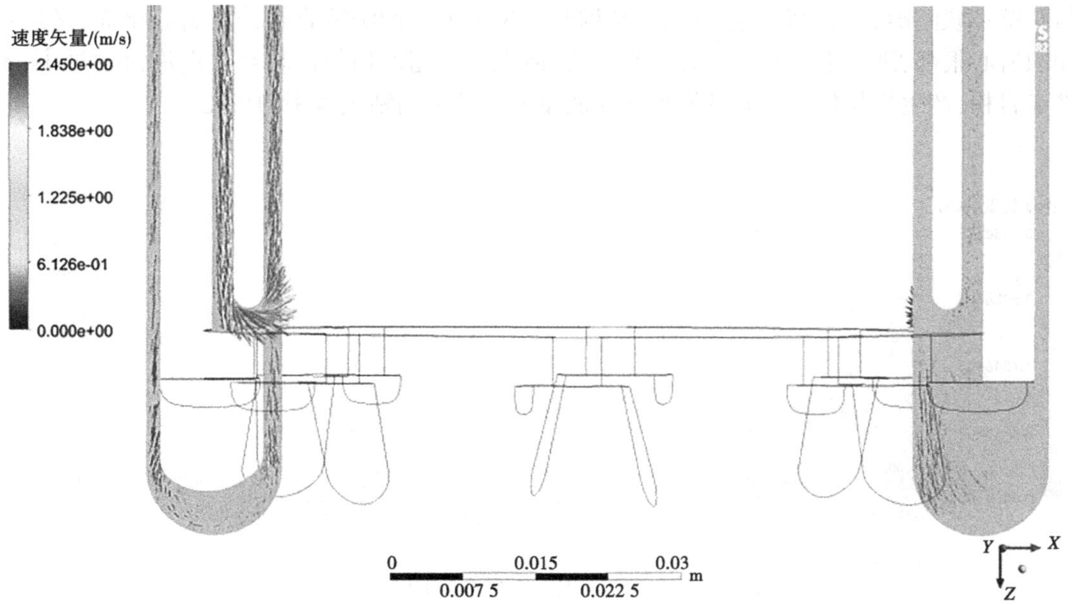

图 5　半隔水 PDC 取心钻头孔底流场示意

图 6 为钻进状态下底喷 PDC 取心钻头孔底流场示意图。数值模拟结果显示，冲洗液经卡簧座与钻头钢体内壁环状间隙下流至钻头内台阶处分流，一部分冲洗液沿底喷水眼流至孔底后沿钻头钢体与孔壁环状间隙返回地面，另一部分冲洗液沿岩心表面与钻头钢体内壁环状间隙到达孔底后汇入钻头钢体外壁与孔壁之间的环状间隙返回地面。此种钻头水口结构设置了底喷水眼，改变了孔底流场的分布状态，使部分冲洗液避免直接冲刷岩心壁面，可以改善取心质量，但是底喷水眼的设置，仍避免不了冲洗液冲蚀岩心根部（位于钻头前端的岩心），这种水口结构钻头在钻取软弱地层时，改善岩心质量有限。

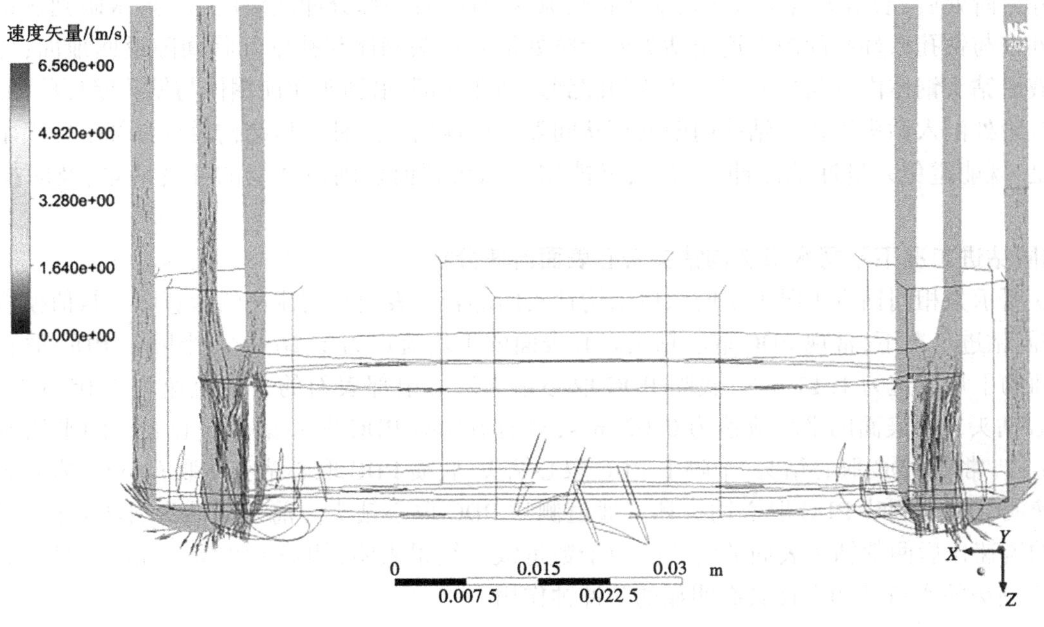

图 6　底喷 PDC 取心钻头孔底流场示意

图7为钻进状态下侧喷PDC取心钻头孔底流场示意图。数值模拟结果显示,冲洗液经卡簧座外壁与钻头钢体内壁环状间隙到达侧喷钻头第一台阶时,冲洗液发生分流,一部分沿侧喷水眼到达钻头外台阶处,之后沿钻头钢体与孔壁之间的环状间隙到达地面;另一部分冲洗液沿岩心表面与钻头内壁环状间隙到达钻孔底部,之后进入钻头超前钢体外壁与钻孔环状间隙上返至钻头外台阶处,汇入钻头钢体与孔壁环状间隙到达地面。这种水口结构既避免了大量冲洗液直接冲蚀岩心壁面,又避免了冲洗液冲蚀岩心根部,理论上可有效提升岩心品质,但也存在超前切削齿环空冲洗液流量过小,不能及时挟带走岩粉,产生岩粉包裹岩心及岩粉在孔底重复破碎影响钻进效率的可能。

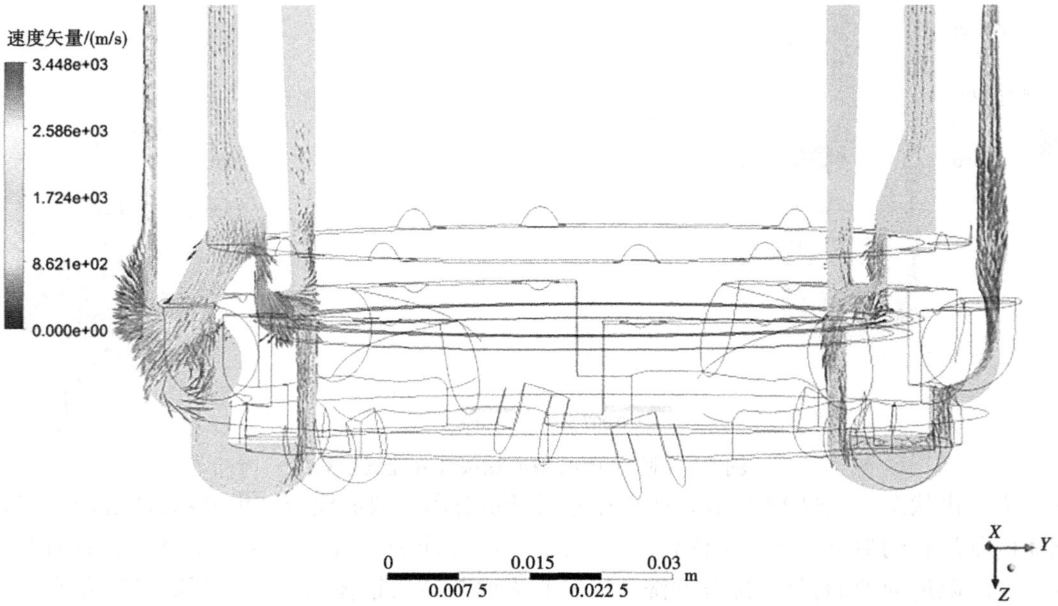

图7　侧喷PDC取心钻头孔底流场示意

图8为钻进状态下双通道侧喷PDC取心钻头孔底流场示意图。数值模拟结果显示,冲洗液经卡簧座与钻头钢体内壁环状间隙到达钻头钢体内第一台阶时,分成三部分:一部分冲洗液经侧喷水孔到达钻头外台阶处后,沿钻头钢体与钻孔壁环状间隙返回地面;一部分冲洗液沿"L"形水眼到达钻头超前钢体外壁与钻孔壁环状间隙上返至钻头外台阶处汇入钻头钢体与孔壁环状间隙返回地面;另一部分冲洗液沿钻头钢体内壁与岩心表面环状间隙到达钻孔底部,沿钻头超前钢体与钻孔壁环状间隙,经钻头外台阶处汇入钻头钢体与钻孔内壁的环状间隙上返地面。这种水口结构设计弥补了侧喷水口结构的不足,既能避免大量冲洗液冲蚀岩心,又能增加钻头超前切削齿环空的冲洗液量,及时挟带走岩粉。

4.2　相同钻进工况下不同水口结构钻头岩心表面流速分析

图9所示为相同钻进工况下不同水口结构钻头内部岩心表面平均流速的示意图。数值模拟结果显示,相同钻进工况下,常规PDC取心钻头岩心表面的平均流速为1.26 m/s,半隔水PDC取心钻头岩心表面的平均流速为1.13 m/s,底喷PDC取心钻头岩心根部表面的平均流速为1.05 m/s,侧喷PDC取心钻头岩心表面的平均流速为0.02 m/s,双通道侧喷PDC取心钻头岩心表面的平均流速为0.016 m/s。常规PDC取心钻头、半隔水PDC取心钻头、底喷PDC取心钻头钻取岩心时,岩心表面的流场流速明显高于侧喷PDC取心钻头和双通道侧喷PDC取心钻头。前三款钻头岩心表面,岩心根部表面的流速比后两款钻头表面的流速高两个数量级。结果表明,侧喷PDC取心钻头、双通道侧喷PDC取心钻头的水口结构设计具有明显的防冲蚀作用。

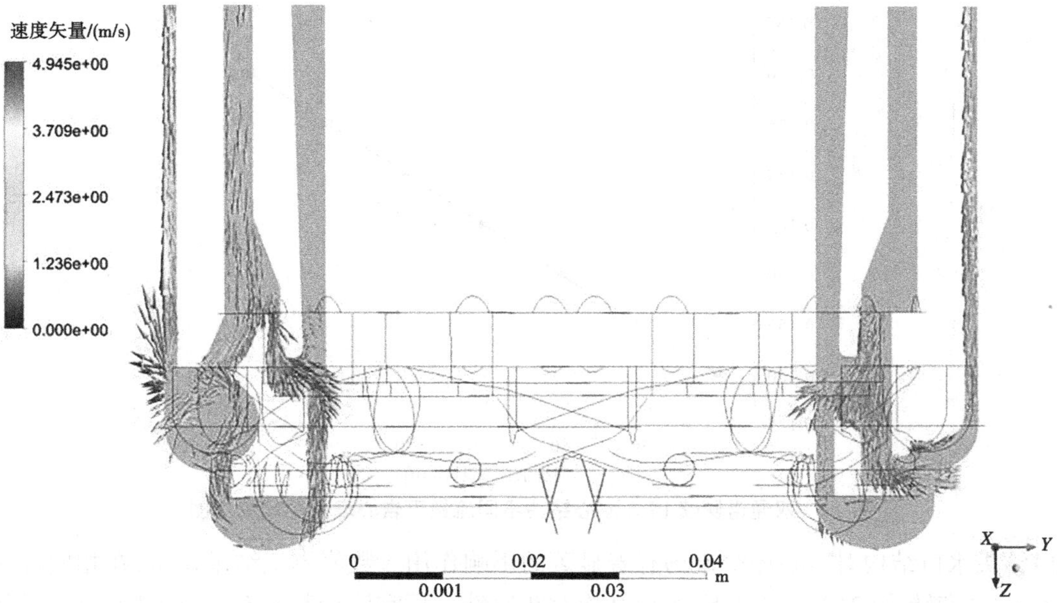

图 8 双通道侧喷 PDC 取心钻头孔底流场示意

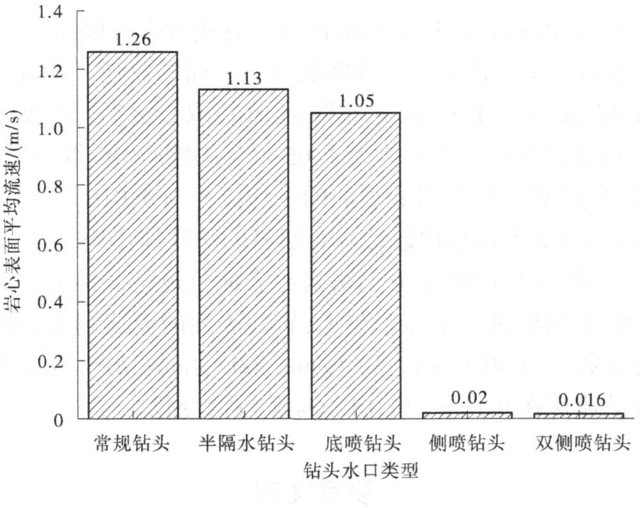

图 9 不同水口结构钻头钻取岩心时岩心表面平均流速柱状图

4.3 流量对双通道侧喷 PDC 钻头钻取岩心时岩心表面流场的影响分析

图 10 为相同钻进工况下双通道侧喷 PDC 取心钻头钻取岩心时,不同冲洗液流量时岩心表面对应的流速图。数值模拟结果显示,冲洗液流量越大钻头内部岩心表面的流速越大,岩心表面流速与冲洗液流量呈线性关系。当冲洗液的流量为 100 L/min 时,岩心表面的平均流速为 0. 18 m/s;当冲洗液的流量为 40 L/min 时,岩心表面的流速为 0. 150 m/s,岩心表面最大冲洗液流速仍远小于冲洗液的流量为 60 L/min 时常规 PDC 取心钻头、半隔水 PDC 取心钻头、底喷 PDC 取心钻头岩心表面、岩心根部表面的流速。表明在泥化夹层钻取岩心时,双通道侧喷 PDC 取心钻头具有良好的防冲作用。

5 结语

研究采用计算机仿真技术,对 PDC 取心钻头的水口结构进行了仿真设计与分析。分析了相同钻进工况下不同水口结构钻头孔底流场情况,钻头水口结构对岩心表面流速的影响规律,冲洗液流量(流速)对双通道侧喷 PDC 钻头钻取岩心时岩心表面流速的影响规律。得出主要结论如下:

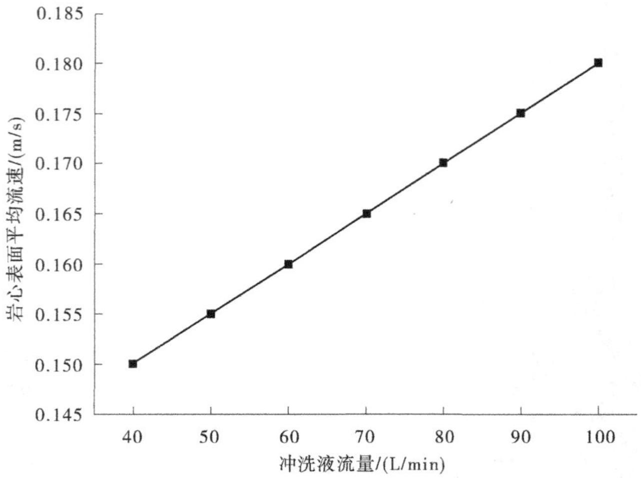

图 10　双通道侧喷 PDC 取心钻头不同流量下岩心表面平均流速图

(1)钻头水口结构对岩心环空流场有着显著的影响作用。数值模拟结果显示,在相同冲洗液流量(60 L/min)和转速(217 r/min)下,水口结构对孔底钻头环空流场起着至关重要的作用,常规不隔水 PDC 取心钻头、半隔水 PDC 取心钻头的水口结构对孔底流场分布状态影响不大,底喷 PDC 取心钻头、侧喷 PDC 取心钻头、双通道侧喷 PDC 取心钻头的水口结构对孔底流场影响显著,对岩心而言具有明显的隔水作用,但是底喷 PDC 取心钻头的水口设计方式对岩心根部的冲蚀作用明显。

(2)侧喷、双侧喷的水口结构设计能够显著降低岩心表面的流速。相同钻进工况下,常规不隔水 PDC 取心钻头岩心表面平均流速为 1.26 m/s,半隔水 PDC 取心钻头岩心表面平均流速为 1.13 m/s,底喷 PDC 取心钻头岩心根部表面的平均流速为 1.05 m/s,侧喷 PDC 取心钻头岩心表面的平均流速为 0.02 m/s,双通道侧喷 PDC 取心钻头岩心表面的平均流速为 0.016 m/s。这表明侧喷 PDC 取心钻头、双通道侧喷 PDC 取心钻头的水口结构设计具有明显的防冲蚀作用。

(3)冲洗液流量与双通道侧喷 PDC 取心钻头岩心表面流速呈线性关系。数值模拟结果显示,对于双通道侧喷这一特定水口结构,冲洗液流量越大,岩心表面的流速越大,冲洗液泵量与岩心表面流速呈线性关系。当冲洗液泵量为 40 L/min、50 L/min、60 L/min、70 L/min、80 L/min、90 L/min、100 L/min 时,岩心表面对应的流速在 0.015~0.018 m/s 范围内变化。

参考文献

[1] YU M, ZUO J, SUN Y, et al. Investigation on fracture models and ground pressure distribution of thick hard rock strata including weak interlayer[J]. International Journal of Mining Science and Technology, 2022, 32(1): 137-153.

[2] LI Y, LIU W, YANG C, et al. Experimental investigation of mechanical behavior of bedded rock salt containing inclined interlayer[J]. International Journal of Rock Mechanics and Mining Sciences, 2014, 69: 39-49.

[3] TIAN J, LI J, CHENG W, et al. Working mechanism and rock-breaking characteristics of coring drill bit[J]. Journal of Petroleum Science and Engineering, 2018, 162: 348-357.

[4] GUARISCO P, MEYER J, MATHUR R, et al. Maximizing core recovery in lower tertiary through drilling optimization service and intelligent core bit design [C]//SPE/IADC Drilling Conference and Exhibition, SPE-140070-MS, 2011.

[5] BLACK A D, BLAND R G, CURRY D A, et al. Optimization of deep drilling performance with improvements in drill bit and drilling fluid design [C]//SPE/IADC Drilling Conference and Exhibition. SPE, 2008.

[6] JU P, WANG Z, ZHAI Y, et al. Numerical simulation study on the optimization design of the crown shape of PDC drill bit[J]. Journal of petroleum exploration and production technology, 2014, 4: 343-350.

[7] DARWESH A K, RASMUSSEN T M, AL-ANSARI N. Controllable drilling parameter optimization for roller cone and polycrystalline diamond bits[J]. Journal of petroleum exploration and production technology, 2020, 10: 1657-1674.

[8] BI G, WANG X, LI M, et al. Structural design and flow field characteristics analysis of a new spin-on multi-hole jet drill bit for radial horizontal wells[J]. Geoenergy Science and Engineering, 2023, 230: 212173.

[9] WEI L, HONRA J. Computational Fluid Dynamics Study on Bottom-Hole Multiphase Flow Fields Formed by Polycrystalline Diamond Compact Drill Bits in Foam Drilling[J]. Fluids, 2024, 9(9): 211.

[10] ESFAHANIZADEH L, DABIR B, GOHARPEY F. CFD modeling of the flow behavior around a PDC drill bit: Effects of nano-enhanced drilling fluids on cutting transport and cooling efficiency[J]. Engineering Applications of Computational Fluid Mechanics, 2022, 16(1): 977-994.

[11] CHEN Z, NI H, PEI X, et al. Design and fluid-dynamic analysis of a flushing nozzle for drilling applications[J]. Fluid Dynamics & Materials Processing, 2023, 19(12).

[12] CAO P, CHEN Y, LIU M, et al. Optimal design of novel drill bit to control dust in down-the-hole hammer reverse circulation drilling[J]. Arabian Journal for Science and Engineering, 2018, 43: 1313-1324.

[13] SHI Y, LI C. Flow field simulation of a hydrogeological exploration drill bit for switching between coring drilling and non-coring drilling[J]. Applied Sciences, 2024, 14(11): 4893.

海床式十字板剪切试验和静力触探试验两用装置关键技术研究

王兴乐　李　俊

（长江岩土工程有限公司，湖北武汉　430010）

摘　要：十字板剪切试验是工程勘察中常用的检测软土原位不排水剪切强度的测试手段，而以小型钻探船或升降式液压平台为试验平台的传统海上十字板测试方法存在着因受海浪、水流、潮汐等不利因素影响而导致的测试质量差和测试效率低的突出问题。针对这些问题，研发了海床式十字板剪切试验和静力触探试验两用装置，该装置将贯入和旋转系统放置于海床上，消除海浪、水流、潮汐等不利因素对测试过程的影响，有效解决了上述传统海上十字板测试方法存在的问题，可以获取更加准确的十字板剪切试验成果并极大地提升作业效率。研制过程中主要攻克了机电设备水密性、快慢两挡匀速旋转功能、较高的贯入能力等关键技术。

关键词：十字板剪切；静力触探；海床式；原位测试

1　研究背景

十字板剪切试验是用插入土中的标准十字板探头，以恒定速率扭转，量测土破坏时的抵抗力矩，测定土在不排水剪切工况下的抗剪强度和残余强度；静力触探是用静力将探头以恒定速率压入土中，利用探头内的力传感器，通过电子量测器将探头受到的贯入阻力记录下来，达到了解土层工程性质的目的[1]。

目前，海上十字板剪切试验主要的方式是以小型钻探船为载具，采用陆地用十字板剪切试验设备进行，具体工艺为：①钻探船在试验海域抛锚定位；②在试验点下套管（为使套管“站”稳，套管一般需要进入海床面以下 4~6 m）；③将十字板板头插入试验深度；④将回转装置固定在套管顶端；⑤以人力转动回转装置摇把剪切土体进行试验；⑥以人力下压探杆，使板头进入下一段试验深度；⑦循环进行步骤⑤、⑥至试验结束。

这种方式有如下难以克服的“痼疾”：一是以小型钻探船为实施载具，操作都在船舶平台上进行，进行试验时对海况要求较高，只能在风浪很小且平潮的时段进行试验，浪费大量的时间，造成资源闲置；二是套管必须插入海床面以下一定的深度，对表层的土层造成扰动，影响试验结果的代表性；三是贯入和剪切操作均在浮动的船舶平台上进行，因水流、潮汐、风浪的影响，造成试验成果可靠性偏低；四是在平台上以人力下压探杆，容易造成探杆弯曲进而导致板头姿态偏移，影响试验数据准确性；五是受下压力小及探杆刚度有限、长径比过大时探杆受压极易弯曲的制约，板头难以穿透较硬夹层，无法进入深部软弱土层进行试验；六是受套管、探杆的尺寸和刚度的制约，无法在较大的水深工况下进行试验。

综上所述，以小型钻探船为载具，采用陆地用十字板剪切试验设备进行海上十字板试验，效率低下，成果可靠性差，工艺亟须改进。此外，也有采用固定式平台进行海上十字板剪切试验的工艺，但是由于平台价格昂贵，移位困难，效率低下，不具备广泛的工程应用价值[2]。所以，研制海床式十字板

作者简介：王兴乐（1993—），男，工程师，主要从事地质勘察和勘察设备研发工作。

剪切试验装置，以最大程度减少海况差、水深大、流水急、存在坚硬夹层等不利条件对试验工况、试验深度和试验成果准确性的制约和影响是十分必要且迫切的，具有广泛的工程实用价值，符合海洋工程勘察日益精细化、自动化的发展趋势[3]。

2 技术方案

研制的海床式十字板剪切试验装置主要分为海床机和控制箱两部分。通过将海床机置于海底，以柔性的钢缆及电缆和置于船舶平台上的控制箱连接通信，降低试验对海况的要求并提高试验成果的准确性[4]。海床机结构如图1所示，可以实现满足十字板剪切试验所需的多级转速功能、分段贯入探头的功能；同时，为了使置于海床机上的机电系统能够在较大的水深工况下正常工作，海床机设置了相应的水密装置；此外，海床机具有强劲的动力输出、较高的贯入能力，通过更换探头，即可实现轻型海床式静力触探试验装置的功能。综上所述，需要解决的关键技术为海床机的水密性、多级转速功能及其控制、贯入功能及其控制。

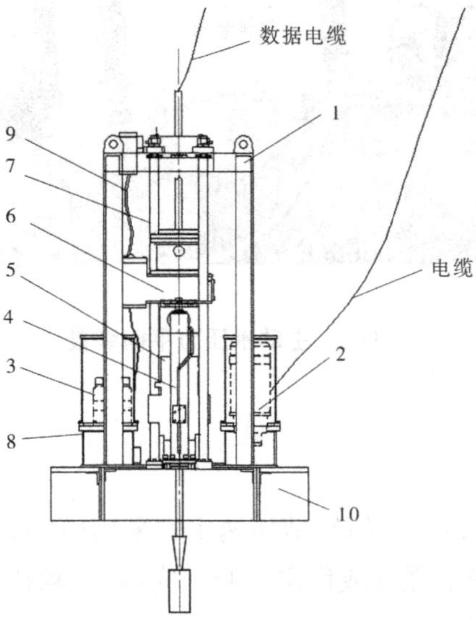

1—底座和支架；2—电机和液压泵；3—液压阀组；
4—升降液压缸；5—快速旋转机构；6—慢速旋转机构；
7—导向柱；8—液压油箱；9—液压油管；10—扩大裙板。

图1　海床机结构

3 水密性技术

由于旋转，贯入系统的电机、液压泵、液压电磁阀、液压缸等组件置于海床机的密封壳体中，壳体中充满液压油，以达到机电系统处于绝缘环境的目的[5]，试验作业时随海床机下放至海底，对密封壳体的水密性要求极高，一旦产生泄漏，轻者使动力系统不能正常工作，需要收回到船舶平台进行维修，重者导致密封壳体承压结构失效，海水浸入动力站，进而导致电动机线圈烧毁等较严重损失。

研发早期，采取密封胶圈加被动水压力平衡装置[6]（密封液压油中设置一个“调压囊”，随着水深增加，“调压囊”体积减小，其内部的空气压力增大，进而使密封液压油系统的压力和海水静压力保持平衡）的方式，但经过第一次海试，发现此方式的水密性保持时间较短，海床机下放至海底超过 1 h 后便产生了海水渗入密封系统的现象，造成液压油被水稀释而无法工作，甚至存在海水渗入动力站，损坏电机、电磁阀的现象。

经进一步调研和分析研究，改进采用主动水压力平衡装置[7]，如图 2 所示，即增加压力气罐装置，根据试验海域的水深情况，计算海底海水静压力值($p=\rho gh$)，然后设定压力气罐的抵抗气压值略大于计算的海水静压力(如 30 m 水深，设置压力略大于 300 kPa)，并且增加了可以检测液密封系统浸水情况的传感器。确保密封液压油系统能够长时间稳定工作，以及发生海水渗入时操作人员可以及时反应，避免更大的损失。改进后再次海试的结果表明，海床机连续水下作业 4 h 无异常，满足绝大多数十字板剪切试验的时长要求。

图 2　主动水压力平衡装置

4　旋转功能及其控制

根据规范要求，十字板剪切试验时扭转剪切速率宜采用(1°~2°)/10 s 的剪切速率，并应在测得峰值强度后继续测记 1 min；在峰值强度或稳定性测试完成后，顺扭转方向连续扭转 6 圈后，再测定重塑土的不排水抗剪强度[8]。显然，规范要求的试验剪切速率很低，对土体进行重塑破坏时(扭转 6 圈，即 2 160°)，如果也采用同样的速率，就会浪费大量的时间，严重制约测试效率，因此如何做到剪切土体时采用满足规范要求的较慢速率[(1°~2°)/10 s]，对土体进行破坏重塑时又能以较快的速率完成扭转 2 160°，是海床式十字板剪切试验设备研制的关键技术之一。

解决方案：在既定的液压泵流量下，海床机设置相互独立的慢速旋转机构和快速旋转机构[9]，分别用于剪切测试和重塑破坏。

慢速旋转机构如图 3 所示，由液压马达、减速蜗杆、液压夹持油缸等主要部件组成，通过导向杆与液压伸缩油缸和海床机连接(见图 1)。工作时，旋转速度由液压马达配合减速蜗杆涡轮组控制(设定为 1.5°/10 s)；夹持油缸加紧探杆；导向杆提供旋转剪切所需的反扭矩；液压伸缩油缸可以在某一深度的测试完成后，收缩下压探杆至下一深度。

快速旋转机构如图 4 所示，固定于海床机底部，由通孔径向球状液压马达、液压夹持卡瓦等主要部件组成。需要对土体进行破坏重塑时，快速旋转机构卡瓦加紧探杆，慢速旋转机构夹持液压缸松开，球状液压马达工作，旋转速率设定为 180°/10 s，完成重塑仅需 2 min 的时间。

图 3　慢速旋转机构

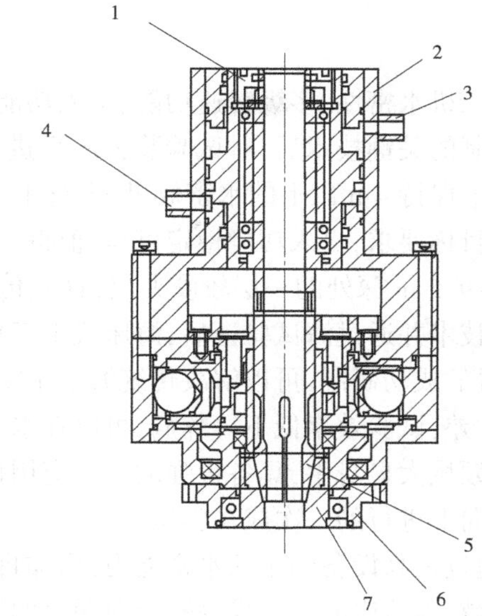

1—锥形空心轴，2—上轴套；3—上油管接口；
4—下油管接口；5—锥形卡瓦；6—下轴套；7—卡瓦座。

图 4　快速旋转机构

5　贯入功能及其控制

根据设定的研制目标，贯入功能的关键技术有三点：①进行静力触探测试时所需的贯入速度为 2 cm/s[10]；②进行十字板剪切试验下压操作过程中，当软土中存在较厚硬夹层时，需要穿过夹层；③在软土中完成剪切试验后防止换回次贯入时探头和探杆自动下沉（换回次贯入即是液压缸的活塞杆要在下端升至顶端再夹紧贯入）。

经研究和调研，针对以上三点分别采用如下解决方案：①通过设置电阻调整装置控制电机输出功率，调整液压泵流量，进而控制升降液压缸的活塞杆贯入速度，进行静力触探试验使得贯入速度可以控制为 2 cm/s 的匀速；②增加高压喷水装置（加压动力在船上，喷口在十字板探头之上的探杆上），用高压水冲开硬夹层以实现贯穿硬夹层的功能；③在慢速旋转机构和快速旋转机构均设置液压钳夹紧和松开装置如图 5 及图 6 所示，交替夹紧探杆，确保全过程都有一个加紧装置加紧探杆从而使之不会自沉。

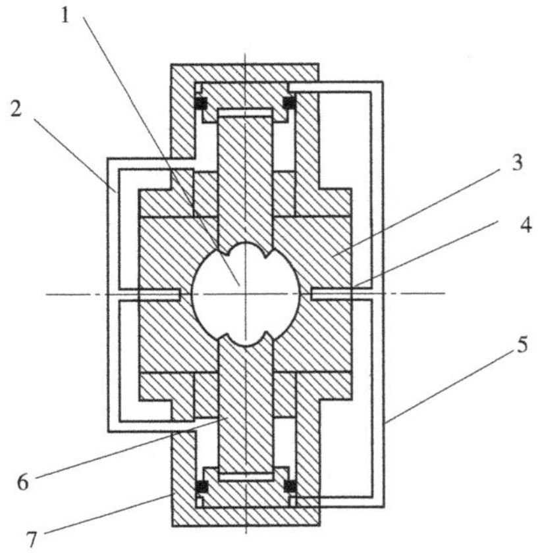

1—探杆孔；2—液压油管；3—夹紧液压缸支架；
4—液压管接口；5—液压油管；
6—夹紧液压缸活塞杆；7—夹紧液压缸。

图 5　慢速旋转机构液压钳

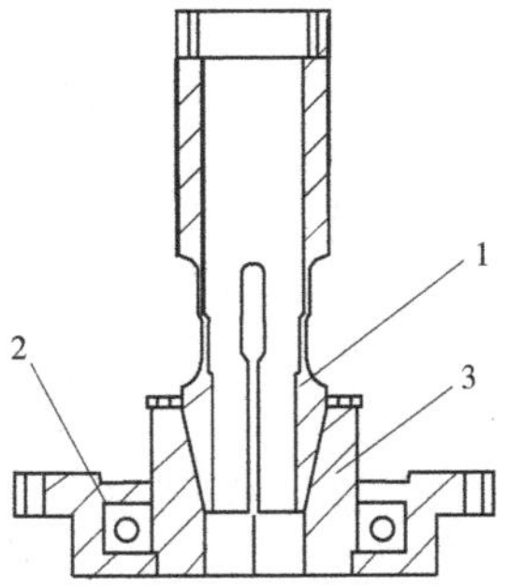

1—锥形卡瓦；2—卡瓦座；3—下轴套。

图 6　快速旋转机构液压卡瓦

6 结语

攻克海床机水密性、多级转速功能、贯入功能及控制三项海床式十字板剪切试验和静力触探试验两用装置研制的关键技术后，对试验装置先后进行了两次海试。测试结果表明，该装置可以在 12 m 水深的工况下保持 4 h 以上的水密效果，进行十字板剪切测试以及对土体进行重塑的旋转速率满足规范和研制目标要求，贯入功能稳定可靠，值得一提的是，在第二次海试过程中，该装置成功贯穿了泥面以下 8.5~9.5 m 深处的一层较硬夹层，这是传统设备和工艺完全不能实现的。综上所述，解决以上三项关键技术并通过海试验证后，海床式十字板剪切试验和静力触探试验两用装置研制目标完全达到，该装置的成功研制，可以解决传统海上十字板剪切试验设备对作业工况要求高，试验结果准确性低、代表性差，试验效率低下等弊病，可以在水运工程勘察，海上风电勘察等对原位测试精度、效率要求很高的领域大显身手，具备很强的工程应用价值和推广前景，是海上十字板测试技术在自动化和精细化的方向上进行的一次成功尝试。

未来，通过提高设备的主动水密能力，增加自动接续探杆功能等，该设备的使用工况还可以拓展到更深的海域，以适应海洋工程勘察走向深海的发展趋势。

参考文献

[1]《工程地质手册》编委会. 工程地质手册[M]. 5 版. 北京：中国建筑工业出版社，2018.
[2] 胡方锐. 浅谈十字板剪切试验在水运工程勘察中的应用[J]. 中国水运，2017，17(3)，189-190.
[3] 任奕. 海水水下液压装置的发展前景[J]. 电子世界，2016(1)：165-166.
[4] 张宪阵，王晓敏，张凡，等. 水下生产系统液压动力单元液压系统原理研究[J]. 液压与气动，2014(10)：33-36，45.
[5] 路俊秀. 潜没式电动机的型号及主要技术参数[J]. 电世界，1999，40(5)：37.
[6] 路俊秀. 潜没式电动机[J]. 电世界，1998，39(4)：6-8.
[7] 洪啸虎，薛尚文，常兴，等. 基于海洋环境的水下液压系统密封技术研究[J]. 液压气动与密封，2012，32(3)：15-16，19.
[8] 中华人民共和国建设部. 岩土工程勘察规范：GB 50021—2001[S]. 2009 版. 北京：中国建筑工业出版社，2009.
[9] 王峰. 基于海水压力的水下液压系统关键技术研究[D]. 杭州：浙江大学，2009.
[10] 中华人民共和国交通运输部. 水运工程岩土勘察规范：JTS 133—2013[S]. 北京：人民交通出版社，2014.

空气潜孔锤钻技术在引江补汉工程隧道超前地质预报中的应用

袁宜勋　谭　龙　郝才成　陈德乾　李仁德

[长江三峡勘测研究院有限公司(武汉),湖北武汉　430074]

摘　要:空气潜孔锤钻进工艺是以压缩空气做为动力,通过风动冲击工具对孔底进行高频冲击破岩。本文以引江补汉工程隧洞超前地质预报应用潜孔锤钻进技术为例,阐述了空气潜孔锤钻进效率高、工程质量优、施工成本低廉等特点,为隧道超前地质勘察高效、快速预报探索出了一条有别于常规的方法,可供类似工程参考。

关键词:空气潜孔锤钻;钻探;超前地质预报

1　引言

空气潜孔锤钻进工艺是以压缩空气作为动力介质,驱动孔底的潜孔锤冲击碎岩,同时又以压缩空气作为洗井介质清洗孔底[1]。具有单次冲击能量大、孔底清洗效果好的特点。空气潜孔锤钻技术因其高效、优质、低耗等特点,被广泛应用于供水、矿产、市政、环境、交通、建筑等多个领域[2]。

为了查清隧洞掌子面前方的工程地质和水文地质条件,减小地质灾害发生的概率和危害程度,实施隧道超前地质预报是常规的一种勘察手段[3]。本文以引江补汉工程 7#支洞隧洞超前地质预报为案例,国内首次探索空气潜孔锤钻进工艺应用于 300 m 级隧道超前地质预报。

2　项目概况

2.1　项目基本概况

引江补汉工程 7#支洞位于湖北省襄阳市保康县店垭镇,拟采用钻爆法施工。根据工程需要,计划在隧道口右上侧布设一个深度为 300 m 的水平超前预报孔 CQYBK1。CQYBK1 开孔倾角为上仰 1°,方位角 193°,终孔直径≥100 mm,工期 10 d。根据钻孔任务书要求,结合地质情况、场地条件、作业环境等,全孔拟采用空气潜孔锤钻进工艺[4]。

2.2　地质概况及钻孔布置

引江补汉工程 7#支洞进洞口为第四系崩坡积(Q^{col+dl})碎块石土,洞身段为寒武系下统-奥陶系上统($\in_1 \sim O_3$)薄-中厚层泥质灰岩,中厚-厚层灰岩、白云岩,薄层泥质白云岩及砂质页岩、页岩。CQYBK1 钻孔地质剖面见图 1。

通过查阅水文地质勘察资料,7#支洞进洞 30 m 后可能就会遇到地下水,主要是裂隙水。如果遇到断层、溶洞等,水量会比较大。

3　钻探准备

3.1　钻探设备及器材

根据前期查明的隧洞地质条件并结合工程实际情况,本项目采用 GDZ-300L 型空气潜孔钻钻机

作者简介:袁宜勋(1975—),男,高级工程师,分公司总工程师,主要从事水利水电岩土工程领域技术工作。

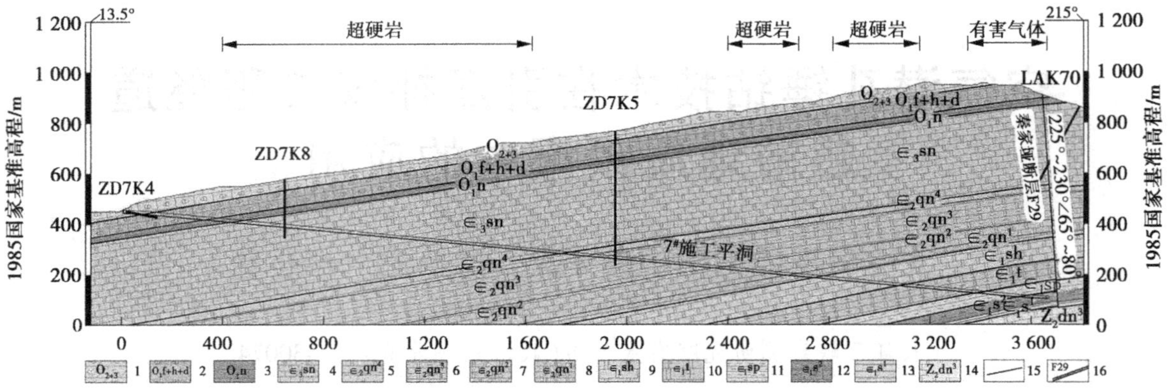

1—奥陶系中上统并层；2—奥陶系下统分乡组；3—奥陶系下统南津关组；4—寒武系上统三游洞组；
5—寒武系中统覃家庙组第四段；6—寒武系中统覃家庙组第三段；7—寒武系中统覃家庙组第二段；8—寒武系中统覃家庙组第一段；
9—寒武系下统石龙洞组；10—寒武系下统天河板组；11—寒武系下统石牌组；12—寒武系下统水井沱组第二段；
13—寒武系下统水井沱组第一段；14—震旦系上统灯影组第三段；15—地层界线；16—断层及编号。

图 1　CQYBK1 钻孔地质剖面

实施隧道超前地质预报钻孔，斗山 1170 型高压高排量的空压机提供动力。钻探设备及器材等相关参数一览表见表 1，设备及器材等见图 2～图 5。

表 1　GDZ-300L 型空气潜孔钻钻机及器材等技术参数一览表

序号	设备名称	型号/规格	单位	数量	备注
1	空压机（柴油）	斗山 1170	台	1	排气量 33 m^3/min，气压 24 MPa
2	钻机	GDZ-300 L	台	1	ϕ168 mm 口径，最大掘进深度 300 m
3	冲击器	高风压 ϕ100 mm	台	2	正常工作压力 13～17 MPa
4	冲击器	高风压 ϕ126 mm	台	1	正常工作压力 18～24 MPa
5	钎具	直锤 ϕ140 mm	只	1	
6	钎具	直锤 ϕ120 mm	只	3	
7	钎具	偏心锤 ϕ168 mm	只	1	
8	扶正器	ϕ112 mm×150 cm	个	2	
9	扶正器	ϕ112 mm×80 cm	个	2	
10	钻杆	ϕ89 mm×150 cm	根	200	
11	套管	ϕ168 mm×150 cm	根	10	
12	测斜仪	CAV-1 型	台	1	

3.2　钻探技术要求

CQYBK1 钻孔深度：设计 300 m。

CQYBK1 钻孔孔径及取心：终孔孔径不小于 100 mm，无须取心。

CQYBK1 钻孔轨迹：沿 7# 施工支洞洞轴线方向（水平角下倾约 6°）。

CQYBK1 钻孔孔口高程：初拟高程 460 m。

CQYBK1 钻孔轨迹允许偏差：以钻孔设计轨迹为标准，允许偏差 10%。

图 2　GDZ-300L 型空气潜孔钻钻机

图 3　钻头

图 4　扶正器

图 5　高风压冲击器

4　钻孔施工

4.1　钻进情况

CQYBK1 钻孔作业于 2023 年 12 月 16 日开孔，2023 年 12 月 22 日终孔，终孔孔深 300.5 m。

孔身结构设计：该孔三开孔身结构完钻，一开 ϕ168 mm 口径→二开 ϕ135 mm→三开 ϕ115 mm，采用 ϕ89 mm×150 cm 钻杆。

钻孔实施：0～13.5 m 采用 ϕ168 mm 开孔，跟管钻进，鉴于钻进过程中，钎具及钻杆受重力的影响，钻孔会发生下倾的现象，钻孔开孔先上仰 1°左右倾角；13.5～67.5 m 采用 ϕ135 mm 直锤钻进，并加设 2 个 ϕ130 mm×150 cm 扶正器导正；67.5～121.5 m 采用 ϕ115 mm 直锤钻进，并加设 2 个 ϕ112 mm×150 cm 扶正器导正；121.5～175.5 m 采用 ϕ115 mm 直锤钻进，并加设 1 个 ϕ112 mm×150 cm 扶正器导正；175.5～256.5 m 采用 ϕ115 mm 直锤钻进，并加设 1 个 ϕ112 mm×80 cm 扶正器导正；256.5～300.5 m 采用 ϕ115 mm 直锤钻进至终孔。

4.2　钻孔轨迹测量

现场按照每钻进 30 m 测斜一次，CQYBK1 钻孔实际测斜数据见表 2；钻孔终点桩号偏移为垂直向下 4.99°（约为 8.6%），钻孔轨迹平面图见图 6。

表2　CQYBK1 钻孔轨迹实测数据一览表

序号	孔深/m	孔斜/(°)	备注
1	1.00	+1.33	向上偏移为"+",向下偏移为"-"
2	31.00	+1.70	
3	61.00	+2.69	
4	91.00	+0.09	
5	121.00	-2.74	
6	151.00	-6.22	
7	181.00	-8.10	
8	211.00	-11.63	
9	241.00	-15.80	
10	271.00	-20.70	
11	300.00	-23.85	

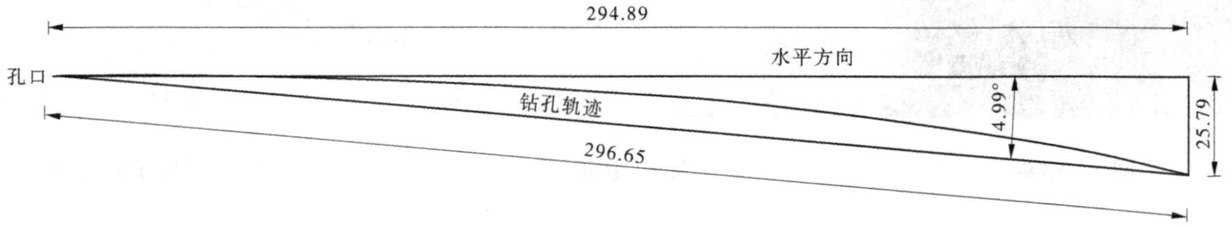

图6　CQYBK1 钻孔实测轨迹平面图　(单位:m)

5　结语

(1)空气潜孔锤成孔工艺优点为效率高、成本低等,缺点为孔壁粗糙呈螺旋状、偏移度较大且纠偏困难、成孔深度较浅等,截至目前,空气潜孔锤钻水平孔成孔深度基本在 150 m 以下,国内外采用空气潜孔锤钻在较深水平孔中勘察鲜有成功案例。

(2)空气潜孔锤钻随着孔深的增加,钻孔偏移导致钻杆的转动不同轴,且离心率较大,在此情况下,对钻杆造成极大不可逆的损伤,增加了钻杆扭断等孔内事故的风险。

(3)空气潜孔锤孔径较小,随着钻孔深度的增加,孔内加设扶正器导正后,钻杆无法在孔内居中,会出现孔内排渣不畅,易导致钻具抱死发生钻孔事故,继而影响钻进效率。

(4)CQYBK1 钻孔采用空气潜孔锤钻进的工艺完成 300 m 级的水平孔勘察,为空气潜孔锤钻进应用于中深水平孔勘察积累了宝贵的经验。

参考文献

[1] 陈锡庆.空气潜孔锤钻进技术在西部缺水地区水井钻探中的应用[J].甘肃科技,2007,23(11):114-116.
[2] 金鑫光,郭连红,崔玉珍.空气潜孔锤钻进工艺在基岩钻进中的应用分析[J].西部探矿工程,2003(10):105-106.
[3] 马保松,程勇,刘继国.超长距离水平定向钻进技术在隧道精准地质勘察的研究及应用[J].隧道建设(中英文),2021,41(6):972-978.
[4] 唐志忠,徐连利,牛志刚.空气循环钻进在工程勘察中的应用[J].中国煤田地质,2001,13(2):92-93.

某水电工程大顶角成对超深斜孔钻探关键技术与应用

王光明　张正雄　王俊博

（中国电建集团昆明勘测设计研究院有限公司，云南昆明　650041）

摘　要：跨江成对深斜孔在水电工程中常用于代替河底平洞、联排水上钻孔，用于查明顺河断层工程特性。本文以某水电工程为例，为查明坝址河床发育的区域性顺河断裂空间分布、规模、物质组成、初步工程性状等特征，在两岸岸边布置了成对穿江深斜孔，斜孔深度分别达 301.34 m 和 306.85 m，达到了勘探目的。本文重点介绍超深斜孔钻探设备、钻探工艺、钻探技术难点和技术措施等，为其他类似工程提供参考。

关键词：水电工程；超深斜孔；钻探

1　引言

某项目初拟代表性坝址为下坝址，坝型为混凝土面板堆石坝，最大坝高约 180 m，初拟正常蓄水位 961 m，总库容 12.59 亿 m^3。电站总装机容量 2 600 MW，年发电量约 127.4 亿 kW · h。

某项目处于冈底斯—念青唐古拉褶皱系之福贡—镇康褶皱带内，紧邻伯舒拉岭—高黎贡山褶皱带。区内地层出露较为齐全，工程区山脉、水系、地层等主要受近南北向构造控制，部分近 EW 向构造也较发育。主要山脉、水系均为近南北向分布。区域性深大断裂距工程区较近，区域地质构造背景较为复杂。

查明河床区域性顺河断裂空间分布、规模、物质组成、工程性状等特征，是工程关键技术地质问题之一。为了避免采用河底过河平洞施工带来的安全风险，因此在两岸岸边布置了成对穿江深斜孔，替代过河平洞[1]。

2　工程地质情况

坝址河道弯曲呈宽缓的“S”形，总体由北向南流经坝段，至坝址下游转为 SW，到登埂河口转为 SE∠25°E 流出坝址。坝址段河床宽 100～160 m，枯水期江水面水位 820.40 m（2005 年 12 月 19 日实测）。两岸地形不对称，河谷呈宽缓的不对称“V”字形。断层、小断层及挤压面按走向划分，主要为 NNW、NNE 及 NEE 向，并以陡倾角为主。

坝址部位地层为玄武岩、杏仁状玄武岩，流层面波状起伏，呈一小背形起伏，左岸流层产状为 N15°～20°W，NE∠15°～35°；右岸流层产状 N20°W，SW∠13°～30°。坝址地质构造发育，区域性大断裂 NJ 断裂、田米断裂从坝址右岸通过，距河床分别约为 1.5 km 和 2 km，对枢纽工程影响不大。区域性称嘎断裂分布于坝址左岸，出露高程 880～1 000 m，从左岸坝基中、上部通过，是三个坝址中距称杆断裂最近的坝址。坝址上、下游还分布有横河向走向 NEE 的落毛果河断裂及登埂河断裂。坝址两岸分布的次级断层，属Ⅱ级断层的有右岸高部的 F_1 及左岸的 F_5、F_7 三条。坝段分布的Ⅱ级结构面断层

基金项目：中国电建集团昆明勘测设计研究院有限公司科研项目“复杂堆积体综合勘察技术研究及应用”（RD93）。

作者简介：王光明（1985—），男，正高级工程师，副总工程师，主要从事工程勘探工作。

多以陡倾角为主，其中 F_6、F_8 在河中孔及斜孔中揭露，据分析，应为顺河延伸，对坝基抗滑、变形及渗透稳定不利。其中，上坝址右岸坝基 S228 省道公路边分布的 F_3 缓倾角断层，规模大、性状差，对大坝抗滑稳定性极为不利。布置斜孔的部位穿越地层为石炭系上统卧牛寺组变质岩和地表覆盖的第四系冲积层及残坡积层，岩性由砾质土夹块石、砂卵砾石、致密玄武岩、气孔-杏仁状玄武岩夹凝灰质杏仁状玄武岩和 F_8 构造片岩、碎裂岩、糜棱岩和断层泥组成。

3 斜孔设计参数、技术质量要求及斜孔钻探技术难点

3.1 斜孔设计参数

ZK229 号孔设计孔深 300 m，位于下坝址Ⅱ勘线左岸，孔口高程 828.92 m，钻孔轴线方位角：N78°W，钻孔轴线与水平面夹角 60°。ZK222 号孔设计孔深 300 m，位于下坝址Ⅱ勘线右岸，孔口高程 828.73 m，钻孔轴线方位角 S78°E，钻孔轴线与水平面夹角 65°。

3.2 斜孔技术质量要求

(1)全孔岩心采取率不低于 95%，其中覆盖层应达到 100%，基岩部分不低于 95%，断层破碎带、软弱夹层及滑动带不低于 80%。遇到破碎岩体时，每一回次进尺不得大于 60 cm。

(2)覆盖层内钻孔孔径不小于 108 mm，并进行钻孔标准贯入或圆锥动力触探试验：按规范及现场要求进行；岩心必须保持整洁，按顺序装箱并编号(凡长度大于 5 cm 的均需编号)，每一回次进尺均用隔板将其隔开；岩心箱上需标明工程名称、所处部位、钻孔编号、箱号及孔深。

(3)合理设计钻孔结构，终孔孔径 75 mm。

(4)进入基岩后进行压水试验，压水试验执行《水电工程钻孔压水试验规程》(NB/T 35113—2018)。

(5)在钻进过程中，出现的钻进异常如掉钻、卡钻、塌孔等，均需详细记录在班报表上。如遇特殊情况需及时与地质人员沟通。

(6) 当上一钻次岩心采取率达不到要求时，应在下一钻次中采取必要措施，保证岩心采取率达到要求；当连续二回次岩心采取率均未达到要求时，应认真进行机组讨论，采取有效的工艺和措施，保证岩心采取率达到要求。

(7)钻孔班报表及各类原始记录表要求记录准确、清晰完整，经项目经理校核签字后最终移交地质人员。

(8)经开工条件检查合格后，方可开钻。

(9)认真观测钻孔初见水位、交接班水位及终孔稳定水位，并详细记录。

(10)计划孔深完成后，必须对照任务书自我检查，确定满足质量及技术要求后方可终孔；终孔后必须测孔斜并封孔；岩心应及时、妥善入库集中保管。

(11)钻孔完成后，须复测坐标，并用 32.5 级以上水泥配制水泥砂浆水泥封闭，孔口需做标示，注明孔号、深度、开始时间、完成时间等。

3.3 斜孔钻探技术难点

斜孔钻探技术有以下难点[2]：①斜孔深度 300 m，起下钻难度大，对钻塔稳定性要求高；②中国电建集团昆明勘测设计研究院有限公司首次实施 300 m 级成对斜孔，无类似工作经验；③穿越第四系松散堆积层、冲击层，成孔难，易坍塌；④勘探的主要目的是查顺河向断层，对破碎带、夹层更关注；⑤穿越软弱、破碎岩体宽度大，孔内事故概率高，易产生掉块卡钻或偏斜过大等事故；⑥穿越地层复杂，岩体裂隙发育，附近温泉发育，可能钻遇承压水；⑦工期紧，任务重，机班长压力大。

4 钻探设备

4.1 钻探机场的修建

为了防止由于底盘的不稳固而造成钻塔、钻探设备的倾斜以及钻孔施工过程中各项事故的发生，

要求修好的地盘能承受钻探设备的全部重量及震动负荷的影响,因此机场地基要求质坚、稳固、水平。由于地表为碎块石,高低不平,设计孔深 300 m,采用挖机先清理并整平,并用 15~25 cm 的碎石填平,然后用强度等级不低于 C30 的混凝土浇筑[3]。

4.2 钻塔

无论是垂直卡还是斜孔,钻塔天车、钻机立轴、孔位必须是“三点一线”,否则无法起下钻。钻塔必须具备足够的强度和刚度、合理的高度和工作空间,便于安装拆卸和运输。斜孔钻进起下钻过程中,由于游动滑车的运动轨迹与钻孔轨迹不在一条直线上,造成提下钻阻力增大,孔壁不安全,长期起下钻对钻孔轨迹和钻孔形貌带来不利影响,钻孔顶角越大,影响越显著。为此,使用ϕ108 mm 厚壁套管自行加工斜塔,并配备导向装置,防止起下钻时游动滑车、提引器摆动,导正游动滑车和提引器,使得游动滑车和提引器沿着钻孔轨迹移动。

4.3 钻机

中国电建集团昆明勘测设计研究院有限公司曾使用 XY-2 型钻机完成其宗水电站 350 m 水平孔,综合考虑钻孔深度、设备搬运成本和钻机性能,选择 XY-2 型钻机。

4.4 泥浆泵

选用 BW-250 型往复式泥浆泵,最大流量 250 L/min,输出最大压力 7 MPa,流量及额定压力调节范围宽,能满足各种钻进泥浆流量、压力参数的需要,质量约 600 kg。

4.5 钻具及辅具

采用ϕ150 mm、ϕ130 mm 单管钻具和 PQ、HQ、NQ 绳索取心钻具,根据地层情况选用不同硬度的金刚石钻头,并配备相应尺寸的管靴,以及自制的管堵、止水封、钻杆试头、铁链及紧锁具等辅助器件。

5 斜孔钻探工艺

5.1 钻探方法

ϕ150 mm、ϕ130 mm 口径孔深段采用提钻取心方法,PQ、HQ、NQ 口径孔深段采用绳索取心方法。

5.2 钻孔结构设计

根据任务书要求及钻孔深度、覆盖层厚度、岩石的物理机械性质和钻进方法合理选择钻孔结构。根据不同岩性,选择相应钻进参数。在稳定岩层,应尽可能地简化钻孔结构,减少换径次数。钻孔结构设计一方面要满足 300 m 孔深成孔和压水试验要求,另一方面要能达到勘探目的。同时,钻孔结构设计还得考虑地质条件。根据孔位附近出露地层和附近钻孔成果,可推测钻进过程中遇到的地层岩性为:砾质土夹块石、砂卵砾石、致密玄武岩、气孔-杏仁状玄武岩夹凝灰质杏仁状玄武岩,可能钻遇断层地层稳定性。综合考虑,ϕ150 mm 金刚石钻头开孔,钻穿覆盖层约 20 m,ϕ130 mm 口径钻穿强风化岩层,ϕ110 mm 口径钻至 50 m,ϕ 91 mm 口径钻至 150 m,ϕ75 mm 口径钻至终孔,及时下入套管。

5.3 开孔

两斜孔设计斜度分别为 60°、65°,据已有浅斜孔经验,因钻进过程钻具与钻杆重力作用,会下垂 2°左右,因此两斜孔钻机立轴安装成 58°、63°,以减少钻进过程中的钻孔下垂误差;立轴斜向延伸方向与钻孔方位角重合。为控制孔斜,开孔采用预埋导向钻具开孔。由于开孔地层为覆盖层,在浇筑混凝土地坪时预埋导向钻具。开孔时宜采用低压、慢转、小泵量的钻进参数,保持平稳给进,确保开孔角度准确。

5.4 覆盖层钻进

覆盖层钻探过程中孔壁自稳能力较差,难以避免孔壁坍塌。为了确保孔壁稳定,通常采用泥浆护壁和套管护壁。

5.5 基岩钻进

基岩采用绳索取心钻进,冲洗液添加皂化剂润滑,冲洗液流量一般为 30~45 L/min,泵压不超过 1.5 MPa。大斜孔钻进,钻具摩擦力大,所需钻压亦大,因此钻孔的钻压均比规程钻压大 1 000~2 000

N,即 8 000~12 000 N,为了防止孔斜并要做到两个统一,即统一制定分层钻进参数,各班钻进压力必须统一。基岩转速采用 600~900 r/min。

为保证岩心采取率,施工时采取以下三项具体措施[4]:

(1)保持较高的钻速,遇堵则取心。

(2)一般回次长度不得超过 1.5 m。

(3)卡簧自由内径必须比钻头内径大 0.3 mm。

5.6 断层破碎带钻进

钻遇破碎地层时应首先根据破碎带的性质调整冲洗液性能,采取针对性措施:

(1)弱胶结易垮塌地层则需适当提高黏度和切力,并加入封堵性材料,提高泥饼质量。强水敏性地层,则应加大抑制剂和降失水剂的用量,适当提高冲洗液密度。若冲洗液护壁效果较差,则可采用注入水泥浆的方式进行固结护壁。

(2)破碎地层出现钻孔涌突水时,应采取堵漏措施,可将水泥浆泵入孔内进行封堵,等待 24 h 后,打开防喷器泄压阀,观察是否有冲洗液喷出:若没有冲洗液持续喷出,则封堵成功,继续钻进;若有冲洗液持续喷出,则在关闭防喷器泄压阀后继续泵入水泥浆进行封堵,再次等待 24 h,观察是否封堵成功,如此循环直至封堵加固成功。

5.7 孔斜率控制措施

孔斜率受地质条件、钻具、钻进参数和操作技术等多方面影响。地质因素是客观存在的,无法避免。对于本项目斜孔,只有针对其地层岩性,选用不同的钻头、钻具及钻进参数。工艺技术因素是可以人为控制的,一是通过加强管理,消除其影响,如设备与器具的影响、设备安装的影响等;二是有针对性地设计钻具组合,来降低造斜力和控制钻具歪倒。钻孔弯曲的控制主要是采取一些合理的工艺技术措施,削弱地质因素的促斜作用,消除或限制工艺技术因素对孔斜的影响,以达到防斜的目的[5]。

6 钻探技术成果

ZK222 号孔历时 39 d,终孔孔深 301.34 m,覆盖层岩心采取率为 100%,基岩岩心采取率 99.8%,平均岩心质量指标(RQD)为 64.7%,终孔后分别在孔深 50.00 m、100.00 m 、150.00 m、200.00 m、250.00 m、292.00 m 等 6 个点进行了方位角及孔斜度测量,6 个点的平均方位角均为 S78.5°E;6 个点的平均孔斜度均为 65°。ZK222 号孔 202~250 m 处揭露一条过河断层,钻孔中断层挤压带及影响带宽 48.0 m,主要由构造片岩、碎裂岩、糜棱岩和断层泥组成,断层带内节理倾角(与钻孔夹角)多在 60°~75°,岩心以碎块为主夹少量短柱状,其中 241.99~245.26 m 岩心糜棱岩化程度最高,岩心呈散体状。根据地表测绘资料推测,该断层为一条走向近南北、倾东、倾角 70°~75°、挤压破碎带宽 2~4 m 的压扭性断层。两侧岩体受断层影响,节理裂隙及小挤压带发育,岩体破碎。

ZK229 号孔历时 60 d,终孔孔深 306.85 m,覆盖层岩心采取率为 100%,基岩岩心采取率 99.6%,平均 RQD 为 74.3%,终孔后分别在孔深 50.00 m、100.00 m 、150.00 m、200.00 m、250.00 m、297.00 m 等 6 个点进行了方位角及孔斜度测量,6 个点的平均方位角均为 N76°W;6 个点的平均孔斜度均为 61°。

7 结语

两个超深斜孔成功钻进,查明了坝址河段有无顺河向断裂的发育情况,为地质人员分析坝址工程地质特性提供了详尽和准确的第一手资料。钻进过程中遇到的问题及解决方法为以后的斜孔钻进提供了参考。为了更准确地查明顺河向断层,同时降低成本,应研究和应用曲线孔绳索取心定向钻探技术。

参考文献

[1] 闵文,邓争荣,吴树良.某水电站坝址河床顺河断裂穿江深斜孔钻探实践[J].长江工程职业技术学院学报,2012,29(4):5-9.

[2] 孙云志,卢春华,肖冬顺,等.水利水电工程大顶角超深斜孔钻探技术与实践[M].长沙:中国水利水电出版社,2018.

[3] 王光明,张正雄,李荣辉,等.云南省泸西抽水蓄能电站 900 m 特深孔钻进关键技术[J].云南水力发电,2023,39(12):319-323.

[4] 罗诗伟,张联库.大斜孔钻探技术在千枚岩地层的应用[J].地质装备,2014,15(6):37-40.

[5] 孙志峰.高精度水平锚索技术研究及在三峡工程中的应用[D].长春:吉林大学,2006.

人工智能技术在钻探工程中的应用研究

王昶宇　项　洋　黄炎普　肖冬顺

（长江岩土工程有限公司，湖北武汉　430010）

摘　要：针对传统钻探工程在地质认知、钻井设计优化、实时决策响应及复杂风险预警等方面存在的显著局限，本文系统探讨了人工智能技术在钻探关键环节的应用方法与技术方案。研究表明，人工智能技术能有效提升地质解析精度，实现参数动态优化，增强复杂工况预警处理能力，推动自主化钻井系统发展，显著提高钻探作业的安全性、效率、智能化水平和经济效益，对推动行业智能化升级、验证前沿技术融合及促进多学科交叉具有重要意义。

关键词：人工智能；钻探工程；深度学习；大数据分析；参数优化；智能调控

人工智能（AI）技术已在诸多领域实现深度融合和突破，AI 技术与物理实体相互结合，能应对更加复杂的任务，在提升作业效率、优化成本投入、把控风险状况以及应对复杂环境等诸多能力层面展现出极具革命性的潜力。钻探工程，尤其是深部、复杂环境钻探，面临传统方法在地质认知准确性、钻井设计优化、实时决策响应、复杂风险预警等方面的显著局限，导致效率低下、成本高昂、事故风险增加。人工智能（AI）技术的快速发展，特别是在多模态融合、复杂决策领域的突破，为解决这些挑战提供了新的可能。本文系统性地分析了 AI 技术与钻探工程各环节（地质分析、钻井设计、实时钻进、监测预警）的结合点，研究提出并详细阐述了人工智能支撑的系列技术方案，旨在探讨 AI 技术如何深度赋能钻探工程关键环节，提升其智能化水平和作业效能。

1　钻探工程的关键环节与 AI 结合点

1.1　传统钻探关键环节及技术局限性

钻探工程的主要流程有地质数据采集与分析、钻井方案设计、钻进过程动态调控、钻井参数实时监测和优化。传统地质分析方法主要依赖有限的地质数据和专家经验，在认识复杂地质条件时存在一定局限，难以优化钻井方案，进而增加了钻井设计风险。钻井方案设计以经验类比为主导，钻进调控依赖人工经验决策，对复杂工况响应滞后，人工数据采集频率低、误差大，难以实现钻井过程全息感知与风险早期预警。特别在超深井或极限环境钻探中，试错成本高昂，传统方法难以平衡效率与安全。

1.2　AI 技术对钻探工程的适配性

（1）AI 技术具备机器学习（ML）、深度学习（DL）、强化学习（RL）的特点，其应用场景见表 1。

（2）大数据分析与物联网（IoT）的协同作用。

①大数据分析能对海量的钻探数据进行存储、管理和分析，挖掘数据背后的潜在规律和价值，发现钻井过程中的异常模式，并能优化钻井参数、预测设备故障，为钻探工程的决策提供科学依据。

②物联网（IoT）借助传感器、通信网络等技术，使设备互联互通、数据共享。物联网能把钻井设备、传感器、监测系统等连接，实时采集和传输数据，为大数据分析提供充足的数据来源，并对钻井设备远程监控和控制，提升钻井作业的智能化程度。

作者简介：王昶宇（1991—），男，工程师，主要从事地质钻探工作。

表1 AI技术学习特点及应用场景

技术	特点	钻探应用场景
机器学习	基于结构化数据(如钻井参数、岩性变化)进行分类与回归预测	预测地层岩性 钻头寿命预测 钻井液优化
深度学习	处理非结构化数据(地质图像数据、声波信号),提取高阶特征	地质图像数据解析 井下裂隙识别 声波测井
强化学习	通过试错学习动态优化决策,适应复杂环境	钻进参数优化 井眼轨迹规划 多目标风险控制

③大数据分析与物联网相互协同,实时采集、传输和分析钻探数据,物联网采集的数据经过大数据分析处理,及时向钻井设备和操作人员反馈,实现钻井过程的智能控制和优化决策。

2 AI在钻探工程中的具体应用

2.1 地质数据智能分析与预测

2.1.1 岩性识别与地层建模

(1)根据岩性图像进行地层识别。传统的岩性识别主要依靠地质专家的肉眼观察和经验判断,利用图像识别技术,对岩心图像数字化处理,提取岩心的纹理、颜色、结构等特征,结合机器学习算法进行训练和分类,能快速、准确地识别岩性。如使用卷积神经ResNet50残差网络自动学习岩心图像特征,高精度分类不同岩性,为后续开展地层分析提供可靠的基础数据[1]。

(2)根据地震数据进行地层建模。地震勘探是获取地下地质结构信息的重要手段,传统地震数据解释靠地质学家的经验与专业知识,在复杂地质构造解释方面存在一定局限性,深度学习算法能处理海量地震数据,如使用神经网络,辅助地质学家验证优化,地层建模精度和可靠性能显著提高[2]。

2.1.2 地质风险概率评估

(1)井壁失稳风险预测。利用地震属性数据(如振幅、频率)和测井数据(如中子孔隙度、垂深)训练模型,对钻前井壁失稳进行风险预测,如中国科学院地质与地球物理研究所耿智团队提出一种融合地质力学信息的深度学习方法,在鄂尔多斯盆地某页岩气区块钻探中有效应用[3]。

(2)卡钻风险防控。应用随机森林等算法整合钻井参数(钻压、扭矩、排量)和地层岩性数据,实时计算卡钻概率,如中国石油开发的卡钻风险预测模型,在四川页岩气水平井应用中,该模型使卡钻事故率降低70%,单井处理成本减少约200万元[4]。

2.2 钻井参数优化与实时决策

2.2.1 钻进参数智能调控

传统方法大多依靠人工经验调控钻压和钻速,在复杂地质条件下适应性差,而人工智能技术能动态监测岩石特性、钻头工作状态等多源数据并构建钻压、钻速与这些因素的关系模型,例如用机器学习算法分析大量钻进数据,依据不同地层的硬度、岩石类型将钻压智能优化到最优值以提高钻进效率和钻头使用寿命。智能系统能综合考虑钻压、地质状况等因素并动态调整转速,通过实时收集和分析钻进时的扭矩、振动等参数来智能调控合适的转速。目前,西南石油大学在强化学习的钻进参数自适应调控方法[5],以及中国葛洲坝集团在岩体识别钻头及钻进参数调控方法[6],已研究生成专利。

2.2.2 实时钻头状态监测与磨损预测

使用GRU神经网络模型、XGBoost模型以及支持向量机模型等机器学习方法,动态分析可监测到井深、钻时、钻压、转速、扭矩、钻速、钻头直径、钻头型号、钻头磨损级别等数据,基于钻头磨损监测模型,进行钻井参数实时数据的输入,利用钻头磨损过程标签训练更新钻头磨损模型,实现钻进过程中的钻头磨损监测模型参数实时更新,从而辅助现场进行起下钻决策,降低钻进成本,提高钻进质量和钻进效率,增强钻进的安全性和可控性[7]。

2.2.3 基于强化学习的钻井路径动态优化

地层情况复杂多变,传统钻井路径规划方法难以适应这一情况,而强化学习AI可实时监测地层变化并依据新信息及时调整钻井路径,碰到未预测到的断层或者高压层时,系统会迅速评估风险、重新规划路径、选定更安全高效的钻进方向,这种实时调整能力增强了钻井作业对复杂地质条件的适应性且降低了钻井风险。

2.3 井下复杂情况预警与处理

2.3.1 井喷、卡钻、井漏等风险的AI预测模型

(1)钻井过程中井喷是极其危险的情形,AI技术整合多源数据构建预测模型可提前预警井喷风险,及时收集钻井时的泥浆压力、流量、温度等动态监测数据以及地层压力、孔隙度等地质数据,利用大量历史井喷案例数据训练后模型总结井喷发生前的特征模式,若实时监测信息有与井喷特征模式相似的趋势系统就会提前报警,防止井喷事故的发生。目前,国内中国石油川庆钻探工程有限公司已开展基于数字孪生的油气井井喷失控抢险技术研究[8]。

(2)钻井作业因卡钻中断会增加作业成本和时间,使用如随机森林(RF)、支持向量机(SVM)和BP神经网络等算法建立卡钻预测模型,监测钻具的扭矩、转速、钻压等参数以及地层的岩性、硬度等信息来预测卡钻风险,分析历史卡钻记录找出卡钻发生的常见情景和关键因素以提高预测准确性,避免卡钻事故的发生。目前,中国石油天然气集团有限公司联合中国石油大学(北京)已研发“基于VC-SVM与粒子群算法的卡钻智能预测方法”相关技术[9]。

(3)井漏流失泥浆会影响钻井作业的正常进行。AI预测模型能分析泥浆性能参数(如密度、黏度)以及地层渗透率、孔隙压力等数据来预测井漏风险,目前国内在川渝地区采用大数据、人工智能技术,对漏失特征、裂缝性质进行大数据分析诊断,对正钻井漏失风险概率及漏失分布进行井漏预判,并智能推送防漏堵漏方案,研发了基于大数据挖掘技术的防漏堵漏智能辅助决策平台,减少因井漏带来的损失[10]。

2.3.2 自适应控制系统对复杂工况的响应

系统通过AI预警实时响应井下异常,进行动态调控。例如:检测到井喷风险时,自动调节泥浆泵参数并增密泥浆平衡地层压力;卡钻时动态调整钻压转速,严重时停钻注入解卡剂;井漏时依漏失程度优化泥浆性能与注入量。

突破单一参数调节,多参数协同优化。例如:处理井喷时同步考量泥浆流变性、钻进速度等多因素;在卡钻处理中协同调整钻压、转速、扭矩,避免单一参数误调引发次生问题,实现多目标综合控制。

系统通过历史案例库持续优化控制策略,智能进化迭代。遇新工况时基于经验与实时数据生成试探方案,验证有效后纳入策略库,形成闭环学习机制,提升复杂场景适应能力。

2.4 自主钻井系统的开发与应用

自主钻井系统通过智能决策、远程监控与多系统协同,实现钻探全流程智能化;集成机器学习算法,基于实时地层数据与设备状态动态调整钻井轨迹、泥浆参数等关键指标,自动识别并应对井喷、卡钻等风险;依托工业互联网构建远程运维体系,支持设备状态实时监测与故障智能诊断,降低现场人员依赖与运维成本;深度融合地质建模、随钻测井等系统,通过数据闭环优化钻进策略,保障钻井液性能与地层相适应。该系统显著提升了复杂工况处理能力,实现安全高效作业,为智慧油田建设提供核心装备支撑。北京捷杰西科技股份有限公司的捷杰西Tripro © 行者智能钻井系统,已在新疆塔里木

油田参与钻探我国首口万米深井。

2.5 数据管理与知识共享

2.5.1 钻探大数据平台构建

钻探工程涉及的数据广泛多样，搭建大数据平台，统一数据接口与标准，把数据予以整合和存储。借助数据采集设备与传感器对各类数据加以动态监测，然后经网络传输至数据中心以集中管理。大数据平台可靠地存储海量数据，借助分布式计算框架来对数据进行迅速的处理与分析，提高数据处理效率，满足钻探工程对实时数据处理的需求。

大数据平台要建立起完善的数据安全机制，运用数据加密、访问控制、备份与恢复等技术手段，防止数据在传输和存储时被窃取或者篡改，限制不同用户的数据访问权限以保证数据的保密性和完整性，并且要定期备份数据，这样在数据丢失或者损坏时有保障措施。

2.5.2 AI 专家系统与知识图谱

传统钻探过多依靠人工专家经验，信息搜寻难、更新慢。AI 专家系统借助机器学习与深度学习技术，可从海量钻探数据和专家经验里自动学习知识以构建智能决策模型，通过分析历史钻井数据能总结出不同地层条件下的最优钻井参数和工艺，并且随着数据的积累更新，其决策能力和准确性还会提升。整合地质、钻井等各领域知识，将各种概念、实体和关系以图形化的方式呈现出来，构建知识图谱。将分散的知识经关联与整合后形成完整的知识体系，该体系可用于智能搜索、知识推理以及决策支持，还能发现与改进潜在问题。

AI 专家系统转化成可共享的智能模型，让更多工程师和技术人员从中受益，而知识图谱为知识传播与交流构建了直观平台，不同领域人员可借知识图谱了解相关领域知识和进展，进而推动跨领域合作创新。

3 典型案例分析

3.1 AI 在页岩气水平井中的应用

AI 技术在页岩气水平井开发中已形成覆盖地质导向、工程优化、压裂协同、设备运维等全链条的深度应用，已在国内外涌现出一批先进技术应用实例。如中国石化经纬公司西南测控公司技术研发团队在国内首创“基于机器学习算法的页岩气评价参数计算模型”，获取岩石矿物含量、有机碳、孔隙度、密度、含气量等参数，累计支撑 200 余口页岩气井测试选层。

3.2 海上钻井平台智能监控系统

海上钻井平台作业环境复杂且危险众多，作业安全与工作效率这两方面要求极高。智能监控系统借助 AI 技术能够全方位实时监控平台设备和钻井过程，例如中海油服钻井事业部推出的海上钻井平台关键设备智能监测系统已在海洋石油 982 平台成功应用，该系统利用物联网、大数据和人工智能等前沿技术研发而成，涵盖顶驱、推进器、主发电机组等关键设备，实现数据采集、分析、诊断等功能，建立新型数据传输机制并构建智能监测算法模型库，提升海上钻井平台的运维能力，有效保障装备的可靠性和安全性，大幅减少运维成本并提高平台作业效率。

3.3 深部矿产勘探中的 AI 辅助决策

深部矿产勘探存在地质条件复杂、勘探难度大的问题，而 AI 技术能分析地质数据、地球物理数据（像重力、磁力、电磁数据）和以往勘探成果，使用深度学习算法分析海量数据，识别潜在的矿产富集区域与地质异常体，从而提高深部矿产勘探的成功率，减少盲目钻探导致的资源浪费。中国地质科学院研发的深部矿产资源智能预测系统整合 1.2 万条钻孔数据，靠卷积神经网络（CNN）构建三维地质模型，预测出焦家金矿地区金矿资源量 4 960 t，其成果被自然资源部当作“找矿突破战略行动”的典型案例。

4 挑战与未来展望

4.1 当前面临的挑战

(1)高温、高压、强腐蚀等恶劣条件对传感器的性能和可靠性提出了极高要求,传感器规格和类型繁杂,数据难以进行有效的整合和分析。

(2)很多AI算法尤其是深度学习算法常被当作“黑箱”模型,其内部决策过程与逻辑解释困难,工程师和决策者需理解和掌握算法,才能合理地应用AI算法成果。

(3)地质环境千差万别,各地地层结构、岩石特性、水文地质状况等差异很大,而AI模型在特定环境训练完后,常常不能直接用于别的复杂环境,在不同地层条件下,模型也许识别、预测井下情况不准,泛化能力不够,所以需要不断优化、调整模型以使其适应不同复杂环境。

4.2 未来发展方向

(1)在靠近传感器或者设备的边缘端进行数据处理与分析,采用边缘计算和实时AI相结合的方式,减少数据传输到云端的延迟,实现井下数据的实时处理与决策。

(2)利用数字孪生技术构建虚拟的钻井系统来模拟和优化现实中的钻井过程,并且实时采集实际钻井数据使虚拟模型的状态随之更新,从而保证对钻井过程进行实时监测、预测和模拟,分析虚拟设备并预测设备故障与寿命以实现对设备的预防性维护。

(3)深度融合地质力学原理、材料科学等学科,AI分析地层应力和变形,优化钻井设计和施工方案并减少井下事故的发生;辅助研发钻头材料、钻井液添加剂等高性能材料,进而提升钻探效率和设备可靠性。促进多学科交叉融合,推动钻探工程技术创新发展。

(4)未来钻探系统会朝着自主化、无人化方向发展,自主化钻探系统优化人工干预造成的失误,在危险恶劣环境下,提高钻探作业安全性和工作效率,AI算法和机器人技术相结合,实现钻机自动化操作、井下设备自主维护和故障处理等功能,使行业朝着智能化、高效化迈进。

参考文献

[1] 王晓兵,刘琳,王俊卿,等.基于卷积神经ResNet50残差网络的岩石图像岩性识别研究[J].岩土工程技术,2024,38(3):294-302.

[2] 朱峰,石一青,符伟,等.基于人工神经网络的多源数据融合技术在浅层纵波速度调查中的应用[J].石油物探,2024,63(5):918-932.

[3] GENG ZHI, WANG YANFEI. Physics-guided deep learning for predicting geological drilling risk of wellbore instability using seismic attributes data[J]. Engineering Geology,2020,279.

[4] 中国石油天然气股份有限公司.一种降低卡钻风险的方法、装置、设备及存储介质:CN202210549471.2[P]. 2023-12-01.

[5] 西南石油大学. 一种基于强化学习的钻进参数自适应调控方法:CN202411503080.2[P]. 2024-12-27.

[6] 中国葛洲坝集团第一工程有限公司,四川大渡河双江口水电开发有限公司.一种岩体识别钻头及钻进参数调控方法:CN202211487930.5[P].2023-04-18.

[7] 中国石油天然气股份有限公司.一种钻进过程中实时监测钻头磨损的方法:CN202311008155.5[P].2025-02-18.

[8] 罗园.基于数字孪生的油气井井喷失控抢险技术研究[J].钻采工艺,2024,47(4):80-85.

[9] 刘子豪,宋先知,朱硕,等.基于VC-SVM与粒子群算法的卡钻智能预测方法[J].石油机械,2024,52(10):1-11.

[10] 邓正强,兰太华,林阳升,等.川渝地区防漏堵漏智能辅助决策平台研究与应用[J].石油钻采工艺,2021,43(4):461-466.

深远海复杂环境钻探技术与实践

叶祯平　霍　达

（华东勘测设计院福建有限公司，福建福州　350000）

摘　要：针对远海风电项目钻探施工中的复杂海况、地层多变及设备稳定性要求高等技术难题，本研究系统总结了一套适用于海上复杂环境的钻探作业体系。通过优化钻探平台安装、改进波浪补偿装置、采用伸缩管与活管工艺等技术创新，有效地解决了船舶精确定位、套管可靠固定、泥浆漏失控制等关键技术难题。研究结果表明，该技术体系在离岸距离远、强风浪等复杂海况条件下具有显著效果，岩心采取率稳定在85%以上，为类似海上钻探工程提供了重要的技术参考和实践经验。

关键词：海上钻探；波浪补偿；活动套管法；套管固定

随着海上风电项目向深远海域拓展，钻探施工面临海况复杂、地层多变、设备稳定性要求高等挑战[1]。本文基于某离岸60 km风电项目的实践经验，从前期准备、设备选型、钻进工艺到应急管理进行了系统阐述，旨在为海上钻探工程的技术优化与风险控制提供理论支持。

1　前期准备工作

根据项目所在地海事局相关规定办理水上水下施工许可证；获取施工海域详细的气象水文资料；组建专业化项目部，制定勘探大纲或者施工组织设计，编写安全生产规程及应急预案。

2　设备选型与安装

2.1　核心设备配置

钻机：XY-2型岩心钻机，扭矩大，起吊能力强；

泥浆泵：BW200型与BW150型泥浆泵组合，满足不同地层护壁与排渣要求。

2.2　工程船舶选择

（1）优先选用1000总吨级钻探船，船首带球鼻艏（见图1），球鼻艏的主要作用是减少兴波阻力，通过改变船体周围的水流模式来降低阻力，起到破浪的作用，降低海浪对船身的涌动性。

（2）船舱内采用大型水桶加满清水进行压仓，压仓可使船舶自身重量增加提高船身稳定性。

（3）船上配备4个不小于1.5 t的粤桂锚（见图2），这种锚主要适用于海底砂土质地的海床，抓力强。锚绳应选长度不少于600 m，锚抛得越远，锚的抓力越大，钻船不易跑锚，为钻探提供更好的钻进环境和安全性。

2.3　钻探平台安装

平台安装在船舷的一侧，槽钢结构向舷外悬挑延伸2 m，利用竖撑和斜撑的方式采用焊接工艺将槽钢与船体进行焊接，平台面积宜在长12 m×宽10 m以上，平台铺设采用4~5 cm厚度的木板，钻孔位置留一缺口供下套管即可，钻机的摆向横竖方向皆可。钻机底座安装放置指定位置用钢丝绳连接平台槽钢，并通过专用卡扣紧固连接。

作者简介：叶祯平（1984—），男，钻探高级工，项目经理，主要从事海上钻探技术研究工作。

图1　球鼻艏

图2　粤桂锚

3　船舶定位与抛锚

船舶的定位与抛锚需基于至少连续3 d的海况观测与分析来选择船首的摆向，船首朝向的选择对船舶后续作业的稳定性具有决定性影响，进而直接影响钻孔施工的成功率；如遇现场水流很急，应选择在平潮期，最高潮位或最低潮位时间段海流相对平稳，易于定位抛锚。

4　钻进工艺及辅助技术

4.1　套管下入方法

下套管时应观察掌握水流走向，在船艏、艉锚桩处分别系固牵引缆（安全绳），既可保护套管的安全性也可以作为下套管时水流作用力进行微调套管的垂直度，确保套管贯入海床时最大限度地保持底部与孔口的同轴垂直；安全绳绑在套管的位置根据地层的变化决定捆绑的高度。

4.1.1　伸缩管法

套管下到稳定地层后下入伸缩套管，伸缩管的长度根据最大涨退潮的落差以及钻探平台到水面高度来定，一般最大潮差为6.5 m左右，钻探平台与水面高度在4 m左右，可下入15 m长的伸缩管，伸缩管与套管之间需保持必要的动态密封，既能随潮汐在套管内自由伸缩，又能有效地防止泥浆漏失。伸缩管见图3。

套管的型号为：ϕ178 mm壁厚10 mm，伸缩管型号为：ϕ146 mm壁厚8 mm。伸缩管一般是在离岸较近或者是覆盖层较浅的海域使用，可有效实现泥浆循环回流。

4.1.2　活动套管法

活动套管法在不需要回浆的情况下入ϕ178 mm套管，整套ϕ178 mm套管随潮汐涨落自由升降。此方法可防止套管下得较深而抱死，缩短起下套管的时间。使用此方法时套管一定要进入粉质黏土或砂层不少于12 m。活动套管见图4。

套管下好后直接悬挂于孔口夹板上即可。活动套管法适用于外海或者覆盖层较厚、海水较深、海况复杂的海域，有效避免套管因受力过大而发生弯折或断裂危及钻孔安全。套管的型号为：ϕ178 mm壁厚10 mm。

4.2　护壁工艺

海底被沉积物覆盖，在钻进过程中容易发生钻孔坍塌事故，影响钻探施工进度和质量，因此在钻探过程中应使用专用海水基膨润土（土粉）最为适宜。

土粉配比要按地层含沙量来调配，淤泥和粉质黏土层：25 kg/200 L海水，沙层：50 kg/200 L海水，用搅拌桶搅拌至浆液达到一定黏稠度方可使用，可以更好地起到护壁作用，从而提高取心质量，保

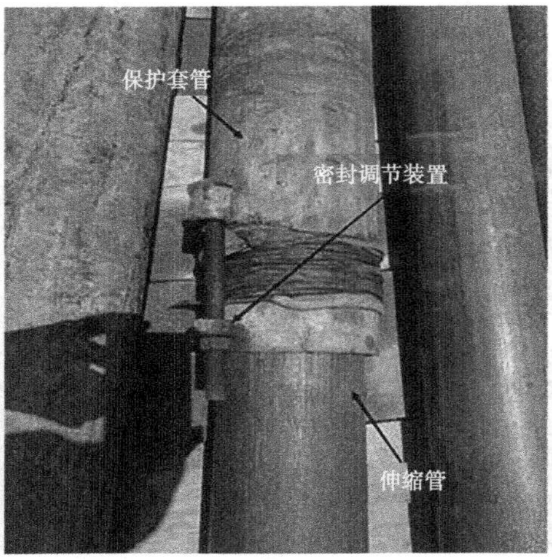

图 3　伸缩管

图 4　活动套管

证钻孔内安全,在钻进过程中要经常检查浆液的情况,发现浆液变稀薄黏度显著降低、失去润滑性和悬浮能力时应及时重新配制并更换浆液。

5　简易波浪补偿装置

钻机增设专用浮动底座,在后部使用大型插销来锁定钻机,在风浪导致钻机轻微抬升时,有效约束其横向位移;前部使用弹性张紧机构接钻机上下底座,在钻机被风浪抬起时弹簧拉钩能有效缓解风浪的浮力,钻机本体可耐受约 50 cm 的船体升沉,加装该补偿装置后,整体系统可适应约 80 cm 的船体升沉幅度,在一定的风浪环境下可以安全生产。波浪补偿装置见图 5。

图 5　波浪补偿装置

6　烧取岩心工艺

首先彻底冲洗钻孔,清除孔内岩屑,防止孔内岩粉多造成埋钻事故或干钻过程中岩屑积聚于扩孔器上,可能导致扩孔器过度磨损甚至烧结损坏;孔内洗净后关闭水源,停止向孔内供水,打开回水开关。

干钻过程中操作人员需密切监控柴油机负载变化,干钻沙层时钻速一般为 280~480 r/min,依据负载情况适时进行钻具提动操作,干钻时间不宜过长防止卡钻事故。随时观测机头(立轴)的行程范围,合理选择立轴卡瓦位置,避免因行程超限导致钻杆顶撞设备造成损坏。

7　钻进过程中存在的问题及解决措施

7.1　漏浆

多发生在保护套管的底部,在钻进过程中发生漏浆或无回浆情况时应及时进行堵漏。

原因 1 :套管下入深度不够。

解决措施:将保护套管贯入更深、更稳定的地层。

原因 2 :在钻进过程中孔内岩心被取出后套管下沉,涨潮时船舶浮力绷紧套管保护绳,导致套管被上提,底部密封失效。

解决措施:适当延长并放松套管牵引缆,同时加下相应长度的伸缩套管。

原因 3:伸缩管接头密封失效。

解决措施:及时更换接头密封填料(如棉麻盘根)。

7.2 套管下入

当开孔地层为密实砂层时 ϕ178 mm 套管无法直接下入,可用ϕ110 mm 单管钻具先进行取心,再用ϕ147 mm 单管钻具扩到孔底,利用卷扬机钢丝绳配合双滑轮组,对ϕ178 mm 套管进行冲击下砸,可有效地将其贯入至预定深度。

当开孔地层为全风化岩时,可用ϕ110 mm 钻具单管钻具先进行取心,再用ϕ147 mm 单管钻具扩孔到底,下入ϕ110 mm 钻具至孔底作为导向。使用卷扬机的钢丝绳配双滑车把整套ϕ178 mm 套管上下冲击,即可有效地将ϕ178 mm 套管下入全风化岩层。

7.3 钻探过程中发生钻杆顶弯

解决措施:掌握潮汐规律,精确控制立轴行程卡点位置,提升应对船体升沉突变的能力。

7.4 在潮位变化较大时,下入的套管可能触及平台支撑槽钢

解决措施:精确计算最大潮差,确保在最低潮位时,套管顶端与平台结构底部保持不少于 2 m 的安全间距。

7.5 拔套管时套管抱死

解决措施:利用双轮滑车组(葫芦),结合海浪浮力与船舶起伏运动产生的瞬时拉力,逐步将套管起拔。

8 结语

本研究成功应对了深远海、强风浪等极端作业环境的挑战,通过钻探平台优化、波浪补偿装置改进、伸缩管与活管工艺应用等技术创新,实现了安全、高效的钻探施工作业。项目的成功实施为类似复杂海况下的钻探工程积累了宝贵的工程实践经验。然而,面向更复杂海况的海上钻探技术仍需持续深入研究,尤其是在船舶动态稳定性模拟和极端海况应对方面,未来研究可结合数值模拟与现场试验验证,进一步完善相关技术与装备。

参考文献

[1] 许启云,周光辉,张明林,等.海上风电场钻探技术[J].西北水电,2017(4):83-86.

高山峡谷地区勘探安全生产管理

朱看远　王昶宇　黄　帆　肖冬顺　项　洋　姚震桐

（长江岩土工程有限公司，湖北武汉　430010）

摘　要：高山峡谷地区因其复杂的地理环境与地质条件，使得勘探作业面临诸多安全风险。本文将安全生产管理理论应用到高山峡谷地区勘探作业安全管理中，以人的行为、物的管控、环境监测为基本点，制定相应管理对策与技术措施，确保勘探作业过程中的安全，为高山峡谷地区勘探行业安全生产管理提供参考。

关键词：野外勘探；安全管理理论；高山峡谷地区；风险管控

水能资源作为一种绿色可再生资源，其开发利用多位于高山峡谷地区，该区域地势险峻、地形复杂、地质灾害频发，这使得其勘探作业相较于一般地区面临着更高的安全风险。勘探行业具有野外连续作业时间长、作业环境不确定、勘探作业点位广[1]、地形条件复杂、交通条件差等特点，且勘探人员的流动性大，年龄偏大、文化水平相对不高，这些特点给高山峡谷地区的勘探安全生产管理带来巨大挑战。

近年来，勘探事故频发，例如钻机地基塌陷导致勘探钻机倾覆事故，山体滑坡、泥石流地质灾害造成勘探人员伤亡，野外攀爬作业高处坠落等。这些事故给勘探作业带来巨大损失，结局惨痛。安全管理直接关系到人员生命安全与工程推进，因此必须加强勘探安全生产管理。本文以高山峡谷地区勘探工程为例，将安全管理理论系统地应用在高山峡谷地区勘探安全管理中，通过对人、物、环境采取管控措施，减少勘探安全事故的发生。

1　安全管理理论

1919 年，格林伍德（M. Greenwood）和伍兹（H. H. Woods）[2]提出了事故频发倾向理论，认为特定人群具有事故易发性，催生职业准入筛选机制。1931 年，海因里希（W. H. Heinrich）[3]提出了事故因果连锁论，提出了人的不安全行为和物的不安全状态是导致事故的原因，100 起事故中有 88 起是人为的，有 10 起是物的不安全状态或环境的不安全因素引起的，有 2 起是难以预防的，但其认为物是人制造的，事故中人的不安全行为占绝对地位。二者均认为人的不安全行为是事故发生的主要原因，倾向经验管理，具有一定的局限性。1968 年，Haddon[4]完善了能量意外释放理论，用能量转移解释事故本质，认为能量意外释放来源于人的不安行为或物的不安全状态，催生“屏障防护”设计理念。1969 年，Surry[5]提出了轨迹交叉论，揭示人的不安全行为与物的危险状态时空交汇机制，认为人和物的运动轨迹交叉导致了事故，安全的预防应避免人与物的直接接触。从人是事故的主要因素，转向人与物的交叉共同作用。

1984 年，Perrow[6]提出复杂紧耦合系统的“必然事故论”，挑战传统可预防性假设，认为事故是必然发生的。受认知有限不能完全认识危险源，且不可能从根本上消除一切危险和危险源，只能减轻危险源的危险性。1992 年，Holland[7]提出了复杂自适应系统，强调适应性主体通过与环境及其他主体的交互，能够学习、调整策略并推动系统整体演化。2011 年，Hollnagel[8]提出了韧性理论，提出安全

作者简介：朱看远（1996—），男，助理工程师，主要从事勘探和施工管理工作。

通信作者：王昶宇（1991—），男，工程师，主要从事勘探管理工作。

管理系统应具备“预见、应对、监测、学习”四种能力。安全管理理论已经逐步向系统化、数字信息化和人工智能方向发展。

安全管理理论历经百年发展，安全管理理论的发展从经验积累到科学管理阶段，从认为人是事故的主要因素到人和物轨迹交叉，再到系统性、数字信息化发展，逐步形成从事故归因到系统防御的完整认知体系，为安全生产管理提供理论指导。

2 高山峡谷地区安全风险分析

高山峡谷地区地形复杂、海拔高、地形高差悬殊、地质构造活跃、气候环境差，在此环境下作业主要面临以下典型安全风险：

(1)地质灾害风险。高山峡谷区岩体受构造运动和风化作用影响，常发育为滑坡体，高山峡谷地区的地质灾害往往具有突发性强、破坏力大的特点，且强降雨后极易被诱发。

(2)高海拔区的低氧环境导致勘探人员出现急性高原反应。出现头痛、恶心、失眠，血氧饱和度降低，甚至高原性肺水肿、脑水肿等情况。

(3)交通便捷性差。对外交通道路狭窄、安全风险大。勘探线路经常面临极端地形挑战，通过人力或者索道转运安全风险高。

(4)通信信号差。高山深切峡谷勘探人员往往是工程的排头兵、先行者，勘探地区信号覆盖率差，面临突发情况，存在难以联系上的风险。

(5)物种多样性。高山峡谷地区地形落差大，存在一些不同于平原地带的毒草、毒蛇、毒虫(如恙虫等)。勘探人员被叮咬后，可能麻痹大意，延误病情，错过最佳治疗时间，引起不必要的伤害。

3 安全管理理论应用与风险管控

本项目位于高山峡谷地区，地形陡峭、地理环境复杂、高差大、交通不便、地质灾害频发，勘探安全风险高，且勘探作业人员流动性强。针对高山峡谷地区的典型的安全风险，将安全生产理论应用在现场安全生产管理中，结合勘测安全生产的标准化管理文件，水利安全生产风险管控“六项机制”等相关文件，减少高山峡谷地区勘探安全生产事故发生。

3.1 安全管理理论的应用

根据项目的特点，安全管理理论应用如下：

根据事故倾向频发理论，首先要对勘探人员的入场进行管控，排除具有事故易发性的特定人群。通过入场作业前查阅人员体检报告，排除患有严重慢性阻塞性肺疾病、支气管哮喘、间质性肺病、先天性心脏病、肺动脉高压等人员。通过调查、询问等方式禁止未经钻探技术培训的人员从事钻探操作。

根据轨迹交叉论，减少人与物的直接接触。比如，通过设置安全防护栏，将钻探机械设备与人员隔离开。通过电动或液压控制机械设备，减少人与物的直接接触。在机械转动设备外增加防护罩，避免人接触到机械的转动部位。

根据复杂紧耦合系统的“必然事故论”，人的认知是有限的，无法完全消除危险，只能最大限度地去减轻危险源的危险性。基于此种理论，对勘探安全生产管理要系统地去考虑，综合把控现场人的不安全行为、物的不安全状态、环境的不安全因素，强化现场系统化安全管理。

3.2 安全风险查找与辨识

为了便于现场的安全管理，勘探项目部组织全体人员对项目所面临的危险源进行查找与研判，并对危险源进行风险评价与分级管控，形成危险源辨识与评价报告。本文摘取项目典型的危险源及风险等级清单如表 1 所示。

表1　主要危险源清单

序号	类别	危险源名称	危险源分级
1	作业环境类	不良地质	较大风险
2	作业环境类	洪水	较大风险
3	作业环境类	毒虫、毒草	一般风险
4	作业活动类	野外作业	较大风险
5	作业活动类	登高作业	较大风险
6	机械设备类	运输车辆	较大风险
7	机械设备类	钻机设备	一般风险
8	其他类	自身疾病	一般风险
9	其他类	制度缺陷	一般风险

3.3　勘探现场安全管控措施

安全风险的查找与研判是基础，做好预警与防范是关键。加强勘探安全生产管理。要从人员入场到人员离场做好全阶段管控。在人员入场后要加强对其安全教育培训与风险告知。通过入场的教育培训与风险告知，让勘探工人对作业风险有清晰的认知，减少不安全行为的发生。

（1）针对人的不安全行为，主要从以下几点进行管控：

①人员入场后要逐级压实安全责任。做到“横向到边，纵向到底”，逐级签订安全责任书。实现人人讲安全，人人为安全，人人管安全的目标。

②进行安全教育培训。认真落实公司级、项目部级、班组级三级教育培训。做好日常班前教育培训，每周召开安全生产教育例会，每月进行勘探安全事故警示教育培训，森林防火、防汛季节性教育培训，以及社会面临突发事件后进行专项教育培训。

③进行风险告知。将项目所辨识的危险源与勘探作业所面临的安全风险告知勘探作业人员，告知工人作业可能面临的风险以及应对风险采取的措施。尤其告知勘探工区特有的安全风险与高风险。

（2）针对物的不安全状态，主要从以下几点管控：

①禁止使用故障的钻机。

②按时对机械设备进行维修保养。

③本项目在钻机搬迁时，通过人为将钻机拆分后搬迁，在搬迁过程中务必做好安全防护措施，避免搬迁过程中造成物体打击与机械伤害。

④钻机修整钻场需按照规范要求对钻场进行处理，避免出现地层承载力不足，引起钻机倾覆，造成人员伤害[9]。

⑤高山峡谷地区交通车辆通行问题是不容忽视的，峡谷地区道路蜿蜒曲折，道路狭窄，且山路容易出现落石现象，因此对于车辆的管理务必做到：按时年检，避免故障上路。

（3）针对环境的不安全因素，主要从以下几点进行管控：

①西部高山峡谷地区最突出的环境不安全因素便是地质灾害。项目工程师应对现场勘探必经线路进行地质灾害评估，针对不良地质设置安全监测点，动态监测边坡稳定性，做好预警管理。

②针对高山峡谷地区特有的毒蛇、毒虫、毒草，请专业医生开展专项教育培训，告知勘探作业人员相应的风险，通过教育培训可以辨别所遇到的毒蛇、毒虫、毒草，以及被咬伤后的相关症状，并掌握一定的应急知识。

（4）做好系统性隐患排查治理工作。

人的不安全行为、物的不安全状态与环境的不安全因素在实际勘探作业中相互交叉，形成一个系统。事故往往是多重因素引起的，可能存在人的正常的行为举止在特定的环境中被界定为不安全的行为。

加强系统性隐患排查：通过开展日常检查、综合检查、季节性检查、专项检查等事故隐患及时整改治理。排查范围应当全覆盖，鼓励做到全员参与，汇聚全体人员的力量保障项目的安全。建立隐患排查信息共享群，尤其是针对地质灾害，发现隐患后及时共享。

3.4 勘探现场应急处置与保障

(1)开展预防性措施应急演练。组织全体人员开展应急演练。除开展常规的消防演练、防洪度汛应急演练外，高山峡谷地区要开展地质灾害应急演练、极端天气应急演练、毒虫毒蛇咬伤应急演练、交通伤害应急演练。通过应急演练，检验项目面对突发事件的处置能力，查漏补缺提升项目部应急响应与处置能力。

(2)高山峡谷地区交通不便，强降雨易边坡垮塌或道路中断，网络通信信号较差。因此，应当加强应急物资保障与通信保障，应急仓库内应当根据需要存储充足的药品等应急物资。应当配备足够数量的对讲机，应当配备两部具有卫星通信功能的电话。

3.5 安全管理措施及成效

通过针对高山峡谷地区的特点，采取特定的措施，取得了一定的成效：

(1)患有肺气肿、心脏病、脑血管疾病在高山峡谷地区从事勘探作业是致命的。本项目要求勘探人员在入场作业前进行针对性检查，排除不适宜在高原高山峡谷地区作业人员。共计排除肺气肿既往病史患者 1 名，确保了无因自身疾病而发生的事故。

(2)针对高山峡谷地区地质灾害频发的特点，项目工程师对勘探必经线路进行分析研判，对地质状况、地形地貌进行分析，对潜在的地质风险区进行监测与标识，避免了因地质灾害产生的事故伤害。

(3)教育培训是持续的过程，不是一蹴而就，更不能流于形式。项目统计发现勘探工人年龄处于 45~50 岁的占比高达 70%，项目勘探作业面较为分散，相较于施工的管理难度大，勘探工人的安全知识的学习与接受能力较差。综合各方面因素，项目部每周对勘探工人开展教育培训，通过持续的教育培训，提升了勘探工人的安全规范作业意识，降低了安全隐患。根据日常检查问题统计发现，经过一个季度的安全教育培训，勘探工人的不安全行为降低了大约 73%。

(4)聘请当地医生为勘探作业人员培训常见的毒虫、毒草、毒蛇咬伤后的症状特点，便于工人及早进行病情判断与就医，避免因延误病情而产生的事故。

(5)开展极端天气等应急演练。在面临堰塞湖的极端天气下，有序组织 200 余人次安全撤离。

(6)通过对机械设备的传动部位增加防护罩，将人员与机械隔离，减少接触，勘探项目避免了因传动装置造成的伤害事件。

(7)全员隐患排查，建立信息共享机制。高山峡谷环境中降雨后，边坡可能会缓慢垮塌，作业人员路过风险疑似点，将边坡状态相关信息(通过照片、视频等)反馈至共享群聊中。通过对比不同作业人员发布的信息，发现异常状况则及时向勘探人员发布险情信息，通过群聊共享信息，成功地预防了两次边坡垮塌事故。

4 结论与展望

本文通过将安全生产管理理论应用在高山峡谷地区勘探作业安全生产管理中，对人的不安全行为、物的不安全状态、高山峡谷地区环境的不安全因素采取一系列的管控措施，取得了一定成效，保障了人员的生命和财产安全，为高山峡谷地区勘探安全管理提供一定的参考经验。

勘探的安全化管理应当向着信息化发展，未来需持续融合新一代信息技术，推动安全生产管理向智能化、精准化、韧性化方向发展。

参考文献

[1] 蔡小茵.野外勘探作业事故成因分析及预警管理研究[D].青岛:中国石油大学(华东),2019.

[2] Greenwood M, Woods H H. The Incidence of Industrial Accidents upon Individuals with Special Reference to Multiple Accidents[M]. Industrial Fatigue Research Board Report No. 4, HMSO, London, 1919.

[3] Heinrich H W. Industrial Accident Prevention: A Scientific Approach[J]. 1st ed., McGraw-Hill, 1931.

[4] Haddon W Jr. The Changing Approach to the Epidemiology, Prevention, and Amelioration of Trauma: The Transition to Approaches Etiologically Rather than Descriptively Based[J]. American Journal of Public Health and the Nation's Health, 1968.

[5] Surry J. Industrial Accident Research: A Human Engineering Appraisal[M]. University of Toronto, Department of Industrial Engineering, 1969.

[6] Perrow C. Normal Accidents: Living with High-Risk Technologies[M]. Princeton University Press, 1984.

[7] Holland J H. Complex Adaptive Systems[J]. Daedalus, 1992.

[8] Hollnagel E, et al. Resilience Engineering in Practice: A Guidebook[M]. Ashgate, 2011.

[9] 罗英,陶军.地质钻探安全管理浅议[J].探矿工程(岩土钻掘工程),2013.

西藏朗采水电站水上钻探平台的设计与应用

丁 晔 李 俊 任永佳 周治刚

(长江岩土工程有限公司,湖北武汉 430010)

摘 要:西藏朗采水电站位于西藏易贡藏布干流上,开展钻探工作需要克服海拔较高、气候寒冷、人烟稀少、物资匮乏、覆盖深厚且松散等困难。现场布置了水上钻孔,水域工程勘察常用的钻探平台主要有堆填平台、简易浮桶(泡沫)平台、固定平台、船载式平台等。考虑到钻孔位于河道中心位置,水流较快,无法堆填平台;受水面存在大量出露的岩石以及树木影响,船舶无法驶入,无法构建船载式平台;由于偶有树木枝干飘下,会对平台造成冲击,且受限于工期运输等条件,无法修建简易浮桶(泡沫)平台,综合考虑以上因素,并根据材料运输的难易程度最终确定满堂脚手架式水上钻探平台。

关键词:水上钻探;砂卵砾石层钻探;钻探平台方案选择;满堂脚手架式水上钻探平台

1 背景

钻探区域两岸基岩出露,正常蓄水位河谷宽约 181 m。河床高程约 2 715 m,覆盖层深厚。左岸高程 2 715~2 730 m 为 S303 边坡,右岸 2 715~2 730 m 为崩坡堆积体,天然地形坡度约 25°。两岸高程 2 730 m 以上基岩出露,地形陡峻。

钻探区域河谷第四系全新统(Q_4)按成因可分为崩坡积(Q^{col+dl})和冲洪积层(Q_4^{al+pl})。崩坡积物(Q^{col+dl})主要为碎块石、孤块石,表层见碎石土,主要分布于右岸坡脚、斜坡地段,厚度数十米至上百米不等,最大厚度 140 余 m,岩性主要为:①砂砾石、砂卵石层,灰色,以卵石、砾石为主,含大量中粗砂;②砂砾卵石,灰色为主;③卵漂石,色杂,中密,以漂石、卵石为主,漂石直径 0.2~2.5 m。

2 钻探平台方案选择

目前,水域工程勘察常用的钻探平台主要有堆填平台、简易浮桶(泡沫)平台、固定平台、船载式平台等[1]。钻探平台的选择要考虑以下几个因素:

(1)水上钻探的目的。查明坝基基岩面起伏变化情况,重点查明河床深槽、古河道的具体范围、深度及形态;查明坝基河床及两岸覆盖层的分布、层次、厚度及组成物质,重点查明软土层、粉细砂、架空层、漂孤石层等的分布情况[2]。

(2)钻探区域水文地质情况。通过工程踏勘及查阅历史资料,钻探区域河水主要来源为冰川融水,水位主要受季节影响较大,枯水期水面宽 100 m 左右,枯水期(每年 12 月至次年 4 月)平均流量为 70~80 m^3/s,枯水期水深 1~4 m,流速为 1~2 m/s,丰水期水深为 2~10 m,水面存在大量出露的岩石以及树木,偶有树木枝干飘下。

(3)覆盖层的大致厚度。因砂卵砾石层的厚度将直接影响到钻进的难易程度。参考前期钻探成果预计,此处覆盖层深度为 120~140 m。

综合考虑以上因素,钻孔位于河道中心位置,水流较快,无法堆填平台;受水面存在大量出露的岩

作者简介:丁晔(1981—),男,高级工程师,分公司副经理,主要从事水利水电工程勘察与施工工作。

石以及树木影响，船舶无法驶入，无法构建船载式平台；由于偶有树木枝干飘下，会对平台造成冲击，且受限于工期运输等条件，无法修建简易浮桶（泡沫）平台。所以，根据材料运输的难易程度最终确定采用满堂脚手架式水上钻探平台。

3　满堂脚手架式水上钻探平台设计方案

3.1　承载力确定

本次采用超重型动力触探试验确定地基承载力，现场布置一台钻机在河滩上钻孔并进行超重型动力触探试验，对试验结果进行杆长、杆的侧摩阻力、地下水等因素修正。并采用式（1）计算出动贯入阻力，进而计算出承载力为 250~550 kPa[4]。

$$q_d = \frac{M}{M+m}\frac{MgH}{Ae} \tag{1}$$

式中：q_d 为动贯入阻力，MPa；M 为落锤质量，kg；m 为圆锥探头及杆件系统（包括打头、导向杆等）的质量，kg；H 为落距，m；A 为圆锥探头截面面积，cm^2；e 为贯入度，$e=D/N$，D 为规定贯入深度，N 为规定贯入深度的击数；g 为重力加速度，其值为 9.81 m/s^2。

3.2　荷载确定

计划采用长探 GY-200 型钻机及配套的机架、钻塔，配置 42 钻杆 160 mm，配置ϕ168 mm 套管 20 m、ϕ146 mm 套管 40 m、ϕ130 mm 套管 60 m、ϕ108 mm 套管 80 m、ϕ 90 mm 套管 100 m、ϕ75 mm 套管 140 m，BW-160 泥浆泵 1 台套，SDB-200 升钻井液搅拌机 1 台，循环桶 2 个，钻探人员 4 名，配套的其他钻探材料。以上钻探设备材料及施钻人员总重约 3 000 kg，考虑到钻探过程中出现的动荷载以及施工作业过程材料的运输等因素，以增大对平台的压力，则总重约为 3 500 kg。

3.3　钻探平台设计

现场采用品茗施工云安全计算软件计算满堂脚手架式水上钻探平台参数，如表 1 所示，搭设示意如图 1 所示。

表 1　满堂脚手架式水上钻探平台参数

参数	数值	参数	数值
脚手架安全等级	Ⅱ级	结构重要性系数 γ_0	1
满堂支撑架的宽度 B/m	6	满堂支撑架的长度 L/m	6
满堂支撑架的高度 H/m	2	脚手架钢管类型	ϕ48.3×3.6
立杆布置形式	单立杆	步距 h/m	0.5
顶部步距 h_d/m	1	立杆纵距 l_a/m	0.35
立杆横距 l_b/m	0.35	立杆伸出顶层水平杆中心线至支撑点的长度 a/m	0.05
栏杆、挡脚板类型	栏杆、木脚手板挡板	支架外侧竖向封闭栏杆高度 m/mm	1 200
栏杆、挡脚板类型	栏杆、木脚手板挡板	剪刀撑设置	加强型

依据相关规范，对设计的水上钻探平台进行了板底纵向支撑次梁验算，横向主梁验算，可调托座验算，立杆的稳定性验算，高宽比验算，抗倾覆验算，立杆支承面承载力验算。经验算满足要求[4-5]。

4　钻探平台实施方案

水上钻探主要工序流程：立杆定位点设置→立杆安装→横向水平杆→纵向水平杆（格栅）→剪刀撑设置→设置斜撑→铺脚手板→荷载试验→钻机就位→设置防护栏杆→下保护管→钻孔（各项试

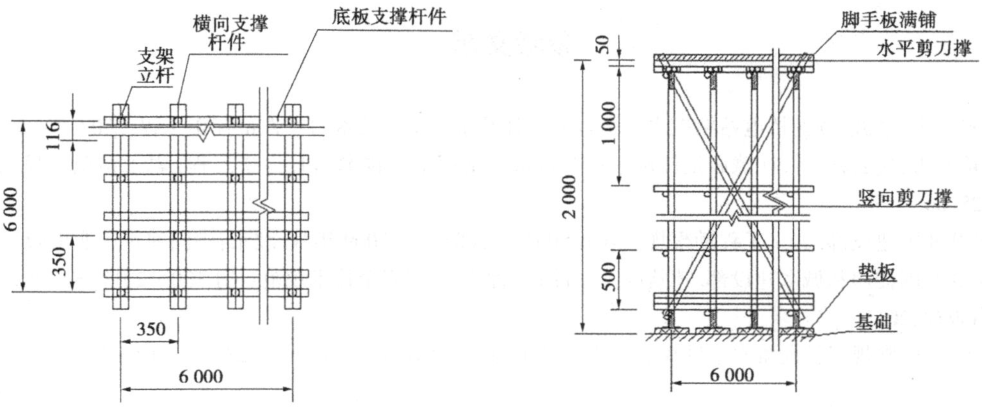

图 1　满堂脚手架式水上钻探平台搭设示意　(单位:mm)

验)→定期检查观测变形情况→起保护管→拆除架管完成钻探。现场搭设钻探平台与完成钻探平台的照片见图 2、图 3。

图 2　现场搭设钻探平台

图 3　钻探平台搭设完成

本次水上钻孔严格按照设计方案施工,并加强现场管理力度,历时 35 d 顺利完成该水上钻孔的钻探工作,完成钻探进尺 145. 2 m,覆盖层厚度 126 m。圆满完成此次水上钻探任务。

5　结语

(1)目前,水域工程勘察常用的钻探平台主要有堆填平台、简易浮桶(泡沫)平台、固定平台、船载式平台等。受工期、水文地质条件等影响,朗采水电站水上钻探平台采用满堂脚手架式水上钻探平台。

(2)本次采用超重型动力触探试验确定地基承载力,现场布置一台钻机在河滩上钻孔并进行超重型动力触探试验,对试验结果进行杆长、杆的侧摩阻力、地下水等因素修正。现场采用品茗施工云安全计算软件计算满堂脚手架式水上钻探平台参数。

(3)水上钻探主要工序流程:立杆定位点设置→立杆安装→横向水平杆→纵向水平杆(格栅)→剪刀撑设置→设置斜撑→铺脚手板→荷载试验→钻机就位→设置防护栏杆→下保护管→钻孔(各项试验)→定期检查观测变形情况→起保护管→拆除架管完成钻探。

(4)本次采用满堂脚手架式水上钻探平台顺利完成朗采水电站水上钻探任务,为高原、高海拔、交通不发达地区的水上钻探工作提供了一种新的方案。

参考文献

[1] 杨绍克,赵治宇,李波.腾龙桥电站钻探水上平台的设计及水上钻探技术[J].西部探矿工程,2007(1):53-56.

[2] 班金彭,黄明勇,代云鹏,等.西藏澜沧江班达水电站水上钻探施工技术[J].探矿工程(岩土钻掘工程),2020,47(6):19-25,66.

[3] 中华人民共和国建设部.岩土工程勘察规范:GB 50021—2001[S].2009年版.北京:中国建筑工业出版社,2009.

[4] 中华人民共和国住房和城乡建设部.建筑施工扣件式钢管脚手架安全技术规范:JGJ 130—2011[S].北京:中国建筑工业出版社,2011.

[5] 郑长斌,张炼红.常规工程勘察水上钻探实用安全技术[J].西部探矿工程,2016,28(4):64-66,71.

提高断层破碎带地层岩心采取率的实践研究

朱金财　左　俊　李伯平

（西北水利水电工程有限责任公司，陕西西安　710199）

摘　要：岩心采取率是地质勘探质量的关键指标，但在断层破碎带等复杂地层中，由于岩体破碎、软硬交替等特点，岩心采取率普遍较低，成为钻探工程的技术难点。本文针对陕西某抽水蓄能电站下水库断层破碎带岩心采取率仅70%~80%的问题，通过QC小组活动，采用"人、机、料、法、环、测"分析法确定主要原因，优化循环液、精细化调整钻进参数等技术方案。实施后，岩心采取率提升至93%以上，显著优于目标值。研究表明，综合技术改进与质量管理可有效地解决复杂地层钻探难题，为类似工程提供了可推广的实践方案，对提升地质数据准确性和工程安全性具有重要意义。

关键词：断层破碎带；岩心采取率；QC活动；钻进参数

1　引言

岩心采取率是水利水电工程地质勘探中的关键质量指标，直接影响地质构造判断、工程设计方案确定及施工安全性评估。然而，在断层破碎带等复杂地层中，由于岩体破碎、软硬交替等地质特性，常规钻探取心技术面临着巨大挑战。本文着眼于陕西某抽水蓄能电站下水库工程中，初期岩心采取率仅为70%~80%这一问题，如何通过技术改进提升复杂地层的岩心采取率，成为亟待解决的工程难题。现有研究表明，断层破碎带岩心采取率低的主要问题集中于循环液护壁效果不足、钻进参数匹配性差及钻具适应性有限三个方面。尽管国内外学者通过优化冲洗液配方（如高黏化学泥浆）或改进钻具（如双管钻具）取得了一定进展，但针对软硬交替地层的系统性解决方案仍缺乏。此外，多数研究侧重于单一技术改进，未能结合质量管理方法（如QC活动）实现技术与管理协同优化，导致措施推广性不足。本文通过QC小组活动，采用"人、机、料、法、环、测"分析法，系统识别影响岩心采取率的关键因素，并提出综合改进方案，经过工程实践验证该措施的有效性，为类似复杂地层钻探提供技术参考与管理经验。

2　工程概况

陕西某抽水蓄能电站，工程区岩性单一，出露基岩主要为燕山期侵入的浅肉红色中粒、粗粒斑状二长花岗岩。工程区出露较大规模断层有F_1、F_2两条，详见图1。根据前期地质勘探设计布置方案，预可行性研究阶段下水库布置勘探钻孔1 560 m，可行性研究阶段下水库布置勘探钻孔1 370 m。

3　QC小组活动

3.1　小组简介

QC小组成立于2022年4月，成员由工程技术质量管理人员、施工作业人员组成，具有丰富的工程经验和解决实际问题的能力。小组活动时间为2022年4~11月，共开展7次活动。

3.2　现状调查

小组成员根据现状情况，对照规程[1]质量标准对拟建下水库左右岸较破碎的弱风化、软弱夹层

作者简介：朱金财（1991—），男，工程师，项目经理，主要从事水利水电工程技术及项目管理工作。

图1　断层位置示意

钻孔取心长度、回次进尺及采取率进行现场检查和分析,结果见表1、图2。

表1　取心长度、回次进尺及采取率统计

检查位置	检查钻孔	检查孔深/m	回次进尺/m	取心长度/m	采取率/%	平均采取率/%	
右岸	ZK301	3.6~4.6	1	0.73	73.0	75.9	76.8
		20.3~20.7	0.4	0.32	80.0		
		33.6~34.2	0.6	0.35	58.3		
	ZK307	8.5~9.6	1.1	0.83	75.5		
		18.3~19.1	0.8	0.71	88.8		
		24.6~25.3	0.3	0.24	80.0		
左岸	ZK303	2.4~3.3	0.9	0.71	78.9	77.7	
		16.3~16.9	0.2	0.15	75.0		
		22.6~23.2	0.6	0.48	80.0		
	ZK311	11.5~12.7	1.2	0.85	70.8		
		16.3~16.9	0.6	0.52	86.7		
		19.2~20.2	1	0.75	75.0		

4　原因分析

针对现场调查结果,小组从“人、机、料、法、环、测”六个方面对岩心采取率低的原因进行了系统分析,并绘制了因果图,如图3所示。

通过要因确认,发现岩心采取率低的主要原因包括:

(1)循环液性能差。现场循环液配比随意,未充分发挥护壁和稳定岩心的作用。

(2)钻进参数不合理。钻速、钻压、冲洗液量等参数未严格按照规范要求调整,导致岩心扰动严重。

(3)钻具选用不当。单管钻具对破碎地层适应性差,岩心完整性难以保证。

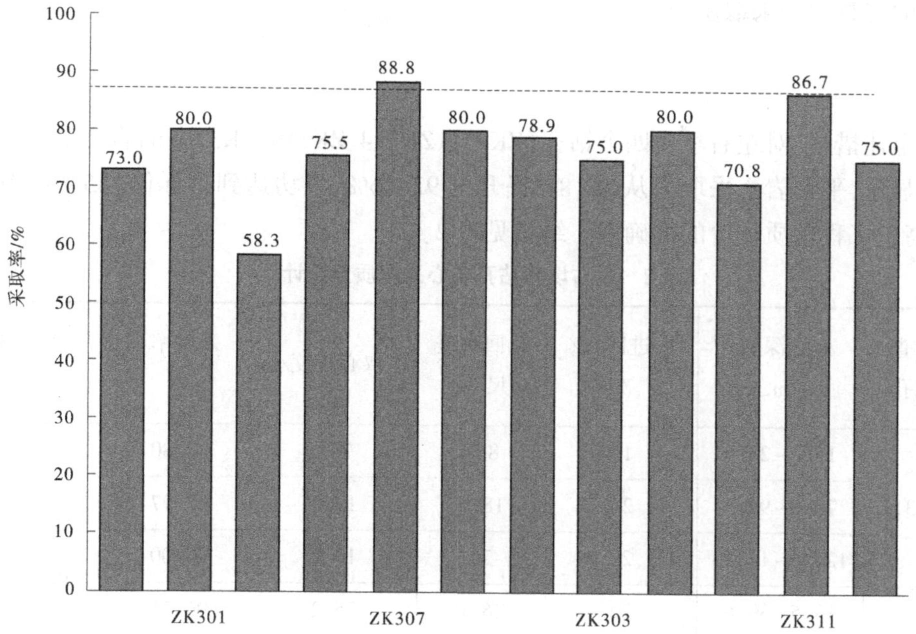

图 2　采取率柱状图

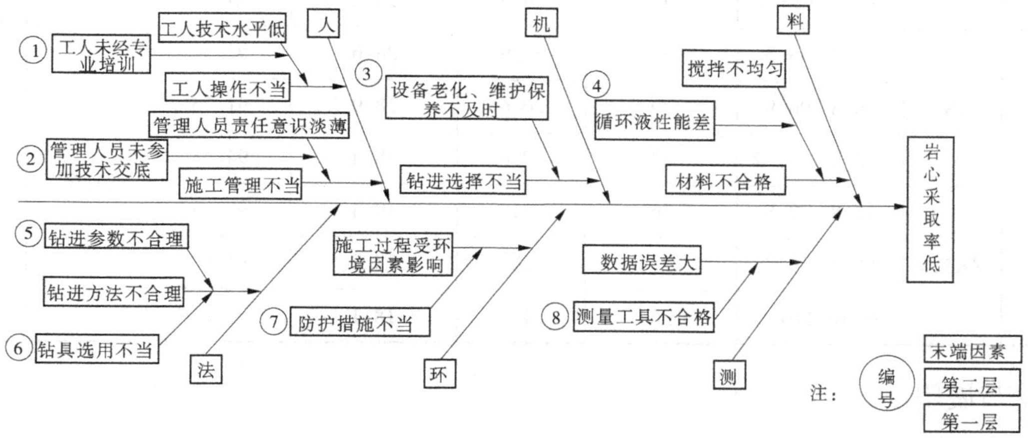

图 3　因果图

5　改进措施

5.1　循环液性能优化

采用进口植物胶替代清水和高黏化学泥浆粉作为循环液，同时掺加膨润土等其他材料，有效降低了对软弱破碎岩层的冲刷，提高了岩心采取率[2-3]。

5.2　钻进参数调整

合理控制钻速、钻压、冲洗液量和回次进尺，减少对岩心的扰动，确保钻进过程的稳定性。

(1)转速。控制在 150~200 r/min，减少对岩心的机械扰动。

(2)钻压。单位钻压控制在 0.7~0.8 kN，避免过度破碎岩心。

(3)冲洗液量。控制在 60~80 L/min，减少对松散岩层的冲刷。

(4)回次进尺。控制在 0.5~0.7 m，采取“少钻、勤提”的原则。

5.3　钻具选用和改进

采用双管半合管钻具替换单管钻具，内管不转动的设计避免了因钻具旋转对岩心的机械破坏，显著提高了岩心的完整性和采取率[4]。

6 实施效果

通过实施上述措施，对左右坝肩四个钻孔（ZK311、ZK314、ZK316、ZK320）的岩心采取率进行了统计分析。结果显示，平均岩心采取率从76.8%提升至92.46%，成功达到目标值（85%），满足了规程规范要求，提高了工程地质评价的准确性。结果见表2。

表2 左右坝肩钻孔岩心采取质量统计

检查位置	检查钻孔	检查深度/m	钻进回次/次	总回次进尺/m	总取心长度/m	采取率/%	平均采取率/%	
右岸	ZK311	15.4~23.6	13	8.2	7.2	87.80	93.22	92.46
		76.0~94.5	24	18.5	17.2	92.97		
		124.6~144.6	28	20	19.2	96.00		
	ZK320	13.5~39.6	29	26.1	25.2	96.55		
		58.3~79.7	22	21.4	19.6	91.59		
		93.6~120.3	48	26.7	25.2	94.38		
左岸	ZK314	22.4~53.3	39	30.9	28.6	92.56	91.69	
		76.3~96.9	29	20.6	18.9	91.75		
		122.6~163.2	52	40.6	38.4	94.58		
	ZK316	11.8~32.8	36	21	19.4	92.38		
		56.3~76.3	25	20	18.2	91.00		
		95.6~116.8	26	21.2	18.1	87.86		

7 结论与展望

（1）技术改进成效显著。通过优化循环液性能（植物胶+膨润土复配）、精细化调整钻进参数及采用双管半合管钻具，岩心采取率从76.8%提升至92.46%，远超规范要求的85%，验证了技术方案的有效性。

（2）质量管理方法的关键作用。QC小组活动通过“人、机、料、法、环、测”系统分析，精准定位问题根源，实现了技术改进与质量管理的协同优化，为复杂地层钻探提供了可复制的解决路径。

（3）复杂地层适应性提升。研究证实，针对断层破碎带的软硬交替特性，综合技术措施可显著提高岩心完整性和采取率，为类似地质条件下的工程勘探提供了实践依据。

（4）技术推广与标准化。建议将本次QC活动的成果形成标准化操作手册，推广至其他类似工程，尤其是高难度地质条件下的钻探项目，以提升行业整体技术水平。

（5）进一步优化钻进工艺。未来可探索智能钻进参数实时调控技术，结合传感器监测与大数据分析，实现钻进过程的动态优化，进一步提高岩心采取率与作业效率。

（6）质量管理模式创新。推动QC活动与数字化管理工具（如BIM、物联网）的结合，建立钻探质量实时监控系统，实现从问题发现到解决的全流程闭环管理。

参考文献

[1] 中华人民共和国水利部.水利水电工程钻探规程:SL/T 291—2020[S].北京:中国水利水电出版社,2020.
[2] 闫平均,刘东华.复杂地层地质钻探冲洗液研究与应用[J].西部探矿工程,2021,33(11):61-62,64.
[3] 张广标.地质钻探冲洗液在断层破碎带中的应用[J].地下水,2024,46(5):332-335.
[4] 张庆,华健,程光华,等.松散及破碎层岩心高采取率技术研究[J].华东地质,2022,43(3):306-312.

深水复杂环境钻探技术与实践

郭正才　霍　达

（华东勘测设计院福建有限公司，福建福州　350000）

摘　要：针对西北某抽水蓄能电站深水陡坡岩塞钻探的技术难题，本文系统总结并形成了一套适用于深水复杂环境的钻探作业体系。通过趸船平台改造、三重套管固定、飞管扩孔等技术创新，解决了基岩面开孔定位、钻孔护管稳定及封孔等关键技术问题。研究结果表明，该技术体系在深水（80～150 m）、陡坡（60°～80°）及无覆盖层基岩等极端环境下具有显著效果，岩心采取率达90%以上，为类似工程提供了重要参考。

关键词：水下钻探；套管固定；趸船平台；飞管

1　引言

1.1　项目背景

西北某抽水蓄能电站利用既有水库作为下水库，需在水下岩塞部位布置勘探钻孔，探明地层结构、基岩渗透性等关键地质参数，为进出水口设计提供依据[1]。

1.2　地理位置

位于大峡谷区域，水库水面宽度约500 m，最大水深超150 m，水下边坡坡度60°～80°，无覆盖层特征使得岩体完整面直接出露。

1.3　工期要求

总工期60 d，包括平台搭建、钻孔施工及封孔等环节。

2　钻孔特点

2.1　环境复杂

（1）水深范围：80～150 m。

（2）陡峭基岩边坡（60°～80°），直接暴露，无覆盖层。

（3）峡谷区域风力大（阵风9级），冬季气温低至−20 ℃。

2.2　技术难点

（1）钻探平台在深水区的稳定性控制。

（2）水下基岩面套管固定与开孔。

（3）极端天气对施工的影响。

3　钻探工作执行情况

3.1　钻探设备与材料

平台：趸船改装钻探平台（尺寸30 m×6 m，吃水1 m，排水量60 t）；

作者简介：郭正才（1983—），男，钻探技师，项目经理，从事钻探技术与项目管理工作。

钻机:XY-2 型岩心钻机;

套管:外径ϕ178 mm 导向管、ϕ139 mm 护管、ϕ108 mm 定位管;

钻具:半合管钻具(应对破碎岩心),配备扶正器。

3.2 钻探工艺

回转钻进技术,动态调整转速、钻压等参数。

3.3 完成情况

(1)按计划完成 12 个钻孔,总进尺 960 m;

(2)岩心采取率达 85%,满足地质分析要求;

(3)工期控制精准,无重大安全事故。

4 关键技术问题及解决措施

4.1 平台稳定性不足

初期在船体外侧焊接平台(见图 1),因趸船吨位小、水位深,套管及钻杆等荷载较大,施工中易导致船体倾斜[2]。经分析船体结构及承载力,决定在船身中部(距船艏/船艉 8.4 m 处)开设一个ϕ 600 mm 圆孔作为钻进操作口(见图 2)。

图 1　船体侧方平台

图 2　船体中间平台

4.2 抛锚定位

1 个 10 t 主锚+2 组八字锚形成空间锚系,主锚 1 个,在锚绳与主流方向一致的岸边设置锚桩固定,前八字锚 2 个,在船艏两侧,主锚绳与前八字锚绳夹角 35°~45°。后八字锚 2 个,在船艉两侧,其夹角为 35°~45°,临岸一侧锚绳在岸边岩层设置锚桩固定(见图 3),临江心一侧因水深坡陡,采用填满块石的钢筋石笼远程抛投的方式进行固定。

4.3 护管安装

在钻孔施工过程中由于水下地形陡峭,无覆盖层,导管固定困难,开孔难度大。

采用ϕ178 mm 套管作为导向管,管脚处用 4 根钢丝绳牵引扶正,并间隔设置 14# 钢丝绳固定点防止脱落。套管脚无法在基岩面稳定时,采用四角固定法悬置于距基岩面 2 m 处。ϕ178 mm 导向管安装完成后,下入ϕ139 mm 套管至基岩面。为防止套管滑落采用夹板将其固定于甲板操作孔口(见图 4、图 5)。

图 3　山体设置锚桩

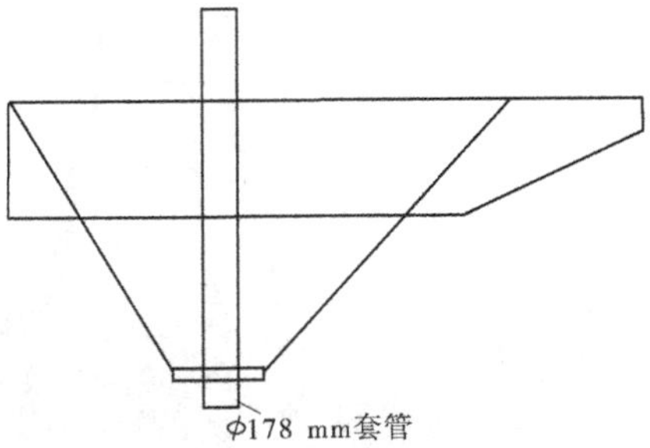

图 4　导向管安装示意

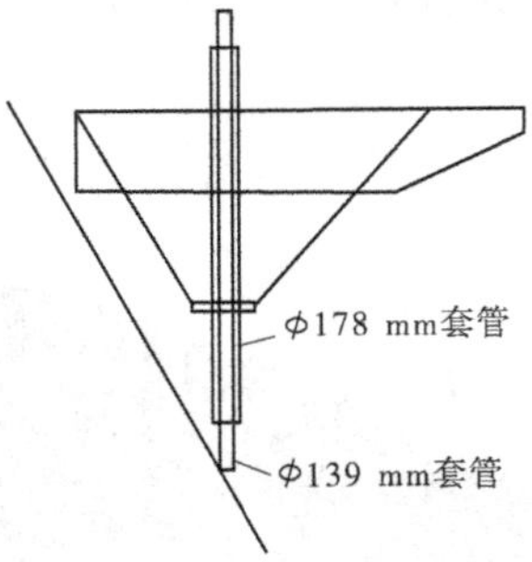

图 5　护管安装示意

4.4　“飞管”施工

在固定ϕ139 mm 套管后，采用 5 m 长ϕ110 mm 钻具开孔，钻进至 3 m 后，取出岩心，下入ϕ108 mm 钻具作为导向。在下“飞管”过程中，钻具与第一根钻杆的连接螺纹旋合至完全啮合位置即可，无须额外施力紧固，然后依次安装拧紧其余钻杆，把钻具下入到钻孔预定孔深，随后反转退出钻杆。取出ϕ139 mm 套管后，采用ϕ145 m 钻具套住ϕ110 mm 导向钻具后进行扩孔，扩至 3 m 后继续下入ϕ139 mm 套管，将钻杆连接ϕ108 mm 钻具后继续进行钻进(见图 6)。

4.5　加装扶正器

钻孔岩心破碎，为保证采取率，采用ϕ108 mm 套管作为护管，ϕ91 mm 口径终孔，钻杆在钻进过程中，因摆动幅度大，易造成钻杆断裂。

在施工过程中每隔两根钻杆安装一个扶正器(见图 7)，防止钻杆摆动幅度过大。

4.6　封孔

岩塞部位位于水下数十米，为防止钻孔在后期施工中成为渗漏通道，终孔后封堵至关重要。因边坡陡峭、基岩裂隙发育，常规灌注水泥浆封孔时浆液全部流失，效果不理想。经综合考量封孔效果、时间及成本，采用膨胀水袋灌注法，使用大于孔径的膨胀水带(见图 8)，底部密封牢固，用钻杆把膨胀水带送入孔底，于平台孔口上方截去水带末端，向水袋内注水使其膨胀，将钻孔内水体挤出。通过水袋

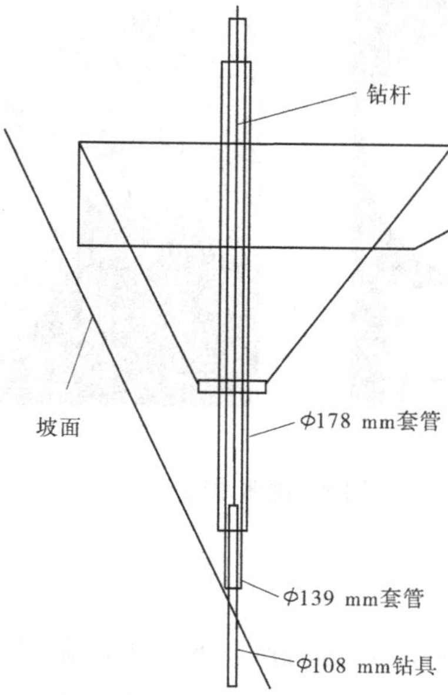

图 6 “飞管”安装示意

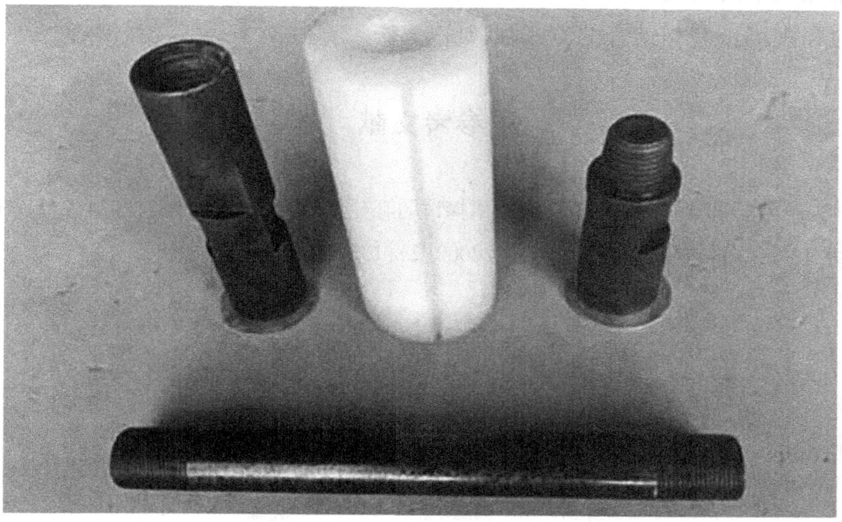

图 7 扶正器

内预留通道，缓慢、谨慎地下入钻杆至孔底，从孔底灌注水泥浆，直至充满水袋，待水泥浆凝固后，水袋与孔壁紧密贴合，有效封闭渗漏通道。

5 安全保障

5.1 通信

水上作业区域无移动信号且卫星电话不可用。在上库前沿设置专人值守点，配备对讲机，发生紧急情况可随时呼叫联系。

5.2 冬季施工气温低

配备防寒劳保装备，钻探平台搭建防风屏障；实行人员三班轮换制、设备 24 h 连续运转的工作模式，防止液压油路及冷却水路冻结。

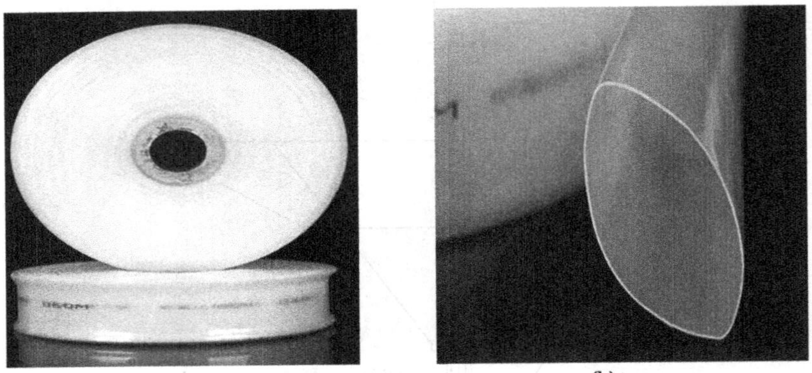

(a) (b)

图 8 膨胀水带

6 结语

本研究成功克服了深水(80~150 m)、陡坡(60°~80°)、无覆盖层基岩、强风及低温等极端复杂环境的挑战,通过趸船平台改造、三重套管固定、飞管扩孔及膨胀水带封孔等技术创新,实现了高效、安全的钻探作业。项目的成功实施为类似复杂环境下的钻探工程提供了宝贵的实践经验。然而,针对深水复杂环境钻探技术的研究仍需进一步深入,尤其是在平台稳定性优化和极端天气应对方面,未来可通过数值模拟和现场试验相结合的方式加以完善。

参考文献

[1] 贾孟飞,李帅帅.西藏某水电站水上钻探施工技术探讨[J].建筑工程技术与设计, 2024(27): 163-165.
[2] 李尚华.浅谈水上钻探[J].甘肃水利水电技术, 2002(2):133-135.

施工领域

超大圆形深基坑“拱效应”对变形的影响分析

周治刚　丁　晔　尹燕良　黄　帆　夏　骏

（长岩岩土工程有限公司，湖北武汉　430010）

摘　要：本文依托杭州某超大圆形深基坑工程，对基坑开挖过程中的围护结构深层水平位移和周边地表沉降监测数据进行了详细分析，同时基于该基坑工程采用 FLAC3D 软件分别建立圆形围护和直线形围护基坑模型，分析有无“拱效应”对基坑变形的影响。结果表明：现场监测地下连续墙深层水平位移和地表沉降的实测值分别为预警值的 23% 和 43%，基坑设计方案具有较大的安全富余量。在基坑上部设置环向支撑段，圆形基坑地下连续墙的空间“拱效应”对地下连续墙最大水平位移的控制效果达 48%。在下部未设置环向支撑的衬砌段，圆形基坑衬砌和地下连续墙的共同空间“拱效应”对地下连续墙的最大水平位移控制效果达 74%。研究结果可为类似工程的建设提供借鉴。

关键词：圆形围护深基坑；地下连续墙；变形特征；拱效应

1　引言

随着我国城市化建设的快速发展，地上空间越来越拥挤，为满足生活需求，人们不断向地下空间进行拓展，深大基坑工程不断涌现。

基坑工程的支护形式多种多样，包括直线形、圆形、弧形及其他非规则形状等。其中，圆形围护基坑利用自身结构的空间“拱效应”将其所受的水土压力转化为环向应力，圆形围护基坑结构在环向受压，能够充分发挥混凝土的抗压性能，减小围护结构的变形。同时，圆形围护基坑结构可以避免大面积设置支撑梁，不仅可以减少拆撑工况，还能提高土方开挖效率。因此，圆形围护基坑成为深大基坑一种有效的支护方式，在房屋建筑基坑工程、引水隧道竖井、特大桥梁基础工程、地下变电站、钢铁厂旋流池等得到越来越广泛的运用[1-6]。

国内外众多学者采用不同方法对圆形围护基坑工程进行了研究[7-14]。刘飞鹏等[7]基于西安某基坑工程，采用 PLAXIS3D 软件进行模拟，研究了圆形基坑结构的变形特征，并提出了圆形超深基坑的判定准则。宗露丹等[8]采用 PLAXIS3D 软件对上海某软土地区 56 m 超深圆形竖井开挖工程进行全过程模拟，对其变形特征进行分析，并验证了其优化方案的可行性。王恺枫[9]利用 ABAQUS 有限元软件建立弹塑性模型对圆形基坑开挖支护工程的位移和受力进行分析，通过对地下连续墙和土体受力、变形云图的对比分析，得到了圆形基坑开挖过程中的受力和位移变化规律。张家国等[10]对某圆形基坑的监测数据进行分析，发现圆形基坑中部和下部位置的开挖可显著影响圆形基坑施工时的位移变化量。T. Schwamb 等[11]通过对某圆形基坑开挖阶段进行监测，发现圆形基坑的地下连续墙侧向变形远小于经验值。Tan Yong 等[12]研究得出无支撑圆形围护结构后侧向土压力沿深度呈线性分布，与经典的悬臂式挡土墙理论土压力分布基本一致。屈俊童等[13]对某圆形基坑进行了数值模拟，发现圆形围护在拱效应作用下工作性状不同于条形基坑。薛艳青[14]采用 FLAC 软件对某圆形基坑在各种不同开挖工况下侧向位移和土压力进行数值模拟分析，探讨了影响圆形基坑空间“拱效应”的主要因素。

作者简介：周治刚（1977—），男，高级工程师，主要从事水利水电及岩土工程施工技术研究工作。
通信作者：尹燕良（1993—），男，工程师，主要从事岩土工程施工技术方面的研究工作。

目前,国内外学者对圆形围护基坑工程的研究主要针对其变形特征,而对其“拱效应”的影响研究相对较少。本文依托杭州某超大圆形深基坑开挖支护施工全过程,对其监测数据进行分析,同时基于该基坑工程采用 FLAC3D 软件分别建立圆形围护和直线形围护基坑模型,分析有无“拱效应”对基坑变形的影响。研究结果可为类似圆形围护深基坑工程的建设提供经验和借鉴。

2 工程概况

杭州地区某超大圆形深基坑开挖支护工程开挖深度 64.0 m,开挖直径 27.5 m。基坑围护结构采用 1 200 mm 厚地下连续墙+半幅直径 2000 mmRJP(超高压旋喷桩)止水的结构形式,地下连续墙基两侧采用直径 850 mm、间距 600 mm 三轴搅拌桩进行连续墙壁加固,基坑设计等级为一级。共设置 6 道水平环向支撑,主体衬砌采用逆做的形式。基坑支护结构剖面示意如图 1 所示。基坑开挖施工工况见表 1。场区内地层从上到下分别为杂填土、淤泥质黏土、粉质黏土、粉质黏土夹粉土、砂质粉土、含砂粉质黏土、粉细砂、圆砾、强风化泥质粉砂岩、中风化泥质粉砂岩等。从工程地质勘察报告中所获取的工程土体物理力学参数见表 2。为保证施工安全,在竖井周边 20 m 范围内进行放坡开挖后施做 60 cm 厚钢筋混凝土硬化层,并与围护结构形成刚性连接。

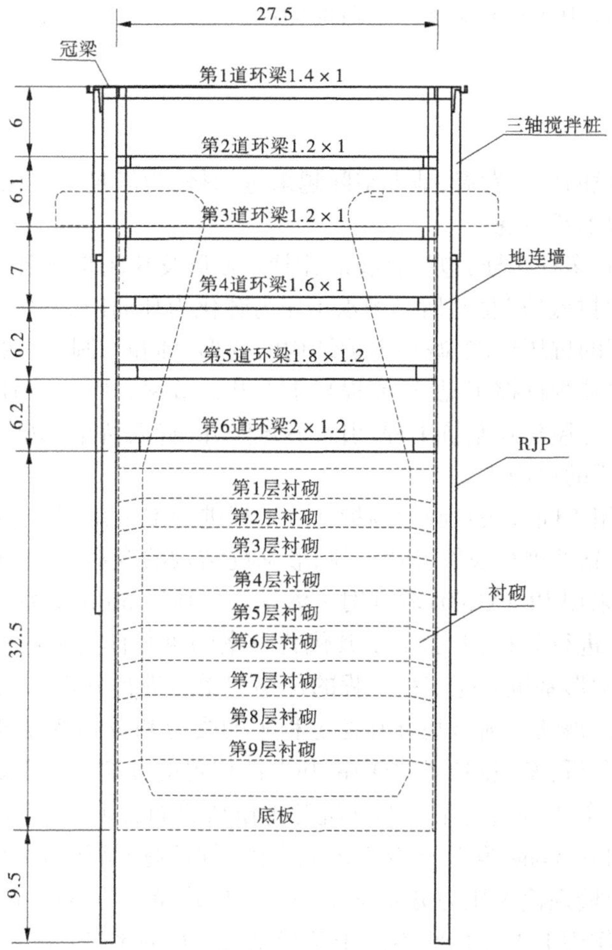

图 1 基坑支护结构剖面示意 (单位:m)

表 1 基坑开挖施工工况

序号	工况
1	开挖至冠梁并浇筑第 1 道环梁
2	开挖至第 2 道环梁并浇筑第 2 道环梁
3	开挖至第 3 道环梁并浇筑第 3 道环梁
4	开挖至第 4 道环梁并浇筑第 4 道环梁
5	开挖至第 5 道环梁并浇筑第 5 道环梁
6	开挖至第 6 道环梁并浇筑第 6 道环梁
7	开挖至第 1 层衬砌并浇筑第 1 层衬砌
8	开挖至第 2 层衬砌并浇筑第 2 层衬砌
9	开挖至第 3 层衬砌并浇筑第 3 层衬砌
10	开挖至第 4 层衬砌并浇筑第 4 层衬砌
11	开挖至第 5 层衬砌并浇筑第 5 层衬砌
12	开挖至第 6 层衬砌并浇筑第 6 层衬砌
13	开挖至第 7 层衬砌并浇筑第 7 层衬砌
14	开挖至第 8 层衬砌并浇筑第 8 层衬砌
15	开挖至第 9 层衬砌并浇筑第 9 层衬砌
16	开挖至基底并浇筑底板

表 2 工程土体物理力学参数

土层	层厚/m	重度/(kN/m^3)	弹性模量/MPa	泊松比	黏聚力/kPa	摩擦角/(°)
1-1 杂填土	2	20.0	2.5	0.38	0	8.0
1-3 淤泥质黏土	1	17.0	2	0.35	8	5.0
5-1 粉质黏土	4	19.2	10.0	0.30	48	15.9
5-2 粉质黏土夹粉土	2	18.7	6.0	0.32	30	13.0
5-3 砂质粉土	3	18.9	8.0	0.38	4	20.0
7-1 粉质黏土	9	19.3	10	0.30	54	16.8
9-1 粉质黏土	4	19.3	11.0	0.30	53	16.6
9-2 含砂粉质黏土	3	18.6	7.0	0.32	35	14.0
9-3 粉细砂	2	19.4	12.0	0.27	3	25.0
11-2 含砂粉质黏土	6	18.9	7.5	0.33	30	13.0
13-2 含砂粉质黏土	2	19.5	7.5	0.33	32	13.0
14-4 圆砾	5	22.0	50.0	0.22	5	36.0

续表 2

土层	层厚/m	重度/(kN/m^3)	弹性模量/MPa	泊松比	黏聚力/kPa	摩擦角/(°)
20-a-2 强风化泥质粉砂岩	4.0	21.5	25.0	0.22	23	25.0
20-a-3 中风化泥质粉砂岩	9.0	25.0	300.0	0.15	200	35.0
20-b-3 中风化含砾泥质粉砂岩	2.0	25.5	350.0	0.15	200	36
20-a-3 中风化泥质粉砂岩	12.5	25.0	300.0	0.15	200	35.0
20-b-3 中风化含砾泥质粉砂岩	4.0	25.5	350.0	0.15	200	36.0
20-a-3 中风化泥质粉砂岩	20.0	25.0	300.0	0.15	200	35.0

3 超大圆形深基坑变形特征分析

3.1 基坑监测点位布置

为保证基坑施工的安全,及时掌握基坑变形情况,现场布置一系列监测点对基坑进行全过程监测。监测项目包括基坑周边地表沉降、围护结构顶部竖向位移和水平位移、围护结构墙体深层水平位移、土体深层水平位移、地下水位监测、支撑轴力监测、环梁收敛监测、地连墙钢筋应力监测等。除地表沉降监测点外,其余监测点布置平面图如图 2 所示,基坑地表沉降监测点平面布置图如图 3 所示。各监测点沿基坑周边均匀布设,其中围护顶部位移监测点 8 个,墙体深层水平位移监测孔、土体深层水平位移监测孔、坑外潜水水位观测孔、承压水水位观测孔各 4 个,支撑轴力监测点和环梁收敛监测点沿平面和竖向共设置 4×16 个,地连墙钢筋应力监测点沿竖向设置 12 个(布置于同一副地连墙)。地表沉降监测点共设置 8 组,80 个监测点,每组监测点自基坑周边 2 m 起,沿圆形基坑半径方向向外进行布设共 10 个监测点,前 5 个监测点间距为 5 m,后 5 个监测点间距为 10 m。本文主要对围护结构深层水平位移和地表沉降进行分析。

根据本工程监测方案,综合考虑相关设计规范及当地工程经验等因素,确定基坑地表沉降量预警值为累计达 30 mm,日变量大于 3 mm/d;墙体深层水平位移预警值为累计达 60 mm,日变量大于 3 mm/d。

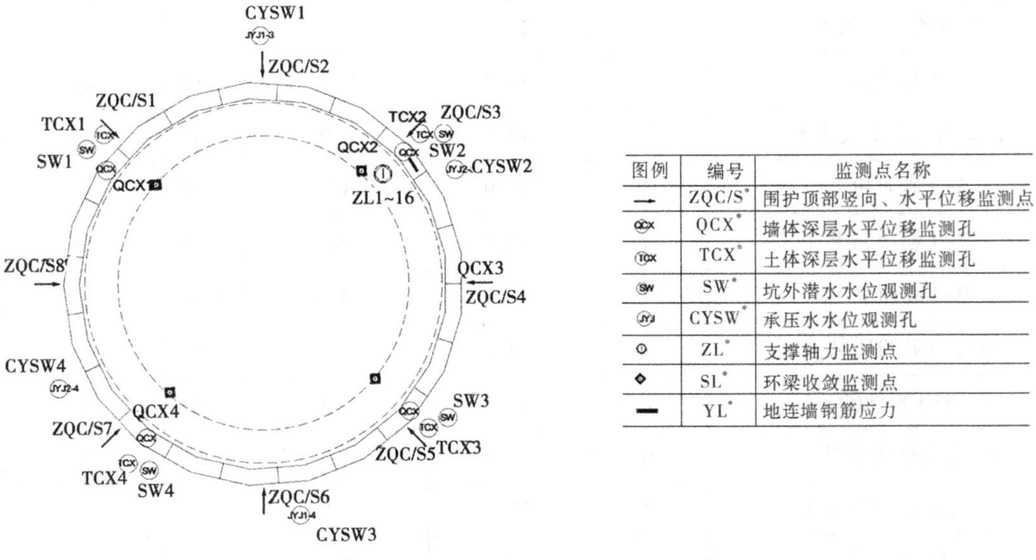

图 2 基坑施工监测平面图

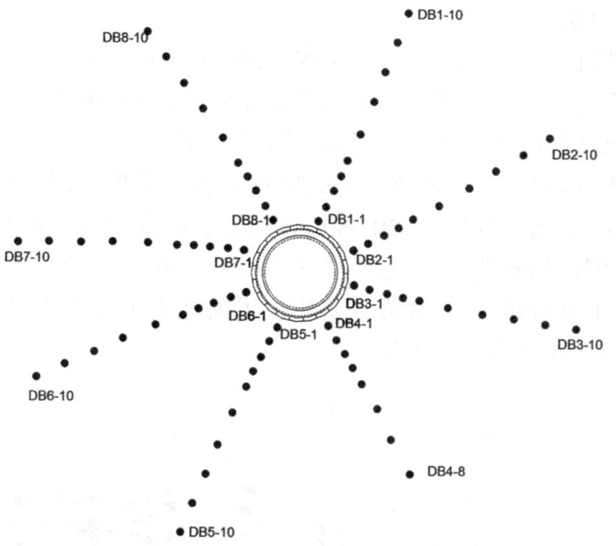

图 3　基坑地表沉降监测点平面布置

3.2　围护结构深层水平位移监测数据分析

基坑围护结构深层水平位移是判定基坑是否安全的重要指标。由于本基坑东侧为九曲洋港，南侧为余杭塘河，因此选择 QCX02 和 QCX03 两个地连墙深层水平位移监测点进行分析。由图 4 和图 5 可知，基坑开挖完成后 QCX02 和 QCX03 的最大深层水平位移值分别为 14.2 mm 和 11.7 mm，均未超过预警值(60 mm)，最大实测值仅为预警值的 24%，基坑设计方案存在较大的安全富余量。地连墙深层水平位移曲线呈现“大肚”形，且随着基坑开挖工况的增加，最大水平位移值的埋深不断增加。基坑开挖完成后，地连墙最大深层水平位移值在埋深-50～-55 m 的位置，即位于基坑下方的衬砌段。

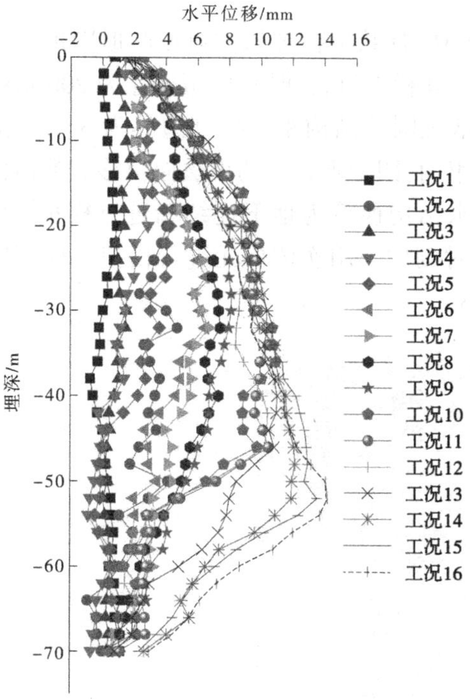

图 4　QCX02 地连墙深层水平位移

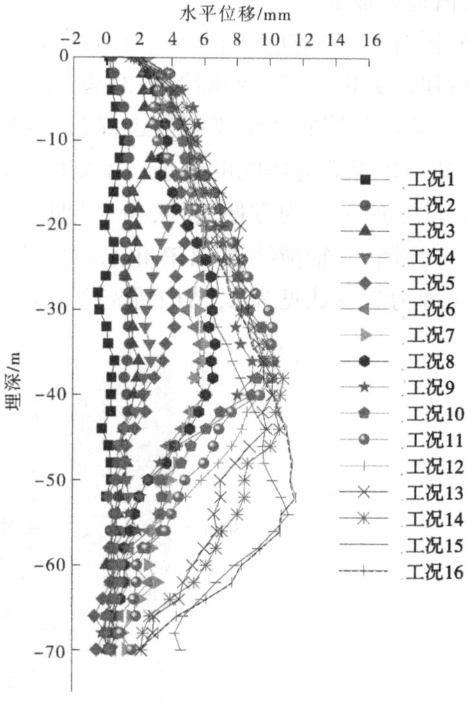

图 5　QCX03 地连墙深层水平位移

3.3 地表沉降监测数据分析

由图 6 可知,地表沉降值最大约 13 mm,小于预警值(30 mm),最大实测值为预警值的 43%,表明基坑的设计方案具有较大的安全富余量。当基坑开挖完成后,因现场施工环境复杂,个别组地表沉降曲线变化会出现与整体沉降曲线不一致的情况,但从整体沉降曲线来看,8 组地表沉降曲线基本表现为越靠近基坑的位置地表沉降越大,越远离基坑的位置地表沉降越小,并且靠近基坑位置(0~20 m)的地表沉降曲线变形较陡,远离基坑位置(20~80 m)的地表沉降曲线变形趋于平缓。这是由于在现场靠近基坑周边 20 m 范围内的硬化层上,存在汽车吊、装载机、泵车等多台重型机械施工作业的情况,且越靠近基坑位置施工机械越多,导致靠近基坑位置的地表沉降较大且曲线变形较陡,而远离基坑位置的地表沉降较小且曲线变形趋于平缓。

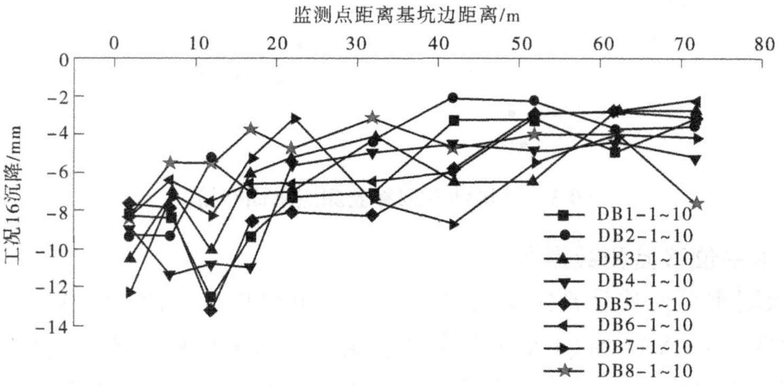

图 6 工况 16 地表沉降

4 “拱效应”对变形的影响分析

4.1 数值模型建立

为分析有无“拱效应”对基坑变形控制的影响,采用 FLAC3D 数值模拟软件对该圆形围护深基坑工程进行建模分析。考虑到圆形围护基坑的对称性,选取 1/4 模型进行建模,模型尺寸为 200 m×200 m×180 m,基坑开挖底部距离模型边界为 2 倍开挖深度,基坑围护结构距离模型边界为 3 倍开挖深度,满足减小边界效应影响的要求。模型的底面为固定约束面,四个垂直面约束法向位移。数值模型计算图如图 7 所示。为方便建模,将三轴搅拌桩、RJP 止水结构换算为地下连续墙进行模拟[15],土体、地下连续墙、三轴搅拌桩、RJP 止水结构、冠梁、环梁和衬砌均采用实体单元进行模拟。模型中土体所需物理力学参数见表 2,结构所需物理力学参数见表 3。

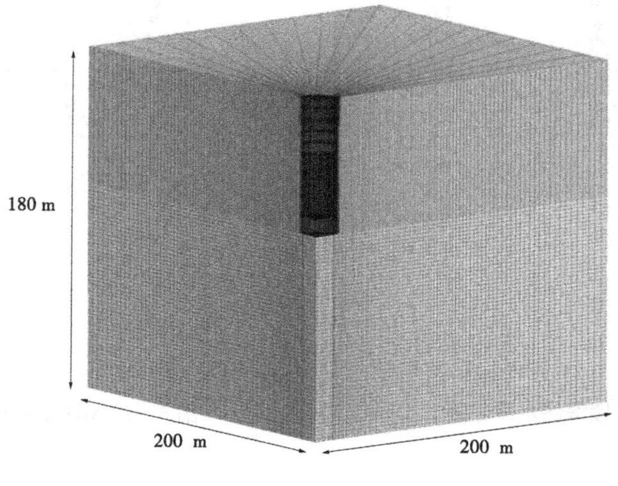

图 7 数值模型计算图

表 3　结构物理力学参数

名称	弹性模量/GPa	泊松比
地下连续墙	28	0.2
三轴搅拌桩	28	0.2
RJP 止水结构	28	0.2
衬砌	30	0.2
冠梁	28	0.2
环梁	28	0.2

4.2　数值模拟分析

通过 FLAC3D 软件的“单元生死”功能模拟基坑工程土体的分层开挖，三轴搅拌桩、地下连续墙、RJP 止水结构、各道环梁体系以及衬砌的施工过程。基坑开挖过程模拟按照表 1 基坑开挖施工工况进行模拟。

数值模拟圆形围护基坑开挖完成后，土体水平位移云图如图 8 所示，基坑地连墙深层水平位移随工况变化图如图 9 所示。随着基坑开挖深度的增加，地连墙最大水平位移值不断增大，其最大值所在埋深也不断增加，最后位于埋深 36 m 左右的位置。对比图 10 基坑开挖完成后工况 16 地连墙深层水平位移，圆形围护基坑数值模拟结果与现场监测结果变形曲线相似，表明数值模拟结果的可靠度较高。

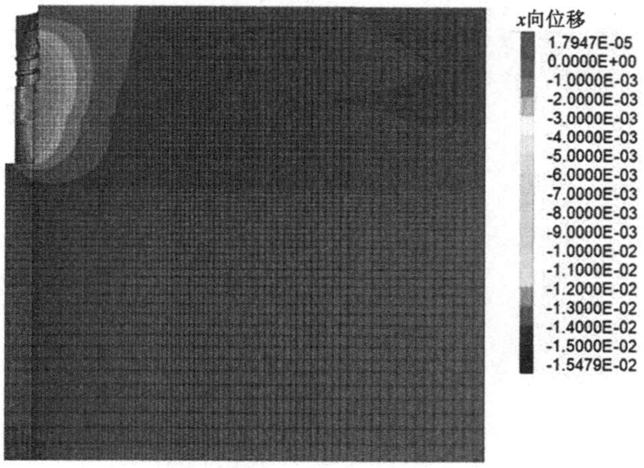

图 8　圆形基坑开挖完成后土体水平位移云图

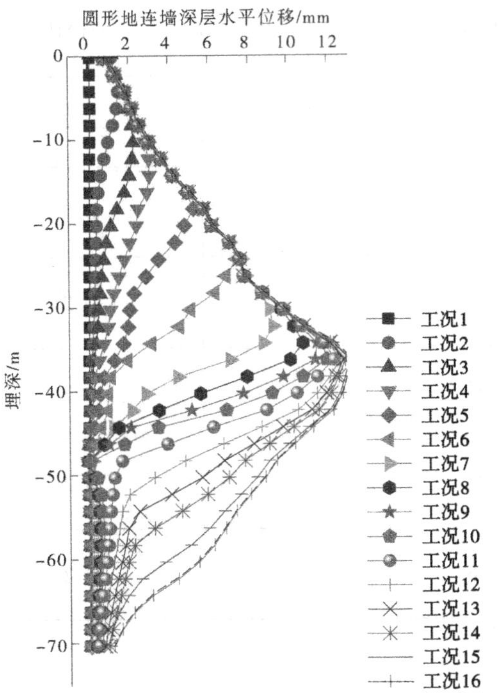

图 9　圆形基坑地连墙深层水平位移随工况变化

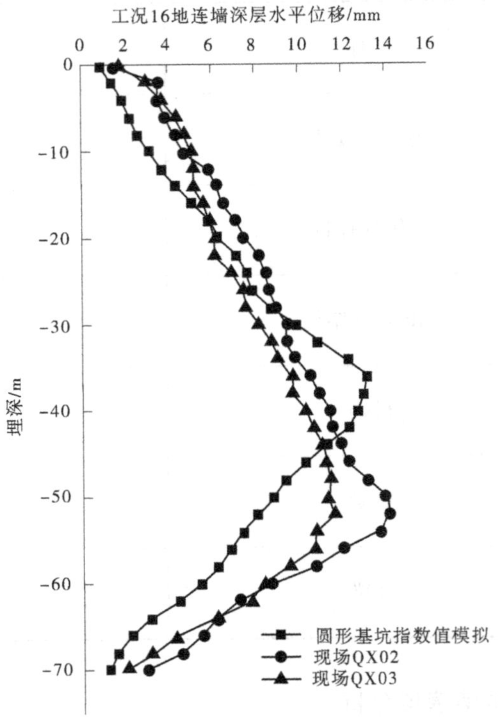

图 10　工况 16 地连墙深层水平位移

4.3　“拱效应”对变形的影响分析

为分析有无“拱效应”对基坑变形控制的影响，基于该基坑工程，将圆形围护地连墙变为直线形围护地连墙，环向支撑转换为横向支撑，建立一个直线型地连墙基坑支护模型，由于直线形地连墙基坑各个剖面变形特征相同，所以在宽度方向上选取一个单元格进行模拟，长度和高度上与圆形围护基坑模型相同。模型尺寸为 200 m×1 m×180 m。直线形地连墙基坑数值模型剖面如图 11 所示。

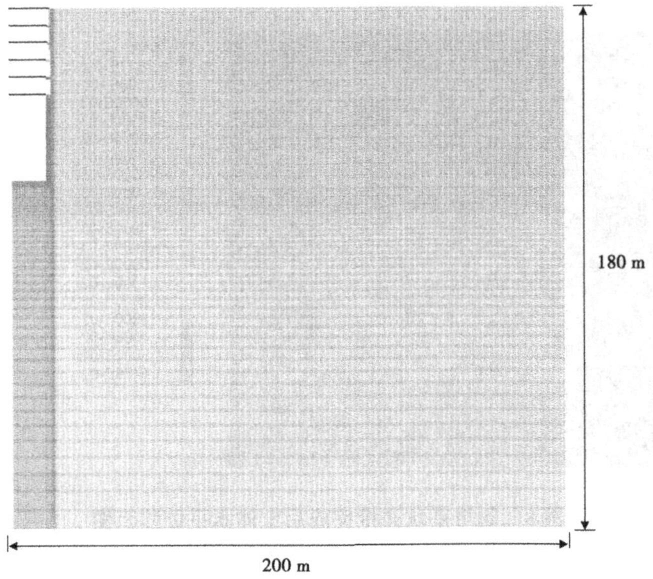

图 11　直线形地连墙基坑数值模型剖面

直线形地连墙基坑开挖完成后,土体水平位移云图如图 12 所示。直线形地连墙深层水平位移随开挖工况变化如图 13 所示。由图 13 可以看出,在开挖工况 7 之前,地连墙深层水平位移曲线呈现出一个波峰,工况 7 之后,地连墙深层水平位移曲线呈现出"双波峰",且随着开挖深度的增加,第二个波峰的峰值更大。这是因为,在开挖工况 7 之前,属于有横向支撑的开挖,开完工况 7 之后,属于无横向支撑的衬砌层的开挖和浇筑,导致第二个波峰值更大。

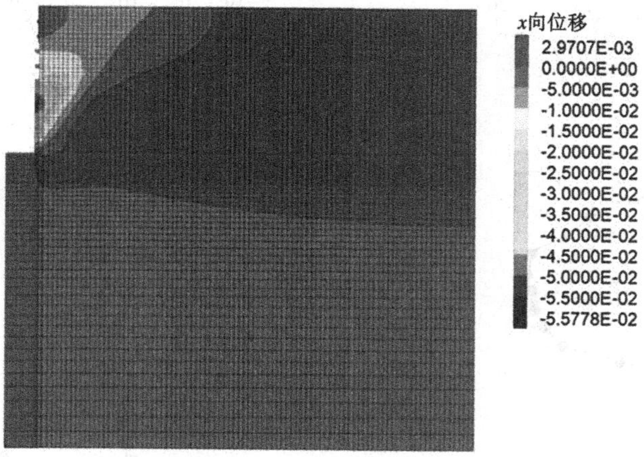

图 12　直线形基坑开挖完成后土体水平位移云图

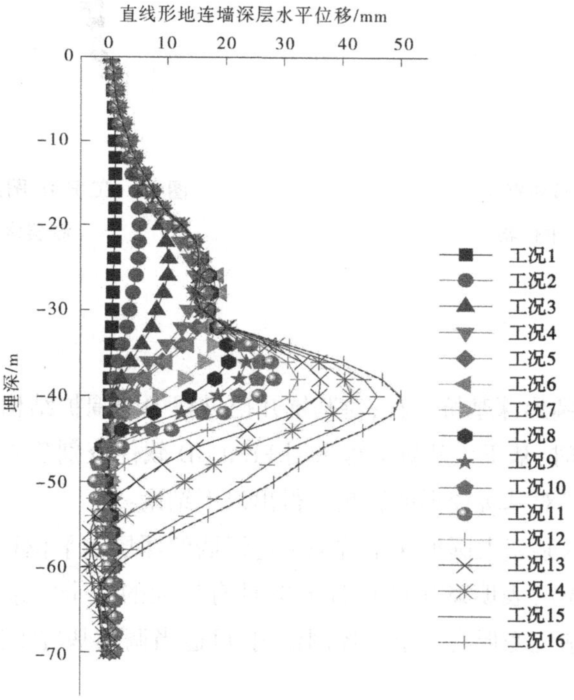

图 13　直线形地连墙深层水平位移随开挖工况变化

对比工况 7 圆形和直线形地连墙深层水平位移曲线(见图 14),发现两者变形曲线形状一致,圆形基坑地连墙的最大水平位移变形值为 9.3 mm,而直线形基坑地连墙的最大水平位移变形值为 18 mm。表明在设置环向支撑的情况下,圆形围护基坑"拱效应"对地连墙水平位移的变形控制效果达 48%。对比工况 16 圆形和直线形地连墙深层水平位移(见图 15),圆形围护基坑地连墙最大水平位移值为13.2 mm,直线形基坑地连墙深层水平位移出现第二个波峰,最大水平位移值达50 mm。表明在未设置环向支撑的衬砌段施工时,圆形围护基坑的“拱效应”对变形的控制效果明显,圆形围护基坑能够充分发挥衬砌和地连墙混凝土的抗压能力,约束地连墙的深层水平位移。圆形围护基坑衬砌和地连墙的共同空间“拱效应”对地连墙的深层水平位移的变形控制效果达74%。

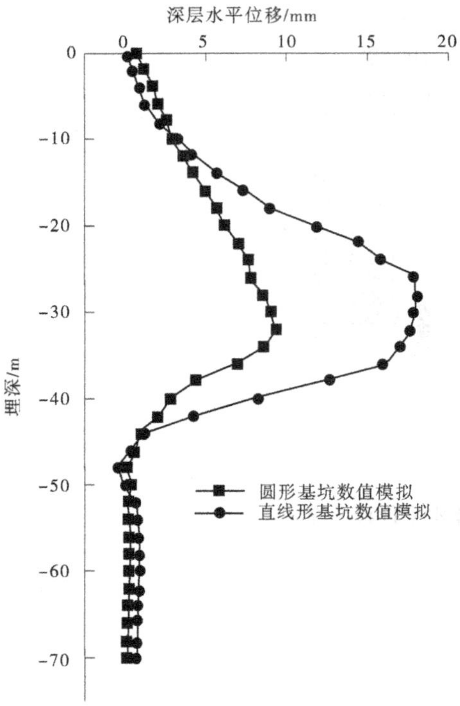

图14 工况7圆形和直线形地连墙深层水平位移

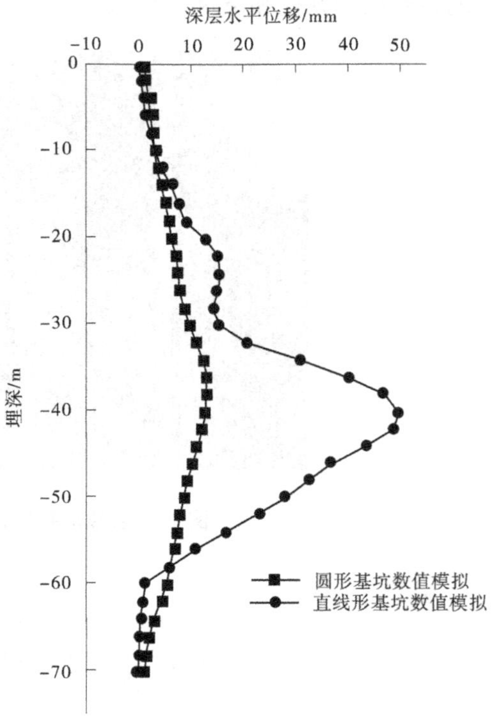

图15 工况16圆形和直线形地连墙深层水平位移

5 结语

本文依托杭州某超大圆形深基坑工程,对基坑开挖过程中的围护结构深层水平位移和周边地表沉降进行了详细分析。同时,基于该基坑工程采用FLAC3D软件分别建立圆形围护和直线形围护基坑模型,分析有无“拱效应”对基坑变形的影响。得出以下结论:

(1)现场监测杭州地区某超大圆形深基坑地下连续墙的深层水平位移和地表沉降的最大实测值分别为预警值的23%和43%,表明基坑的设计方案具有较大的安全富余量。圆形围护基坑在设计时,考虑到其“拱效应”对基坑变形有一定的控制作用,可适当调整基坑支护设计参数,在保证基坑施工安全的前提下节约成本。

(2)圆形围护基坑和直线形围护基坑数值模拟计算结果对比得出,两者地连墙深层水平位移曲线均呈现中间大两边小的分部形式,由于下部衬砌段未设置水平环向内支撑,导致直线形围护基坑地连墙深层水平位移曲线呈现明显的“双波峰”形式,且第二个峰值更大。

(3)在基坑上部设置环向支撑段,圆形围护基坑地连墙的空间“拱效应”对地连墙的最大水平位移的变形控制效果达48%。在基坑下部未设置环向支撑的衬砌段,圆形围护基坑衬砌和地连墙的共同空间“拱效应”对地连墙的最大水平位移的变形控制效果达74%。

参考文献

[1] 王卫东,朱伟林,陈峥,等.上海世博 500 kV 地下变电站超深基坑工程的设计、研究与实践 [J].岩土工程学报,2008, 30(增1): 564-576.

[2] 李潮. 棋盘洲长江公路大桥锚碇基坑施工性状数值分析 [J].长江大学学报(自然科学版), 2019, 16 (4): 103-108.

[3] 翁其平,王卫东,周建龙.超深圆形基坑逆作法"两墙合一"地下连续墙设计 [J].建筑结构学报, 2010, 31 (5): 188-194.

[4] 山傲岩.地下连续墙在圆形地下粮仓基坑工程中的应用研究[D].郑州:河南工业大学,2016.

[5] 翟杰群,谢小林,贾坚."上海中心"深大圆形基坑的设计计算方法研究[J].岩土工程学报,2010. 32(增刊1): 392-396.

[6] 姚志军,王俊. 某过江通道工程风井施工监测分析 [J].交通科技, 2014, (6): 101-104.

[7] 刘飞鹏,李红星,奚旺,等.黄土地区圆形超深基坑变形特性及判定数值研究 [J].土工基础, 2022, 36 (6): 847-855.

[8] 宗露丹,王卫东,徐中华,等.软土地区 56 m 超深圆形竖井基坑支护结构力学分析 [J].隧道建设(中英文), 2022, 42(7): 1248-1256.

[9] 王恺枫. 圆形基坑挡墙受力变形的理论计算及其稳定性分析[D].兰州:兰州大学,2023.

[10] 张家国,邹力,任鹏,等. 超深圆形基坑的力学监测与分析研究 [J].四川建筑科学研究, 2014,40(2): 123-126.

[11] Schwamb T , Elshafie M Z E B , Soga K ,et al. Considerations for monitoring of deep circular excavations[J]. Proceedings of theinstitution of civil engineers, 2016, 169(6):477-493.

[12] Tan Y, Lu Y, Xu C J,et al. Investigation on performance of a large circular pit-in-pit excavation in clay-gravel-cobble mixed strata[J]. Tunnelling and Underground Space Technology, 2018, 79:356-374.

[13] 屈俊童,周健. 某特深圆形基坑的三维数值分析 [J].昆明理工大学学报(理工版), 2004(5): 96-99.

[14] 薛艳青. 圆形基坑的三维数值模拟[D].上海:同济大学, 2008.

[15] 陈育民,徐鼎平 FLAC/FLAC3D 基础与工程实例[M].北京:中国水利水电出版社,2013.

考虑降雨类型对强风化砂岩边坡稳定性的影响

霍　然　张文涛　徐　伟　贯志岳　张孝生　马攀峰

(深圳先河水利水电工程有限公司,广东深圳　518001)

摘　要:本文以深圳市某公园雨水行泄通道工程盾构机下穿的山体上部为研究对象,借助 COMSOL Multiphysics 数值模拟软件,基于非饱和-饱和渗流理论,采用流固耦合的方式对降雨条件下强风化砂岩边坡模型进行计算。根据计算结果得到该边坡区域初始应力与孔压的分布情况;在模拟软件内应用初始地应力平衡技术,有效地确保在降雨条件下计算出的边坡位移结果真实有效;得出强风化砂岩边坡在降雨条件下的饱和度、有效塑性应变、潜在滑动面等参数;最后通过强度折减法得出安全系数随降雨时间的变化趋势。根据计算结果,该边坡体在降雨时长达到 5 d 时,滑动面的临界位移大小达到 180 mm,安全系数随着降雨时长的增加不断减小。研究结果将对强风化砂岩边坡的稳定性评估提供参考依据。

关键词:边坡降雨;COMSOL Multiphysics;非饱和入渗;强度折减法

1　引言

在岩土工程与地质工程领域,边坡稳定性分析一直是核心的研究课题之一,其核心目的在于有效、准确地评估自然或人工填土层边坡在自重应力、外部应力或环境因素(降雨、地震)作用下的稳定性以及潜在的失稳风险[1-2]。边坡失稳所引起的滑坡、崩塌、泥石流等地质灾害往往会造成极大的财产损失以及人员伤亡。而我国国土面积辽阔,复杂的地质构造,加上独特、多变的气候环境,使得这一类自然灾害频发[3]。

斜坡失稳较多是受降雨、地下水的影响,具体表现为大量下渗的雨水,不仅显著改变坡体应力条件,而且沿着滑面运移软化滑带,是滑坡产生的重要诱发因素[4]。目前,针对降雨作用下的滑坡,研究方向主要集中在数值模拟计算、现场试验以及监测等方面[5]。国内外研究人员借助有限元法(FEM)、离散元法(DEM)、有限差分法(FDM)等数值模拟手段描述边坡渐进破坏过程、揭示潜在滑动面形态,并通过强度折减法、应力场反演法等手段实现动态稳定性分析。武丽[6]通过 SEEP 渗流计算程序得出稳定降雨条件下边坡的孔隙水压力分布情况,分析了降雨强度、降雨持时、初始孔隙水压力以及饱和渗透系数对渗流应力场的影响。姜媛媛[7]分析比较了极限平衡法、极限分析法、有限元法、离散单元法、DDA 等边坡稳定性分析评价方法的优缺点,针对岩体边坡的非连续变形和大变形特征,采用非连续变形分析展开研究,提出了基于三维非稳定饱和-非饱和渗流分析的岩体边坡稳定非连续变形分析方法。张社荣等[8]在研究降雨强度对非饱和-饱和边坡失稳破坏时提出降雨强度与安全系数呈反比关系,高强度的降雨模式下,边坡的坡脚处更易发生失稳破坏。降雨强度相同时,初始表

作者简介:霍然(1998—),男,助理工程师,主要从事水利工程施工领域的研究工作。

面含水率越大，引起边坡失稳所需的降雨时间越短；降雨时间相同时，初始表面含水率越大，引起边坡失稳所需的降雨强度越小。在相同地下水位条件下，边坡降雨强度与导致边坡失稳所需的降雨时间成反比[9]。姚云琦等[10]从优势流入渗角度分析降雨条件下边坡稳定性，分析对比了优势入渗与均质入渗在降雨强度影响下的不同，针对优势入渗模型提出基质域与优势域水力交换强度较大时边坡有更大概率失稳。张小东等[11]引入分形理论对强降雨下的浅层边坡稳定性进行分析，提出土壤中孔隙分布情况与其饱和渗透系数具有明显的正相关关系，其直接影响坡体水分剖面分布及坡面径流出现时间。

针对目前国内外学者对边坡稳定性分析的研究现状，本文结合目前的研究手段及理论方法，通过COMSOL Multiphysics 模拟软件，建立非饱和-饱和渗流模型，建立渗流-应力的流固耦合模型，对强风化砂岩边坡稳定性进行分析计算，较为全面地分析了在降雨条件下边坡的饱和度变化趋势以及在孔隙水压力的影响下土体应力变化情况，通过强度折减法计算在不同降雨强度下，安全系数随降雨时长的变化趋势。

2　工程概况

深圳市受亚热带季风气候影响，年平均降雨量在 1 600～1 800 mm，且全年 86%的雨量出现在汛期（4～9 月），夏季受热带气旋、季风云团等天气系统的影响，强降雨天气频发，而由台风带来的强降雨或暴雨，往往会诱发各种规模的斜坡类地质灾害和洪水、泥石流等地质灾害。本文研究对象位于深圳市某公园内部，主要施工内容为开挖尺寸 28 mm×11 m，深度 15.6 m 的深基坑，基坑一侧紧靠山体，在雨季时在山坡面及沟谷可形成暂时性的表面流，如图 1 所示；该施工区域位于深圳水库排洪河流域，地下水源丰富，勘察资料显示，深基坑附近各钻孔稳定水位埋深在 3.3～18.5 m，标高-0.83～+33.8 m，因此在本文研究中地下水位线取 10 m；基坑靠山体一侧地质情况主要为强风化变质砂岩，受变质作用的影响，岩石硅化现象较为明显，总体呈现褐黄色，原本岩石结构基本破坏，原岩矿物基本风化成土状。

图 1　现场实拍

针对上述地质情况，旨在模拟深基坑开挖过程，若突遇强降雨天气，如图 2 所示，水流经过降雨—地表入渗—土壤过滤—地下水富集—向上补给渗透这一循环模式对坡体的潜在破坏作用，对该坡体在施工过程中的防护以及加固具有一定的指导意义。

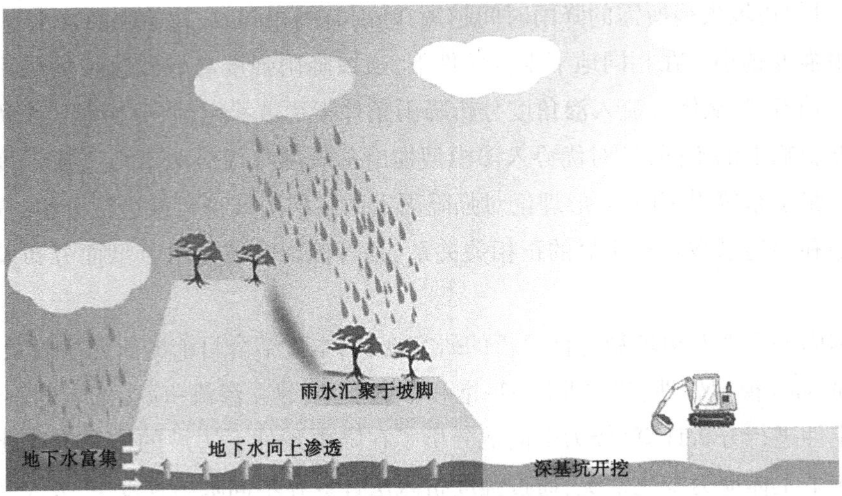

图 2　作业面概念

3　模型计算原理

本节根据研究区域边坡特性，在 Darcy 方程的基础上引入 Richards 方程，通过 COMSOL Multiphysics 中流体力学模块建立非饱和入渗方程，在降雨边界条件下，考虑入渗率与径流的相对入渗模式，并利用 Van-Genuchten 本构模型建立流固耦合渗流方程，最终在计算结果中采用强度折减法进一步评价边坡稳定性。

3.1　非饱和入渗方程

COMSOL 预制模块中包含了渗流计算常用的微分方程，针对饱和渗流计算的 Darcy 方程以及非饱和入渗的 Richards 方程。目前在降雨入渗的边坡稳定性分析中，如果仅仅考虑饱和入渗，往往会产生较大的误差，因为降雨是一个持续的过程，坡体在这一过程中是由非饱和向饱和转变的过程，若仅仅考虑饱和区域的入渗，得出的结果往往不够准确，且在一些复杂的工况条件下可能还会出现无法计算的情况[12]。如今的研究重心已由饱和入渗向非饱和入渗转变，但在运用数值理论进行模拟时，参数的选取以及处理一直是非饱和渗流的关键技术问题[13-14]。

3.1.1　Darcy 方程

法国工程师 Darcy 通过试验首先提出饱和土中的线性渗流理论，为饱和渗流理论的发展提供了坚实的发展，在 COMSOL 模拟软件中基于 Darcy 方程和水流连续性理论的一般渗流偏微分方程如下：

$$\frac{\partial(\rho\varepsilon)}{\partial t}+\nabla\cdot\rho\left[-\frac{k}{\mu}(\nabla p+\rho g\,\nabla D)\right]=Q_{\mathrm{m}} \tag{1}$$

式中：ρ 为流体密度，即水的密度；k 为渗透率；μ 为动力黏度系数；p 为孔隙水压力；D 为水头位置；Q_{m} 为源汇项；ε 为孔隙率。

3.1.2　Richards 方程

用于描述土体非饱和-饱和入渗的 Richards 方程是在 Darcy 方程的基础上演化而来的[15]，其本质与 Darcy 方程的运行规律相类似，区别在于在降雨条件下或地下水的影响下土体的水力学参数是非线性变化的，随着不饱和的状态而发生变化，计算式如下：

$$\rho\left(\frac{C_{\mathrm{m}}}{\rho g}+S_{\mathrm{e}}S\right)\frac{\partial p}{\partial t}+\nabla\cdot\rho\left[-\frac{k_{\mathrm{s}}}{\mu}k_{\mathrm{r}}(\nabla p+\rho g\,\nabla D)\right]=Q_{\mathrm{m}} \tag{2}$$

$$S_e = \frac{\theta - \theta_r}{\theta_s - \theta_r} \tag{3}$$

式中：C_m 为容水度；S_e 为有效饱和度；θ 、θ_r 和 θ_s 分别为含水量、饱和含水量和残余含水量；S 为储水模型，本文中选择的为线性储水方式；k_s 为饱和渗透系数；k_r 为相对渗透系数。

由式(2)可知，Richards 方程中主要的非饱和渗透参数有容水度 C_m 、有效饱和度 S_e 、含水量 θ 、相对渗透系数 k_r 。这些参数会随着入渗的过程而变化，具体的变化特征由本构关系给出，即水土特征曲线，在 COMSOL 中一般有 3 种定义非饱和入渗的本构模型：Van-Genuchten 模型、Brooks-Corey 模型以及自定义的方式[16]，本文中采用 Van-Genuchten 模型来描述非饱和入渗。因此，可由土体的饱和渗透系数和有效饱和度来组成入渗过程中土体渗透系数的函数，如式(4)所示，k_r 代表相对渗透系数，是与有效饱和度相关的变量，即式(5)，式中 l 和 m 分别代表 Van-Genuchten 模型中的本构关系常数。

$$k = k_r k_s (S_e) \tag{4}$$

$$k_r = \begin{cases} S_e^{\,l}[1 - (1 - S_e^{\frac{1}{m}})]^2, & H_p < 0 \\ 1, & H_p \geqslant 0 \end{cases} \tag{5}$$

由式(5)可知，当 S_e 等于 1 时，即土体处于完全饱和的状态，相对渗透率则为 1，此时土体的渗透系数则为饱和渗透系数；当 S_e 不等于 1 时，此时土体的入渗即为非饱和入渗[17]。在 COMSOL 中进行降雨入渗的模拟过程中，若降雨强度较大，而土体自身渗透系数远小于降雨强度，若强行施加降雨压力，那么在计算过程中模型极易不收敛，根据上述计算公式，可考虑土体渗透性与降雨强度的关系，当降雨强度高于土体饱和渗透系数 k_s 时，入渗速率按 k_s 取值，反之则按降雨强度取值[18-19]。该方法在保证收敛性的同时，还提高了计算的准确性，更符合实际的工程状况。基于上述的理论分析，在 COMSOL 中施加降雨条件时，可用以下方程的形式来对降雨过程进行控制：

$$U_0 = \begin{cases} q, & k_s \leqslant q \\ k_s, & k_s > q \end{cases} \tag{6}$$

式中：U_0 为法向流入速率；q 为降雨强度。

3.2　流固耦合控制方程

本节在初始地应力平衡的条件下，围绕多物理场流体-固体耦合问题，综合采用固体力学模型和渗流微分方程进行模拟计算，在建立好物理场模型后，根据耦合关系进一步建立多物理场之间的交叉耦合项[20]。在本文分析中，通过初始的地下水位线，在降雨之前稳态条件下的孔隙水压力作为降雨瞬态分析的初始条件，并将孔隙水压力耦合进固体力学模块中，计算出土壤塑性以及降雨前的初始应力和应变，最终求解得到应力场、应变场和渗流场，从而实现流体-固体的耦合。

3.3　强度折减法评价边坡稳定性

考虑降雨条件下边坡稳定性分析中的强度折减法的原理为：在渗流-应力的耦合计算中得到降雨的不同时刻边坡体内部的应力-应变的变化情况，再根据预先设定的材料参数 c 和 φ 的值，以该材料参数为起始点，逐步降低土体抗剪强度参数，使模型达到极限平衡状态，此时 c 和 φ 值对应的折减系数即为安全系数[21]，强度折减法计算安全系数公式如下：

$$\tau' = \frac{\tau}{F_s} = \frac{c + \sigma\tan\varphi}{F_s} = \frac{c}{F_s} + \sigma\frac{\tan\varphi}{F_s} = c' + \sigma\tan\varphi' \tag{7}$$

$$\begin{cases} \sigma = \sigma' + u_w \\ c' = \dfrac{c}{F_s} \\ \varphi' = \tan^{-1} \dfrac{\tan\varphi}{F_s} \end{cases} \tag{8}$$

式中：τ 和 τ' 分别为抗剪强度和有效剪切应力；σ 和 σ' 分别为法向应力和有效法向应力；c' 和 φ' 分别为土体达到极限平衡状态时的黏聚力和内摩擦角；u_w 为孔隙水压力；F_s 分别为强度折减系数，即安全系数。

4 降雨入渗对边坡稳定的影响

本节在上述渗流理论的基础上，对几何模型进行构建，并在持续型、增长型、减小型以及先增后减型四种雨型作用下，对坡体有效饱和度和孔隙水压力随降雨时长变化规律做出分析，对比得出对坡体影响最大的一种雨型，在该雨型的计算基础上，进行强度折减分析，得出坡体的潜在滑移面以及塑性贯通区。

4.1 几何模型构建与参数选取

根据边坡体形态参数在 CAD 中构建等比例的二维边坡模型，所构建的模型长宽及高度如图 3 所示，左边界高度为 40 m，右边界为 10 m，降雨边界为坡顶至坡脚范围，如图 3 中标注虚线范围所示，同时设定地下水位线沿着高度 10 m 范围内均匀分布，底部 40 m 范围内固定约束，坡面倾斜角度为经典边坡倾斜角 45°，渗流区域土层为强风化砂岩，渗透性较强。图 4 为该边坡模型的网格划分图，为了保证网格划分的完整性和规则性，在 COMSOL 计算软件网格划分模块中选择映射的划分形式，模型的相对修复容差取 1.0×10^{-5}[22]。

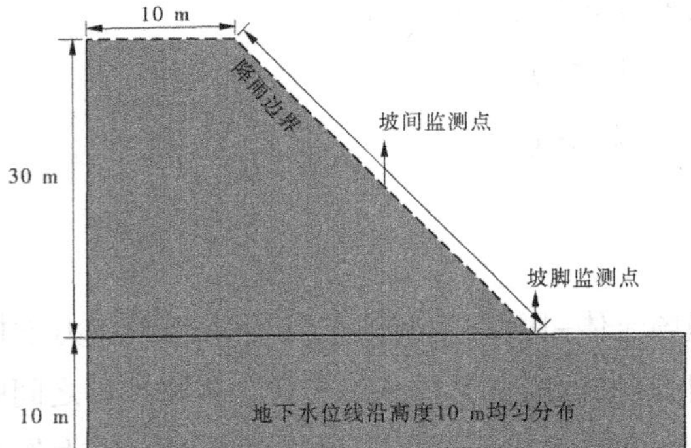

图 3 模型示意

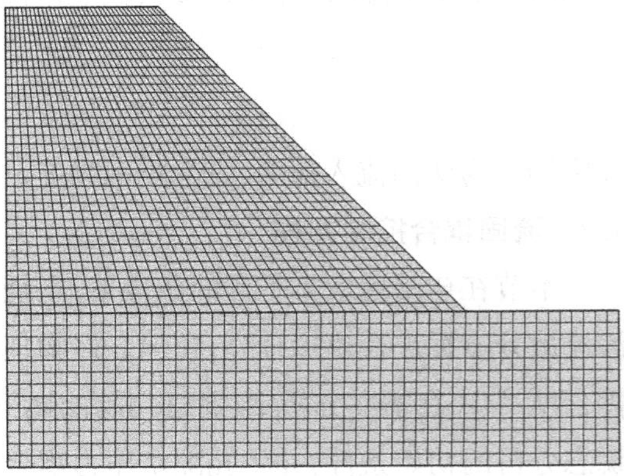

图 4 网格划分

根据现场勘察报告中提供的边坡土力学参数及地层信息，将计算参数汇总于表 1 中。

表 1 边坡体基本力学参数

杨氏模量 E/Pa	泊松比 μ	黏聚力 c/kPa	内摩擦角 φ/(°)	饱和渗透系数 k_s/(m/h)	天然密度 ρ/(kg/m³)	孔隙比/ e
1×10^7	0.3	30	25	0.015	1.8	0.5

4.2 初始地应力平衡

初始地应力平衡是岩土工程数值分析中研究土体天然应力或自重应力的过程，只有地应力平衡所求的初始地应力场能够较为准确地反映所研究土体初始的应力状态时，所模拟得出的结果才可能反映其真实的情况。一般而言，基坑开挖、隧道掘进以及降雨等因素所导致的位移一般在 10^{-3} m 以上[23]。因而在数值模拟中，一般以 10^{-4} m 为最低标准来判定地应力平衡是否合理。

为了消除该研究区域山体的自重应力对降雨所产生位移的影响，在施加降雨条件之前对该边坡的初始应力和初始孔隙水压力进行计算，计算结果如图 5 所示。由图 5 可以看出，该区域山体在没有施加降雨条件时，孔隙水压力主要集中在坡体底部，从下至上孔隙水压力在逐渐减小，并且压力梯度分布明显，主要原因在于坡体底部受到了地下水的影响，进而导致地下水逐渐浸润土体致使底部孔隙水压力变化明显。由图 6 可以看出，在山体自重应力作用下，初始应力由山体内部向外部辐射，整体呈现层状分布，最大初始应力集中在坡底且呈现应力集中的现象。图 7 所展现的初始位移云图，图中该边坡最大位移发生在坡顶且位移最大值达到 10^{-2} m，因此在降雨入渗前对边坡进行初始地应力平衡是非常有必要的。图 8 为该边坡初始饱和度计算云图，图中计算结果显示地下水位线 10 m 以下，土体基本处于完全饱和状态，且有向上迁移的趋势。

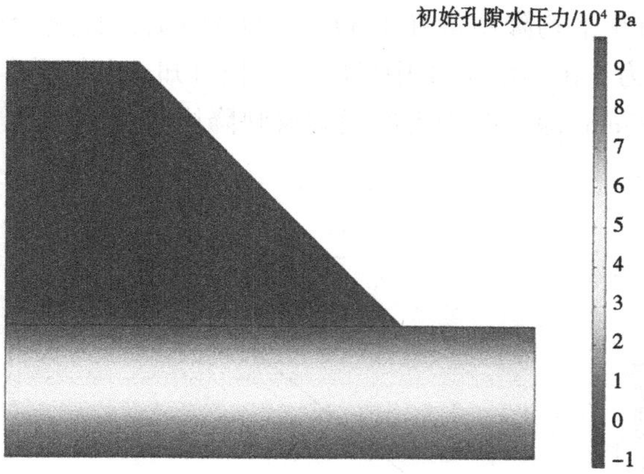

图 5　初始孔隙水压力云图

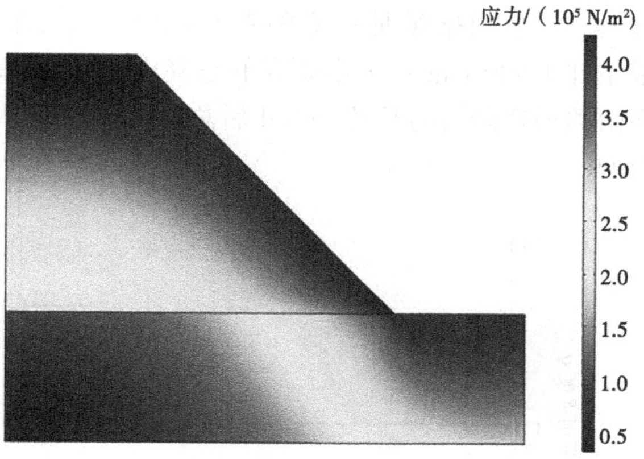

图 6　初始应力云图

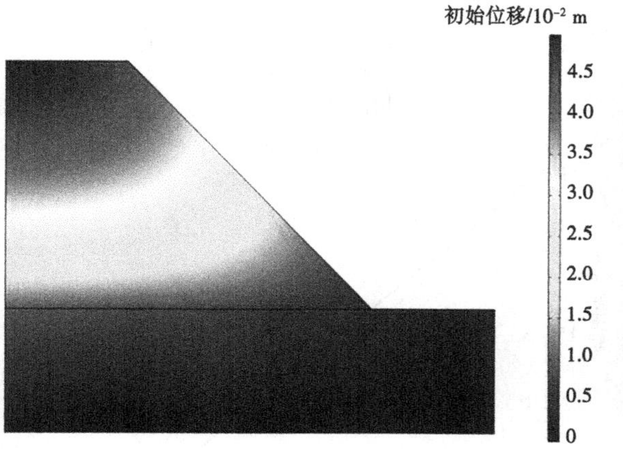

图 7　初始位移云图

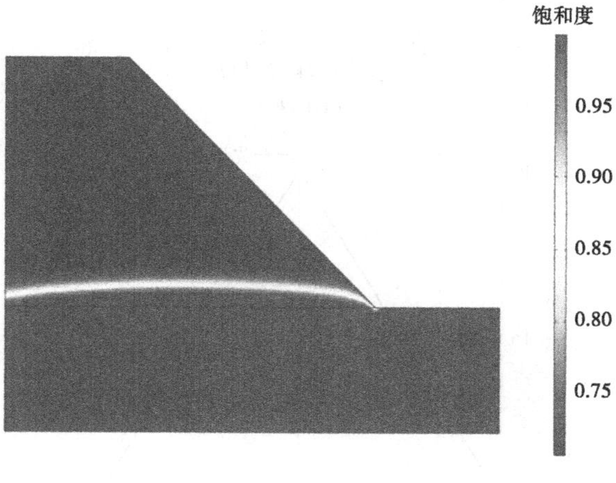

图 8　初始饱和度

在上述计算结果的基础上，在固体力学线弹性材料模块中添加初始应力和应变以及土壤塑性，以此将模型整体从弹性应变过渡到塑性应变，计算该坡体在塑性条件下的位移，经过两次的迭代计算位移最大值达到 10^{-8} m，此时认为该模型达到初始地应力平衡的条件，计算结果如图 9、图 10 所示。

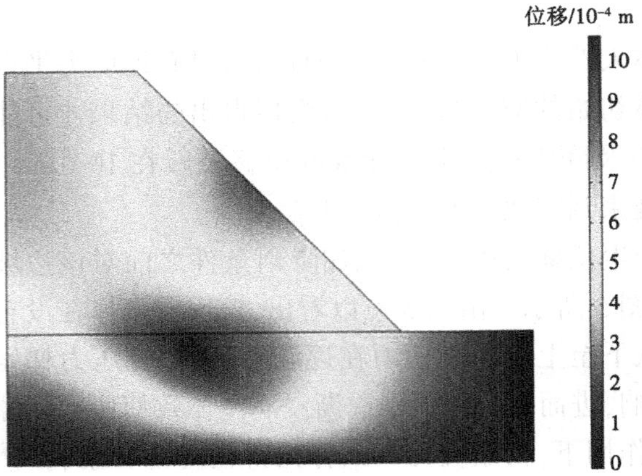

图 9　1 次迭代后位移云图

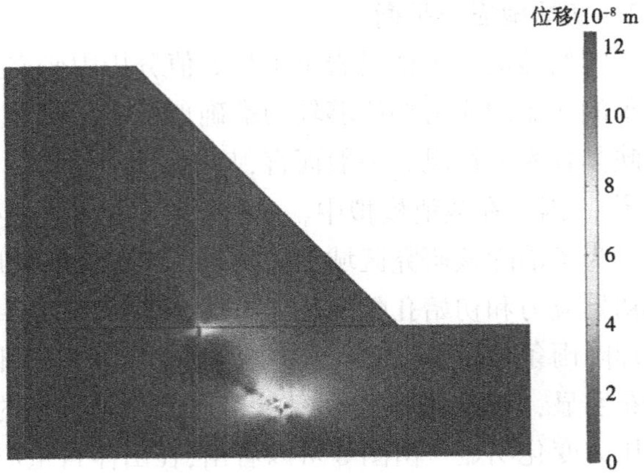

图 10　2 次迭代后位移云图

4.3　降雨类型对边坡饱和度和孔隙水压力的影响

为了研究不同降雨类型对坡体的影响，在 4.1 的基础上，对四种不同的降雨类型下的边坡进行计算分析[24-25]。根据深圳市气象网公开资料显示，深圳市年平均降雨量在 1 600～1 800 mm，因此选择极限条件 1 800 mm 作为本研究的总降雨量，降雨持时为 5 d。由图 11 中各图形面积可知，四种不同的降雨类型在降雨时长达到 5 d 后总降雨量均为 1 800 mm，即能够较为准确地反映降雨类型对坡体的影响。

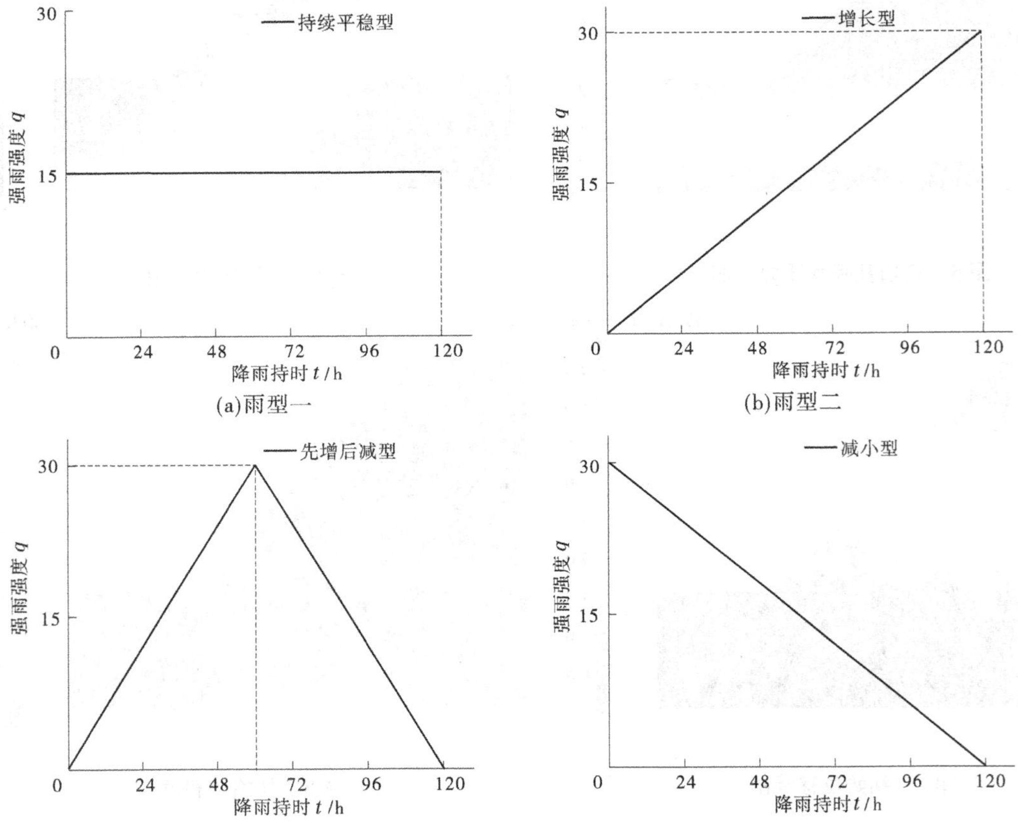

(a)雨型一　(b)雨型二　(c)雨型三　(d)雨型四

图 11　不同降雨类型

在 COMSOL 计算软件中分别输入对应雨型的控制方程,得到四种雨型下坡体的孔隙水压力和饱和度随渗流时间的变化云图,如图 12 所示。由图 12 可知,坡体的饱和度变化在不同雨型下所响应的程度各不相同,其中雨型一和雨型四对坡体的饱和度影响最大,且饱和度变化最大的范围主要集中在斜坡面,主要原因在于突来的高强度降雨在水力和重力的作用下对斜坡面产生侵蚀作用,破坏了土层原本的孔隙结构[26],进而导致雨水快速入渗;另一方面在重力作用下,一部分雨水会顺着斜坡面汇聚在坡角处,在二者共同作用下,斜坡面会形成冲刷沟,而汇聚在坡脚处的雨水容易引起土体崩落的现象,因此图中雨型一和雨型四的斜坡在降雨达到 5 d 后,坡脚处已完全达到饱和状态。而在雨型二和雨型三作用下,斜坡面远未达到饱和状态,整体呈现微饱和状态,在降雨时长达到 5 d 后,雨型二影响下的边坡饱和程度要高于雨型三,高强度的降雨模式下,持续的时间越长,对边坡饱和度的影响越大。

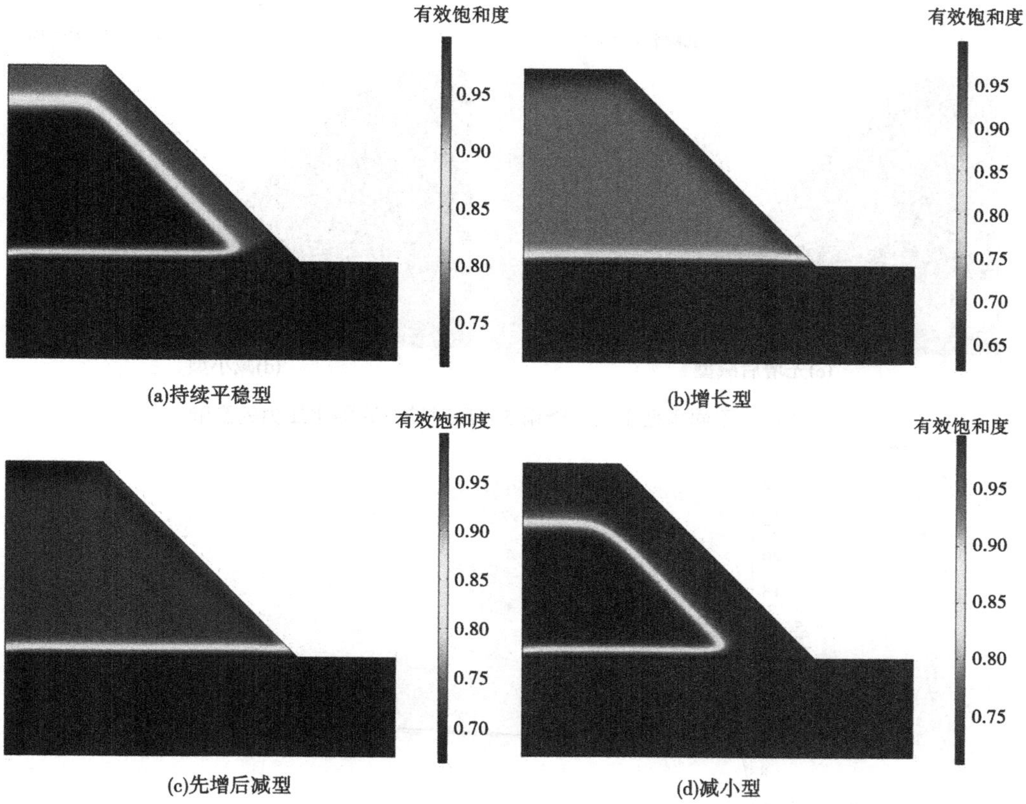

(a)持续平稳型 (b)增长型 (c)先增后减型 (d)减小型

图 12　不同雨型影响下降雨 5 d 后对坡体饱和度的影响

图 13 显示的是不同雨型下,在降雨时长达到 5 d 后,坡体的孔隙水压力变化特征。由图 13 可知,四种雨型下坡体孔隙水压力变化特征与饱和度变化呈正相关的关系,即雨型一和雨型四对坡体影响最大,孔隙水压力变化最为明显。

为了更为清晰地对比雨型对坡体孔隙水压力的影响,选取不同雨型下降雨时长达到 5 d 后坡脚处的孔隙水压力,结果如图 14 所示。由图 14 可知,不同雨型对坡角处孔隙水压力影响明显,在降雨时长达到 2.5 h 时,坡体的孔隙水压力在四种雨型影响下均发生了较大的突变,水流入渗对坡体的破坏主要集中在降雨初期,这主要是因为前期的降雨致使雨水在坡体形成优势入渗通道,致使降雨初期坡角处孔隙水压力增加较为明显;在降雨 2.5 h 后,四种雨型的影响顺序为:减小型>持续平稳型>先增后减型>增长型,主要原因在于减小型和持续平稳型降雨均为突发性暴雨,较大的流速使得坡体孔压也急剧增大,先增后减型和增长型降雨初始的降雨强度较低,对坡体孔压影响也较小。

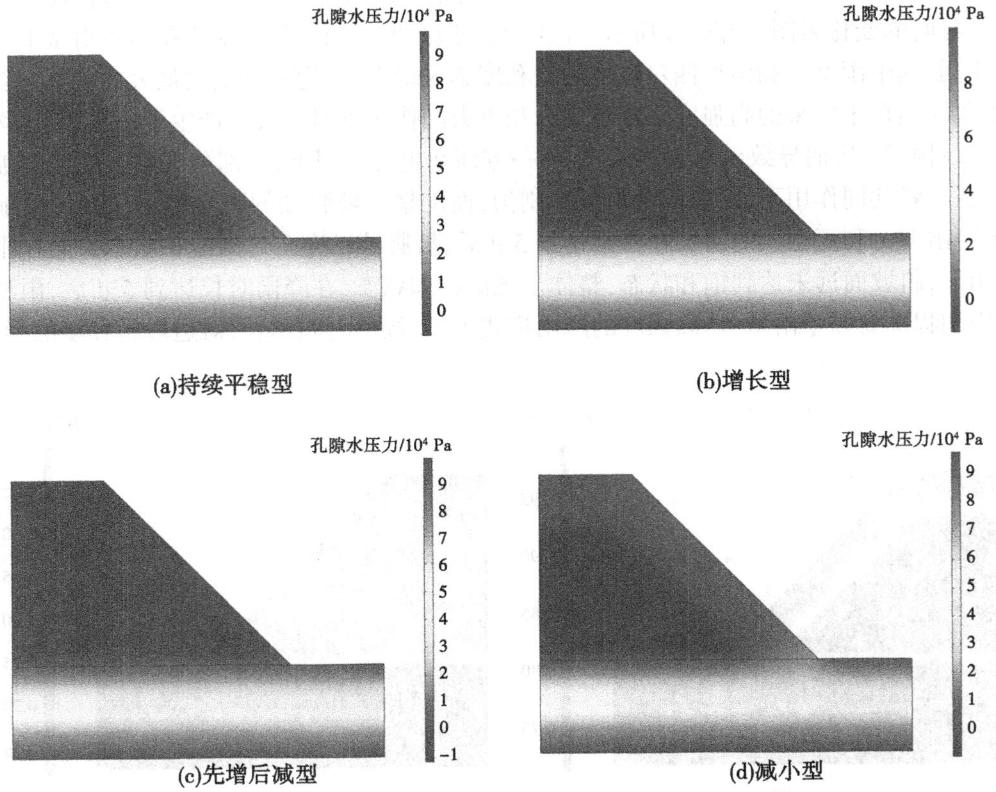

图 13　不同雨型影响下降雨 5 d 后对坡体孔隙水压力的影响

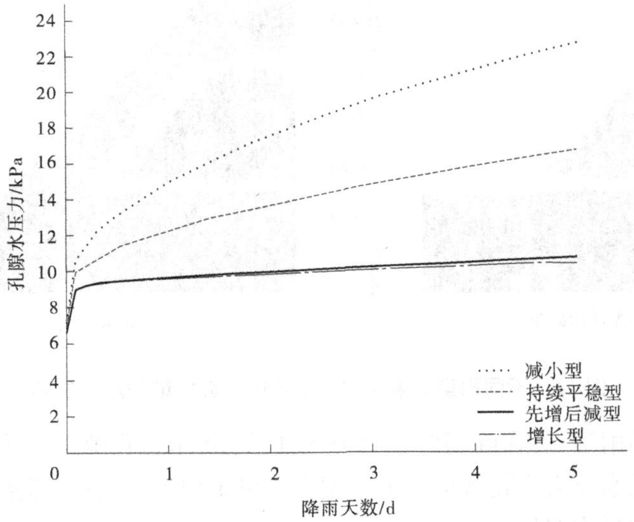

图 14　不同雨型影响下降雨 5 d 后坡体孔隙水压力的变化趋势

图 15 为该边坡体在不同降雨类型下，降雨时长分别达到 1 d、3 d 和 5 d 时，坡顶至坡脚处沿水平方向的位移，总体来看在四种雨型的作用下，随着降雨时长的增加，坡体所产生的位移越大，在靠近坡顶和坡脚处的位移变化程度较大。降雨时长在 1 d、3 d 和 5 d 时，降雨类型对各位置产生的位移大小为：减小型>持续平稳型>先增后减型>增长型。由此可见，初始的降雨强度对同样的坡体的影响较大，突降的高强度降雨往往使得边坡破坏程度更大。在降雨时长达到 1 d 时，靠近坡顶和坡角处位移大小的增幅相较于 3 d 和 5 d 时更为明显，因此高强度降雨对坡体影响较大的位置分布在坡顶和坡角处。对于先增后减型和增长型降雨，在降雨时长的作用下，坡体的响应程度远没有另外两种雨型强烈。

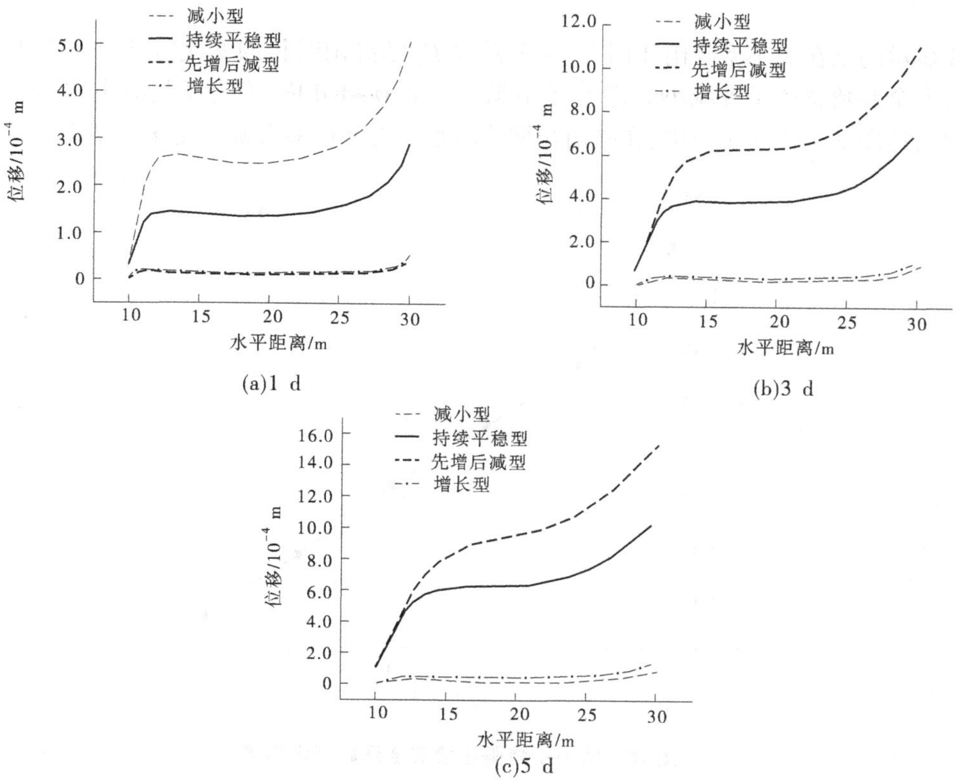

图 15　不同雨型影响下降雨时长对坡顶和坡脚位移的影响

4.4　降雨前后边坡稳定分析

4.2 小节中较为全面地分析了降雨类型对坡体饱和度和孔隙水压力的影响，依据分析结果选取对坡体饱和度和孔隙水压力的影响最大的一种降雨类型：减小型，在此基础上进行边坡的稳定性分析。图 16 显示在降雨后坡体整体的潜在滑移面，在减小型的降雨作用下，降雨的作用最终导致坡体在其坡角处产生滑移，而滑移面则大致产生在有效饱和度分界较为明显的区域。

为了得出坡体在该降雨条件下的塑性贯通区、位移及稳定性，在上述计算结果上添加一个固体力学模块，将上述塑性状态下的降雨计算结果导入该固体力学模块中，并应用强度折减法计算该边坡在降雨条件下安全系数的变化趋势。由图 17 得出，该坡体由降雨导致其由内向外产生塑性滑移面，并在坡角处形成最大位移区，滑移的方向与斜坡面的切线方向一致。通过计算可知，在降雨之后坡体内部出现塑性贯通区，且最大的塑性应变依旧发生在坡脚处。

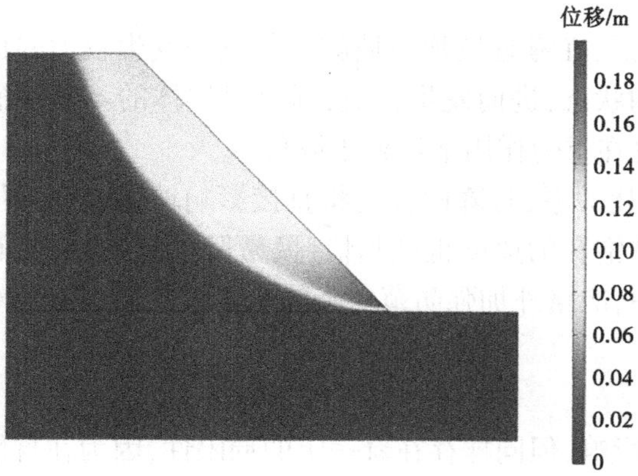

图 16　降雨后坡体潜在位移滑动面

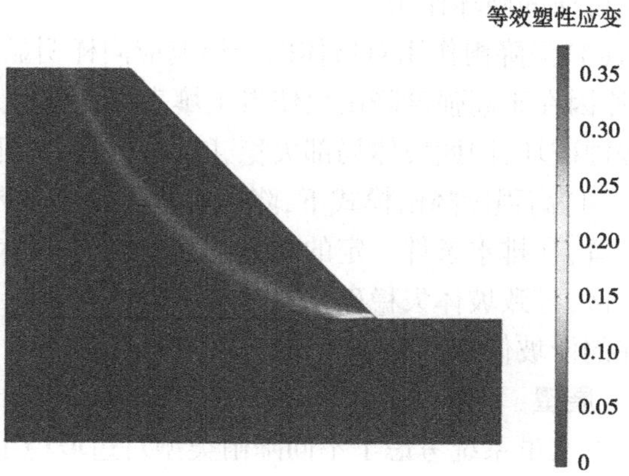

图 17　塑性贯通区

图 18 显示的是在减小型降雨作用下，安全系数 F_s 随降雨时长的变化特征。由图 18 可知，在降雨作用下，安全系数整体呈现减小的趋势，且在降雨时长 0~1 d 内，安全系数减小的幅度要远大于后续降雨天数，这印证了 4.3 小节中，在降雨初期孔隙水压力和位移大幅度变化的结论。

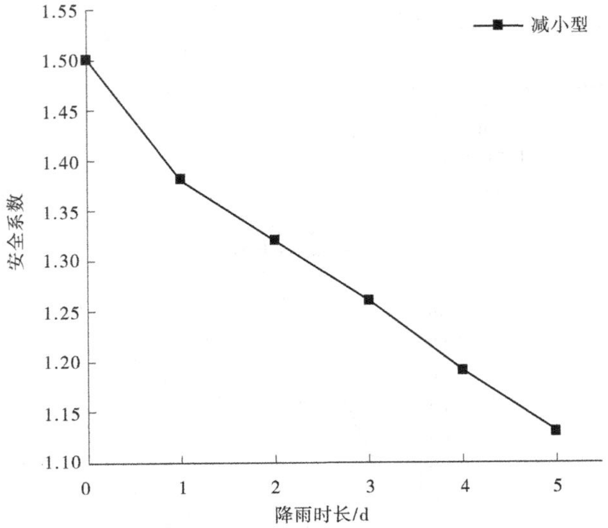

图 18　减小型降雨边坡安全系数变化趋势

5　结论与展望

5.1　结论

（1）不同降雨类型对坡体饱和度的影响不尽相同，具体表现在增长型与先增后减型降雨影响整个坡体的饱和度，降雨前期雨强的增大形成正向的渗流梯度，导致雨水完全渗入整个坡体，改变坡体整体的饱和度，后期雨强骤减进而导致表层水分流失；减小型与持续平稳型降雨影响坡体表层的饱和度，骤然施加的降雨强度导致表层土壤快速进入饱和状态，深层区域由于土壤蒸发与径流的作用仍保持前期的渗透水分，这种饱和度相差差异较大的区域往往是潜在的滑动面。

（2）降雨类型对坡体孔隙水压力的影响与饱和度较为类似，饱和度变化明显的区域孔隙水压力的变化也较为明显，同样出现明显的分层区域，即过渡带。在四种降雨类型作用下，坡角处孔隙水压力在 2.5 h 时均发生较大突变，这说明在降雨初期，坡体孔隙水压力响应最为剧烈；随后在持续降雨作用下，减小型和持续平稳型降雨对坡体孔隙水压力影响最大，即突发的高强度降雨往往会对坡体产生不可逆的破坏作用。

（3）强降雨作用对坡体的变形响应同样明显，降雨后，在靠近坡顶与坡脚的位置均发生较大的位移，原因在于高强度降雨会使得土壤表层快速进入饱和状态，进而发生径流，通过对坡体的不断冲刷和侵蚀破坏，因此坡体局部失稳，随后向坡顶蔓延，最终在重力作用下汇聚于坡角处。

（4）高强度降雨模式下，降雨时长与安全系数成反比关系，且降雨强度将直接影响坡体发生破坏的位置，在排水条件一定的情况下，降雨强度越大，坡体饱和的速度也就越快，极易形成非饱和-饱和过渡区，导致坡体失稳破坏的区域扩大。在实际工程中，应格外加强防范突降的暴雨天气预报以及对潜在的滑坡体进行除险加固的工作。

5.2　展望

本文虽系统考虑了不同降雨类型对边坡稳定性的影响，但同样存在着一定的局限性，因为在自然条件下，单一土层的边坡往往不能完全准确地反映真实的工程状况，在实际工程中会遇见更为复杂的情况。例如，降雨的作用会对双层异质，甚至多层异质的边坡产生何种影响，其饱和度、孔隙水压力等参数是否与均质边坡变化趋势类似,最终的潜在滑移区域是否会沿着多层土的界面产生。这些问题均需要进一步的研究才能得出更为准确的答案。

参考文献

[1] 白洁，巨能攀，张成强，等. 贵州兴义滑坡特征及过程预警研究[J]. 工程地质学报，2020，28(6)：1279-1291.

[2] 林鸿州. 降雨诱发土质边坡失稳的试验与数值分析研究[D]. 北京：清华大学，2008.

[3] 周创兵，李典庆. 暴雨诱发滑坡致灾机理与减灾方法研究进展[J]. 地球科学进展，2009，24(5)：477-487.

[4] 赵建军，肖建国，向喜琼，等. 缓倾煤层采空区滑坡形成机制数值模拟研究[J]. 煤炭学报，2014，39(3)：424-429.

[5] Kumar Thakur M，Desamsetti S，Naga Rajesh A，et al. Exploring the rainfall data from satellites to monitor rainfall induced landslides a case study[J]. Advances in Space Research，2020，66(4)：887-894.

[6] 武丽. 降雨入渗对边坡渗流特性及稳定的影响研究[D]. 南京：河海大学，2005.

[7] 姜媛媛. 饱和-非饱和渗流影响下非连续性岩体边坡稳定分析方法研究[D]. 南京：河海大学，2005.

[8] 张社荣，谭尧升，王超，等. 强降雨特性对饱和－非饱和边坡失稳破坏的影响[J]. 岩石力学与工程学报，2014，33(增2)：4102-4112.

[9] 史振宁，戚双星，付宏渊，等. 降雨入渗条件下土质边坡含水率分布与浅层稳定性研究[J]. 岩土力学，2020，41(3)：980-988，1085.

[10] 姚云琦，曾润强，马建花，等. 考虑优势流作用的降雨入渗边坡可靠度分析[J]. 岩土力学，2022，43(8)：2305-2316.

[11] 张小东，路喆津，刘敏，等. 强降雨作用下引入分形理论的浅层边坡入渗及稳定性分析[J]. 哈尔滨工业大学学报，2024，56(11)：140-150.

[12] 徐轶，徐青. 基于 COMSOL multiphysics 的渗流有限元分析[J]. 武汉大学学报(工学版)，2014，47(2)：165-170.

[13] 魏保义. 用非饱和渗流理论研究降雨入渗的特性及对边坡稳定的影响[D]. 南京：河海大学，2002.

[14] 成群智，侯克鹏，陈耀华. 堆填土边坡渗流-侵蚀耦合的连续介质力学模型[J]. 水文地质工程地质，2025.

[15] 吴梦喜. 饱和-非饱和土中渗流 Richards 方程有限元算法[J]. 水利学报，2009，40(10)：1274-1279.

[16] 谭维佳，王新刚，刘飞. 考虑降雨渗流影响的露天煤矿黄土开挖边坡分析[J]. 地质科技情报，2015，34(1)：198-203.

[17] 年庚乾，陈忠辉，张凌凡，等. 边坡降雨入渗问题中两种边界条件的处理及应用[J]. 岩土力学，2020，41(12)：4105-4115.

[18] 曹硕鹏，付宏渊，高乾丰，等. 降雨作用下裂隙红黏土边坡渗流特征与冲刷模式[J]. 中国公路学报，2022，35(5)：33-43.

[19] 李尚辉. 强降雨下大孔隙土质边坡径流-渗流耦合作用与失稳机制研究[D]. 重庆：重庆交通大学，2025.

[20] 李培超，孔祥言，卢德唐. 饱和多孔介质流固耦合渗流的数学模型[J]. 水动力学研究与进展(a 辑)，2003(4)：419-426.

[21] 赵尚毅，郑颖人，时卫民，等. 用有限元强度折减法求边坡稳定安全系数[J]. 岩土工程学报，2002(3)：343-346.

[22] 刘聪裕. 土质边坡风蚀失稳破坏过程数值模拟分析研究[J]. 环境科学与管理，2020，45(3)：163-167.

[23] 胡长明，袁一力，梅源，等. 基于 abaqus 的地层-结构法模型的地应力平衡方法研究[J]. 现代隧道技术，2018，55(4)：76-86.

[24] 唐栋，祁小辉，蒋水华，等. 不同前期降雨与土－水特征曲线对边坡稳定的影响[J]. 岩土工程学报，2015，37(增1)：148-155.

[25] 陈景松，周春梅，吝曼卿，等. 不同降雨类型下混合花岗岩路堑边坡稳定性分析[J]. 安全与环境工程，2024，31(1)：150-162.

[26] 崔熙灿，骆亚生，秦昊天，等. 强降雨诱发黄土边坡破坏的侵蚀机制[J]. 农业工程学报，2025，41(13)：173-182.

秒延期导爆管雷管直接起爆工艺的优化与应用创新

李伯平[1]　李更福[1]　巴宇奇[2]

(1. 西北水利水电工程有限责任公司,陕西西安　710199;
2. 青海省引大济湟工程建设运行局,青海西宁　811108)

摘　要:本文针对水利水电工程爆破施工中传统起爆工艺的局限性,系统研究了秒延期导爆管雷管直接起爆技术的原理、应用效果及改进方向。通过引入智能监测系统、优化爆轰波传播特性及探索环保型爆破技术,提出了一套提升爆破施工安全性、经济性和环境适应性的综合解决方案。研究结果为复杂岩层条件下的爆破施工提供了理论依据和工程实践指导。

关键词:秒延期导爆管雷管;智能爆破;经济效益;环保型爆破

1　引言

在现代工程爆破领域,秒延期导爆管雷管直接起爆工艺凭借其操作便捷、成本可控及延期精度稳定等特性,被广泛应用于矿山开采、隧道掘进、城市拆除爆破等工程场景。随着工程规模的不断扩大、施工环境日益复杂,传统起爆工艺在安全性、可靠性和爆破效果精准度方面面临诸多挑战,如复杂地质条件下的拒爆、串段,多区域爆破时的震动叠加危害,以及对周边环境和建筑物的潜在威胁等,这些问题制约着爆破工程的高效、安全开展。

近年来,国内外学者围绕导爆管雷管起爆工艺展开了大量研究。部分研究聚焦于雷管延期体材料的改进,通过优化药剂配方提升延期时间的准确性;还有研究致力于起爆网络的创新设计,以增强起爆系统的抗干扰能力。然而,现有研究多集中于单一技术环节的优化,缺乏对秒延期导爆管雷管直接起爆工艺全流程系统性的深入探讨,在实际工程应用中,仍难以全面满足复杂工况下的高精度、低风险起爆需求。

鉴于此,本文基于工程实践中积累的技术难题与经验,结合新型材料、电子信息技术及爆破动力学理论,对秒延期导爆管雷管直接起爆工艺进行系统性优化与应用创新。旨在通过改进雷管结构设计、优化起爆网络布局、引入智能监测与控制技术等手段,攻克传统工艺的技术瓶颈,提升起爆工艺的可靠性、安全性和爆破效果的可控性。研究成果不仅能为爆破工程提供更先进、更可靠的技术方案,也将对推动爆破行业的技术革新与可持续发展具有重要的理论价值和现实意义。本文结合某抽水蓄能电站工程实践,深入分析该技术的物理机制、应用效果及改进潜力。

2　秒延期导爆管雷管的物理机制与技术原理

2.1　基本结构剖析

秒延期导爆管雷管主要由导爆管、延期元件、起爆药、猛炸药等部分构成,见图 1。

(1)导爆管。采用特殊塑料材质制成,通常为内壁涂有一层薄薄的混合炸药(如黑索金、铝粉等)

作者简介:李伯平(1990—),男,工程师,项目经理,主要从事水利水电工程技术及项目管理工作。
通信作者:巴宇奇(1990—),男,工程师,建管部负责人,主要从事水利工程开发及管理工作。

的空心细管。其作用是传递爆轰波,当外界激发能量传入导爆管时,管内炸药被激发,产生爆轰波沿着管壁稳定传播。

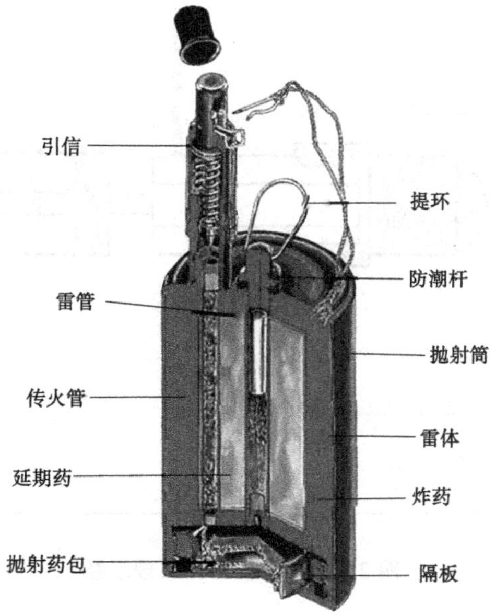

图 1　秒延期导爆管雷管结构示意[1-3]

(2)延期元件。是实现秒延期功能的关键组件,一般由延期药和延期体组成。延期药是由氧化剂、可燃剂和缓燃剂等按特定比例混合而成的药剂,通过控制延期药的配方、药量和燃烧环境,来精确控制延期时间。延期体则是装填延期药的载体,通常为具有良好密封性和一定强度的管状结构,确保延期药在燃烧过程中不受外界干扰,稳定地按照预定时间燃烧。

(3)起爆药。敏感度较高,能在导爆管传来的爆轰波或延期元件输出的火焰作用下迅速发生爆炸反应,进而引爆猛炸药。常见的起爆药有叠氮化铅、斯蒂芬酸铅等。

(4)猛炸药。具有较高的爆轰威力,是最终产生爆破效果的主体炸药,如泰安(PETN)、黑索金(RDX)等 。

2.2　导爆管传爆原理

导爆管传爆基于管道效应[4-6]。当导爆管受到外界激发(如雷管起爆、导爆索引爆等)时,激发能量在管内形成冲击波,冲击波压缩管内混合炸药,使其发生化学反应。反应释放出的能量又进一步补充到冲击波中,形成自持的爆轰波沿着导爆管传播 。在这个过程中,爆轰波的传播速度基本恒定,一般在 1 600~2 000 m/s,这一稳定的传播速度确保了起爆信号能准确、可靠地传递到雷管部分。

2.3　延期原理

延期元件的工作原理是基于延期药的稳定燃烧特性[1,7](见图 2)。当导爆管传来的爆轰波点燃延期药后,延期药从一端开始以固定的速度缓慢燃烧。由于延期药的燃烧速度经过精确调配和测试,在一定的环境条件下能保持稳定,因此可以通过控制延期药的长度或药量来精确设定延期时间。例如,若延期药的燃烧速度为 10 mm/s,要实现 5 s 的延期,只需将延期药的长度控制为 50 mm(不考虑其他因素影响下的简单计算) 。在燃烧过程中,延期药产生的热量和气体在延期体内有序释放,直到燃烧至末端,输出火焰点燃起爆药,完成延期起爆动作。

2.4　爆轰波传播特性

秒延期导爆管雷管通过导爆管内壁炸药的稳定传爆实现延期起爆。其爆轰波传播速度可达 6 900 m/s,且不受外界电磁干扰。通过调整延期段别(1~10 段),可实现毫秒级精准控制,优化岩石破碎效果。

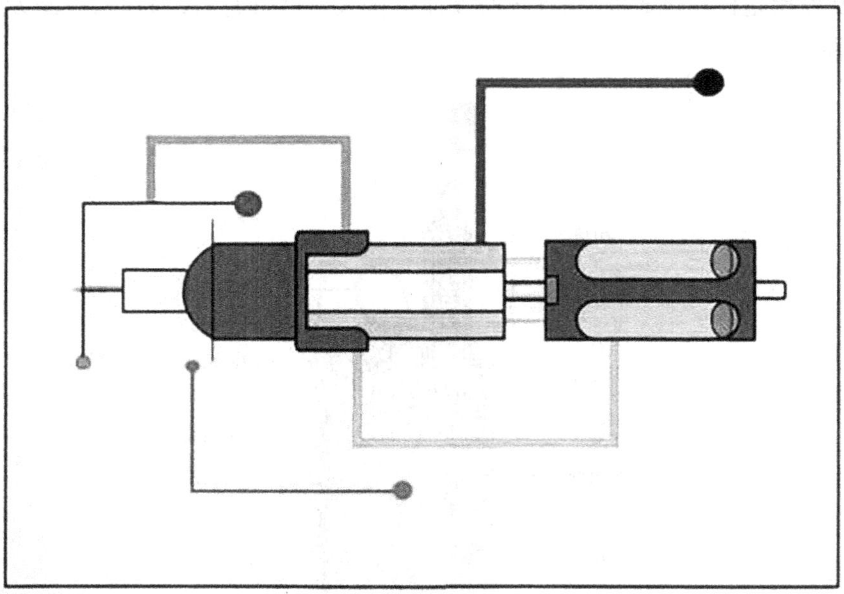

图 2　延期元件工作原理示意

2.5　非电起爆系统的优势

(1)抗干扰能力强。电起爆系统易受雷电、静电、射频电等外界电信号干扰,可能导致误起爆,而非电起爆系统不受这些电干扰影响,能在复杂电磁环境下可靠工作,如在有强电磁干扰的矿区或靠近高压输电线路的爆破作业中,非电起爆系统更安全。

(2)安全性高。非电起爆系统在操作过程中不存在电火花产生的风险,这大大降低了因电火花引发爆炸事故的可能性,特别适用于存在易燃易爆气体、粉尘等危险环境的爆破作业,如煤矿井下、石油化工场所等。

(3)使用简便。非电起爆系统的操作相对简单,不需要专业的电气知识和复杂的设备,操作人员经过简单培训即可掌握其使用方法,在一些小型爆破作业或临时爆破场景中,非电起爆系统更便于使用。

(4)成本较低。非电起爆系统的组成相对简单,不需要电起爆系统所需的复杂电子元件和电线等。其材料成本和维护成本都较低,对于一些预算有限的爆破工程,非电起爆系统是一种经济实惠的选择。

2.6　非电起爆系统存在的问题

2.6.1　延期精度方面

(1)药剂配方因素。铅丹硅系列延期药中,杂质和水分会诱发不利反应,如氧化剂吸潮分解、还原剂被氧化,破坏体系热平衡,导致延时增加、秒量精度变差。若燃速调整剂添加过量,也可能出现瞎火现象,影响延期精度。

(2)加工工艺因素。在延期元件加工过程中,拉拔工艺会影响药心直径,药心直径减小,延期时间增大,但过细会导致精度变差。

2.6.2　发火可靠性方面

(1)延期药配比问题。对于高段秒延期雷管,为达到长延期时间标准,采用低钨粉含量的延期药配比时,药头直接点燃延期体不易点燃,可能导致瞎火。

(2)掉药问题。生产、运输和使用过程中,铅心延期体可能因装药不密实等原因掉药。当导爆管击穿管壁能量衰减时,可能无法为钝感的延期药提供足够点火时间,导致拒爆。

(3)雷管装配问题。用雷管起爆导爆管网路时,若导爆管未均匀分布在雷管四周或捆扎不牢固,雷管的聚能穴可能在爆轰波未传到之前就炸断导爆管或烧坏秒延期雷管的延迟药,影响引爆。

2.6.3 其他方面

(1)导爆管损伤问题。导爆管网路中若出现管壁破损、管径拉细、有异物入管等情况,可能影响爆轰波的正常传播,导致引爆失败或延期时间异常。

(2)使用环境限制。在有矿尘、煤尘或瓦斯爆炸危险的矿井中,禁止使用导爆管起爆,限制了其应用场景。

2.7 跨学科优化方向

结合材料科学与爆破力学,提出以下改进方向:

(1)高能炸药配方。通过纳米材料增强炸药爆轰稳定性。

(2)智能监测系统。嵌入光纤传感器实时监测爆轰波传播状态。

2.8 创新性改进措施

2.8.1 智能起爆系统

开发基于物联网的智能起爆平台,通过以下技术提升爆破精度:

(1)传感器网络。实时采集岩石应力、温度等参数。

(2)AI 优化算法。根据实时数据动态调整延期段别,实现岩石均匀破碎。

2.8.2 环保型爆破技术

(1)粉尘抑制。在导爆管雷管中添加抑尘剂,减少爆破粉尘排放量 60%。

(2)噪声控制。优化爆轰波形,将爆破噪声降低至 85 dB 以下。

2.8.3 施工组织优化

(1)数字化施工管理。通过 BIM 技术模拟爆破过程,提前识别风险点。

(2)模块化运输方案。采用预制爆破组件,减少现场组装时间 30%。

3 工程应用与实践效果

3.1 某抽水蓄能电站案例

某抽水蓄能电站在花岗闪长岩施工中,采用爆破法施工,气腿式风钻造孔、人工装药、电雷管起爆,根据不同地下水文地质情况选用爆破炸药,隧洞出渣采用无轨运输,即采用扒渣机配合自卸式三轮车装运施工。施工中采用"管超前、短进尺、弱爆破、少扰动、早喷锚、勤量测、早封闭"等施工技术措施,并根据现场监控量测结果分析及时修正支护参数、调整施工方案以指导隧洞施工,确保隧洞施工安全、优质、均衡、高效、按期生产。

施工工艺流程:开挖准备 → 测量放线 → 钻孔 → 装药、联网、引爆 → 通风、散烟、除尘 → 安全处理 → 出渣、清底 → 延伸风水电线路,转入下一个循环。

采用电雷管起爆,按照单洞两天三炮的频次来计算成功率,取得成果见表 1。

表 1 电雷管起爆爆破次数与成功次数统计

序号	时间	爆破次数	一次性起爆成功次数	二次性起爆成功次数
1	3~4 月	80	45	60
2	4~5 月	88	46	70
3	6 月	45	25	38
合计		213	116	168

在花岗闪长岩(硬度中等)施工中,采用秒延期导爆管雷管替代传统电雷管,按照单洞两天三炮的频次来计算成功率,取得成果见表 2。

表 2　秒延期导爆管爆破次数与成功次数统计

序号	时间	爆破次数	一次性起爆成功次数	二次性起爆成功次数
1	6~7 月	90	87	90
2	8~9 月	90	89	90
3	10 月	45	43	45
合计		225	219	225

综合表 1、表 2 所述,一次性起爆成功率:97.30%,二次处理后达 100%。

安全性提升:消除了静电及误操作风险,施工人员伤亡概率降低 40%(见表 3)。

经济效益:减少审批与运输环节,单次爆破成本降低 15%(见表 3)。

表 3　综合效益比对　　%

序号	指标	传统电雷管工艺	秒延期导爆管施工工艺	提升效果
1	一次性起爆率	54	97.30	43.3
2	施工伤亡概率	50	10	40
3	单次爆破成本	100	85	15

3.2　跨领域应用潜力

(1)矿山开采。适用于薄矿体及复杂岩层的精准爆破。

(2)隧道工程。结合 TBM 掘进机,优化掌子面爆破参数。

(3)城市地下空间开发。配合智能减震技术,降低对周边建筑的影响。

4　经济与社会效益分析

4.1　成本效益

(1)器材成本。秒延期雷管单价较传统电雷管降低 25%。

(2)工期缩短。单次爆破准备时间减少 40 min,整体工期缩短 15%。

不同工艺成本对比见表 4。

表 4　不同工艺成本对比　　%

成本项目	传统工艺	优化工艺	降幅
器材采购成本	100	75	25
能耗成本	100	82	18
安全防护成本	100	45	55
环境治理成本	100	38	62
综合成本	100	78	22

4.2　安全效益

(1)事故率下降。因静电及误操作导致的事故率降低 90%。

(2)社会影响。减少爆破施工对周边居民生活的干扰,提升企业社会责任形象。

5 结论与展望

本文通过技术创新将秒延期导爆管雷管起爆工艺提升至“智能+绿色+精准”的新阶段,核心成果包括:建立爆轰波传播动力学模型、开发数字孪生爆破系统、构建绿色起爆技术体系。经工程验证,该技术在复杂地质条件下的适应性提升60%以上,为类似工程提供了关键技术支撑。依据此研究可以得出以下展望:

(1)更高精度与可靠性。随着材料科学和制造工艺的进步,未来秒延期导爆管雷管的延期精度将进一步提升,误差范围大幅缩小。通过研发新型延期药剂和精密加工技术,可实现毫秒级甚至微秒级的精准延时控制,满足复杂爆破工程对起爆时序的严苛要求,减少因延期误差导致的爆破效果不佳或安全隐患。

(2)智能化与数字化升级。结合物联网、传感器和无线通信技术,未来的起爆系统将实现智能化监控与远程控制。施工人员可通过智能终端实时监测导爆管雷管的状态、起爆网络的完整性以及爆破现场的环境参数,提前预警潜在风险。此外,利用大数据分析和人工智能算法,可优化爆破设计方案,提高爆破效率和效果,实现精准爆破。

(3)绿色环保与可持续发展。环保意识的增强将推动秒延期导爆管雷管向绿色化方向发展。研发无铅、无毒、低污染的延期药剂和原材料,降低爆破工程对环境的影响。同时,通过优化爆破工艺,减少炸药用量和飞石、粉尘、噪声等有害效应,实现爆破工程与生态环境的和谐共生。

(4)复杂环境适应性提升。针对深海、高温、高寒、高海拔等极端复杂环境,未来的导爆管雷管将具备更强的环境适应性。通过改进材料性能和结构设计,提高雷管的防水、耐高温、耐低温、抗冲击等性能,拓展其在海洋工程、极地开发、深部矿山开采等领域的应用范围。

(5)标准化与国际化发展。随着全球爆破工程市场的融合,秒延期导爆管雷管的技术标准将逐步统一和完善。各国加强技术交流与合作,共同制定国际通用的质量标准和安全规范,促进起爆工艺的国际化发展。这将有助于提升我国在爆破技术领域的国际话语权和竞争力,推动相关产品和技术走向世界。

参考文献

[1] 谢国辉. 导爆管雷管高精度延期技术研究[D]. 南京:南京理工大学, 2011.
[2] 熊鹏. 导爆管对雷管延期时间的影响研究[D]. 武汉:武汉理工大学, 2013.
[3] 国际爆破工程师协会. 爆破工程手册[M]. 北京: 中国建筑工业出版社, 2020.
[4] 李伯平. 基于BP神经网络的某变形体地勘硐爆破参数优化及应用[J]. 西北水电, 2022: 1-6.
[5] 张学华. 高段半秒延期导爆管雷管秒量影响因素探讨[J]. 陕西煤炭, 2009(3): 44-45.
[6] 曾永志. 导爆管雷管起爆网路的优化设计与应用[J]. 中国矿山工程, 2014(3): 10-12.
[7] Smith J, et al. Optimization of Blasting Networks Using AI Algorithms[J]. Journal of Mining Science, 2021, 57(3): 412-420.

水利工程施工数字化研究与未来发展趋势

贾正茂[1,2]　马攀峰[1,2]　张书磊[1,2]

(1. 深圳先河水利水电工程有限公司,广东深圳　518001;
2. 黄河勘测规划设计研究院有限公司,河南郑州　450003)

摘　要: 随着数字化技术在基础设施建设中的广泛应用,水利工程施工正逐步向智能化、信息化方向转型。本文旨在系统梳理当前水利工程施工领域数字化技术的发展现状、典型应用与未来趋势,探讨了BIM、物联网、三维激光扫描、人工智能与数字孪生等核心技术在施工准备、组织、管理与监控等阶段的融合应用。研究发现,数字化技术显著提升了水利施工的质量管控、进度控制、安全监督与资源配置效率;同时,典型项目如大型水库、水资源配置工程的实践也表明,数字化建造平台已成为提升工程管理智能化水平的关键支撑。然而,当前仍存在标准体系不健全、系统集成困难、数据孤岛及专业人才匮乏等瓶颈问题。本文进一步展望了未来水利工程施工数字化的发展方向,提出需构建全生命周期数字建造体系、加强跨平台协同标准建设,并推动 AI 与 BIM、数字孪生的深度融合。研究结果为推动我国水利施工行业高质量发展与数字转型提供了有益参考。

关键词: 数字建造;水利工程施工;建筑信息模型;数字孪生

1　引言

水利工程作为保障水资源管理、防洪减灾及生态环境保护的重要组成部分,其施工质量和效率备受关注。近年来,信息技术、物联网、大数据与人工智能等数字技术的快速发展,推动水利工程施工进入数字化转型时代。数字化技术不仅提升了施工设计的精准度和管理效率,也增强了工程的安全性和可持续发展能力。水利工程因其施工周期长、环境复杂,对施工管理数字化提出更高要求。在"新基建"和"双碳"背景下,水利工程亟须借助信息化与智能化手段提升整体建设效率和管理精度,实现降本增效与绿色施工的双重目标。

近年来,数字化技术发展与实际水利工程建设实践相互融合、协同演进。乌东德水电站枢纽工程施工引入 BIM 技术,实现了复杂结构的可视化管理与施工进度控制,有效地降低了施工风险和成本[1]。Wang 等[2]设计了一种基于 ArcGIS 的大型水利工程建设动态管理系统,以实现大型水利工程建设的动态管理,可以解决传统大型水利工程建设动态管理系统吞吐量低的问题。为实现阿尔塔什水利枢纽大坝浇筑过程的实时智能监控,工程师融合了北斗定位、智能物联网、云计算、图像识别、大数据挖掘等技术,建立了实时、智能、全过程、高效的大坝填筑施工监控系统,有效地保障了大坝施工质量,也为施工动态管理提供了重要手段[3]。欧美、日本等国家在建筑及水工结构施工中引入 BIM(建筑信息模型)与 GIS(地理信息技术)、传感网络相结合的系统,实现了三维建模、进度控制、资源调度与施工质量可视化管理[4-5]。这些案例充分展现了数字化技术在提升水利工程施工质量和效率方面的巨大潜力。

目前,国内外学者和工程技术人员在数字化水利工程施工方面取得了诸多成果,包括基于 BIM 的施工模拟、无人机航测技术在工地监测中的应用[6]、智能传感器网络实现施工实时监控,以及数字

作者简介: 贾正茂(1987—),男,高级工程师,副总经理,主要从事水利工程施工领域的研究工作。

孪生技术辅助施工决策等。然而，水利工程施工数字化仍面临多种挑战，如数据标准不统一、技术集成难度大、实时性和准确性不足以及智能化水平有限等，这些问题限制了数字化技术的广泛推广和深度应用。本文旨在系统梳理和分析水利工程施工领域的数字化发展路径与应用模式，揭示当前技术融合的主要模式与典型成效，评估数字建造在施工各阶段的关键支撑作用，并深入探讨我国在推广过程中面临的核心障碍。同时研究提出了技术集成与平台建设的优化建议，为行业制定数字化标准、提升智能建造水平和推动水利行业高质量发展提供理论依据与实践参考。

2 水利工程施工数字化的内涵与关键技术

2.1 数字化施工的定义与特征

水利工程施工数字化是指在水利工程建设全过程中，运用现代信息技术对施工现场的人、机、料、法、环等要素进行数字化采集、处理、传输与分析，实现施工管理信息化、现场作业智能化、决策过程可视化与工程过程精细化的一种全新施工管理模式。数字化施工不仅是技术层面的升级，更是一种理念与管理模式的变革，旨在提升水利工程施工的效率、安全性、质量控制能力及可持续发展水平。

具体来说，数字化施工涵盖从设计图纸的数字建模（如 BIM）到施工现场的智能感知（如物联网、传感器等），再到后期的施工进度监控、质量安全管理与数据集成分析，最终实现水利工程建设的全过程、全要素、全周期的信息化和智能化管理。

数字化施工具有以下几个显著特征：

（1）数据驱动性。数字化施工以数据为核心，通过多源信息（如三维建模、传感器监测、遥感影像等）的融合，为施工各阶段提供准确、及时的决策依据，构建“数据-信息-知识-决策”链条。

（2）协同集成性。利用信息平台整合设计、施工、监理、运维等各参与方资源，打破信息孤岛，实现跨部门、跨阶段、跨专业的高效协同，提高施工管理的系统性与透明度。

（3）智能控制性。依托人工智能、自动化控制和机器学习技术，实现对施工过程的预测性分析、自动化调度和智能控制，从而减少人为干预，提高施工的安全性与精度。

（4）可视化与透明化。借助 BIM、GIS 等三维可视化技术，实现施工现场、进度、质量等信息的实时可视呈现，提升管理者对施工状态的直观理解与管控能力。

（5）全过程贯通性。数字化施工不仅覆盖施工阶段，更延伸至前期的规划设计与后期的运行维护，实现从“设计—施工—运维”的全生命周期管理一体化。

2.2 关键数字技术

在水利工程施工数字化转型过程中，建筑信息模型（BIM）技术、三维激光扫描与无人机测绘技术、物联网（IoT）与智能传感技术、大数据与人工智能（AI），以及数字孪生技术构成了当前应用最广泛、最关键的核心技术体系，这些关键技术对比如表 1 所示。BIM 技术实现了工程设计、施工与运维过程的信息集成与三维可视化管理；三维激光扫描与无人机测绘提升了地形测绘与施工监测的效率与精度；物联网与智能传感通过对施工现场环境与结构状态的实时感知，强化了质量与安全管理；大数据与 AI 技术为施工调度优化、风险预测和智能决策提供了有力支撑；而数字孪生技术则通过构建与物理实体同步的虚拟模型，实现对施工全过程的动态模拟与精细化控制。这些技术相互融合、协同应用，正在推动水利工程从传统粗放式管理向智能化、精细化、可视化的现代化施工模式迈进。

表 1 水利工程施工关键数字技术对比

技术名称	核心功能	应用优势	存在挑战
BIM 技术	三维建模、信息集成、施工协同管理	可视化强、协同效率高	数据标准不统一、应用门槛高
三维激光扫描与无人机测绘技术	地形测绘、变形监测、进度跟踪	快速高效、覆盖广、精度高	受天气影响大、数据处理复杂

续表 1

技术名称	核心功能	应用优势	存在挑战
物联网与智能传感技术	实时监测温度、水压、位移等参数	实时性强、监测全面、安全性提升	硬件维护复杂、网络通信依赖大
大数据与人工智能	数据挖掘、趋势预测、智能调度	提升决策智能性、发现潜在风险	对数据质量要求高、算法适配性存在挑战

2.3 数字化平台与系统集成

在水利工程施工数字化进程中，单一技术的应用已难以满足对施工全过程、全要素、全链条的信息管理需求。为此，构建统一、开放、兼容性强的数字化管理平台，并实现各类技术系统的深度集成，成为提升数字化施工水平的关键方向。

数字化平台是将 BIM、GIS、物联网、传感技术、视频监控、进度计划、大数据分析等多种信息技术进行整合，构建的一体化管理系统。该平台以“数据为核心、集成为基础、智能为目标”，实现施工现场的实时监管、工程数据的集中管理、施工资源的统筹调度以及风险的预判与响应。

系统集成的目标不仅是技术互联，更强调信息互通和管理协同。一体化平台可将设计、施工、监理、运维等各参与方纳入统一的信息环境，打破传统“信息孤岛”，提升项目管理的整体效率与协同水平。

然而，目前水利工程在系统集成方面仍面临一些挑战，如平台开发标准不统一、软硬件兼容性差、数据接口开放度不足、各参建方之间协同配合不畅等。未来应推动制定统一的行业标准，强化平台的开放性与可扩展性，提升系统集成能力，为实现“智慧水利施工”奠定坚实基础。

3 水利工程施工数字化的应用现状

随着智慧水利建设的推进，数字化技术正逐步渗透至水利工程的全生命周期。在规划设计阶段，数字手段提升了方案的科学性与前瞻性；在施工管理阶段，数字平台与智能感知系统则显著增强了项目管控的实时性与精细化水平。以下分别从两个关键阶段进行分析。

3.1 规划设计阶段的数字化转型

3.1.1 BIM+GIS 在水利工程选址与设计中的协同应用

BIM 与 GIS 的深度融合，已成为水利工程前期规划的重要工具。GIS 能够提供宏观尺度的地形地貌、水文地质、土地利用等空间数据，为工程选址、布线、输水路径优化等提供决策依据；而 BIM 则在微观尺度上实现对水工建筑物的精细建模与参数化设计。二者协同应用，可支持从流域分析、工程比选到详细设计全过程的信息一体化，显著提高设计方案的科学性、可行性与效率，特别适用于南水北调、大型灌区等空间范围广、结构复杂的水利工程项目。

3.1.2 虚拟仿真模拟施工流程与风险预测

基于 BIM 模型的施工仿真系统可将复杂施工过程转化为三维动态模拟，全面展现不同工序、资源配置、作业顺序等的实施路径，实现施工工艺的“预演”。通过仿真可识别潜在的施工冲突、资源浪费或作业安全等隐患，提前优化组织计划。结合地质数据与风险评估模型，还可对施工过程中可能出现的滑坡、突水、坍塌等进行预测与可视化预警，降低不可控风险。该技术广泛应用于地下水库、大坝基坑等高风险工程区域的设计决策与施工准备阶段。

3.2 施工管理阶段的数字化实践

3.2.1 工程进度实时监控

利用物联网设备、RFID 标签、GPS 定位及视频监控系统，可实现对施工现场关键环节、关键工序的动态跟踪，构建起工程进度的实时监控体系。通过与施工计划数据库联动，可对比实际进度与计划进度，自动预警延误节点，及时调整资源配置与施工安排。部分项目引入“数字工地看板”系统，将多项目、多工区、多工序的信息可视化集中展示，提高管理效率与跨部门协同水平。

3.2.2 质量与安全数字化管控

在质量控制方面，传感器可用于实时采集混凝土温度、结构应力、沉降位移等数据，自动判断施工质量是否满足设计要求，避免传统抽检遗漏问题；在安全管理方面，人员定位系统、智能摄像头与 AI 视频分析可用于高风险作业区域的实时监控，识别违章行为、密集作业、机械干涉等安全隐患，及时预警并反馈。系统还可自动生成质量与安全记录，实现全过程留痕、可追溯的闭环管理。

3.2.3 设备与人员管理的智能化调度

通过数字化平台整合施工现场的设备运行状态、人员作业分布和工作效率数据，实现对设备运维、人员排班、能耗管理的统一调度。利用 AI 算法可根据现场实际需求动态优化设备配置和作业路径，提升资源利用率，降低能耗与闲置成本。例如，塔吊与运输车辆的智能调度系统可在不影响安全的前提下最大化提高施工效率。人员方面，通过生物识别、考勤系统与安全培训记录联动，实现对作业人员的准入管理、绩效评价与风险分级管理。

3.3 典型案例

3.3.1 引江济淮工程：BIM 与 GIS 集成的智慧水利示范

引江济淮工程是中国“十三五”期间重点推进的国家重大水利工程，旨在实现长江与淮河两大水系的连通，优化区域水资源配置，提升防洪能力，改善生态环境（见图 1）。在该工程的规划设计与建设过程中，深入应用了 BIM 与 GIS 集成技术，构建了基于空间信息的三维可视化协同平台，实现了从线型工程设计、空间布设、场地分析到施工模拟的全过程数字化管理。BIM 技术在项目中用于建立精细化的构造模型，提升多专业协同设计效率，进行碰撞检测和施工优化；GIS 则为工程提供空间数据支持与流域地理环境分析能力。两者融合后不仅提升了工程设计精度和施工效率，还为工程运维阶段提供了智能化决策支撑，成为智慧水利建设的典型示范[7]。

图 1　引江济淮 BIM 与 GIS 集成系统

3.3.2 珠三角水资源配置工程

珠三角水资源配置工程是国家172项重大节水供水项目之一，旨在优化珠三角东西部水资源配置，通过从西江水系向东引水，缓解区域水资源不均问题。针对当前水利工程在数字化、信息化和智能化方面发展滞后、管理手段相对传统的现状，该项目在施工阶段积极探索BIM技术的集成应用。以BIM为核心，融合GIS等信息技术，构建多维数据管理平台，重点从工程态势分析与辅助决策（涵盖进度、质量、安全、资金管理）以及基于BIM+GIS的专题应用两个方向展开实践。在专题应用方面，包括盾构和TBM设备状态可视化跟踪、地下与地面设施影响监测、720°全景图像展示以及基于VR/AR的培训体验等。在项目管理层级上，全线级应用GIS图层展示整体进度；标段级结合GIS与具体施工标段展示各自进展；单位工程级则融合GIS图层与BIM三维模型，全面呈现各标段施工态势，实现构件级的精细化可视化管理（见图2）[8]。

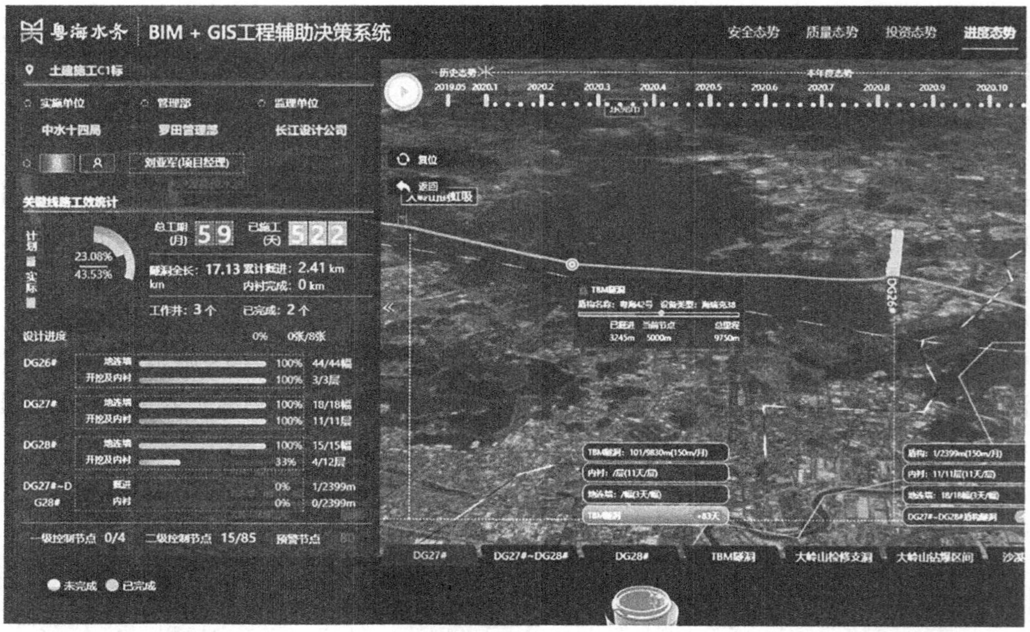

图2 珠三角水资源配置工程辅助决策系统

3.3.3 云南牛栏江红石岩堰塞湖治理工程

2014年，云南鲁甸发生6.5级地震，金沙江一级支流牛栏江干流山体滑坡形成堰塞湖。该项目位于高原山地地质灾害多发区域，需在复杂地质条件下进行堰塞湖疏通、坝体加固等工程施工。为提升施工安全性与效率，项目引入了虚拟仿真施工系统，利用BIM模型与地质数据构建三维虚拟环境[9]，提前模拟爆破、挖掘、运输等关键工序，优化施工组织方案。结合AI智能视频识别系统与高空无人机巡查，实现对边坡变形、人员作业行为和作业面安全状态的实时分析与报警。同时，项目建立了云端“智慧工地”平台，集中调度机械设备与人力资源，提升应急响应能力，有效地避免了多次爆破冲突与安全事故，实现了高风险山区水利工程施工的安全可控与资源集约。

3.3.4 前坪水库“BIM+”思维的跨平台技术

为提升施工阶段的信息化管理水平，项目团队充分利用模型编码、数据库技术以及WebGL等手段，研发了前坪水库工程建设期综合管理平台[10]。该平台融合GIS技术、Web技术、移动终端应用、通信技术及计算机网络等多种信息技术，有效地解决了水利工程建设过程中多源异构数据的共享与集成管理难题，探索并实践了水库工程全生命周期中BIM技术的应用路径与实现方式，为BIM技术在水利工程全生命周期的推广提供了参考与支撑。平台在施工阶段引入并集成了设计阶段的BIM

成果，确保信息的完整传递和统一管理。通过对 BIM 模型进行轻量化处理，平台实现了与二维设计图纸、技术规范等相关设计资料的有效关联。各参建单位可通过平台实时访问各建（构）筑物的设计参数和相关技术文件，并可在线浏览整体工程的模型视图，从而全面掌握工程信息，提升协同效率与项目管理水平。

4 水利工程施工数字化发展中存在的问题

尽管数字化技术在水利工程施工中正逐步推广应用，并取得了初步成效，但在实际推进过程中，仍面临诸多制约因素，主要表现在技术集成、管理体制和经济支撑等方面。

4.1 技术层面

4.1.1 技术集成度不高，系统碎片化

目前，水利工程施工中的各类数字化系统多为“点状应用”，如 BIM、物联网、视频监控、进度管理等往往由不同单位独立部署，缺乏统一平台统筹规划。这种系统碎片化问题导致数据难以互联互通，业务流程协同受阻，形成新的“信息孤岛”，不利于施工全过程的数字化闭环管理。同时，系统间接口标准不统一、数据格式兼容性差，进一步阻碍了技术的深度融合与高效协同。

4.1.2 缺乏针对水利工程特殊性的数字化工具

当前多数数字化工具源自建筑、市政或工业领域，难以完全匹配水利工程“长线型”“分布广”“地质复杂”等特点。例如，BIM 软件在水坝、水闸等非标准结构的建模精度与功能性有限，传感器设备也难以满足高湿、高水压等极端环境下的稳定运行需求。由于缺少专为水利工程定制的技术平台和专业应用模块，数字化手段在实践中的适配性和实用性受到制约。

4.2 管理层面

4.2.1 标准体系不完善，缺乏统一规范

目前，我国水利行业在施工数字化方面尚未形成统一的标准化体系，各地区、各单位在平台建设、数据格式、系统接口等方面各自为政，导致“信息不兼容、系统难对接、管理不可控”等问题频发。缺乏统一规范不仅影响不同阶段信息的贯通，也制约了工程资料的积累与成果的共享，不利于后期运维及项目经验复用。

4.2.2 数字化人才缺乏，管理能力不足

水利施工企业普遍存在信息化专业人才储备不足、技术复合型人才短缺的问题。一线管理人员对数字化工具认知有限，难以有效组织和推动技术落地；而信息技术人员对水利工程业务流程不熟悉，也难以与施工实际深度融合。此外，管理层对数字化转型的认识还停留在表层，缺乏系统性战略规划与长期建设思维，导致“重部署、轻运营”的现象普遍存在。

4.3 经济层面

4.3.1 初期投入成本高

数字化施工往往需要建设数据中心、部署监测设备、开发定制平台及培训人员，初期投入资金较大。尤其在高标准、复杂结构的大型水利项目中，数字化建设的成本占比显著，增加了项目总体投资压力。一些施工单位对投资回报周期信心不足，倾向于采取传统方式降低短期成本，进而抑制了数字化推进意愿。

4.3.2 中小型项目数字化推进困难

相比大型重点工程，一些中小型水利项目规模小、工期短、资金紧张，对数字化施工的需求不强、能力不足。受制于投入产出比低、项目周期短、建设经验薄弱等因素，中小项目更难实现数字化平台的定制开发和系统集成，普遍存在“投入不起、用不起来、管不好”的现象。这在一定程度上导致水利工程数字化发展不均衡，影响行业的整体转型进程。

5 未来发展趋势与对策建议

5.1 未来发展趋势

5.1.1 向“智慧水利施工”转型升级

水利工程施工将从传统“数字化施工”迈向更高层次的“智慧施工”，实现数据感知、智能分析、自动控制的深度融合。依托人工智能、物联网、大数据等技术，实现施工环境、设备、人员、进度、质量、安全等要素的全面感知与智能响应，推动施工现场从“人控”向“数控”转变。

5.1.2 从单点技术应用向系统集成、全过程数字化演进

当前数字技术多集中于局部环节或单点场景，未来将更注重系统集成和全过程覆盖。包括从规划设计、施工建设到运营维护各阶段的数据贯通与业务联动，构建统一的数据管理平台和项目协同机制，实现全过程数字化监管与优化。

5.1.3 数字孪生技术与元宇宙技术结合的前景

数字孪生技术已在部分重大水利项目中试点应用，未来有望与元宇宙中的可视化交互、沉浸式仿真等技术结合，打造具备实时交互、行为预测和远程操控功能的虚拟施工环境。这将极大地提升施工计划编制、应急演练和运维培训的科学性与效率。

5.1.4 全生命周期数字化管理的实现

未来水利工程项目将实现“规划—设计—施工—运维—报废”全生命周期数字化管理。通过构建统一的数据资产平台与标准化模型，贯通工程全周期的各类信息流与业务流，实现工程数据的持续积累与价值再利用。

5.2 对策建议

5.2.1 完善标准规范体系，推动行业统一标准

目前，水利工程数字化施工缺乏统一的技术标准与实施规范，亟须制定覆盖数据采集、模型构建、平台集成、接口协议等方面的行业标准，明确不同阶段的数字化应用技术要求，推进标准化、模块化、可复制化实施。

5.2.2 加强核心技术研发，提升自主创新能力

应加大对 BIM/GIS 集成平台、数字孪生水利系统、施工智能控制系统等关键核心技术的研发投入，鼓励高校、科研院所与企业联合攻关，提升我国在水利工程数字化领域的自主创新水平与技术话语权。

5.2.3 建立多层次数字化人才培养机制

推动高校开设水利工程数字化相关课程与专业方向，鼓励企业加强岗位技能培训与复合型人才培养，打造覆盖“技术—管理—应用”的数字化人才梯队，解决当前专业人才缺乏、技能储备不足的问题。

6 结语

随着新一代信息技术的快速发展，水利工程施工正加速迈入数字化与智能化时代。当前，BIM、GIS、物联网、无人机、数字孪生等技术在规划设计、施工管理与运维阶段得到了初步应用，提升了工程建设的精度、安全性和管理效率。典型工程案例如引江济淮、珠三角水资源配置等，为数字化施工提供了有力实践支撑。然而，在技术集成、标准体系、人才支撑等方面仍存在诸多瓶颈，亟须从政策、技术、管理等多维度协同发力。未来，水利工程施工将朝着“智慧化、系统化、全生命周期化”方向深度发展，融合元宇宙等前沿技术，推动行业实现本质性转型升级。唯有建立完善的技术体系和治理机制，才能真正实现水利工程从“数字化”到“智慧化”的高质量发展目标。

参考文献

[1] 李杰. 新时期自动化技术在水利水电工程建设中的应用分析[C]//中国智慧工程研究会. 2024 新技术与新方法学术研讨会论文集,2024:335-337.

[2] ZHENGHONG W, PENG Z, WENNIAN S. Dynamic management system of large-scale water conservancy project construction based on ArcGIS[C]// proceedings of the ProcSPIE, F, 2021.

[3] LI W, GENG X, LI X, et al. Research and application of intelligent construction monitoring system in the dam filling process of the Altash Hydro-junction dam[C]// Proceedings of the International Conference on Industrial Control Network and System Engineering Research, F, 2019.

[4] DOUGLAS D, KELLY G, KASSEM M. BIM, Digital Twin and Cyber-Physical Systems: crossing and blurring boundaries[J]. arXiv preprint arXiv:210611030, 2021.

[5] LU Y. Study on the Water Information Construction and Its Difficulties[C]// 2019 6th Asia-Pacific Conference on Social Sciences, Humanities (APSSH 2019),2019.

[6] 孙少楠, 宋宜昌. 基于 BIM+ GIS 的水利工程全生命周期建设管理研究[J]. China Rural Water & Hydropower, 2022, (10).

[7] 人民网. BIM 技术助力水利工程建设高质量发展[Z]. 人民网,2020.

[8] 杜灿阳, 张兆波, 刘丹, 等. BIM 技术在珠三角水资源配置工程中的集成应用[J]. 水利信息化, 2021: 1-7.

[9] 云南省科技厅. 红石岩堰塞湖灾害治理变废为宝、减灾兴利 [R]. 昆明:云南省科技厅, 2024.

[10] 薛向华, 皇甫英杰, 皇甫泽华, 等. BIM 技术在水库工程全生命期的应用研究[J]. 水力发电学报, 2019, 38: 8799.

深水聚能爆破弹设计

陈　颖　李永丰　张宗刚

（中国电建集团中南勘测设计研究院有限公司，湖南长沙　410014）

摘　要：聚能爆破的原理在军事领域、工程领域中已有较为广泛成熟的应用。本文基于聚能爆破的原理，结合深水工程钻孔开孔"造窝"实际需求，从聚能爆破弹体结构、聚能爆破药形罩结构和材料、弹体结构和材料、炸药选型和装药结构等方面展开讨论和研究，设计了一种深水聚能爆破弹。爆破弹采用上半部分截锥体加圆柱体，下半部分圆柱体加底部内凹陷球缺型药型罩设计，使用2#岩石乳化炸药，在弹体结构防水与炸药防水的双重保障下，实现安全起爆。特殊的结构设计在保证侵彻效果的同时，方便了装药，减少了炸药用量，为后期深水条件下的使用奠定了基础。

关键词：深水；聚能爆破；开孔；设计

聚能现象早在1792年已被偶然发现[1]。1888年，美国的Munroe发现空穴装药形成的爆破坑比实心装药要深[2]，此后他首次发明了带有金属药型罩的空穴装药[3]。19世纪期间，聚能效应主要用于军事上的反装甲武器。经过多年的发展，在聚能装药技术、水下爆破技术等方面，国内外研究学者也有了一定的相关研究成果[4]。我国对聚能效应的研究晚于西方，从20世纪初开始，近些年的研究也取得了一定成果[5]。某工程需要在深水河床施工钻孔，由于河床部分部位地形陡峭，钻孔时站脚困难，经多方调研，决定采用聚能爆破方式"造窝"，为深水陡坡钻孔施工提供工作面[6]。

1　聚能爆破弹战斗部结构设计

本文研究的目标是设计出可以在水下环境进行爆破开孔的聚能爆破装置，能够在岩石和坚固障碍物上形成有效毁伤的孔坑，尽量减少受水环境和炸药因素影响[7-8]。聚能爆破战斗部主要考虑战斗部威力释放最大化和安全可靠问题[1]。考虑要在水下应用，弹体密封性要求很高，整个结构外壳保持密闭抗压状态，防止外界水侵入影响聚能装药的起爆[5]。采用球缺型药型罩聚能结构，根据聚能理论，选择以EFP（爆炸成型弹丸）的方式毁伤破坏目标，更有利于在水下岩石靶板上爆破开孔[9-10]。因此，根据聚能效应的基本原理，并综合考虑聚能爆破装置毁伤效果的各个因素，设计聚能爆破装置的战斗部基本结构如图1所示。

2　药型罩设计

2.1　药型罩结构设计

药型罩是形成爆炸侵彻体的主要物质，为了形成爆炸成型弹丸，药型罩结构常被设计成大锥角型、球缺型（见图2）、弧锥结合型和异形罩型等[9]。圆锥型药型罩角度较小时形成聚能射流，其毁伤范围小、侵彻深度大、对炸药的精确程度要求高[11]；球缺型药型罩曲率半径较大，即角度较大时能够形成EFP，对目标靶板毁伤范围大、侵彻深度相对较小，对炸药不敏感[12]；采用弧锥结合和异形罩形成的EFP更有利于爆破毁伤侵彻，但此种药型罩技术难度大、设计制作成本高，且在水下复杂环境下的成型性得不到保证[13]。考虑到水介质环境下岩体靶板的性质及成孔的要求，采用球缺型药型

作者简介：陈颖（1987—），男，高级工程师，主要从事水电工程爆破技术研究与管理工作。

通信作者：李永丰（1981—），男，正高级工程师，主要从事地质工程与水电工程技术研究与管理工作。

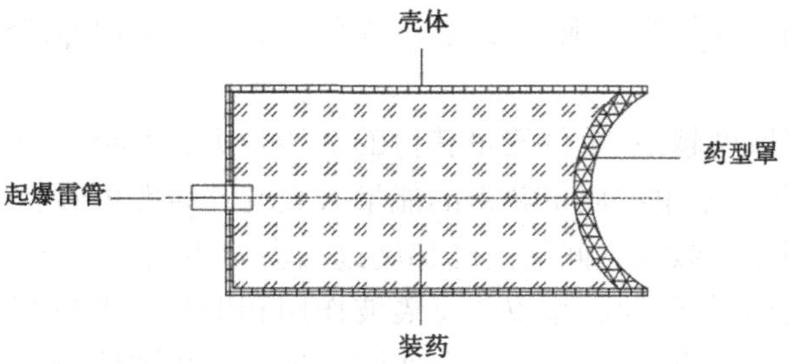

图 1　球缺型 EFP 聚能战斗部结构

罩[12]。这种药型罩结构形成的 EFP 对炸药不敏感、1 000 倍药型罩直径处仍然能够有效作用、受水环境影响小、稳定性高、侵彻作用面积大,适宜在水下环境中聚能爆破[14]。为获得成型较佳的 EFP,锥型和球缺型药型罩的锥角在 120°~160°[15]。紫铜等延展性较好的材料锥角可取大值,钢铁等延展性较差的材料锥角宜取小值[16]。本次聚能弹药型罩材料拟选择钢 Q235,因此锥角取 120°~140°。

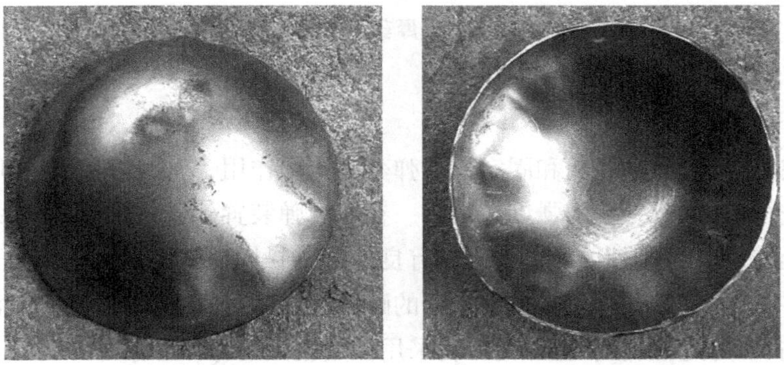

(a)药型罩外部　　(b)药型罩内部

图 2　球缺型药型罩实物图

2.2　药型罩材料选择

由于炸药爆炸的剧烈作用,EFP 在高温、高压、高应变率的条件下成型[17]。如果材料自身的塑性较差,爆炸成型弹丸会因剧烈的动态力学变化作用而碎裂。金属药型罩的制作材料通常应该具有高熔点、高密度以及较好的延展性等性质,在高温、高压、高速状态下不气化,能够承受在爆轰波作用下的高应变率变化[18-19]。目前,试验和工程应用中比较常见的药型罩材料是铁、钢、铝、铅、锌、钽、紫铜、钼、锆、镍、钨以及合金金属等[9]。常见材料中,铝延展性好,但密度较低;铅的延展性和密度较高,但熔点和沸点很低,在高温下容易汽化而不能成型;钽及其合金密度非常大,侵彻威力较铜能大幅度提高,但机械加工性能较差,加工成本高于铜和铁药型罩;紫铜的密度较高,塑性、延展性都较好,但价格比较昂贵[20-21]。不同材料聚能弹药型罩的破甲试验结果如表 1 所示。

表 1　不同材料药型罩的破甲试验结果

药型罩材料	破甲深度/mm			试验发数
	平均	最大	最小	
紫铜	123	140	103	23
生铁	111	121	98	4
钢	103	113	96	5
铝	72	73	70	5
锌	79	93	66	5
铅	91	—	—	1

综合考虑药型罩材料机械加工性能、毁伤破坏效果和经济成本因素，因钢材料比较常见，具有毁伤破坏效果较好、容易加工和价格低廉等优点，本次药型罩材料采用 Q235 钢。

2.3 药型罩厚度设计

通常情况下，药型罩厚度越薄，单位质量获得的动能越大，侵彻毁伤效果越好。当药型罩壁厚过小，同等装药量情况下，药型罩单位质量获得的能量太大就容易发生破裂，造成形成不完全、动能较小的 EFP。爆破过程中，药型罩微元之间的速度梯度过大会发生断裂。药型罩设计应根据装药结构形式，设计成不同壁厚的结构形状，使药型罩在爆轰波作用和锻造成型过程中各部分均匀变化，飞行姿态稳定。考虑制作工艺、经济成本、加工难度和实际运用，采取等壁厚药型罩，试验所用聚能弹药型罩厚度约为 2 mm。不同壁厚药型罩结构示意如图 3 所示。

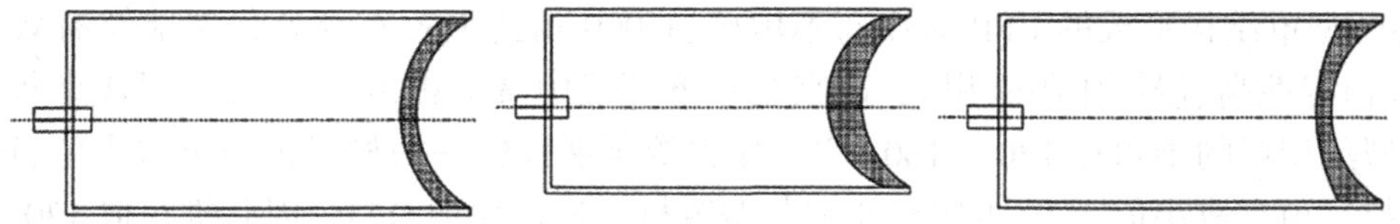

图 3 不同壁厚药型罩结构示意

3 壳体设计

壳体主要起装药模具、保护装药和固定聚能弹药型罩等作用[20]。大刚度壳体可以在聚能弹炸药爆炸时对爆轰波进行支撑和约束，增强爆破效果。在聚能弹装置外壳选择设计时，须充分考虑聚能装药壳体材料、厚度以及刚度等因素，确保壳体具有良好的密封性和强度。由于爆破开孔需要在水下和高压情况下进行，聚能弹装置外壳还需具有一定的耐压性和密封性，避免由于水的浸渍和水压影响造成拒爆、殉爆等事故。为此，聚能装置外壳材料采用模量较大的 Q235 钢。

聚能弹外壳整体密封，内部形成封闭的空腔，用于填充炸药。外壳包括上下两部分，上半部分为截锥体加圆柱体，在其顶部设置两根雷管引线；下半部分为圆柱体，其底部为向内凹陷的球缺型药型罩，球缺型药型罩凹陷的表面为旋转曲面，其母线与外壳的中心轴线重合。上下两部分外壳用法兰和螺栓拆卸连接，并设置 O 形密封圈密封。除法兰等凸出部位外，聚能弹壳体厚度设计为 2 mm。

4 装药结构和装药种类设计

聚能弹装药设计的主要原则是在确保 EFP 顺利成型、充分发挥炸药的爆轰效能的基础上，尽量减小装药用量。炸药的生产、填装和起爆安全系数要高，避免在水下发生拒爆问题。本次利用聚能爆破技术来进行水下爆破开孔，战斗部设计的一个重要环节在于通过合理的装药结构达到最大毁伤效果，同时控制好爆破危害。因此，聚能弹的装药结构设计应尽量减少无效药量，优化无效药量结构[21]。本次聚能弹外形采用上小下大的截锥柱体结构，以降低成本、提高炸药利用率、降低爆破危害。

考虑水下作业环境，本次设计聚能弹装药采用 2# 岩石乳化炸药。乳化炸药是一种油包水型的特殊乳状物，具有防水性能良好、爆速低、水下爆破危害小、成本较低等优点，其具有一定的防水性能，与特制的聚能弹金属外壳配合，可实现双重防水。采用乳化炸药等替代高爆速烈性炸药，可以使水下聚能爆破开孔弹的制备难度和要求降低，相对于使用 TNT 的经济成本也会减少。2# 岩石乳化炸药实物如图 4 所示。

5 聚能弹设计定形

综合以上 EFP 方式水下开孔聚能爆破弹各个参数的选择设计，得到聚能弹的参数如表 2 所示。

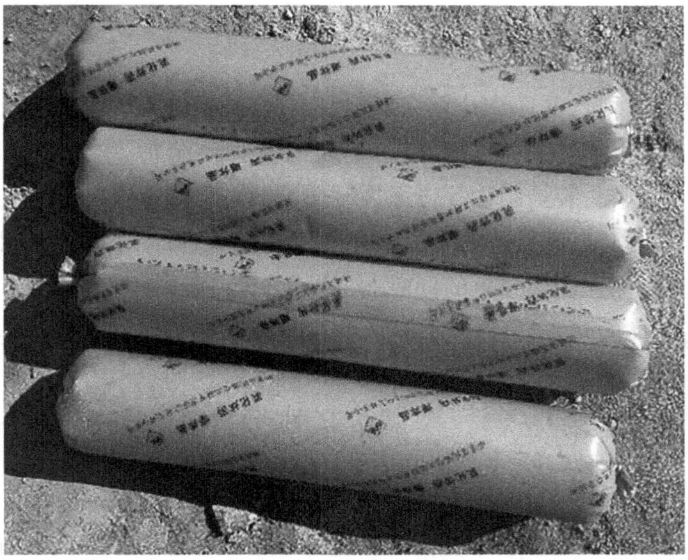

图 4　2#岩石乳化炸药实物

表 2　聚能弹参数选择设计

壳体和药型罩材料	药型罩结构	成型模型	装药种类	装药设计	起爆方式
Q235 钢	球缺型 120°~140°	“翻转型”EFP	2#岩石乳化炸药	尽量减少无效装药	单点中心起爆

按照表 2 所示的设计参数，聚能弹样式如图 5 所示，聚能弹的整体外形设计为柱体加截锥体，下部为球缺型药型罩，用于在岩石靶板上爆破开孔，可用于陆地和水下试验。在聚能弹靠近顶部的颈部位置安装了 3 个吊钩，每个吊钩均包括一个直臂段和另一端向下弯曲形成勾部以供吊具穿设的弯曲部；聚能弹 3 个吊钩的勾部均位于垂直于外壳中心轴线的同一平面上，彼此之间的夹角为 120°，3 个吊钩用于调整聚能弹的炸高和角度。全弹装药量在 2.0~5.0 kg，装药为普通的 2#岩石乳化炸药。

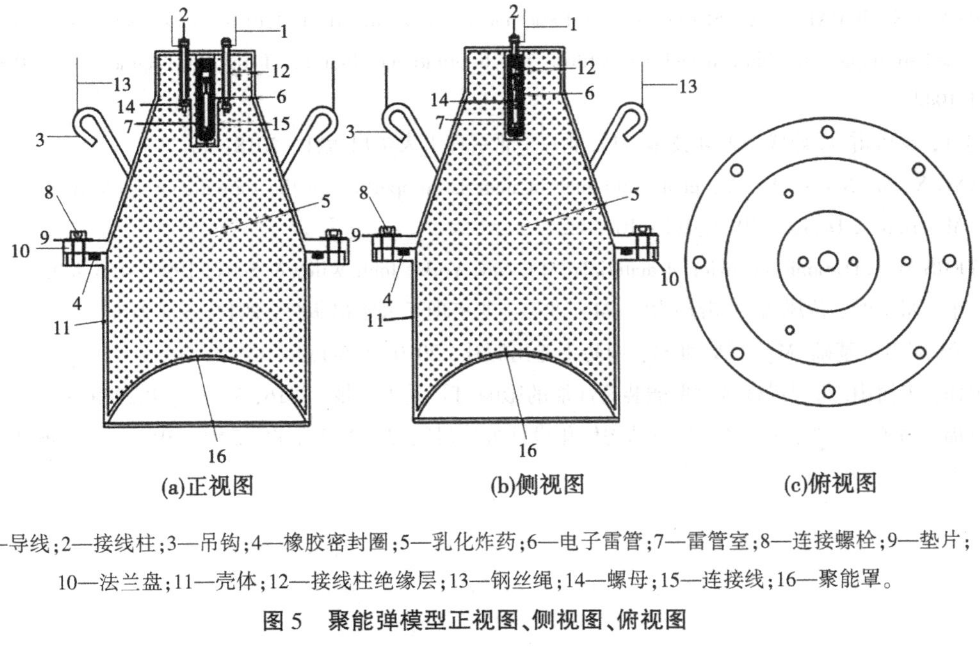

1—导线；2—接线柱；3—吊钩；4—橡胶密封圈；5—乳化炸药；6—电子雷管；7—雷管室；8—连接螺栓；9—垫片；10—法兰盘；11—壳体；12—接线柱绝缘层；13—钢丝绳；14—螺母；15—连接线；16—聚能罩。

图 5　聚能弹模型正视图、侧视图、俯视图

6 结语

深水爆破因受水压的影响，普通炸药存在拒爆和爆破效果不佳等问题。本文结合某工程深水条件下爆破开孔“造窝”的工程需求，基于聚能爆破原理，从弹体结构，聚能爆破药型罩形状、厚度、材料，弹体材料、结构，炸药选用、装药结构等方面展开研究，设计了一种聚能爆破弹。聚能爆破弹采用2#岩石乳化炸药填充，采用上半部分截锥体加圆柱体，下半部分圆柱体加底部凹陷的向内球缺型药型罩设计，在保证安全起爆、保证侵彻效果的同时，方便了装药，减少了炸药用量。在弹体结构防水与炸药防水的双重保障下，弹体的防水性能更加可靠，为后期深水条件下的使用奠定了基础。

参考文献

[1] VIKTOROV S D, ORLENKO L P, STAVER A M. Physics of explosion[M]. 3rd ed. Berlin: Springer, 2016.

[2] MUNROE C E. On certain phenomena produced by the detonation of gun cotton[C]//Proceedings of the Naval Institute. Annapolis: US Naval Institute, 1888, 14(4): 507-518.

[3] BIRKHOFF G, MACDOUGALL D P, PUGH E M, et al. Explosives with lined cavities[J]. Journal of Applied Physics, 1948, 19(6): 563-582.

[4] WALTERS W P, ZUKAS J A. Fundamentals of shaped charges[M]. New York: John Wiley & Sons, 1989.

[5] 王海福，冯顺山，刘有英. 聚能装药理论与技术[M]. 北京：北京理工大学出版社，2017.

[6] 张玉明，李启月，吴亮. 深水陡坡聚能爆破成孔技术研究[J]. 工程爆破，2020，26(3)：1-7.

[7] 张奇，王树山，李金明. 水下聚能爆破技术研究进展[J]. 爆炸与冲击，2018，38(2)：245-253.

[8] 李裕春，龙源，周听清. 聚能装药水下爆炸作用机理研究[J]. 兵工学报，2019，40(5)：1023-1031.

[9] 黄正祥，顾晓辉，陈惠武. 爆炸成型弹丸(EFP)技术[M]. 北京：国防工业出版社，2015.

[10] GUO H, ZHENG Y, YU Q, et al. Experimental study on underwater shaped charge penetration into concrete targets[J]. International Journal of Impact Engineering, 2020, 143: 103597.

[11] 王海亮，李向东，周旭. 聚能装药药型罩结构对射流成型的影响[J]. 爆炸与冲击，2016，36(3)：321-328.

[12] 黄正祥，贾宪振，陈惠武. 球缺型药型罩爆炸成型弹丸形成机理[J]. 兵工学报，2017，38(4)：712-719.

[13] 赵生伟，王树山，李金明. 异形药型罩聚能装药技术研究进展[J]. 含能材料，2018，26(5)：385-394.

[14] GUPTA N K, IQBAL M A, SEKHON G S. Experimental and numerical studies on the behavior of thin steel plates subjected to impact by blunt-nosed projectiles[J]. International Journal of Impact Engineering, 2006, 32(12): 1921-1944.

[15] 陈鹏万，黄风雷. 爆炸成型弹丸技术[M]. 北京：北京理工大学出版社，2018：56-78.

[16] ZHANG X, WANG X, HE Y, et al. Influence of material properties on the formationof explosively formed projectile[J]. Materials & Design, 2019, 168: 107642.

[17] MEYERS M A. Dynamic behavior of materials[M]. New York: John Wiley & Sons, 1994: 456-489.

[18] 张宝平，张庆明，黄风雷. 冲击动力学[M]. 北京：北京理工大学出版社，2014：203-215.

[19] 王礼立. 应力波基础[M]. 2版. 北京：国防工业出版社，2010：176-189.

[20] 赵生伟，王树山. 药型罩材料对聚能装药性能的影响[J]. 兵工学报，2016，37(6)：1029-1036.

[21] 王海福，冯顺山，刘有英. 聚能装药结构优化设计方法研究[J]. 兵工学报，2018，39(4)：645-653.

深水低温条件下高强锚固浆液试验研究

肖　莎[1]　戴　方[1]　陈　颖[1,2]　张宗刚[1,2]

（1. 湖南中南水电水利工程建设有限公司，湖南长沙　410014；
2. 中国电建集团中南勘测设计研究院有限公司，湖南长沙　410014）

摘　要：某工程需在水深超过 120 m 的水库库底设置大吨位锚索。受水深的影响，水库库水水温存在明显分层，且库底水温常年在 10 ℃以下。低温、深水、大吨位的特殊环境，对锚索注浆浆液在性能上、工艺特性上提出了新的要求。本文以 P·O52.5 水泥浆液为基浆，选取聚丙烯酰胺（PAM）为絮凝剂，聚羧酸为减水剂，硫酸锂（Li_2SO_3）为早强剂，硅灰为掺合料，并配以 UEA 型混凝土膨胀剂，通过室内正交试验和浆液性能测试，给出了深水、低温条件下高强锚固浆液最优配合比。按照此配合比，配制的浆液流动度在 190 mm 以上，吸水率小于 1%，浆液结石体密度大于 2 g/cm^3，3 d 抗压强度不小于 40 MPa，7 d 抗压强度不小于 50 MPa。

关键词：深水；低温；高强；浆液；配合比

1　引言

某工程需在水深超过 120 m 的水库库底设置大吨位锚索。受水深的影响，水库库水水温存在明显分层，且库底水温常年在 10 ℃以下。低温、深水、大吨位的特殊环境，对锚索注浆浆液在性能上、工艺特性上提出了新的要求。低温条件下，水泥浆液固化过程析水率大，凝结时间越长，早期强度上升较慢。深水条件下，为克服库水对浆液性能的影响，保证浆液的力学性能，需要浆液有一定的不分散性。大吨位的受力状态，需要浆液结石有足够的强度。钻孔锚索受力的特性，需要浆液有一定的微膨胀性，以保证凝固后锚索与孔壁黏结密实良好[4]。超百米的灌浆管路，需要浆液有较好的流动性和稳定性，以适应施工工艺的需要[5]。基于此，低温、深水环境下的大吨位锚索注浆浆液需兼具抗分散性好、流动性好、析水率低、水下结石强度高等特点，单一的水泥浆液已不能满足此要求。

2　试验设计

2.1　试验原材料

综合考虑材料性能及经济性，本次试验水泥选用强度等级为 52.5 MPa 的普通硅酸盐水泥，聚丙烯酰胺（PAM）作为絮凝剂，减水剂采用聚羧酸高效减水剂，硫酸锂（Li_2SO_3）作为早强剂，膨胀剂采用 UEA 型混凝土膨胀剂，硅灰作为掺合料。

2.2　试验设计

选择正交试验作为浆液配比试验的主要方法。考虑到试验的经济性、简便性和外加剂种类及对浆液性能的影响，试验采用四因素三水平正交试验[10]。试验外加剂掺量参考前人研究成果，以及外加剂的厂家推荐用量。首次试验过程中，将浆液结石体 3 d 抗压强度不低于 30 MPa 作为第一指标优

作者简介：肖莎（1988—），女，工程师，主要从事水利水电施工技术管理及研究工作。

先考虑。在首次试验优选基础上，对各外加剂在掺量范围内进一步优化配方，再次按正交试验方法进行试验，选取其中最优的浆液配比。本次研究不对正交试验结果进行极差分析。四因素三水平正交试验参数如表 1 所示。

表 1　四因素三水平正交试验参数　%

试验号	因素			
	聚羧酸高效减水剂掺量	硫酸锂掺量	聚丙烯酰胺掺量	硅灰掺量
1	0.60	0.40	0.012 5	4.00
2	0.60	0.80	0.025 0	5.00
3	0.60	1.00	0.037 5	6.00
4	0.80	0.40	0.025 0	6.00
5	0.80	0.80	0.037 5	4.00
6	0.80	1.00	0.012 5	5.00
7	1.00	0.40	0.037 5	5.00
8	1.00	0.80	0.012 5	6.00
9	1.00	1.00	0.025 0	4.00

3　试验仪器设备及依据

3.1　试验仪器设备

试验主要的仪器设备有水泥净浆搅拌机、截顶圆锥试模（深 40 mm±0.2 mm、顶内径 65 mm±0.5 mm、底内径 75 mm±0.5 mm）、圆锥截模（上口径 36 mm、下口径 60 mm、高度 60 mm，内壁光滑无接缝的金属制品）、玻璃板（400 mm×400 mm×5 mm）、钢直尺（300 mm）、秒表、电子天平（精度 0.01 g）、压力试验机、标准维卡仪等[12]。部分仪器设备如图 1 所示。

(a)水泥净浆搅拌机

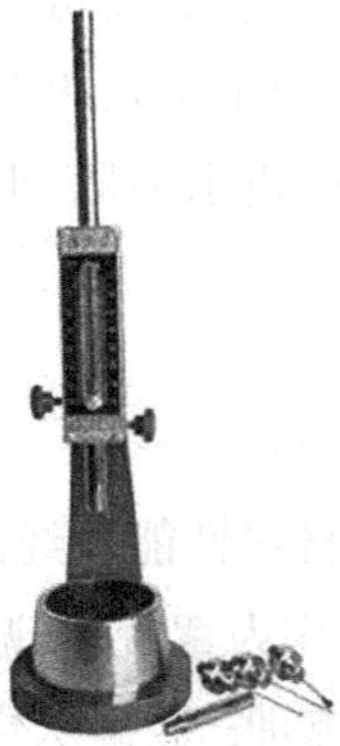

(b)标准维卡仪

图 1　试验部分仪器设备

3.2　试验依据

试样制作在室内同一情况下进行，浆液试模尺寸为 70.7 mm×70.7 mm×70.7 mm，每组 3 件。试样养护模拟深水、低温环境，水温控制在 7～12 ℃。试样性能指标检测采用以下方法：

(1)水泥浆的流动性试验:执行《混凝土外加剂匀质性试验方法》(GB/T 8077—2023)[13]。

(2)力学性能指标试验:执行《建筑砂浆基本性能试验方法标准》(JGJ/T 70—2009)[14],单轴压力试验机加载速率设置为 3 kN/s。

(3)凝结时间试验:执行《水泥标准稠度用水量、凝结时间与安定性检验方法》(GB/T 1346—2024)[15]。

(4)析水率。采用量筒法测定。将拌制好的浆液注入 100 mL 量筒中静置 2 h 后,浆液析水体积与浆液总体积的百分比即为 2 h 的浆液析水率,计算如下:

$$B = \frac{V_{析}}{V} \tag{1}$$

式中:B 为浆液析水率(%);$V_{析}$ 为析出水的体积,mL;V 为浆液的总体积,mL。

4 试验结果及分析

按照前期试验设计,第一批试样初选水灰比为 0.4。为初步了解各因子的敏感性和影响趋势,在原设计的正交试验基础上,外加剂掺量增加了 4 组试样,组成 13 组试样。对不同外加剂掺量编号为 1~13 组试样进行浆液流动度和结石体 3 d 抗压试验,试验结果如表 2 所示。

表 2 第一批试样组试验数据

编号	水灰比	外加剂/%				硅灰掺合料/%	流动度/mm	3 d 抗压强度/MPa
		减水剂	硫酸锂	聚丙烯酰胺	膨胀剂			
1	0.40	0.10	0.40	0.250 0	0.50	4.00	65±5	8.40
2	0.40	0.30	0.40	0.062 5	0.50	4.00	85±5	12.90
3	0.40	0.60	0.40	0.025 0	0.50	4.00	210±5	9.40
4	0.40	0.60	0.40	0.025 0	0.50	4.00	201±5	13.80
5	0.40	0.60	0.40	0.012 5	0.50	4.00	225±5	7.40
6	0.40	0.60	0.80	0.025 0	0.50	5.00	203±5	8.20
7	0.40	0.60	1.00	0.037 5	0.50	6.00	203±5	1.80
8	0.40	0.80	0.40	0.025 0	0.50	6.00	219±5	0
9	0.40	0.80	0.80	0.037 5	0.50	4.00	162±5	0
10	0.40	0.80	1.00	0.012 5	0.50	5.00	232±5	0
11	0.40	1.00	0.40	0.037 5	0.50	5.00	153±5	0
12	0.40	1.00	0.80	0.012 5	0.50	6.00	237±5	0
13	0.40	1.00	1.00	0.025 0	0.50	4.00	215±5	0

表 2 结果表明,水灰比为 0.40 时,改变外加剂以及掺合料比例,浆液结石体 3 d 的抗压强度最高为编号 4 的试样组,抗压强度为 13.80 MPa,但其指标与试验目标不低于 30 MPa 相差较远。当聚羧酸高效减水剂掺入量为 0.60%,水泥浆材的流动性对其他因子不敏感,保持在 201~225 mm 波动,流动性较好。

本批试验 3 d 的抗压强度普遍偏低,分析原因可能是因为选用的 0.40 的水灰比过高。为此,需将水灰比视为一个变量因素,调低水灰比。试验过程中发现,水泥浆材中掺入早强剂可提高浆液结石体早期强度,但掺量过多,会导致后期抗压强度降低,因此需控制早强剂的掺量。聚羧酸高效减水剂的掺量一旦过大,会导致离析分层浆液凝固时间较长,也影响水泥的抗压强度。聚丙烯酰胺掺入量过大,会导致浆液较黏稠,流动性较低。

基于第一批试样的分析,第二批试样的水灰比调整为 0.30。减水剂掺量 0.30%,硫酸锂掺量 0.60%,硅灰掺量 0.50%,其他外加剂及掺合料的掺量按三水平进行调整。调整后配比及试样试验结果如表 3 所示。

表 3　第二批试样组试验数据

编号	水灰比	外加剂/%				硅灰掺合料/%	流动度/mm	3 d 抗压强度/MPa
		减水剂	硫酸锂	聚丙烯酰胺	膨胀剂			
1	0.30	0.30	0.60	0.04	0.015	0.50	224±5	41.01
2	0.30	0.30	0.60	0.08	0.020	0.50	208±5	37.60
3	0.30	0.30	0.60	0.10	0.025	0.50	193±5	33.00
4	0.30	0.30	0.60	0.04	0.020	0.50	219±5	34.80
5	0.30	0.30	0.60	0.08	0.025	0.50	203±5	29.40
6	0.30	0.30	0.60	0.10	0.015	0.50	226±5	29.10
7	0.30	0.30	0.60	0.04	0.025	0.50	225±5	19.80
8	0.30	0.30	0.60	0.08	0.015	0.50	238±5	14.80
9	0.30	0.30	0.60	0.10	0.020	0.50	228±5	19.20

从表 3 可知,水灰比调整为 0.30 后,通过对外加剂及掺合料的掺量进行调整,流动度均能保持在 188~243 mm 内,满足试验目标要求。表 3 中编号 1~6 的试样组,3 d 抗压强度均能达到 29.10 MPa 以上。

基于第二批试样试验数据,为排除试验误差,对编号 1~6 号试样组采用的配方再次试验制作第三批试样组,进行验证。验证时,在检测浆液结石体强度 3 d 抗压强度的基础上,增加 5 d、7 d、28 d 的抗压强度试验,以检验配方有效性,并从中挑选出最优配方。第三批试样组试验数据整理如表 4 所示。

表 4　第三批试样组试验数据

编号	水灰比	外加剂/%				硅灰掺合料/%	流动度/mm	抗压强度/MPa				平均密度/(g/cm³)
		减水剂	硫酸锂	聚丙烯酰胺	膨胀剂			3 d	5 d	7 d	28 d	
1	0.30	0.60	0.04	0.015	0.50	3.00	225±5	37.00	39.10	41.60	54.10	2.09
2	0.30	0.60	0.08	0.020	0.50	3.50	200±5	39.70	41.70	43.60	55.30	2.09
3	0.30	0.60	0.10	0.025	0.50	4.00	192±5	48.00	52.30	54.90	66.60	2.11

续表 4

编号	水灰比	外加剂/%				硅灰掺合料/%	流动度/mm	抗压强度/MPa				平均密度/(g/cm³)
		减水剂	硫酸锂	聚丙烯酰胺	膨胀剂			3 d	5 d	7 d	28 d	
4	0.35	0.60	0.04	0.020	0.50	4.00	215±5	40.50	46.20	48.30	56.80	2.08
5	0.35	0.60	0.08	0.025	0.50	3.00	205±5	40.80	48.10	51.90	57.70	2.07
6	0.35	0.60	0.10	0.015	0.50	3.50	226±5	43.40	49.70	54.20	65.20	2.05

为直观对比各试样组浆液结石体不同龄期的单轴抗压强度，根据表 4 的数据，绘制第三批试样组单轴抗压强度与龄期关系曲线如图 2 所示。

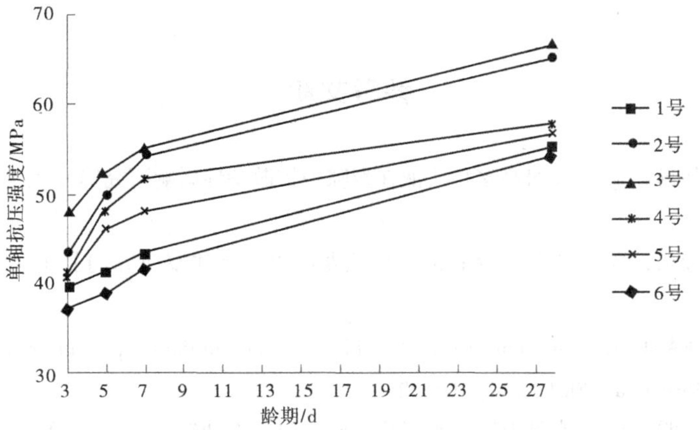

图 2　第三批试样组单轴抗压强度与龄期关系曲线

根据图 2 对比分析，1~6 号试样组中，3 号和 6 号试样组其浆液结石体 3 d、5 d、7 d 和 28 d 的抗压强度均能保持逐步增长，且强度值明显高于其他试样组。所以，优选 3 号和 6 号试样组的配方为推荐优选配方。

为进一步验证优选配方浆液其他性能指标的可靠性，对 3 号和 6 号试样组的配方浆液进行全指标试验，试样结果如表 5 所示。试验结果表明，优选配方浆液各项指标均能达到试验要求，即具有早期强度高、浆液稳定性好、析水率低、流动性好、水下抗分散等特点。

表 5　优选试样组试验数据

编号	水灰比	外加剂/%				硅灰掺合料/%	凝结情况(h:min)		析水率/%	流动度/mm	平均密度/(g/cm³)	抗压强度/MPa			
		减水剂	硫酸锂	聚丙烯酰胺	膨胀剂		初凝	终凝				3 d	5 d	7 d	28 d
3	0.30	0.60	0.10	0.025	0.50	4.00	16:00	17:40	0.30	192±5	2.11	48.0	52.3	54.9	66.6
6	0.35	0.60	0.10	0.015	0.50	3.50	19:43	21:35	0.80	226±5	2.05	43.4	49.7	54.2	65.2

5 结语

深水、低温条件下锚固浆液需具备抗分散性好、流动性好、析水率低、水下结石强度高等力学性能和工艺性能。试验研究以水泥浆液为基浆,通过正交试验对优选的外加剂和掺合料配比进行了设计和优选,得到了各项指标均能满足要求的深水低温条件下锚固浆液配方的2组优选的推荐配方。优选推荐浆液配方如表6所示。按照优选配方配制的浆液流动度在190 mm以上,吸水率小于1%,浆液结石体密度大于2 g/cm^3,3 d强度不小于40 MPa,7 d抗压强度不小于50 MPa。

表6　优选推荐浆液配方(重量比)

项目	水	水泥	外加剂/%				
			聚羧酸高效减水剂	硫酸锂	聚丙烯酰胺	膨胀剂	硅灰掺合料
配方1	0.30	1	0.60	0.10	0.025	0.50	4.00
配方2	0.35	1	0.60	0.10	0.015	0.50	3.50

参考文献

[1] 李晓龙, 桂云祥, 贾赫扬, 等. 温度对高聚物浆液在裂隙中扩散特性影响研究[J]. 土木工程学报, 2025, 58(1): 111-125.

[2] 李永丰, 高宇豪, 陈天乐, 等. 基于超细材料的全风化花岗岩防渗注浆研究[J]. 地质科技通报, 2024, 43(1): 194-203.

[3] XUEYU P, LIJUN S, FANG S, et al. Cement hydration kinetics study in the temperature range from 15 ℃ to 95 ℃[J]. Cement and Concrete Research, 2021, 148: 106532.

[4] 席方柱, 屈建省, 吕光明, 等. 深水低温固井水泥浆的研究[J]. 石油钻采工艺, 2010, 32(1): 40-44.

[5] 宋茂林, 肖淼, 耿国伟. 液体减轻低密度水泥浆体系在南海深水井的应用[J]. 石化技术, 2019, 26(6): 129,173.

[6] 王福军, 修启迪, 王冬冰. 多元复合增强剂对高性能混凝土工程性能的影响[J]. 建材世界, 2011, 32(6): 36-38.

[7] 史志杰. 高地温下注浆材料及其性能试验研究[D]. 北京: 中国矿业大学, 2017.

[8] 张恩. 脂肪族磺酸盐高效减水剂的合成及应用性能研究[D]. 广州: 华南理工大学, 2009.

[9] JIAPEI D, YUHUAN B, XUECHAO C, et al. Utilization of alkali-activated slag based composite in deepwater oil well cementing[J]. Construction and Building Materials, 2018, 186: 114-122.

[10] 孙宏友. 基于正交试验法的透水混凝土配合比设计和试验研究[D]. 哈尔滨: 哈尔滨工业大学, 2016.

[11] 赵松蔚. 预制混凝土早强免蒸养外加剂试验研究[D]. 重庆: 重庆大学, 2017.

[12] 李永丰,李建中,陈颖. 两种高抗硫酸盐水泥稳定浆液性能对比试验研究[J]. 探矿工程(岩土钻掘工程),2020,47(7):88-93.

[13] 国家市场监督管理总局, 国家标准化管理委员会. 混凝土外加剂匀质性试验方法: GB/T 8077—2023[S]. 北京: 中国标准出版社, 2023.

[14] 中华人民共和国住房和城乡建设部. 建筑砂浆基本性能试验方法标准: JGJ/T 70—2009[S]. 北京: 中国建筑工业出版社, 2009.

[15] 国家质量监督检验检疫总局, 中国国家标准化管理委员会. 水泥标准稠度用水量、凝结时间与安定性检验方法: GB/T 1346—2024[S]. 北京: 中国标准出版社, 2024.

[16] 王祖平. 可控压密灌浆加固地基材料的研究[D]. 南京: 东南大学, 2011.

水电工程探洞开挖掘进技术现状及发展趋势

王光明　张正雄　王俊博

（中国电建集团昆明勘测设计研究院有限公司，云南昆明　650051）

摘　要：本文全面探讨了水电工程探洞开挖掘进技术的现状及发展趋势。首先，介绍了探洞勘探的定义、作用及其在水电工程中的重要性。其次，详细分析了传统钻眼爆破法、机械掘进法和新型掘进技术的技术特点、应用范围及优缺点。再次，探讨了当前探洞开挖掘进技术面临的主要挑战，包括地质条件复杂、环境保护要求和施工效率与安全问题。最后，展望了未来探洞开挖掘进技术的发展趋势，包括智能化与自动化技术、绿色环保技术的应用。本文旨在为水电工程勘探探洞开挖掘进技术的进一步发展提供参考和指导。

关键词：水电工程；探洞；开挖掘进技术；钻眼爆破法

1　引言

工程勘察的基本任务是为工程的设计、施工以及岩土体治理加固等提供地质资料和必要的技术参数，对有关的水电工程问题做出评价，以保证设计工作的完成和顺利施工，工程勘察阶段与设计阶段的划分一致。工程勘察常用的手段有钻探、探洞、坑槽探、地球物理勘探、现场及室内试验等。钻探、探洞和坑槽探工程是直接勘探手段，属于重型勘探，能较可靠地了解地下地质情况。钻探工程是使用最广泛的一类勘探手段，普遍应用于各类工程的勘探；由于它对一些重要的地质体或地质现象有时可能会误判、遗漏，所以也称它为“半直接”勘探手段。对于探洞和坑槽探，地质工程师可以在其中观察编录，以掌握地质条件的细节。重型勘探工程耗资高，勘探周期长，使用时应具有经济观点。地球物理勘探简称物探，是一种间接的勘探手段，它可以简便而迅速地探测地下地质情况，且具有立体透视性的优点，但其勘探成果具有多解性，使用时往往受到一些条件的局限。考虑到几类勘探手段的特点，布置勘探工作时应综合使用，互为补充。

《水电工程坑探规程》（NB/T 10340—2019）[1]对探洞定义为：沿与水平面夹角不大于6°掘进的坑道。勘探探洞可实现以下目的：①查明地层岩性、风化、卸荷程度及岩体完整性；②查明地质构造（包括断层、软弱夹层、挤压带及节理）发育情况及分布规律；③查明地下岩溶形态、岩溶发育规律及水文地质条件；④在洞内配合开展钻探、物探、现场物理力学试验及取样工作等。

随着科学技术的不断进步和绿色勘察技术的发展，探洞施工方法逐渐由单一钻眼爆破法发展到钻眼爆破法、TBM法、悬臂掘进法、水磨钻掘进法、钻孔式硬岩隧道掘进法等多种施工方法。常规水电工程一般在预可研阶段布置探洞，探洞长度50～200 m，一般不会超过400 m，断面尺寸以2.0 m×2.0 m、2.5 m×2.2 m为主；抽水蓄能电站一般在可研阶段布置探洞，探洞长度一般超过400 m，断面尺寸以2.5 m×2.2 m、2.5 m×2.5 m、3.0 m×3.0 m为主。

随着国家安全生产、职业健康、环境保护等法律法规不断健全和完善，深入研究探洞开挖掘进技术的现状及发展趋势，对于提高勘探效率、保障施工安全和促进水电工程的可持续发展具有重要意义。

基金项目：中国电建集团昆明勘测设计研究院有限公司科研项目“复杂堆积体综合勘察技术研究及应用”（RD93）。

作者简介：王光明（1985—），男，正高级工程师，副总工程师，主要从事工程勘探工作。

2 水电工程探洞开挖掘进技术现状

2.1 钻眼爆破法

钻眼爆破法是探洞开挖掘进中最常用的技术之一。其基本原理是通过钻孔、装药和爆破的方式破碎岩体,然后进行出渣和支护。钻眼爆破法具有适应性强、成本较低和施工灵活等优点,适用于各种地质条件和工程规模。然而,钻眼爆破法也存在一些缺点,如爆破震动对围岩的损伤、施工效率相对较低、安全风险较高、距离居民区要有一定距离等。因此,在实际应用中,需要根据具体地质条件和工程要求,合理选择爆破参数和施工工艺,以最大限度地发挥钻眼爆破法的优势,减少其不利影响。

钻眼爆破法通常使用手风钻或凿岩台车钻孔,出渣采用人工或扒渣机装车,手推车或小型出渣车运输至洞外后,再卸至自卸车运输至指定位置。

2.2 TBM 法

TBM(tunnel boring machine)是一种集机、电、液压、流体、信息、控制等技术于一体的大型隧道专用机械设备,其单纯依靠硬岩滚刀刀具实现对掌子面的滚压破岩,能同时完成开挖、出渣、支护等作业,实现工厂化施工,配合长距离连续皮带机技术可以完成连续掘进,大大提高了隧道的开挖效率。TBM 法适用于中硬至硬岩地层,具有掘进速度快、施工效率高和围岩扰动小等优点。

中国水利水电第五工程局有限公司 2022 年 4~8 月,垣曲二期抽水蓄能电站地勘探洞率先采用 TBM“江源 15 号”(新型敞开式 TBM,开挖直径 3.63 m,长度 75 m,最小转弯半径 30 m,整机质量 230 t)进行探洞掘进开挖,与人工钻眼爆破法相比,更加绿色节能、安全高效,有效缩短工期 4 个月。“江源 15 号”TBM 开挖直径 3.63 m,整机长度 75 m,整机质量约 255 t。全国首例 TBM 掘进探洞,日进尺 22 m 左右,洞径 3.63 m、洞长 1 338.2 m,最大纵坡 5‰。“江源 15 号”进场 20 余 d 即完成始发,历时 129 d 完成掘进任务。勘探探洞岩性主要为石英砂岩,岩石强度高,抗压强度大于 100 MPa,地质条件复杂。TBM 掘进过程中共穿越断层破碎带 43 次,其中穿越超过 10 m 的断层破碎带 9 个,最宽断层破碎带达 40 m。“江源 15 号”单班最快掘进 16.03 m、单日最快掘进 31.05 m,创造了同级别 TBM 单日进尺纪录,有效保障了垣曲二期抽水蓄能电站工程的建设进度。

葛洲坝勘测设计公司在 2024 年 4 月 11 日至 7 月 27 日使用“岫岩号”TBM(新型敞开式 TBM,开挖直径 3.53 m,设备总长 60 m,最小转弯半径 30 m)完成辽宁岫岩龙潭抽水蓄能电站可研阶段勘探探洞主洞掘进任务,创下最高日进尺 37.08 m、最高月进尺 804.07 m 的记录。

TBM 与钻眼爆破法相比,除成本高不占优势外,TBM 法在安全、社会效益、工期、技术及环境等方面都具有优势,如表 1 所示。

表 1 TBM 法与钻眼爆破法对比

工法	TBM 法	钻眼爆破法
施工进度	200~1 200 m/月	80~200 m/月;很多地区受爆破作业管制限制,施工进度被迫中断
施工安全	不需要爆破,安全风险低	需要爆破施工,安全风险大
施工质量	对周边围岩扰动小,成洞表面圆顺光滑	对围岩扰动大,超欠挖较为普遍
文明施工	好	差
作业环境	通风较好,无明显烟尘	通风差,灰尘大
人员投入	较少	较多
环境保护	纯机械破岩,对周边环境基本无影响	爆破施工,对周边环境影响较大

续表 1

工法	TBM 法	钻眼爆破法
工期	准备工作时间长,设备进场、组装 10~90 d;具备连续掘进,效率高,实际施工时间短;掘进后拆解设备耗时长	工序多,工期长
管理	自动化、信息化程度高,数据可以远程传送、实时监控	管理难度大
经济性	机械化施工,人力投入少,设备费用相对较高	设备费用低,人力投入大,同时间接增大工程量,增加费用
适用性	定制设备,适用硬岩地层,灵活性一般。对外进场公路要求高,始发平台占比面积大,洞口地形地貌需开阔平缓	适用面广,灵活性强

2.3 悬臂式掘进机法

悬臂式掘进机法是铣挖法的最主要的方式。悬臂式掘进机是一种部分断面掘进机,其截割臂可以上下、左右自由摆动,能切割任意形状的隧道断面。悬臂式掘进机集开挖、装渣和自动行走于一身,进退自如,操作灵活,对复杂地质适应性强,便于支护,可以适应中、软岩隧道不同的施工方法,因此是中小型中、软岩隧道的理想开挖工具。目前,国外加快了对悬臂式掘进机的研究步伐,逐渐使之应用于中硬和硬岩巷道的掘进施工[2-3]。

悬臂式掘进机掘进技术根据探洞断面尺寸和岩石力学指标,综合分析施工经济性,选定掘进机的型号。根据掘进机的定位截割范围,可采用上下大台阶、左右小台阶、分层多台阶施工。这种技术的缺点在于:粉尘大、施工环境差;强度高于 60 MPa 时效率低;节齿消耗大;行走速度慢(6 m/min);要求探洞断面尺寸较大。当周围岩石的抗压强度变化范围为 60~120 MPa 时,要采用重型悬臂式掘进机,其切割额定功率≥180 kW;当其抗压强度≤60 MPa 时,要采用轻型悬臂式掘进机,其切割额定功率≤90 kW。目前,无水电工程探洞使用悬臂式掘进机法的报道。

2.4 人工水磨钻法

岩石有三大特征:一是抗压能力强,而抗拉和抗剪切能力很低;二是岩石在大于其极限抗拉能力的作用下会发生拉裂破坏;三是岩石在大于其极限抗剪切力的作用下会发生剪切破坏。水磨钻法施工挖孔桩充分地利用了岩石的这三大力学特性。

人工水磨钻法主要是采用直径为 160 mm 的混凝土取心机沿探洞周边取出深约为 80 cm 的圆柱体岩心,形成一圆外周临空面,然后对剩余的基岩心部分进行分块,沿圆半径取心分块形成内部临空面。在分块的岩石上钻上一排小孔,然后在小孔内锥入液压劈裂棒或钢楔子,启动液压系统或捶击钢楔挤压岩石,使岩石同时受到铅垂面上的拉力和水平面上的剪切力作用,当挤压力大于极限抗拉力和极限抗剪切力之和时,岩石沿铅垂面被拉裂并从底部发生剪切破裂,取出分裂的岩块。依次按照分层取心、破裂、取岩块的循环工序作用,最终达到开挖的目的。

水磨钻主要由水磨钻机、水磨钻筒和专用水泵三部分组成。一般一个水磨钻机配备 35 个水磨钻筒,一个水磨钻筒上有 7 个刀头。水磨钻外径为 160 mm,内径为 153 mm,壁厚度为 7 mm,高度为 80 cm,一个循环可钻 80 cm。

主要施工工艺如图 1 所示。

水磨钻每循环平均进尺 0.8 m,每循环耗时 15 h,工作面进尺约为 30 m/月。总体来看,人工水磨钻掘进技术效率较低,费用较高,但适应性较好。一般用于离居民区较近不具备爆破条件的探洞。

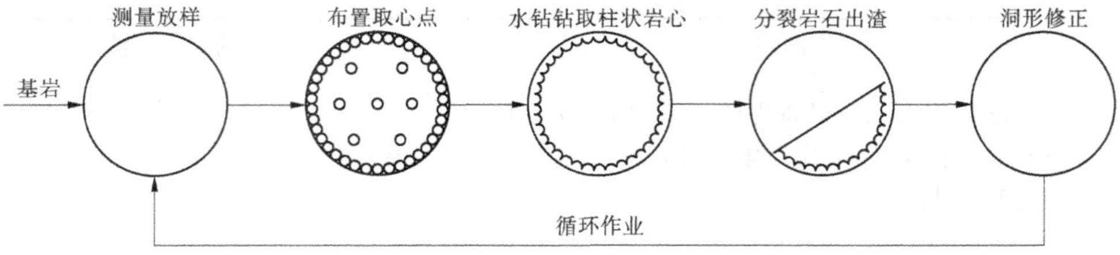

图 1　施工工艺

2.5　钻孔式硬岩隧道掘进法

钻孔式硬岩掘进机是在人工水磨钻基础上发展起来的一种新型静态爆破施工技术，可在无震动、无飞石、无噪声、无污染的条件下完成探洞掘进工作。该设备设置液压马达恒压驱动钻筒，自动钻进，自动推心，解决了大部分设备的断心、卡心和除心难的问题，加快了探洞掘进工效，提高了文明施工水平。探洞内钻孔设备与液压劈裂机相结合的探洞掘进工艺流程为：施工准备→测量放线、确定洞口位置→洞口支护→开挖轮廓线确定→布孔→钻孔设备就位→钻孔、取心→钻劈裂孔→液压劈裂机劈裂核心岩体→人工清除劈裂岩体→修边、清除浮石→进入下一循环。其技术要点在于：①无须大型设备，所需设备成本低，轻便易维护，易于操作，设备和人员方面的投入较小，施工成本相对较低；②钻孔设备及液压劈裂机工作时，产生震动微小、冲击力小、噪声低、粉尘飞屑极少，不会产生有毒气体和其他有害废弃物，对周围环境无影响，施工作业环境明显改善；③不受炸材供应限制，报批手续简便，缩短工期，能够组织不间断循环作业，综合效益高；④施工工艺简单，组织人员进行简单培训后即可上岗，易于学习掌握，便于推广。

钻孔式硬岩隧道掘进法每循环平均进尺 1～1.2 m，适用于断面尺寸大于 2.5 m 的探洞，施工工效是人工水磨钻的 3 倍。

2.6　静态爆破掘进技术

静态爆破掘进技术应用静态破碎剂来实现破岩，根据被破碎物体的硬度及被破碎后的尺寸要求，同时根据所选用的静态爆破剂，采用不同的技术参数，以达到理想的爆破效果。静态爆破的施工程序：调查需要爆破的岩石或构筑物→爆破参数计算→选择破碎剂→钻孔→充填灌注→养护→二次破碎→清理。孔位布置：根据施工现场的具体情况，尽可能多地创造临空面，对不同的临空面采取不同的布孔方法，可采取垂直、水平、斜向等布孔方式，为达到更理想的爆破效果[4]，可采取中心掏槽结合垂直、水平、斜向孔同时使用。静态爆破施工程序简单，操作便捷性比较高，施工过程环保，不会与其他施工方式产生干扰。

2.7　综合性能对比

(1)钻眼爆破法。传统的打眼放炮的钻眼爆破法每月开挖进尺只在 100 m 左右，且对周围岩层的扰动大。

(2)机械破岩法。有 TBM 法、悬臂式掘进机法、人工水磨钻法和钻孔式硬岩隧道掘进法等手段。但上述各种机械破岩方法都存在一定的局限性。TBM 法适用中长距离、周围地质环境稳定的洞径 3.5 m 以上探洞施工，并且整体费用较高，硬岩开挖速度低。悬臂式掘进机法是在开挖过程中粉尘较大，并且超欠挖严重，也无法掘进硬岩探洞。人工水磨钻法人工劳动强度大、工作环境恶劣且危险、效率低下。钻孔式硬岩隧道掘进法只是省去了人工架设钻架的工作，其钻掘的灵活度不够，且需人工劈裂岩石，工作环境存在危险性，人工装载碎石料，工人劳动强度依然很高[5]。

(3)由于掘进原理的不同，上述介绍的几种施工方法在具体工程中所表现出来的效果也不一样。对于人工水磨钻技术：施工后平洞的断面轮廓完整，岩壁表面也较为光滑，同时对工人要求比较高，施工环境较差。对于以钻眼爆破法为代表的爆破方法：爆破后的断面轮廓不完整，岩壁凹凸不平，存在严重的超挖欠挖以及安全性问题。对于悬臂式掘进机法：采用铣削岩壁的方式，平洞断面施工的效果佳,岩壁平整度较好,并且能够很好地控制掘进量和掘进速度。对于钻孔式硬岩隧道掘进法:施工后的平洞断面相较于爆破方法有较好的平滑和完整度,减少了超挖欠挖的问题,同时改善了人工水磨钻法的施工环境,施工的综合效果较好[6]。对于 TBM 法:洞壁较光滑,对洞壁清洁度要求更高。

(4)人工水磨钻法、静态爆破掘进法和钻孔式硬岩隧道掘进法适用范围更加广泛,对探洞环境、大小的适应性更强。从施工环境和工人劳动强度等因素考虑,钻孔式硬岩隧道掘进法相较于前两者具有更好的综合性能[6]。

3 探洞开挖掘进技术面临的挑战

地质条件的复杂性是探洞开挖掘进技术面临的主要挑战之一。水电工程通常位于山区或河谷地带,地质条件复杂多变,岩体结构、构造和物理力学性质差异较大。例如,断层、裂隙、软弱夹层和地下水等地质因素,都会对探洞开挖产生不利影响,增加施工难度和风险。因此,在探洞开挖过程中,需要详细勘察地质条件,合理选择掘进技术和施工工艺,采取有效的支护和加固措施,以保障施工安全和工程质量。

随着环保意识的增强,探洞开挖掘进技术面临的环保要求也越来越高。传统钻眼爆破法产生的爆破震动、噪声和粉尘,会对周围环境和生态系统造成不利影响。机械掘进法虽然环境影响相对较小,但仍存在泥浆处理、废水排放和噪声污染等问题。因此,在探洞开挖过程中,需要采取有效的环保措施,如降噪、除尘、废水处理和生态修复等,以减少对环境的负面影响。

施工效率与安全问题是探洞开挖掘进技术面临的另一重要挑战。探洞开挖通常需要在高地应力、高水压和复杂地质条件下进行,施工难度大,安全风险高。传统钻眼爆破法施工效率相对较低,且存在爆破震动和飞石等安全隐患。机械掘进法虽然施工效率较高,但设备故障和围岩失稳等问题仍可能影响施工进度和安全。因此,在探洞开挖过程中,需要采用先进的施工技术和设备,加强施工管理和安全监控,提高施工效率,保障施工安全。此外,智能化、自动化技术的应用,也为提高施工效率和安全性提供了新的途径。

4 探洞开挖掘进技术的发展趋势

(1)智能化与自动化技术是探洞开挖掘进技术未来发展的重要方向。随着人工智能、物联网和大数据等技术的快速发展,智能化掘进设备和系统逐渐应用于探洞开挖中。例如,智能掘进机能够通过传感器和控制系统实时监测掘进参数和围岩状态,自动调整掘进速度和方向,提高施工精度和效率。自动化出渣系统和支护设备也能够减少人工操作,提高施工安全性。此外,基于大数据和人工智能的施工管理系统,能够实现施工过程的实时监控和优化,提高施工效率和质量。未来,智能化与自动化技术将在探洞开挖掘进中发挥越来越重要的作用,推动探洞开挖向高效、精准和安全的方向发展。

(2)绿色环保技术是探洞开挖掘进技术发展的另一重要趋势。随着环保要求的不断提高,传统掘进技术产生的环境影响逐渐成为制约探洞开挖的重要因素。因此,开发和应用绿色环保掘进技术,减少施工过程中的噪声、粉尘、废水和废气排放,成为探洞开挖掘进技术发展的重要方向。未来,绿色环保技术将成为探洞开挖掘进技术发展的重要驱动力,推动探洞开挖向可持续、环保的方向发展。

(3)开发和应用高效安全掘进技术,提高施工速度和安全性,成为探洞开挖掘进技术发展的重要方向。例如,高效掘进设备和快速支护技术能够显著提高施工效率,缩短施工周期。先进的地质预报和围岩监测技术能够及时识别和预警潜在的地质灾害,保障施工安全。

5 结语

水电工程探洞开挖掘进技术面临着地质条件复杂、环保要求高和施工效率与安全等多重挑战。未来的探洞装备将朝着高度自动化、高效破岩能力、多功能集成化、便携性等方向发展[7]。未来探洞开挖掘进技术的发展趋势将主要集中在智能化与自动化技术、绿色环保技术和高效安全技术三个方面。

总之，探洞开挖掘进技术的发展是一个不断探索和创新的过程。未来，随着科技的进步和工程需求的不断提高，探洞开挖掘进技术将不断取得新的突破，为水电工程的发展做出更大的贡献。

参考文献

[1] 国家能源局. 水电工程坑探规程：NB/T 10340—2019[S]. 北京：中国水利水电出版社，2020.

[2] 漆泰岳，李斌. 悬臂掘进机在复杂断面地铁隧道中的应用研究[J]. 现代隧道技术，2011(4)：32-38.

[3] 李振国. EBZ240 型悬臂式掘进机的研制[J]. 煤矿机械，2011(12)：147-149.

[4] 李晓辉. 静态爆破技术在隧道开挖施工中的应用[J]. 建材与装饰，2018(11)：236-237.

[5] 郭永存，刘子强，王爽，等. 一种全自动全截面水磨钻孔式硬岩隧道掘进机：202411484168. 4[P]. 2025-01-24.

[6] 李锋，谢玉萍，冉隆田，等. 勘探平硐施工技术与掘进装备发展现状[J]. 探矿工程(岩土钻掘工程)，2020，47(12)：8-15.

[7] 杨鸣，谢玉萍，龙三，等. 平硐勘探绿色施工技术[J]. 绿色科技，2020(20)：176-178.

抓取法混凝土防渗墙施工技术在砂卵石地层中的应用

向建平　杨　柳

（成都万力建筑工程有限公司，四川成都　610072）

摘　要：岷江龙溪口航电枢纽库区防护工程孝姑镇防护区堤防工程混凝土防渗墙采用抓取法成槽施工技术，该施工技术在砂卵石夹粉砂、粉土地层中取得良好的应用效果。本文基于该工程实践，总结了抓取法成槽工艺混凝土防渗墙的施工流程，重点分析了固壁泥浆动态配置成果、成墙施工及控制要点等关键技术。工程累计完成混凝土防渗墙轴线长 6 573.4 m，单元工程优良率达 100%，验证了该技术在砂卵石地层中的高效性与经济性，为类似工程提供参考。

关键词：混凝土防渗墙；抓取法成槽；施工技术；水利水电工程

1　工程概况

岷江龙溪口航电枢纽工程位于岷江乐山至宜宾中下游河段，是规划的岷江乐山至宜宾河段航电梯级开发的第 4 级航电枢纽。库区防护工程是龙溪口枢纽的重要组成部分，孝姑防护工程位于坝址上游左岸的孝姑镇，沿岷江干流及百支溪右岸布置，由防洪堤、泵站组成，区内防护轴线长 7 309 m。防洪堤防渗体系采用“堤身+垂直混凝土防渗墙”形式，防渗墙设计轴线长 6 570 m，深度 3.2～22 m，墙厚 0.6 m，嵌入基岩 0.5 m。

根据设计地质资料，孝姑防洪堤地层结构自上而下一般为粉土层、砂卵石层、基岩层。防洪堤沿线冲积层，其上部为灰色、黄色粉土，粉粒含量为 53.8%～68.9%，细砂含量为 29.8%～45.4%，渗透系数一般为 3.45×10^{-3}～4.22×10^{-4} cm/s，属于弱透水－中等透水层；下部砂卵砾石，以卵石和砾为主，夹少量漂石，圆度好，漂石含量为 10.9%，卵石含量为 41.8%，砾含量为 39.0%，所含砂以中、细砂为主，渗透系数一般为 3.57×10^{-2}～9.78×10^{-2} cm/s，属于中等透水－强透水层。冲积层下伏基岩为砖红色砂岩夹少量紫红色泥岩，新鲜完整的岩体其透水性微弱，为相对隔水层，渗透系数一般为 3.5×10^{-6}～1.2×10^{-7} cm/s。

2　抓取法混凝土防渗墙施工技术

抓取法混凝土防渗墙是一种使用专用抓斗设备挖掘地层，形成槽孔，采用直升导管法在泥浆下浇筑混凝土形成连续防渗体的施工技术。施工工艺流程为：施工准备→导墙及平台施工→泥浆制作→槽孔建造→墙体混凝土浇筑→质量检查。

2.1　施工准备

施工前布置好供水、供电、供浆、道路、排水等设施，完成墙体混凝土的施工配合比试验和设计，收集设计图纸、技术要求、工程地质等资料，按照设计要求开挖或回填施工平台至设计高程，地基承载力检测满足设计要求。

2.2　设备选型及槽段划分

根据本工程砂卵石地层条件和防渗墙设计参数，主要施工设备为徐工 XG500E 型液压抓斗，配套

作者简介：向建平（1968—），男，工程师，项目副经理，主要从事水利水电工程施工管理工作。

ZD120×400 全液压拔管机及 ZX-250 泥浆净化装置、三一 45 t 履带起重机等。XG500E 型液压抓斗主要参数见表 1。

表 1　XG500E 型液压抓斗主要参数

序号	参数名称		单位	参数
1	主机	最大提升力	kN	500
2		成槽深度	m	75
3		卷扬最大提升/下放速度	m/min	40/75
4		液压系统压力	MPa	32
5		主机质量(不含抓斗)	t	65
6	抓斗	抓斗张开宽度	mm	2 800
7		成槽厚度	mm	300~1 500
8		抓斗开启时间	s	6
9		抓斗闭合时间	s	7
10		抓斗质量	t	22
11	发动机	型号		Cummins-QSM11
12		功率	kW/(r/min)	298/1 900

槽段规划时,宜减少槽段之间接头数量,提高墙体的整体性,以及综合考虑地质条件、成槽方法、施工能力等因素,合理划分槽段[1]。本工程划分槽段长度一般按 6.4 m 控制,特殊部位槽段可作适当增减调整,合龙槽段缩短至 3.2 m。

2.3　导墙及平台施工

根据设计和施工要求,采用矩形结构 C20 钢筋混凝土导墙。导墙高度 1.5 m,内侧间距 0.7 m,单侧厚度 0.5 m。按照设计结构形式使用挖掘机开挖沟槽,开挖前用 RTK 测量仪器测放出导墙的轴线和边线。开挖完成后,人工修整沟槽,安装钢筋立模浇筑混凝土,拆模后,在槽段之间采用圆木或砌筑砖墙作为内支撑。导墙典型断面图详见图 1。施工平台为防洪堤防冲齿墙基础面高程加上 0.5 m 保护层厚度的工作面。

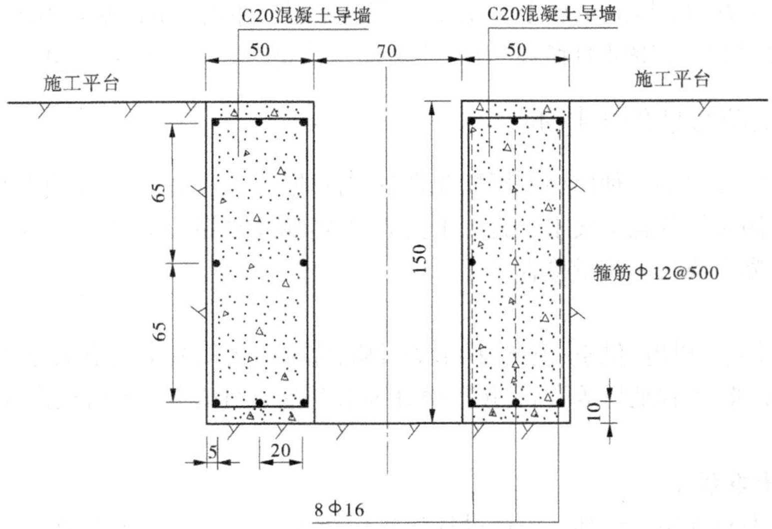

图 1　C20 钢筋混凝土导墙结构断面图　(单位:cm)

2.4 泥浆制作

根据本工程地质条件和施工工艺，选择钻井液用Ⅱ级膨润土拌制泥浆，并加入碳酸钠、增黏剂CMC(羧甲基纤维素)等处理剂以提高泥浆性能。经现场试验和施工过程经验总结，随着成槽到不同地层，动态调整泥浆配合比。施工过程中泥浆的循环使用，需经常性测定泥浆性能，并掺加一定量的聚丙烯酰胺絮凝剂，除去循环泥浆中的悬浮物，降低含砂量，保持泥浆性能，一般掺量泥浆体积的0.003%，最合理的比例通过现场测量决定[2]。不同地层泥浆材料用量参考值详见表2。各阶段泥浆性能指标详见表3。

表2 泥浆材料用量参考 单位:kg

地层情况	材料用量			
	水	膨润土	碳酸钠	CMC
粉土	1 000	70	3	1
砂卵石	1 000	90	4.4	1.5

表3 各阶段泥浆性能指标

项目	各阶段性能指标		试验仪器
	新制	重复使用	
密度/(g/m^3)	1.03~1.08	<1.15	泥浆比重计
漏斗黏度/s	35~55	32~70	马氏漏斗
含砂量/%		≤6	含砂量测定仪
失水量/(mL/30 min)	<18	<40	失水量仪
泥饼厚度/mm	<2.5		失水量仪
pH 值	7.5~10.5	8~11	pH 试纸或电子 pH 计

膨润土泥浆选用高速搅拌机拌制，各种材料按设计的配合比计量添加。制浆前，先将增黏剂CMC在容器中加水使用软轴搅拌器进行充分搅拌和膨化，碳酸钠加水制成溶液。拌制泥浆时先加水、再加入膨润土拌制成膨润土浆液，然后加入碳酸钠溶液共拌，时间不少于3 min。最后加入CMC溶液继续搅拌，时间不少于2 min。拌制好的膨润土泥浆溶胀时间不小于12 h。

2.5 槽孔建造和清孔换浆

混凝土防渗墙成槽施工采用抓取法施工工艺，先抓取槽段两边主孔，再抓取中间副孔。两台抓斗设备为一组布置，一台抓斗先施工一期槽孔，间隔的两个一期槽孔完成后，另一台抓斗接着开始施工二期槽孔，两台抓斗交替连续施工。挖槽前，导墙内先注入泥浆，槽孔建造时，固壁泥浆面应保持在导墙顶面以下30~50 cm。槽孔建造结束后，先进行终孔质量检验，验收合格后才能清孔。清孔时，采用抓斗捞取槽孔内大部分淤积和大颗粒沉渣，再使用泵吸法清孔，直至孔底淤积厚度不大于10 cm的要求。二期槽孔清孔结束前，使用钢丝刷壁器分段刷洗接头槽壁，清除泥皮，直至刷子不带泥屑，孔底淤积不再增加。清孔换浆完成后的泥浆指标应满足规范要求。

2.6 成槽施工质量控制要点

抓取法成槽的质量控制重点是防止槽孔壁垮塌、保证槽孔壁垂直、控制成槽宽度以及控制槽底沉渣厚度，施工时结合地质条件动态调整工艺，确保槽孔满足防渗墙的强度、连续性和防渗要求。

2.6.1 施工前准备工作控制

施工前做好设备配置选型匹配工作，做好设备维护保养，确保设备性能优良。合理规划布置泥浆系统，严把膨润土等原材料质量关，室内确定泥浆配比并进行适应性修正，保证制送浆系统能稳定运行，确保泥浆质量、数量满足使用要求。

2.6.2 成槽过程控制

（1）垂直度控制。抓槽时采用随钻测斜装置实时监测，每 2~3 m 进行一次垂直检测，出现偏斜时，采用调整抓斗下放角度、控制抓斗下放速度纠偏，必要时回填黏土至偏斜位置以上 1 m，并重新抓槽。

（2）槽壁稳定性控制。保证泥浆各项指标满足要求，保持泥浆液面高于地下水位 1.5 m，导墙内注入泥浆至导墙顶以下 0.3~0.5 m，并在整个成槽过程中浆面不得低于导墙顶以下 0.3~0.5 m，控制液面波动范围在 0.2 m 内；遇松散砂层或容易垮塌地层时，增加增黏剂 CMC 或锯末等堵漏剂，提高泥浆护壁性能；抓斗施工过程中，禁止大行程快速升降抓斗，以防抽吸或冲击扰动而引起孔壁失稳垮塌；成槽过程中，特别注意泥浆是否出现漏浆，槽壁是否出现坍塌，是否碰到较大孤石，是否开挖到相对不透水层；单幅槽段抓槽施工时间控制在 4~8 h 内，避免长时间暴露导致塌孔。

（3）抓槽施工连续性控制。抓斗在成槽施工时，在开孔时要保证抓斗与防渗墙轴线平行，斗体的中心线与导墙的中心线重合，其下放的速度要平缓、稳定，与形成的导向槽垂直。抓斗升降循环作业过程中，下放时要对准导向槽标记线，确保相邻抓斗轨迹重叠 10~20 cm，防止开叉漏抓；二期槽抓槽时，对槽段接头部位进行重点清理，采用刷壁钢丝钻头清除接头泥皮，确保混凝土结合紧密。成槽过程中，若发现泥浆液面下降并伴随泛气泡的现象，可判断为有漏浆现象，一般情况按填黏土、水泥处理，稍严重填锯末、草球等处理，严重时将槽孔封填，待两边槽段施工结束后再抓槽等施工。

（4）槽孔沉渣清理控制。保证清孔前泥浆指标满足要求，必要时置换新泥浆，改善泥浆性能，保持槽孔内泥浆液面高度稳定，防止塌孔。保证清孔吸渣插入槽孔底（距离底部 0.3~0.5 m），确保覆盖沉渣区域，控制泵流量、流速；检查槽孔壁稳定性，无塌孔、缩颈等现象。

2.7 墙体混凝土浇筑

按照设计要求，墙体混凝土为二级配抗渗混凝土，强度等级为 C20W6。混凝土水胶比 0.47，砂率 42%，单位体积混凝土胶凝材料用量 365 kg。入槽坍落度 180~220 mm，扩散度 340~400 mm，坍落度保持 150 mm 以上时间不小于 1 h；初凝时间不小于 6 h，终凝时间不大于 24 h；混凝土理论容重 2 410 kg/m^3。

清孔检验合格后，应在 4 h 内开浇混凝土，采用直升导管法在泥浆下浇筑混凝土。导管选用内径 250 mm 的丝扣连接无缝钢管。一个槽段使用两套导管浇筑，导管中心距不大于 3.5 m。导管中心至槽孔端部或接头管壁面距离为 1.0~1.5 m。导管放至槽底后，然后向上提升 150~250 mm，将导管放在槽口的井架上。开浇前，导管内放隔离塞球。浇筑时，先注入少量的水泥砂浆，随即注入足够的混凝土，挤出隔离塞球并埋住导管底端。混凝土浇筑过程中，应保持连续，至少每隔 30 min 测量一次槽孔内混凝土面深度，每隔 2 h 测量一次导管内混凝土面深度[1]。槽内混凝土面均匀上升，上升速度不小于 2 m/h，各处高差控制在 50 cm 以内，相邻导管底部高差不超过 3 m[1]。一般情况下，导管埋入混凝土面的最小深度不小于 2 m，最大深度不大于 6 m。混凝土终浇高程高于设计墙顶高程 0.5 m。

墙段连接采用接头管法。在一期槽孔混凝土浇筑前，在其端孔处下设直径略小于槽宽的钢接头管，接头管使用插销连接，外壁涂刷隔离剂。浇筑过程中，每隔 30 min 轻微松动接头管。在混凝土初凝后 2 h 内，采用液压拔管机拔出接头管，在两期槽孔间形成一定曲面接头。

2.8 质量检查

防渗墙质量检查包括工序质量检查和墙体质量检查，墙体质量检查在成墙后 28 d 进行。在防渗墙轴线每 100 m 左右布置一个检查孔，使用地质钻机钻孔取心，孔径为 91 mm，终孔后进行注水试验检测渗透系数，以及物探检测，主要检测方法为单孔声波、弹性波 CT 和全孔壁数字成像法[3]。

3 施工成果

（1）本工程累计完成混凝土防渗墙轴线长 6 573.4 m，完成 1 029 个槽段，累计成墙面积 89 287

m^2,工期满足要求。

(2)防渗墙成槽最大深度 33 m,最小深度 8 m,成槽孔斜率均小于 3‰,满足规范孔斜率不大于4‰的要求,有效地保证了防渗墙的连续性和施工质量。施工后检查孔注水试验渗透系数范围为 $3.28\times10^{-8}\sim9.91\times10^{-9}$ cm/s,防渗效果满足设计要求,设计防渗墙防渗性能计算参数渗透系数取值为 1×10^{-8} cm/s。

(3)经物探检测成果显示,防渗墙混凝土整体充填密实,无混浆、夹泥缺陷,墙体均匀、完整。

(4)通过工序检查、墙体质量检查及物探检测,防渗墙的施工质量满足设计和规范要求,单元工程优良率 100%。

4 结语

(1)抓取法混凝土防渗墙施工技术具有施工高效、经济性好、节省工期的优点。适应于黏土、粉砂土及砂砾石等松散地层,对地层扰动较小,能有效降低槽孔坍塌风险。成槽宽度可灵活调整,能满足不同厚度防渗墙的施工要求。施工质量可控,成槽垂直度高,成槽过程中实时监测槽孔及抓斗垂直度偏差,利于发现槽孔偏斜并及时纠偏,孔斜可控制在 4‰以内。

(2)抓取法混凝土防渗墙施工技术在砂卵石地层中的应用具有显著的优势,但也需要注意应对可能出现的技术难点,技术难点与对策总结如下:

①不适用于硬质岩层,无法直接抓取大粒径孤石及硬质岩层。大粒径卵石层施工效率降低,粒径大于 30 cm 的卵石层,容易卡斗,需要频繁清理。建造槽孔时遇孤石或硬岩时,可采用抓斗与冲击破碎设备配合成槽。

②泥浆性能要求高。成槽过程中,应根据地层和施工情况,动态调整泥浆配合比,保证泥浆性能,是确保孔壁稳定的关键。

③槽段接头渗漏风险高,处理难度大。一、二期槽孔衔接处易残留泥皮、吸附碎屑,不易清洗干净,需要反复刷壁或高压冲洗,工艺复杂烦琐。

④抓斗设备需要足够宽的施工场地,才能保证大型设备作业,场地狭窄、空间局促的无法使用。

(3)建议在松散地层,成槽深度小于 60 m,工程量大,施工场地宽的项目中优先采用抓取法成槽施工技术,复杂地层则通过工艺组合实现效益最大化。施工前必须结合地质条件与设备能力制定针对性施工方案,确保工程质量与进度。

参考文献

[1] 中华人民共和国水利部. 水利水电工程混凝土防渗墙施工技术规范:SL 174—2014[S]. 北京:中国水利水电出版社,2014.

[2] 巨浪. 浅谈混凝土防渗墙质量控制及检测技术[J]. 低碳世界,2016(21):165-166.

[3] 蒋荆洲. 地下连续墙施工中泥浆配合比理论计算与配制方法[J]. 城市住宅,2019,26(5):154-156.

混合塔筒风力发电机组预制桩设计施工若干问题研究

李建刚　刘　利　吴志荣

（西北水利水电工程有限责任公司，陕西西安　710000）

摘　要：本文分析了预应力混凝土-钢混合塔筒风力发电机组桩基受力特点，结合项目实际数据对采用经验参数法确定单桩极限侧阻力和端阻力的适用性进行分析，对在硬塑黏土地区沉桩几种常见情况下的控制标准进行讨论，并对基桩检测方法的选用进行了分析，本文还就风电场预制桩施工常见质量问题及预防措施进行分析。

关键词：混合塔筒；静力触探；沉桩控制标准；高应变法；承载力检测

1　混合塔筒风力发电机组预制桩基础特点

风力发电机组属于高耸构筑物，近年来随着单机容量不断增大，机组高度不断增加，160 m 轮毂高度已比较普遍，特别是预应力混凝土-钢混合塔筒结构在 160 m 级风力发电机组中应用比较普遍。混合塔架风机基础承受竖向压力及水平力，基础采用桩基础时，大部分桩以受压为主，仅小部分桩承受拔力，水平力相对较小，所以基桩竖向抗压承载力通常是桩基设计的控制因素。风电场通常平面跨度大，机位点分散，特别是中东部用地紧张地区，风电场平面跨度通常达数十千米，各机位地质差异较大，需每个机位进行地勘。

湖北省襄阳市某风力发电工程安装 20 台单机 5 MW 风力发电机组，机组塔架采用预应力混凝土-钢混合结构，混凝土塔筒总重 1 883 t，正常运行工况下，基础顶部竖向力达 19 975 kN，弯矩 113 629 kN · m，水平力 732. 6 kN。采用 PHC-600-AB-130 预制桩基础，共布置 2 圈桩，外圈半径 9. 7 m，布置 25 根桩，内圈半径 7. 3 m，布置 16 根桩，设计桩型为摩擦桩，设计桩长 20 m，单桩竖向抗压承载力特征值 1 800 kN。

2　桩基设计单桩竖向极限承载力取值问题研究

风电工程桩基竖向抗压承载力要求高，风电场相较于一般市政、房建工程，地域跨度大，地层变异性大，如果在每个机位进行单桩静载试验确定单桩极限承载力显然是不现实的。目前，业内大部分项目都通过经验参数法确定单桩竖向极限承载力标准值。

在本项目中，根据地勘结果，场址区地层分区如下：①层，耕土；$①_1$ 层，淤泥质土，流塑-软塑；②层，黏土，可塑-硬塑；③层，黏土，硬塑；$③_1$ 层，粉土，松散-稍密，以松散为主；$③_2$ 层，粉质黏土，可塑；$③_3$ 层，圆砾，中密。并给出了预制桩的极限侧阻力和端阻力标准值，取值标准参考了《建筑桩基技术规范》（JGJ 94—2008）及《建筑地基基础技术规范》（DB 42/242—2014），但大部分取值进行了不同程度的折减。地勘取值及标准取值见表 1。

作者简介：李建刚（1988—），男，高级工程师，主要从事新能源工程施工技术管理工作。

表 1　桩基承载力标准值取值对比

岩土名称	物理状态	极限端阻力标准值 q_{pk}/kPa		极限侧阻力标准值 q_{sik}/kPa	
		规范取值	地勘取值	规范取值	地勘取值
①层耕土	可塑				22
$①_1$ 层淤泥质土	流塑-软塑			22~30	22
②层黏土	可塑-硬塑	2 300~3 300	1 500	70~86	65
③层黏土	硬塑	3 800~5 500	1 900	86~98	85
$③_1$ 层粉土	松散-稍密		850	26~46	26

项目桩基施工前，在 K05 机位进行了试桩，采用静载法做单桩竖向抗压承载力试验，桩长 18.44 m，最大试验荷载 7 200 kN，最大试验荷载下桩顶最大沉降量 15.98 mm，未达到破坏条件。单桩竖向抗压承载力极限值不小于 7 200 kN。根据地勘建议参数计算的单桩竖向抗压承载力为 3 106 kN，试验实测单桩竖向抗压承载力极限值与按地勘建议参数计算的抗压承载力极限值相差 1 倍以上。表 2 为抗压承载力极限值计算表。

表 2　K05 试桩单桩极限承载力计算

岩土名称	分层厚度/m	桩长 L/m	桩径 D/m	侧阻力标准值 q_{sik}/kPa	极限侧阻力 Q_{sik}/kN	端阻力标准值 q_{pk}/kPa	极限端阻力 Q_{pk}/kN	单桩竖向极限承载力 Q_{uk}/kN
②层黏土	10.2	10.2	0.6	65	1 249			
③层黏土	14.8	8.24	0.6	85	1 320	1 900	537	
合计	25	18.44			2 569		537	3 106

单桩竖向抗压承载力计算值明显小于实测值，导致设计桩长比实际需要桩长大，显然会产生极大浪费，且容易产生沉桩困难等施工难题。据《建筑桩基技术规范》(JGJ 94—2008)第 5.3.5 条，根据土的物理指标与承载力参数之间的经验关系计算单桩竖向极限承载力，核心问题是经验参数的收集，统计分析，力求涵盖不同桩型、地区、土质，具有一定的可靠性和较大适用性。对建议的 q_{sik}、q_{pk} 经验值计算统计样本的极限承载力 Q_{uk}，各试桩的极限承载力实测值 Q'_{uk} 与计算值 Q_{uk} 比较，$\eta=Q'_{uk}/Q_{uk}$，将统计得到预制桩按 0.1 分位与其频数 N 之间的关系，Q'_{uk}/Q_{uk} 平均值及均方差 S_n 表示于图 1 中。

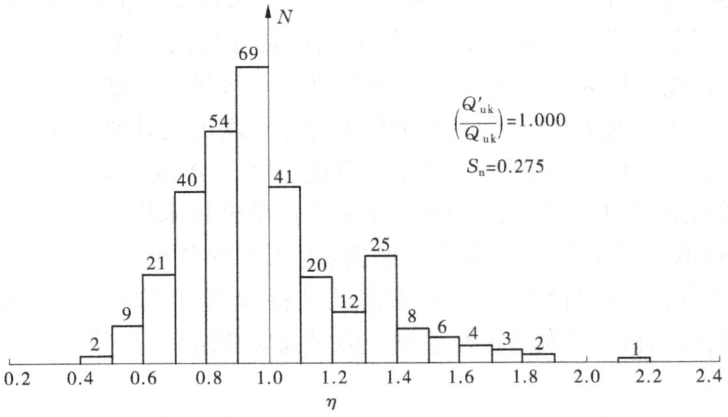

图 1　预制桩(317 根)极限承载力 η 频数分布

根据图 1，η 值最小可达 0.4，从 0.6~1.0 的频数为 184，频率达 51.4%；小于 1.0 的频数为 195，频率达 61.5%；最大可达 2.2，大于 1.0 的频数为 122，频率为 38.5%。均方差达 0.275，数据离散性较大，这解释了地勘取值时往往取值比规范建议更保守，同时也说明了因地域、土质、桩型差异采用经验系数法存在较大误差。

为取得合理单桩竖向极限承载力，综合考虑试验成本和数据可靠性，建议采用原位测试法取得单桩竖向极限承载力[1-2]。赵勇刚[3]在对上海地区某工程中，依据土性及静探比贯入阻力值确定各土层的桩周极限摩阻力和桩端处土的极限端承力，估算单桩竖向承载力，利用多元线性回归分析数学模型对预制桩单桩竖向极限承载力进行改进，并通过现场静载试验对计算值进行验证。使用改进的计算方法计算管桩单桩竖向极限承载力为 2 058.7 kN，通过现场静载试验取得的抗压承载力极限值分别为 2 240 kN、2 560 kN，计算值较实测值平均小 14.2%。表明采用静探方法可以取得较准确的单桩极限承载力。目前，关于使用静探方法计算基桩承载力已有较多经验，且该方法也是规范推荐的计算方法，在风电场地勘探中可取得良好的经济性。

3 硬塑黏土地层沉桩相关问题研究

3.1 关于沉桩控制标准的讨论

本项目桩基设计桩长 20 m，但在施工中，平均有效桩长约 15 m，沉桩采用 D80 柴油打桩机，落距约 2 m。沉桩控制标准为：以控制桩长为主，桩长达不到设计桩长时以最后贯入度控制，最后三阵（每阵 10 击）平均贯入度 3~6 cm。

本项目桩基施工后在每个机位抽取 2 根基桩进行抗压静载试验验证基桩承载力，试验结果表明所有基桩抗压承载力均满足设计要求（抗压极限承载力不小于 3 600 kN），且桩顶最大下沉量均小于 6 mm，承载力仍有很大裕量。

沉桩时当桩端进入硬塑黏土层后贯入度迅速减小，有效桩长达不到设计桩长。结合高应变结果分析，端阻力可以达到总承载力的 35%~50%，实际上桩型已变为摩擦端承桩，桩端承载力已不可忽略。所以，在存在硬塑黏土层地区，现场沉桩长度往往达不到按摩擦桩设计的有效桩长，但承载力是足够的。在这种情况下，沉桩控制标准应相应修正[4]。具体可能存在以下几种情况：

（1）在沉桩长度可以达到设计有效桩长时，应沉桩至设计有效桩长，此时侧阻力足以保证承载力，最后贯入度可适当放宽，建议每桩平均贯入度控制在 10 cm 以内，且应控制总锤击数。

（2）当沉桩长度达不到设计有效桩长，但每阵贯入度已达到 3~6 cm 的，应检查桩端进入硬塑黏土层深度，此深度应足以保证桩基抗拔要求。贯入度达到设计要求证明桩端承载力已占相当比重，承载力比设计侧摩阻力高很多，此时贯入度标准应提高，建议每桩平均贯入度控制在 1~3 cm，保证端阻力足以弥补侧阻力损失。

（3）沉桩过程中如遇总锤击数较小，但贯入度已达到控制标准的情况，应综合地层情况进行分析。如桩端达到薄硬夹层，应降低落锤高度，继续锤击，应保证总锤击数不小于 500~700 击，直至穿越薄硬夹层，穿过后贯入度会增大，则继续以原控制标准进行沉桩。如硬层较深厚，抗压承载能力一般能满足设计要求，但由于有效桩长较短，抗拔承载力可能不满足设计要求，应保证进入硬层深度满足抗拔承载力要求，如锤击沉桩不满足要求，应采取引孔、射水下沉或采用钻孔灌注桩等方案。

（4）无论沉桩长度能否达到设计桩长，按照《建筑基桩检测技术规范》（JGJ 106—2014）要求，每个机位均应通过静载试验检验基桩承载力[5]。根据《电力工程基桩检测技术规程》（DL/T 5493—2014），对于工程桩施工前已进行过综合试桩并有静载试验、高应变检测对比数据和时程的，可采用高应变法对工程桩单桩竖向抗压承载力进行检测。但对高应变结果有怀疑的，应以静载试验结果为最终检验依据[6]。

（5）风机桩基通常布置 2~3 圈，外圈桩承受较大荷载，承载力要求更高，所以在沉桩时建议先打内圈桩，后打外圈桩，在内圈桩沉桩中积累、修正沉桩参数，提高外圈桩沉桩质量可靠性。

3.2 预制桩沉桩成品质量问题及防治措施

预制桩成品质量应在进场时进行验收，应检查原材料检验报告、混凝土强度报告，检查外观不应有裂缝,应对桩径、壁厚、矢高、端板平整度、桩尖偏心等尺寸进行检查。预制桩常见质量问题有桩尖偏心过大、壁厚太厚或太薄。桩尖偏心易导致沉桩垂直度偏差过大,壁厚太薄影响桩身承载力,并导致锤击过程中桩身破坏,壁厚太厚可导致桩心钢筋笼难以下放,增大施工难度。所以,进场成品质量控制应严格按规范要求进行验收。

沉桩过程中应采用经纬仪或线垂在两个垂直方向控制桩身垂直度,重点是桩身就位的垂直度。锤重和落距应在试桩时确定,施工时可根据地质情况适当调整,但应杜绝落距过大,导致桩身破坏。

长度超过 15 m 的预制桩通常需要进行连接,常用连接方式有焊接和机械连接。单纯采用焊接方式,因焊接质量受环境、焊接工艺影响较大,可能产生桩身完整性不合格的情况。焊接施工的控制重点是要保证焊接面清除干净,焊接层数不少于 2 层,宜为 3 层,控制电流值,采用电弧焊的需在清除焊渣后再进行上一层焊接,自然冷却时间应符合规范要求,并视具体情况适当延长,自然冷却完成后再进行防腐处理,开始锤击时应降低落距,减小冲击应力。当单独采用焊接连接在检测桩身完整性不合格时,应检测连接部位是否脱焊,如单独采用焊接不能保证桩身完整性,应考虑增加机械连接,机械连接可有效防止桩身完整性缺陷。

截桩过程中易产生桩头破损,应严格控制工艺,禁止截桩时砸碰桩头。桩心钢筋笼应保证锚入长度,锚固长度超过承台厚度的,宜将钢筋上部弯成直角。

4 基桩检测相关问题研究

风电场预制桩检测项目一般有低应变检测桩身完整性、高应变检测桩身完整性、竖向抗压承载力特征值和静载试验确定单桩竖向抗压、竖向抗拔和水平承载力。预应力混凝土-钢混合塔筒机组通常以竖向抗压承载力控制,如果设计单位无特殊要求,在施工后检测阶段可不进行竖向抗拔和水平承载力试验。

根据规范要求,承载力检测前饱和黏性土应休止 25 d,非饱和黏性土应休止 15 d,休止期时间太长,其间可能降雨,或基坑开挖后现场长时间存在安全隐患,实际工程中一般休止期控制在 7 d 左右。沉桩后需要休止的原因是锤击沉桩过程中,桩周土层受挤压、震动产生超孔隙水压,从而减小了有效应力,休止过程中超孔隙水压逐渐消散,有效应力恢复,从而桩侧承载力逐渐增加。所以,在休止前进行承载力检测会低估基桩的实际承载力,是偏安全的做法。

采用静载试验检测基桩抗压承载力,检测周期长,成本较高,大多数工程都采用高应变法进行承载力检测。根据本项目实际经验,高应变检测基桩抗压承载力往往低估了实际承载力,所以采用高应变法检测基桩抗压承载力是偏安全的。但考虑不同项目地质差异性,应在桩基施工前通过综合试桩并与静载试验、高应变检测对比数据建立对应关系,并对有疑问的桩通过静载试验进行复核。高应变与静载抗压承载力检测值对比见表 3。

表 3 高应变与静载抗压承载力检测值对比

桩号	有效桩长/m	抗压承载力特征值/kN			高应变/静载
		设计值	高应变检测值	静载检测值	
K15	14.6	1 800	1 950	2 400	81%
K16	15.0	1 800	1 900	2 450	78%
K17	15.6	1 850	2 050	2 600	79%

5 结语

(1)混合塔风力发电机组桩基承载力以抗压承载力控制,在桩基设计中,单纯根据地层土性通过经验参数法确定桩基侧阻力和端阻力标准值精确度较差,建议辅以静探比贯入阻力进行确定,可取得较准确承载力参数。

（2）沉桩控制标准应根据沉桩情况具体分析，应考虑侧阻力、端阻力比例，并应关注总锤击数，以防桩端未穿透硬质薄夹层。

（3）风电场桩基竖向抗压承载力可采用高应变法，但应在试桩时取得高应变法与静载法的承载力关联关系，对有疑问的桩应通过静载试验确定。

参考文献

[1] 闭道鹏. 单桩极限承载力组合预测方法[D]. 长沙：湖南大学，2019.

[2] 赵勇刚. 静力触探估算预制桩单桩极限承载力与载荷试验的对比分析[J]. 工程质量，2021，39(5)：91-95.

[3] 孙顺松，赵文娟. 关于桩基设计承载力取值问题的述评[J]. 贵州工业大学学报(自然科学版)，2006(6)：74-77.

[4] 中华人民共和国住房和城乡建设部. 建筑桩基技术规范：JGJ 94—2008[S]. 北京：中国建筑工业出版社，2008.

[5] 中华人民共和国住房和城乡建设部. 建筑基桩检测技术规范：JGJ 106—2014[S]. 北京：中国建筑工业出版社，2014.

[6] 国家能源局. 电力工程基桩检测技术规程：DL/T 5493—2014[S]. 北京：中国电力出版社，2014.

一种能够固土新型生态护坡设计研究

贾海涛　刘　猛

（黄河勘测规划设计研究院有限公司，河南郑州　450003）

摘　要：生态护坡是利用植物与岩、土体的相互作用对边坡表层进行防护和加固的护坡技术，不仅能够减少水土流失，还为城市规划提供更美观的生态环境，但大部分现有技术方案难以对种植用的土壤进行固土，容易受到河水冲刷而导致水土流失，且不便于对水体进行收集，需要后续利用其他水体进行浇灌等。本文基于国内外现有常用四种河道生态护坡技术，设计研究出一种能够固土的新型生态护坡结构形式，并成功应用于东方市水系连通及水美乡村建设县工程实践中，结果表明新型生态护坡抗压强度在25 MPa以上，保水率在15%以上，植物成活率在90%以上，抗冲刷能力提高5倍以上，为后续水利工程生态护坡研究应用提供了有效借鉴。

关键词：水利工程；生态护坡；水土保持；河道治理

1　引言

生态护坡是基于传统护坡技术发展与改进的护坡技术，与传统的挡土墙、喷射混凝土、喷锚支护等工程护坡技术相比，它不仅能够减少水土流失，还为城市规划提供更美观的生态环境，所以具有固定土壤功能的水利工程生态护坡是十分必要的。

目前的生态护坡措施主要以植被措施、工程措施、土工材料及不同措施综合运用为主，谢潇等[1]将目前边坡生态防护的方法划分为只使用植物的生态护坡方法、植物与护面结构相配合、植物与土工材料相配合、植物与整地（坡）等水土保持工程相配合及综合类生态护坡方法等，不同方法各有其适合的应用范围。只使用植被的生态护坡方法一般可以分为单播建植和混播建植。单播建植方法更加均一、美观，但适应能力较差，抗逆性难以满足要求，且由于冷季型草存在夏枯现象，暖季型草存在越冬困难等问题，单播建植方式播种的草坪难以保持较长绿期。混播建植模式主要分为冷季型草种间混播、暖季型草种间混播及冷暖季型草种间混播，黄河下游宜选用冷暖季型草种间混播，通过两者优势互补，较好地解决了冷季型草夏季生长缓慢，暖季型草在秋冬季出现休眠、枯黄甚至死亡的问题。美国的默瑞[2]进行了结缕草与高羊茅的冷暖季型草种混播试验，取得了较好效果，并应用于华盛顿国家公园中心草坪。除草种混播建植外，颜水华等[3]应用草、灌木混播，在边坡形成立体植被护坡结构，有效增强了边坡稳定性。李昂等[4]得出合理搭配草本植物和灌木，可以形成相互协调、取长补短的稳固的生态系统。王广月等[5]采用室内变坡水槽试验，并利用ABAQUS建立土工网防护边坡的三维有限元模型，结合室内模拟试验分析了其对边坡整体稳定性的影响。蔡忍等[6]在堤防砂土岸坡护坡上应用了三维土工网垫技术，在植被生长的各个时期均体现出良好的整体加筋固土效果。张亮等[7]提出在黄土地区推广生态护坡技术，根据不同土壤、气候条件选择生态护坡类型。王晓雯等[8]提出基于低养护持久景观理念的植物配置模式，并开展相关试验选出了适宜的湿地植物配置模式。

综上所述，随着近年来国内边坡生物防护技术和水土保持新措施的发展，一些新的措施和技术在水利、交通道路及其他行业得到广泛应用，在发挥护坡、固坡作用以及减少水力侵蚀的同时，生态多样性以及景观和环境优化的效果更加显著。但大部分现有技术方案仍存在以下缺陷：难以对种植用的

作者简介：贾海涛（1990—），男，工程师，主要从事水利工程方向的工作。

土壤进行固土，容易受到河水冲刷而导致水土流失，且不便于对水体进行收集，需要后续利用其他水体进行浇灌等。因此，本文提出的一种能够固土的新型生态护坡技术，能够很好地解决现有技术方案存在的缺陷和不足。

2 新型生态护坡结构设计

本文提出的一种能够固土的新型生态护坡，通过生态防护网对生态护坡进行绿化和防护，通过垃圾过滤网对垃圾进行过滤阻隔，通过砂石过滤网对砂石进行过滤阻隔，防止垃圾和杂质进入到排水沟槽内造成堵塞，通过蓄水槽可储存部分雨水用于循环使用，达到节能环保的目的。其结构形式见图1~图4，具体包括：护坡底座，其内侧安装有支撑杆，且支撑杆的右侧设置有引水机构，所述引水机构包括吸收棉板、安装杆和引水绳，支撑杆的上端安装有支撑架，过滤网的下端设置有定位板，且定位板的下侧设置有加固外壳，加固外壳的下侧安装有加强板；定土块，安装于过滤网的上侧，且定土块的外侧设置有土壤，土壤的上侧安装有覆盖网，定土块的内侧设置有种植槽，且种植槽的上端安装有限位盖，种植槽的外侧设置有安装座。这种生态护坡，能够进行固土，避免水土流失，且能够对雨水等水体进行收集，无须后续利用其他水体进行浇灌植物。

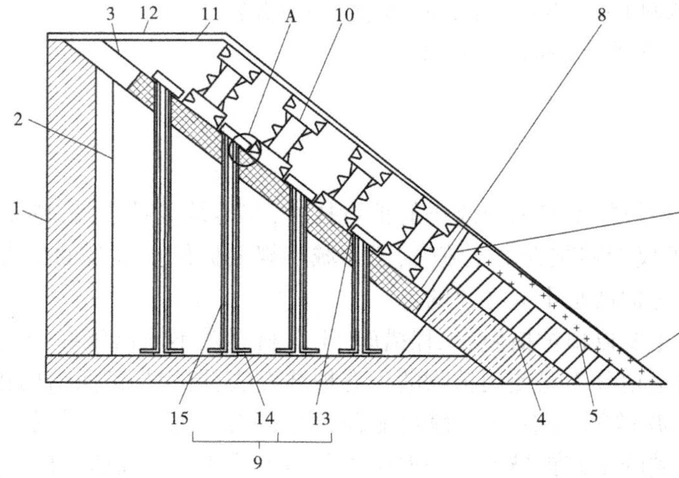

1—护坡底座；2—支撑杆；3—安装架；4—固定底座；5—加强板；6—加固外壳；7—定位板；
8—过滤网；9—引水机构；10—定土块；11—土壤；12—覆盖网；13—吸收棉板；14—引水绳；15—安装杆。

图1 护坡正视剖面结构示意

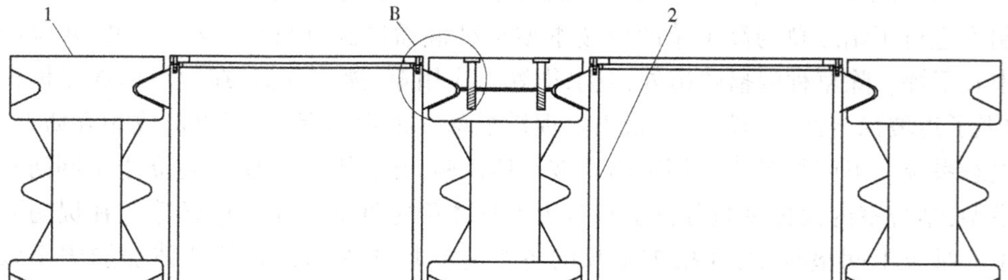

1—定土块；2—种植槽。

图2 护坡种植槽与定土块连接侧视结构示意

3 国内外同类技术比较

相对于欧美等国家，生态护坡技术的研究与应用在我国起步较晚。最开始，在20世纪90年代初

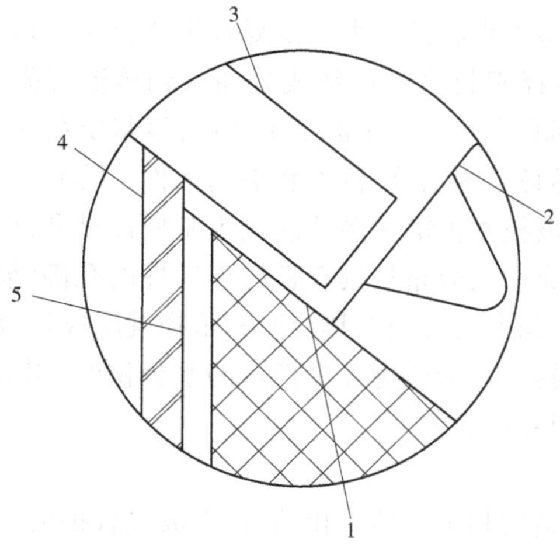

1—过滤网;2—定土块;3—吸收棉板;4—引水绳;5—安装杆。

图3　图1中A处放大结构示意

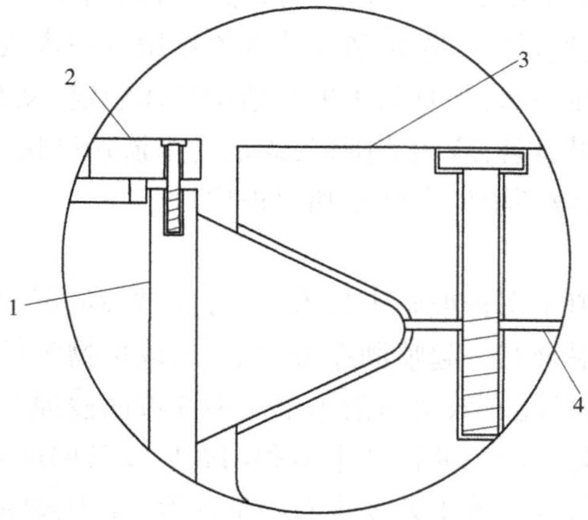

1—种植槽;2—限位盖;3—盖体;4—安装座。

图4　图2中B处放大结构示意

期多应用较为简单的撒草种、铺草皮、穴播等生态护坡方法。1991年前后我国相关研究机构与日本合作研究了液压喷播试验,并于1993年引进土工材料植草护坡技术。近30年来,专家学者围绕客土喷播技术与基材的改良配比做了大量的试验与理论研究,探索出多种可以因地制宜的生态护坡类型,综合来看,主要有以下四种河道生态护坡技术[9-10]。

3.1　自然原型河道护岸技术

自然原型河道护岸技术作为水利工程生态护坡的重要手段,核心是对河道自然形态及生态功能进行最大限度的保存及修复。这一技术摒弃了传统硬质护坡单一的工程思维而转向与自然环境和谐相处,并通过使用植被覆盖和天然石料堆砌两种自然材料来实现,模拟自然岸坡生态特征,达到护岸结构的水利稳定性和生态友好性双重目的。实施自然原型河道护岸技术时,需要先对河道开展现场勘查并对水流特性、土壤条件和植被分布等自然因素进行细致的分析,保证设计方案科学合理。在设计过程中要充分利用河道自然地形地貌、减少人为干预、维持自然蜿蜒形态,这样有利于水流自然分散和沉积,减小冲刷力。在植被选择上则是根据当地气候条件、土壤类型和水文状况等因素,优先选择根系发达、适应性好、生态效益明显的本土植物种类,通过植被固土作用和生态净化功能促进岸坡稳定和提高水质净化能力。

3.2 植被型生态混凝土护坡

植被型生态混凝土护坡是将工程防护和生态恢复有机结合在一起的一种创新型护坡方式。这种技术是将多孔材料、保水剂和缓释肥料这些特殊成分加入到传统混凝土当中，从而形成一种多孔结构，保水性能和植物生长条件都非常好的生态混凝土基质，该基质在继承传统混凝土力学强度和耐久性的基础上，又使植物生长获得必要的水分、营养和空间条件，从而达到护坡结构和植被生长相结合的目的。植被型生态混凝土护坡技术关键是多孔混凝土基质设计和配制，多孔混凝土采用控制水灰比和掺加造孔剂的技术方法形成均匀分布且具有良好连通性的孔隙结构，这些孔隙在给植物根系提供生长空间的同时，也利于土壤和大气之间湿热交换和植物健康成长，加入保水剂可以显著增强混凝土的保水性，降低水分的蒸发损耗，并为植物提供稳定的水分供给，引入缓释肥料又能确保植物生长期间营养的平衡供给，降低后期养护成本。

3.3 网格生态护坡技术

网格生态护坡技术将硬质结构和生态植被相结合，形成复合护坡。该项技术采用混凝土、石头等硬质材料搭建网格状结构框架并在网格内或者网格之间栽种植物，从而形成一个既坚固又环保的护坡系统，网格结构设计灵活，可以根据河道地形、水流条件和生态需求定制化，实现水利稳定性和生态效益的最优平衡。网格生态护坡技术的核心是网格结构有效地分散和抵御水流冲刷力，网格结构以其特有的空间布局和力学特性把集中的水流冲刷力散布到各网格单元中，减小单个网格单元受到的冲击力，同时网格之间植被通过根系固土作用和枝叶截流作用进一步减弱水流冲刷岸坡的破坏力，该硬质结构和生态植被有机融合在一起，既有利于护坡结构整体稳定，又有利于河道生态环境修复和改善。网格生态护坡技术应用效果显著，应用范围广，既适合水流速度快、冲刷力大的河道段护坡，也可以用于湖泊、水库和海岸带等水域环境生态修复和保护项目。

3.4 喷混植生护坡技术

喷混植生护坡技术作为河道生态护坡施工技术，具有高效、环保等特点，该技术采用液态喷播技术，把植物种子、肥料和保水剂混合在一起喷洒在坡面上，形成植物生长条件优良的覆盖层，既为植物种子萌发和生长提供良好环境，又能有效地防治水土流失和坡面侵蚀等现象，核心是将液态喷播技术和植物生长原理有机结合在一起。液态喷播技术是利用高压设备向坡面上匀速地喷播搅拌好的液态材料，使其与坡面形成密合的覆盖层，该工艺要求对喷射速度、压力及喷射角度进行准确控制，保证覆盖层均匀和厚度适当。在选择植物种子时，应根据当地的气候状况和土壤特点进行筛选，以确保种子能在斜坡上迅速发芽并健康成长。喷混植生护坡技术适用范围广，既可以用于坡度较为陡峻不易直接栽植的河道段护坡工程，也可以用于公路边坡、矿山复绿及其他方面生态修复工程。

综上所述，同国内外常用的四类河道生态护坡施工技术相比，本研究提出的新型生态护坡技术优势主要体现在以下三个方面：一是水利稳定性高。对生态护坡材料及结构形式进行科学合理的设计，利用植被根系固土作用，改善了护坡坡体的稳定性，确保护坡结构在水流冲刷、冻融循环及其他自然条件下持续安全稳定地发挥功效，有效地预防水土流失及自然灾害的发生，加强河道防洪排涝能力，缓解城市排水系统紧张。二是生态环保性强。在护坡材料及植物种类的选择上具有因地制宜、生态环保、重复利用的特性，注重与自然的和谐相处，模拟出自然岸坡的生态特点，有效地降低了自然环境所受到的侵害，有利于生物多样性的维护，给水生及陆生生物提供栖息地，建立更加健康稳定的河道生态系统。三是经济合理性优。新型生态护坡结构设计和施工中涉及的机械、零件和设备等均为常规标准型号，能够从市场上低价批量采购，各个零件的具体连接方式均可采用螺栓、铆钉、焊接等现有成熟技术手段处理，在确保生态与水利功能效用发挥的同时，有效地降低了其施工成本和长期维护费用，整体经济效益显著。

4 实际工程应用案例

“东方市水系连通及水美乡村建设县工程”治理河道包括感恩河及其支沟（不灭沟、热水沟），罗带河及其支沟那至汉沟和顿坡熟沟，治理河道总长达44.6 km，其中主河道治理长度30.3 km，支沟治理长度14.3 km。治理河道涉及问题主要包括：水系连通不足、存在“四乱”现象、河道淤积、岸坡整治不到位、生态系统不完善、入河污染需进一步控制、景观人文有待提升、河湖管护有待进一步完善等几个方面。工程治理措施包括水系连通、河道清障、清淤疏浚、岸坡整治、水源涵养与水土保持、河湖管护、防污控污与景观人文。该工程河道治理时采用了本文研究提出的新型生态护坡结构型式，有效解决了河道治理岸坡整治实际工程技术难题，不仅以较低的工程投资带来了良好的社会效益和生态环境效益，还提升了周边土地价值，带动了周边地块发展，为城市发展带来了经济效益，真正做到尊重自然、以人为本、人与自然和谐发展的良性循环，实现经济、社会、生态环境效益协调发展。新型生态护坡结构型式不仅能够进行固土，避免水土流失，而且能够对雨水等水体进行收集，无须后续利用其他水体进行浇灌植物，主要性能指标如下：

(1)通过定土块的纵截面呈“工”字形和定土块的上下两端外侧开设有槽状结构，以及该槽状结构呈锥形，使得土壤能够进入定土块外侧的孔状结构，也能够受到定土块外侧肋板结构的限位，从而避免水土流失，抗压强度在25 MPa以上。

(2)通过过滤网能够将雨水等水体进行过滤，随后进入护坡底座内进行收集，之后通过引水绳的下端呈“L”形并突出于安装杆外侧和引水绳的上端与吸收棉板连接，使水体能够使引水绳湿润并传导至吸收棉板，从而使土壤保持湿润，无须后续利用其他水体进行浇灌植物，保水率在15%以上，植物成活率在90%以上。

(3)通过覆盖网能够将土壤进行进一步覆盖限位，且通过支撑杆增加安装架的支撑效果，并且利用固定底座、加强板和加固外壳增加定位板底部的固定效果，避免遭受冲刷而溃堤，抗冲刷能力提高5倍以上。

5 结语

本文通过对生态护坡结构形式及材料进行科学合理设计和选择，有效确保了生态护坡结构在水流冲刷、冻融循环及其他自然条件下能稳定地工作，研究成果成功应用于东方市水系连通及水美乡村建设县工程实践中，不仅极大地提高了河道的稳定性与防洪能力，还在保护生态环境、促进生物多样性方面发挥着重要作用，具有水利稳定性高、生态环保性强和经济合理性优三大技术突出优势。随着生态环保理念的深入人心和科技手段的不断进步，生态护坡技术势必在水利河道治理工程中得到更广泛的应用与推广，期待更多学者投身于这一领域的研究与实践，共同推动水利河道治理工程的生态化进程，助力构建美丽、和谐、可持续的水利生态环境。

参考文献

[1] 谢潇，孙秀山. 边坡生态防护技术研究[J]. 绿色科技，2020(4)：192-194.

[2] 张旭. 黄河下游堤防生态护坡措施试验与效果评价[D]. 济南：济南大学，2022.

[3] 颜水华，陈志阳. 草灌混播在边坡绿化防护中的应用[J].. 中国农村小康科技，2010(10)：37-38，79.

[4] 李昂，秦钏芮. 水利水电工程扰动区生态护坡技术比较研究[J]. 水利水电快报，2024，45(2)：115-121.

[5] 王广月，孙元帅，孙秀玲. 降雨条件下三维土工防护边坡的稳定性研究[C]// 2014年全国环境力学学术研讨会论文摘要集，2014.

[6] 蔡忍，张桂荣，何宁，等. 寒区堤防砂土岸坡生态护坡技术研究[J].. 水利水运工程学报，2020(2)：116-123.

[7] 张亮，高峰. 重庆市笋溪河中山镇河段综合治理工程研究[J]. 乡村科技，2022，13(18)：134-137.

[8] 王晓雯，许铭宇，黄丽，等. 基于低养护持久景观的湿地植物配置模式探讨[J]. 江西农业学报，2018，30(5)：39-43.

[9] 嵇晓雷. 基于植被根系分布形态的生态边坡稳定性研究[D]. 南京：南京林业大学，2013.

[10] 施黎泉. 水利工程中的河道生态护坡施工技术探讨[J]. 珠江水运，2024(19)：73-75.

水利水电施工管理的创新策略探析

汪　洋[1,2]

（1. 深圳先河水利水电工程有限公司，广东深圳　518001；
2. 黄河勘测规划设计研究院有限公司，河南郑州　450003）

摘　要：水利水电工程作为国家基础设施的重要组成部分，其施工管理直接关系到工程质量与进度安全。当前，水利水电施工管理面临创新能力不足、现场管理混乱、质量监管薄弱、人力资源配置不合理、信息化程度低等突出问题，制约了行业高质量发展。本文在系统分析现状问题的基础上，结合文献调研与典型案例研究，提出了一套具有可操作性的施工管理创新策略，包括健全施工现场管理制度、强化施工质量全过程控制、引入精益化与全面质量管理理念、优化人力资源调配机制、提升材料与设备管理效率，以及深化 BIM、物联网等现代信息技术在施工中的应用。研究表明，该系列策略可有效提升管理效率与质量控制水平，降低施工成本与安全风险，增强企业核心竞争力，推动施工管理向数字化、智能化、绿色化转型升级。研究成果为水利水电行业施工管理模式的优化与创新提供了理论依据与实践路径，具有良好的推广价值和现实指导意义。

关键词：水利水电；施工管理；创新策略

1　引言

水利水电工程作为国家基础设施建设的重要组成部分，对于保障能源供应、促进经济发展具有重要意义[1]，在防洪灌溉、水资源调配、能源供应及生态修复等方面发挥着不可替代的作用。随着我国经济社会的快速发展和“双碳”目标的推进，水利水电工程建设规模日益扩大，施工难度和技术复杂性也不断提高[2]。工程施工不仅涉及土建、机电、水工等多个专业的协同作业，还需在高风险、复杂地质条件下完成，因而对施工管理的系统性、精细化和现代化水平提出了更高要求。高效、科学的施工管理已成为保障工程质量、安全与效益的关键环节[3]。

当前，我国在水利水电施工管理领域已取得一定成效，形成了较为成熟的管理体系和工程标准。然而，行业普遍仍存在管理理念滞后、创新能力不足、施工现场组织混乱、质量监管机制薄弱、人力资源配置不合理以及信息化技术应用不足等问题[4]。传统的施工管理模式难以应对当前项目多样化、信息密集化与协同复杂化的发展趋势，严重制约了工程效率与质量的进一步提升，亟须引入创新性策略以突破管理瓶颈。

本文基于对当前水利水电施工管理现状的系统梳理与问题剖析，提出多项创新性施工管理策略，重点包括施工现场制度建设、质量管理体系优化、人力资源配置改革、材料与设备全生命周期管理，以及信息技术集成应用等方面，旨在为水利水电工程施工管理的提质增效提供理论支撑与实践路径。

2　水利水电施工管理现状

2.1　创新意识与能力不足

在当前水利水电施工行业中，创新意识缺失已成为企业持续发展的核心瓶颈。多数施工企业管

作者简介：汪洋（1989—），男，工程师，深圳先河水利水电工程有限公司综合管理部副主任，主要从事水利水电工程项目管理工作。

理层依旧沿用传统的经验管理方式，未能建立起系统的技术创新体系。研发投入不足，新技术、新工艺的应用停滞不前，无法满足项目复杂多变的施工需求。尤其是在绿色施工、数字化转型等前沿领域，缺乏相应的战略规划和技术储备。与此同时，人才引进和培养机制不完善，创新型技术人才匮乏，导致技术储备和核心竞争力弱化，企业难以通过技术创新实现差异化发展。水利水电施工管理现状中，缺乏创新意识和创新能力是一个较为突出的问题。许多施工企业的管理理念陈旧，只关注眼前的经济效益，忽视了对新技术、新工艺的研发和应用，导致企业缺乏核心竞争力。这些企业往往缺乏创新人才和技术储备，缺乏创新的机制和文化。这些企业缺乏对技术创新的认识和投入，导致技术水平低下，产品和服务质量不高，难以获得市场份额和经济效益。

2.2 施工现场组织秩序紊乱

施工现场管理缺乏科学的流程设计和标准规范，施工作业环节缺少系统衔接与协调，导致作业顺序错乱、资源浪费严重。现场设备与材料调配不合理，常出现闲置或紧缺现象，影响工期进展。安全管理体系落实不到位，缺乏有效的安全隐患动态识别和管控措施，现场安全培训流于形式，安全事故频发，且事故应急处置能力不足，严重威胁人员安全和工程进度。此外，现场信息采集与传递机制不完善，导致管理层对现场实际情况掌握滞后，决策效率低下。

2.3 施工质量监管缺位

质量管理体系建设不完善，缺乏全过程质量控制手段，致使工程质量得不到有效保障。部分企业为压缩成本，存在使用低质材料、减少关键工序的现象，甚至在质量检测环节弄虚作假，严重影响工程安全性能和使用寿命。质量监测手段落后，缺乏利用现代检测技术和信息化工具进行实时监控。施工质量缺陷发现滞后，整改措施执行不到位，导致质量问题层层叠加，最终形成难以修复的安全隐患，增加后期维护和重建成本。

2.4 人力资源配置失衡

水利水电工程施工人员结构不合理，技术工人与管理人员比例失调，关键岗位技术人才短缺。缺乏系统的职业技能培训与考核体系，员工技能更新缓慢，难以适应新技术、新工艺的应用需求。员工流失率高，主要源于福利待遇不具竞争力、职业发展通道狭窄及企业文化建设薄弱。高流动性不仅导致经验技术的断层，还降低了团队协作效率，影响项目管理的连续性和稳定性。

2.5 设备技术陈旧落后

作为大型基础设施项目的施工支撑，施工设备的先进性直接影响工程效率和质量。目前，许多水利水电施工单位设备更新缓慢，使用的机械多为高龄机型，维护成本高且故障频发，频繁的设备故障导致施工停滞，延误工期。施工技术依赖传统手工和机械操作，缺少自动化、智能化设备支持，新材料及新工艺推广缓慢，无法满足复杂地质和环境条件下对施工质量和效率的高要求，极大地制约了行业的技术进步与现代化水平。

3 水利水电施工管理的创新策略

3.1 施工现场的监管和管理

完善施工现场管理制度是保障工程顺利实施的根本保障[5]。需构建涵盖施工标准、安全规范、材料管理等多维度的制度体系，明确各岗位职责与权责，强化制度执行力，确保管理人员严格依规监督执行，推动施工现场规范化、标准化运营。针对水利水电施工过程中存在的高风险特点，应深化安全管理理念，实施全员安全责任制。通过开展定期安全风险评估与隐患排查，结合持续的员工安全教育培训，增强安全意识和应急处置能力。同时，现场应布置明确的安全标识和警示系统，借助智能安全监控设备，提升风险预警的及时性和精准性，从而实现安全管理的主动预防和科学控制。

3.2 严格施工质量管理

建立全流程、动态监控的质量管理体系是提升工程品质的关键。在施工准备阶段，应对全体参与人员开展系统的质量意识培训，强化质量标准和责任意识。应制定详尽的质量管理方案，涵盖设计、材料、工艺等各个环节,并配备科学的质量检查机制和数据记录体系,确保每个阶段的质量指标均被量化与监控。施工过程中,应加强与设计单位的无缝协作,针对设计变更及时组织技术交流和方案评审,确保施工方案的科学合理性和可实施性。推动设计与施工的深度融合,实现设计优化与施工质量的协同提升。

3.3 创新管理理念

推动水利水电施工管理转型升级,关键在于引入先进的管理理念和方法。全面质量管理(TQM)作为质量提升的战略核心,强调全员参与与持续改进,通过标准化流程和数据驱动,提升施工质量、降低施工成本与风险。同时,应积极推行精益管理思维,聚焦价值创造与流程优化,剔除一切无效和浪费环节,提升资源利用率和施工效率。管理创新不仅体现在理念更新上,更应结合大数据、人工智能等技术手段,实现管理流程的智能化、自动化,从而增强决策科学性和响应速度,提升项目整体竞争力。

3.4 优化人力资源管理

科学合理的人力资源管理是施工管理创新的重要基础。首先,应结合工程规模和复杂度,精准制定人力资源规划,合理配置专业技术人员与管理团队,确保岗位职责与技能匹配。其次,建立完善的持续培训体系,针对技术更新、管理方法及安全规范开展定制化培训,强化团队综合素质和协作能力。最后,构建多元化的激励机制,融合绩效考核、职业发展规划及员工关怀,激发员工积极性和创新动力,减少人才流失,打造高效稳定的施工团队,为项目顺利推进提供坚实保障。

3.5 强化施工材料和设备的管理

材料和设备管理应实现精细化与信息化融合。基于施工进度和计划,科学划分材料与设备类别,建立动态的管理档案,涵盖采购、入库、存储、使用及维护全生命周期。采购环节应严格筛选供应商,采用质量优先和服务保障原则,同时结合实时质量检测,确保所购材料和设备符合标准。存储管理需根据材料特性分类管理,合理布局仓储环境,防止损耗和变质。在使用与维护方面,制定标准化操作规程及定期保养计划,利用物联网技术监测设备运行状态,降低故障率,延长设备寿命,提升施工效率与安全水平。

3.6 加大现代信息技术的利用率

现代信息技术的深度应用是实现施工管理智能化转型的关键路径。通过搭建集成化的信息化管理平台,实现施工设计、计划、进度、质量、安全等多维度信息的实时共享和动态更新,促进部门间高效协同与透明管理。借助云计算、大数据分析和移动互联技术,实现施工现场数据的快速采集与智能分析,辅助管理决策。结合物联网技术部署智能传感器,实时监控施工环境与设备运行状态,及时预警风险隐患。人工智能技术的引入则可对施工计划和资源配置进行动态优化,提升管理精准度和响应速度,从而推动水利水电施工管理迈向数字化、智能化新时代。

4 结语

本文通过系统分析水利水电施工管理中存在的主要问题,提出了一系列针对性的创新策略。本文提出的创新管理策略在实践中具有良好的适用性和推广价值,为提升我国水利水电施工管理水平、保障工程质量与安全提供了理论支持和实践指导。

(1)强化施工现场管理制度建设和流程优化,有助于提升施工组织效率和资源利用水平。此外,完善全过程质量控制体系,结合现代监测技术,可以有效地保障工程质量和施工安全。

(2)优化人力资源配置,通过科学规划和培训激励机制,提升施工团队的整体素质和稳定性。此外,推动设备技术升级和新工艺应用,提高施工机械的自动化和智能化水平,显著提升施工效率。

(3)深化信息化技术应用,构建基于 BIM、物联网等技术的智能管理平台,实现施工全过程的精细化和可视化管理。

(4)结合绿色施工理念,推动水利水电工程施工向节能环保和可持续发展方向转型。

参考文献

[1] 崔蕾.水利水电工程管理与施工质量控制问题分析[J].农业与技术,2019(5):50-51.
[2] 王成勇.水利水电施工管理的创新策略方法探析[J].建材与装饰:上旬, 2019(46):2.
[3] 王长江.水利水电施工管理的创新策略方法探析[J].工程技术, 2019(5):195.
[4] 赵小霞.水利工程施工管理的重要性与对策探析[J].大众标准化,2021(18):47-49.
[5] 侯万军,侯博超.水利水电工程施工技术管理研究[J].水利水电科技进展,2021,41(5):100.

河床式水电站水毁修复方案对比

汪善林

（成都万力建筑工程有限公司，四川成都　610072）

摘　要：小三峡水电站消力池长度不足，且未修建防冲墙等，满足不了消能，从而造成严重冲刷，影响消力池、泄洪闸、冲沙闸以及大坝等建筑物的安全运行。乌龟石水电站护坦池长度不足，满足不了消能，从而造成严重冲刷，影响护坦、泄洪闸、冲沙闸以及大坝等建筑物的安全运行。本文以实际工程案例为背景，从几个方面对比分析河床式水电站水毁工程水下混凝土浇筑修复施工方案的可行性及优越性。

关键词：可行性；方案；工期；经济效益及投资

1　工程概况

1.1　小三峡水电站

小三峡水电站位于四川省攀枝花市米易县境内，安宁河下游河段，2006 年建成使用，经过 14 年运营，下游消能区严重被冲毁。

2020 年建设单位委托第三方，通过多波束检测技术、侧扫声呐检测技术、水下无人潜航器检测技术等手段，对水毁情况进行了检测，检测发现：

（1）从桩号坝纵 0+86 往下游方向约 34 m 海漫基本全部被冲毁，且往基础内冲蚀，海漫冲毁部位高程相比原设计高程降低了 2~6 m，在消力池和冲砂流道导墙下游形成一冲坑，冲坑最深部位相比原海漫设计高程低了约 6.5 m。

（2）原海漫剩余长度（水流方向）约 6 m，海漫底部被严重反淘蚀，水平方向淘蚀深度 1~7 m，高程方向淘蚀高度在 3~5.0 m。

鉴于小三峡水电站下游无尾水渠，无法采取围堰防渗干地浇筑常态混凝土施工工艺，采取水下混凝土施工方案进行修复施工。

1.2　乌龟石水电站

乌龟石水电站位于米易县上游沿河长约 35 km 处，开发河段为德昌永郎—米易昔街峡谷至下河坝河滩的滩尾，2007 年建成使用，经过 13 年运营，下游消能区严重被冲毁。

2020 年建设单位委托第三方，通过多波束检测技术、侧扫声呐检测技术、水下无人潜航器检测技术等手段，对水毁情况进行了检测，检测发现：

（1）泄洪闸护坦末端底部与基础结合部位被淘蚀，水平方向的淘蚀深度在 0.1~0.7 m，高程方向淘蚀深度在 2.5 m 以内。

（2）冲沙闸护坦末端底部与基础结合部位被严重淘蚀，水平方向的淘蚀深度在 0.5~8.0 m，高程方向淘蚀深度在 4.0 m 左右。

鉴于乌龟石水电站下游尾水渠较长，采取下游围堰防渗干地浇筑常态混凝土施工方案进行修复施工。

通过成都万力建筑工程有限公司两个水电站水毁工程修复实际施工经验，对河床式水电站水毁

作者简介：汪善林（1981—），男，项目经理，主要从事水利水电基础工程施工工作。

工程水下混凝土施工方案与抽水后干地浇筑常态混凝土(简称常态混凝土)施工方案进行以下几点对比分析。

2　施工方案可行性及难易度分析

2.1　常态混凝土施工

(1)施工顺序:修建便道及填筑围堰→围堰防渗→基坑排水→浇筑常态混凝土→清理拆除围堰及便道。此实施方案将受地理条件限制,河床必须较宽,方能满足修建便道及填筑围堰后一侧过水,一侧施工;若河床必须较窄,河道又必须过水,根本无条件修建便道及填筑围堰,此条件下该方案无法实施。

(2)难度很大,需要大量的砂石料回填便道及围堰,基本无料可以利用,且完工后填筑料怎么处理也是个难题。

(3)若水毁区域在库区的情况下,库区水较深,必须停产放水,才能进行施工便道及围堰填筑施工,且完工后围堰如何拆除,根本无法恢复至原高程,从而变相减小了库容量。

(4)停产后,围堰防渗、排水均属于大功率设备,负荷至少达到几百千瓦以上,有没有外部电源及负荷能不能满足施工需求。

2.2　水下混凝土施工

(1)施工顺序:修建施工便道及搭建平台→安装沉箱→下设导管→浇筑水下混凝土。

(2)河床宽窄对水下混凝土施工基本没有影响,原因有以下几点:

①河床较窄的情况下,直接搭建作业平台,混凝土输送泵及吊车直接摆放在河堤或大坝上等。

②在修建施工便道时,无须防渗,可以埋设混凝土涵管,满足过水要求。

③河床较宽的情况下,可以租用大型船只等设备。

(3)此方案无大型用电设备,无须考虑用电问题。

(4)因施工区域未封闭的情况下,怎么预防水流对混凝土浇筑质量的影响,特别是混凝土分离问题。

2.3　可行性及难易度对比

根据以上两点分析,水下混凝土施工方案可行性高于常态混凝土施工方案,基本不受条件的影响,常态混凝土施工均有局限性,且施工难度高于水下混凝土施工。

3　施工方案

3.1　常态混凝土施工

乌龟石水电站位于下游消能区水毁修复工程采用的围堰防渗排水后,进行常态混凝土浇筑施工,鉴于常态混凝土施工及高喷防渗施工的工艺技术非常成熟,在此不再赘述。

3.2　水下混凝土施工

3.2.1　施工方案确认

小三峡水电站下游消能区水毁部位修复工程原设计修复方案为浇筑水下不分散自流密实混凝土。施工工艺:潜水员水下作业堆码钢筋石笼及扶管监控浇筑混凝土,利用钢筋石笼代替模板,钢筋石笼安装完成后,直接将混凝土输送泵泵管伸入水底进行混凝土浇筑。

在签订合同后,公司抽调了具有 10 多年地下连续墙施工经验的管理人员组建了专业的项目团队。进场后,根据设计要求进行了生产性试验,试验方法为:直接将混凝土泵管伸入水下进行浇筑。为了达到试验目的,将泵管伸入 2 m 深的水坑底部后提升 30 cm,开浇后泵直接爆管;为了防止再次堵管爆管,伸入距离水面 40~50 cm 进行浇筑。

试验成果(见图 1、图 2)显示:因泵管插入深水中太深,堵管后爆管,只能距离水面 40~50 cm,泵管摆动,造成部分混凝土在水下分离;挖掘机能直接开挖取样,表明混凝土体积较小,从表观看,强度不太理想,未进行钻心取样试压。

图1　生产试验成果(一)

图2　生产试验成果(二)

鉴于生产性试验成果未达到预期目标,且项目管理员参与了国家重大工程地下连续墙施工经验,及时与设计单位、建设单位进行沟通,分享了参与修建工程的施工经验及成果,建议第2次生产性试验采取导管法进行了水下混凝土浇筑,该方案具有连接方便、快捷、密封可靠、灌注效率高等特点。

第2次生产性试验结果显示:

(1)采用2台260挖掘机都未将混凝土整体取出,在强力下,挖出2块小体积混凝土,从断裂部位观看,混凝土密实,强度较高,见图3、图4。

图3　生产试验成果(三)

图4　生产试验成果(四)

(2)从钻孔取心外观分析,混凝土密实度较高;钻孔取心速度较慢,可以分析混凝土强度应该较高(见图5、图6)。

(3)建设单位代表、监理工程师现场见证取样,送检试压,试压结果显示混凝土强度达到了35.4 MPa(设计混凝土强度为C35),满足设计要求。

经过对2次生产性试验成果进行对比分析,建设单位、设计单位同意调整设计施工方案,施工方案采取第2次生产性试验施工工艺,鉴于施工区相对面积较大,采用沉箱进行分格,最后再采用导管法进行水下混凝土浇筑。

3.2.2　沉箱制作及安装

为了保证施工人员安全,尽量减少水下作业内容;保证混凝土浇筑质量,每隔10~20 m布置1道沉箱分格墙将整个水毁处理区分割为若干小块,再进行水下混凝土浇筑。

此方案使每次浇筑区域形成一个相对封闭区,能有效地减少水流冲洗混凝土,减小混凝土离析,混凝土强度能达到85%以上;浇筑面积减小,从而将提高混凝土的浇筑上升速度[1],有效地防止混凝土成片状现象。

图5 生产试验成果(五)

图6 生产试验成果(六)

3.2.2.1 材料选用

钢筋石笼作为分格墙,虽然投资成本相对较低一点,但是基础无法找平,且重量较大,施工区域的河水浑浊,潜水员水下无法通过肉眼观看安装情况,且吊装人员也无法观看水下情况,无法按照精确位置进行吊装,存在严重的安全隐患。

木模板组装沉箱,由于木模板浮力较大,沉底安装很困难,且水比较浑浊,潜水员无法肉眼观看安装情况,潜水员水下作业时间很长,存在很大的安全隐患。

钢模板自身较重,下沉便于安装,且钢板承受力较大[2],不容易爆模。

3.2.2.2 沉箱制作及安装

(1)沉箱制作。

为了尽量减少潜水员水下作业,沉箱加工在地面上进行组装,在加工组装前,对安放位置进行测量,根据测量成果,确定沉箱规格及形状,由技术人员绘制图纸,最终根据图纸进行加工,为了有效防止沉箱倾倒,沉箱宽度不小于2 m。

采用架管、扣件锁定成为一个长方体,待架管锁定成型后,在内侧四周焊接钢板,形成一个相对封闭区;由于水下基础不平整,且无法加固,还存在水流现象,为防止沉箱倾倒,在吊装时,安装支腿。

架管横竖间距根据实际测量数据,合理布置,但横竖间距均不能大于200 cm。

架管、扣件与钢筋对比优势在于,架管受力远远大于钢筋受力,有效避免水下无法观测、加固引起沉箱变形爆箱,达不到预期效果;扣件锁定成型减少了钢筋加工、焊接等工序,增加施工功效。

(2)沉箱安装。

沉箱在地面完全组装后,采用汽车吊运,潜水员水下安装。在沉箱四个角落,各布置一根长竹竿,作为参照物,便于观察。

3.2.3 混凝土浇筑

由于整个施工区域未完全封闭,存在大量的水流现象,在浇筑混凝土时,水流会带走部分混凝土中水泥砂浆,特别是开浇时表面混凝土中水泥砂浆,所以混凝土强度有一定损耗,需要采用高强度等级水下混凝土。

浇筑顺序,首先从深处位置开始浇,浇至一定高度后,移动浇筑导管再从下游往上游浇筑。

混凝土具体浇筑方法同地下连续墙混凝土浇筑方法一致,工艺技术非常成熟,在此不再赘述。

浇筑过程中潜水员经常水下检查浇筑情况,检查沉箱是否出现爆模现象、混凝土高度等问题,引导现场施工人员进行浇筑。

3.2.4 质量检测

(1)完成浇筑后,等待14 d强度后,进行了钻孔取心。混凝土岩心的外观特征为表面光滑、结构密实，以及骨料分布均匀，且取心率达到了95%，能表明混凝土的浇筑质量良好（见图7、图8）。

图7　检查成果（一）

图8　检查成果（二）

（2）修复施工完成后，经过一个雨季的运行，建设单位委托第三方进行了检测，检测报告显示混凝土表面良好，无受损现象。

3.3　施工方案对比

常态混凝土干地施工质量有保障，完全可控。水下混凝土施工，由于施工区未完全封闭，有水流现象，混凝土强度有损失，采用高强度等级混凝土，施工质量也完全可控。

4　工期

对两个水电站实际施工工期进行了统计分析，工期统计见表1。

表1　工期统计

序号	项目名称	单位	小三峡水电站水毁修复工程（水下混凝土）		乌龟石水电站水毁修复工程（常态混凝土）		备注
			完成工程量	施工天数/d	完成工程量	施工天数/d	
1	准备工作	项	1	5	1	5	
2	填筑围堰或施工便道	m^3	32 500	17	31 780	16	
3	高喷防渗	m			2 883	25	
4	排水	m^3			30	10	排水时间包含了高喷完成后3 d的待凝时间
5	模板或沉箱制安	m^2	885	0	2 396	0	模板或沉箱制安与混凝土浇筑同步进行，不单独计算制安时间
6	混凝土浇筑	m^3	5 140	28	5 068	29	均未包含其他外部因素，且混凝土供应率相同，施工天数为直接混凝土浇筑天数
7	围堰或施工便道拆除	m^3	20 000	10	21 000	13	
合计				60		98	

从表 1 中可以分析得出，在围堰或施工便道及混凝土工程量基本相等的条件下，常态混凝土施工工期远大于水下混凝土施工工期。

5 经济效益及投资

（1）常态混凝土施工若是在停产的条件下，无任何经济效益，完全没有任何对比性。

（2）无须停产情况下，经济效益及投资详见表 2。

表 2 经济效益及投资统计

序号	项目名称	单位	小三峡水电站水毁修复工程（水下混凝土）			乌龟石水电站水毁修复工程（常态混凝土）			备注
			完成工程量	单价/元	金额/元	完成工程量	单价/元	金额/元	
1	经济效益	项	1	0	0	1	0	0	正常发电，发电量基本相等，两者单价均输为 0 元
2	一般项目	项	1	640 000	640 000	1	700 000	700 000	
3	填筑围堰或施工便道	m^3	32 500	12.5	406 250	31 780	12.5	397 250	
4	高喷防渗	m				2 883	500	1 441 500	
5	排水	m^3				156	300	46 800	
6	模板或沉箱制安	m^2	885	350	309 750	2 396	55	131 780	
7	混凝土浇筑	m^3	5 140	750	3 855 000	5 068	550	2 787 400	
8	围堰或施工便道拆除	m^3	20 000	10.5	210 000	21 000	16.5	346 500	
合计					5 421 000			5 851 230	

从表 2 可以得出经济效益两者基本不受影响，没有差别。在填筑围堰或施工便道及混凝土工程量基本相等的条件下，常态混凝土施工投资远大于水下混凝土施工投资金额。

6 结语

经过上述两个水电站水毁工程实际施工经验，结合施工方案可行性及难易度、施工方案、工期、经济效率及投资等四方面的对比分析，可以得出沉箱分格浇筑水下混凝土施工工艺完全可行，施工质量可控，施工工期可控，投资可控，经济效益基本不受影响，优越性远远大于常态混凝土施工。

参考文献

[1] 国家能源局．水电水利工程混凝土防渗墙施工规范：DL/T 5199—2021[S]．北京：中国电力出版社，2021.

[2] 中华人民共和国住房和城乡建设部，中华人民共和国国家质量监督检验检疫总局．建筑结构荷载规范：GB 50009—2012[S]．北京：中国建筑工业出版社，2012.

新疆某水库坝址与坝型方案研究分析

石建军[1,2]　汪增超[1,2]

(1. 黄河勘测规划设计研究院有限公司,河南郑州　450003;
2. 深圳先河水利水电工程有限公司,广东深圳　518001)

摘　要:新疆某水库坐落在中低土山丘之中,根据初步选定的上下坝线,通过工程地质条件、枢纽布置、施工条件及经济投资等方面综合对比分析,确定推荐上坝线方案。结合筑坝材料、坝体防渗性、适应变形能力、抗震性能、工程投资等方面,确定均质土坝作为水库推荐坝型。通过对水库坝址及坝型的选择分析研究,对以后水库建设工程具有参考意义。

关键词:水库;上下坝线;均质土坝;坝型

1　引言

现有水利设施无法将天然径流有效地按照灌区需水进行调配,灌区洪水期大量洪水引入农田,采用粗放和落后的压碱方法,致使土壤质地呈恶性循环。另外,由于目前的平原水库靠近灌区下游,控制灌溉面积有限,不能对各水库进行水量调配,卡回水库位于灌区中游,可向现有的水库补水,与现有平原水库联合调节,减少洪水期进入农田的水量,进行适时适量的灌溉。因此,迫切需要修建卡回水库,增加调蓄能力,促使灌区进行中低产田改造,为灌区经济发展奠定基础,实现可持续发展的需要。水库的建设对改善英吉沙县灌区灌溉条件、治理土壤盐碱化、提高当地人民生活水平以及加强民族团结等具有积极意义,因此该工程建设是必要的。黏土均质坝具有独特的工程特性,通过对水库坝址及坝型的选择分析研究,对以后水库建设工程具有参考意义。

2　工程概况

水库地处喀什地区,坝址位于萨汗亚河下游北侧低中山区,是一座注入式水库,采用明渠的方式从库山河引水。库山河为喀什噶尔河水系第三大河流,流域地处米尔高原,境内地形变化很大,地貌形态上可分为山地和平原两大地貌单元,由于库山河目前无山区水库控制,平原水库发挥着补充调节灌溉的重要作用[1-2]。水库所在区域耕地面积大,以农业和林果业发展为主,现状灌溉面积为59万亩,主要水源为库山河和地下水,河流径流年内变化大,河道来水受季节影响较大且已有的8座中小型水库由于多年的泥沙淤积,使现有的水库的有效库容明显减少,水库兴利库容减少58%,严重影响了该县的农业发展[3]。由于缺乏控制性水库调节,灌溉保证率不高,春季来水占全年的10.4%,而用水量为33%左右,造成春旱局面,影响农作物春播及春灌。水库正常蓄水位1 416.2 m,死水位1 399.5 m,淤沙高程1 398.5 m,死库容295万m^3,调节库容2 182万m^3,控制灌溉面积30.82万亩,改善灌溉面积14.70万亩,解决了库山河灌溉区的灌溉条件,对提高当地人民生活水平及加强民族团结等具有积极意义。

作者简介:石建军(1991—),男,工程师,主要从事岩土工程勘察工作。

3 库区的工程地质特征

3.1 地形地貌

场地地貌条件为低缓丘陵劣地。工程区内地形较为平坦,以低矮山坡为主。总的地势西北高、东南低,山体形状平缓或呈驼峰状起伏,冲沟发育,东北、西北、西南三面均为低矮山坡,自西北至东南方向为冲洪积的宽缓盆地,地势低平,构成库盆。区内冲沟分布零乱,切割不深,多在 10 m 以下,延伸不长,多较宽缓,由于冲沟切割使山体形状极不规则,局部成孤立山包。其中:库左侧山体较宽厚,地形稍完整,山顶高程在 1 405~1 419 m;库右侧山体地形较零乱,较大的沟谷有三处,分布于南东侧、南侧及南西侧,谷底高程在 1 388~1 397 m,沿坝线最大宽度达 340 m,右侧库尾段为两单薄条形山脊之间较平缓段,地面高程在 1 407~1 423 m,与西面山体闭合。

3.2 地层岩性及地质结构

库区和坝址均分布上新近系泥岩砂岩地层。岩层基本向南倾斜,倾斜角 20°左右。低洼的谷地淤积着风化的粉土和黏土,地势高处地表分布着强风化的土层或粉砂层。场地地层分布单一,工程地质条件简单。库盆绝大部分为第四系松散堆积层覆盖,库尾右侧山体表部为残坡积层覆盖,地层岩性由老至新为新近系(N)、第四系(Q)。

3.2.1 新近系(N)

广泛分布于库区内,为库区内下伏地层,岩性主要为灰褐、灰黄色粉砂质泥岩夹砂砾岩薄层或透镜体,局部基岩出露段呈强-全风化状。岩层呈薄-中厚层状结构,产状平缓,近水平状,节理裂隙不发育,主要结构面类型为层面,层面之间结合较好,岩体完整程度为较完整。

3.2.2 第四系(Q_4)覆盖层

残坡积堆积(Q_4^{edl}):主要分布于库尾右侧山体顶部及山坡,岩性为灰褐色碎石土,以粉质壤土为主,结构较松散,厚度 0.2~1.5 m。湿密度 1.60 g/cm^3、干密度 1.85 g/cm^3、渗透系数 1.23×10^{-3} cm/s。

全新统冲、洪积堆积(Q_4^{pal}):分布于冲沟及库盆内,岩性为砂壤土、碎石土及含泥砂卵砾石,结构较松散,厚度 0.6~7.6 m。砂壤土、碎石土天然含水率 17.3%、湿密度 1.83 g/cm^3、干密度 1.53 g/cm^3、渗透系数 3.3×10^{-4} cm/s。含泥砂卵砾石湿密度 1.89~2.0 g/cm^3、渗透系数 0.43×10^{-3}~2.03×10^{-3} cm/s。

3.3 地质构造及地震

在大地构造上,水库处于西昆仑山与南天山构造带复合部位的塔里木盆地次级构造单元西南坳陷之喀什凹陷内[4]。库区地质构造简单,未见区域性断裂通过,地表调查亦未见小规模的断层出露,从区内现场地质测绘可知,区内为一倾向南西(近南)的单斜构造,岩层产状总体走向 N72°~85°W,倾向 SW,倾角 3°~10°。该区的地震基本烈度为Ⅷ度,地震动反应谱特征周期为 0.45 s。

3.4 水文地质条件

库区内水文地质条件较简单,地下水类型为基岩裂隙水和第四系孔隙水。前者赋存于基岩裂隙中,沿裂隙运移,接受大气降水、融雪和上游河水补给,水量贫乏,埋藏深,坡降较平缓;后者主要赋存于含泥砂卵砾石层中,主要接受大气降水补给,水量亦较贫乏。此外,由于工程区内基岩埋藏较浅,透水性较弱,在雨季还存在短时的上层滞水。

根据孔内注水试验,残坡积及冲洪积层渗透系数在 1.41×10^{-4}~2.03×10^{-3} cm/s,属中等透水层。

4 上下坝线基本概况

水库的坝址比选是工程可行性研究阶段的重要内容,也是新建水库设计至关重要的环节。本文根据地形地貌、地质条件、施工运用条件和水库功能、水库效益等因素,经过多次实地考察,工程区内东南方向筑坝。该区域地质构造简单,无断裂通过,无较大的裂隙带,也无重大不良地质因素。水库工程本阶段选上下两个坝址进行比选,下坝线与上坝线不重合地段位于库盆南侧,长度约1 037 m,两坝线不重合地段相距约255 m,上坝线设计正常蓄水位为1 416.2 m,下坝线设计正常蓄水位为1 416.2 m。

上坝线为半环形坝线,总长约3 750 m,最大坝高约33 m,自西北至东南方向库长约1 310 m,自东北至西南方向库宽约1 400 m。下坝线总长约4.0 km,最大坝高约31.2 m,自西北至东南方向库长约1 640 m,自东北至西南方向库宽约1 400 m。

5 坝线比较及选择

根据上、下两坝线工程地质特征,将其工程地质条件比较列于表1。

表1 上、下坝线工程地质条件一览表

工程地质条件		上坝线	下坝线	比较结果
地形地貌		位于低中山区,地形较平坦,以低矮山坡及冲积平原为主,正常蓄水位1 416.2 m时,坝线长3 750 m,最大坝高约33 m	地形基本一致,正常蓄水位1 416.2 m时,坝线长4 007 m,最大坝高约31.2 m	上坝线略优
地层岩性		覆盖层为残坡积及冲洪积堆积,基岩为上第三系粉砂质泥岩夹砂砾岩薄层或透镜体	覆盖层为残坡积及冲洪积堆积,基岩为上第三系粉砂质泥岩夹砂砾岩薄层或透镜体	基本相同
地质构造		未见断层通过,岩层单斜构造,产状平缓	未见断层通过,岩层单斜构造,产状平缓	基本相同
岩体风化情况	全风化带下限埋深	左侧2.2~5.8 m;东南侧盆地1.8~3.5 m;右侧3.5~5.5 m	左侧2.2~5.8 m;东南侧盆地1.8~3.5 m;右侧3.5~5.5 m	基本相同
	强风化带下限埋深	左侧5.6~12.5 m;东南侧盆地4.9~7.3 m;右侧7.6~13.3 m	左侧5.6~12.5 m;东南侧盆地4.9~7.3 m;右侧7.6~13.3 m	
相对不透水层下限埋深		左侧3~10 m;右侧6~28 m	左侧3~10 m;右侧6~28 m	基本相同
淹没、浸没影响		淹没旱地90亩,针叶林30亩,无浸没问题	淹没旱地90亩,针叶林30亩,无浸没问题	基本相同
不良地质现象		岩体风化、土壤盐渍化	岩体风化、土壤盐渍化	基本相同
主要工程地质问题		坝基、坝体渗漏、岸坡稳定问题	坝基、坝体渗漏、岸坡稳定问题	基本相同

从上述比较中可以看出,两坝线工程地质条件基本类似,综合分析如下:①从地形地质条件分析,上、下坝线处于同一地段,轴线位置接近,为同一个区域地质构造环境,地震基本烈度与区域构造稳定性相同。建坝的具体工程地质条件也基本一样,属较软岩,遇水软化,并具有一定的膨胀性,均不适宜建刚性坝体。②从枢纽布置分析,上坝线坝体长度3 750 m,下坝线坝体长度4 007 m,上坝线基础灌浆深度略小于下坝线,工程量略小于下坝线。③从施工条件分析,上、下坝线位置接近,施工条件基本相同。④从经济上比较,因下坝线坝体及附属建筑物工程量较上坝线大,投资相应增大,上坝线较优。

通过地质勘察为大坝设计提供了全面的基础数据和科学依据,确保大坝能够在各种自然条件下安全稳定地运行。

经综合比较,上坝线优于下坝线,因此本阶段设计选择上坝线作为推荐坝线。

6 坝型比选

根据坝址处地形地质条件,本阶段选择黏土均质坝、沥青混凝土砂砾石坝、黏土心墙砂砾石坝、土工膜斜墙砂砾石坝四种坝型进行技术经济比较。本工程坝线长达 3 750 m,由于区内地势平坦开阔,山体凌乱,山间盆地宽广,岩体风化强烈,岩性软弱,工程区属高烈度地震区,加之工程区地表绝大部分为泥岩风化土或阶地土,附近仅有一条萨罕亚河,河中砂卵砾石料储量有限。虽库山河有丰富的砂卵砾石料,但运距远,且质量亦较差,修建心墙砂壳坝条件有限。工程区附近无可用之块石料,因此修建刚性坝的条件较差。而本工程区附近广布于山坡的残坡积层及全风化岩石,储量丰富,作为土料其质量符合规程要求。坝体利用土山丘体,平均坝高 20 m,填筑工程量 400 万 m^3,如果挖掉坝址区土山丘体,按坝长 3 750 m,坝体高度 31.2 m,计算填筑工程量可达 600 余万 m^3。由此,坝体利用土山丘体联合筑坝,减少填筑工程量 1/3,节约静态投资 1 亿元。四种坝型中黏土均质坝对地基的适应性好,坝体防渗性、适应变形能力、抗震性能较好,工程投资最小,故从坝址工程地质条件、坝区筑坝材料、枢纽布置及工程投资等方面综合比较,修建均质土坝比较合适。

7 结语

(1)通过对水库上下坝址线的工程地质条件、枢纽布置、施工条件及经济投资等方面对比分析可知,上下坝线工程地质及施工条件基本相同,但是上坝线在枢纽布置及经济投资方面要优于下坝线,确定推荐上坝线方案。

(2)坝址的地形地质条件均能满足黏土均质坝、沥青混凝土砂砾石坝、黏土心墙砂砾石坝、土工膜斜墙砂砾石坝四种坝型。但通过筑坝材料、坝体防渗性、适应变形能力、抗震性能、工程投资等方面,黏土均质坝有较大优势,故确定均质土坝作为水库推荐坝型。

参考文献

[1] 艾拉提·托克逊,穆台力甫·牙森.新疆喀什库山河水文特性浅析[J].地下水,2011,33(6):200-202.
[2] 程涛,洪晶晶.库山河设计洪水分析计算[J].水利科技与经济,2011,17(7):76-77.
[3] 段美娟.浅谈英吉沙县地区高效节水灌溉工程建设[J].陕西水利,2019(6):215-216.
[4] 张翠芬.多源遥感数据协同岩性分类方法研究[D].北京:中国地质大学,2014.

水利水电工程施工中的质量管理研究

汪　洋[1,2]

(1. 深圳先河水利水电工程有限公司,广东深圳　518001;
2. 黄河勘测规划设计研究院有限公司,河南郑州　450003)

摘　要:随着我国经济社会的快速发展,水利水电工程作为国家基础设施建设的重要组成部分,其施工质量直接关系到国家水资源的有效利用与人民生命财产安全。然而,当前水利水电工程在施工管理过程中仍存在诸多问题,如施工材料不合格、施工人员质量意识薄弱、监管体系不健全及技术水平参差不齐等,亟须系统化的管理与技术应对。本文基于水利水电工程施工的复杂性和系统性特点,运用案例分析与对比研究的方法,深入剖析了工程实施过程中存在的主要质量管理难点,并提出了多维度的施工管理优化策略,包括完善质量管理制度、强化工程巡视检查、加强施工人员管理、科学管控材料使用及推广信息化技术应用等。研究结果表明,只有通过制度建设与技术创新并重的方式,才能有效提升水利水电工程的施工质量和管理水平。本文的研究对推动我国水利水电工程建设向规范化、系统化、智能化方向发展具有一定的理论价值和实践意义。

关键词:水利水电施工;质量管理;施工质量

1　引言

水利水电工程作为国家基础设施建设的重要组成部分,直接关系到水资源的合理利用、生态环境的保护及国民经济的可持续发展。随着我国经济社会的不断进步和人民生活水平的日益提升,社会对基础设施建设的质量与效益提出了更高要求,水利水电工程的地位和作用也愈加突出[1]。这类工程通常体量庞大、结构复杂、技术密集,且往往处于高山、峡谷、河道等特殊地理环境中,施工条件极为严苛,工程质量直接影响人民生命财产安全及社会运行效率。

然而,在实际建设过程中,水利水电工程施工质量管理仍面临诸多挑战,如施工材料质量不稳定、参建人员质量意识薄弱、监管机制不健全以及技术管理不到位等问题,频繁导致工程质量隐患,甚至诱发安全事故,严重制约了工程效益的发挥与可持续运营[2]。特别是在大型工程项目中,施工周期长、参与单位多、专业交叉程度高,对施工质量控制提出了更高要求。

因此,系统研究水利水电工程施工质量管理的特点、常见问题及应对策略,对提升工程建设水平、保障工程运行安全、推动行业高质量发展具有重要的现实意义。本文通过分析水利水电工程在施工质量管理方面的主要问题,探讨科学有效的管理对策,旨在为优化我国水利水电工程建设提供理论参考和实践路径。

2　水利水电工程施工质量管理的特点

水利水电工程施工质量管理的特点在于其工程复杂性和工程环境的特殊性。由于水利水电项目的建设施工通常涉及大型水利工程、电力工程、土木工程等多个领域的综合系统工程,因此施工过程比较复杂。同时,水利水电工程建设往往需要在特殊的自然环境中完成,例如高山、峡谷、河道等地形复杂多变的地区,施工条件较为恶劣。在水利水电工程施工质量管理中,需要考虑到几个特点:①多

作者简介:汪洋(1989—),男,工程师,副主任,主要从事水利水电工程项目管理工作。

学科综合交叉性。水利水电工程涉及很多学科领域的知识,如水文学、地质学、土木工程学、机械工程学、电气工程学等。不同学科的专业知识需要有效整合,以确保施工的顺利进行。大型水利水电施工项目一般是指特大型的工程项目,其施工规模往往较大,工期一般也较长。在施工项目过程中,需要做好工期安排和任务分解,以降低工程进度对工序的影响。另外,由于工程规模较大,需要有全面的计划和严密的组织管理,确保工程的高质量完成。②施工环境的复杂性。水利水电工程常涉及特殊的自然条件,如高山、峡谷、河道等地形环境,对施工人员和设备都会产生一定的影响。在施工质量管理中,需要做好环境安全管理和危险源的评估,确保施工人员和设备的安全。③高度技术含量。水利水电工程中涉及大量的工程技术,如机械设备的操作技术、土方开挖的施工方法、钢结构搭建的装配技术等。这些技术要求施工人员具备一定的专业技能和技术经验,施工人员的培训与管理也是施工质量管理重要的一环。

3 水利水电施工中存在的主要问题

3.1 施工材料问题

水利水电工程是国家重点建设项目,其施工质量直接关系到国家水资源的利用和保护。然而,在水利水电工程施工过程中,存在着施工材料问题,这不仅会影响工程质量,还会给环境带来负面影响。首先,施工材料的质量问题是造成水利水电建设的产品质量不稳的重要因素之一[3]。在施工过程中,如果使用质量不合格的材料,就会导致工程质量出现问题。比如,在水利水电工程中,使用劣质的水泥、钢材等材料,容易导致工程出现开裂、变形等问题,从而影响工程的使用寿命。其次,施工材料的来源问题也是水利水电工程施工质量控制中的难点之一。在工程建设过程中,施工材料的来源往往涉及多个方面,如采购、运输、储存等环节,如果其中任何一个环节出现问题,就可能导致施工材料的质量受到影响。比如,在采购环节中,如果没有严格的质量控制,就容易采购到劣质材料,从而影响工程质量。最后,施工材料的环保问题也是水利水电工程施工质量控制中的重要问题。在施工过程中,如果使用的材料不符合环保要求,就会对环境造成污染,从而影响生态环境的健康。

3.2 质量意识薄弱

(1)水利水电工程是指建设水利水电设施的工程,包括水库、水电站、水渠、水闸等。这些工程对保障国家的水资源和电力资源具有重要的意义。然而,在水利水电工程的施工过程中,存在着质量意识薄弱的问题,这给工程的质量带来了很大的隐患。

(2)在水利水电工程的施工过程中,需要有一支专业的施工队伍,他们需要具备扎实的技术能力和严谨的工作态度。然而,一些施工人员的工作经验不足或者是工作态度不够认真,导致他们对工程的质量问题并没有足够的重视,从而出现了一些质量问题。

(3)在水利水电工程的施工过程中,需要有专业的监理人员对施工过程进行监管,确保施工质量符合规范。然而,一些监理人员的工作态度不够认真或者是监管手段不够严格,导致施工过程中的问题没有得到及时解决,从而影响了工程质量。

(4)施工材料的质量问题也是影响水利水电工程质量的因素之一。在水利水电工程的施工过程中,需要使用大量的材料,包括水泥、钢筋、砖块等。然而,一些材料的质量不过关或者是使用了劣质材料,导致工程出现了一些质量问题,从而影响了工程的使用寿命和安全性[4]。

针对以上问题,我们需要采取一些措施来加强水利水电工程施工质量的控制:首先,需要加强对施工人员的培训,提高他们的技术能力和工作态度。其次,需要加强对施工过程的监管,确保施工质量符合规范。最后,需要加强对施工材料的质量控制,确保使用的材料符合规范,避免使用劣质材料。

3.3 监管问题及技术问题

随着经济的发展和人民生活水平的提高,水利水电工程的建设也越来越重要。然而,水利水电工程施工质量控制存在监管问题及技术问题,这给水利水电工程的建设带来了一定的隐患。

(1)水利水电工程施工质量控制存在监管问题。在施工过程中,监管机构应该对施工质量进行监管,以确保施工质量符合规范和标准。但是,在实际情况中,监管机构的监管力度不够,存在监管漏洞和监管盲区,导致施工质量无法得到有效控制。此外,监管机构的人员素质和能力也存在不足,无法有效地发现和解决施工质量问题,进一步加剧了监管问题。

(2)水利水电工程施工质量控制存在技术问题。在施工过程中,施工单位应该具备一定的技术能力和经验,以确保施工质量符合规范和标准。然而,在实际情况中,施工单位的技术能力和经验存在不足,无法有效地解决施工中出现的问题,导致施工质量无法得到有效控制。此外,施工单位的管理和组织能力也存在不足,无法有效地协调施工人员和设备,进一步加剧了技术问题。

4 水利水电工程管理与施工质量管理措施

4.1 完善质量管理制度,采用项目管理机制

水利水电工程是指利用水资源进行发电、灌溉、供水等方面的工程。作为一个重要的基础设施工程,水利水电工程的建设不仅直接关系到人民群众的生产生活,也是国家经济发展的重要支撑。因此,完善质量管理制度,采用项目管理机制是水利水电工程建设中必不可少的重要环节。首先,完善质量管理制度是保证水利水电工程建设质量的重要保障。水利水电工程的建设涉及各种技术和工艺,如果没有完善的质量管理制度,就会出现一系列质量问题,严重影响工程的使用效果和寿命。因此,在水利水电工程建设中,必须建立起科学、规范、完善的质量管理制度,确保所有工程过程和环节都能够得到有效的监控和管理,从而保证工程质量。其次,采用项目管理机制是提高水利水电工程建设效率的重要手段。水利水电工程建设通常规模较大、项目复杂,涉及多个领域和部门,因此必须采用科学的项目管理机制,对工程进行全过程管理和监控。通过项目管理机制,可以有效地协调各个领域和部门之间的工作,优化资源配置,提高工程建设效率,确保工程按期完成。

在水利水电工程建设中,完善质量管理制度和采用项目管理机制是相辅相成的。只有建立起完善的质量管理制度,才能够有效地监控和管理工程建设过程中的各个环节,保证工程的质量。而采用科学的项目管理机制,可以协调各个领域和部门之间的工作,提高工程建设效率,确保工程按期完成。总之,水利水电工程建设是一项复杂的工程,需要采取多种手段来保证其质量和效率。完善质量管理制度和采用项目管理机制是其中两个重要环节,必须得到足够的重视和实施。只有这样,才能够确保水利水电工程建设的顺利进行,为人民群众的生产生活和国家经济发展做出更大的贡献。

4.2 工程巡视检查

随着水利水电工程的不断发展,工程巡视检查已经成为保障工程安全运行和发挥水利水电工程效益的重要手段。工程巡视检查是指对水利水电工程的各项设施、设备、运行情况等进行全面的检查和评估,以发现问题、解决问题,确保工程的安全、可靠、高效运行。工程巡视检查的目的是确保水利水电工程的安全运行。在巡视检查中,主要是对水利水电工程的各项设施、设备、运行情况等进行全面的检查和评估,以发现问题、解决问题,确保工程的安全、可靠、高效运行。巡视检查的内容包括水库、水闸、水电站、输水管道、泵站、引水渠道、灌溉渠道、防洪设施等方面。巡视检查的重点是对工程设施的完整性、稳定性、安全性、运行状况等进行全面检查和评估,以及对工程设施的维护保养情况进行监督和检查。工程巡视检查的意义在于发现问题、解决问题[5]。巡视检查是为了发现问题而进行的,只有发现了问题,才能及时解决问题,确保工程的安全、可靠、高效运行。巡视检查是水利水电工程管理的重要手段,通过巡视检查,可以发现工程设施的缺陷、故障和隐患,及时采取措施进行维护和修复,避免事故的发生。同时,巡视检查可以对工程设施的运行情况进行评估,发现存在的问题,及时调整运行方式,提高工程效益。工程巡视检查的方法主要包括现场巡视、检查记录、数据分析等。现场巡视是巡视检查的核心内容,通过现场巡视,可以全面了解工程设施的运行状况、存在的问题和隐患等,对于发现问题、解决问题具有重要的作用。检查记录是巡视检查的重要组成部分,通过记录巡视检查的过程和结果,可以对工程设施的运行情况进行科学分析,为工程管理提供依据。

4.3 加强施工人员的质量管理

在水利水电工程施工过程中,施工人员是质量管理的核心执行主体,其专业水平和责任意识对工程质量具有决定性影响。加强施工人员的质量管理,需要从准入、培训、考核和现场管理等多方面进行系统化控制。严格的资质审核和持证上岗制度能够确保施工人员具备必要的技术能力和安全操作资格;持续的质量与安全培训有助于提升其对施工规范、工艺流程及质量控制要点的理解和应用能力;科学的考核与奖惩机制能够将个人工作表现与工程质量直接挂钩,形成责任驱动的内在激励;高效的现场组织和班组协作则为施工过程中的质量把控提供了制度保障。通过以上措施的综合实施,可以显著提升施工人员的质量意识和执行力,从而为水利水电工程施工质量的稳步提升奠定坚实基础。

4.4 科学管控使用材料

水利水电工程是指建造、改造、利用水资源的各种工程,包括水库、水电站、灌溉工程、排水工程等。在水利水电工程的建设过程中,科学的管控使用材料是非常重要的[6]。为确保工程质量,应建立完善的材料管理体系,对进场材料实施严格的检验与试验,确保其理化性能、规格与设计要求相符。同时,需要在施工过程中加强材料的储存与保管,防止因环境因素导致的性能衰减或失效。针对关键材料,应实施全过程追溯管理,将采购、运输、存放、使用等环节纳入质量控制链条,避免因管理疏漏造成的隐患。通过科学管控材料的选择与使用,可以有效提升水利水电工程的结构稳定性与使用寿命。

5 结语

近年来,我国水利水电工程的快速发展,虽然带来了巨大的经济效益,但也产生了不少质量问题,给人民的工作生活和社会的生活形成了十分恶劣的冲击,受到社会普遍的重视。所以,现在对水利水电工程的施工管理实行严密的管理,有效处理工程建设中出现的问题,已经是需要攻克的课题。只有合理处理上述问题,才能从根本上保证水利水电工程施工安全,推动全国水利水电工程建设的安全发展,更好地为人们的生产生活和经济社会发展做出积极贡献。

参考文献

[1] 马宏元,李长青.水利水电工程施工质量控制关键技术研究[J].水上安全,2025(8):190-192.
[2] 韩国良.水利工程施工质量控制策略研究[J].水上安全,2025(6):100-102.
[3] 曹阳.水利水电工程施工质量管理分析[J].住宅与房地产,2018(34):177.
[4] 陈士超.水利水电工程施工质量的管理与控制探究[J].科技创新与应用,2018(34):193-194.
[5] 任秀峰.水利水电工程施工中的风险管理[J].中国水利,2018(22):58-59,46.
[6] 余文兴.水利水电工程施工难点及施工技术要点分析[J].水上安全,2023(4):176-178.

浅谈强夯法在干旱地区地基处理中的讨论

王丁丁[1]　徐海龙[1,2]　刘　波[2]

（1. 黄河勘测规划设计研究院有限公司，河南郑州　450003；
2. 新疆建通工程管理有限责任公司，新疆乌鲁木齐　840000）

摘　要：本文探讨了强夯法在坝基处理中的应用原理及效果。强夯法通过在地面施加大能量冲击，促使土体密实化，提高地基承载力，改善沉降性能。本文从强夯法的定义及基本原理入手，探讨了夯击能选择、最佳夯击能与夯击次数、夯击遍数、夯点间距与夯击点布置、时间间隔及加固范围等强夯设计的基本参数。结合强夯施工案例分析了强夯在实际应用中的注意事项，提出要根据施工场地和地质选用强夯法进行施工，不断改进强夯法。

关键词：沉沙调节库；强夯法；地基处理

1　工程概况

二期沉沙调节库位于昆玉市境内，塔克拉玛干大沙漠南缘，和田地区皮山县与墨玉县交界处的G315国道以北区域，东临墨玉县，南临G315国道，西接皮山县，北靠塔克拉玛干大沙漠。二期沉沙调节库东距和田市65 km，西距喀什市450 km。沉沙调节库采用四面围坝，坝线全长3 486 m，最大坝高24.3 m，全库盘复合土工膜防渗，大坝为土工膜斜墙防渗土坝大坝上游坝坡为1∶3，下游坝坡为1∶2.5。

二期沉沙调节库设计规模为中型水库，总库容1 230万 m^3，死库容291.3万 m^3，正常蓄水位1 386.1 m；坝顶高程1 388.60 m；死水位1 373.5 m，最大坝高24.3 m，最大水深20.1 m；放水涵洞底板高程1 369.0 m，进水渠长1 256 m，设计流量6.8 m^3/s，沉沙调节库大坝、放水涵洞等主要建筑物级别为3级，设计洪水标准为50年一遇，校核洪水标准为1 000年一遇。主要任务为灌溉，通过合理配置水资源，对发展××团、××团经济，提高当地居民的生活水平有非常重要的作用。通过本工程的建设，对提高区域内水资源利用效率、大力发展节水型农业、节约南疆地区珍贵水资源具有重要意义。

2　问题的提出

二期沉沙调节库的坝轴线根据地质条件分若干段，现分述如下。

Ⅰ段（0+000～0+600）：沿东南角北侧方向展布，基本为东坝段，地势南高北低。地层岩性主要为2层。

（1）含砂低液限粉土（Q_3^{alp}），揭露厚度20.0 m，局部表层为粉土质砾，厚度0.7 m；未揭穿。土黄色，松散-稍密，稍湿。天然含水率2.3%～8.3%，天然密度1.48～1.71 g/cm^3，干密度1.45～1.58 g/cm^3，渗透系数6.5×10^{-4}～1.0×10^{-3} cm/s，压缩模量8～10 MPa，承载力值100～120 kPa。湿陷系数0.015～0.45，属中等湿陷。该层可作为坝基持力层。在东南角夹一层粉土质砾，厚度1.6 m。呈透镜体状不均匀分布。

（2）低液限粉土局部夹薄层粉土质砾（Q_{3-4}^{alp}），透镜体状分布，分布不均匀，该层厚度0.3～2.4 m。

作者简介：王丁丁（2000—），男，助理工程师，主要从事水利水电施工管理工作。
通信作者：徐海龙（1999—），男，主要从事水利水电施工管理工作。

灰黄色为主,干燥,稍密-中密。一般粒径 2~15 mm,最大粒径 110 mm。天然密度 1.96~2.05 g/cm^3,天然休止角 35°~38°,渗透系数 $2.0\times10^{-3}\sim8.2\times10^{-2}$ cm/s,变形模量 18~20 MPa,承载力值 220~250 kPa。该层可作为坝基持力层。

通过设计单位对该地质条件的研究,在查找了大量资料和分析了国内外一些湿陷性处理的方法之后,设计决定采用强夯的方法进行湿陷性土处理由于当地水利工程之前未作过类似试验,为确保试验顺利进行,计划选定两块区域先进行强夯试验,通过分析强夯试验数据验证是否可行,且通过试验进一步确定强夯质量控制标准和施工参数,可行的话再全面实施。处理步骤为:强夯试验—检测效果—试验报告确定工程采用的各项浸水参数及强夯参数—全面实施。通过试验验证强夯法在本地区湿陷性土处理中的可行性,并据此确定适用于本工程的强夯施工参数和质量控制标准。主要方法是选定两块区域进行强夯试验,通过对试验区的沉降、密实度、湿陷性等指标进行检测和分析,评估强夯效果,从而指导后续大面积施工。

3 试验及研究

3.1 场地情况

由现场试验挖坑取土试验可知,不同坝段坝基土质不同,有纯粉土、粉土含砂、粉土含砾、砾石夹层等,造成实际坝基浸水用量有所不同,根据现场试验及北坝管道注水检测,为达到浸水土层均匀浸水,坝基浸水用量将达到坝基强夯区面积的 2~3 倍,且因不同地层渗水率不同,采用挖填 20 m×20 m 见方的田埂进行分区浸水,待田埂内积水达到距田埂堤顶 50 cm 时,可暂时停注水,注水时间 6~10 d。待田埂内积水下渗无明水后,采用洛阳铲或旋挖机械设备进行强夯前不同土层取土,测定土层含水率,待平均含水率达到最优时进行强夯作业。

3.2 强夯试验

在坝基范围内选择有代表性的试验区两处,分别为试验Ⅰ区(2+721)处、试验Ⅱ区(0+949)处,加固深度采用梅纳(L. Menard)公式进行估算。梅纳(L. Menard)公式是用于估算强夯有效加固深度的经典经验公式之一。其表达式如下:

$$H = \alpha\sqrt[3]{E} \tag{1}$$

式中:H 为强夯加固的有效加固深度,m;E 为单击夯击能量(锤重×落距),kN·m;α 为系数,与土的类型和强夯施工条件有关。

通过梅纳(L. Menard)公式进行估算,试验Ⅰ区(2+721)处有效加固深度为 8 m,试验Ⅱ区(0+949)处有效加固深度为 6 m。

试验Ⅰ、Ⅱ区大小均为 20 m×20 m(长×宽),采用 HDC4000 型机液强夯机进行强夯,夯锤直径 2.52 m、锤重 27.6 t、落距 10.8 m,达到夯击能 3 000 kN·m。在试验区内每隔 2 m 深度取土样带回室内做土工试验,确定最大干密度、最优含水率,用于指导试验区内的土进行补水。试验中Ⅰ区和Ⅱ区有效加固深度分别为 8 m 和 6 m 时进行强夯比较。

在试验Ⅰ区点夯采用 3 000 kN·m 夯击能锤击进行,夯锤直径 2.5 m,分三序强夯,强夯前对场地表面进行平整、洒水、碾压,一序孔等边三角形布置孔位,孔距 4.5 m,每个孔位夯击 12~14 击,其间及时测量每个孔位每一击的沉降量,以最后两击夯沉降量平均值小于 5 cm 作为移孔标准,一序孔全部完成后,对场地表面进行平整、补水,进行二序孔的布孔。二序孔与一序孔交替,等边三角形布置孔位,孔距 4.5 m,每个孔位夯击 10~12 击,其间及时测量每个孔位每一击的沉降量,以最后两击夯沉降量平均值小于 5 cm 作为移孔标准,二序孔全部完成后,对场地表面进行平整、补水,进行三序孔的布孔。三序孔布孔在一序孔、二序孔之间,等边三角形布置孔位,孔距 4.5 m,每个孔位夯击 8~10 击,其间及时测量每个孔位每一击的沉降量,以最后两击夯沉降量平均值小于 5 cm 作为移孔标准,三序孔全部完成后,对场地表面进行平整、补水,准备进行下一步满夯。

两处试验区在完成全部点夯后将夯坑区域进行填平并进行坝基满夯(见图 1),满夯时各夯击点相互搭接，直至覆盖整个夯实区域，满夯 3 击，2 遍，夯锤直径 2.5 m，夯击能 1 500 kN·m。第一遍满夯完成后，间隔相应时间后进行第二遍满夯，夯锤搭接部分占锤印的 1/4，满夯主要将地表层松土夯实，并测量满夯后场地高程，作为坝体填筑的基面数据。

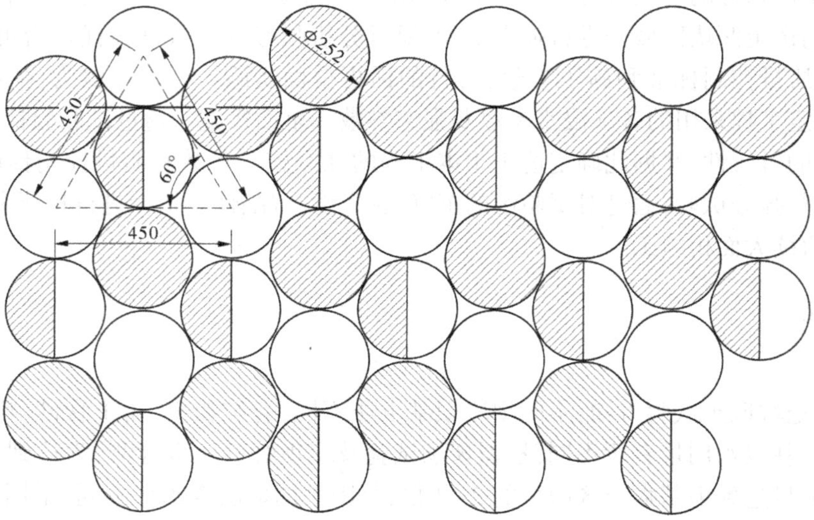

图 1　强夯设计部分布置　(单位:cm)

3.3　强夯试验检测

(1)强夯试验Ⅰ区动力触探试验试验面积为 20 m×20 m，即 400 m^2。强夯前布有 L1、L2、L3、L4 四个试验孔，孔深分别为 2 m、4 m、6 m、8 m，原位动力触探测试 12 次，取扰动土试样 12 件。强夯后布有 L5、L6、L7、L8 四个动力触探试验孔，孔深 2 m、4 m、6 m、8 m，钻孔间距 2~4 m，共完成钻探进尺 20 m，原位动力触探测试 12 次，取扰动土试样 12 件。

通过强夯试验前、后重型动力触探试验坝基土层：0~2 m，夯后比夯前锤击数增幅 10.1%，承载力增幅 80%，密实度由中密-密实变为密实；2~4 m，夯后比夯前锤击数增幅 8.9%，承载力增幅 100%，密实度由中密变为密实；4~6 m，夯后比夯前锤击数增幅 13.8%，承载力增幅 125%，密实度由松散-中密变为中密-密实；6~8 m，夯后比夯前锤击数增幅 13.8%，承载力增幅 60%，密实度由中密变为中密-密实。

(2)强夯试验Ⅱ区试验。强夯试验二区试验面积为 20 m×20 m，即 400 m^2。强夯前布有 L9、L10、L11 三个动力触探试验孔，孔深 12 m，分别为 2 m、4 m、6 m，原位动力触探测试 9 次，取扰动土试样 9 件。强夯后布有 L12、L13、L14 三个动力触探试验孔，孔深分别为 2 m、4 m、6 m，钻孔间距 4 m，共完成钻探进尺 12 m，原位动力触探测试 9 次。

通过强夯试验前、后重型动力触探试验，坝基土层：0~2 m，夯后比夯前锤击数增幅 13.8%，承载力增幅 100%，密实度由中密变为密实；2~4 m，夯后比夯前锤击数增幅 10.11%，承载力增幅 66.7%，密实度由稍密-密实变为密实；4~6 m，夯后比夯前锤击数增幅 8.9%，承载力增幅 80%，密实度由稍密-中密变为中密-密实；6~8 m，夯后比夯前锤击数增幅 8.9%，承载力增幅 119%，密实度由稍密-中密变为中密。通过强夯，坝基土层：0~2 m 效果最好，2~4 m 效果好，4~6 m 效果较好，6~8 m 效果一般。

试夯前、后进行 4 组试验，干密度、压缩模量及湿陷系数，成果见表 1、图 2、表 2。

表 1　试验Ⅰ区土工试验参数

试验Ⅰ区	序号	深度/m	最大干密度/(g/cm³)	最优含水率/%	现场实测含水率/%	干密度/(g/cm³)	压实度/%	压缩模量/MPa	湿陷系数	地基承载力/MPa
强夯前试验参数	1	2	1.68	12.6	5.5	1.50	89.3	5.24	0.400	125
	2	4	1.63	14.0	3.2	1.46	90.5	6.11	0.240	100
	3	6	1.74	11.8	4.6	1.52	87.2	5.06	0.170	100
	4	8	1.72	12.6	2.2	1.50	87.4	6.74	0.130	125
强夯后试验参数	1	2	1.68	12.6	13.1	1.64	98.8	10.28	0.009	225
	2	4	1.63	14.0	12.8	1.60	98.8	11.16	0.010	200
	3	6	1.74	11.8	12.7	1.71	99.2	12.17	0.000 7	225
	4	8	1.72	12.6	13.6	1.68	98.5	10.35	0.000 2	200

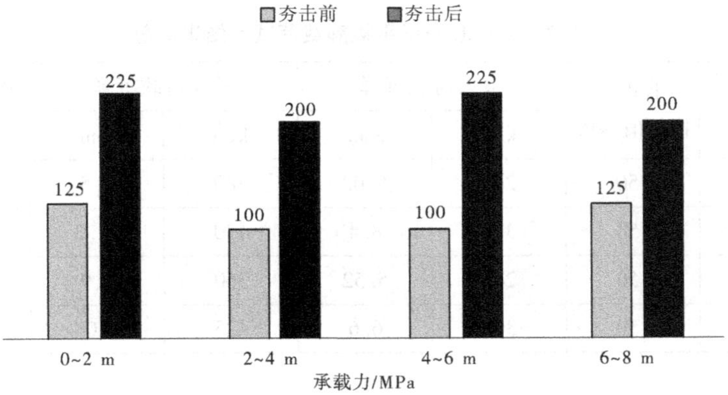

图 2　试验Ⅰ区强夯效果对比

表 2　试验Ⅱ区土工试验参数

试验Ⅱ区	序号	深度/m	最大干密度/(g/cm³)	最优含水率/%	现场实测含水率/%	干密度/(g/cm³)	压实度/%	压缩模量/MPa	湿陷系数	地基承载力/kPa
强夯前试验参数	1	2	1.86	12.6	2.9	1.62	87.5	9.70	0.180	100
	2	4	1.78	14.2	3.5	1.58	89.3	8.86	0.160	120
	3	6	1.72	13.7	4.5	1.54	90.2	7.69	0.130	100
	4	8	1.70	13.5	4.1	1.48	90.5	7.69	0.110	80
强夯后试验参数	1	2	1.86	12.6	13.6	1.83	98.9	16.24	0.004	200
	2	4	1.78	14.2	14.0	1.75	98.4	14.57	0.006	200
	3	6	1.72	13.7	15.2	1.68	98.9	12.10	0.003	180
	4	8	1.72	12.6	13.6	1.68	99.5	10.35	0.002	175

从表 1、表 2 中可以看出：

(1)干密度。夯前干密度为 1.46~1.62 g/cm^3，平均为 1.53 g/cm^3；夯后干密度为 1.60~1.83

g/cm³,平均为 1.70 g/cm³。对比强夯前、后干密度检测成果,干密度有效增加,较夯前提高 11.2%;平均干密度 1.70 g/cm³>1.53 g/cm³,满足设计要求。

(2)压缩模量。夯前压缩模量为 5.06~9.7 MPa,平均为 7.14 MPa;夯后压缩模量为 10.28~16.24 MPa,平均为 12.15 MPa;压缩模量满足坝基要求。对比强夯前后压缩模量检测成果,压缩模量增大,较夯前增大 5.01 MPa。

(3)湿陷系数。夯前湿陷系数为 0.11~0.4,平均为 0.19;夯后湿陷系数为 0.000 2~0.001,平均为 0.004 4。对比强夯前后湿陷系数检测成果,湿陷系数有效减小。

(4)地基承载力。夯前地基承载力为 80~125 kPa,平均为 106.25 kPa;强夯后地基承载力为 175~225 kPa,平均为 200.63 kPa。对比强夯前后地基承载力效果,承载力有大幅度提高。

通过试验得出,8 m 深处的土样最佳含水率和最大干密度之所以前后不同,原因是强夯施工显著改变了土体的密实度、结构及含水状态,从而引起土的工程性质变化,导致其试验参数(如最大干密度和最佳含水量)发生变化。

3.4 试夯前原位载荷试验

本次试验共进行了 3 个点,其中 H 和 F1 为同一位置强夯前后对比试验,即 F1(能级 3 000 kN·m 强夯加固处理 6 m 后)、A2(强夯加固处理前)和 F2(能级 3 000 kN·m 强夯加固处理 8 m 后),平板静载荷试验结果见表 3。

表 3 各坝基浅层平板静载荷试验结果汇总

点号	承压板面积/m²	承载力特征值/kPa	最大荷载沉降		极限荷载沉降		变形模量/MPa	备注
			kPa	mm	kPa	mm		
H	2.0	150	260	5.02	380	8.5	25.97	加固前
F1	2.0	150	310	8.4	430	11.3	36.89	加固后 1 区
A2	2.0	150	240	5.52	360	7.9	24.36	加固前
F2	2.0	150	300	6.6	425	9.04	35.64	加固后 2 区

3.5 强夯试验结论

(1)根据强夯试验施工及检测的成果,坝基经强夯处理后,在 0~6 m 和 0~8 m 深度以内土层干密度、压缩模量有了较大提高,湿陷系数有所减少,坝基土层性质有较好的改善;6~8 m 范围内为有影响的范围,检测指标有略微提高。

(2)设计强夯后的主要控制指标干密度不小于 1.63 g/cm³、强夯后地基承载力≥185 kPa 及压缩模量均达预期值。

4 实施情况

4.1 设计参数及要求

根据强夯试验研究结果,设计提出沉沙调节库砂坝基覆盖层强夯处理要求及控制参数如下:①坝基土层经强夯处理后压实系数≥98.0,干密度不小于 1.63 g/cm³。②强夯后地基承载力≥185 kPa。③设计拟采用点夯 3 000 kN·m 能级和满夯 1 500 kN·m 能级,点夯呈正三角形布孔,孔距 4.5 m,分三序进行,每序分别为 12 击、10 击及 8 击,满夯按两遍进行,每遍 4 击,搭接 1/4。

4.2 施工情况

施工采用试验Ⅱ区能级及方法进行施工。具体施工日期为:2023 年 7 月 1 日至 8 月 31 日。共完成强夯处理面积 378 556 m²。

夯机到位后根据点位布置图(以北坝轴线阵列布置到整个坝基范围内)分别将其布置为 K0+900 处 10599 号、10633 号、10707 号,每台夯机间隔为 46 m,依次从上游侧向下游侧进行一序孔施工,向大桩号方向前进 60 m 后进行场地整平,完成后就近进行二序孔施工(向小桩号方向前进),整平后再进行三序孔施工(向大桩号方向前进),按照坝基环形走向,逆时针推进。施工顺序:东坝基础 K0+900 开始→东坝基础 K1+100→北坝基础 K2+000→西坝基础 K2+700→南坝基础 K0+000→东坝基础 K0+800。

5 结语

昆玉市二期水利工程沉沙调节库实施中,经过试验研究,采用强夯进行坝基基础处理,通过分层夯击,消除湿陷性,使坝基土体均匀性提高,防止因局部软弱带导致的差异沉降,降低坝体开裂风险。而且单点夯击时间短,快速处理大面积地基,为后续紧张的工期赢得了足够的时间。通过本次强夯试验研究及实施,昆玉市二期水利工程沉沙调节库坝基做强夯处理是可行的。

参考文献

[1] 段爱萍. 强夯法在察汗乌苏大坝地基处理中的应用[J]. 葛洲坝集团科技, 2010(4): 34-38.
[2] 傅海龙. 软黏土路基现场强夯置换试验分析[J]. 水利与建筑工程学报, 2018, 16(5): 52-56.
[3] 强成, 祝子泓. 强夯法在飞机坝防洪工程地基加固中的应用研究[J]. 四川水利, 2003, 24(3):34-36.
[4] 刘金山. 强夯法在湿陷性黄土地基中的工程实践[J]. 吉林水利, 2004(6): 34-36.
[5] 文思强, 李云鹏. 强夯能量利用率反演及加固影响范围研究[J]. 岩土力学, 2015, 36(增 2):185-192.
[6] 曹庆明. 强夯法在红黏土地基处理中的实践与探讨[J]. 人民长江, 2005, 36(9): 50-51.

孝姑防洪堤胶凝砂砾石堤加浆施工技术的研究

黎发钱　胡亚周

（成都万力建筑工程有限公司，四川成都　610072）

摘　要：孝姑防洪堤堤身采用胶凝砂砾石筑坝技术，堤身的迎水面和背水面加浆振捣。在防洪堤填筑施工过程中，采用全断面摊铺作业工艺，其中部区域实施常规碾压施工。针对距模板 1~2 m 的特殊处理区域，通过掺入均质水泥浆以显著提升混合料坍落度，从而有效改善胶凝砂砾石材料的和易性，使其达到可振捣施工的流态化状态，最终采用混凝土振捣棒进行密实成型作业。为了更好地提高施工质量和施工进度，本文通过对施工现场生产条件和施工环境等因素展开分析，提出仓内加浆和仓外加浆两种不同的施工方法，旨在为类似工程提供参考。

关键词：防洪堤；胶凝砂砾石；加浆

胶凝砂砾石堤是在碾压混凝土筑堤技术基础上发展起来的一种新堤型，其特点是采用胶凝材料与砂砾石材料拌和筑堤，使用高效率的机械施工。胶凝砂砾石筑堤具有施工速度快、成本低廉、耐久性强、环保性好、抗震性能优越、维护方便等优点。其中，胶凝砂砾石加浆作为其不可缺少的一道工序，能有效地提高防护堤的抗压强度和抗剪强度、整体稳定性，改善抗渗性能，增强抗冲刷与抗侵蚀能力。

1　项目概述

防护工程是龙溪口枢纽的重要组成部分，孝姑防洪堤位于坝址上游左岸的孝姑镇，由防洪堤、泵站组成。该防护区城市等级为Ⅳ级，堤防工程级别为 4 级，防护标准采用 20 年一遇洪水标准。本工程防洪堤堤身填筑采用胶凝砂砾石填筑和 C15 混凝土组合填筑，胶凝砂砾石设计坡比为迎水面 1∶0.3，通过 C15 加浆振捣胶凝砂砾石前趾连接防渗墙和胶凝砂砾石堤身，齿墙埋深不小于 3 m，面层为 70 cm 厚 C15 加浆振捣胶凝砂砾石，主要起防渗作用；背水面为 1∶0.7，采用阶梯型，阶梯高度 1.5 m，宽度 1.05 m，堤顶宽 4 m，顶面向背水侧倾斜 2%，背水面采用 150 cm 宽 C4 加浆振捣胶凝砂砾石。典型堤身断面图见图 1。

2　胶凝砂砾石加浆生产性试验

2.1　胶凝砂砾石原材料

防洪堤的砂砾石料来源于就近的天然砂卵石料场，合格的砂砾石原材料，应符合下列规定：

（1）质地坚硬，其表观密度应不小于 2 450 kg/m^3。

（2）最大粒径不宜超过 150 mm。

（3）含水率相对稳定，拌和时含水率不宜大于 6%。

（4）含泥量不宜超过 5%，泥块含量不宜超过 50%。

（5）砂砾石中粒径小于 5 mm 的砂料含量宜在 18%~35%，粒径为 5~40 mm 的含量宜为 35%~65%[1]。

在采料场用条筛除掉粒径大于 150 mm 超粒径骨料，对搅拌站堆料场的砂砾石进行筛分、含泥量

作者简介：黎发钱（1989—），男，工程师，项目副经理，主要从事水利水电工程施工管理工作。

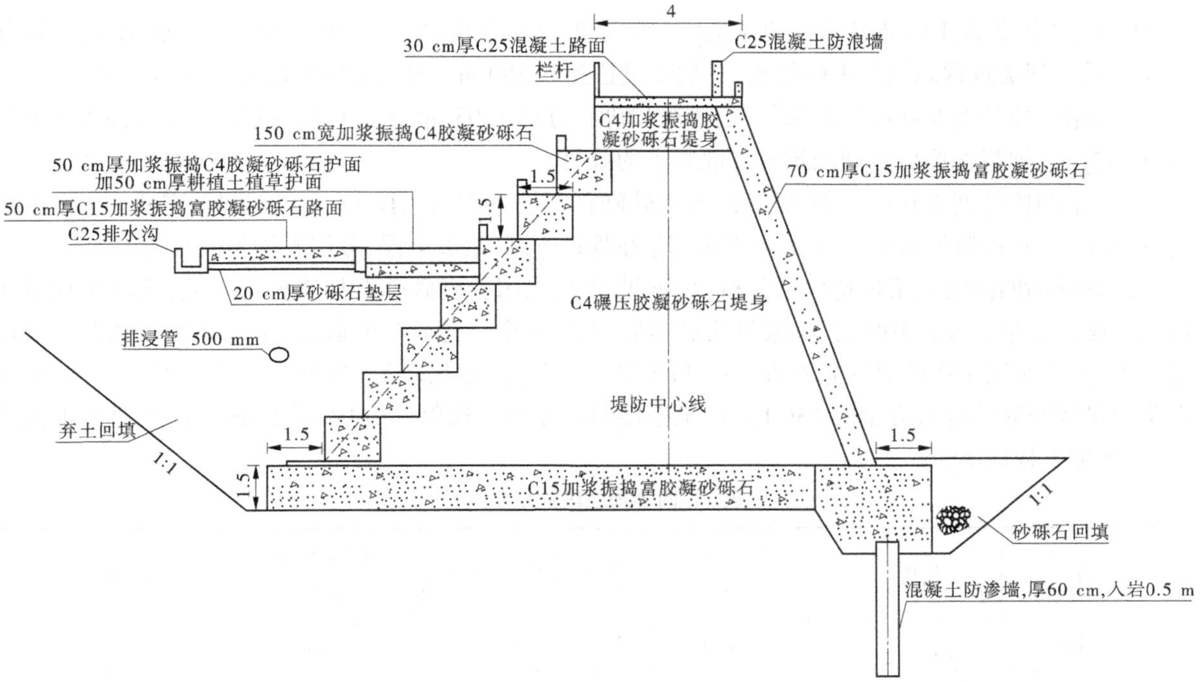

图1　典型堤身断面　(单位:m)

等指标进行检测,检测结论:粒径小于5 mm的砂料含量为22%,粒径为5~40 mm的含量为45%,粒径为40~150 mm的含量为33%,符合设计技术要求。砂砾石的含泥量为2.9%,不大于5%,各检测指标均合格。

2.2　胶凝砂砾石料的拌和

(1)胶凝砂砾石拌制采用大产量、高效率的连续式拌和设备(JZL200B),设计生产能力为200 m^3/h。

(2)依据施工配合比、砂砾石料的级配和含水率及现场实际情况进行拌制。

(3)胶凝砂砾石料应充分搅拌均匀,满足质量要求的相关规定,并对拌和全过程进行监控[2]。

2.3　通过现场试验,确定加浆量

加浆量根据设计技术要求提供的数据进行试验,加浆区选四段实施,加浆振捣断面宽度70 cm、铺料厚度55 cm,第一段长度4.5 m、第二段长度6.5 m、第三段长度5.0 m、第四段长度6.0 m。加浆量根据加浆后振捣的情况先选择8%的加浆量,根据加浆后胶凝砂砾石振捣情况,使胶凝砂砾石振捣与浇筑常态混凝土相似,水泥浆不足时逐渐增加。第一段加浆量为胶凝砂砾石体积的8%,第二段加浆量为胶凝砂砾石体积的10%,第三段加浆量为胶凝砂砾石体积的11%,第四段加浆量为胶凝砂砾石体积的13%。在加足规定加浆量后,振捣效果不好时,再适当增加部分浆量,使胶凝砂砾石振捣达到浇筑常态混凝土的效果,水泥浆液配比见表1。

表1　水泥浆液配比

水泥/kg	水/kg	减水剂/kg	制浆量/m^3	密度/(g/cm^3)
100	54.8	0.091	0.088	1.76

(1)第一段长度4.5 m的加浆情况:胶凝砂砾石1.73 m^3,按8%的加浆量,需要注入水泥浆0.138 m^3,加完8%的水泥浆振捣后发现,水泥浆没有充分渗透胶凝砂砾石,没有达到浇筑常态混凝土的效果,需要增加浆量,另外增加0.046 m^3,振捣后达到浇筑常态混凝土的效果,该段总加浆量0.184 m^3,占胶凝砂砾石方量的10.6%。

(2)第二段长度6.5 m的加浆情况:胶凝砂砾石方量2.50 m^3,按10%加浆量,需要注入水泥浆为0.250 m^3,水泥浆按10%加注发现也不能满足加浆振捣的要求,另外增加0.03 m^3 的水泥浆,该段加浆振捣后达到浇筑常态混凝土的效果,总加浆量达到0.280 m^3,占胶凝砂砾石方量的11.2%。

(3)第三段长度5.0 m的加浆情况:胶凝砂砾石方量1.93 m^3,按11.0%加浆量,需要注入水泥浆为0.212 m^3,加浆振捣后达到浇筑常态混凝土的效果。

(4)第四段长度6.0 m的加浆情况:胶凝砂砾石方量2.31 m^3,按13.0%加浆量,需要注入水泥浆为0.300 m^3,在加浆振捣后发现胶凝砂砾石存在骨料下沉、浆液上浮、分层不均匀的现象。

根据现场四段的加浆振捣效果分析,数据见表2,采用胶凝砂砾石加浆振捣工艺,水泥浆用量按胶凝砂砾石方量的8%、10%时,加浆量明显不足,无法完全渗透胶凝砂砾石,不能满足现场施工及设计要求;水泥浆用量按胶凝砂砾石方量的11%时,加浆振捣效果较好,达到浇筑常态混凝土效果;水泥浆用量按胶凝砂砾石方量的13%时,加浆振捣后存在离析现象,影响胶凝砂砾石质量,且水泥用量过多,增加工程成本。

表2　四个加浆段加浆量统计

区段	长度/m	胶凝砂砾石方量/m^3	原加浆比例/%	实际加浆量/m^3	实际加浆比例/%
第一段	4.5	1.73	8	0.184	10.6
第二段	6.5	2.50	10	0.280	11.2
第三段	5.0	1.93	11	0.212	11.0
第四段	6.0	2.31	13	0.300	13.0

根据现场四个加浆段试压块取样强度结果的分析,数据见表3,采用胶凝砂砾石加浆振捣工艺,水泥浆的用量按胶凝砂砾石方量的8%和10%时,试压块强度小于设计强度,达不到施工及设计要求;水泥浆的用量按胶凝砂砾石方量的11%时,试压块强度可以满足施工及设计要求;水泥浆的用量按胶凝砂砾石方量的13%时,由于加浆量过多,表面浮浆层过厚,造成试压块强度达不到施工及设计要求。综上所述,确定加浆振捣胶凝砂砾石加浆量按胶凝砂砾石方量的11%±0.5%最为合适。

表3　四个加浆段C15胶凝砂砾石抗压强度

区段编号	材料	加浆比例/%	设计抗压强度/MPa	试验强度/MPa
第一段	$C_{90}15$加浆胶凝砂砾石	8	≥15	11.7~12.8
第二段	$C_{90}15$加浆胶凝砂砾石	10	≥15	13.5~14.4
第三段	$C_{90}15$加浆胶凝砂砾石	11	≥15	15.5~17.8
第四段	$C_{90}15$加浆胶凝砂砾石	13	≥15	13.2~14.1

3　胶凝砂砾石加浆施工

3.1　胶凝砂砾石仓内加浆

(1)将拌制的胶凝砂砾石通过自卸车运至仓内。

(2)使用挖掘机将胶凝砂砾石摊铺平整。

(3)通过集中制浆站拌制水泥浆液(水泥浆液密度1.76 g/cm^3)。

(4)加浆方式采用插孔注浆,在摊铺好的胶凝砂砾石表面使用造孔器人工造孔,然后插入注浆管,注浆量为11%(胶凝砂砾石体积的百分比)。

(5)加浆约15 min之后进行振捣,振捣时间≥30 s;振捣时采用ZDN100高频振捣棒进行振捣。

胶凝砂砾石加浆振捣后基本达到常态混凝土效果,满足施工及设计要求。

在后期施工过程中,我们发现胶凝砂砾石本身粗骨料较多,插孔注浆速度较慢,施工人员振捣时间过长,从而导致施工进度缓慢;随着仓面上升,施工作业面越来越窄,不利于大型运输车辆将胶凝砂砾石运至仓内;且加浆区有模板、拉筋,挖掘机摊铺行动受限;并且加浆振捣部位不得碾压[3]。根据现场施工条件和实际情况,我们将仓内胶凝砂砾石加浆改为仓外集中拌制,然后二次转运至施工作业面。

3.2 胶凝砂砾石仓外加浆

(1)根据现场实际情况,选择一处空旷场地,用挖掘机开挖一个容量为20~40 m^3 的拌制坑,满足各个施工作业面用料。

(2)拌制坑开挖完成后,用挖掘机对坑底及四周进行夯实,再用C30常态混凝土进行护壁。

(3)待护壁混凝土达到强度后,将合格的胶凝砂砾石运送至拌制坑内。

(4)用高速制浆机拌制水泥浆液(水泥浆液密度:1.76 g/cm^3),按11%注浆量将浆液放至拌制坑,用挖掘机翻转搅拌,直至搅拌均匀。

(5)将搅拌均匀的胶凝砂砾石加浆料通过小、中型自卸车运送至仓内,然后用ZDN100型振捣棒进行振捣。

(6)胶凝砂砾石仓外加浆集中拌制取样试验结果数据见表4。

表4 胶凝砂砾石抗压强度

序号	部位	材料	设计抗压强度/MPa	强度/MPa
1	堤身	C_{180}4加浆胶凝砂砾石	≥4	6.0~6.5
2	堤身防渗体	C_{90}15加浆胶凝砂砾石	≥15	17.1~17.8

通过现场实际施工情况与取样试验强度报告表明,胶凝砂砾石仓外加浆集中拌制同样能够满足施工及设计要求,同时提高了施工效率,加快了施工进度,节约了工程成本。

4 结语

本文以岷江龙溪口库区防护工程孝姑防护堤为例,对胶凝砂砾石加浆量及仓内胶凝砂砾石加浆与仓外集中拌制的施工工艺进行了研究。结果显示,胶凝砂砾石仓内加浆与仓外集中拌制在抗压强度、抗拉强度、防渗性能等方面完全满足施工及设计要求。在实际工程中,还需根据现场实际生产条件、施工环境等因素,因地制宜,选择适合本工程的胶凝砂砾石加浆施工工艺。

参考文献

[1] 中华人民共和国水利部. 胶结颗粒料筑坝技术导则: SL 678—2014[S]. 北京: 中国水利水电出版社, 2014.
[2] 李仁成. 砂卵石基础胶凝砂砾石坝碾压防洪堤技术研究[J]. 工程建设与设计, 2019(15): 147-150.
[3] 吕俊杰. 胶凝砂砾石保护层加浆振捣方法研究[J]. 东北水利水电, 2019(2): 45-47.

水利水电工程施工安全管理与控制

张鹏凯[1,2]　郭　洁[1,2]

（1. 黄河勘测规划设计研究院有限公司，河南郑州　450003；
2. 深圳先河水利水电工程有限公司，广东深圳　518001）

摘　要：随着经济社会的快速发展，国家对水利水电工程的建设投入持续加大。水利水电工程建设不仅能更好地满足人民群众的实际需求，对我国社会发展也具有重大意义。由于水利水电工程通常具有规模大、施工环境复杂、安全风险高等特点，施工安全管理工作显得尤为重要。本文根据水利工程施工的现实需求，探究了水利工程施工过程中的主要难题，剖析了施工进程中频繁出现的安全隐患及其解决办法，通过对安全管理展开系统分析，给出了改善施工安全运作并加强风险控制水平的提议，以期为保障水利工程施工安全给予理论依据与应用引导。

关键词：施工管理；安全控制；培训教育；隐患排查

1　引言

近年来，随着国家重大水利工程的陆续实施，灌区工程、引调水工程、水源工程等水利水电项目数量呈指数级增长。施工过程中水电使用需求也随之提高，一方面要满足施工工序的工作需求，另一方面在紧急情况下需做出有效应急处理，以确保工程正常运转[1]。水利水电工程施工安全管理与控制，是指在施工过程中通过制定针对性安全管理控制措施，保障施工作业安全进行，预防和减少事故伤害，确保工程质量和进度。施工安全管理是水利水电工程施工的关键环节，其重要性不容忽视，是保障施工人员生命财产安全的重要举措。水利水电工程与其他施工项目不同，因其施工环境具有复杂性，并且大部分作业内容的施工安全风险较高，加上现阶段整个工程建设参与的主体越来越多，增大了施工阶段的安全管理难度，导致安全事故出现得更加频繁[2]。因此，应加强对水利工程整个施工过程的管理，对影响工程质量、工程安全等多方面的风险因素进行深入全面的分析，探讨并实施有效的改进措施，从而确保水利工程建设符合质量要求，提升施工管理水平[3]。

2　水利水电工程施工的特点

水利水电工程施工企业的管理水平直接影响其经济效益，在同行业竞争日益激烈的当下，工程管理及施工安全措施对企业来说更为重要。在实际管控中，企业需结合工程建设特点，严格控制施工进度、质量、安全及工程造价，以保证工程项目正常开展。水利水电工程管理工作主要有以下特点：

（1）工程项目开展前需做好实地调查研究。因水利水电工程选址特殊，需详细调研周围生态环境与自然条件，为后期管理工作的落实提供依据。

（2）工程施工规模大、周期长，实际施工环节不可控因素多，需强化施工人员建设管理，做好各项影响因素的预警预防，避免施工进度受不良因素影响。

与其他工程相比，水利水电工程烦琐且受环境影响大，具体表现为：

（1）受自然环境影响大，施工时间长。多数工程位于偏远地区，地势起伏、道路曲折，导致施工时间长，且易出现突发事件。

作者简介：张鹏凯（1990—），男，助理工程师，主要从事工程管理工作。

(2)施工工序复杂,技术要求高。工程涉及诸多工序衔接和技术难题,对细节要求严格。

(3)施工过程中易发生事故,安全隐患多。工程选址特殊,自然灾害是主要管控难点,且各施工环节存在隧洞衬砌、边坡防护、基坑降水等危大工程,若安全隐患未及时消除,易引发安全事件。因此,克服自然环境是施工的前提,需持续排查过程中的安全隐患,制定具体管理工作内容,分解多工种检查计划,对施工流程、工序、节点等定期检查,明确人员责任与分工,严格控制施工流程,以规避安全事故。

3 影响水利水电工程安全管理开展的关键因素

3.1 人员管控意识不足

随着经济的发展,市场竞争的加剧,提高经济效益成为诸多施工单位追逐的目标,将利益最大化放在了第一位,导致施工安全管理工作标准降低了要求。对于安全管理人员,在人员经验、资源配备上明显不足,导致安全管理工作常常被忽视。不过就当前一些工作人员而言,其并没有树立起正确的管控意识,认为与自身无关,不属于自己的工作范畴。水利工程施工效益也因此受到影响,施工安全难以保证。

3.2 施工现场管理因素

施工现场管理因素是诱发水利工程安全事故的关键因素之一。其主要有工程建设期间的日常管理工作、技术管理人员的专业素质、企业运营的管理制度等。现阶段,我国一些水利工程的建设企业已经建立了各自内部管理的制度,但制度未能及时与工程建设的实际情况进行有序的结合,导致水利工程的建设方案不能得到更好的优化。另外,一些水利工程建设企业未能根据时代的变化调整相关的管理手段及技术应用,导致工程建设期间出现了大量的安全隐患,影响了整个工程的建设品质。

3.3 机械设备、材料方面的把控

水利水电工程的机械设备、材料会直接影响工程的安全,因此对机械设备、材料的品质把控尤为重要,所以确保这方面是水利水电工程建设中的一项重要工作内容。当前,一些水利水电工程在机械、材料质量把控的严格性上有待提高,一些材料的检验会在施工现场开展,若检验不合格后没有将其单独放置处理,很容易与现场材料混放,使得不合格材料在施工中应用,影响工程施工质量,埋下了安全隐患。影响机械、设备的因素有很多,如工艺、材料、环境、磨损及断裂等,机械运行磨损直接影响技术性能,机械、设备逐渐出现各种故障,使得设备的精度和功能降低,甚至失去设备的使用价值。因此定期定时对机械设备进行检修和维护,确保施工设备处于正常运行状态,从而有效提升设备的使用率,进而使得企业的经济效益得到提升[1];同时也排除了设备方面的安全隐患,有效地降低了安全事故的发生率。

3.4 未做好工程巡视检查

日常的巡视检查对水利水电工程管理及施工安全控制尤为重要,但一些水利水电公司对劳务人员的管理不够具体、现场人员识别安全隐患意识淡薄;专职安全员未做到日常检查、未做到施工面的关键部位排查,未及时检查安全标识、警示标语是否起到相应的作用;现场管理员及班组长在现场巡查中忽略了安全工作,重视了工程进度、质量等方面。在这种情况下,无法及时地制定解决策略,极易为工程留下隐患,不利于工程管理及施工安全控制工作成效的提升。

4 水利水电工程安全管理与控制要点

4.1 树立正确的管控意识

对于水利水电工程来说,做好工程管理与施工安全控制工作至关重要。为提升工程管理效果,需树立正确的管控意识,让全体人员认识到其对整个项目的价值。

(1)全方位开展宣传教育,提升工作人员的管理及安全意识,使其将更多精力投入到工程管理与安全控制中,进而从整体上提升工程效益。

(2)施工单位应成立领导小组,对实际工作进行动态化管理,明确责任制度,将责任具体落实到人。定期开展安全管理和专业技能培训课程,内容涵盖施工安全法规、新技术应用等,并严格考核培训效果,将考核结果与员工绩效挂钩,激励员工提升安全意识和专业能力。

(3)鉴于水利水电工程的综合性及复杂性,工程管理与安全控制工作存在一定难度。为提升效益,应建立独立的管理部门,选择科学合理的安全控制手段,优化管控效果,不断提升工程管理成效。

4.2 施工现场安全控制

施工现场安全控制是水利水电工程施工安全管理的重要环节,目的是保障施工现场安全,防止事故发生。

制定详细、可操作的施工现场管理手册,明确各岗位职责和工作流程,建立监督机制,定期检查制度执行情况,及时纠正和处罚施工违规行为。

周密布置和规划施工现场,明确安全通道、安全标志等必要设施的设置。定期巡查和检查施工现场,及时发现和处理安全隐患,确保施工现场安全。

严格执行相关安全规程和操作规范,确保所有人员遵守安全操作流程,杜绝因违规操作引发的安全事故。

大型机械设备作业时,做好安全防护措施,保障操作人员的人身安全。加强对劳务工人的安全教育和培训,提高其安全意识和技能水平,预防施工现场的安全事故。

4.3 强化水利水电工程建设期间的安全管理

水利水电工程建设期间,应加大人员安全管理力度,除保证人员专业化素质和安全培训力度外,还需让相关人员明确自身责任,确保工程建设秩序。采用“以人定岗”的方式,确定机械专业维护和作业人员,及时改进传统建设理念,应用先进技术手段和管理措施,在保证工程建设品质的同时,提升工程安全系数[3]。

5 结语

综上所述,水利水电工程具有复杂性、工期长、投资大的特点。为确保工程项目建设各环节顺利开展,需注重工程管理及施工安全控制工作。具体可从树立正确管控意识、重视施工现场安全管理、严把现场安全关、加强工程巡视检查、按国家标准落实安全管理工作、构建全过程安全管理体系、引进新兴技术、构建自动化系统等方面入手,确保管理及控制效果,促进水利水电行业发展。

参考文献

[1] 沈亚芬. 探究水利工程施工中的安全管理与风险控制[C]//数字化背景下建筑企业生产与企业文化融合式发展论坛论文集,2025.

[2] 张帅. 水利水电工程施工安全管理研究[J]. 水上安全,2025(7):157-159.

[3] 梁晓雯. 水利施工管理中存在的安全风险及改进措施探讨[J]. 技术与市场,2021,28(4):194-196.

浅谈农村安全饮水工程运行管理模式

张鹏凯[1,2]　郭　洁[1,2]

（1. 黄河勘测规划设计研究院有限公司，河南郑州　450003；
2. 深圳先河水利水电工程有限公司，广东深圳　518001）

摘　要：农村安全饮水工程是我国重点民生工程之一，对保障农民饮水健康、提升农村生活质量、推动乡村振兴战略实施具有重要意义。本文以新疆喀什地区农村饮水工程为例，分析当前供水管道在运行管理中面临的主要问题，包括管道损坏、腐蚀和堵塞等故障类型及其成因，从环境、施工、管理等多方面进行深入剖析。针对问题，提出了相应的预防和治理对策，如采用防腐技术、加强管线巡查、强化群众参与和宣传教育等，强调工程建设与管理需同步推进，注重技术手段与管理制度的结合。研究表明，科学规范的运行管理模式不仅有助于提高供水系统的稳定性与使用寿命，也为实现农村饮水工程的可持续运行提供了有效路径。本文的研究对其他类似地区的农村供水工程具有一定的借鉴意义。

关键词：安全饮水工程；供水管道；运行管理；模式探究

1　农村安全饮水的重要性

经济的发展，社会的进步推动了我国综合国力的不断提升，也带动了我国农村经济的飞速发展，众所周知，农村饮水安全问题历来是各级政府最为关注的民生工程之一[1]。尤其是偏远的农村地区经济较为落后，很多农村地区自来水配套工程存在供水规模偏小、供水保障率低、水设施不齐备、管网覆盖率不足、入户率和水质合格率偏低等问题，这些水利工程的实施为切实打赢脱贫攻坚战、实现新疆与全国同步全面建成小康社会，筑牢了水利规划设计保障的基础。为新疆经济社会可持续发展、实现社会稳定和长治久安的总目标提供了有力的水利支撑与保障。供水管道是农村饮水安全工程供水系统的重要组成部分，目前所选用的材质主要为涂塑钢管、PE 管等，在施工过程中，通常会出现损坏、腐蚀和堵塞等故障，这些问题的出现，直接影响农民群众日常的饮水安全和供水单位的经济效益[2]。因此，加强对供水管道常见故障及其预防对策的研究，对提高管道经济运行寿命、提高工程效益、保证管网正常运行和安全供水至关重要。

2　供水管道常见故障及其产生原因

2.1　管道损坏原因

2.1.1　环境因素

新疆喀什地区某农村饮水安全工程的建设大都位于戈壁滩，地质情况多为砂砾石，并且受地形地貌限制，管道穿路跨河频繁，地形地质条件十分复杂，供水管道线路长，如西北部供水管道长度达到 2 670 多 km，加之喀什地区气候条件以炎热天气为主，夜间气温较低，日照天气较多，形成较大温差情况，管道沿线极易产生热胀冷缩现象，势必对镇支墩造成影响，使管道接口处出现渗漏。

2.1.2　施工因素

（1）在施工过程中，操作人员没有按照施工规范施工，如在管槽中吊装管道，事先不清理基础，将

作者简介：张鹏凯（1990—），男，助理工程师，主要从事工程管理工作。

石子、碎石等硬状物存留于管槽中,管材下槽不沿槽壁轻轻溜下,而是直接从管槽顶抛下,形成隐患,造成管壁裂口。

(2)在管道施工过程中涂塑钢管是通过多层焊接相连,PE 管是通过热熔对接的,由于施工人员技术不精湛,造成对接管口不符合设计要求常有发生。

(3)在阀门井内安装配件时,伸缩节、阀门、过滤器等由于操作不当而造成漏水。

(4)柔性连接的管道,主要是涂塑钢管与供水设备连接处,由于操作因素,会发生胶圈裂口或扭曲,在供水压力作用下使管道漏水。

2.1.3 管理因素

近几年来,国家通过"一事一议""整村推进"等项目,随着精准扶贫村通水泥路、自然村通砂砾路建设的全面实施,与农村供水管道的矛盾总是不可避免,同时道路硬化施工人员在硬化道路时,与供水管理单位缺少沟通甚至不沟通,随意开挖供水管道线路及破坏沿路附属设施,致使管道损坏严重[3]。

2.2 管道及其配件腐蚀

一般而言,管道及其配件腐蚀现象在供水管道采用钢管和管网钢制配件中才会出现,而造成供水管道被腐蚀的主要原因应是化学腐蚀,钢管和配件受腐蚀作用,会在管壁上结上一层瘤状物,造成水质的二次污染,严重时甚至会产生管壁穿孔。结合工作实践,造成以上情况的主要原因如下:

(1)化学腐蚀。金属管道接触原水、处理水、雨水等电解质时,它们都对金属构造物有着腐蚀的影响。

(2)材料质量不达标。使用低牌号钢材(如未达 Q235 标准)或热处理工艺不良,导致抗腐蚀性能先天不足。焊接部位若存在夹渣、气孔等缺陷,易成为腐蚀起始点。

(3)维护措施缺失。涂层老化:环氧煤沥青、聚乙烯等外防腐层因施工厚度不足或机械损伤破损后,失去隔离作用。阴极保护缺位:长输管道未安装牺牲阳极或外加电流系统,无法抑制电化学腐蚀进程。

2.3 管道堵塞

(1)异物堵塞。管道施工过程中,由于施工人员粗心大意,不慎将砖块、石子等块状物留在管道内,或是在管道接口处用塑料袋等封口,以致造成通水过程中管道堵塞。更有甚者,在供水管道入口处,没有采取相关过滤措施,使得青蛙等小动物钻到管道里,不仅造成水质污染,还造成管路堵塞。异物堵塞还有一种比较特殊的情况,工程实际中,尽管管道埋设达到了冻土层以下甚至更多,但在地形起伏较大的不同地段,受地下洞穴和阴湿等因素影响,冬季管道结冰现象时有发生,这就容易形成供水堵塞。

(2)PE 管热熔堵塞。此种现象的发生主要存在于ϕ32、ϕ25、ϕ20 等管径较小的 PE 管的情况,PE 管的连接方式是热熔连接,热熔器温度的掌控特别重要,温度过高,会导致管道连接处造成拥堵,从而形成管路堵塞现象。

(3)配件堵塞。农村饮水安全工程供水管网长,地形复杂,供水压力变化大,所以减压阀和减压调蓄池是主要的压力调节措施,通常减压调蓄池的水位控制大多采用机械式浮球阀门,各村支管还需安装水表等计量设施。要确保减压阀、浮球阀、水表的正常运行,就必须安装相应的过滤器,这样,在供水工程中,各种杂质会堵塞滤网,如果清理不够及时,会造成管路堵塞。

3 供水管道常见故障的排除对策

通过近几年的工程实践经验表明,要想从根本上解决供水管道的故障,需要从以下几个方面加以努力。

3.1 解决管道防腐的技术方法

3.1.1 外层增加涂料

涂装是防腐施工中广泛使用的一种方法,涂料能将腐蚀介质与欲保护的金属表面隔离从而达到防腐蚀的目的。此工艺操作相对简单方便,只要涂料品种选择正确,工艺过程合乎规范,都会取得较好的防腐效果。常用涂料大多采用环氧型、环氧酚醛型、聚氨酯和漆酚型等主要基料。底漆涂料一般多掺加铁红类、铬黄类等具有钝化性能的颜填料，中间层、面层涂料多掺加鳞片或玻璃微珠，从而提高抗渗透能力。

3.1.2 刮管方法

这种方法一次清管长度可由几十米到几千米，只要管道没有变径，可通过任何角度的弯管和阀门进行长距离清管。清管时施工停水时间短，一般 100 m 的管道一天就可以清洗干净。除锈是管道翻新的基础，从已有的成功经验来看，单纯利用一种方法的效果都不太理想。只有针对管道内结垢成分进行调研后，才能找出一种行之有效的方法。

3.1.3 使用缓蚀剂

在腐蚀介质中加入某种缓蚀剂以减缓金属腐蚀速度对控制金属腐蚀具有很重要的意义。这种方法的优点是设备简单、使用方便、加入量少、见效快、成本低。按传统的化学成分分类法可将缓蚀剂分为：①无机缓蚀剂。是使金属表面发生化学变化，即发生钝化作用以阻止阳极溶解过程。典型物质有聚磷酸盐、硅酸盐、铬酸盐、亚硝酸盐、硼酸盐、亚砷酸盐等。②有机缓蚀剂。是在金属表面上进行物理或化学吸附，从而阻止腐蚀性物质接近金属表面的有机物。典型物质有含氧有机化合物、含氮有机化合物、含硫有机化合物及胺基、醛基类、杂环化合物、咪唑化合物等。

3.2 加大管线巡查力度，做到未雨绸缪

农村饮水安全工程建成后由各供水站统一管理，要求管理人员定期对管线进行巡查，发现问题及时处理。比如，针对湿陷性黄土容易发生不均匀沉降的现象，要在平常工作中，摸清楚关键节点、关键部位，确保管道镇支墩的稳固，对于已经发生沉降的地方，通过填土夯填或是换填等工程措施，及时排除隐患，确保供水正常。另外，各管理单位要形成制度，定期对供水管线组织人员进行全方位的巡视，也可以采取随机抽查的方式，就关键控制部位进行考察，发现问题及时进行处理。

3.3 搞好宣传，夯实群众基础

农村饮水安全工程是公益性项目，农民群众是直接的管理者，也是直接的受益人，不管在建设还是管理过程中，农民群众的利益始终是第一位的，因此每项工程的建设都不能脱离群众，必须依靠群众。具体到实际工作中，管道埋设方案要经过村委会的统一协商同意，管道的埋设过程要让村民参与监督，同时在工程的管理运行过程中，要向群众详细介绍相关的专业知识，让群众学会自行管理。通过沿管线埋设界桩的标志，引导社会群体在各类建设中自觉保护供水设施。

4 结语

农村的安全用水是目前我国比较重视的一项工作之一，为了进一步保证农村现代化建设，保证农民能够享受更高的生活质量，必须要加强农村安全饮水供水管道的安装。但是有一些农村在进行生产工作的时候，没有树立良好的环保意识，所以导致较大的污染问题，也给农村饮水安全造成了较大的影响。通过农村安全饮水供水管道的建设，能够有效地保障农民饮水的安全性，同时也能够减少由于饮用水污染问题所引发的疾病的发生率，所以在进行农村安全饮水供水管道建设的过程当中，必须在掌握先进技术的基础上提高施工质量，这样才能够保证管道安全，减少管道破裂和损坏的情况。

参考文献

[1] 秦旭. 浅谈农村饮水安全工程建设及运行管理[J]. 农业科技与信息，2020(24)：103-104，108.
[2] 王艾琼. 农村饮水安全工程运行管理存在的问题及对策[J]. 乡村科技，2020，11(35)：123-124.
[3] 杨红杰. 对农村饮水安全工程建设与管理模式的分析[J]. 企业科技与发展，2020(9)：224-225.

某防洪堤隐患堤段抢险加固工程管涌成因分析

祁圣锦[1,2]　徐　扬[1]　张孝波[1,2]

(1. 中国电建集团中南勘测设计研究院有限公司，湖南长沙　410014；
2. 湖南中南水电水利工程建设有限公司，湖南长沙　410014)

摘　要：堤防是最主要的防洪工程，管涌是堤防建设及运行过程中常见的不良地质现象。对某防洪堤抢险加固工程管涌险情的成因进行回顾与分析，总结管涌形成的特点，提出自身感悟，避免或减少类似险情的发生。

关键词：堤防；抢险加固；管涌

堤防基础大多为双层结构，上部结构多为黏土或粉质黏土等弱透水层，下部结构多为砂层或卵砾石层等中-强透水层[1]。在堤防工程建设与运行过程中，如果没有按规范要求做好防渗处理，当渗透水压力超过基层允许压力后，基层中的细砂颗粒会跟随渗透水体移动，同时土层被水体击穿，部分细砂颗粒被转移到土层表面，此现象便是管涌[2]。基于大量的工程实例和经验可以得知，管涌常发生在堤防背水坡坡脚附近，管涌出口主要以孔状出水口为主，直径在几毫米到几十厘米，数量在几个到几十个，会持续侵蚀基础层，致使隐患[2]。每当出现高洪水位时，堤防基础易发生渗透破坏，引发管涌险情，防汛风险极大[3]。管涌查险、抢险和除险耗费人力、物力、财力巨大，加之管涌险情的复杂性、频发性、隐蔽性、危险性和难以预测性，始终是堤防安全的心腹大患[4]。因此，有必要对堤防管涌险情的成因及破坏机理进行分析总结，以便能科学、及时地处理险情，确保堤防安全[5]。

1　工程概况

某防洪堤位于湖南省湘西自治州，防洪标准为50年一遇，防洪堤的构筑物级别为3级。2021年8月14日9时30分，堤防管理站巡查发现排涝泵站前池出现渗水现象，此时外河水位高程约251 m(13日晚上最高水位达253.7 m)，内侧排涝区水位高程约245 m。渗水点周边发现有新泥沙层，判断为管涌，管涌点形成淤泥沙圈直径80 cm，渗水口直径12 cm，观测渗流量为0.01～0.02 m^3/s。管涌及防洪堤位置关系图见图1。

2　临时处理

当堤防出现管涌时，抢护的原则概括为“反滤导渗、控制涌水带沙，留有渗水出路”[6]。

2021年8月14日18时至15日12时，抢险队采用抛石挤淤方法在管涌出水点周边抛投围井平台，随后进行沙袋围井和反滤层铺盖。共出动抢险人员68人次，抛投块石462 m^3，铺筑碎石和细砂96 m^3，出动机械125台班，经18 h连续作业，于15日12时完成应急处理，管涌险情得到了基本控制。同时，已将上游水库电站坝前水位控制在245 m以下。

3　堤基地层情况

根据地质勘察成果，堤基主要分布以下地层：粉土、粉砂、砂卵(砾)石、页岩，为双层结构。从上至下的顺序详述如下：

作者简介：祁圣锦(1997—)，男，中级工程师，主要从事岩土工程勘察设计工作。

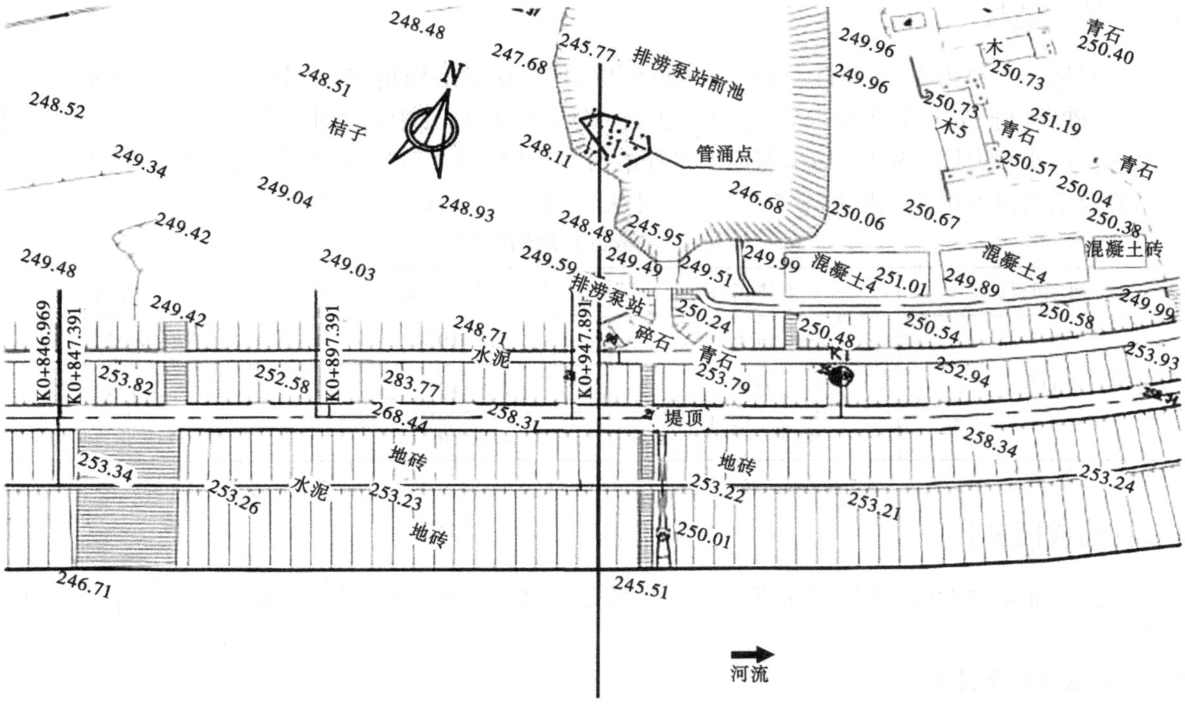

图 1　管涌及防洪堤位置关系图

$②_1$ 粉土：褐色，灰色，密实，湿，主要成分为粉土颗粒，含细砂，摇振反应中等，无光泽反应，干强度低，韧性低。层厚 1.40～8.60 m，层顶高程 242.63～248.20 m。

$④_1$ 粉砂：灰褐色，湿，松散-稍密，矿物组成以石英、岩屑为主，混黏性土 10%～20%。主要分布在Ⅰ级阶地的中部，层位相对较稳定，层厚 1.50～5.40 m，层顶高程 241.50～243.84 m。

$⑤_1$ 砂卵(砾)石：灰褐色，卵粒含量约 40%，粒径直径一般在 2～35 cm，稍密为主，局部呈松散状态，饱和，主要成分为卵石，间隙夹砂，该层下部普遍粒径较大，最大粒径可达 40 cm。主要分布在Ⅰ级阶地底部和河床部位，层位相对稳定，层厚 3.00～7.90 m，层顶高程 238.13～242.42 m。

$⑥_1$ 强风化页岩：浅灰色，强风化，岩心破碎，多呈碎块状。主要分布在山坡或构成Ⅱ级、Ⅲ级阶地基座，层厚 0.20～1.80 m，层顶高程 232.24～236.92 m。

$⑥_2$ 弱风化页岩：浅灰色，弱风化，岩心多呈扁柱状及碎块状。主要分布在河床基岩裸露地带或构成Ⅱ级、Ⅲ级阶地基座，层厚 0.30～3.00 m，层顶高程 231.31～233.33 m。

防洪堤隐患堤段 1—1′剖面图如图 2 所示。

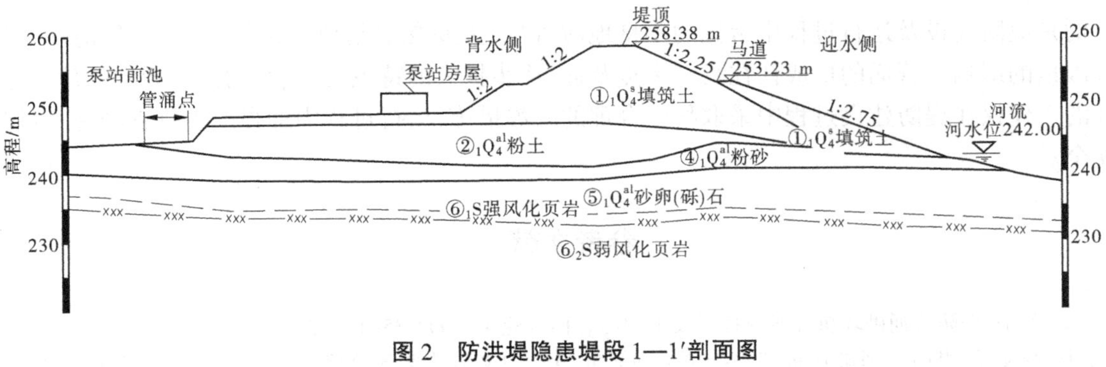

图 2　防洪堤隐患堤段 1—1′剖面图

4 土体渗透性

堤基地层主要为粉土、粉砂、与砂卵(砾)石层,其中粉土结构稍密,呈中透水状,受流域的影响,粉砂层、砂卵(砾)石层分布范围广,厚度较大,渗透性能良好,为中等透水,系堤基的主要渗漏通道。地下水与河水水力联系密切,枯水期地下水补给河水,洪水期反向补给,水位变幅较大。根据现场渗透试验及室内渗透试验成果并参考前期收集相关资料,各土层渗透系数见表1。

表1 堤基各土层渗透系数

地层时代	土体名称	渗透系数/(cm/s)	渗透性等级
Q_4^{al}	粉土	5.3×10^{-4}	中等透水
	粉砂	2.6×10^{-3}	中等透水
	砂卵(砾)石	1.2×10^{-2}	强透水

5 管涌成因分析

根据管涌险情发展过程结合地质勘察及除险加固情况分析,此次管涌险情成因主要有以下3个方面。

5.1 堤基地质条件差

堤基主要分布以下岩土层:粉土、粉砂、砂卵(砾)石、页岩,为双层(Ⅱ)结构。堤基土中粉土、粉砂呈中等透水状,砂卵(砾)石层呈强透水状,其中粉砂及砂卵(砾)石层为主要含水层。

5.2 人为因素影响

排涝泵站前池的修建,挖去了表层覆土,降低了上部压重荷载,减小了土层厚度,易被渗透水压力击穿形成管涌通道。

5.3 高洪水位影响

本次管涌发生期间,外河水位高程约251 m(最高水位达253.7 m),内侧排涝区水位高程约245 m,防洪堤内外水头差近6 m。在高水头差作用下,河水经堤基土中的粉土层、粉砂层及砂卵(砾)石层形成渗流。在渗流作用下,细颗粒极易沿着孔隙通道被水流带走而发生管涌[7],形成渗漏通道,导致本次险情的出现。

6 结语

堤防除险加固工程能够防止河堤病患进一步扩大,保障了沿岸居民的生命财产安全,亦保证了河流能够安全平稳运行并持续发挥其社会经济效益。堤防除险加固工程,涉及物理学、力学、工程学等多个学科专业,需要统筹考虑、兼顾历史、因地制宜,亦具有长期性、高效性、常态性的特点,需要科学研究、合理施工[8]。

管涌是堤防建设及运行过程中常见的不良地质现象,主要受堤基地质条件、人类工程活动、气象水文等因素的影响。管涌的形成往往具有由点及面、逐步扩大的特点,持续性的侵蚀导致的危害是无法估计的。建议在堤防建设过程中采取科学合理的防渗措施,运行过程中加强巡视排查隐患,以保障堤防安全。

参考文献

[1] 丁专友,苏华.堤防管涌破坏机理研究探讨及抢护[J].山西建筑,2009,35(17):359-360.

[2] 胡小龙,彭文祥.堤防管涌破坏机理与抢护措施研究[J].中文科技期刊数据库(全文版)工程技术,2022(6):42-44.

[3] 周永强,向新颜. 洞庭湖区堤防特大管涌应急抢护案例分析与思考[J]. 湖南水利水电,2022(4):19-21.
[4] 姚秋玲,丁留谦,刘昌军,等. 堤基管涌机理及防治设计准则研究[J]. 中国防汛抗旱,2022,32(1):75-79.
[5] 陶同康,鄢俊. 堤防管涌的破坏机理和新型滤层结构设计[J]. 水利水运工程学报,2003(4):7-13.
[6] 牛运光. 浅谈堤防管涌险情的抢护[J]. 中国水利,2003(8):57-58.
[7] 许现旭. 某水利枢纽围堰基底砂卵石层的室内管涌试验研究[J]. 广西水利水电,2023(2):1-3.
[8] 杨丽. 珠江某河段堤防加固与除险工程设计实践[J]. 水利科学与寒区工程,2022,5(12):97-100.

引水洞工程中回填灌浆与固结灌浆的协同关系研究

王　晋

（成都万力建筑工程有限公司，四川成都　610072）

摘　要：本文探讨了引水洞工程中回填灌浆与固结灌浆的关系及其协同作用。通过分析两种灌浆技术的定义、特点、施工工艺和现场应用，研究了它们之间的相互作用和协同效应。本文还介绍了在西藏弄利措水库引水洞工程中回填灌浆和固结灌浆的联合应用案例，提出了优化施工工艺和质量控制的建议。研究结果表明，合理协调和优化回填灌浆与固结灌浆的施工顺序和参数，可以显著提高引水洞工程的整体质量和长期稳定性，为类似工程提供了有价值的参考。

关键词：引水洞；回填灌浆；固结灌浆；协同作用；施工工艺；质量控制

引水洞作为重要的水利工程设施，其结构稳定性和防渗性能直接关系到工程的安全运行和效益发挥。在引水洞施工和运行过程中，回填灌浆和固结灌浆是两种常用的加固和防渗技术。回填灌浆主要用于填充衬砌与围岩之间的空隙[1]，而固结灌浆则着重于改善围岩的整体性和力学性能。这两种灌浆技术虽然在目的和施工方法上有所不同，但在实际工程中往往需要协同使用，以达到最佳的加固效果。

近年来，随着水利工程规模的不断扩大和对工程质量要求的不断提高[2]，深埋引水洞工程中围岩-衬砌界面协同变形与联合防渗的技术难题也逐渐显现，而且现有量化控制标准缺乏针对协同效应的界定。因此深入研究回填灌浆与固结灌浆的关系及其协同作用具有重要的理论和实践意义。

本文旨在通过分析两种灌浆技术的特点和相互作用，探讨它们在引水洞工程中的联合应用，为提高引水洞工程质量和长期稳定性提供理论依据和实践指导。

1　基本概念

回填灌浆是指在引水洞衬砌施工完成后，通过预埋的灌浆管向衬砌与围岩之间的空隙注入浆液，以填充空隙、提高衬砌与围岩的接触质量，增强结构的整体性和防渗性能。这种灌浆技术主要用于处理衬砌与围岩之间的脱空现象，改善结构的受力状态，减小渗漏风险。回填灌浆的特点是施工相对简单，浆液流动性要求较高，注浆压力一般较低。

固结灌浆则是通过钻孔向围岩中注入浆液，以改善围岩的物理力学性质，提高其整体性和承载能力[3]。这种灌浆技术主要用于处理破碎、裂隙发育的围岩，增强围岩的强度和稳定性，减少变形和渗漏。常规固结灌浆的特点是钻孔深度较小，注浆压力较小，浆液需要具有良好的渗透性和固结性能。在引水洞工程中，固结灌浆通常用于处理洞室周边的松动圈和影响带，以提高围岩的整体稳定性。

2　施工方法和作用

灌浆技术是提升岩体稳定性、改善结构安全性的重要手段。回填灌浆与固结灌浆作为两类关键工艺，其作用机理和施工方法各有侧重。

2.1　回填灌浆

回填灌浆主要用于填充衬砌混凝土与围岩之间的空隙，其施工流程包括以下关键步骤：

作者简介：王晋（1978—），男，工程师，项目技术负责人，主要从事水利水电工程施工管理工作。

在衬砌混凝土强度达到设计值的70%后尽早实施，以确保结构稳定性。采用风钻钻孔或预埋灌浆管，钻孔位置偏差不超过10 cm，深度需深入围岩10 cm[4]。双层钢筋段、钢板衬砌段需预埋管，以提升灌浆效率。灌浆施工自较低的一端开始，向较高的一端推进；浆液的水灰比可采用1、0.5两级，一序孔可直接灌注0.5级浆液。在西藏昌都市弄利措水库引水洞工程施工中，回填灌浆分为两个次序进行，灌注水灰比为0.5∶1，空隙大的部位可掺入砂量不大于水泥重量200%的水泥砂浆。采用3SNS高压注浆泵或HB8-3型灌浆机，设计压力0.3 MPa，直至孔内停止吸浆并持续关注10 min后结束。

回填灌浆通过填充衬砌与围岩间的空隙，实现以下目标：

(1)结构密实性，消除混凝土浇筑后的顶部脱空现象，减少渗漏通道。

(2)应力均布，增强衬砌与围岩的接触面，避免局部应力集中。

(3)防渗屏障，形成连续的水泥结石层，提升隧洞抗渗能力。

2.2 固结灌浆

固结灌浆旨在改善围岩力学性能，其施工流程更为复杂：

固结灌浆需在回填灌浆结束7 d后进行，遵循"环间分序、环内加密"原则，从拱顶向下压注。

工艺流程：钻孔→冲洗→压水试验→灌浆→封孔→检查补灌[4]。钻孔孔径不小于38 mm，孔位偏差≤10 cm，孔深严格按设计要求[4]。采用42.5级及以上普通硅酸盐水泥，掺外加剂时需经试验确定。

高压固结灌浆与常规压力固结灌浆的区分：高压固结灌浆针对深层围岩，需在回填灌浆及常规固结灌浆完成后实施，压力更高，可达7 MPa，以克服深层阻力。

固结灌浆通过浆液渗透与压密效应实现围岩改良。

(1)力学强化，浆液填充裂隙后形成网状结石体，提高围岩抗压强度与抗剪强度。

(2)承载圈形成，衬砌与围岩共同构成复合承载结构，分担外部荷载。

(3)堵水增效，减少围岩渗透系数，降低地下水的侵蚀风险。

3 引水洞回填灌浆与固结灌浆的关系

回填灌浆和固结灌浆在引水洞工程中存在着密切的相互作用和协同效应。

(1)回填灌浆可以改善衬砌与围岩的接触条件，为固结灌浆提供更好的施工基础。通过回填灌浆填充衬砌与围岩之间的空隙，可以减少固结灌浆时浆液的流失，提高灌浆效率。同时，回填灌浆还可以在一定程度上封闭围岩表面的裂隙，为后续的固结灌浆创造有利条件。

(2)固结灌浆可以增强围岩的整体性和承载能力，为回填灌浆提供更稳定的支撑环境。通过固结灌浆改善围岩的力学性能，可以减少围岩变形对衬砌的影响，提高回填灌浆的长期效果。此外，固结灌浆还可以在一定程度上改善围岩的渗透性，减少渗漏对回填灌浆效果的影响。

在实际工程中，回填灌浆和固结灌浆的施工顺序和参数选择上需要综合考虑工程地质条件、结构设计要求以及施工条件等因素。一般来说，先进行回填灌浆，再进行固结灌浆。但在某些特殊情况下，如围岩条件较好或工期紧张，也可以考虑两种灌浆技术交替或同时进行。无论采用何种施工顺序，都需要严格控制灌浆参数，如注浆压力、浆液配比和注浆量等，以确保两种灌浆技术的协同效果。

4 引水洞回填灌浆与固结灌浆的联合应用

在实际的引水洞工程中，回填灌浆和固结灌浆的联合应用已经取得了显著的效果。以西藏昌都市弄利措水库引水洞工程为例，该工程地质条件复杂，围岩裂隙发育，渗漏严重。在施工过程中，首先进行了全面的回填灌浆，采用低压慢注的方式，确保了衬砌与围岩之间的紧密接触，回填脱空从最大的130 cm降低到0。随后，进行了系统的固结灌浆，采用深孔高压注浆技术，透水率从灌前平均14.72 Lu到灌后降低到平均0.65 Lu，有效改善了围岩的整体性和抗渗性能。

通过回填灌浆和固结灌浆的联合应用，该工程成功解决了围岩稳定性和渗漏问题，大大提高了引水洞的整体质量。工程监测数据显示，经过联合灌浆处理后，围岩变形量显著减小，渗漏量降低了90%以上，达到了设计要求。这一成功案例充分证明了回填灌浆和固结灌浆协同应用的有效性。

在施工工艺和质量控制方面，该工程采取了一系列优化措施。首先，采用了先进的钻孔和注浆设备，提高了施工效率和质量。其次，建立了完善的灌浆监测系统，实时监控注浆压力和浆液扩散情况，确保灌浆效果。最后，还制定了严格的质量控制标准，包括钻孔精度、浆液性能、注浆量等指标，并通过现场试验和检测手段进行验证。这些措施为回填灌浆和固结灌浆的协同应用提供了有力保障，也为类似工程提供了宝贵的经验。

5 结语

本研究通过分析引水洞工程中回填灌浆和固结灌浆的基本概念、相互关系以及联合应用，得出以下结论：

(1)回填灌浆和固结灌浆是引水洞工程中两种重要的加固和防渗技术，它们在改善结构整体性和稳定性方面具有协同作用。

(2)合理协调和优化回填灌浆与固结灌浆的施工顺序和参数，可以显著提高灌浆效果，增强引水洞工程的长期稳定性。

(3)在实际工程中，应根据具体地质条件和工程要求，制定科学的灌浆方案，并采取先进的技术手段和严格的质量控制措施，以确保回填灌浆和固结灌浆的协同效果。

(4)通过工程实践表明，回填灌浆和固结灌浆的联合应用能有效地解决引水洞工程中的围岩稳定性和渗漏问题，为类似工程提供了有价值的参考。未来的研究可以进一步探讨不同地质条件下回填灌浆和固结灌浆的最佳配合方式，以及新型灌浆材料和技术的应用，为提高引水洞工程质量和安全性提供更多技术支持。

参考文献

[1] 张明远，李红梅．引水洞固结灌浆技术研究与应用[J]．水利工程学报，2020，41(3)：45-52.
[2] 王立新，陈学文．回填灌浆在引水洞工程中的应用与效果评价[J]．岩土工程学报，2019，37(5)：78-85.
[3] 刘建国，赵文斌．固结灌浆与回填灌浆协同作用机理研究[J]．水利水电技术，2021，52(8)：112-119.
[4] 孙志强，周明华．引水洞灌浆技术综合应用案例分析[J]．工程地质学报，2018，26(4)：156-163.

碾压胶凝砂砾石堤防施工的质量控制研究

卫建峰　牟劲松

（成都万力建筑工程有限公司，四川成都　610072）

摘　要：胶凝砂砾石堤防技术是基于碾压混凝土筑堤与面板堆石筑堤技术优化而成的新型堤型，具有抗压强度高、抗渗性强、耐久性优良、施工便捷及成本可控等显著特征。本文以岷江龙溪口航电枢纽孝姑镇防护区堤防工程为研究依托，系统研究胶凝砂砾石材料在碾压施工中的质量控制技术。通过正交试验设计方法，重点分析摊铺厚度与碾压遍数对压实度的影响规律，并结合原材料级配优化、拌和工艺改进及层间界面处理等核心环节，构建一套科学完整的施工质量控制体系。工程实践表明，该方法可有效地提升堤体结构的密实性与稳定性，为同类水利防护工程提供重要的技术参考。

关键词：胶凝砂砾石；碾压堤防；施工质量控制；正交试验

1　引言

胶凝砂砾石是利用少量的胶凝材料和砂砾石料，经拌和、摊铺、振动碾压形成的具有一定强度和抗剪性能的材料[1]，在一定程度上和碾压混凝土的施工方法一致[2]。相较于传统筑堤材料，胶凝砂砾石具有胶凝材料用量少、水化热低、施工速度快等突出优势，尤其在复杂地质条件下展现出良好的环境适应性。然而，不容忽视的是，胶凝砂砾石的施工质量极易受到多种因素的显著影响，这些因素涵盖了原材料级配、拌和工艺以及碾压参数等多个关键方面。

岷江龙溪口航电枢纽库区防护孝姑镇防护区堤防工程采用“金包银”复合结构形式。这种结构内部为碾压胶凝砂砾石，外部则是高标号加浆振捣胶凝砂砾石防渗层，孝姑镇堤防总长 7 190 m，断面设计为梯形，顶宽 4 m，底宽在 12～17 m。本研究紧密结合这一实际工程案例，从材料制备的源头开始，深入到施工工艺的各个环节，直至最终的质量检测阶段，展开了全面且系统的研究，力求为胶凝砂砾石碾压堤防施工质量控制提供切实可行且科学有效的方法与策略。

2　材料与方法

2.1　原材料质量控制

在本工程中，砂砾石骨料取自岷江流域天然料场，其物理力学性能需满足《胶结颗粒料筑坝技术导则》（SL 678—2014）的要求。天然料场的骨料在开采后，需将其中粒径大于 150 mm 的超径骨料予以剔除。为了提高骨料的利用率，降低成本，本工程通过设置简易破碎线对超径骨料进行加工处理。在堆料过程中，粗细骨料容易出现分离现象，这会导致原材料配合比的不均匀性，进而影响胶凝砂砾石的性能。为避免这种情况，堆料场采用挖掘机定期进行翻拌，使骨料均匀混合。

含砂率是影响胶凝砂砾石性能的重要指标之一，需控制在 18%～35%。若天然料的含砂率不足，无法满足这一标准，可采取添加机制砂（细度模数 2.6～3.0）的方式进行补充，或者适当减少卵石（粒径 80～150 mm）的比例；反之，若含砂率过高，则可增加卵石的用量或减少河沙的使用。骨料含水率同样对施工质量有着关键影响，过高的含水率会改变混凝土的水灰比，影响其强度和耐久性。所以，骨料含水率严格控制在 6%以内，同时堆料场设置防雨棚，以有效降低环境湿度对骨料含水率的影

作者简介：卫建峰（1987—），男，工程师，项目技术负责人，主要从事水利水电工程、公路工程等施工管理工作。

响,确保原材料质量的稳定性。砂砾石中的含泥量不宜超过5%,泥块含量不宜超过0.5%,且避免泥块集中[3]。

2.2 拌和运输工艺优化

拌和站选用连续式搅拌机(JZL200B型),这种搅拌机能够实现胶凝材料与骨料的持续、均匀混合[4]。在连续搅拌过程中,通过精确控制各种原材料的进料速度和搅拌时间,确保每一批次生产的胶凝砂砾石质量稳定且均匀一致。在运输环节,车辆加装防雨防晒篷布是至关重要的措施。防雨篷布可防止运输途中遭遇降雨,导致胶凝砂砾石中的水分增加,改变其配合比,影响性能;防晒篷布则能避免阳光直射,减少水分蒸发,防止胶凝砂砾石因失水而发生性能劣化。仓面VC值对胶凝砂砾石施工性能有着重要影响,在实际施工中,气候条件复杂多变,因此仓面VC值需要根据不同的气候条件进行动态调整,将其范围控制在2~12 s,以确保胶凝砂砾石在不同环境下都能保持良好的施工性能。

2.3 碾压参数正交试验设计

本工程采用22 t压路机进行碾压试验,要求碾压后的层厚为50 cm,为确定最优摊铺厚度与碾压遍数,设计两因素三水平正交试验(见表1)[4]。试验变量包括摊铺厚度,分别为52.5 cm、55 cm、60 cm,以及碾压遍数组合,分别为"2静+2弱振+6强振+2静""2静+8强振+2静""2静+10强振+2静"三种工况。在试验过程中,通过对压实厚度、湿密度及压实度等多个指标进行综合评估,以此全面、准确地判断不同试验组合下的施工效果,为后续确定最佳施工参数提供科学依据。

表1　正交试验碾压方案

编号	摊铺厚度/cm	碾压遍数
1	52.5	2静+2弱振+6强振+2静
2	52.5	2静+8强振+2静
3	52.5	2静+10强振+2静
4	55	2静+2弱振+6强振+2静
5	55	2静+8强振+2静
6	55	2静+10强振+2静
7	60	2静+2弱振+6强振+2静
8	60	2静+8强振+2静
9	60	2静+10强振+2静

3　结果与讨论

3.1 摊铺厚度与碾压遍数对压实度的影响

胶凝砂砾石压实度试验结果见图1,从试验结果可以清晰地看出,在相同的摊铺厚度情况下,随着碾压遍数的增加,压实度呈现出明显的上升趋势。这是因为更多的碾压遍数能够使骨料之间更加紧密地排列,填充孔隙,从而提高压实度。同时,当碾压遍数保持不变时,摊铺厚度越小,压实度呈增长变化。这是由于较薄的摊铺层更容易被压实设备的能量所作用,使骨料能够更充分地被压实。

当摊铺厚度为55 cm,碾压遍数为"2静+8强振+2静"时,压实度达最大值98.8%,该压实度能够很好地满足堤防强度的要求。然而,需要注意的是,过薄的摊铺层在施工过程中容易导致骨料离析现象的发生,而过厚的摊铺层则可能因碾压能量不足,无法使内部的骨料充分压实。此外,虽然强振次数的增加能够显著提升胶凝砂砾石的密实性,但如果过度碾压,会使表面产生较大的应力,从而引发表面微裂缝,影响结构的整体性和耐久性。

3.2 层间结合处理

在施工过程中,采用连续上升铺筑法,胶凝砂砾石在连续上升铺筑碾压施工作业中,必须使其层

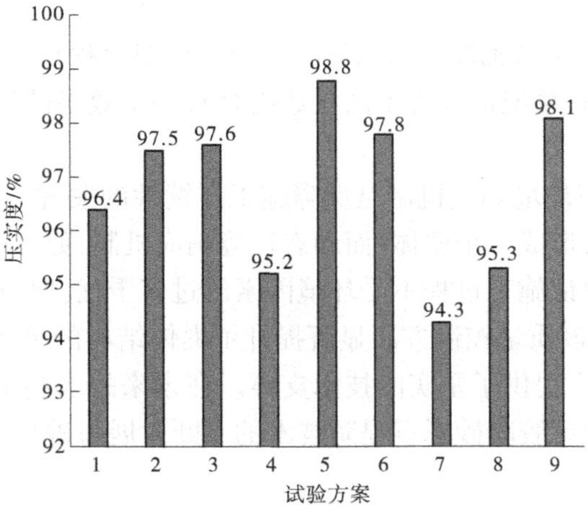

图 1　胶凝砂砾石压实度试验结果

间间隔的时间保持在直接铺筑允许的时间范围内[3]，初凝时间通常在 6~8 h，为了保证层间的良好结合，层间间隔需严格控制在 4~6 h 内。这种方法能够有效缩短层间暴露时间，减少温度应力对结构完整性的影响。因为层间暴露时间过长，在温度变化的作用下，层面之间容易产生温度裂缝，影响堤防的整体质量。当层间间隔超过 4 h 时，采用高压水冲毛+人工凿毛联合处理（见表 2），清除硬化缝面的浮浆及松散骨料[3]，然后铺设 1 cm 厚的水泥净浆或砂浆垫层，通过砂浆垫层的黏结作用，确保层间具有足够的黏结强度。

表 2　层间处理技术标准

编号	间隔时间/h	处理措施
1	≤4	直接铺筑上层
2	4~6	表面刷毛+铺设水泥净浆
3	>6	冲毛凿毛+砂浆垫层

3.3　现场质量控制措施

3.3.1　骨料均匀性

骨料均匀性是保证胶凝砂砾石质量的关键因素之一。为了确保每批次骨料的含砂率稳定，满足施工要求，每批次骨料含砂率抽检频率≥3 次/d。通过高频次的抽检，及时发现含砂率的波动情况，并对原材料的配比进行相应调整，保证配比的稳定性。

3.3.2　碾压速度

碾压速度对压实效果有着重要影响。振动碾行走速度如果过快，会导致压实能量不足，无法使胶凝砂砾石充分压实；如速度过慢，则会影响施工效率。因此，振动碾的行走速度宜控制在 1.0~1.5 km/h[3]，质检员在施工现场实时监测，确保碾压速度符合要求。

3.3.3　环境适应性

在高温时段，胶凝砂砾石表面水分蒸发速度加快，容易导致表面失水开裂。为了应对这一问题，采用分段静压锁水的方法。将施工区域划分为若干段，在每一段内先进行静压，使表面形成一定的密实度，减少水分蒸发通道，锁住水分，防止表面失水开裂，确保施工质量不受高温环境的影响。

4　结语

本文通过理论分析与工程实践相结合，提出胶凝砂砾石堤防施工的全面质量控制框架：

（1）对含砂率与含水率进行精准调控是确保材料性能稳定的基础。含砂率和含水率的微小变化都可能对胶凝砂砾石的性能产生显著影响，只有严格控制这两个指标，才能保证材料在施工过程中及建成后的性能稳定。

(2)正交试验法为科学确定摊铺厚度与碾压参数的最优组合提供了有效手段。通过设计多因素多水平的正交试验,能够全面、系统地分析不同参数组合对施工效果的影响,从而找到满足工程要求的最佳参数组合。

(3)层间结合处理与动态环境响应机制是保障施工连续性的关键。合理的层间结合处理能够确保堤防各层之间的紧密连接,形成一个整体;而动态环境响应机制,如针对高温、降雨等不同环境条件采取相应的施工措施,能够保证施工过程不受环境因素的过多干扰,保障施工的连续性和质量。

(4)工程应用结果表明,该质量控制方法显著提升了堤体结构的抗渗性与耐久性,为胶凝砂砾石技术在水利工程中的广泛推广提供了坚实的技术支撑。在未来的水利工程建设中,有望进一步完善和应用这一质量控制体系,推动胶凝砂砾石堤防技术的不断发展与进步。

参考文献

[1] 冯炜. 胶凝砂砾石坝筑坝材料特性研究与工程应用[D]. 北京:中国水利水电科学研究院,2013.

[2] 白文斌. 胶凝砂砾石筑坝施工关键技术浅析[J]. 四川水利,2019,40(4):97-99.

[3] 中华人民共和国水利部. 胶结颗粒料筑坝技术导则:SL 678—2014[S]. 北京:中国水利水电出版社,2014.

[4] 吴海燕. 胶凝砂砾石材料特性及填筑工艺研究[J]. 水利科技与经济,2022,28(1):151-155.

浅谈水利工程项目实施过程中的代建管理

夏 骏 项 洋

（长江岩土工程有限公司，湖北武汉 430010）

摘 要：代建管理是一项包括工程技术、造价、法律和项目管理的综合性工作。代建管理模式在我国水利工程建设领域广泛应用，主要分为全过程代建和实施阶段代建。本文聚焦实施阶段代建管理，结合米林市水系连通项目，分析代建单位在施工至竣工移交阶段的管理要点，重点探讨责权划分、合同管理及投资控制等问题，并提出优化建议，以提高代建管理效率，保障项目的顺利实施。

关键词：水利工程；代建管理；责权分析；合同管理；投资管理

1 代建单位与项目法人、监理单位的管理责权分析

项目法人主要负责项目投融资和项目前期手续办理，并对项目建设过程监管，代建单位负责项目建设管理，监理单位协助代建单位做好项目管理，三方的工作任务和权利责任通过委托代理合同明确，但又存在工作交叉。

1.1 项目法人和代建单位

从项目资产角度考虑，项目法人负责项目投融资，对项目资产拥有所有权、使用权、控制权、收益权和处置权，代建制模式下，项目法人将部分资产的控制权转移给代建单位，代建单位在目标投资范围内将项目建设效益最大化，如代建单位依法组织招标投标、合同签订、项目付款、变更和索赔等，同时，项目法人对代建单位的管理行为具有一定的监管权力，并对代建单位的上述行为具有否决权。代建单位的工作本质是为项目法人把好项目技术关、质量关、进度关和投资关，以达到代建合同约定要求。

1.2 代建单位与监理单位

监理单位的工作主要是协助代建单位做好项目管理工作，由于项目管理的重心向代建单位转移，监理单位很难具有项目管理的主动权，无形之中陷入一种尴尬的境地，例如建设过程中施工单位可能跳过监理而直接向代建单位汇报现场出现的问题和采取措施的建议，因为项目法人—代建—监理—施工这样的管理层级中，施工方认为直接向有处理权限的一方汇报效率更高。实际工程管理过程中，这样的处理方式确实会给人带来一种工作高效的错觉，久而久之，监理的地位被逐渐弱化，项目施工过程中所有具体事项集中摆到代建单位跟前，监理陷入尴尬，代建陷入迷茫。

米林项目代建管理的实践表明，必须强调监理单位对项目管理的重要性，施工现场的日常巡视、旁站等监理监督管理行为必须有效执行，监理单位之于代建单位的核心工作在于项目施工质量监理，作为代建在现场的眼睛，监理能更直接地发现项目实施过程中问题和可能造成的影响，通过定期召开监理例会，及时向代建单位反馈问题、向施工单位提出要求，及时发现问题，推进问题的及时解决。默许施工单位跳过监理直接找到代建单位寻求解决途径，此举可能掩盖了实施过程中实际导致问题发生的原因和责任方，进而影响代建管理行为的公正、合理。

明确监理单位的管理权限，将项目施工质量管理主要交由监理，而代建单位应着重于项目的协调、投资和进度控制，同时代建单位应监督监理单位的履职，对监理管理偏离或管理过度的情况及时

作者简介：夏骏（1990—），男，工程师，主要从事水利工程项目管理工作。

给予纠正。

2 合同管理

目前,通用的监理、施工合同模板中主体为项目法人—监理、项目法人—施工单位,代建制项目中,代建单位作为项目招标投标和合同谈判与签订工作的主体,需与监理、施工单位或其他第三方签订合同,但项目法人在项目建设过程中所应有的权利和义务无法由代建单位完全替代,因此在代建与监理、施工或其他第三方合同签订阶段建议采用三方合同,包括项目法人、代建单位和承包单位,以明确合同履行过程中项目法人和代建单位的责任和义务。

米林项目施工过程中,由于项目涉及区域广、前期勘察工作不够充分、涉及借地施工协调难度大、沿线渠系管线较多等原因,易发生设计变更、合同外签证及施工方案变化,导致工程造价的调整,对项目投资的控制造成了一定困难,因此在施工合同签订时应综合考虑项目实施过程中可能发生的风险因素,并在施工合同内明确相应条款,以达到控制项目投资的目的,本文对施工合同签订过程中的几项问题进行讨论。

2.1 不均衡报价

不均衡报价是投标人在投标时常采用的一种技巧,投标人可能根据自身丰富的施工经验对工程量清单中某一预期增加的项目单价调高,或对预期可能减少的项目单价调低,目前法律并没有禁止不均衡报价行为,但可能由于项目实施过程中工程量增加或变更的工程量增加,而导致投资增加,在一定程度上损害了项目法人单位利益。

针对此情况,一方面,代建单位作为招标人应在招标投标阶段对投标人严重不平衡报价进行审查,进而在合同谈判签订阶段对其予以调整或要求投标人重新报价;另一方面,合同签订时对变更估价原则应有更明确的约定,根据现行《建设工程工程量清单计价标准》(GB/T 50500—2024)[1],对变更工程量增加超过一定规模的单价予以调低,而不是“单价不予变更”。

2.2 工程量清单错误的修正

对于清单和控制价编制时存在漏项,新版《建设工程施工合同(示范文本)》(GF-2017-0201)[2]中对工程量清单错误的修正已明确。

除专用合同条款另有约定外,发包人提供的工程量清单,应被认为是准确的和完整的。出现下列情形之一时,发包人应予以修正,并相应调整合同价格:

(1)工程量清单存在缺项、漏项的。

(2)工程量清单偏差超出专用合同条款约定的工程量偏差范围的。

(3)未按照国家现行计量规范强制性规定计量的。

一方面,新版合同明确了漏项责任由发包人承担,且发包人有义务予以修正,保护了施工单位的合法利益;另一方面,提出“除专用合同条款另有约定外”和“调整合同价格”,让发包人和承包人就此事项在合同谈判时有了一定博弈空间。而是否注意到此事项的重要性,尤其是在大型复杂项目中如何约定,对发承包双方的切身利益均有重要影响。

2.3 市场价格波动和法律变化时的单价调整

2.3.1 市场价格波动引起的调整

在一般总价合同中,发包方常引用“本工程不对物价的波动作价格调整”予以说明,将物价波动的风险转由承包方承担,对此,承包方可以在合同谈判阶段要求采用价格指数进行价格调整或采用造价信息进行价格调整,此举双方风险分担,单价可能增加或者减少,双方应在专用合同条款中商议明确。

2.3.2 法律变化引起的调整

法律变化引起的调整在新版建设工程施工合同中有明确描述,发包人承担涨价的风险,承包人承担降价的风险。

2.4 总价合同中变更的规定

由于投标人存在不均衡报价行为，实际施工中由于变更等原因造成工程量增加而导致投资增加，不利于代建单位对项目投资的控制，甚至损害项目法人的利益。例如，米林项目合同中关于变更条款内容的说法："对本次发包的合同采用固定总价承包形式，但经业主批准的设计变更可增加或减少工程投资，增加投资不得超过概算批复投资，本工程采用固定总价承包形式，单价不予变更。"如果单价不调，变更导致工程量增加，总价难以控制在概算范围内。《建设工程工程量清单计价标准》(GB/T 50500—2024)对于变更价格调整做了如下规定：

因工程变更引起已标价工程量清单项目或其工程数量发生变化时，应按照下列规定调整：

已标价工程量清单中有适用于变更工程项目的，应采用该项目的单价；但当工程变更导致该清单项目的工程数量发生变化，且工程量偏差超过15%时，该项目单价应按照《建设工程工程量清单计价标准》(GB/T 50500—2024)的规定调整。

对于任一招标工程量清单项目，当工程量偏差超过15%时，可进行调整。当工程量增加15%以上时，增加部分工程量的综合单价应予调低。当工程量减少15%以上时，减少后剩余部分工程量的综合单价应予以调高。

上述规定对因不平衡报价或变更导致工程量增加时的费用超额提出一种解决办法，有利于代建单位控制项目投资，对此，新版工程建设施工合同通用条款中提到变更估价原则：

除专用合同条款另有约定外，变更估价按照本款约定处理：

(1)已标价工程量清单或预算书中有相同项目的，按照相同项目单价认定；

(2)已标价工程量清单或预算书中无相同项目的，但有类似项目的，参照类似项目的单价认定；

(3)变更导致实际完成的变更工程量与已标价工程量清单或预算书中列明的该项目工程量的变化幅度超过15%的，或已标价工程量清单或预算书中无相同项目及类似项目单价的，按照合理的成本与利润构成的原则，由合同当事人按照合同第4.4款(商定或确定)确定变更工作的单价。

同样，提到了"除专用合同条款另有约定外"的说法，专用合同条款如何明确，发承包双方能否重视该问题，如何约定专用合同条款相应内容，还是简单粗暴的不予调价，发承包双方应根据项目实际情况进一步协商。

3 投资管理

项目实施过程中因项目范围广、内容复杂多样、外界干扰因素等原因发生设计变更、合同外签证及施工方案变化，导致工程造价的调整，代建单位应配备专业造价人员，分别在设计阶段、招标投标、合同签订、施工和结算过程中进行造价管理，以达到控制投资的目的。

3.1 设计阶段

优质设计单位能够在前期勘察过程中充分调查项目周边情况，结合勘察成果拿出合格的设计文件，避免因为设计不精、深度不够导致后期施工过程中频繁设计变更而造成工程造价的增加。

3.2 招标投标阶段

(1)招标文件的编制应合理确定施工工期和标段划分，避免因不合理压缩工期致使施工阶段赶工成本增加，甚至因赶工而引发工程质量问题。

(2)严格按照规范和设计图纸编制招标工程量清单和控制价，避免因清单缺项或漏项问题导致实施阶段造价增加风险。

(3)招标文件中明确限制不平衡报价，并在招标投标阶段进行相应监督和管控，避免投标人在投标文件中出现严重利益失衡的不平衡报价的情形。招标文件的合同模板可以按照《建设工程施工合同(示范文本)》(GF-2017-0201)及《建设工程工程量清单计价标准》(GB/T 50500—2024)的相关规定对相应条款进行调整，即当实际工程量相比招标清单中的工程量增加超过15%时，对超过部分的单价予以适当调低，以平衡双方的利益。

3.3 合同约定

合同管理是代建项目管理的重要依据和支撑，主要就变更增加费用提出限制条款，明确风险承担责任，规避后期施工阶段出现的争议。

3.4 施工阶段

3.4.1 设计交底和图纸会审

设计交底一方面将设计意图进行传达，另一方面对关键部位施工进行说明，参建单位对图纸中的问题进行沟通，可以在施工之前使设计图纸满足项目施工现场要求，避免后续变更引起工程造价的浪费。

3.4.2 施工过程管理

代建单位应配备专业造价管理人员，加强人员在管理过程中的造价培训工作，在项目管理工作中提高人员的专业技术水平和业务能力，严格执行国家相关规定和标准来控制项目投资。

代建单位应根据施工合同内容做到事前控制，施工过程中动态监控，掌握项目实施情况，严格控制项目实施过程中设计变更或施工方案调整的合理性，并及时计算各项施工过程中发生的设计变更对总投资的影响。对项目法人在施工过程中提出的变更要求，代建单位应中肯地做出判断和建议，对于不必要的变更，应与项目法人充分沟通，以避免不必要的造价增加；对于监理单位，要求其加强设计变更的管理，避免其随意审核工程变更造价；对于设计单位，审核其变更方案的合理性；对于施工单位，了解其施工过程情况，就设计变更的工程费用增减，与施工单位协商合理的工程变更金额，避免支出不合理。

3.4.3 签证

代建单位现场管理人员应严格工程现场签证的审查，文字表述的签证要做到数据准确齐全，内容与实际相符，不能超出应签证的范围。

4 结语

本文以西藏米林市水系连通项目为例，探讨水利工程实施阶段代建管理的要点与优化路径。代建管理需重点解决三方责权划分、合同及投资控制等核心问题。在责权层面，项目法人、代建单位与监理单位存在管理交叉，需通过委托代理合同明确分工，强化监理质量监督职能；合同管理方面，建议采用三方合同模式，针对不平衡报价、清单错误及价格波动等风险，引用《建设工程工程量清单计价标准》(GB/T 50500—2024)条款建立动态调价机制；投资控制则贯穿设计及施工全流程，强调前期勘察深度、招标文件严谨性及施工过程动态监控。米林项目实践表明，代建单位需协调各方关系，通过专业化管理实现质量、进度与投资的平衡，为类似项目提供可借鉴的管理范式。

本文旨在探讨实施阶段的代建管理，以西藏米林市水系连通项目为例，文章仅对代建管理过程中责权分析、合同管理、投资管理进行了分析，给出自己的看法，对类似工程还需根据具体情况进行深入的探讨和研究。

参考文献

[1] 中华人民共和国住房和城乡建设部. 建设工程工程量清单计价标准：GB/T 50500—2024[S]. 北京：中国计划出版社，2025.

[2] 中华人民共和国住房和城乡建设部，国家市场监督管理总局. 建设工程施工合同(示范文本)：GF-2017-0201[M]. 北京：中国城市出版社，2017.

超声波振动下花岗岩内部微裂纹扩展规律试验研究

肖长缘[1,2]　张书磊[1,2]　马攀峰[1,2]　吕万宏[1,2]

(1. 黄河勘测规划设计研究院有限公司,河南郑州　450003;
2. 深圳先河水利水电工程有限公司,广东深圳　518001)

摘　要:岩石类材料失效的本质是裂纹的萌生、扩展和贯通,研究超声波振动下花岗岩内部微裂纹的生长特性对于了解超声波作用下岩石的破坏机理具有重要意义。本文利用扫描电镜(SEM)观察了超声波振动 0 min、2 min 和 4 min 后花岗岩试样中微裂纹的扩展情况。结果显示,在超声波振动下,导致石英矿物失效的裂纹类型主要是晶内裂纹、晶间裂纹和晶界裂纹。晶内裂纹通常产生贝壳状断裂,即在断裂面上出现同心圆状的规则曲面,这是典型的脆性断裂模式;导致长石矿物失效的主要裂纹类型是晶内裂纹和晶间裂纹,晶间裂纹呈阶梯状扩展;导致云母失效的裂纹主要由晶界裂纹,层状解理对云母的失效影响显著。拉伸破坏是微裂纹扩展的主要机理,长石矿物的失效是导致花岗岩破坏的主要因素。

关键词:花岗岩;高频超声波振动;微裂纹扩展

1　引言

超声波振动破碎坚硬岩石是地质勘探领域的一项新技术[1]。但是超声波振动碎岩机理并不清楚。振动会促进裂纹的产生,降低岩石强度,造成岩石损坏。岩石的损坏与循环振动荷载引起的微裂纹的产生和扩展密切相关[2]。岩石内部微裂纹的扩展由外部载荷和内部微观结构决定。大多数岩石是异质材料,含有多种成岩矿物和大量微缺陷。花岗岩是地质勘探领域常见的一种岩石,可以作为硬岩的代表。因此,研究超声波振动下花岗岩内部微裂纹的扩展特性十分必要。

近年来,国内外学者围绕岩石内部裂纹扩展开展了大量研究,王泽云等[3]利用扫描电镜观测了不同载荷下岩石内部微裂纹的扩展形式、方向,并基于能耗理论和分型理论,获取了岩石内部微裂纹的演化分型特征。邓红卫等[4]分别采用核磁共振设备对冻融作用下、动静组合载荷作用下、循环冲击载荷作用下的花岗岩试样进行了检测,采集了载荷作用前后花岗岩试样的 T2 图谱曲线、孔隙度、核磁共振图像等数据,经过分析得出了不同载荷下花岗岩内孔隙结构及劣化损伤的演化规律。刘士招[5]基于声发射技术和红外热像技术研究了岩石损伤破裂的特征。Chen 等[6]用荧光渗透法对循环作用下花岗岩中的裂纹发育状况进行检测,由于裂纹内部被丙烯酸树脂和荧光物质填充,所以在紫外光照射下,花岗岩中的裂纹能够被明显识别出来。但是围绕超声波振动下岩石内部裂纹扩展规律开展的相关研究较少。

基于此,本文利用扫描电镜(SEM)观察了超声波振动不同时间后花岗岩试样中微裂纹的扩展情况,分析了导致花岗岩内部不同矿物失效的裂纹类型,对于揭示超声波振动下硬岩破裂机理具有重要意义。

作者简介:肖长缘(1991—),女,工程师,主要从事水利工程勘察、施工工作。

2 微观裂纹形貌观测试验

2.1 试验设备

岩石试样加工设备[见图1(a)]为数控金刚石线切割机床,型号CHSX5640,生产商为中国泰州晨虹数控设备制造有限公司。其主要技术参数(见表1)可满足试验要求。超声波振动试验设备为40 kHz超声波振动试验平台,由超声波驱动电源、支架、超声波换能器(压电陶瓷超声波换能器,杭州超声波设备有限公司制造)、计定器、重物、载物台组成(见图2)。微裂纹观测设备[见图1(b)]采用日立公司2S-4800FESEM扫描电镜,选用的放大倍数为30~20 000倍。

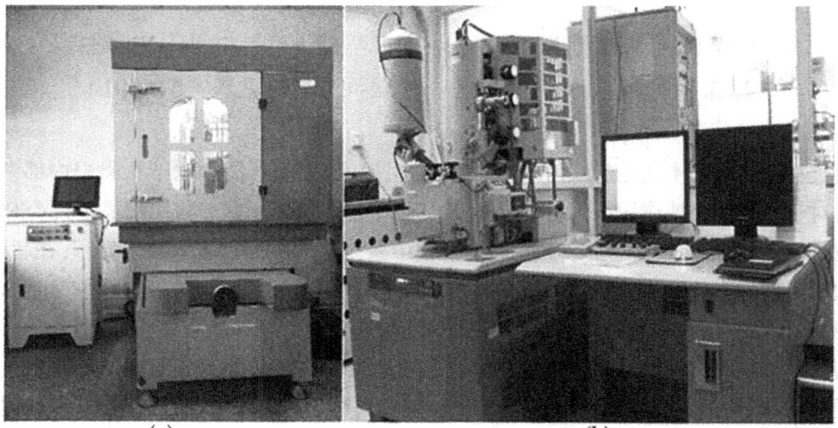

(a) (b)

图1 岩石试样加工与裂纹观测设备

表1 数控金刚石线切割机床主要技术参数

名称	参数
型号	CHSX5640
制造商	泰州晨虹数控设备制造有限公司
机床总功率	2.5 kW
最佳表面粗糙度	0.4 μm
工作台面积	500 mm×700 mm
各向行程	工作台纵向行程(X向)400 mm 工作台横向行程(Y向)500 mm 砂线上下行程(Z向)60 mm
机床精度标准	(1)工作夹持框架表面与$X\backslash Y$轴运动的平行度:任意300测量长度上为0.02,最大允许误差0.05 (2)X轴运动与Y轴运动之间垂直度:任意300测量长度上为0.02 (3)作台运动的定位精度:测量长度≤500为0.02 (4)弓架与工作台X轴方向的垂直度:0.01/30 (5)弓架与工作台Y轴方向的垂直度:0.01/30

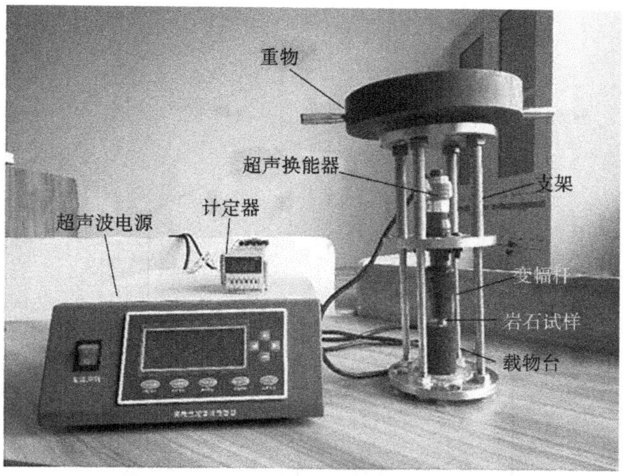

图 2　40 kHz 超声波振动试验平台

2.2　试验样品及制备

试样选用产自中国吉林省某矿山的中细粒花岗岩。主要矿物组成包括石英（0.5～2.5 mm，20%～30%）、长石（0.6～3.0 mm，60%～70%）、黑云母（0.5～2.0 mm，5%～7%），其他矿物<1%，花岗岩的密度和孔隙率分别为 2.58 g/cm^3 和 0.5%。由于 S-4800FESEM 扫描电镜的限制，试样的规格为 4 mm×4 mm 的正方体，如图 3 所示，岩石试样的每对平面的平行度保持在 5‰左右。

图 3　岩样

2.3　试验过程

利用数控金刚石切割机床将花岗岩加工成立方体，保证立方体的平面度满足试验要求。采用无水乙醇清洗花岗岩试样，利用烘箱在 80℃的境况下将试样烘干。为确保能谱仪分辨出不同矿物，对试样表面不做任何处理，在试样与夹持器之间用导电胶带连接，防止电子在试样的观察面富集。在室温环境下，利用超声波高频激励试验装置，采用如表 2 所示的试验参数，对岩石试样进行单向振动 0 min、2 min、4 min，并采用扫描电镜观测试样的固定侧面内造岩矿物中微裂纹的扩展情况。试样的加载方式和观察面如图 4 所示。

表 2　振动参数

激振频率	振幅	静载	功率
40 kHz	22 μm	100 N	800 W

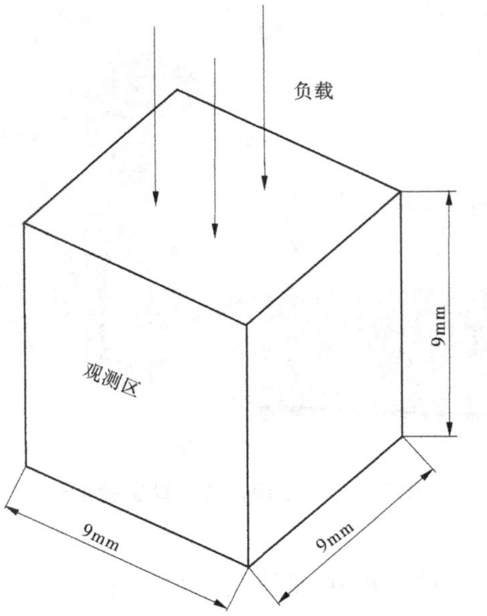

图 4 试样加载、观察示意

2.4 电镜检测方法原理

扫描电子显微镜(SEM)的工作原理:电子枪发射的电子束打到被测物体表面后,激发出各种物理信号,由于其信号强弱与被检测物体表面的物质成分及表面形貌变化有密切关系,因此由检测器及成像电路对这种信号进行检测、处理后,即可得到物体表面形貌的直观放大图像。因此 SEM 获得的是被检测物体相貌的三维立体图像,这对研究岩石微观构造特征是十分有用的。

3 试验结果及分析

3.1 花岗岩内部原始微裂纹及裂隙

在进行单轴超声波高频激励试验之前,需对花岗岩试样表面进行裂纹信息采集。图 5(a)(3 000 倍)、图 5(b)(2 0000 倍)、图 5(c)(5000 倍)分别显示花岗岩内部存在的原始微孔隙、微空腔、微裂纹。其中,微孔隙、微空腔几乎都分布在长石晶粒中,石英晶粒中包含的微裂纹数量明显多于长石和云母晶粒,造岩矿物中微裂纹的分布方向呈现随机无序特性。

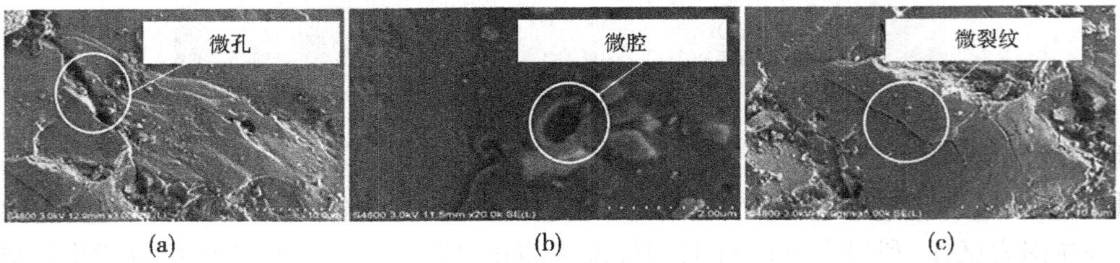

(a) (b) (c)

图 5 原始微缺陷

3.2 花岗岩不同造岩矿物内部裂纹开裂特点

3.2.1 *石英*

图 6 中(a)、(b)、(c)(均放大 1000 倍)展示的是超声波高频激励作用时长 0 min、2 min、4 min 时,对应的石英晶粒内微裂纹的扩展情况。在超声波高频振动激励作用下,主导石英失效的裂纹类型是晶内裂纹、晶界裂纹及二者的混合模式。其中晶界裂纹的数量最多,其他类型的裂纹数量较少。晶内裂纹的破坏通常表现出贝壳状断口,即断裂面呈现出具有同心圆纹的规则曲面,状似蚌壳,这是典型的石英脆性断裂模式[见图 6(b)],但是石英晶体内裂纹随超声波振动时间增加的变化并不显著[对比图 6(a)、(b)、(c)可知]。晶界裂纹主要沿着石英-长石、石英-云母的边界扩展。

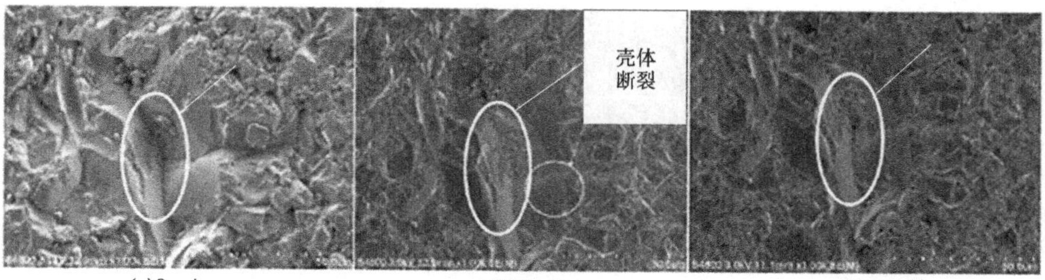

(a)0 min (b)2 min (c)4 min

图 6 石英裂纹扩展图

3.2.2 *长石*

在超声波高频振动激励作用下,促使长石晶粒失效的裂纹类型中晶内裂纹和晶界裂纹占主导地位。超声波振动载荷作用下长石晶粒内部微裂纹的扩展发育情况(包括裂纹的数量和扩展的宽度)明显优于石英晶粒。长石内部存在近乎垂直的两组完全解理,受解里面的影响,微裂纹呈波浪状扩展如图 7(a)(18 000 倍)所示。图 7(b)和(c)(均放大 10 000 倍)展示的是超声波高频振动激励作用时间 2 min 和 4 min 时长石内部微裂纹的变化,经过大量图片对比发现,随着超声波高频振动激励作用时间的增加,长石晶粒中裂纹主要体现在长度的增加,而裂纹宽度的增加不明显。

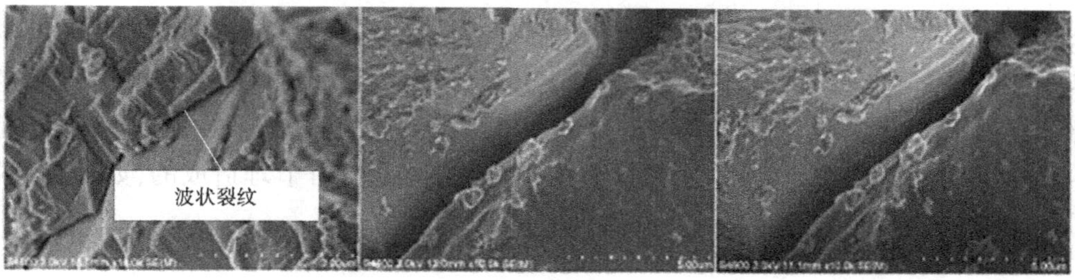

(a)0 min (b)2 min (c)4 min

图 7 长石裂纹扩展图

3.2.3 *云母*

云母由于其独特的层状节理,易于被扫描电镜识别出来,图 8(a)、(b)、(c)展示的是试样内部的云母在超声波高频振动激励作用 0 min、2 min、4 min 时内部微裂纹的扩展状况。通过与石英晶粒与长石晶粒对比,云母在超声波高频激励作用下的失效方式主要以晶界裂纹及沿自身的层状平行节理破坏模式(品内裂纹)为主,云母平行内部的层状节理对裂纹的扩展影响显著。但是晶界裂纹数量要明显多于晶内裂纹的数量,其类型包括石英-云母晶界裂纹和长石-云母晶界裂纹。

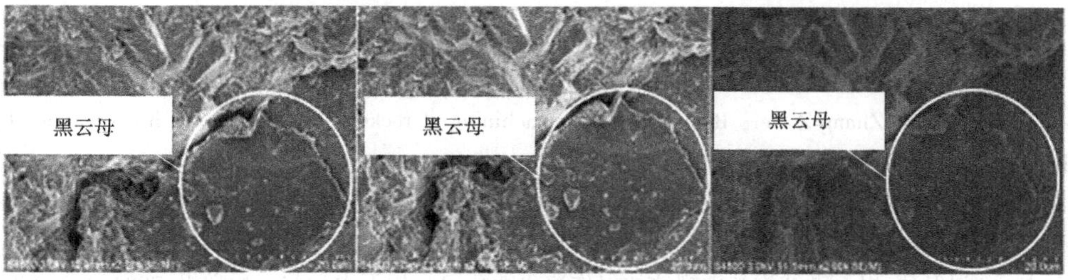

(a)0 min (b)2 min (c)4 min

图 8 云母裂纹扩展图

3.2.4 *花岗岩的宏观破坏*

超声波高频振动激励作用能够有效促使花岗岩试样内部微裂纹的起裂,原有微裂纹的扩展及贯通,最终形成宏观裂纹导致岩石失效,如图 9 所示(放大倍数均为 30 倍),造成花岗岩失效的宏观裂纹近似平行于超声波高频激励加载方向(见图 10)。

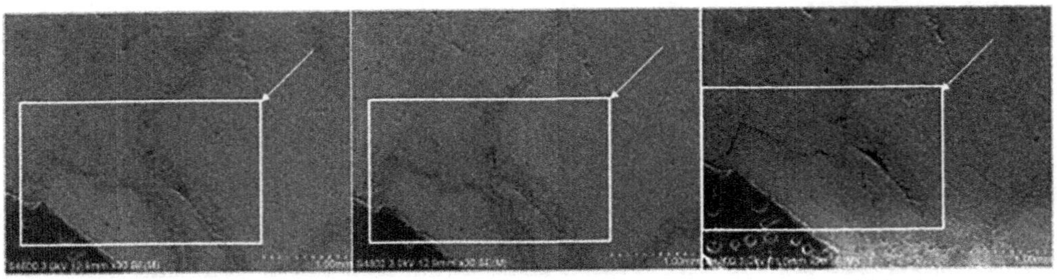

(a)0 min (b)2 min (c)4 min

图 9 裂纹的演化过程

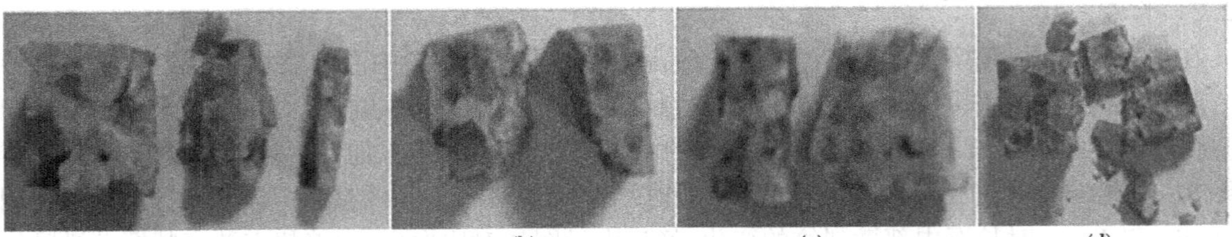

(a) (b) (c) (d)

图 10 试样的破坏形貌

上述试验结果显示超声波振动下花岗内部不同造岩矿物的裂纹扩展特性明显不同,对石英矿物来说主要是晶界裂纹,这是因为石英的弹性模量大,刚度也大,石英内部裂纹起裂需要较大的激振力,石英与云母、长石胶结处黏结力较弱,导致裂纹易围绕石英晶粒的边界扩展;长石和云母矿物除了易产生晶界裂纹外,晶内裂纹也比较多,这是由于长石和云母本身含有节理造成的,如长石矿物内含有近似垂直的解理面,云母矿物内含有平行的解理面。

4 结论

超声波振动能够有效促使花岗岩内部裂纹的发育、扩展、贯通。导致石英矿物失效的裂纹类型主要包括晶内裂纹、晶界裂纹及二者的混合模式,晶内裂纹常伴有贝壳状断裂,表现出典型的脆性断裂模式。长石矿物失效的主要裂纹类型为晶内裂纹和晶界裂纹。长石矿物中的晶界裂纹的呈波浪状扩展。云母失效的主要裂纹类型为晶内裂纹和晶界裂纹,层状解理对云母失效的影响显著。受损试样的宏观形态显示,最终导致岩石试样失效的宏观裂纹扩展方向与超声波振动加载方向平行,长石矿物的失效是导致花岗岩的破坏的主要因素。

参考文献

[1] P K S C Fernando, M Zhang Z Pei, Rotary ultrasonicmachining of rocks: an experimental investigation[J]. Advances inMechanical Engineering, 2018, 10(3).

[2] H Li, D Yang, Z Zhong, et al. Experimentalinvestigation on the micro damage evolution of chemicalcorroded limestone subjected to cyclic loads[J]. Internationa! Journal of Fatigue, 2018, 113: 23-32.

[3] 王泽云,刘立,刘保县. 岩石微结构与微裂纹的损伤演化特征[J]. 岩石力学与工程学报,2004(10):1599-1603.

[4] 邓红卫,刘传举,柯波,等. 循环动力扰动下花岗岩细观损伤特性试验研究[J]. 工程科学学报,2017,39(11):1634-1639.

[5] 刘士招. 基于声发射和红外热成像技术的岩石损伤破裂特征研究[D]. 沈阳:东北大学,2016.

[6] Chen Y, Watanabe K, Kusuda H, et al. Crack growth in Westerly granite during acyclic loading test[J]. Engineering Geology, 2011, 117(3-4): 189-197.

缩短勘探平洞长距离开挖循环时间的研究与实践

鲁振东　张茂晨　贯孟飞

（西北水利水电工程有限责任公司，陕西西安　710100）

摘　要：国家《抽水蓄能中长期发展规划（2021—2035年）》中提出，为满足新能源高比例大规模发展的需求，从而要加速实现抽水蓄能产业发展的目标。项目可行性研究进度和结论直接制约着电站是否能够早日核准，而勘探平洞是可研勘察阶段为揭示拟选址厂房等重要部位工程地质情况而设置的，因此对可行性研究阶段勘探平洞的施工提出了新要求。为此，相关技术人员要为勘探平洞施工进度开展研究工作，在此过程中，通过统计平洞施工各工序时间及影响因素，分析主要矛盾，针对性地解决这些问题，加快平洞施工进度，为电站厂房选择提供数据支持，进而加快电站可行性研究进度，为电站早日核准建设创造条件。

关键词：抽水蓄能电站；勘探平洞；长距离；小洞径

1　引言

2021年9月17日，国家能源局制发了《抽水蓄能中长期发展规划（2021—2035年）》，其中提出了“应规尽规，能开快开，加快建设一批生态友好、条件成熟、指标优越的抽水蓄能电站，建设技术先进、管理优质、国际竞争力强的抽水蓄能现代化产业”的目标要求。这就对抽水蓄能电站项目建设周期提出了新要求，而项目可行性研究进度和结论直接影响着电站是否能及时核准。项目可行性研究一般通过布置钻孔及平洞揭示电站各位置的地质情况，其中厂房勘探平洞是为抽水蓄能电站可行性研究工程地质勘察阶段揭示拟选址厂房等重要部位工程地质情况而设置的，属于关键环节，因此为加速电站建设，缩短勘探平洞开挖时间势在必行。

针对勘探平洞小断面、长距离，且只能单向掘进的特点：叶桂春等[1]对隧洞500 m后洞挖工序作业时间进行了统计，并对开挖工期延长的原因进行了分析，提出有出渣、通风排烟及洞内动力电源电压不足的问题。刘福友等[2]提出：小断面中长水工隧洞横断面净空小，不利于大型钻爆、出渣设备施工，施工进度缓慢；仅靠小型机具操作，进度慢，随着洞身的延伸，运输困难，施工难度更大。罗荣轩[3]在进一步优化出渣设备中提出：对于小断面中长水工隧洞开挖工程来说，出渣工序的速度也是影响施工进度的重要因素之一。

然而，现有研究多聚焦于小断面隧洞长距离开挖时进度原因的分析或更换设备（造成成本增大）。因此，本文针对分析出的各问题逐一验证，找出主要影响因素并提出改进措施，在实际施工中予以实践，优化隧洞长距离开挖工序循环时间，以期为类似工程提供参考。

2　工程概况

宁夏某抽水蓄能电站（见图1）总装机容量140万kW，本电站枢纽工程主要由上水库、下水库、输水系统、地下厂房、地面开关站等建筑物组成。电站额定水头461 m，线路水平长度约2 687.50 m，距高比为5.63。按照可行性研究阶段勘测任务布置要求，平洞施工量约为2 500 m。电站前期勘察阶段受各方面因素影响，进度为参建各方重点关注的内容。因此，平洞施工工序单循环时间至关重要。

作者简介：鲁振东（1996—），男，工程师，主要从事地质勘察及施工研究工作。

以“缩短勘探平洞长距离开挖工序循环时间”为课题，通过开展质量管理活动[4]提高隧洞开挖日进尺，进而加快电站可行性研究进度，为电站早日核准创造条件。

图1　宁夏某抽水蓄能电站示意

3　平洞长距离开挖循环时间影响因素分析

3.1　现状调查

经调查发现在隧洞掘进至1 000 m后，难以按照计划进尺实施，对钻孔、装药、出渣及通风排烟4个工序的影响时间进行了统计分析（见表1）。

表1　各工序影响时长统计

序号	洞深/m	钻孔时长/min	装药时长/min	出渣时长/min	通风排烟时长/min
1	600	85	50	40	60
2	800	85	50	43	70
3	1 000	85	50	47	80
4	1 100	85	50	50	85

其中，通风排烟时长是指在爆破结束通风后，使用有毒有害气体检测仪对洞内空气质量进行检测，统计空气质量符合规范要求的时间。

经统计分析，随着隧洞掘进，影响隧洞开挖工序循环时间的关键因素是通风排烟时长。

3.2　目标设定

为缩短平洞开挖工序循环时间，确保施工进度满足要求，小组成员商定将本次质量活动目标设定为：缩短隧洞1 000~1 500 m段通风排烟时间30 min以上（见图2）。

3.3　原因分析

针对现场调查结果，分别从人员、机械设备、工程材料、施工方法、作业环境、测量（“人、机、料、法、环、测”）六个方面分析得到造成影响的原因有：管理不当、操作不当、人员未进行技术交底、风机选择不当、风机功率低、风带不合格、风带材质差、通风方式选择不合理、接力风机位置不当、风机防护措施不当、统计数据误差大等（见图3）。

通过现场调查确认，得出三个主要原因为设备老化、维护保养不及时，风带直径小，接力风机位置不当。

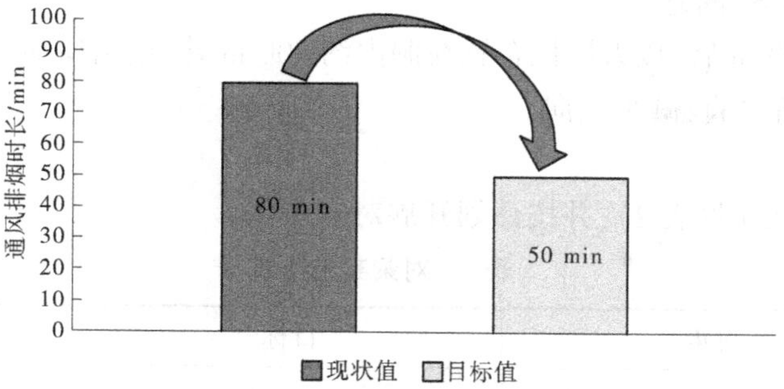

图 2　活动目标示意

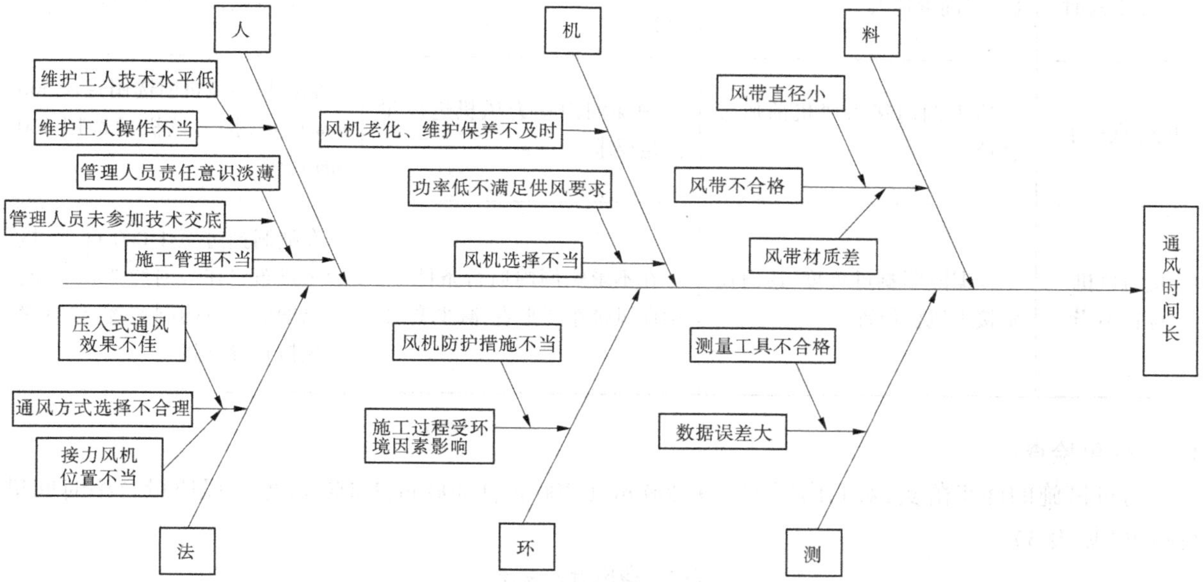

图 3　影响因素因果

3.3.1　设备老化、维护保养不及时

经现场核实，风机为 2023 年出厂的 9-19 型高压离心通风机，配备的风带型号适用于隧洞长距离通风；现场检查风带存在多处破损，为出渣车辆通行过程中损坏，风带维护不当。

3.3.2　风带直径小

经核实，洞内风带直径均为 300 mm，在隧洞长度达到 1 000 m 后，通风风带前半段风力满足要求，后半段风力逐渐减弱，接力风机前风带直径小，一定程度上影响洞内接力风机效率。

3.3.3　接力风机位置不当

经核实，洞内接力风机置于约 500 m 处一错车道处，为不影响洞内车辆通行，接力风机布置在错车道内，风带存在变向问题，一定程度上增加了风损，影响通风时间。

4　制定对策及实施

4.1　“设备老化、维护保养不及时”问题

加强洞内风带检查保养频次，明确责任人，编制检查维护表并定期检查；洞内出渣工序完成后对洞内底板遗留渣土进行清理，避免因底板高程增加导致出渣车辆破坏风带，同时专人对洞内风带进行巡视检查，及时维修或更换破损风带。

4.2　“风带直径小”问题

在隧洞掘进至 1 000 m 增加接力风力后，更换接力风机前风带，洞内接力风机前选用直径 500 mm 风带，接力风机后选用 300 mm 风带，确保接力风机进风量满足要求。

4.3 “接力风机位置不当”问题

在隧洞掘进至 1 000 m 后，接力风机布置在洞内约 700 m 处，适当增加该段隧洞宽度有接力风机布置空间，确保风带布置平直，减少变向。

4.4 对策实施计划

制定了对策实施计划（见表 2），并按计划开展对应工作。

表 2 对策实施计划

要因	对策	目标	措施
设备老化、维护保养不及时	加强洞内风带检查保养频次，明确责任人	洞内风带高度布置得当，底板高程基本无变化，风带无破损	及时清理底板遗留渣土，出渣工序后专人检查维护风带
风带直径小	增大洞内接力风机前风带直径	确保洞内接力风机进风量满足要求	洞内接力风机前选用直径 500 mm 风带，接力风机后选用 300 mm 风带
接力风机位置不当	根据隧洞掘进进度，适时调整接力风机位置	在不影响洞内通行条件下，确保风带布置平直，减少变向	在隧洞掘进至 1 000 m 后，接力风机布置在洞内约 700 m 处，适当增加该段隧洞宽度，留有接力风机布置空间

4.5 效果检查

通过措施的逐步落实，对洞内爆破后 1 200 m、1 300 m、1 400 m、1 450 m 处通风质量合格时间进行检测（见表 3）。

表 3 通风时长统计

序号	洞深/m	通风质量合格时间/min
1	1 200	47
2	1 300	45
3	1 400	43
4	1 450	42

经统计分析，爆破后洞内空气质量合格的时间均有所缩短，圆满完成并超过预期目标。

5 结语

本文通过系统分析小断面隧洞长距离开挖时单循环时间较长问题，明确了通风排烟是主要影响因素，对通风排烟各环节因素进行分析，并提出了一系列针对性施工技术优化策略。主要结论如下：

（1）小断面隧洞长距离开挖时，从“人、机、料、法、环、测”六个方面分析出影响工序循环时间的各因素中通风排烟时长占比较大。

（2）在影响通风排烟时长的原因中，主要原因有风机设备老化、维护保养不及时，风带直径小，接力风机位置不当。

（3）通过加强洞内风带检查保养频次，增大洞内接力风机前风带直径，根据隧洞开挖进度及时调整接力风机位置，缩短了洞内爆破后通风排烟时间，显著缩短了勘探平洞施工工序单循环时间，有效提升了隧洞开挖日进尺，极大地节约时间成本及投资，取得了良好的经济效益、社会效益。

参考文献

[1] 叶桂春,杨水芳.浅析某小断面长隧洞开挖施工进度缓慢的原因[J].中国高新技术企业,2010(12):148-149.
[2] 刘福友,赵亚.浅述小断面中长水工隧洞快速开挖的优化施工方案[J].四川水利,2019,40(3):43-46.
[3] 罗荣轩.小断面中长水工隧洞快速开挖的优化施工技术分析[J].建筑与装饰,2019(23):185-186.
[4] 中国质量协会.质量管理小组活动准则:T/CAQ 10201—2020[S].北京:中国标准出版社,2020.

提高涵洞台背回填质量的 QC 研究与实践

李伯平[1]　朱金财[1]　巴宇奇[2]

(1. 西北水利水电工程有限责任公司,陕西西安　710199;
2. 青海省引大济湟工程建设运行局,青海西宁　811108)

摘　要:涵洞台背回填是道路施工中的关键环节,其质量直接影响道路的整体稳定性和使用寿命。本文以已完成的某工程为例,通过 QC 小组活动,系统分析了涵洞台背回填质量不达标的原因,并提出了针对性的改进措施。通过实施原材料控制、压实机械优化、分层回填厚度控制等对策,成功将涵洞台背回填压实度提升至 96%以上,为类似工程施工提供了参考和借鉴。

关键词:涵洞台背回填;压实度;QC 小组;质量控制;施工管理

1　引言

涵洞台背回填是道路工程施工中的重要环节,其质量直接影响涵洞与路堤的衔接稳定性[1-2]。由于台背区域的特殊性,施工过程中容易出现压实不均匀、压实度不足等问题,进而导致路面沉降、裂缝等病害[3]。近年来,随着道路工程标准的不断提高,对涵洞台背回填质量的要求也日益严格。

某工程在施工过程中,涵洞台背回填质量成为影响工程质量的关键因素之一。为此,项目部成立了 QC 小组,通过系统分析和改进措施,成功解决了台背回填压实度不足的问题。

2　工程概况

某工程左右岸施工道路共计 15 km,其中左岸道路全线共设置涵洞 8 道,右岸道路全线共设置涵洞 15 道,均为 1~1.5 m 钢筋混凝土盖板涵。设计要求涵洞台背回填压实度达到 96%以上,但由于施工条件限制,初期压实度仅为 90.7%,无法满足设计要求。

3　QC 小组活动

3.1　小组组建与任务

QC 小组成立于 2023 年 7 月,由项目经理、技术员、施工人员等 8 人组成,负责涵洞台背回填质量的改进工作。小组通过现状调查、原因分析、对策制定与实施等步骤,系统解决施工质量问题。

3.2　现状调查

小组对 4 道涵洞的 12 个检测点进行了抽检,发现压实度普遍不达标,平均压实度仅为 90.7%。具体数据如下:

左岸 K0+925:92%、90%、87%。

左岸 K1+363(线外涵):93%、91%、90%。

右岸 K2+288:88%、93%、91%。

右岸 K4+138:89%、92%、92%。

作者简介:李伯平(1990—),男,工程师,项目经理,主要从事水利水电工程技术及项目管理工作。

通信作者:巴宇奇(1990—),男,工程师,建管部负责人,主要从事水利工程开发及管理工作。

4 原因分析

4.1 因果分析

小组从“人、机、料、法、环、测”六个方面对涵洞台背回填质量不达标的原因进行了系统分析，绘制了因果图(见图1)。

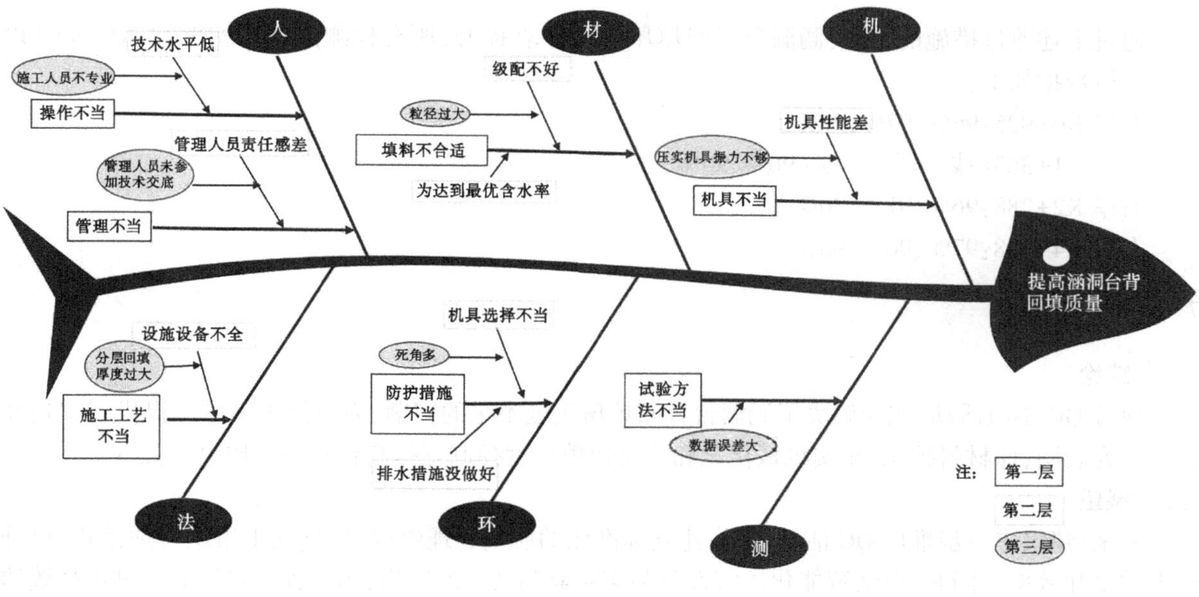

图1 因果图

分析结果表明，主要问题集中在以下几个方面：

(1)填料粒径过大。

(2)压实机具振力不足。

(3)分层回填厚度过大。

(4)工作面狭窄，死角多。

(5)数据误差大。

4.2 要因确认

通过现场检查和数据分析，确认以下主要因素：

(1)填料粒径过大。填料粒径过大导致压实不密实，影响压实度。

(2)压实机具振力不足。老化设备振力不足，无法满足施工要求。

(3)分层回填厚度过大。实际回填厚度超过设计要求，导致压实效果不佳。

(4)工作面狭窄，死角多。涵洞结构设计导致部分区域无法有效压实。

(5)数据误差大。部分检测设备精度不足，影响数据准确性。

5 改进措施

5.1 原材料控制

严格控制填料质量，确保粒径不超过设计要求。对进场砂石料逐车检查，严禁不合格材料进入施工现场。

5.2 压实机械优化

配备小型夯实机具，确保所有区域的压实度都达到设计要求。对无法使用压路机的区域，采用小型夯实机或人工夯实。

5.3 分层回填厚度控制

将每层松铺厚度控制在 15 cm 以内,并用红油漆标明层次位置,确保施工过程清晰可控。

5.4 数据准确性

对检测设备进行校准,确保数据误差在规范允许范围内。

6 实施效果

通过上述改进措施的实施,涵洞台背回填压实度显著提升,所有检测点的压实度均达到 96%以上。具体数据如下:

左岸 K0+925:96%、97%、96%。

左岸 K1+363(线外涵):97%、96%、96%。

右岸 K2+288:96%、97%、96%。

右岸 K4+138:97%、96%、96%。

7 结论与展望

7.1 结论

通过 QC 小组活动,成功解决了涵洞台背回填压实度不足的问题,为类似工程施工提供了宝贵经验。研究表明,原材料控制、压实机械优化和分层回填厚度控制是提高台背回填质量的关键。

7.2 展望

未来,建议进一步推广 QC 活动成果,建立标准化的质量管理流程,优化施工组织管理模式,提升施工质量和效率。同时,探索智能化压实设备和实时监测技术的应用,为工程质量控制提供更高效的支持。

参考文献

[1] 安伟. 浅谈公路桥涵台背回填质量控制[J]. 民营科技,2017(7):179.
[2] 高小华. 公路桥台背、涵台背回填质量控制分析[J]. 福建建筑,2017(7):128-131.
[3] 郭柳青. 桥涵台背回填的施工质量控制[J]. 山西建筑,2017,43(9):174-175.